Jobst Conrad

Grüne Gentechnik – Gestaltungschance und Entwicklungsrisiko

SOZIALWISSENSCHAFT

Jobst Conrad

Grüne Gentechnik – Gestaltungschance und Entwicklungsrisiko

Perspektiven eines regionalen Innovationsnetzwerks

Deutscher Universitäts-Verlag

Bibliografische Information Der Deutschen Bibliothek
Die Deutsche Bibliothek verzeichnet diese Publikation in der Deutschen Nationalbibliografie;
detaillierte bibliografische Daten sind im Internet über <http://dnb.ddb.de> abrufbar.

Gedruckt mit freundlicher Unterstützung des UFZ-Umweltforschungszentrums
Leipzig-Halle GmbH

1. Auflage Juli 2005

© Deutscher Universitäts-Verlag/GWV Fachverlage GmbH, Wiesbaden 2005

Lektorat: Ute Wrasmann / Britta Göhrisch-Radmacher

Der Deutsche Universitäts-Verlag ist ein Unternehmen von Springer Science+Business Media.
www.duv.de

Umschlaggestaltung: Regine Zimmer, Dipl.-Designerin, Frankfurt/Main
Gedruckt auf säurefreiem und chlorfrei gebleichtem Papier

ISBN-13: 978-3-8244-4612-4   e-ISBN-13: 978-3-322-81370-1
DOI: 10.1007/ 978-3-322-81370-1

Vorwort

Laut gegenwärtig im politischen Diskurs vorherrschender Lesart sind Lebensfähigkeit und Lebensstandard moderner Gesellschaften unter Bedingungen zunehmender Globalisierung durch ihre vor allem auf Innovationsfähigkeit beruhende internationale Wettbewerbsfähigkeit zu sichern. Innovationen werden dabei vermehrt in Innovationsnetzwerken und innovativen Clustern generiert. Die Biotechnologie ist hierbei eine Schlüsseltechnologie des 21. Jahrhunderts. Mittelfristig verspricht vor allem die grüne Gentechnik ein großes (innovatives) Potenzial. Allerdings ist die öffentliche Ablehnung insbesondere von gentechnisch veränderten Nahrungsmitteln (Genfood) in Europa hoch, wo sie von Nahrungsmittelindustrie und -handel kaum mehr angeboten werden.

Die ostdeutschen Bundesländer haben auch nach über einem Jahrzehnt seit der Wiedervereinigung mit massiven Problemen mangelnder wirtschaftlicher Produktivität, Konkurrenzfähigkeit und Attraktivität zu kämpfen. Die Politik versucht dem u.a. durch das InnoRegio-Programm zu begegnen, durch das eine wirtschaftlich selbsttragende Innovationsdynamik in selbst organisierten Innovationsnetzwerken angestoßen werden soll.

In der durch diese Schlagworte gekennzeichneten Gemengelage versucht der InnoRegio-Innovationsverbund InnoPlanta auf der Grundlage entsprechender technologiepolitischer Förderung, die Region Nordharz/Börde zum maßgeblichen Zentrum der Pflanzenbiotechnologie in Deutschland zu entwickeln.

Die Geschichte, Entwicklung, Optionen und Restriktionen dieses Innovationsverbunds sind Gegenstand dieses Buchs, das sie im Kontext der angesprochenen wirtschaftlichen, politischen und soziokulturellen Rahmenbedingungen einzuordnen und zu interpretieren sucht. Über diese Fallstudie hinaus gibt das Buch einen Überblick über Geschichte und Entwicklung der modernen Biotechnologie sowie über Diskurse und Kontroversen um die (grüne) Gentechnik und erörtert Determinanten und Konzepte von Netzwerkbildung, Innovationsdynamik, Technologiepolitik und Wettbewerbsfähigkeit.

Das Buch entstand im Rahmen einer 2002-2004 durchgeführten sozialwissenschaftlichen Begleitstudie des UFZ-Umweltforschungszentrums Leipzig-Halle GmbH für InnoPlanta e.V. und das Bundesministerium für Bildung und Forschung. Mein Dank gilt insbesondere Philipp Steuer für kritische Anmerkungen zum Manuskript sowie der

Geschäftsstelle und den Mitgliedern des Netzwerks InnoPlanta e.V. für hilfreiche Korrekturen und Ergänzungen unterschiedlicher Teile der Kapitel vier und fünf des Buches. Sabine Linke und Birgit Klaus aus dem Department Ökonomie des Umweltforschungszentrums Leipzig-Halle danke ich für ihre Unterstützung bei der Durchführung dieser Untersuchung

Jobst Conrad

Inhalt

Verzeichnis der Abbildungen

Verzeichnis der Tabellen

Verzeichnis der Abkürzungen

AMG	Arzneimittelgesetz
AMP	arbuskuläre Mykorrhizapilze
BASF	Badische Anilin- und Soda-Fabriken
BAZ	Bundesanstalt für Züchtungsforschung an Kulturpflanzen
BEO	Biologie, Energie, Umwelt
BIBB	Bundesinstitut für Berufsbildung
BMBF	Bundesministerium für Bildung und Forschung
BMD	BIO Mitteldeutschland GmbH
BMELF	Bundesministerium für Landwirtschaft, Ernährung und Forsten
BMFT	Bundesministerium für Forschung und Technologie
BMU	Bundesministerium für Umwelt, Naturschutz und Reaktorsicherheit
BMVEL	Bundesministerium für Verbraucherschutz, Ernährung und Landwirtschaft
BNatSchG	Bundesnaturschutzgesetz
BRD	Bundesrepublik Deutschland
BRIDGE	Biotechnology Research for Innovation, Development and Growth in Europe
BSE	bovine spongiforme Enzephalopathie
Bt	Bacillus thuringiensis
CBD	Convention on Biological Diversity
CDU	Christlich Demokratische Union
CMS	cytoplasmatic male sterility (zytoplasmatische männliche Sterilität)
DDR	Deutsche Demokratische Republik
DECHEMA	Deutsche Gesellschaft für Chemische Technik und Biotechnologie
DFG	Deutsche Forschungsgemeinschaft
DIW	Deutsches Institut für Wirtschaftsforschung
DMG	Düngemittelgesetz
DNA	desoxyribonucleic acid (Desoxyribonukleinsäure)
rDNA	recombinant DNA
t-DNA	transfer-DNA
DSV	Deutscher Saatzucht Verband
ed/eds	editor(s)
ESNBA	European Secretariat for National BioIndustry Association
EU	Europäische Union
FAST	Forecasting and Assessment in Science and Technology
FDP	Freiheitlich Demokratische Partei

FE	Forschung und Entwicklung (auch FuE)
FH	Fachhochschule
FMG	Futtermittelgesetz
FMT	Fördermanagement-Team
FTO	Freedom to operate
GE	genetically engineered
GenTG	Gentechnikgesetz
GfW	Gesellschaft für Wirtschaftsförderung
GHG	Gemüse, Heilpflanzen, Gewürze Saaten Aschersleben
GMAG	Genetic Manipulation Advisory Group
GMO	genetically modified organism
GUS	Glukuronidase
GVO	gentechnisch veränderter Organismus
Hg	Herausgeber
HUB	Humboldt Universität zu Berlin
IFOK	Institut für Organisationskommunikation
IKN	InnoPlanta-Kapitalnetzwerk
IÖR	Institut für ökologische Raumforschung
IP	identity preservation
IPK	Institut für Pflanzengenetik und Kulturpflanzenforschung
IuK	Information und Kommunikation
KMU	kleine und mittlere Unternehmen
KWS	Kleinwanzlebener Saatzucht
LLG	Landesanstalt für Landwirtschaft und Gartenanbau
LMBG	Lebensmittel- und Bedarfsgegenständegesetz
Mio	Million(en)
MKS	Maul- und Klauenseuche
MNC	multinational corporation
MPI	Max-Planck-Institut
NGO	nongovernmental organisation (Nichtregierungsorganisation)
NIH	National Institutes of Health
NPZ	Norddeutsche Pflanzenzucht
OECD	Organisation for Economic Cooperation and Development
PCR	polymerase chain reaction
PflSchG	Pflanzenschutzgesetz
PID	Präimplantationsdiagnostik
PND	pränatale Diagnostik
POC	proof of concept
PPM	Pilot Pflanzenöltechnologie Magdeburg e.V.

PR	public relations
PTJ	Projektträger Jülich
RFLP	restriction fragment length polymorphism
RKI	Robert Koch Institut
RNAi	ribonucleic acid interference
SaatVG	Saatgutverkehrsgesetz
SAGB	Senior Advisory Group on Biotechnology
SPD	Sozialdemokratische Partei Deutschland
TA	Technology Assessment (Technikfolgenabschätzung)
TierSG	Tierseuchengesetz
TRIPS	Trade Related Intellectual Property Rights
TU	Technische Universität
UBA	Umweltbundesamt
UFZ	Umweltforschungszentrum Leipzig-Halle
USA	United States of America
WTO	World Trade Organisation
WZB	Wissenschaftszentrum Berlin
ZKBS	Zentrale Kommission für Biologische Sicherheit

1 Einleitung und Überblick

1.1 Ziel und Kontext

Wie können sich wirtschaftlich schwache Regionen in den Industrieländern in Zeiten globalen Wettbewerbs zu Beginn des 21. Jahrhunderts behaupten und ihre Position verbessern? Indem sich in ihnen, unterstützt durch regionale Wirtschaftsförderung, regionale Innovationsnetzwerke und (branchenspezifische) Cluster herausbilden, die innovative Produkte und Verfahren im Bereich von Schlüsseltechnologien wie der Biotechnologie erfolgreich entwickeln und (weltweit) vermarkten, und so wirtschaftliche Wettbewerbsfähigkeit und Entwicklung erreichen.

Dies ist der Grundgedanke, der hinter verschiedenen Initiativen der Bundesregierung Deutschlands im letzten Jahrzehnt steckt, das wirtschaftliche Wachstum in den ostdeutschen Bundesländern zu stimulieren. Dazu gehören das von 1999 bis 2006 laufende InnoRegio-Programm des Bundesministeriums für Bildung und Forschung (BMBF), und in ihm das zu diesem Zweck entstandene Netzwerk InnoPlanta, das in der Region Nordharz/Börde innovative Projekte in der Pflanzenbiotechnologie entwickelt und durchführt, um diese Region langfristig nach Möglichkeit zu deren Zentrum in Deutschland zu machen.

Dieses Buch präsentiert die Ergebnisse einer zwischen 2002 und 2004 durchgeführten sozialwissenschaftlichen Begleitstudie, die den Prozess und die Chancen der Umsetzung dieses Grundgedankens in der Praxis untersuchte und die diesbezüglichen Handlungsspielräume von InnoPlanta auslotet. Insofern das Buch die zugrunde liegende Hypothese im Kern für zutreffend hält, wird sein konzeptioneller und strategischer Fokus auf Pflanzenbiotechnologie, Netzwerkbildung, Innovationsdynamik, Technologiepolitik, Wettbewerbsfähigkeit, Gentechnik-Kontroverse und regionale Entwicklung verständlich. Gegenüber anderen Arbeiten in diesen Feldern zeichnet es sich aus durch die Kombination von

- der Verknüpfung diesbezüglicher analytischer Perspektiven und theoretischer Konzepte,
- ihrer Anwendung auf den konkreten Fall eines sich gerade entwickelnden Netzwerks,
- einer differenzierten Fallstudie ebendieses Netzwerks,
- der Betonung der Interaktionsdynamik relevanter Einflussfaktoren auf seine Entwicklung und
- der Ableitung von an das Netzwerk gerichteten handlungsleitenden Empfehlungen.

Drei Referenzen kennzeichnen somit diese Untersuchung, sowohl was ihre Genese und Verortung als auch was ihre Adressaten angeht:

- ihr *Wissenschaftsbezug*, indem sie sich als wissenschaftliche Begleitstudie begreift, sich auf die themenrelevanten wissenschaftlichen Diskurse bezieht und an ihnen beteiligt und u.a. die Angehörigen dieser scientific communities als ihre Adressaten ansieht,

- ihr *Netzwerkbezug*, indem InnoPlanta in einem ihr (impliziter) Auftraggeber, ihr Untersuchungsobjekt und – neben Promotoren anderer Innovationsnetzwerke – ihr Adressat ist, und

- ihr *Politikbezug*, indem das BMBF letztlich ihr Auftraggeber, Technologie- und regionale Förderpolitik Gegenstand der Analyse und diesbezüglich aktive Akteure ihre Adressaten sind.

Damit ist der Entstehungskontext des vorliegenden Buches in seinen wesentlichen Punkten charakterisiert. Im Bild der Konkretisierungssequenz Biotechnologiepolitik und regionale Förderpolitik, InnoRegio-Programm des BMBF, gefördertes InnoRegio InnoPlanta, angefragte Akzeptanzstudie des UFZ-Umweltforschungszentrums Leipzig-Halle wurde sie als Querschnittsprojekt im Rahmen des gesamten Projekt-Portfolios von InnoPlanta vom zuständigen Projektträger Jülich (PTJ) gefördert. Das Vorhaben, zu dem auch ein den Wissenstransfer seiner Ergebnisse an die Netzwerk-Mitglieder evaluierendes zweites Teilprojekt gehört (vgl. UFZ 2001, Steuer 2005), wurde – ähnlich wie andere Projekte von InnoPlanta – mit knapp einjähriger Verzögerung im März 2002 begonnen. Es hatte bereits 2001 nach interner Diskussion im UFZ mit guten Gründen seinen Fokus und seine Stoßrichtung von befragungsorientierten Analysen sozialer Risikowahrnehmung und Akzeptanz der grünen Gentechnik auf Optionen und Handlungsspielräume von InnoPlanta im Sinne obiger Eingangshypothese verlagert, wodurch Fragen der Akzeptanz nur mehr einen unter mehreren Schwerpunkten der Analyse darstellten.[1] Als von InnoPlanta in Auftrag gegebene und vom PTJ bewilligte sozialwissenschaftliche Begleitstudie verknüpft es als Politikberatung im weiten Sinne notwendig Analyse und Empfehlung.

Von der wissenschaftlichen Begleitstudie des InnoRegio-Programms durch eine vom Deutschen Institut für Wirtschaftsforschung (DIW) koordinierten Projektverbund unterscheidet sich diese Arbeit durch ihren ausschließlichen Fokus auf das InnoRegio InnoPlanta, durch ihre detailliertere und stärker soziologisch als ökonomisch orientierte Untersuchung dieses Netzwerks, durch ihre anders gelagerte Zielstellung (erfolgversprechende Handlungsstrategien von InnoPlanta statt solcher des BMBF) und durch

---

[1] Diese Reorientierung der Studie wurde von (maßgeblichen) Mitgliedern des Netzwerks trotz frühzeitiger Mitteilung und Präsentation teils erst spät wahrgenommen und führte infolge dadurch enttäuschter Erwartungshaltungen, die die Entwicklung von Akzeptanzstrategien betreffen, zu Irritationen.

2

ihre kürzere Projektlaufzeit (2 gegenüber 5 Jahre). Ebenso wie die Begleitstudie des DIW-Projektverbunds leidet die Qualität und Validität dieser Untersuchung darunter, dass der Erfolg des InnoRegio-Programms generell wie des InnoRegio InnoPlanta speziell vor seinem Abschluss (bei teils sogar noch vor ihrem Beginn stehenden Projekten) nur begrenzt analysiert und evaluiert werden kann.

Im Rahmen dieses Kontextes bestehen die Ziele des vorliegenden Buches in *sachlicher Hinsicht* darin,

- die Entwicklung des Netzwerks InnoPlanta zu rekonstruieren,
- diese im Lichte theoretischer Konzepte insbesondere der Netzwerkforschung, der Innovationsforschung, der Einstellungs- und Akzeptanzforschung und der Analyse von Technologiepolitik und von technologischen Kontroversen zu erklären und zu interpretieren,
- die dem Netzwerk verfügbaren Optionen und Handlungsspielräume herauszuarbeiten
- und die von InnoPlanta bislang eingeschlagenen Entwicklungspfade zu evaluieren.

In *sozialer Hinsicht* bestehen die Ziele der Studie darin,

- InnoPlanta Handlungsorientierungen aufzuzeigen und zu empfehlen,
- die Ergebnisse der sozialwissenschaftlichen Begleitstudie dem Auftraggeber zur Verfügung zu stellen,
- sie in Buchform einem größeren Leserkreis zugänglich zu machen,
- zu Aufklärung und mind framing in Richtung eines besseren Verständnisses der gesellschaftlichen Prozesse von Technikgenese, -entwicklung und -implementation beizutragen und
- einen Beitrag zur sozialwissenschaftlichen Fachdiskussion zu leisten.

In ihrer Konzeption zielt die Untersuchung vor allem auf ein (empiriegeleitetes) hermeneutisches Verständnis der untersuchten sozialen Prozesse und Entwicklungsdynamik, wobei sie allerdings auf letztlich eklektisch kombinierte, auf kausale Erklärung abzielende, analytisch orientierte Theoriekonzepte zurückgreift.[2] „Analytical explanation and hermeneutic understanding do not mutually exclude, but complementary, as analytical explanations always contain elements of understanding, and since quantita-

---

[2] Zur Unterscheidung und Kombinierbarkeit von analytischer Erklärung, hermeneutischem Verstehen und funktionaler Analyse und Erklärung vgl. Conrad 1998a, Kieser 1993, von Wright 1971. „Kurz, die Interpretation quantitativer Daten lebt vom qualitativen Verstehen der jeweils untersuchten sozialen Erscheinungen, und die Integration qualitativer Daten lebt von der Kenntnis regelhafter Strukturen, in die die untersuchten Einzelereignisse hineingehören." (Wilson 1982: 501) „Es gibt ... ebensowenig Hermeneutik ohne latente Quantifikation wie umgekehrt Analyse von Massendaten ohne Hermeneutik." (Schulze 1992: 27)

tive representative studies indicate the regularities in behaviour and structure pointing to potentially typical patterns of action and corresponding underlying intentions. In the actual practice of social science research, the dispute about explanation and understanding does not play an important role, and the partial compatibility of the two approaches is acknowledged and made use of. The practical difficulties of utilizing theoretical knowledge are not realistically registered by either the concept of critical rationalism or by Habermas' (1981) model of domination free communicative discourse. Since practicianers tend to select and utilize (scientific) theories according to their plausibility and their vagueness allowing for multifold use, their congruence with the practicianer's convictions, their value for legitimizing his intentions and interests, their agenda-setting power etc. (Lau 1989), the development of social science concepts and theories should primarily serve the generate scientific knowledge and not straightforward practical implications. Such concepts and theories may provide good reasons for practical programmes and social organization, but they can never justify them; one should therefore be suspicious of the ideological utilization of theories for the immunize practical proposals and measures." (Conrad 1998a: 7)

Gerade weil es sich um eine problemorientierte und nicht eine disziplinär organisierte Untersuchung handelt (vgl. Conrad 1998b, 2002), die auf die Berücksichtigung diverser Einflussfaktoren und deren Zusammenspiel in einer möglichst umfassenden Rekonstruktion der Entwicklung von InnoPlanta abzielt, ist deren eindeutige (kausale) Erklärung schon aus methodologischen Gründen nicht möglich[3], von den sie verhindernden methodischen Gründen unzureichender Datenerhebung einmal ganz abgesehen, wie sie sich bereits aus den hierfür unzureichenden Projektmitteln ergeben. Aus dieser Präferenz für hermeneutisches Verstehen folgt auch, dass sich aus der vorgelegten Analyse keine eindeutigen Handlungsempfehlungen ableiten, sondern sie sich nur gemäß den Intentionen der Netzwerkakteure plausibel machen lassen. Umgekehrt stützt der hermeneutische, auf (subjektiven) Sinn und daraus folgender Intention abhebende Ansatz, dass die Akteur- und Handlungsebene in der Studie gegenüber der Strukturebene im Vordergrund steht.[4] „Again, the solution lies in intelligent productive combination and not in confronting the logic of structure and of action, because on the one hand human intention and action are obviously shaped by existing (perceived) structures, and on the other the genesis of social, and of technological and even natural structures are clearly shaped by human intention and action. The corresponding rationalities of (individual) actors, of systems and of communication relate to different levels

---

[3]   Man muss dabei noch gar nicht so weit gehen, „angesichts der zunehmenden Heterogenität von Interessen- und Motivlagen und der Verflüssigung von organisatorisch-institutionellen Zusammenhängen in modernen Gesellschaften (Streeck 1987) die relative Unergiebigkeit oder gar Unmöglichkeit generalisierender sozialwissenschaftlicher Kausalaussagen" (Conrad 1992: 46) zu behaupten.

[4]   Zur Unterscheidung der zwei Ebenen sozialer Erklärung von Struktur und Handlung vgl. beispielsweise Mayntz 1985, Mayntz/Nedelmann 1987, Schimank 1985, 1988, Taylor 1989, Weyer 1993.

of social units, namely individual actors and organizations, sociofunctional systems and social networks, with different time frames for change. These differing rationalities can enter a relationship of tension and inconsistency, experienced by social actors as social coercion. The self-dynamics of social networks results from the fact that they develop a internal logic of action which can no longer be fully controlled by the participating actors and which is shaped by the principle of communicative agreement (Weyer 1993)." (Conrad 1998a: 7f.)

Sodann ist die Untersuchung vorzugsweise auf der Meso-Ebene eines Netzwerks und ihm angehöriger Personen und Organisationen angesiedelt, ohne damit die Makro-Ebene übergeordneter (gesellschaftlicher) Strukturmuster und Entwicklungsdynamiken und die Mikro-Ebene wichtiger Einzelpersonen als bedeutsame Determinanten der Netzwerkgeschichte aus der Analyse auszuklammern. Die Mehrzahl der konzeptionell anspruchsvolleren sozialwissenschaftlichen Arbeiten der letzten beiden Jahrzehnte bemüht sich um die Verknüpfung verschiedener (theoretisch-methodologischer) Erklärungsebenen (Mikro-Makro, Struktur-Akteur).[5] „Gerade wenn man situativen Einflussfaktoren und dem Verhalten einzelner Individuen aufgrund der Erkenntnisse der Geschichtswissenschaft (vgl. Turner 1989) einen nicht zu vernachlässigenden Stellenwert für die Entwicklung von Politiken einräumt, wird die Frage nach der verbleibenden Generalisierungsmöglichkeit bzw. nach der Beliebigkeit politiktheoretischer Rekonstruktion um so dringlicher. Zwischen der Szylla der Beliebigkeit und völligen Kontextabhängigkeit und der Charybdis eineindeutiger Politikdetermination bleibt gerade angesichts sich ändernder sozialer Kontexte nur ein schmaler Grat von mehr als vordergründige Plausibilität beanspruchen könnender Politikanalyse." (Conrad 1992: 37)

Schließlich führt die Fokussierung auf ein Netzwerk als zentraler Untersuchungsgegenstand zu der notwendigen und methodisch bedeutsamen Unterscheidung von internen und externen Akteuren und Bestimmungsgrößen des Netzwerks. Dabei weisen die Mitglieder des Netzwerks, ob Institutionen oder Personen, typischerweise meist einen Doppelcharakter als interne und externe Akteure auf.[6]

Die sich aus Zielsetzung und Zeitpunkt der Untersuchung ergebende notwendige Eingrenzung geschieht in der Sachdimension durch die Fokussierung auf Pflanzenbiotechnologie und grüne Gentechnik, in der Sozialdimension durch die Konzentration auf ein Netzwerk und sein Umfeld und in der Zeitdimension durch die (sachlich wohl-

---

[5]   In konzeptioneller Hinsicht sei hier exemplarisch verwiesen auf Blättel-Mink/Renn 1997, Esser 1999, Friedrichs et al. 1998, Luhmann 1984, 1997, Mayntz 1997, 2002a, Mayntz/Scharpf 1995, Messner 1995, Werle/Schimank 2000.

[6]   So gehört etwa die Bundesanstalt für Züchtungsforschung an Kulturpflanzen (BAZ) zu InnoPlanta; es macht jedoch wenig Sinn, all ihre Aktivitäten als Netzwerkaktivitäten zu definieren, insofern sie überwiegend nichts direkt mit InnoPlanta zu tun haben.

begründete) Beschränkung auf den Zeitraum von 1999 bis 2003[7], wobei zukünftige Entwicklungs- und Marktperspektiven jedoch wesentlich bleiben.

Aufgrund ihres problem- und beratungsorientierten Ansatzes besteht die Arbeit in ihrer Vorgehensweise primär aus einer Kombination von sachbezogener Problemanalyse (Situation und Entwicklung der Pflanzenbiotechnologie, Netzwerkstrukturen, rechtliche, politische, ökonomische Rahmenbedingungen), historischer Prozessanalyse (Rekonstruktion der Geschichte des Netzwerks und diesbezüglicher Perzeptions-, Bargaining-, Entscheidungs- und Implementationsprozesse) und tendenziell soziologisch geprägten Schlussfolgerungen (Handlungsspielräume, strategische Ansatzpunkte und Restriktionen von InnoPlanta).

Zusammengefasst sind folgende Merkmale auf allgemeiner methodologischer Ebene für das dieser Arbeit[8] zugrunde liegende kategoriale Analyseraster kennzeichnend:

1. eine primär problemorientierte Forschungskonzeption, die auf ein Plausibilität beanspruchen könnendes hermeneutisches Verständnis der untersuchten sozialen Prozesse und Entwicklungsdynamik abzielt, ohne damit weitergehende Ansprüche in Richtung klar definierter Theorieanwendung, -prüfung oder -bildung zu verbinden,

2. die Berücksichtigung von Determinanten auf Makro-, Meso- und Mikroebene bei Verbindung von struktur- und handlungstheoretischen Erklärungsmodellen,

3. hierbei die eklektische fallspezifische Wahl und Nutzung von analytischen Konzepten,

4. die Übernahme solcher Konzepte und Interpretationsfolien, ohne sie explizit auf ihre Gültigkeit zu überprüfen und gegenüber Alternativen abzuwägen,

5. dabei allerdings die Ablehnung einfacher, rationalistisch geprägter Erklärungsmodelle, wie die rein kognitive Erklärung von Einstellungen, die vorrangige Erklärung von politics aus offiziellen policies oder die unreflektierte Verwendung des Modells des homo oeconomicus,

6. primär die Nutzung bestimmter, plausible Deutungen und Differenzierungen ermöglichender Begriffe, ohne die hinter ihnen stehenden theoretischen Konzepte unbedingt zu übernehmen,

7. bei der Darstellung maßgeblicher Kontexte und Rahmenbedingungen die Verwendung und Kombination bekannter Erklärungsmodelle (vgl. Kapitel 3) und bei der Analyse von InnoPlanta die Übernahme relativ unkontroverser Erklärungskomponenten, die insbesondere auf Modelle von Netzwerkbildung und -prozessen und

---

[7] Entwicklungen bis Mitte 2004 wurden noch – allerdings ohne systematische Erhebung – in die Untersuchung mit einbezogen. Bei der Auswertung von Fachliteratur und der Analyse der externen Rahmenbedingungen wurden einerseits frühere Zeiträume mitberücksichtigt (ca. ab 1980), andererseits diese nur bis 2001/2002 systematisch einbezogen.

[8] Ihre problemorientierte Vorgehensweise orientiert sich dabei an einigen wesentlichen, in Kapitel 2.4 resümierten Standards, Regeln und Möglichkeiten sozialwissenschaftlicher Theoriebildung und Erklärungsmöglichkeiten.

auf Arbeiten im Bereich der sozialwissenschaftlichen Gentechnikforschung rekurrieren (Kapitel 4 bis 5).

Ausgehend von der einleitend skizzierten Hypothese und dem vorgegebenen Fokus auf das Netzwerk InnoPlanta liegen nun folgende untersuchungsleitende Fragestellungen nahe, denen es durchweg um (interne und externe) Voraussetzungen dafür geht, dass es sich zu einem tragfähigen Innovationsnetzwerk entwickeln und längerfristig zur wirtschaftlichen Tragfähigkeit der Region beitragen kann:

1. Was zeichnet ein Innovationsnetzwerk aus und welche Art von Netzwerk stellt InnoPlanta dar?[9]
2. Bestehen in der Region geeignete Unternehmen und Forschungsinstitutionen und existieren engagierte Promotoren, damit sich ein regionales Innovationsnetzwerk überhaupt bilden kann?
3. Besitzt oder entwickelt InnoPlanta eine für seine technische und wirtschaftliche Leistungsfähigkeit vorteilhafte Netzwerkstruktur?[10]
4. Gelingt es InnoPlanta darüber hinaus, durch seine Aktivitäten eine positive netzwerkinterne Eigendynamik zu generieren, die es qua kognitiver, sozialer und institutioneller Verankerung stabilisiert und in seiner Wirksamkeit dynamisiert?
5. Bestehen bei den FE-Projekten von InnoPlanta Aussichten auf die Entwicklung marktfähiger Produkte und Verfahren in der Pflanzenbiotechnologie und sind die Voraussetzungen für die Wettbewerbsfähigkeit ihrer (voraussichtlichen) Hersteller erfüllt (vgl. Porter 1986)?
6. Sind die branchenbezogenen Voraussetzungen für eine über das Netzwerk hinausgehende lokale Clusterbildung wettbewerbsfähiger Unternehmen mit komplementären Kompetenzen gegeben?
7. Ist mit einer günstigen Marktsituation (durch Marktexpansion) für die entwickelten Produkte zu rechnen?
8. Mit welchen Formen und Grenzen sozialer Akzeptanz ist dabei sowohl hinsichtlich gentechnisch veränderter Produkte als auch hinsichtlich der die grüne Gentechnik nutzenden Herstellung von Produkten zu rechnen, selbst wenn diese selber nicht gentechnisch verändert sind?
9. Sind die allgemeinen (infrastrukturellen) und die die Pflanzenbiotechnologie betreffenden spezifischen regionalen Rahmenbedingungen in ausreichendem Maß gegeben, damit eine tragfähige Entwicklung des Netzwerks möglich ist?

---

[9] Öfter trügt nämlich der schöne Schein gegenüber der Außenwelt propagierter regionaler Innovationsnetzwerke, die sich häufig als Mythos erweisen, wie Hellmer et al. (1999) belegen.

[10] Dabei sind z.B. auch Kommunikationsstrukturen und -inhalte des Netzwerks herauszuarbeiten, insofern sie sicherlich eine maßgebliche, jedoch nicht die allein ausschlaggebende Rolle im Prozess der Netzwerkentwicklung spielen (vgl. Müller et al. 2002).

10. Welche förderpolitischen Maßnahmen existieren, um die Entwicklung eines regionalen Innovationsnetzwerks in der Pflanzenbiotechnologie zu unterstützen, und sind sie wirksam und zielführend?

11. Muss bei der Entwicklung des Netzwerks mit unerwünschten bzw. unerwarteten Nebenwirkungen gerechnet werden, welcher Art sind diese, und wie kann mit ihnen gegebenenfalls produktiv umgegangen werden?

12. Kann mit einer positiven Interaktionsdynamik all dieser für die Entwicklung des Netzwerks wesentlichen Einflussfaktoren im Sinne einer fördernden Push- und Pull-Dynamik gerechnet werden und wie sieht diese aus?

13. Welche Optionen und Handlungsspielräume zugunsten einer möglichst selbsttragenden weiteren Entfaltung des Netzwerks ergeben sich für InnoPlanta aus diesen Determinanten seiner Entwicklung?

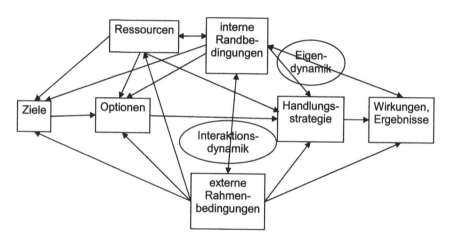

Abbildung 1.1: Einfaches Modell der Entwicklung von Optionen und Handlungsstrategien

Aus der Sicht eines nach vorteilhaften Optionen und Handlungsstrategien fragenden Netzwerks lassen sich derartige, in dieser Arbeit nicht sämtlich detailliert zu beantwortende Untersuchungsfragen in einer mehr analytischen, in Abbildung 1.1 skizzierten Modellperspektive[11] als solche nach seinen Zielen, Ressourcen, externen Rahmenbedingungen und internen Randbedingungen reformulieren. Diese beeinflussen sich, wie

---

[11] Dabei handelt es sich noch um eine relativ einfache, auf Plausibilitäten rekurrierende Modellkonzeption, wenn man sie etwa mit dem komplexen Netzwerkmodell des DIW mit insgesamt 58 Variablen von Scholl/Wurzel (2002) vergleicht.

in der Abbildung angedeutet, teils wechselseitig[12] und bestimmen seine Optionen und Handlungsstrategien, welche ihrerseits bestimmte Wirkungen haben und erwünschte (und unerwünschte) Ergebnisse zeitigen. Zu fragen ist dann:

1. Welches sind die inhaltlichen Ziele, die InnoPlanta anstrebt, welcher Art sind diese Ziele, und wie verändern sich seine Ziele über die Zeit?
2. Welche alternativen Wege und Mittel stehen InnoPlanta zum Erreichen seiner Ziele offen?
3. Welche Dimensionen und Ebenen sind bei der Entwicklung von Optionen und Handlungsstrategie zu berücksichtigen?
4. Welche Ressourcen stehen InnoPlanta zum Erreichen dieser Ziele zur Verfügung?
5. Welches sind die relevanten internen, als Randbedingungen wirkenden Einflussgrößen, die InnoPlanta prägen und daher zu berücksichtigen sind?
6. Welches sind die relevanten externen, als Rahmenbedingungen und damit als Restriktionen wirkenden Einflussgrößen, die InnoPlanta in seiner Handlungsstrategie zu beachten hat?
7. Mit welchen externen Entwicklungen und internen Veränderungen der relevanten Einflussgrößen ist dabei zu rechnen?
8. Welche Interaktionsdynamik zwischen den verschiedenen Einflussfaktoren und den Aktionen von InnoPlanta, die die Erfolgswahrscheinlichkeit seiner Handlungsstrategie entscheidend bestimmt, kommt dabei zum Tragen?
9. Besteht eine Kohärenz von externen Rahmenbedingungen, internen Zielen und eingesetzten Mitteln, und lässt sich diese (längerfristig) gewährleisten?
10. Welche Handlungsspielräume verbleiben InnoPlanta zur Anpassung seiner Handlungsstrategie an sich ändernde (äußere) Verhältnisse?
11. Lassen sich aus dieser Analyse eindeutige Handlungsempfehlungen für InnoPlanta ableiten?

1.2 Methodik und Grenzen der Untersuchung

In ihren Erhebungsmethoden basiert die Studie auf der Kombination von

- Literaturrecherchen und -auswertung,
- der Analyse von teils vertraulichen Akten und Dokumenten,
- der selektiven Auswertung von Presseartikeln und Medienberichten,

---

[12] Dabei verweisen die in Abbildung 1.1 markierte Interaktionsdynamik auf die wechselseitige Beeinflussung von internen Randbedingungen und externen Rahmenbedingungen, und die markierte Eigendynamik auf mögliche eigendynamische soziale Prozesse, durch die die interne Netzwerkstruktur dazu beiträgt, vom Netzwerk angestrebte Wirkungen zusehends systematisch hervorzubringen, und durch die dergestalt bewirkte Veränderungen der Umwelt ihrerseits wiederum Anpassungsprozesse in der internen Netzwerkstruktur auslösen können.

- einer Reihe von (Experten-)Interviews,
- der Berücksichtigung kritischer Kommentare und Anmerkungen der Interviewpartner zu den ihnen zugesandten fallbezogenen Berichtsentwürfen und
- von jenen Informationen und teils subtilen Kenntnissen, die man als (partieller) Zugehöriger zu Gesprächskreisen und communities über einen längeren Zeitraum gewinnt.

Die Interviews betrafen zum einen die Entwicklung von InnoPlanta und seinem Umfeld und zum anderen vier ausgewählte Einzelprojekte. Sie dauerten typischerweise zwischen 30 und 150 Minuten, wobei es sich in der Mehrzahl um Interviews vor Ort und in einigen Fällen um Interviews per Telefon handelte. Im Einzelnen wurden zumeist im März und April 2003 6 Interviews mit Angehörigen des Vorstands und der Geschäftsstelle von InnoPlanta, 4 Interviews zum Projekt C02, 4 Interviews zum Projekt C14, 2 Interviews zum Projekt C22, 2 Interviews zum Projekt C24 und je 1 Interview mit einem Vertreter des BMBF, des PTJ und des DIW durchgeführt.[13]

Für die Auswahl der für die detailliertere Untersuchung herangezogenen vier prototypischen Einzelprojekte[14], die in Abstimmung mit der InnoPlanta-Geschäftsstelle nach den vier Themenfeldern[15] der InnoPlanta-Projekte aus jeweils 3 bis 5 geeigneten Kandidaten getroffen wurde, waren folgende Kriterien maßgebend: Abdeckung der vier Themenfelder (TF), verschiedene Kulturpflanzen, Projektvolumen (PV), Zahl der Kooperationspartner (KP), Marktpotenzial (MP), Innovationstypus (IP), Relevanz der Gentechnik (GT), Existenz konkurrierender Lösungen (KL), regionale Ausrichtung (RA), Vielfalt der Anwendungsmöglichkeiten (VA), voraussichtliche Umweltverträglichkeit (UV), Sozialverträglichkeit (SV) und Akzeptanz (AK). Diese Kriterien sollten von den ausgewählten Projekten nach Möglichkeit unterschiedlich erfüllt werden, wobei zwischen den Projekten bezüglich der letzten drei Kriterien keine signifikanten Unterschiede vermutet werden. Während zwangsläufig nicht alle Kombinationsmöglichkeiten berücksichtigt werden konnten, ließ sich die Auswahl aber zumindest so gestalten, dass möglichst alle Merkmalsausprägungen auftraten. Dies macht die nachfolgende Tabelle 1.1 deutlich, bei der für die einzelnen Kriterien drei Beurteilungsmög-

---

[13] Von wenigen Ausnahmen abgesehen wurden einige ursprünglich vorgesehene ergänzende Interviews aus Zeitgründen nicht mehr durchgeführt.

[14] Es handelt sich um die in den Kapiteln 4.3 bis 4.6 behandelten FE-Projekte „Einsatz von arbuskulären Mykorrhizapilzen" (C14), „Rohstoffoptimierung für die Herstellung von Thymianfluidextrakt und Thymiherba" (C24), „Chorophyllreduzierte Ölpflanzen" (C22) und „Gentechnologisches Verfahren zur Herstellung männlicher Sterilität in Raps und Weizen" (C02), wovon nur die letzten beiden (auch) auf gentechnisch veränderte Pflanzen abzielen.

[15] Es sind dies: neue molekulargenetische Verfahren für die Züchtungsforschung (tools), neue Resistenzzüchtungen gegen wichtige europäische Kulturpflanzenschädlinge, Züchtung von Kulturpflanzen mit neuen Inhaltsstoffen, züchterische Optimierung von Sonderkulturen mit regionaler Bedeutung.

lichkeiten vorgegeben wurden. Im Übrigen steht jedes Projekt stellvertretend für ein Themenfeld und sind unterschiedliche Kulturpflanzen Zielobjekt dieser Projekte. Dass das Projekt C02 Ende März 2003 vorzeitig abgebrochen wurde, führte zu keiner Änderung der Ende 2002 getroffenen Auswahl, weil darin gerade die Chance gesehen wurde, die Geschichte eines abgebrochenen Projektes samt der Gründe seines Abbruchs zu untersuchen. Dies ist deshalb von Interesse, weil mit solchen Projektbeendigungen aufgrund des durchweg beträchtlichen Risikos vieler InnoPlanta-Projekte, wissenschaftlich-technisch zu scheitern, durchaus zu rechnen war und ist.

Projekt	TF	PV	KP	MP	IP	GT	KL	RA	VA	UV	SV	AK
C02	1	+	+	+	+	+	o	-	+	+/o	+	+/o
C14	2	+	+	+	+	+	+	-	+	+/o	+	+
C22	3	o	-/o	+	-	+	o	-/o	o	+	+	o
C24	4	o	o	-	-	-	+	+	o	+	+/o	+

Tabelle 1.1: Merkmalsausprägungen der untersuchten FE-Projekte

Aus methodischer und methodologischer Sicht sind in Bezug auf die aufgeführten Erhebungsmethoden, die getroffenen konzeptionellen Vorentscheidungen und die gewählte Darstellungsform die damit verbundenen systematischen Ausblendungen, Grenzen und Schwachstellen der Untersuchung zusammenfassend kenntlich zu machen, um Überinterpretationen und Missverständnisse der Untersuchungsergebnisse zu vermeiden.

Als erstes ist darauf hinzuweisen, dass der begrenzte Erhebungsaufwand – einschließlich des weitgehenden Verzichts auf ergänzende Interviews – kaum eine eigenständige Überprüfung der Korrektheit der von den Interviewpartnern erhaltenen Informationen über die sozialen Prozesse, Interaktions- und Entscheidungsmuster, Projektergebnisse und Erfolgsaussichten möglich war. Damit basieren die Reliabilität und Validität der Rekonstruktion der Entwicklungsgeschichte des Netzwerks InnoPlanta letztlich auf der Einschätzung der Glaubwürdigkeit der dem Autor mitgeteilten Informationen vor dem Hintergrund seiner eigenen Forschungserfahrungen mit Fallstudien, der Annahme, dass die Interviewpartner kein Interesse an gezielten Informationsverweigerungs- und -verfälschungsstrategien hatten, und der Korrektur falsch verstandener bzw. kontextualisierter Aussagen seitens der befragten Personen in den ihnen zur Verfügung gestellten, sie betreffenden Teilkapiteln.[16] Im Falle widersprüchlicher Aus-

---

[16] Etwa 40% der Interviewpartner korrigierten die per e-mail zugesandten Textentwürfe gründlich und detailliert, während die (interviewten) Vorstandsmitglieder und die Mitarbeiter des abgebrochenen Projekts C02 u.a. aus Zeitgründen keine inhaltlichen Korrekturen vornahmen. In anderen Fällen war das Feedback auf diesbezügliche Anfragen hingegen minimal, z.B. bei der Beschreibung und Evaluation der Einzelprojekte von InnoPlanta.

sagen unterschiedlicher Interviewpartner konnten diese allenfalls durch die zur Verfügung gestellten Unterlagen und durch die Korrektur der Textentwürfe aufgelöst werden. Hinsichtlich empirisch grundsätzlich prüfbarer Aussagen z.b. über Projektergebnisse und -erfolge musste sich der Autor mangels Fachkompetenz und Zeit gleichfalls auf die Aussagen der Interviewpartner verlassen. Einsichtsmöglichkeiten bestanden vielfach hinsichtlich der Projektanträge und -gutachten, interner Protokolle (z.b. von Vorstandssitzungen), Rechenschafts- und Geschäftsberichte (InnoPlanta 2002, 2003, 2004), jedoch nicht im Hinblick auf vermutlich aufschlussreiche informelle Unterlagen.

Darüber hinaus ist methodologisch bedeutsam, dass es zum einen für die Analyse und Evaluation der ausgewählten Einzelprojekte von besonderem Belang ist, dass diese zum Zeitpunkt ihrer Untersuchung meist gerade erst in Angriff genommen worden waren. Von daher entfiel die Möglichkeit, (angestrebte) Projekterfolge als empirisch messbare Indikatoren für eine objektivierbare Beurteilung der Angemessenheit und Qualität ihres Designs und ihrer Durchführung zu nutzen, von der zukünftigen Marktfähigkeit daraus resultierender anschließender Produkt- oder Verfahrensentwicklungen ganz zu schweigen. Zum anderen ist die Bestimmung dessen, was unter Erfolg eines Netzwerks oder eines FE-Projekts zu verstehen ist, von den Zielen und Interessen der jeweiligen Akteure bzw. den gewählten (explizit zu machenden) Erfolgskriterien einer (wissenschaftlichen) Untersuchung abhängig und damit nicht eindeutig vorgegeben. Ziele von InnoPlanta sind z.b. sowohl der erfolgreiche Abschluss pflanzenbiotechnologischer Projekte als auch seine Etablierung als Innovationsnetzwerk, das weitere (eigenfinanzierte und kooperative) Vorhaben anstößt. Ob also der gelungene Abschluss eines der laufenden FE-Projekte als genuiner Erfolg oder nur als Erfolgsbedingung der zukünftigen erfolgreichen Vermarktung eines erst noch zu entwickelnden pflanzenbiotechnologischen Produkts oder Verfahrens eingestuft wird, ist eine Frage der angesetzten, zu erfüllenden Ziele.

Relevante Kontexte im Umfeld von InnoPlanta wurden nicht en detail untersucht und die für die jeweiligen Projekte wichtige (pflanzenbiotechnologische) Fachliteratur (vgl. z.B. Christou/Klee 2003) blieb bei der Untersuchung außen vor.

Die für die zusammenfassenden Darstellungen analytischer Perspektiven und empirischer Rahmenbedingungen in den Kapiteln 2 und 3 ausgewertete Literatur ist, abgesehen von Kapitel 2.3, stark selektiver Natur, sodass die dort gegebenen, die relevante Literatur zusammenfassenden Darstellungen zwar Stringenz und Plausibilität, jedoch nicht Vollständigkeit und umfassende Kenntnis dieser Gebiete für sich beanspruchen können.

Neben diesen aus unvollständigen Verfahren der Datenerhebung und Informationsauswertung resultierenden methodischen Schwachstellen sind die (bei einer hermeneutisch geprägten Untersuchungsweise) gegebenen Grenzen der Verbindung von theoretischer Analyse, empirischer Datenerhebung und Deskription, und daraus resultierenden Schlussfolgerungen, problemorientierten Lösungsvorschlägen und Empfehlungen deutlich zu machen, in die leicht stillschweigende, nicht explizit gemachte normative Annahmen eingehen, ohne die sich durchaus plausible und begründete Zusammenhänge aus der Analyse eben noch keineswegs zwingend ergeben.

Insofern sind etwa die am Ende des Buchs empfohlenen, im Sinne von Wenn-dann-Aussagen formulierten Handlungsorientierungen zwar als plausibel begründet und nicht beliebig, jedoch nicht notwendigerweise als einzig mögliche anzusehen. Gerade die Betonung einer aus dem Zusammenspiel ganz unterschiedlicher Einflussfaktoren resultierenden förderlichen Push-und-Pull-Dynamik als einer für den Erfolg des Netzwerks mehr oder weniger notwendigen Bedingung macht das Herausdestillieren und den Nachweis eindeutiger Kausalzusammenhänge zwischen spezifischen Variablen, wie z.B. das Vorhandensein von für die Pflanzenbiotechnologie relevanten Ausbildungseinrichtungen und die Innovationsfähigkeit des Netzwerks, allenfalls als notwendige, aber nicht als hinreichende Bedingung möglich. Die Interaktionsdynamik der Einflussfaktoren selbst ist ihrerseits so komplex und zugleich häufig elastisch, dass sie allenfalls in ausgefeilten Simulationsmodellen näherungsweise erfasst werden kann, die in dieser Arbeit nicht zur Debatte standen.[17] Deshalb liegt auch der Erkenntnisgewinn aus dem in ihr vorgestellten Interaktionsmodell im Wesentlichen auf deskriptiver und auf hermeneutischer Ebene ohne den belastbaren Nachweis der Eindeutigkeit dargestellter spezifischer Interaktionsdynamiken.

Mit Blick auf den in wissenschaftlichen Arbeiten systematisch enthaltenen Generalisierungsanspruch ist sodann einschränkend festzuhalten, dass eine Fallstudie per definitionem nur sehr beschränkt Generalisierungen zulässt. Sie erlaubt jedoch die präzise Rekonstruktion von gesellschaftlichen Prozessen in einer Art und Weise, die ihr einerseits eine heuristische Funktion für Theoriebildung und die Erklärung sozialer Prozesse und andererseits den empirischen Test von theoriebasierten Hypothesen ermöglichen. Genau um Ersteres bemüht sich die vorliegende Studie auch. Sie nutzt somit theoretische Ansätze, um die Entwicklung eines Innovationsverbundes angemessen zu interpretieren und zu kontextualisieren. Sie prüft weder diese Ansätze anhand der Fallstudie auf ihre Richtigkeit noch entwickelt sie solche, abgesehen von der eklektischen Kombination von ihnen.

Fragt man nach der Reichweite der skizzierten Konzeption der Untersuchung, so haben ihre hermeneutische Prägung, ihre Problemorientierung, ihr eklektischer Theoriebezug, ihr begrenzter Zeitrahmen, ihr Fallstudiencharakter, ihr akteurorientierter Fokus

---

[17] Verwiesen sei hier beispielsweise auf das erwähnte aus 58 Variablen bestehende InnoRegio-Kausalmodell des DIW; vgl. Scholl/Wurzel 2002.

auf ein spezifisches Netzwerk und dessen Ausrichtung auf die Pflanzenbiotechnologie zwangsläufig diese Reichweite begrenzende Wirkungen. Vor diesem Hintergrund macht die Kombination verschiedener Ebenen und Dimensionen der Analyse sowohl die Stärke als auch die Schwäche dieser Untersuchung aus. Denn sie verzichtet, wie teils bereits begründet, weitgehend auf die Ausführung folgender Schritte:

- (vergleichende) empirische Überprüfung der Angemessenheit bestimmter Kategorien, Erklärungsmodelle oder Theorien,
- Erklärung des empirischen Materials mithilfe einer bestimmten (disziplinären) Theorie anstelle der eklektizistischen Verknüpfung von Theorie-Modulen,
- stringente Kausalanalyse der Entwicklung des Netzwerks InnoPlanta,
- Vergleich mit anderen organisatorischen oder Innovationsnetzwerken in- und außerhalb der Pflanzenbiotechnologie, auch in anderen Ländern und zu anderen Zeiten,
- Generalisierung der Ergebnisse der Analyse,
- stringente Ableitung von Handlungsempfehlungen.

Aufgrund des deutlichen Interesses der Auftraggeber der Studie an möglichst konkret umsetzbaren Handlungsempfehlungen, das dem durchweg üblichen und menschlich verständlichen Wunsch nach möglichst einfachen Politikrezepten korrespondiert, werden im Folgenden über die aus ihrer hermeneutischen Anlage resultierenden Einschränkungen hinaus drei Gründe aufgeführt, warum es unrealistisch ist, von sozialwissenschaftlichen Untersuchungen realisierbare Lösungsvorschläge praktischer Probleme zu erwarten. Zum einen müssen „in jeder praktikablen Problemlösung eine Menge situativer Momente mitberücksichtigt werden, die nur in sehr beschränktem Umfang generalisierbar sind. Hier erweisen sich Erfahrung, Intuition und Geschick des ‚Praktikers' in der Regel als überlegen. [...] Für den Praktiker ist das, wo er dazu lernen könnte, zu selbstverständlich und das ihm Fragwürdige zu speziell für eine wissenschaftliche Bearbeitung. [...] Nur insoweit soziologische Einsichten Bestandteil der praktischen Theorien werden, können sie praktisch relevant werden. Wissenschaftliche Begriffe und Theoreme verändern im Prozess der Verwissenschaftlichung die Wahrnehmung und Definition der praktischen Probleme und dadurch das mögliche Problemlösungsverhalten." (Kaufmann 1977: 51ff.) Ob es allerdings dazu kommt, hängt vorwiegend von außerwissenschaftlichen Bedingungen ab (vgl. Conrad/Krebsbach-Gnath 1980). Zum zweiten wäre selbst eine den situativen Kontext en detail berücksichtigende Analyse von relativ geringem Nutzen für die (politische) Praxis, weil die erhobenen Daten im Wesentlichen stets – wenn auch in unterschiedlichem Maß – vergangene Zeiträume betreffen und diesbezügliche konkrete Schlussfolgerungen daher nicht ohne weiteres auf den aktuellen und zukünftigen Kontext des Praktikers übertragen werden können. Diese Sachlage wird zum dritten noch dadurch verschärft, dass gegenwärtig eine zunehmende Verflüssigung von Lebens- und Politiklagen zu beobachten ist, die die Annahme relativ konstanter Politik- und Gesellschaftsstrukturen als Voraussetzung positiv umsetzbarer Handlungsempfehlungen problematisch macht. Es kann somit nur darum gehen, an einem exemplarischen Fallbeispiel den Akteuren des Netzwerks eine relativ fundierte Perspektive seiner Determinanten und Handlungsoptionen zu vermitteln und auf dieser eher abstrakt-allgemeinen Ebene strategische Empfehlungen anzubieten.

Damit theoretische Konzepte, empirische Rahmenbedingungen, die Beschreibung und Analyse von InnoPlanta und diesbezügliche Schlussfolgerungen innerhalb des Buches dargelegt werden können, sind schließlich einige Voraussetzungen auf der Leserseite und einige Einschränkungen der Darstellung festzuhalten. Vom Leser wird eine gewisse Vertrautheit mit Themen, die Schlagworte wie Innovation, Technologiepolitik, Globalisierung, Netzwerkbildung, Biotechnologie, Akzeptanz kennzeichnen, und mit soziologischen und politologischen Begriffen wie Diskurs, Funktionssystem, Akteur, policy erwartet, da auf deren gesonderte Erläuterung aus Platzgründen verzichtet werden musste. Diesbezüglich wird auf die entsprechende Literatur sowie auf eigene frühere Arbeiten (Conrad 1990a, 1992) verwiesen. Ebenso werden die Ausführungen in diesem Buch weder im Einzelnen quellenmäßig belegt noch die daran anknüpfenden Schlussfolgerungen ausführlich begründet. Der Widerspruch zwischen kurzer kompakter Zusammenfassung komplexer Zusammenhänge und wissenschaftlicher Detailgenauigkeit, Begründung und Nachweisbarkeit wird durch den Verweis auf Fachliteratur, (expliziten) Nachweisverzicht und einzelne illustrative Beispiele aufzulösen versucht. Es geht der Arbeit – im Sinne einer guten, wissenschaftlich abgestützten journalistischen Fallanalyse – um die empirisch gesättigte Darstellung sozialer Prozesse und Entwicklungsmuster des Netzwerks InnoPlanta und um darauf aufbauende handlungsstrategische Schlussfolgerungen. Entsprechend ist sie, wie gesagt, auf empiriegeleitetes hermeneutisches Verstehen und weniger auf theoretisches Erklären hin orientiert.

1.3 Aufbau und Begründung

Der Aufbau des Buches orientiert sich an den benannten Zielen der Studie. Aus der Sicht des InnoPlanta e.V., der im Zentrum der Arbeit steht, ist insbesondere danach zu fragen, (1) ob er die Kriterien erfüllt, die ein Innovationsnetzwerk kennzeichnen, (2) ob er entscheidend dazu beitragen kann, eine (regionale) Innovationsdynamik in Gang zu setzen, die die internationale Wettbewerbsfähigkeit seiner Mitglieder zu gewährleisten vermag, (3) ob eine Push-und-Pull-Dynamik erwartbar ist, die die Region Nordharz/Börde zu einem selbsttragenden Cluster der Pflanzenbiotechnologie werden lassen könnte, und (4) in welchem wirtschaftlichen und Regulierungsumfeld sowie Diskurs- und Protestkontext der Biotechnologie er operieren muss.

Um die diesbezüglichen Handlungsspielräume und Perspektiven von InnoPlanta angemessen abschätzen zu können, bedarf es daher zunächst der Kenntnis der diese maßgeblich prägenden Rahmenbedingungen. Deshalb werden – ausgewählte relevante Literatur in diesen Bereichen zusammenfassend – in Kapitel 2 die bei der Analyse verwandten analytischen Perspektiven und theoretischen Konzepte, mit deren Hilfe diese Bedingungszusammenhänge erfasst und konzeptionell eingeordnet werden, und in Kapitel 3 die maßgeblichen empirischen Rahmenbedingungen des InnoPlanta-Netzwerks auf allgemeiner Ebene beschrieben. Vor diesem Hintergrund werden der spezifische Entwicklungspfad und das Projekt-Portfolio von InnoPlanta sowie die in Kapitel 4 detailliert ausgeführten Handlungsstrategien seiner Akteure gut nachvollziehbar. Kapitel 5 arbeitet sodann die Bestimmungsfaktoren der Entwicklung und Optionen von InnoPlanta heraus, indem es die in den Kapiteln 2 und 3 zusammengefassten übergeordneten analytischen Perspektiven und empirischen Rahmenbedingungen auf das konkrete Netzwerk InnoPlanta anwendet und in Verbindung mit der Analyse seiner internen Ressourcen und Randbedingungen seine in Kapitel 4 beschriebene Entwicklung folgerichtig erklärt. Aus dieser mehrdimensionalen Analyse von InnoPlanta werden nun die hieraus resultierenden, in Kapitel 6 dargestellten Ergebnisse und Schlussfolgerungen der Untersuchung verständlich.

Im Einzelnen geht es – nach der einleitenden Darstellung von Ziel, Kontext, Konzeption, Methodik und Grenzen der dem Buch zugrunde liegenden Untersuchung in diesem Kapitel 1 – auf einer theoretisch-konzeptionell orientierten Seite zum einen um das Verständnis des Zusammenspiels von internationaler Wettbewerbsfähigkeit, Innovationsdynamik und Technologiepolitik (2.1) und die Analyse und Erklärung der Möglichkeiten und Grenzen regionaler Cluster und Innovationsnetzwerke (2.2). Im Hinblick auf diese analytischen Perspektiven stehen dabei begriffliche Abklärungen, relevante Bedingungszusammenhänge und diesbezüglich beobachtbare Entwicklungstrends im Vordergrund der Darstellung. Zum anderen werden in einer auf Forschungsdesigns und methodologische Fragen gerichteten Perspektive Erklärungsansätze, thematische Schwerpunkte, Charakteristika, Reichweite und Entwicklungstendenzen sozialwissenschaftlicher Gentechnikforschung (2.3) und die Möglichkeiten der Beschreibung der eine zentrale Rolle bei der Erklärung der Entwicklung von InnoPlanta spielenden Interaktionsdynamik bedeutsamer Einflussfaktoren (2.4) erörtert.

Auf der empirie-orientierten Seite der Geschichte und Entwicklungstrends der Biotechnologie (3.1) wird das Verständnis und die Darstellung der Struktur- und Prozessmuster der Entwicklung der Pflanzenbiotechnologie (in ihrer ökonomischen, politischen und sozialen Dimension) insbesondere geprägt von der globalen Innovationsdynamik der Biotechnologieindustrie (3.2), der hierbei politische und rechtliche Rahmenbedingungen setzenden Biotechnologiepolitik (3.3) und den gesellschaftlichen Diskursen und Auseinandersetzungen um die (grüne) Gentechnik (3.4).

Damit sind die analytische Konzeptualisierung und der empirische Kontext herausgearbeitet, innerhalb derer die Entwicklung, Handlungsspielräume und Optionen des Netzwerks InnoPlanta zu sehen sind. Dafür werden seine Entwicklungsgeschichte und Orientierung in Kapitel 4 sowohl auf der Ebene seiner Organisiertheit als interessenpolitisch aktiver Verein (4.1-4.2) als auch auf derjenigen seiner es maßgeblich ausmachenden, durchaus unterschiedlich gestalteten Einzelprojekte (4.2-4.6) genauer beschrieben.

Auf dieser Grundlage werden in Kapitel 5 die maßgeblichen externen (5.1-5.5) und internen (5.5-5.9) Bestimmungsfaktoren der Handlungsspielräume und -strategien von InnoPlanta erörtert, indem die geschilderten allgemeinen Rahmenbedingungen mit seinen spezifischen Eigenschaften verknüpft und mithilfe des gewonnenen analytischen Rahmens interpretiert werden. Dabei geht es im Wesentlichen um die regionale Infrastruktur (5.1), die nationale und internationale Konkurrenzfähigkeit der Region in der Pflanzenbiotechnologie (5.2), die Rolle der Förderpolitik (5.3), den Einfluss des öffentlichen Gentechnik-Diskurses (5.4), die soziale Akzeptanz der grünen Biotechnologie (5.5), den Grad und die Folgen der Netzwerkbildung (5.6), die Orientierungs- und Denkmuster der Akteure des Netzwerks (5.7), ihre Interessenlagen, Konflikte und die Rolle von Einzelpersonen und Zufallsereignissen (5.8), die sich herausbildende Eigenstruktur und Entwicklungsdynamik von InnoPlanta (5.9) und seine Zeithorizonte und Optionsspielräume (5.10).

Aus dieser mehrdimensionalen Analyse, die die angeführten untersuchungsleitenden Fragestellungen damit weitgehend beantwortet, werden dann in Kapitel 6 sowohl wissenschaftlich-reflexive als auch praktisch-handlungsorientierte Schlussfolgerungen gezogen. Sie beziehen sich zum einen auf die Tragfähigkeit und den Nutzen der verwandten theoretischen Konzepte (6.1) und die Belastbarkeit der Untersuchungsergebnisse (6.2), zum zweiten auf die durch externe Rahmenbedingungen vorgegebenen Entwicklungspfade von InnoPlanta (6.3), die Wirksamkeit seiner Aktivitäten (6.4) und die aus dem Zusammenspiel externer und interner Bestimmungsfaktoren resultierende feststellbare Entwicklungsdynamik (6.5), und zum dritten auf die Optionen und Handlungsspielräume von InnoPlanta (6.6), ihre Variation in Verbindung mit möglichen allgemeinen Entwicklungstrends (6.7) und die sich hieraus für InnoPlanta als Netzwerk letztlich ergebenden oder zumindest nahe liegenden Handlungsstrategien (6.8). Damit wird der weit ausholende Bogen dieser Analyse, die vielgestaltige Komplexität zu berücksichtigen und zu reduzieren versucht, mit praxisorientierten Empfehlungen geschlossen, die zentralen Fragen für eine erfolgversprechende Strategie von InnoPlanta werden zu beantworten versucht, und dem Erkenntnisinteresse des hauptsächlichen Auftraggebers, Untersuchungsobjekts und Adressaten dieser Untersuchung wird somit Rechnung getragen.

2 Analytische Perspektiven

2.1 Internationale Wettbewerbsfähigkeit, Innovationsdynamik und Technologiepolitik

Dieses Teilkapitel verdeutlicht den allgemeinen technologie- und innovationspolitischen Kontext, in dem die pflanzenbiotechnologischen Anstrengungen des Innovationsverbunds InnoPlanta zu sehen sind, um ihre bisherige Entwicklung und ihre Erfolgsaussichten angemessen einschätzen zu können. Insofern das InnoRegio-Programm in seiner Konzeption darauf abzielt, als technologiepolitisches Programm durch die Förderung von Netzwerkbildung qua Kooperation relevanter regionaler Akteure in marktorientierten FE-Projekten eine regionale Innovationsdynamik anzustoßen, die zu international wettbewerbsfähigen Produkten und Verfahren führt, sind die diesbezüglichen Befunde über die Voraussetzungen und Kennzeichen von internationaler Wettbewerbsfähigkeit, Innovationsdynamiken und einer derartigen Technologiepolitik zu verdeutlichen und die Stringenz des unterstellten Bedingungszusammenhangs zu prüfen. Dabei geht es an dieser Stelle um generelle und nicht um speziell die Biotechnologie (als Schlüsseltechnologie) betreffende Aussagen. Mit dieser genaueren begrifflichen Abgrenzung und Herausarbeitung des Bedingungszusammenhangs der für InnoRegios wie InnoPlanta ökonomisch zentralen allgemeinen Determinanten sollen in normativer und deskriptiver Hinsicht vergleichsweise eindeutige Befunde von Wettbewerb, Innovationen und Technologiepolitik konzeptualisierenden und behandelnden sozialwissenschaftlichen Theorien resümiert werden.

Hierzu werden (1) der zentrale Stellenwert von Innovation in modernen Gesellschaften verdeutlicht, (2) verschiedene Typen und Erfolgsfaktoren von Innovationen benannt, (3) die wichtige Rolle von Innovationsdynamiken und nationalen Innovationssystemen hervorgehoben und (4) der Bedingungszusammenhang von internationaler Wettbewerbsfähigkeit und Innovationsdynamik in Verbindung mit der Globalisierung von Innovationen präzisiert. Darauf bezogen werden (5) die systematischen Aufgaben, Wirkungsmöglichkeiten und Grenzen staatlicher Technologie- und Innovationspolitik umrissen, (6) ihre möglichen Lead-Markt-Strategien, Internationalisierungsstrategien und ihre Mehrebenenstruktur charakterisiert, (7) die veränderten Problemlagen und Anforderungen nationaler Technologie- und Innovationspolitik resümiert, (8) daraus resultierende Anstrengungen und substanzielle Folgen in Bezug auf die technologische Leistungsfähigkeit Deutschlands zusammengefasst und (9) die diesbezügliche Situation der ostdeutschen Bundesländer gekennzeichnet.

Relativ übereinstimmend wird in der Literatur der der Moderne strukturell inhärente Impetus zur Suche nach Neuem und zu dauerhafter Innovation konstatiert (vgl. Daele 1991, Krohn 1983, Krupp 1995, Landes 1998, Mayntz 2001), wobei die hieraus resultierenden vielfältigen Implikationen und teils prekären Folgeprobleme durchaus thematisiert werden (vgl. Anders 1980, Berger 1986, Bühl 1981, Eurich 1988, Huber 1982, 1989a, Luhmann 1981, Meadows et al. 1992, Winner 1977, 1986), wie im Folgenden Zitat zusammengefasst: „Das Neue muss normalisiert, d.h. in die Gesellschaft integriert werden ... Dass hierbei in der Regel Ambivalenzen auftreten, dass für Innovationen ein gesellschaftlicher Preis zu zahlen ist, ist evident... Die Suche nach Neuem gehört zur Identität der Moderne, gerade jedoch durch Erfolge bei dieser Suche wird die Identität wiederum in Frage gestellt und muss erst wieder hergestellt werden... Der Zwang zur Innovation ist selbst zur Tradition der Moderne geworden und erzeugt eine laufende Beschleunigung der Veränderung von Strukturen, die zwar nicht geplant, aber dennoch Ergebnis des Innovationsprozesses sind ... Folge dieser sich laufend nach oben drehenden Innovationsspirale ist, gewissermaßen als Spin-off-Effekt, die Erzeugung riesiger Abfallmengen an Produkten, Informationen, Stoffen und somit die Entwertung des Neuen in kurzer Zeit. Der Zwang zur Dauerinnovation macht auf ein weiteres strukturelles Merkmal der Moderne aufmerksam: den Verlust der Orientierung an der Vergangenheit und die damit verbundene Öffnung einer unbekannten Zukunft ... Mit der zunehmenden Kopplung von Wissenschaft und Technik ist aber ein wichtiger Innovationsmechanismus entstanden, der gewissermaßen Neuerungen aus sich heraus schafft, in dem die Erforschung und Änderung auf Dauer gestellt ist ... Eine in allen Bereichen innovierende Gesellschaft tendiert zur Entgrenzung, nur in einer Gesellschaft, die auch Strukturen setzt, Grenzen errichtet, kann über den Zweck und Sinn von Innovation befunden werden ... Längst ist der Fortschrittsoptimismus einem Abwägen gewichen und die Komplexität des Geschehens bewusst geworden. Auch Innovationen haben ihre nicht-intendierten Folgen, die die Probleme von morgen darstellen ... Das wechselseitige Spiel von sozialen Gestaltungsräumen und technischen Optionen und Realisierung dürfte auch in Zukunft ein zentrales Thema der Innovationsforschung bleiben ... Die Dialektik von globalen Orientierungen und lokalen Innovationen wird zunehmend das Bild einer weltweit vernetzten und lokal produzierenden Wirtschaft prägen." (Bechmann/Grunwald 1998: 7ff.) Auf prinzipielle Folgeprobleme und Grenzen dieser grundlegenden Innovationsdynamik, wie sie in diversen Varianten der Industrialismuskritik (vgl. Conrad 1990a, Huber 1982, Kitschelt 1984, Meadows et al. 1992, Sieferle 1989), dem Aufzeigen von normalen Katastrophen (Perrow 1984) und gesellschaftstheoretischen Arbeiten (vgl. Beck 1986, 1988, Giddens 1990, Habermas 1981, 1985, Luhmann 1981, 1991) herausgearbeitet werden, kann hier nicht weiter eingegangen werden.[1] An dieser Stelle sei lediglich darauf hingewie-

---

[1] „Unterschiedliche Autoren wie Beck, Perrow oder Luhmann heben durchaus auf unterschiedliche

sen, dass wissenschaftlich-technischer Fortschritt aus einer Gemeinwohlperspektive heraus ebenso wie Profitmaximierung (Marx/Engels 1972) kein Selbstzweck, sondern Mittel zum Zweck sein sollte, jedoch aufgrund der angesprochenen systemstrukturellen Eigendynamik der Moderne sowohl in der Praxis als auch in der gesellschaftlichen Selbstreflexion und Selbstvergewisserung tendenziell diesen Selbstzweckcharakter gewonnen hat und eine diesbezügliche gesellschaftliche Entscheidungsfreiheit und Handlungsfähigkeit kaum mehr unterstellt werden kann.[2]

Ohne zu übersehen, dass sich neue Technologien keineswegs notwendig und widerstandslos in einer Gesellschaft durchzusetzen pflegen und ihre Einführung eher vermehrt mit technologischen Kontroversen einhergeht (vgl. Conrad 1990b, Kitschelt 1984, 1985, Sieferle 1984, Simonis et al. 2001, Winner 1986), sind die Möglichkeiten der Techniksteuerung und -kontrolle in modernen Gesellschaften nicht nur sozialstrukturell, sondern auch kulturell deutlich begrenzt.[3] Nur wenn aus der Nutzung von Technologien unvermeidbare Gefahren für die Wertordnung moderner westlicher Industriegesellschaften (gesetzlich) ebenfalls geschützte Rechte oder Gemeinschaftsgüter resultieren, stehen ansonsten durch garantierte Individualrechte gedeckte technische Möglichkeiten politisch zur Disposition. Von daher ist Gefahrenabwehr nicht nur ein, sondern meist der einzig mögliche Ansatz politischer Technikeinschränkung (Conrad 1994, Daele 1989). Daher weist staatliche (Technologie-)Politik in Bezug auf Innovationen relativ durchgängig die Janusköpfigkeit von Förderpolitik einerseits und Schutzpolitik andererseits auf.

Nach dieser Skizze des gesellschaftsstrukturellen Kontexts von Innovation werden im Folgenden verschiedene Typen von Innovation unterschieden und innovationsfördernde Faktoren aufgelistet (vgl. Dogson 2000, Dogson/Rothwell 1994, Dosi et al. 1988, Freeman 1974, Freeman/Soete 1990, Grupp 1998, Scholl 2004).

Bei Innovationen wird typischerweise zwischen technischen und sozialen Innovationen sowie zwischen radikalen und inkrementellen Innovationen differenziert. Bei

---

mögliche Bruchstellen in der Fortsetzung des technisch-industriellen Entwicklungspfades der Moderne ab: normale Katastrophen, organisierte Unverantwortlichkeit, notwendiges Planungswissen, Fragilität funktional differenzierter Gesellschaften. Sie stimmen jedoch letztlich in der Schlussfolgerung der prekären und zunehmend bedrohten Basis der industriegesellschaftlichen Moderne überein." (Conrad 1994: 230)

[2] Demgemäß geht es in der nachfolgend resümierten Fachliteratur um die Struktur- und Prozessmuster solcher (zunehmend globaler) Innovationsdynamiken, und nicht um deren Sinnhaftigkeit und Legitimität.

[3] „Im Allgemeinen begünstigt das System der politischen Regulierung die Erhöhung von Kontingenz. Der Grund liegt darin, dass die Dynamik der Wissenschafts- und Technikentwicklung, auf der Kontingenzerhöhung vor allem beruht, politischer und rechtlicher Regulierung weitgehend entzogen bleibt. Vor allem ist das Entstehen technischer Optionen politisch nicht beherrschbar ... Technologiepolitik ist viel weniger Steuerung als Reaktion, sie läuft gleichsam einer von ihr unabhängigen gesellschaftlichen Dynamik korrigierend und kompensierend hinterher." (Daele 1991: 598f.)

technischen Innovationen lassen sich Produkt- und Prozessinnovationen unterscheiden. Soziale Innovationen umfassen zum einen (spezifische) organisatorische Innovationen und zum anderen institutionelle Innovationen im Sinne grundlegenderer gesellschaftlicher Rearrangements.[4] Radikale Innovationen bezeichnen grundlegende Neuerungen und Umwälzungen, während inkrementelle Innovationen Verbesserungsinnovationen innerhalb einer bereits vorhandenen (etablierten) Technik/Struktur bereffen.

Die Unterscheidung sukzessiver Innovationsphasen wie Forschung, Entwicklung, Erfindung, Markteinführung und Diffusion wird zwar noch zu analytischen Zwecken verwendet; ihre zeitliche Sequenz wird hingegen nicht mehr unterstellt, sondern vielmehr wird von ihrer wechselseitigen Interaktionsdynamik im Rahmen eines komplexen sozialen Innovationsprozesses ausgegangen.[5] Ob sich eine technische Neuerung durchsetzt, hängt von der Passung ihrer technischen Eigenschaften und ihres sozialen Verwendungszusammenhangs ab (vgl. Dolata 2003a, Huber 2004, Nelson/Nelson 2002, Weingart 1989, 2001), und daher neben ihrer technischen Ausgereiftheit und Zuverlässigkeit vor allem von ihrer ökonomischen Vorteilhaftigkeit, der Vielfalt ihrer Anwendungsmöglichkeiten, der Durchsetzungsfähigkeit ihrer Promotoren und Implementatoren, ihrer Sicherheit für Hersteller, Nutzer und Drittparteien und ihrer Umweltverträglichkeit (Freeman 1974, 1994, Conrad 1986).[6] Auch wenn Technikhistoriker eine große Zahl verschiedener, jeweils gut begründeter Antworten auf die Frage nach dem entscheidenden Faktor der modernen Technikentwicklung gegeben haben, besteht heute weitgehender Konsens, dass es zum einen diesen *einen* entscheidenden Faktor nur in den seltensten Fällen gibt und dass zum anderen ökonomische Faktoren in modernen Gesellschaften überwiegend den bedeutsamsten Einfluss auf die gesellschaftliche Durchsetzung technischer Innovationen ausüben.[7]

---

[4] Insofern Innovationen im Prinzip mit der Verbesserung oder Erweiterung bekannter (bestehender) Konfigurationen und Problemlösungsmuster einhergehen (sollen) und somit mehr als bloße Veränderungen meinen, ist es – weit mehr als bei technischen Innovationen – eine diffizile Aufgabe, genuine soziale Innovationen unter Beachtung ihrer Kontextabhängigkeit als solche zu identifizieren und von sonstigen sozialen Veränderungen und organisatorischen Umstrukturierungen abzugrenzen.

[5] „Das Bild einer linearen Verknüpfung von wissenschaftlicher Forschung und technischer Anwendung wird deshalb heute immer mehr von der Vorstellung ihrer wechselseitigen Abhängigkeit abgelöst." (Mayntz 2001: 11)

[6] Ob sich eine technische Innovation gesellschaftlich ausbreitet, hängt somit häufig von der Umsetzung damit verbundener sozialer Innovationen ab.

[7] Man kann sagen, „dass die Erklärungskraft einer artikulationsfähigen und zahlungsfähigen Nachfrage in den erfinderischen Anfangsphasen der Technikentwicklung am geringsten ist, in den späteren Phasen aber wächst ... Tatsächlich stammen die ökonomisch ertragreichsten technischen Innovationen zum guten Teil aus einer gerade *nicht* ökonomisch motivierten Forschung ... Der Einfluss des Staates auf die Technikentwicklung hat sich zur Gegenwart hin deutlich verstärkt, ist aber zumindest in privatwirtschaftlich verfassten Gesellschaften wohl immer noch geringer als der Einfluss ökonomischer Faktoren ... Allerdings ist [auch] die staatliche Förderung der Technikentwicklung nicht unbedingt primär an *politisch* gesetzten Prioritäten orientiert ... Über die Politik wirken oft wissenschaftliche und vor allem ökonomische Interessen, deren Repräsentanten an der

Auch wenn Innovation per definitionem ein Projekt unter Unsicherheit mit ungewissem Ergebnis darstellt, lassen sich dennoch Erfolgsfaktoren von (industriellen) Innovationen benennen.[8] Generell gilt: „Success is a matter of competence in all functions and of balance and coordination between them. Finally, success is ‚people centred' and, while formal techniques can enhance the performance of dynamic, gifted and entrepreneurial managers, they can do little to raise the performance of innovatory management lacking these qualities." (Rothwell 1994: 37)

Auch wenn firmenexterner Informationsaustausch und die Zusammenarbeit mit Nutzern stets von entscheidender Bedeutung bei der Entwicklung neuer Produkte und Verfahren waren, spielen Systemintegration und Netzwerke tendenziell eine immer wichtigere Rolle in nationalen und internationalen Innovationssystemen, „encompassing greater overall organisational and systems integration, flatter, more flexible organisational structures for rapid and effective decision-making, fully developed internal data bases, and effective external data links as their primary enabling features (Freeman 1991, Rothwell 1994)." (Conrad 2000a: 605)

Bei aller Fokussierung der Innovationsforschung auf die Erfolgsfaktoren von Innovationen darf aber trotz einer weitgehend fehlenden Misserfolgsforschung über fehlgeschlagene Innovationen (failed innovations) nicht vergessen werden, dass 85% bis

---

Entwicklung staatlicher Förderpolitik beteiligt sind, auf die Technikentwicklung ein. Insofern ist eine säuberliche Trennung zwischen wissenschaftlichen, ökonomischen und politischen Faktoren der Technikentwicklung schwer möglich: die verschiedenen Faktoren stehen in Wechselwirkung miteinander, und die Technikentwicklung selber wirkt ihrerseits auf jeden ihrer Faktoren zurück." (Mayntz 2001: 11ff.)

[8] Rothwell (1992, 1994: 36) unterscheidet hierbei Erfolgsfaktoren auf Projektdurchführungs- und auf Unternehmensebene:

„Project execution factors:

• Good internal and external communication: accessing external know-how
• Treating innovation as a corporate-wide task: effective inter-functional coordination: good balance of functions
• Implementing careful planning and project control procedures: high quality up-front analysis
• Efficiency in development work and high quality production
• Strong marketing orientation: emphasis on satisfying user needs: development emphasis on creating user value
• Providing a good technical service to customers: effective user education
• Effective product champions and technological gatekeepers
• High quality, open minded management: commitment to the development of human capital
• Attaining cross-project synergies and inter-project learning

Corporate level factors:

• Top management commitment and visible support for innovation
• Long-term corporate strategy with associated technology strategy
• Long-term commitment to major projects (patient money)
• Corporate flexibility and responsiveness to change
• Top management acceptance of risk
• Innovation-accepting, entrepreneurship-accommodating culture."

95% aller Entwicklungen nie zur Marktreife gelangen, Erfolg die Ausnahme und Scheitern die Regel ist (vgl. Bauer 2004, Braun 1992).

Die zentrale Rolle einer vorteilhaften Interaktionsdynamik für erfolgversprechende Innovationsprozesse wird insbesondere in der neueren Literatur verstärkt hervorgehoben (vgl. Foray/Freeman 1993, Grimmer et al. 1999, Huber 2004, Mowery/Nelson 1999)[9], die sowohl die Abkehr von auf Einzelfaktoren beruhenden Erklärungsmodellen von (technologischen) Innovationen wie z.b. dem Einfluss der Höhe staatlicher FE-Fördermittel belegt als auch die Möglichkeit einer ausschlaggebenden Rolle fallspezifisch eher zufällig gegebener vorteilhafter (institutioneller) Arrangements ins Auge fasst.[10]

Auch beim Konzept der (nationalen) Innovationssysteme gehen die Autoren dezidiert von einem ein institutionelles Gefüge umschließenden System aus, das sich durch lose strukturierte Beziehungen interdependenter Faktoren bildet, die die Innovationsfähigkeit bestimmen. Innovationsfähigkeit ist dabei auch Resultat eines evolutionären interaktiven Lernprozesses, der durch entsprechende Umweltbedingungen erschwert oder erleichtert werden kann, jedoch nicht determiniert ist (vgl. Archibugi/Michie 1996, Boyer et al. 1997, Edquist 1997, Giesecke 2000, 2001, Lundvall 1992, Nelson 1993, Niosi et al. 1993, OECD 1997, 2001, Pavitt/Patel 1999, Peter 2002).[11] Dabei

---

[9]   Mowery/Nelson (1999) heben aufgrund der vergleichenden Analyse von sieben (teils über ein Jahrhundert angelegten) jeweils USA, Europa und Japan untersuchenden Sektor-Fallstudien (Computer, Software, Halbleiter, NC-Maschinen, Chemieindustrie, Pharma-Industrie und rote Gentechnik, medizinische Diagnose-Instrumente) als zusammenwirkende Quellen von ‚industrial leadership' jeweils vorteilhafte Strukturmerkmale von Firmencharakteristika, Technikentwicklung, nationale Förderinstitutionen und -politik, Dauerhaftigkeit, nationale Lead-Märkte, Wettbewerb, Ausbildung qualifizierten Personals, und Wagniskapital hervor. Analog verdeutlichen die Beiträge in Foray/Freeman (1993) sowohl die Notwendigkeit als auch die inhärenten Probleme der erforderlichen fallspezifischen Verbindung von Diversität und Kohärenz, von Interdependenz und Incentives im Bereich von Wissenschaft und Technologie und diesbezüglicher Forschungs- und Technologiepolitik und insistieren auf komplexen Konzepten und Instrumentarien der Analyse der Interaktionsdynamik von relevanten, auf unterschiedlichen Ebenen liegenden (z.B. technische, soziale, strukturelle Innovationen betreffenden) Einflussfaktoren.

[10] So hält Peter (2002: 237f.) fest: „Im Gegensatz zum linearen Innovationsmodell, das eine zeitlich nacheinander geschaltete Betrachtung weniger Institutionen ermöglichte – i.w.S. nur das Wissenschaftssystem –, sind reale Innovationsprozesse systemisch, komplex und dabei gleichzeitig fraktal. In den USA war und ist die Biotechnologie deshalb erfolgreich, weil verschiedene, förderliche Elemente mehr oder weniger *zufällig* (Hervorhebung durch mich, J.C.) vorhanden waren und sich in ihrer Wirkung wechselseitig verstärkten."

[11] So weist etwa Hohn (1999: 5f.) darauf hin, „dass es so etwas wie eine optimale und jedem Typus von Innovation angemessene institutionelle Struktur gar nicht gibt. Kein Land der Welt praktiziert einen ‚one best way' zur Stimulierung seines wirtschaftlichen Innovationspotentials. Die unterschiedlichen nationalen Systeme weisen vielmehr spezifische Stärken und Schwächen und eine unterschiedliche Performanz auf unterschiedlichen Wissensgebieten und unterschiedlichen wirtschaftlichen Sektoren auf... Diese spezifischen Schwächen und Stärken hängen zunächst einmal eng damit zusammen, dass Innovationen von ganz unterschiedlicher Art sein können... Aber nicht jedes nationale System ist mit all solchen unterschiedlichen Arten von Innovationen gleichermaßen kompatibel. Und dies wiederum geht darauf zurück, dass das Innovationspotential einer nationalen Wirtschaft nicht von einzelnen, isolierten Institutionen, sondern durch die systemische Inter-

24

spielt der Nationalstaat immer noch eine entscheidende Rolle für den Erfolg von Innovationssystemen, auch wenn ebenso gut regionale, lokale, supranationale oder sektorale Innovationssysteme betrachtet werden können (Freeman 2002, Wolf 1999). Als wesentliche institutionelle Faktoren nationaler Innovationssysteme nennen Archibugi/ Mitchie (1996: 8f.) und Peter (2002: 61f.) folgende: Aus- und Weiterbildung, wissenschaftliche und technologische Fähigkeiten, Industriestruktur, Forschungs- und technologische Stärken und Schwächen, sowie außerdem: Interaktionen innerhalb des Innovationssystems und Interaktionen mit externen Systemen[12], wodurch auch deutlich wird, dass weniger das Vorhandensein bestimmter Faktoren als vielmehr „die Interaktionen zwischen den Einheiten entscheidend für die Effizienz eines Nationalen Innovationssystems sind."[13] (Peter 2002: 62)

Vor dem Hintergrund der zentralen Rolle solcher Interaktionsdynamiken hebt das Konzept der Innovationsdynamik nun auf einen mehr oder minder kontinuierlichen Strom von Innovationen ab, der auf einer Eigendynamik beruht, die aus dem Zusammenspiel fördernder Push- und-Pull-Faktoren in einem entsprechenden sozialen Setting resultiert, das den der Moderne innewohnenden abstrakt-allgemeinen Innovationsdruck in aufeinander bezogene konkrete Innovationen überführt. Im Konzept der Innovationsdynamik stehen nicht einzelne Innovationen, sondern ein sozialer Prozess im Brennpunkt, der einerseits den gesellschaftlichen Entstehungs- und Bedingungszusammenhang technischer Entwicklungspfade und andererseits die diesen zugrunde liegende Interaktionsdynamik betont, in die die Gestaltung und Verbreitung jeweils konkreter Technologien notwendig eingebettet sind.[14]

Über einzelne technische Entwicklungen und Innovationen hinaus werden nun Innovationsdynamiken und die hieraus resultierenden Innovationseffizienzen[15] insbesondere im Kontext von Konkurrenzfähigkeit – und damit primär aus ökonomischer Perspekti-

---

aktion vieler institutioneller Komponenten bestimmt wird. So ist ein Produzent innovativer und qualitativ hochwertiger Endprodukte auf eine leistungsstarke Zulieferindustrie angewiesen und die permanente Erneuerung von Produktionsverfahren bedarf eines leistungsfähigen Systems der beruflichen Bildung."

[12] Entsprechend plädieren Lundvall et al. (2002) für eine konzeptionelle Erweiterung des Konzepts Nationale Innovationssysteme.

[13] Gerade im Hinblick auf eine tendenzielle Vernachlässigung der Grundlagenforschung wird von unterschiedlichen Autoren immer wieder die Wichtigkeit dieses Faktors gegenüber ausgeprägt marktorientierten Unternehmensstrategien im Kontrast zu einer stark anwendungsorientierten Technologie- und Innovationspolitik betont (vgl. Dolata 2001c, 2004, Drews 1998, Grupp et al. 2003).

[14] Dabei ist eine solche Innovationsdynamik noch schwerer zu messen als (erfolgreiche) Innovationen selbst, deren Messung bereits durch die Definition von Innovation deutlich beeinflusst wird und durchaus zu Ergebnissen führen kann, die nach zugrunde liegenden (evolutionstheoretischen) Konzepten (z.B. Nelson/Winter 1982) nicht zu erwarten waren (Stock et al. 2002).

[15] Innovationseffizienz misst das Verhältnis der Innovationsrendite, indem sie vorangegangenen Innovationsaufwendungen die erzielten Innovationserträge gegenüberstellt, die sich aus dem Wertschöpfungsbeitrag des Umsatzes mit Marktneuheiten und der Kosteneinsparung durch Prozessinnovationen ergeben (Rammer 2003).

ve – gesehen, insofern sie die (internationale) Wettbewerbsfähigkeit eines Unternehmens, einer Region oder eines Landes gewährleisten sollen.[16] Wettbewerbsfähigkeit stellt insbesondere in privatwirtschaftlich verfassten kapitalistischen Gesellschaften das zentrale Kriterium dar, dessen Erfüllung zum Großteil über (wirtschaftliche) Lebensfähigkeit, Position, Stärke und Entwicklungschancen der (konkurrierenden) Akteure, Unternehmen und Regionen entscheidet, denen sie als Leitorientierung ihrer Strategien und Aktivitäten dient. Mit zunehmender Globalisierung muss sie sich immer mehr auf internationaler und nicht nur auf nationaler oder regionaler Ebene beweisen.[17]

Ebenso wie Innovationsfähigkeit hängt (internationale) Wettbewerbsfähigkeit vom gelingenden Zusammenspiel der sie bestimmenden Faktoren ab und kann auf verschiedenen Wegen erreicht werden.[18] Im Rahmen dieser Arbeit interessieren nun vor allem Merkmale und Veränderung von Innovationsprozessen, die durch internationa-

---

[16] Als Akteure konkurrieren Unternehmen und nicht Länder. Länder und Regionen können jedoch eine unterschiedliche Attraktivität und Absorptionsfähigkeit für Investitionen und FE-Strategien von (wirtschaftlichen) Akteuren besitzen, die sich durch entsprechende Maßnahmen der in ihnen handlungsfähigen und Verantwortung tragenden Akteure (positiv) beeinflussen lassen.

[17] Kritisch halten Crouch/Streeck (1997: 12ff.) die sinkende nationalstaatliche Regulierungsfähigkeit und die Notwendigkeit international abgesicherter demokratischer Kontrolle wirtschaftlicher Entwicklungsdynamik fest: „The demise of national state capacity under globalization is likely (1) to destroy a range of governance mechanisms in institutional economies whose performance depends indirectly on the support of a strong state and public power; (2) to favour those national capitalisms that have in the past done with comparatively little state intervention, over those institutional economies that required a high level of state-mediated political organization, thereby affecting the relative competitiveness of alternative performance patterns; and (3), to the extent that national politics was an important source of capitalist diversity to promote convergence of capitalist economies on an institutional monoculture of deregulated markets and hierarchies, thereby reducing the overall diversity of available governance arrangements and potentially causing a net loss in overall performance capacity... Competitiveness may come to mean nothing more than the capacity to move away faster than others form the constraints of egalitarianism and high social protection. The all-important question today, we believe, is how to recapture public governance of the private economy at some international level, after the national one has become obsolete. Domestic democratic sovereignty over the economy, the one sovereignty that really counts, can be restored only if it is internationally shared, that is, if the reach of what used to be domestic political intervention is expanded to match an expanding market. National social institutions and national democratic politics can support internationally viable, egalitarian high-wage economies only in a conducive international context, and it is only within such a context that they can continue to generate and maintain capitalist diversity and its beneficial consequences for economic performance."

[18] So hat u.a. insbesondere Porter (1986, 1990) die Determinanten von Wettbewerbsfähigkeit und mögliche Wettbewerbsstrategien systematisch herauszuarbeiten versucht. Danach stellen die Wettbewerbsintensität der in einer Branche konkurrierenden Unternehmen, die Verhandlungsstärke der Lieferanten und diejenige der Abnehmer, die Bedrohung durch potenzielle neue Anbieter und diejenige durch Ersatzprodukte oder -dienste die fünf die Branchenrentabilität bestimmenden maßgeblichen Wettbewerbskräfte dar, auf die Unternehmen mit den Wettbewerbsstrategien der Kostenführerschaft, der Differenzierung und der Konzentration auf Schwerpunkte in Bezug auf Kosten oder Differenzierung reagieren können, um Wettbewerbsvorteile zu erringen.

len Wettbewerb geprägt werden.[19] Kennzeichnend sind hierbei insbesondere folgende Aspekte:

- Internationale Wettbewerbsfähigkeit wird zunehmend primär (als) durch Innovationsfähigkeit und Innovationseffizienz bestimmt (angesehen).
- Von daher geht es vor allem um einen Wettlauf rechtzeitiger Entwicklung, Patentierung und (globaler) Markterschließung[20] und
- um die angesichts stets begrenzter Ressourcen gelingende Selektion, Fortführung und Ausschöpfung erfolgversprechender technologischer Trajektorien (Dosi 1982).
- Lead-Märkte[21], in denen tendenziell Innovationsdynamik, Spitzentechnologie und die frühe Nachfrage anspruchsvoller, innovativer Kunden zusammentreffen, spielen dabei eine wachsende Rolle[22] (vgl. Beise 2001, Jungmittag et al. 1999, Meyer-Krahmer 1999).
- Unternehmensstrategien müssen sowohl einer Beschleunigung des Innovationsgeschehens als auch umgekehrt langen Zeiträumen von einer Dekade und mehr bis zur Zulassung und Marktdurchdringung eines neuen Produkts oder Verfahrens Rechnung tragen.
- Sowohl Innovations- als auch Vermarktungsprozesse finden zunehmend (auch) auf globaler Ebene statt (vgl. Koopmann/Scharrer 1996), sodass strategische Allianzen und Verflechtungen, globale Marktstrategien, auf integrierte Prozess- und Wertschöpfungsketten abzielende Unternehmensstrategien und internationaler Wissenstransfer notwendige Bedingungen erfolgreichen Innovationshandelns transnational agierender Unternehmen werden, wobei die globale Dimension sich (noch) vielfach auf die Triade Europa – USA – Japan beschränkt.

---

[19] Zum wechselseitigen Bedingungsverhältnis von Ökonomie und technischem Wandel vgl. Archibugi/Michie 1997, Archibugi et al. 1999, Chandler 1990, Dodgson 2000, Dodgson/Rothwell 1994, Dosi et al. 1990, Erdgas 1987, Freeman 1974, 1994, Foray/Freeman 1993, Grupp 1997, Mowery/Nelson 1999, Nelson/Winter 1982, Porter 1986.

[20] Vgl. exemplarisch Edler et al. 2001, Grupp et al. 2002, 2003, Legler et al. 2000, 2001, Legler/Leidmann 2004, Roobeek 1990.

[21] Lead-Märkte sind regionale Märkte (in der Regel Länder), die ein bestimmtes Innovationsdesign früher als andere Länder nutzen und über spezifische Eigenschaften (Lead-Markt Faktoren) verfügen, die die Wahrscheinlichkeit erhöhen, dass andere Länder das gleiche Innovationsdesign ebenfalls nutzen – im Vergleich zu Innovationsdesigns anderer Länder (Beise 2001).

[22] Für Lead-Märkte „treffen eines oder mehrere der folgenden Kennzeichen zu:
- eine Nachfragesituation, die durch hohe Einkommens- und niedrige Preiselastizitäten oder ein hohes Pro-Kopf-Einkommen geprägt ist,
- eine Nachfrage mit hohen Qualitätsansprüchen, großer Bereitschaft, Innovationen aufzunehmen, Innovationsneugier und hoher Technikakzeptanz,
- gute Rahmenbedingungen für rasche Lernprozesse bei Anbietern,
- Zulassungsstandards, die wegweisend für Zulassungen in anderen Ländern sind ...,
- funktionierendes System des Explorationsmarketings („Lead User'-Prinzipien),
- spezifischer, innovationstreibender Problemdruck,
- offene, innovationsgerechte Regulierung." (Meyer-Krahmer 1999: 68)

Bei der Globalisierung von Innovationen sind drei Dimensionen zu unterscheiden: die (gezielte) internationale Nutzung von auf nationaler Basis generierten Innovationen, die Erzeugung von Innovationen durch transnationale Konzerne auf globaler Ebene, und internationale wissenschaftlich-technische Zusammenarbeit (in strategischen Allianzen), wobei sich diese Phänomene auf die entwickelte Welt der Triade, und dabei vor allem auf Europa konzentrieren (Archibugi/Iammarino 1999, 2002, Jungmittag et al. 1999). Infolge wachsender Kosten einer Innovation und häufig kürzer werdenden Produkt-Lebenszyklen steigt die Notwendigkeit gerade für innovative Unternehmen, ihre Innovationen möglichst global zu vermarkten, um eine hinreichende Innovationsrendite zu erreichen. Die Internationalisierung der Innovationstätigkeit von Unternehmen, insbesondere von großen transnationalen Konzernen, hat sich in den letzten beiden Jahrzehnten kräftig verstärkt.[23] Die Internationalisierung von Forschung und Entwicklung wird dabei wesentlich von den drei folgenden Faktoren beeinflusst (Meyer-Krahmer 1999: 54):

- frühzeitige Bindung der FE-Tätigkeit an führende, innovative Kunden (Lead User) oder an Lead-Märkte[24],
- frühzeitige Verzahnung unternehmenseigener FE mit wissenschaftlicher Exzellenz und dem Forschungssystem,
- enge Kopplung zwischen FE und Produktion.[25, 26]

---

[23] „Sie reicht von der gemeinsamen Erarbeitung neuer wissenschaftlicher Erkenntnisse (wissenschaftliche und technologische Kooperation von Forschern, wissenschaftlichen Instituten und Unternehmen) über deren Umsetzung in neue Produkte und Verfahren (internationale Vernetzung der FuE-Aktivitäten von großen Unternehmen, Gewährung von Lizenzen, Auslandspatentanmeldungen) bis zur Vermarktung von technologischen Neuerungen (Handel mit forschungsintensiven Gütern)." (Grupp et al. 2002: 123)

[24] „Als entscheidendes Motiv für die Neuansiedlung und den Ausbau von FuE in multinationalen Unternehmen erweisen sich die vom Markt, darunter insbesondere von Leadmärkten, ausgehenden Impulse. Aber auch Markteintrittsbarrieren, wie nationale Zulassungsverfahren und Standards sowie ein öffentliches Beschaffungswesen, das im Lande ansässige Unternehmen bevorzugt, geben ausländischen Unternehmen Anreize, sich auch in FuE zu engagieren. Günstige Bedingungen des nationalen Forschungssystems – z.B. das Vorhandensein exzellenter Forschungseinrichtungen und von qualifiziertem FuE-Personal sowie die staatliche Förderung von FuE-Projekten, auch für ausländische Unternehmen – erhöhen die Attraktivität von Forschungsstandorten für multinationale Unternehmen. Sie können jedoch kaum eine fehlende Nachfrage oder eine geringe Marktdynamik bei technisch anspruchsvollen Gütern und neuen, höherwertigen Dienstleistungen ausgleichen." (Belitz 2004: 46)

[25] Allerdings werden hierbei tendenziell auch Grenzen des Innovationsmanagements erreicht. „Enterprises that are very far advanced in globalisation in specific branches are already showing counter-tendencies towards ‚de-globalisation', as growing complexity makes efficient steering more and more difficult." (Jungmittag et al. 1999: 59)

[26] Vor dem Hintergrund der Globalisierung des Finanzkapitals und der Vorrangigkeit von Aktienkapital-Renditen (*shareholder value*) in den letzten Jahrzehnt sind dabei auch die widersprüchlichen Effekte dieser Entwicklungstrends für das Innovationsgeschehen in Rechnung zu stellen: „Auf der einen Seite führt sie zu gesteigertem Wettbewerb und drängt die Unternehmen zu beschleunigter Innovationstätigkeit. Auf der anderen Seite verstärkt sich die Neigung zur Realisierung möglichst kurzfristiger Profite. Als Ergebnis sinkt die Bereitschaft der Unternehmen zur Investition in den

Abschließend sei für den Bedingungszusammenhang von internationaler Wettbewerbsfähigkeit und Innovationsdynamik festgehalten: Die maßgeblichen (ökonomischen) Akteure stützen oder erzeugen eine Innovationsdynamik durch das gelingende Zusammenwirken folgender (unternehmensstrategischer) Faktoren:

• Verfügbarkeit ausreichender Ressourcen für FE-Investitionen,
• Eingehen strategischer Allianzen und Kooperation in Innovationsnetzwerken,
• Verbindung rascher Umsetzung von (innovativen) Unternehmensstrategien mit langem Atem bis zur Markteinführung innovativer Produkte und Verfahren,
• Orientierung auf innovationsfördernde Standorte, Lead-Märkte und Triade-Patente,
• effektives FE-Management und
• eine an Wertschöpfungsketten orientierte, integrierte Unternehmensstrategie.

Diese Innovationsdynamik führt tendenziell zu Produktivitätssteigerungen, wertintensiven (Hightech-)Produkten, erfolgreicher Marktpenetration und -beherrschung, sodass diese Akteure eine Innovationsrendite erzielen, die es ihnen erlaubt, sich im globalen Wettbewerb vor allem in der Triade wirtschaftlich zu behaupten und ihre Position zu stärken.

Staatliche Technologiepolitik hat nun (in diesem Innovationswettlauf) beizutragen

• „zum Aufbau und zur Strukturierung der Forschungslandschaft eines Landes,
• zur Schaffung von monetären und anderen Rahmenbedingungen für Grundlagenforschung, langfristig anwendungsorientierte Forschung und Industrieforschung,
• zum Aufbau und zur Strukturierung einer ‚innovationsorientierten Infrastruktur‘,
• zur bewussten und manchmal auch unbewussten Einflussnahme auf die Technologieentwicklung hinsichtlich bestimmter Ziele (Wettbewerbsfähigkeit, Lebensbedingungen, Infrastruktur, Langzeitprogramme)." (Meyer-Krahmer 1999: 43)

Analog zum weiteren Blickwinkel von Innovation gegenüber Technologie/Technikentwicklung ist unter Innovationspolitik das Integral wissenschafts-, bildungs-, forschungs-, technologiepolitischer sowie auf industrielle Modernisierung gerichteter staatlicher Initiativen zu verstehen, wobei sie letztlich – und damit enger und zielgerichteter als Wissenschafts- und Technologiepolitik – die Wettbewerbsfähigkeit einer Volkswirtschaft oder ausgewählter Sektoren stärken will (Kuhlmann 1999: 11).[27]

Aufbau und die Pflege langfristig wirksamer technologischer Kompetenz: das Innovationsgeschehen droht ‚oberflächlich‘ zu werden; tatsächlich konnte man ab der Mitte der 90er Jahre in allen Industrieländern ein Nachlassen der industriellen Investitionen in Forschung und Entwicklung erkennen." (Kuhlmann 1999: 21) Auch wenn sich diese Entwicklung in den 2000er Jahren nicht fortgesetzt hat, bleibt der signifikante ambivalente Einfluss dieser wirtschaftskulturellen Rahmenbedingungen bestehen.

[27] Erweiterungen von Innovationspolitik ihrerseits umfassen wenigstens drei Policy-Typen (Kuhlmann 1999: 27):

Während Gestalt von und Machtverhältnisse in innovationspolitischen Arenen zwischen verschiedenen Ländern und Sektoren beträchtlich variieren mögen, hat üblicherweise kein Akteur eine dominante Position in diesen durch eine Vielzahl verschiedener Akteure (mit durchaus unterschiedlichen Machtpotenzialen und Einflussmöglichkeiten) bevölkerten Arenen inne (vgl. exemplarisch Kuhlmann 2001: 962).[28]

Wie oben bereits angeführt, ist staatliche Technologiepolitik aus systematischen Gründen eher Reaktion auf als Steuerung von Technikentwicklung. Dabei ist sie – neben Schutzzwecke verfolgender Regulierung – immer noch im Wesentlichen selektive finanzielle Förderung von (angewandter) Forschung und Entwicklung und wird insbesondere „als Instrument der Wirtschaftspolitik und speziell der Industriepolitik eingesetzt. Gefördert werden vor allem solche Technologien, die als wachstumsträchtig angesehen werden, von der Industrie aber aus eigener Initiative und mit eigenen Mitteln nicht mit der für notwendig gehaltenen Intensität entwickelt werden." (Mayntz 2001: 14) Insofern Forschungs- und Technologiepolitik Forschungs- und Entwicklungsprozesse nicht selbst auf substanzieller Ebene direkt steuern kann[29], sind nicht Forschungshandlungen, sondern Forschungseinrichtungen, also formale Organisationen, der primäre Zugriffspunkt forschungspolitischer Steuerung.[30] „Forschungspolitik kann bestimmte Forschungseinrichtungen *etablieren* bzw. wieder auflösen; Forschungspolitik kann Forschungseinrichtungen mit – mehr oder weniger – finanziellen und personellen Ressourcen *alimentieren*; Forschungspolitik kann Forschungseinrichtungen über die – mehr oder weniger maßgebliche – Beteiligung an der Definition der Forschungsthemen und des Forschungstypus *programmieren*; und Forschungspolitik kann

---

- „Policies, die auf die Innovations- und Lernfähigkeit zielen (vor allem die Entwicklung der Humanressoucen sowie die technologieorientierte Innovationspolitik im engeren Sinne);
- Policies, die den generellen sozioökonomischen Wandel betreffen (vor allem Wettbewerbspolitik, Handelspolitik sowie die Wirtschaftspolitik im Allgemeinen);
- Policies, welche die Verlierer des sozioökonomischen Wandels auffangen sollen (vor allem Sozial- und Regionalprogramme mit Umverteilungszielen)."

[28] Auch wenn sich der Staat seit Jahrhunderten vor allem aus militärtechnischen Interessen heraus bereits technologiepolitisch engagiert hat, ist sein gezieltes Bemühen um die Förderung bestimmter Linien der Technikentwicklung unter Einsatz erheblicher finanzieller Mittel ein relativ neues Phänomen, das in den meisten modernen Industriestaaten durch den in den 1960er Jahren beginnenden technologischen Wettlauf motiviert wurde (Braun 1997, Mayntz 2001) und zu einem mittlerweile breit gefächerten und ausdifferenzierten Spektrum an technologie- und innovationspolitischen Instrumenten geführt hat (vgl. exemplarisch Kuhlmann 2001: 963).

[29] „Systemtheoretische Analysen gesellschaftlicher Differenzierung machen darauf aufmerksam, dass eine *direkte* politische Steuerung des *basalen* Handelns in einem bestimmten Teilsystem der modernen Gesellschaft nur um den Preis von Dilettantismus bzw. einer regressiven Entdifferenzierung möglich ist." (Schimank 1991: 506)

[30] Dabei erhalten Forschungsförderorganisationen als intermediäre Institutionen, die weder einfach die politische Steuerungsfähigkeit des Staates erhöhen noch einfach von der Wissenschaft vereinnahmt werden, die institutionalisierte Ambivalenz von wissenschaftlichen Qualitäts- und politischen Relevanzinteressen in einem Fließgleichgewicht und erlauben damit, unter Entwicklung entsprechender Eigeninteressen (der Bestandserhaltung) grundsätzlich dezentrale Kontextsteuerung (Braun 1997).

Forschungseinrichtungen hinsichtlich ihrer Finanz-, Personal- und Organisationsstrukturen und hinsichtlich der äußeren Grenzen ihres Forschungshandelns – z.B. über das Verbot oder die Genehmigungspflichtigkeit bestimmter Untersuchungsmethoden und Forschungsthemen – *regulieren*." (Schimank 1991: 506f.) Diese notwendige Ausrichtung der Technologiepolitik auf Kontextsteuerung (vgl. Werle/Schimank 2000, Willke 1989) wurde verstärkt durch die oben skizzierten und von den technologiepolitischen Akteuren auch so wahrgenommenen Entwicklungstrends hin zur zentralen Rolle von Innovationen für die (internationale) Wettbewerbsfähigkeit, zur Globalisierung von Innovationsprozessen und zum für erfolgreiche Innovationsprozesse notwendigen positiven Zusammenwirken diverser relevanter Einflussfaktoren. Damit beschränkt sie sich zwecks Förderung von Technikentwicklung und Innovationsdynamik zunehmend darauf, für die Innovationen hervorbringenden Akteure (in Wissenschaft und Wirtschaft) Rahmenbedingungen zu setzen, ihre Such-, Konflikt- und Konsensprozesse zu moderieren, FE-Programme und FE-Projekte zu koordinieren und entsprechende Anstöße zu geben. Trotz ihres primär reaktiven Charakters kann Technologie- und Innovationspolitik durchaus, etwa zur Entwicklung ausgewählter Schlüsseltechnologien, initiativ werden und entscheidende Anstöße geben, ohne die es nicht oder nur sehr viel später zu entsprechenden Technikentwicklungen gekommen wäre, wie sich gerade in der deutschen Technologiepolitik an einer Reihe von Fällen demonstrieren lässt und wofür sowohl das BioRegio-Programm als auch das InnoRegio-Programm gute Beispiele darstellen. Allerdings sind ihre Wirksamkeit und ihr Erfolg – ebenso wie bei anderen Akteuren im Innovationsprozess – abhängig von der Mitwirkung der Politikadressaten und darüber hinaus meist auch von weiteren Akteuren sowie vom positiven Zusammenspiel der für gelingende Innovationen relevanten, oben skizzierten Faktoren, wie dies exemplarisch in dem ‚Porter-Diamanten‘[31] (Porter 1990) und in der für die Innovationskapazität eines Landes mitentscheidenden Qualität der Verknüpfung von allgemeiner Innovationsinfrastruktur und clusterspezifischen Umweltbedingungen (Furman et al. 2002) zum Ausdruck kommt.

Im Hinblick auf die besondere Bedeutung von Lead-Märkten für die internationale Wettbewerbslage eines Landes kann die Technologie- und Innovationspolitik *Lead-Markt-Strategien* verfolgen und die Bildung ebensolcher, stets produkt- oder prozessspezifischer Lead-Märkte zu fördern versuchen, wobei sie allerdings Gefahr läuft, auf das falsche Pferd zu setzen, insofern sich potenzielle Lead-Märkte kaum ex ante bestimmen lassen, da sie sich erst als solche erweisen, wenn andere Länder in der Folge

---

[31] Der Porter-Diamant verweist auf den auf nationaler Ebene gegebenen systematischen Zusammenhang von Unternehmensstrategie, -struktur und -wettbewerb, von Produktionsfaktoren, von Nachfragebedingungen und von der Existenz international wettbewerbsfähiger Ausrüstungs- und branchenverwandter Industrie für die nationale Wettbewerbsfähigkeit, auf die Politik in diversen Formen Einfluss nehmen kann.

das gleiche Innovationsdesign ebenfalls und kein konkurrierendes nutzen.[32] Mit Blick auf die fünf maßgeblichen Lead-Markt-Faktoren, nämlich Preis- oder Kostenvorteile, Nachfragevorteile, Exportvorteile, Transfervorteile und Marktstrukturvorteile kann Technologie- und Innovationspolitik

- aufgrund der hohen Bedeutung anspruchsvoller Nachfrage für Lead-Märkte Regulierungen z.b. im Hinblick auf hohe Energieeffizienz oder geringe umweltschädliche Emissionen so gestalten, dass daraus bei zukünftig international verschärften Umweltstandards nationale Nachfragevorteile und Vorreitervorteile für eine innovative nationale Umweltindustrie resultieren[33],
- durch anspruchsvolle staatliche Nachfrage Innovationsprozesse fördern und die Risiken der diese Innovationen entwickelnden Firmen reduzieren,
- Anreize für den Export durch die kompatible Gestaltung von Regulierungen im Hinblick auf Auslandsmärkte schaffen oder
- Marktstrukturvorteile durch staatliche Forschungsförderung und durch Stärkung der marktorientierter Selektionsmechanismen zu kreieren, um so alternative technologische Optionen offen zu halten und nationale Lock-ins zugunsten idiosynkratischer Technologien zu vermeiden (Beise 2001).[34]

Vor dem Hintergrund der Globalisierung von Innovation haben sich *Internationalisierungsstrategien* in der Wissenschafts- und Technologiepolitik mit dem Attraktivitätsproblem und dem Absorptionsproblem nationaler Innovationssysteme auseinanderzusetzen. Zum einen ist die Attraktivität eines Landes für ausländische Wissenschaftler und industrielle Forschungskapazitäten zu erhöhen und damit zugleich die Abwanderung heimischer Wissenschaftler und Unternehmen ins Ausland unattraktiver zu machen, zum anderen ist die Fähigkeit und Neigung der heimischen Akteure des Innovationssystems zur Aneignung international verfügbaren Wissens bzw. gemeinsam international generierten Wissens zu verbessern (vgl. Edler et al. 2001, Larédo/Mustar 2001).

Schließlich ist für die staatliche Technologiepolitik in Rechnung zu stellen, dass auch sie inzwischen von unterschiedlichen Akteuren auf lokaler, regionaler, nationaler und supranationaler Ebene und somit als *Mehrebenenpolitik* verfolgt wird und insofern durchaus heterogene und widersprüchliche Facetten aufweist. Auch wenn sich auf EU-Ebene mittlerweile eine eigenständige Technologie- und Innovationspolitik etabliert

---

[32] Ein prägnantes Beispiel für einen solchen Fehlschlag ist das in Frankreich in den 1980er Jahren forcierte Minitel, das sich gegen das Internet nicht behaupten konnte (vgl. Beise 2001).
[33] Dabei beeinflusst staatliche Politik die branchen- und sektorspezifischen Nachfragebedingungen „in many ways unintentional and counterproductive ways because it has an incomplete view of what determines competitive advantage." (Porter 1990: 644)
[34] Allerdings kann eine auf die Stärkung von Marktstrukturvorteilen (Faktorpreisrelationen, Infrastruktur, Wettbewerbsverhältnisse) gerichtete Politik nur die Selektionsmuster von Technologien im Allgemeinen verbessern.

hat, die insbesondere im Bereich technologiebezogener Rechtsetzung eine maßgebliche Rolle spielt, so kann sie weder in quantitativer noch in qualitativer Hinsicht mit den entsprechenden genuin technologiepolitischen Aktivitäten der großen Mitgliedstaaten mithalten[35], läuft zu diesen vielfach mehr oder weniger parallel und konnte bislang keine substanziell relevante koordinierende und strukturierende Funktion einnehmen (vgl. Edler et al. 2003, Grande 1994, Kuhlmann 2001, Lawton 1999, Pavitt 1998, Peterson/Sharp 1998). Dies dürfte sich vor allem aus den nach wie vor distinkten Eigenheiten der nationalen Innovations- und Politiksysteme der führenden Staaten und ihrer Rivalität um Technologieführerschaft, nationale Innovationsprofile und Standortvorteile erklären (Dolata 2004).[36]

Vor dem Hintergrund der gesellschaftlich so perzipierten und auch von daher faktisch zentralen Rolle[37] von internationaler Wettbewerbsfähigkeit und einer diese stärkenden Innovationsdynamik lassen sich Problemlagen, Rolle und Neujustierung nationaler Technologie- und Innovationspolitik mit Dolata (2004) wie folgt zusammenfassen.

1. Ihre Rahmenbedingungen haben sich in den beiden letzten Jahrzehnten sukzessive markant verändert:

   - signifikanter Bedeutungsgewinn von Querschnittstechnologien (Informations- und Kommunikationstechnologien, Biotechnologie, Mikro- und Nanotechnologie), die einen dezentralen Charakter, ein wissensbasiertes und disziplinübergreifendes Profil sowie eine staatsferne und marktförmige Entwicklung aufweisen,
   - Internationalisierung der industriellen Innovationstätigkeit,
   - Zunahme technologisch motivierter industrieller und akademisch-industrieller Kooperationsbeziehungen,
   - Etablierung forschungsintensiver und technologieorientierter Start-up-Firmen nicht nur in den USA, sondern seit den 1990er Jahren auch in Europa, die – bei

---

[35] Für die kleinen Mitgliedstaaten hat sie teilweise sehr wohl eine beträchtliche Bedeutung gewonnen.

[36] „Vor diesem Hintergrund wird nachvollziehbar, warum Kernelemente der Technologie- und Innovationspolitik bislang bemerkenswert gering internationalisiert sind und insbesondere in den großen Staaten nach wie vor eine starke eigenständige Basis haben – auch im Zusammenhang des europäischen Integrationsprozesses ... Wenn sich die ökonomische Internationalisierung nicht als orts- und umstandsloser Globalisierungsprozess, sondern als sehr selektiv betriebene Standortwahl und Bündelung industrieller Innovationsaktivitäten auf weltweit wenige Spitzenregionen und Lead Markets darstellt, dann befinden sich die großen Mitgliedstaaten der Europäischen Union nicht nur gegenüber ihren außereuropäischen Konkurrenten wie den Vereinigten Staaten, sondern auch innereuropäisch in einem scharfen Wettbewerb der Standorte, den sie mit dezidiert nationalen und kompetitiv ausgerichteten technologie- und innovationspolitischen Strategien führen – und achten sorgsam darauf, ihre diesbezüglichen politischen Handlungsspielräume nicht durch eine weiterreichende Kompetenzabtretung an die Europäische Union zu verlieren." (Dolata 2004: 23)

[37] Diese Verknüpfung verweist auf die auch makrosozial bedeutsame Relevanz des Thomas-Theorems: If man defines a situation as real it will be real in all its consequences.

vielfältigen individuellen Neugründungen und Insolvenzen – nicht nur den industriellen Innovationsprozess selbst stimulieren, sondern auch zu wichtigen externen Impulsgebern und flexibel handhabbaren Kooperationspartnern der Großindustrie geworden sind,

- eine zunehmend ambivalente Wahrnehmung neuer Technologien in der Öffentlichkeit und häufigere technologische Kontroversen,
- Ausdifferenzierung der Technologiepolitik als Mehrebenenpolitik.

2. Die hieraus resultierenden Problemlagen und teils widersprüchlichen Anforderungen an die Technologie- und Innovationspolitik zeigen sich in der Notwendigkeit,

- solche Querschnittstechnologien bei geringen Einflussmöglichkeiten auf ihre Entwicklungsrichtung und -dynamik auf der Grundlage externer Beratung zu regulieren und Ausbildungs- und Wissenschaftssysteme adäquat zu restrukturieren,
- vorteilhafte politische Anreize und Rahmenbedingungen für die Standortwahl zunehmend international operierender heimischer wie ausländischer Großunternehmen zu schaffen,
- Förderstrategien für junge, noch instabile und in ihrer wirtschaftlichen Tragfähigkeit nur schwer einschätzbare Technologiefirmen zu entwickeln,
- industrielle Innovationsprozesse vermehrt in selbstorganisierten, oft über nationale Zusammenhänge hinausreichenden Kooperationsbeziehungen und Netzwerken anzuregen und zu unterstützen,
- als kooperativer Verhandlungsstaat für international konkurrenzfähige Rahmenbedingungen zu sorgen und wettbewerbs- und standortfördernde Lösungen zu suchen und diese gesellschaftlich zu vermitteln,
- die Dilemmasituation zu bewältigen, einerseits Maßnahmen zur Verbesserung der Attraktivität des nationalen Forschungs- und Innovationssystems zu ergreifen, um die Entwicklung und Durchsetzung innovativer Technologien vor Ort zu erleichtern, und andererseits für Transparenz, hohe Sicherheitsstandards, Verbraucherschutz und Bürgerbeteiligung zu sorgen, um Legitimationsprobleme zu vermeiden[38],
- bei Wahrung der Wettbewerbsfähigkeit sichernden nationalen Innovationsstärken und -profile eine stärkere Abstimmung und Kohärenz unterschiedlicher technologie- und innovationspolitischer Aktivitäten in verschiedenen Politikprogrammen und -ebenen anzustreben, um kontraproduktive Effekte einer Mehrebenen-Technologiepolitik zu minimieren.

---

[38] Man kann dies als eine Zuspitzung der bereits angesprochenen gleichzeitigen (schützenden) Regulierungs- und (auf Wettbewerbsfähigkeit abzielenden) Förderrolle von Technologiepolitik ansehen.

3. Damit die klassische Forschungs- und Technologiepolitik, die sich auf die autonome Entwicklung eigener Stärke, die Alimentierung von Großprojekten und die prioritäre Förderung und Protektion nationaler Großunternehmen konzentrierte und von daher heute entschieden zu kurz greift, als nationale Politik eine technologie- und innovationspolitisch relevante und akzentsetzende Größe bleibt, muss sie sich öffnen, um

- von anderen Ländern lernen, andernorts erfolgreiche Struktur-, Förder- und Politikelemente aufnehmen und – mit Blick auf die Weiterentwicklung eigener Stärken – adaptieren zu können,
- andernorts entstandenes Wissen und neue Technologien im eigenen Land zu nutzen,
- ebendort an internationale Entwicklungen anschlussfähige Rahmenbedingungen zu schaffen, die attraktiv für von woher auch immer stammende Unternehmen und Wissenschaftler sind, und
- nicht vorrangig nationale Großunternehmen zu fördern und zu protegieren, sondern auf Wettbewerb zu setzen und in diesem Kontext selbstorganisierte, häufig über nationale Grenzen hinausreichende Innovationsprozesse, -kooperationen und -netzwerke zu unterstützen.[39]

4. Als Kernelemente der Neujustierung nationaler (deutscher) Technologie- und Innovationspolitik, die sich auf die Etablierung international anschlussfähiger, sowohl wettbewerbsintensiver als auch kooperationsfähiger nationaler und regionaler Innovationsräume und die damit verbundene Restrukturierung innovationsrelevanter Institutionen und Infrastrukturen konzentriert, lassen sich die folgenden fünf ausmachen:

- Unterstützung des Strukturwandels in der technologischen Spezialisierung (Deutschlands) hin zu neuen forschungs- und wissensintensiven Technologien und Wirtschaftszweigen[40],
- verstärkte Förderung innovativer und für die Großindustrie kooperationsfähiger Sektoren von Start-up-Firmen[41],

---

[39] Denn Großunternehmen sind, anders als etwa junge Technologiefirmen, in der Regel gar nicht auf eine direkte staatliche Förderung angewiesen, Grenzziehungen zwischen heimischen und ausländischen Konzernen verschwimmen zunehmend, die Ansiedlung ausländischer Unternehmen gewinnt an Gewicht für den eigenen Standort, und die politische Förderung und Protektion nationaler Champions hat sich gerade in neuen technologischen Schlüsselsektoren häufiger als innovationshemmend und als industriepolitisch kontraproduktiv erwiesen. „Successful national industries tend to be ones where intensely competitive domestic rivalries push each other to excel." (Lawton 1999: 42)

[40] Eine verstärkte programmatische Förderung neuer Schlüsseltechnologien kann den Blick auf neue Forschungs- und Technologiefelder lenken und entsprechende Umorientierung in Wissenschaft und Industrie anregen, jedoch einen weiterreichenden industriellen Strukturwandel nicht selbst auslösen und aktiv gestalten.

- Förderung der Herausbildung neuer regionaler Hightech-Cluster[42] (vgl. Kapitel 2.2),
- Restrukturierung des öffentlichen Forschungs- und Wissenschaftssystems mit dem vorrangigen Ziel einer stärkeren innerakademischen Wettbewerbs- und akademisch-industriellen Transferorientierung[43],
- institutionelle Erweiterung des kooperativen Staates durch Einbeziehung neuer industrieller und zivilgesellschaftlicher Akteure (z.B. Vertreter von Start-up-Firmen, Verbraucher- und Umweltschutzverbände, kritische Wissenschaftler).[44]
5. Angesichts dieser Entwicklungstrends in der Technologiepolitik bleibt der Staat „nicht nur die zentrale Instanz im technologie- und innovationspolitischen Geschehen. Er verfügt – natürlich in den beschriebenen Grenzen und mit einer vor allem durch ökonomische Anforderungen geprägten Grundausrichtung – auch über Mittel und Instrumente für eine strukturbildende Politik." (Dolata 2004: 30)

Betrachtet man unter diesen Vorzeichen nun die Entwicklung der technologischen Leistungsfähigkeit Deutschlands und der deutschen Technologiepolitik im letzten Jahrzehnt, so ergibt sich ein durch folgende Merkmale gekennzeichnetes Gesamtbild: ein allmählicher Verlust von auf Innovationen gründender internationaler Wettbewerbsfähigkeit, eine starke Position im Bereich hochwertiger Technologien, insbesondere der Automobilindustrie, ein Strukturwandel hin zu Spitzentechnologien, relativ zum Bruttosozialprodukt verminderte staatliche FE-Ausgaben, eine Neujustierung der Technologie- und Innovationspolitik im oben beschriebenen Sinne mit echten Lernprozessen und verstärkten, teils auch erfolgreichen Anstrengungen in diese Richtung,

---

[41] Dabei erscheint die allerdings schwierig zu realisierende qualitative Selektion von Firmen mit einer Konzentration der Förderung auf innovative Firmen sinnvoller als die vor allem mit einer hohen politischen Symbolwirkung behaftete Orientierung auf eine möglichst große Zahl an Firmengründungen. Denn dadurch sind neben einigen innovativen Newcomern zahlreiche Firmen mit geringer Innovationskraft, prekären Beschäftigungsverhältnissen und wenig tragfähigen Geschäftsmodellen entstanden, für deren staatliche Anschubfinanzierung nicht existieren könnten.

[42] „Insgesamt haben sich [in Deutschland] im vergangenen Jahrzehnt auf die Etablierung von Spitzenregionen zielende staatliche Wettbewerbsinitiativen zu einem wichtigen neuen Element der nationalen Technologie- und Innovationspolitik entwickelt und, unterstützt durch regionalpolitische Initiativen der Länder, nicht unerheblich zu deren Formierung und Stabilisierung beigetragen." (Dolata 2004: 27)

[43] Eine solche Restrukturierung hat mit großer Wahrscheinlichkeit mit gravierenden Folgeproblemen der Aushöhlung einer langfristig orientierten Grundlagenforschung und der Schädigung eines stark differenzierten, dezentral strukturierten und auch in der Breite im internationalen Vergleich qualitativ guten deutschen Forschungssystems zu rechnen.

[44] Bei aller Ausdifferenzierung in ein dichtes Geflecht von Gremien, in denen forschungs-, innovations- und wirtschaftspolitische Handlungsbedarfe zusammen mit Vertretern aus Wirtschaft und Wissenschaft vorverhandelt werden oder in denen Experten strittige Zukunftsthemen erörtern, handelt ein korporatistisch verfasster Staat in Deutschland harte Themen wie forschungs- und innovationspolitische Grundsatzentscheidungen, wirtschafts- oder innovationspolitische Initiativen oder rechtliche Regelungsbedarfe mit einem exklusiven Kreis aus Vertretern der Wirtschaft und der Wissenschaft aus.

und deren erschwerte Umsetzung durch ungünstige wirtschaftliche und gesellschaftliche Umfeldbedingungen. Im Einzelnen seien folgende Merkmale und Tendenzen aufgeführt (vgl. Belitz 2004, Edler et al. 2001, Grupp et al. 2002, 2003, Legler/Leidmann 2004, Legler et al. 2000, 2001, 2004, Rammer/Schmidt 2004, Schmoch 2003, Weingart 2001):

1. Nach dem deutlichen Rückgang öffentlicher und privater FE-Finanzierung in Relation zum Bruttosozialprodukt in den 1990er Jahren hat sich die gesamtwirtschaftliche FE-Intensität seit den 2000er Jahren bei 2,5% stabilisiert, wobei der Rückgang des staatlichen Anteils anders als der private bislang nicht kompensiert wurde.

2. Aufgrund der anhaltend schwachen binnenwirtschaftlichen Dynamik ist – verbunden mit der Globalisierung des Finanzkapitals und der Vorrangigkeit von Aktienkapital-Renditen – vorerst weder von einem technologiepolitisch durchaus erwünschten und propagierten Anstieg der FE-Mittel[45] noch von einer Fortsetzung des Mitte und Ende der 1990er Jahre begonnenen, längerfristige FE-Investitionen erfordernden Aufhol- und Expansionsprozesses Deutschlands im Bereich der Spitzentechnologie auszugehen.

3. Dabei findet durchaus ein intensiver Strukturwandel des forschungsintensiven Industriesektors vom Sektor der kurzfristig zunächst lukrativeren hochwertigen Technologie zum Sektor der langfristig vermutlich wirtschaftlich entscheidenden Spitzentechnologie statt, wobei ersterer aber noch weiterhin das Rückgrat der technologischen Leistungsfähigkeit und wirtschaftlichen Wettbewerbsfähigkeit Deutschlands ausmacht.[46] Als deutsche Lead-Märkte dominieren demgemäß außer dem zur Spitzentechnologie zählenden Sektor Mess- und Regelungstechnik/Optik die traditionell starken Sektoren Fahrzeugbau und Maschinenbau (vgl. Grupp et al 2002: 120).

4. Insgesamt war das deutsche Innovationssystem den Herausforderungen der Internationalisierung von FE in transnationalen Unternehmen bisher (im Vergleich mit anderen Ländern) gewachsen. Ausländische Unternehmen haben ihre FE-Investitionen in Deutschland vergleichbar mit denjenigen deutscher Unternehmen im Ausland ausgeweitet. Die grenzüberschreitende Vernetzung von FE-Standorten der Unternehmen und der Austausch von Wissen finden vorwiegend innerhalb und zwischen den wissensintensiven Regionen in den USA und Westeuropa statt, während Japan und Ostasien noch eine geringe Rolle spielen. Analog spiegelt sich die Weltmarktorientierung von Innovatoren in der Expansion der weltmarktrelevanten

---

[45] In den USA lag allein der Zuwachs in den (allerdings stark militärtechnologisch geprägten) öffentlichen FE-Haushalten zwischen 2000 und 2002 um über 13% höher als der gesamte FE-Etat in Deutschland.

[46] Dass der positive deutsche Außenhandelssaldo für FE-intensive Waren in den letzten Jahren im Wesentlichen allein dem Automobilsektor zuzurechnen ist, spiegelt die vergangene Situation und spricht für sich.

Patentanmeldungen, den Triade-Patenten, wider, wobei sich im deutschen Patent-
profil wiederum eine starke Stellung hochwertiger Technologie und eine geringe
Beteiligung bei der Spitzentechnikpatentierung widerspiegelt.

5. Anders als z.B. in den USA ist das Wachstum von FE-Ausgaben der deutschen
   Wirtschaft fast ausschließlich durch Großunternehmen getragen. So haben in Zeiten schwacher Konjunktur und infolge der immer noch geringen Verankerung von
   FE im Dienstleistungssektor sowie in der Informationstechnik Klein- und Mittelun-
   ternehmen eigene FE-Aktivitäten teils eher noch abgebaut.

6. Als grundlegendes, nicht kurzfristig zu behebendes Defizit sind mangelnde (öffentliche) Investitionen im Aus- und Weiterbildungsbereich, insbesondere in Bezug auf
   naturwissenschaftlich-technische Qualifikationen, und damit verbunden das Fehlen
   qualifizierter Fachkräfte hervorzuheben, das durch demografische Entwicklungen,
   die teils gesellschaftsstrukturell bedingte Nichtnutzung gut ausgebildeten weibli-
   chen Personals und die Benachteiligung qualifizierter Immigranten noch verschärft
   wird.[47]

7. Insgesamt ist die technologische Leistungsfähigkeit der deutschen Wirtschaft nach
   wie vor hoch. „Bei Indikatoren, die gewachsene Strukturen beschreiben, steht
   Deutschland recht weit vorne (Wirtschafts- und Außenhandelsstruktur). Bei in-
   vestiven Anstrengungen, die den künftigen Strukturwandel und die Bereitschaft dazu kennzeichnen, fällt Deutschland etwas zurück (Bildungs-, FuE- und IuK-Ausgaben). In der Breite ist das Bild meist positiv (Ausbildung mit mindestens Sekundarabschluss, Patentstruktur), in der Spitze (Spitzentechnik, Tertiärbildung etc.)
   sieht es hingegen weniger gut aus." (Grupp et al. 2003: ix) Dass Deutschland in
   keinem Aggregat, das diese Indikatoren[48] spiegeln, seine Position im internationalen Vergleich in den letzten Jahren signifikant verbessern konnte, macht seine zunehmend eingeschränkte internationale technologische Wettbewerbsfähigkeit deutlich. Dass es auch anderen Ländern, vornehmlich aus Mitteleuropa sowie Japan,
   ähnlich ergangen ist, ändert nichts an dieser seiner Lage im internationalen Technologiewettbewerb.

8. In der historischen Retrospektive wird eine ausgesprochen resistente Innovations-
   kultur des deutschen Innovationssystems deutlich, die sich technologiepolitisch,

---

[47] Darüber hinaus wird in Deutschland weniger in die Spitze (d.h. tertiäre Ausbildungsgänge) als in
die Breite ausgebildet, „mit entsprechenden Konsequenzen für die spezifische Ausprägung des In-
novationspotenzials. Dies begünstigt in Deutschland eher den Bereich der Hochwertigen Technologie, in dem inkrementelle Innovationen auf bekannten wissenschaftlich-technischen Pfaden im
Vordergrund stehen, und weniger die Spitzentechnologie, wo in weitaus größerem Umfang aufwändige Forschungsarbeiten durchgeführt werden." (Legler/Leidmann 2004: 62)

[48] Es sind dies folgende Indikatoren technologischer Leistungsfähigkeit: Sekundarabschluss, technik-
relevante Hochschulabsolventen, Bildungsausgaben, FE-Ausgaben, Forschungsbeachtung, Welt-
marktpatente, Hochtechnologiehandel, wissensintensive Wirtschaft, Erwerbstätigenproduktivität,
IuK-Ausgaben (Grupp et al. 2003).

wie oben systemtheoretisch begründet, kaum verändern lässt.[49] Die institutionellen Strukturen des deutschen Innovationssystems mit ausdifferenzierten netzwerkartigen Strukturen von Forschung, Entwicklung und Technologietransfer und einer korporativen Technologiepolitik verweisen jedoch auf seine ausgeprägte Fähigkeit zu zwar langsamer, aber erfolgreicher Adaption an Strukturwandel und Globalisierung von Innovationsprozessen (Harding 1999).

9. Es lassen sich, wie oben skizziert, durchaus Lernprozesse, substanzielle Anstrengungen und Neujustierungen der deutschen Technologie- und Innovationspolitik beobachten, um den veränderten Rahmenbedingungen zunehmend global organisierter Innovationsprozesse gerecht zu werden, die sich etwa in wettbewerbsfördernden Programmen, der Anschubfinanzierung zur Bildung innovativer regionaler Cluster oder der massiven Förderung von mit nachweisbar höheren Innovationserfolgen einhergehenden FE- und Innovationskooperationen niederschlagen.[50]

10. Ein Erfolg dieser Restrukturierungsprozesse des deutschen Innovationssystems wird allerdings behindert durch die Kombination aus

- externen strukturellen Gegebenheiten, z.B. der Einfluss von sunk costs und vested interests alteingesessener Industrien und diesbezüglicher Industriepolitik, die Globalisierung des Finanzkapitals, komplizierte Regulierungsmodi, föderal bedingte Politikverflechtungsfallen (Scharpf 1985, 1988),
- langfristig wirksamen innovationspolitischen Defiziten, z.B. die Vernachlässigung der Grundlagenforschung infolge einer zu starken Anwendungs- und Umsetzungsorientierung der Wissenschafts- und Technologiepolitik, unzureichende Investitionen in Aus- und Weiterbildung, eine zu wenig umfassend ganzheitlich und langfristig angelegte, kohärente Innovationspolitik und
- eher kurzfristig bedeutsamen Barrieren, z.B. Dominanz des shareholder value, fehlende binnenwirtschaftliche Wachstumsimpulse[51], machtpolitische Blocka-

---

[49] „Die mentale Verfassung der Forscher, das Selbstverständnis der Unternehmen und Konsumenten sowie das gesellschaftliche Aushandeln von Prioritäten reagieren nicht unmittelbar auf Außenanreize monetärer oder institutioneller Art." (Grupp et al. 2002: xxii)

[50] So kann Deutschland z.B. hinsichtlich der Einflussnahme durch den Staat bei der Förderung der Rahmenbedingungen im Bereich der Biotechnologie als erfolgreicher als Japan angesehen werden. „Die Förderung der Technologie durch den BioRegio-Wettbewerb und dessen Imitation in anderen Technologiebereichen zeigt, dass auch in einem bestehenden, relativ starren institutionellen System Flexibilisierungspotenziale bereit liegen, deren Umsetzung relativ friktionslos erfolgen kann." (Peter 2002: 236)

[51] „Auf Dauer gerät mit den fehlenden inneren Antriebskräften die Rolle des deutschen Marktes ins Wanken, als führender Nachfrager nach hochwertigen Produkten die Unternehmen zu Höchstleistungen anzuspornen, die sich auch auf dem Weltmarkt gut verkaufen lassen ‚lead market'-Funktion). An diesem Schwachpunkt ist vor allem anzusetzen, damit die nach wie vor gute Grundvoraussetzung Deutschlands – nämlich die technologische Leistungsfähigkeit seiner Wirtschaft – auch zum Zuge kommen und die mit ihr verbundenen Hoffnungen auf einen hohen Einkommens- und Beschäftigungsstand erfüllt werden können." (Legler/Leidmann 2004: 66)

den, finanzpolitisch begründete Einsparungen am FE-Haushalt, geringe Berechenbarkeit der (Technologie-)Politik.

Was speziell die Situation der ostdeutschen Bundesländer anbelangt, so ist für diese nach einem Prozess massiver FE-Förderung Folgendes kennzeichnend (vgl. Grupp et al. 2002, 2003, Legler et al. 2004):

1. Ihre Integration in den internationalen Technologiewettbewerb kommt kontinuierlich voran, die ostdeutsche Position steht aber insgesamt noch deutlich hinter derjenigen der alten Bundesländer zurück. Da sich Verhaltensweisen und Strukturen der technologischen Leistungsfähigkeit nur langsam angleichen, werden die Diskrepanzen im technologischen Entwicklungsniveau noch über längere Zeit bestehen bleiben.

2. Die Forschung in Wissenschaft und Wirtschaft konzentriert sich dabei durchaus auf Spitzentechnologien wie Biotechnologie, Pharmazie, Elektronik und Nachrichtentechnik.

3. Die staatliche Bildungs-, Wissenschafts- und Forschungsinfrastruktur ist gemessen an der Wirtschaftskraft sehr groß, und die Qualifikation der Erwerbspersonen hat einen hohen Stand, wird allerdings durch Alterung der Bevölkerung und Braindrain langsam ausgehöhlt.

4. Die FE-Intensität der forschenden Unternehmen ist beträchtlich. Es gibt jedoch nur wenige forschende (Groß-)Unternehmen in technologieintensiven Zweigen mit internationaler Ausrichtung, wobei die wenigen größeren Unternehmen in der Regel im Besitz westdeutscher oder ausländischer Konzerne sind.

5. Die Innovationsfreudigkeit in den ostdeutschen Bundesländern ist allerdings maßgeblich durch hohe, von Anfang an vor allem auf Spitzentechnologien ausgerichtete FE-Förderung bedingt, insofern rund 75% der FE-Aufwendungen von geförderten Unternehmen öffentlich induziert sind.[52]

6. Der ausgeprägten Innovationsorientierung der Wirtschaft in den ostdeutschen Bundesländern steht indes eine weiterhin vergleichsweise geringe Innovationseffizienz gegenüber, vor allem weil Produktivitätseffekte aus Innovationen zu wenig genutzt und zudem die Ausweitung des Innovationsumsatzes angesichts einer geringen Marktmacht vorrangig über eine Niedrigpreisstrategie erreicht wurden.

7. Schließlich reduzieren sich die Wachstumspole in den ostdeutschen Bundesländern bei genauerer Betrachtung fast ausschließlich auf Berlin und Dresden als Ballungszentren mit Ausstrahlungseffekten in den Raum. Generell stehen die Siedlungs- als auch die Wirtschaftsstruktur (mit ihren geringen Anteilen an forschungs- und wis-

---

[52] Ohne öffentliche Förderung würden die FE-Aufwendungen der Wirtschaft auf ein Viertel der tatsächlichen Aktivitäten schrumpfen. So belief sich die staatliche FE-Förderung an ostdeutsche Unternehmen 1999 auf über 40% der internen FE-Aufwendungen der ostdeutschen Wirtschaft.

sensintensiven Industrien und Dienstleistungen) einer schnelleren Diffusion von neuen Technologien, einer stärkeren Ausdifferenzierung der Technologiefelder und innovationsstimulierenden intersektoralen Beziehungen noch im Wege, sodass auch die übrigen potenziellen Wachstumspole Leipzig, Halle, Jena, Erfurt und Chemnitz, die bereits zum Zeitpunkt der Wiedervereinigung über relative Ausstattungsvorteile verfügten, noch wenig Innovationsimpulse in die „Nachbarschaft" ausstrahlen.[53] Von daher spricht mehr für eine innovationsorientierte Regionalpolitik als für eine bislang präferierte regional orientierte Innovationspolitik.

2.2 Regionale Innovationsnetzwerke und Cluster

Vor dem Hintergrund, dass sich das im Fokus dieser Arbeit stehende InnoRegio Inno-Planta als regionales Innovationsnetzwerk versteht, werden nach dem Überblick über das Zusammenwirken von globalem Wettbewerb, Innovationsdynamik und Technologiepolitik in diesem Teilkapitel die spezifischen Voraussetzungen und Möglichkeiten regionaler Innovationsnetzwerke und Cluster dargestellt. Dabei werden auf analytischer Ebene zunächst (1) – bei Unterscheidung von Netzwerk, Cluster sowie ihrem Innovations- und Regionsbezug – einige begriffliche Abgrenzungen und Differenzierungen vorgenommen, (2) vor dem Hintergrund theoretischer Konzepte der Netzwerkforschung typische Kennzeichen und Eigenschaften von Netzwerken und Clustern benannt, (3) wesentliche Bedingungen für die Bildung von Clustern und den Erfolg von Netzwerken resümiert und (4) Möglichkeiten und Grenzen einer Förderpolitik deutlich gemacht, die die Bildung regionaler Innovationsnetzwerke und Cluster anstrebt (vgl. zu diesen Punkten Audretsch/Cooke 2001, Biemans 1998, Braczyk et al. 1998, Dohse 2000, Dolata 1996, 2000a, 2000b, 2001b, 2002, 2003a; Freeman 1991, Hellmer et al. 1999, Jansen 1999, Jarillo 1993, Koschatzky et al. 2001, Kowol 1998, Marin/Mayntz 1991, Messner 1995, Porter 1990, Swann et al. 1999, Sydow 1992, Sydow/Windeler 2000a, Weyer 2000a, Wilhelm 2000). Abschließend wird (5) die Rolle der Technologiepolitik im InnoRegio-Programm unter diesem Blickwinkel genauer aufgezeigt.

Netzwerke lassen sich anders als Organisationen nicht als genuine Akteure mit eigenen Intentionen und Strategien interpretieren. Sie zeichnen sich vielmehr dadurch aus, dass sie ein auf einem gemeinsamen Interesse basierendes lockeres und dennoch dauerhaf-

---

[53] Für das in dieser Arbeit im Vordergrund stehende Bundesland Sachsen-Anhalt resultieren hieraus unter innovationspolitischen Vorzeichen – bei begrenzten Aussichten im Bereich der (Pflanzen-) Biotechnologie – insgesamt vorerst ungünstige Perspektiven.

tes kooperatives Arrangement[54] verschiedener Akteure darstellen. Sie sind (als interorganisatorische Netzwerke) imstande, ungeachtet divergierender Interessen ihrer Mitglieder, deren Handlungslogik Tausch und Verhandeln auf der Basis unterschiedlicher Ressourcen ist, durch Verhandlungen intentional ein gemeinsames Ergebnis zu produzieren (Mayntz 1993a). Netzwerke werden in der Literatur vielfach als ein eigener Typus von Koordination eingestuft, der die Institutionen Markt und Hierarchie/Organisation ergänzt, wobei Netzwerke teils als eine Kombination marktlicher und hierarchischer Koordinationsmuster (so tendenziell Hellmer et al. 1999) und teils als eine eigenständige soziale Konfiguration jenseits von Markt und Hierarchie (so Mayntz 1993a, Weyer 2000b) angesehen werden. Demgegenüber erscheint es mir mit Wiesenthal (2000: 50, 62) angebracht, „Netzwerke nicht als einen eigenen distinkten Koordinationsmechanismus zu charakterisieren.[55] Vielmehr sind sie genuine Hybride, die sich von den drei basalen Koordinationsmechanismen [Markt, Organisation, Gemeinschaft] allenfalls durch eine besonders gründliche Durchmischung der Elemente unterscheiden.[56] ... [Denn] Markt, Gemeinschaft und Organisation bezeichnen nicht die ‚besten' Koordinationsweisen, sondern sind aufgrund der Überlegenheit aufgaben- und kontextspezifischer Kombinationen lediglich Koordinationsmedien ‚zweiter Wahl'.“ Netzwerken sind nun weder ökonomische Kalküle noch vertrauensbasierte gemeinschaftliche Anliegen noch die Stabilität organisierter Interaktion fremd. Für die Zwecke der hier vorliegenden Untersuchung kann jedoch dahingestellt bleiben, ob Netzwerke als Hybride oder als eigenständige Koordinationsmuster eingestuft werden. Tabelle 2.1 stellt typische Merkmale dieser (basalen) Koordinationsformen dar.

---

[54] „Netzwerke müssen auf der einen Seite eine Offenheit und Flexibilität der Beziehungen aufweisen, und auf der anderen Seite eine gewisse Stabilität der Interaktion gewährleisten.“ (Hellmer et al. 1999: 71)

[55] „Im Netzwerk-Faible der zeitgenössischen Sozial- und insbesondere Politikwissenschaften kommt womöglich ein unbefriedigtes Bedürfnis nach konzeptueller Präzision zum Ausdruck, dem die Begriffe distinkter Koordinationsmechanismen nicht (mehr) genügen.“ (Wiesenthal 2000: 49)

[56] Ähnlich steht aus sozial- und kulturanthropologischer Sicht (Weißbach 2000) das moderne, auf Vertrauen und ideologischem Pragmatismus basierende Netzwerk im Schnittpunkt all seiner Vorläuferformen, nämlich nicht nur von (bzw. auf der Grenze zwischen) Markt und Hierarchie, die auf Tausch, Vertrag und Recht bzw. auf Macht gründen, sondern auch von auf Vertrauen und Ideologie basierender Gemeinschaft oder Sekte und von auf Wissen basierenden Expertenkulturen.

Merkmal	Markt	Gemeinschaft	Organisation	Netzwerk
Koordinations- bedingung/-ressource	„unrestricted entry and exit"	unspezifisches Vertrauen	spezifizierte Erwartungen	gemeinsames Interesse, Reziprozitätsprinzip
Koordinationsmittel	Tausch, Preise	geteilte Werte, Vertrauen	formale Regeln, Anweisung	Vertrauen
Koordinationsform	spontan, spezifisch	diskursiv, unspezifisch	geregelt, formal, unspezifisch	relational, diskursiv
Akteursouveränität:				
sachlich	+	+	-	(+)
zeitlich	+	-	+	(+)
sozial	+	-	-	(-)
Akteurbeziehungen	unabhängig, Verträge	abhängig, Zugehörigkeit	abhängig, Mitgliedschaft	interdependent, wechselseitige Interessen
Stabilität der Beziehung	-	+	+	(+)
„shadow of the past"	-	+	+	(+)
Face-to-face-Kommu- nikation notwendig	-	+	-	(-)
Vielzahl von Beteiligten möglich	+	-	+	(+)
Zugang	offen	geschlossen, begrenzt	geregelt	begrenzt, exklusiv
Zeithorizont	kurzfristig	langfristig	langfristig	mittelfristig
Konfliktregulierung	Recht	Moral	Macht, Exit-Option	Verhandlung, Einfluss, Voice-Option
spezifisches Leistungsmaximum	Innovations- effizienz	personale Identität	Zuverlässigkeit	Verbindung von Eigenständigkeit und Kooperation
spezifische Dysfunktion	Opportunis- musfalle	kognitive Schließung	subjektlose Ver- selbstständigung	doppelte Externalisierung

Tabelle 2.1: Merkmale von (basalen) Koordinationsmechanismen
Quellen: Weyer 2000b: 7, Wiesenthal 2000: 61 mit eigenen Ergänzungen

Begrifflich bedeutsam ist allerdings, ab wann man von einem Netzwerk spricht. In einem weiten Sinn kann einerseits als ein soziales Netzwerk generell „a regular set of contacts of similar social connections among individuals or groups" bezeichnet wer-den, wobei „an action by a member of a network is embedded, because it is expressed in interaction with other people." (Granovetter/Swedberg 1992: 9) Andererseits kann das Netzwerkkonzept enger gefasst werden, um Netzwerke von möglicherweise weni-ger reziprok strukturierten[57] und weniger Mitglieder umfassenden Arbeitsgruppen,

---

[57] Gegenüber dem Tauschprinzip ist das Reziprozitätsprinzip nicht durch Äquivalenz, sondern durch eine angemessene und ungefähre Gegenleistung, durch eine dauerhaftere soziale Beziehung als durch einmaligen Tausch und durch informelle Absprachen statt explizite Vertragsbeziehungen gekennzeichnet (Hellmer et al. 1999: 66)

Koalitionen, Kooperationen, Allianzen[58] oder Verbünden abzugrenzen. Danach sind nur solche sozialen Konfigurationen als Netzwerk zu bezeichnen, in denen korporative Akteure mit unterschiedlichem Hintergrund und teilweise divergierenden Interessen auf der Basis von Selbstorganisation und -koordination institutionelle Arrangements zur Lösung von komplexen Problemen schaffen, die sowohl auf eine langfristige Orientierung, eine gewisse Stabilität und Kohärenz sowie die gemeinsame Akkumulation von Wissen und Erfahrung als auch auf Vielfalt und Flexibilität angewiesen sind[59], wie in Abbildung 2.1 angedeutet.[60]

Grundsätzlich kann das Ziel eines Netzwerks der Interessenausgleich seiner Mitglieder oder (auch) eine Problemlösung und optimale Aufgabenerfüllung sein; je nachdem laufen die Verhandlungen der Netzwerk-Akteure auf negative Koordination oder auf kooperatives Zusammenwirken im Interesse eines Systemnutzens und damit positive Koordination hinaus (vgl. Mayntz 1993a, 1993b, Powell 1990, Scharpf 1993a, 1993b).

Dabei lässt sich im selben Bereich häufig die Existenz paralleler Netzwerke (oder Assoziationen) mit unterschiedlichen Hauptzwecken beobachten, wie etwa Wissens-, Geschäfts- und Regulierungsnetzwerke (knowledge, business, regulatory networks; vgl. Conrad 2000b, Dijken et al. 1999, Krumbein 1995), denen dieselben korporativen Akteure mit unterschiedlichen individuellen Vertretern angehören können und zwischen denen ihrerseits Abstimmungsprozesse stattfinden können.

---

[58] So weisen etwa Narula/Hagedoorn (1999) auf die gänzlich unterschiedlichen (gleichrangigen und nicht gleichrangigen) Vereinbarungen wie etwa joint ventures, Forschungsvertrag, Technologieaustausch, Lizensierung in strategischen Allianzen hin, die man nicht umstandslos als Netzwerke einstufen sollte, wie dies beispielsweise Freeman (1991) tut, der den Netzwerkbegriff als Oberkategorie all solcher Kooperationsbeziehungen verwendet.

[59] Entsprechend plädiert Dolata (2003a: 46), der sich kritisch mit verschiedenen Netzwerkkonzepten auseinandersetzt, dafür, den Netzwerkbegriff nicht zu überdehnen, sondern einzugrenzen auf kooperative Strukturen, multilateral strukturierte Beziehungen zwischen einer größeren Anzahl von Akteuren und lose gekoppelte Systeme zwischen interdependenten, zugleich jedoch relativ autonomen Akteuren. Als gegenüber anderen Formen kooperativer Interaktion weitläufigere und voraussetzungsvollere Verflechtungsstrukturen können Netzwerke dabei eine sehr verschiedene Qualität, Bedeutung und Reichweite annehmen und sind dementsprechend jeweils begrifflich zu präzisieren.

[60] Aus dieser letzteren Sicht wird man auch dann noch eher von der (anspruchsvollen) Herausbildung eines echten Netzwerks aus Netzwerkbausteinen sprechen, wenn in der ersteren Perspektive bereits die Existenz mehrerer, sich überlappender Netzwerke unterstellt wird. „Mit dem Begriff der Netzwerkbausteine soll angedeutet werden, dass sich die Bausteine zu ökonomischen Kooperationen und [darüber hinaus] zu einem Gesamtnetzwerk zusammenfügen *können*." (Hellmer et al. 1999: 98)

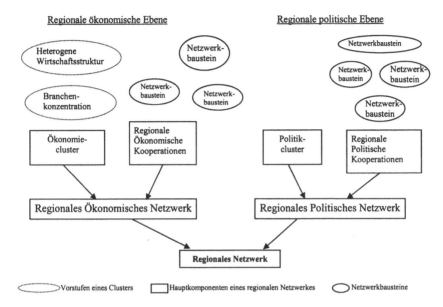

Regionale ökonomische Ebene   Regionale politische Ebene

Abbildung 2.1: Kategorien zur Analyse regionaler Konfigurationen
Quelle: Hellmer et al. 1999: 95

Darüber hinaus lassen sich primär organisatorische Netzwerke, in denen es in der einen oder anderen Form um die Abstimmung und Koordination unterschiedlicher (wechselseitig aufeinander angewiesener) Aktivitäten geht, von ‚kognitiven' Netzwerken unterscheiden, die besonders hohe Ansprüche an die Kooperations- und Lernfähigkeit ihrer Mitglieder stellen, insofern sie im Hinblick auf die angestrebte Problemlösung, z.B. eine biotechnologische Innovation, sachbezogen zusammenarbeiten und sich sachkompetent auf kognitiver Ebene austauschen können müssen.[61]

Während Netzwerke nicht notwendig (als regionale oder lokale Netzwerke) räumlich konzentriert sein müssen, sondern nur die wechselseitige nicht bloß bilaterale negative oder positive Koordination ihrer (u.U. global verteilten) Mitglieder zwecks Interessenausgleich oder Problemlösung voraussetzen, hebt das Cluster-Konzept gerade auf die Vorteile räumlicher Agglomeration sich wechselseitig austauschender kompetenter Akteure ab. Hierdurch können und sollen auf wirtschaftlicher Ebene regionale

---

[61] So kann es im InnoRegio InnoPlanta um die Abstimmung und Koordination verschiedener parallel laufender FE-Projekte als auch um die substanzielle wissenschaftliche Zusammenarbeit von Personen aus verschiedenen Mitgliedsorganisationen zur Entwicklung eines neuen pflanzenbiotechnologischen Produkts oder Verfahrens gehen: vermutlich dürfte es sich im ersten Fall um ein organisatorisches, im zweiten Fall um ein kognitives Netzwerk handeln.

Leistungsfähigkeit und Wettbewerbsvorteile etwa durch die räumliche Nähe zu Konkurrenten, durch die Nähe zu anspruchsvollen und risikobereiten Kunden, mit denen neue Produkte gemeinsam entwickelt werden, durch leistungsfähige regionale Zulieferer und Dienstleistungsunternehmen und durch die Verfügbarkeit qualifizierter und spezialisierter Arbeitskräfte entstehen (Porter 1990). *Cluster* bedingen die Existenz regionaler Netzwerke zumindest in ihrem weiteren Sinn, können sich aber überwiegend auf branchenbezogene Akteure und Arrangements einer Region beschränken.[62]

Der Nutzen von Netzwerken im Innovationsprozess bestimmt sich nach Soete et al. (2002: 252) im Wesentlichen durch

- die Erweiterung der Kapazitäten einzelner Akteure (Verfügbarkeit externen Wissens),
- die Effizienzvorteile und die Erschließung von Synergieeffekten (Zusammenwirken komplementärer Kompetenzen),
- die Beschleunigung des Lernens aller Akteure durch kollektive Lernprozesse sowie
- die Verbesserung der zukünftigen Kooperationskompetenz der Akteure.

Innovationsnetzwerke lassen sich dabei als interorganisatorische Sozialsysteme begreifen, die technologische und organisationale Strukturbildung durch positive, selbstverstärkende Rückkopplungsmechanismen leisten (Kowol/Krohn 2000: 142).[63] Genuine Innovationsnetzwerke sind notwendig kognitive Netzwerke, denen es um die Lösung einer Aufgabe und nicht nur um Interessenausgleich und -abstimmung geht. *Regionale Innovationsnetzwerke* bezeichnen dann auf eine Region konzentrierte Netzwerke, deren primäres Ziel und Aufgabe es – auch nach ihrem eigenen Selbstverständnis – ist, über die Nutzung regionaler Kompetenzen und Kommunikation Innovationen hervorzubringen.[64]

---

[62] Demgegenüber bezieht sich die Attraktivität und Lebensfähigkeit einer Region als solcher auf deren soziale, wirtschaftliche, kulturelle und ökologische Settings insgesamt.

[63] Sie „ermöglichen Informationsoffenheit und -durchlässigkeit, darüber hinaus bieten sie eine (rekursive) Struktur für den Umgang mit Mehrdeutigkeiten und Unsicherheit. Gemeinsam getragene Lernprozesse sind wahrscheinlich. Sie ermöglichen die Reduktion technologischer Unsicherheit und Marktintransparenz. Vertrauen als wechselseitige Ressource innerhalb der Innovationsnetzwerke eröffnet eine institutionalisierte Struktur für rückgekoppelte Lernprozesse." (Kowol 1998: 334) Dabei sind „die reflexiven Lernprozesse in den Innovationsnetzwerken von besonderer Bedeutung, denn hiervon sind unter anderem die Intensität der Rückkopplungen und Synergien abhängig, die die Lernmöglichkeiten von Herstellern und Verwendern konditionieren. Solche Lernprozesse wappnen gegen die drohenden Gefahren einer Überalterung von Netzwerkstrukturen und daraus resultierenden lock in-Effekten." (Kowol 1998: 344)

[64] Gelingt es ihnen, sich dauerhaft und produktiv zu etablieren, kann von regionalen Innovationssystemen gesprochen werden, worunter „räumlich konzentrierte, soziokulturell eingebettete und institutionell stabilisierte Unternehmensnetzwerke [zu verstehen sind], die über besondere Vorteile bei der Akkumulierung, Neukombination und Nutzung technischen Wissens in ausgewählten technologischen Feldern verfügen. An den regionalen Netzwerken sind – neben Akteuren aus Politik und Wissenschaft – konkurrierende oder durch Liefer- und Leistungsbeziehungen verflochtene Unter-

46

Lose verbunden mit unterschiedlichen disziplinären Einbettungen wie Betriebswirtschaftslehre und Managementforschung, Wirtschaftssoziologie, soziologische Gesellschaftstheorie, Regionalwissenschaft, Organisationsforschung, Innovationsforschung (vgl. Scholl/Wurzel 2000, Weyer 2000a) lassen sich in der (sozialwissenschaftlichen) Netzwerkforschung zwei in Abbildung 2.2 deutlich werdende komplementäre Perspektiven unterscheiden, „die mit unterschiedlichen Erklärungsansprüchen auftreten und von daher nicht gegeneinander ausgespielt werden sollten:

- Die formale Netzwerkanalyse versteht sich primär als universell verwendbare Methode zur Beschreibung beliebiger Strukturen der Interaktion von Individuen bzw. Akteuren (‚Beziehungsnetzwerke‘).

- Die Analyse von Interorganisations-Netzwerken versteht sich hingegen als ein Beitrag zur Theorie moderner Gesellschaften, der sich auf eine spezifische Form der selbstorganisierten Koordination strategisch handelnder Akteure konzentriert." (Weyer 2000b: 17)

Konstitutive, jedoch nicht unumstrittene Strukturmerkmale von Interorganisations-Netzwerken sind Kooperation, Vertrauen, Selbstverpflichtung, Verlässlichkeit, Verhandlung, vorrangig neoklassisches Vertragsrecht[65], dauerhafter Beziehungszusammenhang, Macht[66] und Reziprozität (vgl. Sydow/Windeler 2000b: 11ff., Hellmer et al. 1999: 59ff.). Netzwerke erweisen sich von daher als reziproke sowie lose Beziehungen zwischen einer größeren Anzahl *relativ* autonomer[67] Akteure, die in einer interdependenten Beziehung zueinander stehen. „Lose Kopplung gewährleistet einerseits eine Autonomie der Akteure und verhindert andererseits eine Abschottung nach außen, so dass ein Ressourcenaustausch und interaktive reflexive Lernprozesse zwischen den Akteuren begünstigt werden."[68] (Hellmer et al. 1999: 75) Somit begünstigen „netzwerkartige Strukturen Kommunikation und Kooperation, begrenzen die Problemkomplexität auf ein bewältigbares Maß, erhöhen die Flexibilität wechselseitiger Ergänzung und vermindern das Risiko, dass alle scheitern." (Scholl/Wurzel 2002: 3)

---

nehmen beteiligt. Ein Hinweis auf das Vorhandensein regionaler Innovationssysteme ist die Existenz regionaler Technisierungs- und Spezialisierungspfade." (Heidenreich 2000: 89)

[65] Während Märkte auf klassischen und Hierarchien auf relationalen Verträgen basieren, beruhen Netzwerke vor allem auf neoklassischen Verträgen, die zeitlich befristet sind, sich aber auf einen längeren Zeitraum beziehen und bei denen Konflikte, die aus den Spielräumen bei der konkreten Vertragserfüllung resultieren, durch Drittparteienintervention gelöst werden. Allerdings kann Netzwerken infolge von intensiven zwischenbetrieblichen Kooperationsvereinbarungen auch ein relationaler Vertrag zugrunde liegen. (Williamson 1991, Sydow/Windeler 2000b: 15)

[66] „In contrast to the market model, in which power is seen as a kind of imperfection, the network model views power as a necessary ingredient in exploiting ... interdependencies." (Hakansson/Johanson 1993: 48)

[67] Dies bedeutet, dass sehr wohl Machtungleichgewichte existieren können, die Existenz eines Machtmonopols jedoch ausgeschlossen ist.

[68] „Kooperationen sind demgegenüber weder durch eine lose Kopplung noch durch Reziprozität gekennzeichnet." (ibid.)

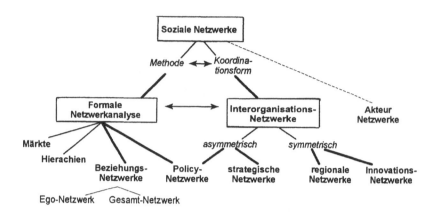

Abbildung 2.2: *Landkarte der sozialwissenschaftlichen Netzwerkforschung*
Quelle: Weyer 2000b: 15

Wenn man gesellschaftliche Modernisierungsprozesse als Motor der Herausbildung und Verallgemeinerung von Netzwerken ansieht (Mayntz 1993a, Messner 1995), insofern sie sich als geeignetes Organisationsmuster zur Bewältigung wechselseitiger Dependenz anbieten[69], dann bleibt zum einen zunächst offen, ob ihre Problemlösungspotenziale insbesondere angesichts diverser notwendig einzuhaltender Balancen, etwa zwischen Macht und Vertrauen (Bachmann 2000) oder zwischen loser und enger Kopplung (weak and strong ties; Granovetter 1973, Grabher 1993, Rammert 1997, Semlinger 1998, Weyer et al. 1997) in der Praxis auch realisiert werden (können).[70] Zum anderen sind neben den vielfältigen in der Literatur (und Förderpolitik) hervorgehobenen Vorteilen von Netzwerken[71] zugleich ihre systematischen Grenzen und

---

[69] „Policy networks are mechanisms of political resource mobilization in situations where the capacity for decision making, program formulation and implementation is widely distributed or dispersed among private and public actors ... In situations where policy resources are dispersed and context (or actor) dependent, a network is the only mechanism to mobilize and pool resources." (Kenis/Schneider (1991: 41f.)

[70] So resümiert Scharpf (1993b: 80): „Auch wenn das Gesamtniveau der Koordiniertheit [in Netzwerkstrukturen] wesentlich erhöht wird, gibt es ... keinen Grund für die Annahme, dass alle oder auch nur die meisten Chancen zur Optimierung auch tatsächlich genutzt werden oder dass alle oder die meisten Interessen gegen die negativen Externalitäten von Entscheidungen an anderer Stelle geschützt werden. Mit anderen Worten, auch das Konzept der eingebetteten Verhandlungen verspricht nicht die Verwirklichung eines Wohlfahrtsoptimismus unter realen Bedingungen. Aber es verspricht doch eine bessere Erklärung für den überraschend hohen Grad an tatsächlich wirksamer Handlungskoordination und Erwartungssicherheit jenseits der engen Grenzen, in denen Markt und Hierarchie allein die Turbulenz interdependenter Interaktionen bewältigen könnten."

[71] Über die bereits angesprochenen Vorteile hinaus sei noch verwiesen auf die Beschleunigung sozialer Such- und Lernprozesse, die Erschließung von Synergieeffekten, die höhere Informiertheit der

---

48

mögliche Formen des Netzwerkversagens im Auge zu behalten (vgl. Messner 1995, Hellmer et al. 1999).

So liegen die (potenziellen) Vorteile von Netzwerken für seine Mitglieder in ihrer Flexibilität und ihren Chancen für (kollektive) Lernprozesse, ihre Nachteile in ihren relativ begrenzten Möglichkeiten strategischen Handelns; denn diese hängen von der Koordination und dem Konsens seiner Akteure und den bestehenden (individuellen) Akteurinteressen ab, die im Zweifelsfall Vorrang haben.[72] „Damit stellt sich die wichtige Frage nach den Voraussetzungen, unter denen [in Netzwerken als Handlungslogik vorherrschende] Verhandlungssysteme nicht nur *überhaupt* zu einer gemeinsamen Entscheidung kommen, sondern ein möglichst *problemadäquates* Ergebnis erzielen ... Wenn man dem Mechanismus des Interessenausgleichs nicht zutraut, mit dem Kompromiss auf wunderbare Weise zugleich die sachlich beste Problemlösung zu produzieren, es andererseits aber nicht von vornherein für utopisch hält, dass eine Gruppe von korporativen Akteuren ohne äußeren Zwang gemeinsam nach solchen Problemlösungen sucht, dann muss also weiter nach Bedingungen gefragt werden, unter denen in Verhandlungssystemen die Problemlösungsorientierung den Interessenausgleich dominieren könnte ... Korporative Akteure besitzen als Organisationen eine Mehrebenenstruktur, innerhalb derer es charakteristische Unterschiede in der Handlungsorientierung der Mitglieder gibt. Diese ... Tatsache eröffnet die Möglichkeit einer Differenzierung von Identifikationsebenen.[73] ... Es ist also die *Kombination* von (1) lockerer Kopplung in Mehrebenensystemen, (2) der (sozialisations- und standortbedingten) Differenzierung von primären Identifikationen und Handlungsorientierungen und (3) der Definitionsbedürftigkeit von strategischen Interessen, die eine Chance bietet, dass bei Verhandlungen in Policy-Netzwerken der Ausgleich divergierender Interessen der beteiligten Entscheider in den Hintergrund tritt gegenüber dem Versuch, eine sachlich adäquate Problemlösung zu finden, d.h. den Bezugspunkt der strategischen Bemühun-

---

Akteure, die mögliche Minimierung von Transaktionskosten, der erleichterte Austausch von tacit knowledge, die Entlastung des Staates oder die Erweiterung und Optimierung politischer Steuerungsmöglichkeiten (vgl. Messner 1995).

[72] Es ist augenscheinlich, dass zum einen üblicherweise das individuelle persönliche (Karriere- und Forschungs-) Interesse eines Mitarbeiters mit den Interessen einer (Forschungs-)Organisation, der er angehört, konkurriert und – wenn möglich – vorangestellt wird, und dass zum anderen beide Interessen im Konfliktfall gegenüber dem (übergeordneten) Interesse des Netzwerks zumeist vorrangig verfolgt werden.

[73] „Da die Verhandlungen zwischen korporativen Akteuren immer zwischen *Vertretern* dieser Organisationen stattfinden, und da Organisationen, selbst wenn sie wie ein Ministerium oder ein Unternehmen formal hierarchisch strukturiert sind, tatsächlich relativ lose gekoppelte Systeme sind, brauchen in realen Verhandlungsprozessen nicht unbedingt die jeweiligen organisatorischen Eigeninteressen zu dominieren ... Wenn ... auf der Basis ihrer professionellen Identität an sachlichen Optimalitätskriterien orientierte Experten miteinander verhandeln, haben systemrationale Problemlösungen eine größere Chance als dort, wo durch ihre Leitungsfunktion auf die Eigeninteressen der entsendenden Organisation festgelegte Personen die Verhandlungen führen." (Mayntz 1993a: 52f.)

gen vom Akteur auf ein System zu verlagern. Die Achillesferse dieser Lösung ist die Akzeptanz der im Verhandlungssystem erzielten Ergebnisse bei nachgeschalteten Instanzen, die stärker partikularistisch orientiert sind, bzw. bei den (ebenfalls primär auf Interessensicherung erpichten) Adressaten. Völlig ausgeblendet wurden außerdem die Schwierigkeiten, die mit der Bestimmung dessen zusammenhängen, was im Einzelfall eine sachlich adäquate bzw. systemrationale Lösung darstellt."[74] (Mayntz 1993a: 48ff.)

Systematische Problemdimensionen, die über durchaus unterschiedliche Problemkonstellationen zu einem Netzwerkversagen führen können, sind – neben Informationspathologien und Lock-in-Effekten infolge der Pfadabhängigkeit von Netzwerken[75]:

- das Problem der großen Zahl (der beteiligten Akteure),
- die Zeitdimension von Entscheidungen (mit der Förderung konservativer, strukturerhaltender Tendenzen),
- die institutionelle Konsolidierung von Netzwerken (mit retardierenden Effekten, funktionalen Blockaden, kognitiven Blockierungen und Ingroup-Verhalten),
- das Koordinationsproblem (infolge der wohlfahrtstheoretisch suboptimalen Koordinationsleistungen durch Verhandlungen in Netzwerken),
- das Verhandlungsdilemma (zwischen einem auf Problemlösung gerichteten kooperativen Verhandlungsstil[76] und einem von eigenen Interessen in Bezug auf Kosten- und Gewinnverteilung geleiteten, bargaining-orientierten Verhandlungsstil der Netzwerk-Akteure),
- Macht in Kooperationsbeziehungen[77],
- das Spannungsverhältnis von Konflikt und Kooperation und schließlich
- Steuerungsprobleme durch die Interaktion zwischen Netzwerken (Messner 1995: 216ff.).[78]

---

[74] Hinsichtlich des Zusammenhangs zwischen der kognitiven (oder theoretischen) Struktur eines Problems und der sozialen Organisationsform, in der es sich am besten bearbeiten lässt, ist die Organisationsform des Verhandlungssystems möglicherweise „nur unter recht restriktiven Bedingungen wie einer übereinstimmenden Problemdefinition und eines gleichartigen Lösungsansatzes bei allen Beteiligten geeignet, also gewissermaßen bei ausgeprägter kognitiver Integration – quasi als Pendant zur sozialen Integration, die ein institutioneller Konsens vermittelt." (Mayntz 1993a: 54)

[75] „Pfadabhängigkeit hat also auf der einen Seite den Nachteil, dass sich Innovationen aufgrund sich verengender Entwicklungskorridore erschöpfen können, auf der anderen Seite wirken sie unsicherheitsreduzierend und damit innovationsfördernd." (Hellmer et al. 1999: 68)

[76] Dieser verlangt insbesondere offene Kommunikation, vertrauensvolle Zusammenarbeit und Fairness.

[77] Insofern typischerweise Machtasymmetrien und nicht Gleichrangigkeit der Akteure Netzwerke kennzeichnen und Macht ein funktionales Element von Netzwerken darstellt, ist auch in Netzwerken weiterhin nach Mechanismen zur Entwicklung von möglichst problem- und nicht einseitig (partikular)interessenorientierten Lösungsmustern zu suchen, in denen beispielsweise wichtige (innovationsrelevante) Probleme durch strategisch wichtige Akteure aufgrund ihrer Definitionsmacht nicht einfach ausgeklammert werden können.

[78] „Die Koordinierung zwischen Netzwerken und gesellschaftlichen Subsystemen ist eine *conditio sine qua non*, um Fragmentierungs- und Desintegrationstendenzen in differenzierten Gesellschaften entgegenzuwirken ... Um die [aus Indifferenzen und Machtsymmetrien in den Beziehungs-

Tabelle 2.2 verdichtet diese mit diversen Fallstricken (vgl. Messner 1995: 244) verknüpften Problemdimensionen zu fünf Kernproblemen der Netzwerksteuerung.

Kernprobleme	Problemdimensionen, in denen Kernprobleme entstehen
(1) Entscheidungsblockade durch Aufbau von Veto-Positionen	(1) - Problem der großen Zahl - Macht in Netzwerkbeziehungen
(2) strukturkonservative Handlungsorientierung: Trend zur Einigung auf den „kleinsten gemeinsamen Nenner"; funktionale und kognitive Blockierung; kollektiver Konservatismus	(2) - Zeitdimension von Entscheidungen - institutionelle Konsolidierung von Netzwerken - Macht in Netzwerkbeziehungen - Spannungsverhältnis von Konflikt und Kooperation
(3) Netzwerke agieren stets im Spannungsfeld von Desintegration (zu „weak ties") und zu dichten Beziehungen, welche die Innovationskraft reduzieren	(3) - Zeitdimension von Entscheidungen - institutionelle Konsolidierung von Netzwerken - Macht in Netzwerkbeziehungen - Spannungsverhältnis von Konflikt und Kooperation
(4) Gefahr der Blockierung von Verhandlungen bei der Bestimmung von Lösungsvarianten; Problem, Verteilungskriterien zu bestimmen	(4) - Koordinationsproblem
(5) doppelte Externalisierungsproblematik - gezielte Externalisierung von Kosten auf die Umwelt des Netzwerkes - nicht-intendierte Effekte aufgrund überzogener Binnenorientierung der Netzwerkakteure	(5) - Zeitdimension von Entscheidungen - institutionelle Konsolidierung von Netzwerken - Macht in Netzwerkbeziehungen

Tabelle 2.2: Die fünf Kernprobleme der Netzwerksteuerung
Quelle: Messner 1995: 245

Die Betonung der im Kontext gesellschaftlicher Modernisierungsprozesse zunehmenden und zentralen Rolle von Netzwerken darf nicht darüber hinwegtäuschen, dass die Leistungs- und Problemlösungsfähigkeit von Netzwerken in vielen Bereichen an wirksame hierarchische Koordinationsmechanismen gekoppelt bleibt.[79, 80]

---

mustern zwischen Netzwerken resultierenden] Blockadepotentiale zu reduzieren, bedarf es eines Mindestmaßes an Kooperationsbereitschaft seitens der Netzwerke gegenüber ihrem Umfeld. Netzwerke, die diese Kooperationsbereitschaft *per se* nicht aufbringen, sich also ausschließlich binnenorientiert und potentiell opportunistisch verhalten, beschleunigen gesellschaftliche Desintegrationstendenzen." (Messner 1995: 249f.) Diese Beziehungsmuster können Koordinierungs- und Abstimmungsprozesse zwischen ihnen blockieren.

[79] So können – abgesehen vom Problem der richtigen Balance zwischen loser und enger Kopplung (und der richtigen Mischung von Kooperation und Konkurrenz) in Netzwerken – vier der fünf Kernprobleme der Netzwerksteuerung durch die Einbettung horizontaler Selbstkoordinierung in

Als Determinanten nationaler Innovationskapazität, definiert als das Potenzial eines Landes, einen (kontinuierlichen) Strom wirtschaftlich relevanter Innovationen zu produzieren, arbeiten z.B. Furman et al. (2002) die generelle Innovationsfreundlichkeit der nationalen Infrastruktur[81], die cluster-spezifischen Innovationsbedingungen[82] und die Qualität der Verknüpfung dieser zwei Komponenten[83] heraus. Dies verdeutlicht sowohl die Wichtigkeit von innovationsfreudigen Clustern als auch des *Zusammenwirkens* der für FE-Produktivität und Innovationskapazität wesentlichen Bestimmungsgrößen.

Analog heben Hellmer et al. (1999) im Hinblick auf regionale Innovationsprozesse die Notwendigkeit der *Verbindung* entsprechender Aktivitäten durch politische und ökonomische Akteure auf der Basis gegenseitigen Vertrauens und abgestimmter Kooperation hervor, damit Netzwerke eine Zusammenführung verschiedener technologischer und institutioneller Trajektorien ermöglichen und damit innovative Restrukturierungen unterstützen können (Hellmer et al. 1999: 73, Kowol 1998).[84] Regionale Inno-

---

hierarchische Strukturen und durch spezifische Interventionen staatlicher Institutionen entschärft werden.

[80] Idealtypisch übernimmt der Staat als Schnittstellen- und Interdependenzmanager Koordinations-, Organisations- und Moderationsaufgaben, Vermittlungsfunktionen zwischen Konfliktparteien, Kontrollaufgaben, Initiatoren- und Orientierungsfunktionen sowie Korrekturfunktionen (Messner 1995: 343f.).

[81] Zentrale Indikatoren hierfür sind das Bruttosozialprodukt pro Kopf, technologische Spitzenleistungen und verfügbares Know-how, indiziert durch die Zahl der gewährten Patente, Bildungs- und Ausbildungsanstrengungen, verfügbares FE-Personal und -mittel, Bedeutung und Struktur von Technologiepolitik und Innovationspolitik, Offenheit gegenüber internationalem Handel und Wettbewerb sowie der Schutz geistigen Eigentums.

[82] Diese manifestieren sich im (nationalen oder regionalen) Diamanten von Porter (1990), wie bereits erwähnt, in Unternehmensstrategie, -struktur und Wettbewerbsdruck, gegebenen Produktionsfaktoren (z.B. Verfügbarkeit qualifizierten Humankapitals, gute wissenschaftliche Infrastruktur, Qualität von Informations- und Kommunikationskanälen), Nachfragebedingungen (mit hohen Qualitätsstandards), im Cluster vorhandenen verwandten und unterstützenden Branchen. Zentrale Indikatoren sind die Konzentration von Innovationen in Schlüsselindustrien und der durch den privaten Sektor aufgebrachten Anteil an FE-Mitteln.

[83] Hier geht es um die Stärke und Geschwindigkeit des Technologie- und Know-how-Transfers, etwa gemessen durch die Indikatoren Wagniskapital und Stärke der universitären FE, um die entwickelten Technologien im eigenen Land wirtschaftlich zu verwerten. „In the absence of strong linking mechanisms, upstream scientific and technical activity may spill over to other countries more quickly than opportunities can be exploited by domestic industries." (Furman et al. 2002: 907)

[84] So finden sich beispielsweise in Niedersachsen in den 1990er Jahren ohne eine stringente regionale Technologie-, Wirtschafts- und Strukturpolitik, ohne eine signifikante Beteiligung ökonomischer Akteure aufgrund diverser regionenbezogener förderpolitischer Maßnahmen zwar vielfältige fragmentierte Netzwerkbausteine, die sich zu vollständigen Netzwerken entwickeln, aber aufgrund ihrer ausdifferenzierten Interessengrundlagen auch wieder zurückbilden könnten, sodass laut Hellmer et al. (1999) regionale Innovationsnetzwerke eher einen Mythos als eine Realität darstellen, wenn man es empirisch genauer untersucht. Ohne die Vorteilhaftigkeit räumlicher Nähe für Innovationsnetzwerke zu bestreiten, garantiert sie jedoch nicht *per se* stärkeres Vertrauen und Kooperationsbereitschaft zwischen lokalen Unternehmen. Die hierfür notwendigen Face-to-face-Kontakte resultieren – gerade infolge gestiegener Kommunikationsmöglichkeiten – vielfach primär aus Arbeitszusammenhängen innerhalb einer technologischen Trajektorie, vor allem im Rah-

vationsnetzwerke sind von daher häufig kennzeichnend für durch prototypische High-tech-Agglomerationen und/oder industrielle Cluster geprägte Ausnahmeregionen und partiell für ökonomische Zentren, nicht aber für durch heterogene Wirtschaftsstrukturen und durchschnittliche Entwicklungspfade geprägte Normalregionen[85] und für ökonomisch peripherisierte Regionen (Hellmer et al. 1999: 100ff.).

Die Wichtigkeit der *Kombination* wesentlicher Voraussetzungen für die Bildung lokaler branchenspezifischer Cluster[86] unterstreichen ebenso Brenner/Fornahl (2002).[87] Ein lokaler branchenspezifischer Cluster typischerweise entsteht genau dann, wenn die kritische Masse in einer Region überschritten wird, die sich insbesondere aus der branchenspezifischen Firmenpopulation in der Region und den lokalen Umgebungsbedingungen, d.h. lokale Infrastruktur, Humankapital in der Region, Verfügbarkeit von Dienstleistungen und Vorhandensein von öffentlichen Forschungseinrichtungen, ergibt. Dabei sind nach Brenner/Fornahl (2002) die Überschreitung der kritischen Masse und damit die Entstehung branchenspezifischer Cluster in neu entstehenden Märkten wahrscheinlicher bzw. leichter zu erreichen. In vielen Fällen spielten einige wenige Personen, die verschiedene Aktivitäten in der Region koordinierten, eine wichtige Rolle, wenn lokale branchenspezifische Cluster wie meist in Verbindung mit einem stark wachsenden Markt entstanden. Entscheidende Voraussetzungen, von denen jede für sich in ausreichendem Maße erfüllt sein muss, für die Entstehung solcher Cluster sind:

- branchenspezifische Voraussetzungen,
- Voraussetzungen bezüglich der Situation des Marktes,
- das Vorhandensein entsprechender Akteure und Netzwerke,
- hinreichende regionale Randbedingungen.

---

men eines technischen Entwicklungsprojekts, und sind nicht an räumliche Nähe gebunden. Ohne regionale Innovationstrajektorien spielt die technologische Kompetenz und nicht räumliche Nähe die Hauptrolle bei der Wahl eines Innovationspartners (Hellmer et al. 1999: 174f.).

[85] „Normalregionen könnten möglicherweise am Anfang eines ‚dynamischen' Netzwerkzyklus stehen – aber nur, wenn das auf ökonomischer wie politisch-administrativer Ebene mit großen Schwierigkeiten behaftete Vorhaben gelingt, eine Eigendynamik bei der allmählichen Herausbildung kohärenter formeller und informeller Kooperationen zu initiieren. Umfassende regionale Netzwerke blieben in diesem Sinn sehr wahrscheinlich ein langfristiges Ziel und nicht ein kurzfristig durchzusetzendes Projekt." (Hellmer et al. 1999: 108)

[86] „Unter lokalen branchenspezifischen Clustern versteht man eine Ansammlung von Firmen einer oder weniger in Beziehung zueinander stehender Branchen in einer Region, bei der eine deutlich überdurchschnittliche Zahl von lokalen Beschäftigten in den entsprechenden Branchen aufgrund positiver Wechselwirkungen zwischen den Firmen entsteht und aufrechterhalten wird." (Brenner/ Fornahl 2002: 7)

[87] „Die Ursachen für die Existenz branchenspezifischer Cluster sind so genannte lokale Externalitäten. Diesen liegen Mechanismen zugrunde, bei denen sich das Vorhandensein von Firmen in einer Region auf weitere Firmen derselben Branche positiv auswirkt. Diese Mechanismen haben selbstverstärkenden Charakter." (Brenner/Fornahl 2002: 9)

Die branchenspezifischen Voraussetzungen betreffen typischerweise vorteilhafte Umgebungsbedingungen, insbesondere die Akkumulation von Humankapital, Firmenneugründungen, Innovationen, Synergien und Risikokapitalgeber.[88] Eine Clusterbildung ist nur im Fall bestimmter Industriestrukturen von Vorteil, für die vor allem teilbare Produktionsprozesse, transportable Produkte und Serviceleistungen, aber auch lange Wertschöpfungsketten mit verfügbaren unterschiedlichen, jedoch komplementären Kompetenzen, hohe Innovationsintensität und volatile Märkte kennzeichnend sind (Steinle/Schiele 2002).

„Ein neuer lokaler branchenspezifischer Cluster entsteht in der Regel, während der Markt für die Produkte der Branche stark anwächst.[89]... Darüber hinaus kann eine Clusterbildung durch eine Öffnung des Marktes hervorgerufen werden." (Brenner/Fornahl 2002: 27)

Regionales Unternehmertum und Netzwerke spielen als Promotoren „bezüglich der Initiierung und des Erfolgs von Kooperations- und Koordinationsprozessen in der Entstehungsphase eines lokalen branchenspezifischen Clusters eine wichtige Rolle", indem „sie als Keimzelle und Vorbild für andere Akteure wirken bzw. diese Akteure zur Mitarbeit bewegen." (Brenner/Fornahl 2002: 28f.)

Notwendige regionale Randbedingungen für die Entstehung eines Clusters sind in vielen, aber nicht allen Branchen „das Vorhandensein von Ausbildungseinrichtungen, die für die betrachtete Branche relevant sind, die Einstellung und Möglichkeit lokaler Akteure, neue Firmen zu gründen, die Innovationsfähigkeit der Bevölkerung und Forschungseinrichtungen in der Region." (Brenner/Fornahl 2002: 30, Blind/Grupp 1999) Cluster sind – als eine Antwort auf zentrale Herausforderungen von Wissensgesellschaften – „ein Weg zur schnellen und wirkungsvollen Akkumulierung, Neukombination und Nutzung technischen Wissens. Hierbei verfügen Regionen [im Prinzip] über besondere Vorteile bei der *Bündelung* und Weitervermittlung kontextspezifischen, oftmals stillschweigenden technischen Wissens. Regional eingebettete Kommunikations- und Kooperationsnetzwerke erleichtern die Umsetzung dieses Wissens in neue Verfahren und Produkte. Dies dokumentiert sich im günstigen Fall in regionalen Technisierungs- und Spezialisierungspfaden. Solche *regionalen Lernvorteile* – die jedoch auch mit Verriegelungseffekten einhergehen können – ergänzen die klassischen Vorteile regionaler Agglomerationen, die sich aus dem Zugriff auf regionale Ressourcen, aus geringeren Transaktionskosten und aus Spezialisierungsvorteilen ergeben." (Heidenreich 2000: 109) In funktionierenden Clustern erhöht die hohe Kontakt- und Kom-

---

[88] Die Bedeutsamkeit dieser aus einer positiven Rückkopplung zwischen den Firmen und den Umgebungsbedingungen resultierenden Mechanismen differiert zwischen unterschiedlichen Branchen. Nicht in allen Branchen kommt es zu lokalen Clusterbildungen; in einigen Branchen sind die Firmen räumlich vielmehr nahezu gleichmäßig verteilt. Außerdem kann sich die Eigenschaft einer Branche, lokale Cluster zu bilden, im Laufe der Zeit verändern (Brenner/Fornahl 2002).

[89] Dabei kann es sich auf einem neuen Markt um den ersten Cluster der entsprechenden Branche handeln oder beim Wachstum eines bestehenden Marktes um einen zusätzlichen Cluster.

munikationsdichte dabei sowohl die Motivation als auch die Nachweisbarkeit erfolgreichen oder misslungenen Engagements in einem regionalen Innovationsnetzwerk.[90] (Dohse 2000: 1119)

Neben den Vorteilen für eine Firma, sich in einem Cluster zu lokalisieren, sind auch die Kosten einer solchen Standortwahl zu berücksichtigen. Während sich die Vorteile in der Verfügbarkeit spezialisierter Arbeitskräfte, spezialisierter intermediärer Inputs, von Fachwissen und tacit knowledge und entwickelter Infrastruktur, in der Nähe zu wichtigen Nutzern und Verbrauchermärkten, und in Informationsexternalitäten durch geringere Suchkosten von Kunden und Imagegewinn niederschlagen, kommen die Nachteile in üblicherweise erhöhten Grund- und laufenden Unterhaltskosten in verdichteten Regionen (congestion costs), härterem Wettbewerb auf Input-Märkten und auf Output-Märkten zum Tragen (Foray/Freeman 1993, Krugman 1991, Larsen/Rogers 1984, Swann/Prevezer 1996).

Im Hinblick auf die in dieser Arbeit besonders interessierende Innovationsintensität von Clustern und Netzwerken seien auf Akteurebene nochmals zusammenfassend als wesentliche Erfolgsfaktoren der Bildung innovativer Netzwerke festgehalten: „eine gemeinsame Zielsetzung, geeignete Formen der Organisation und Kommunikation, die Leistungsfähigkeit der Akteure, das Vorhandensein von komplementären Kompetenzen und die Fähigkeit, diese in innovative Projekte einzubringen." (Eickelpasch et al. 2002: 331) Dabei verschiebt sich die in Innovationsnetzwerken erforderliche Balance zwischen loser und enger Kopplung im Technologiezyklus mit fortgeschrittenem Entwicklungsstand und zunehmender Marktnähe innovativer Produkte tendenziell von weak ties zu strong ties, wie sich auch in der Biotechnologie nicht nur in den USA beobachten lässt (vgl. Dolata 2003a, Ernst & Young 2002a, 2003a, 2003b, Lerner/Merges 1997, Powell et al. 1996).[91]

---

[90] „Peer pressure, pride and the desire to look good in the community spur executives to outdo one another." (Porter 1998: 83)

[91] Analog lässt sich aus der Geschichte von Silicon Valley „vermuten, dass ab einer bestimmten Größenordnung des Geschäfts das offene marktähnliche Netzwerk mit seinen ‚weak ties‘ wenig tragfähig für die Produktion und strategische Vermarktung innovativer Produkte ist. Die Strategie, viele Akteure und deren konkrete, ganz spezielle Anforderungen in die Innovation einzubeziehen, ist problematisch, wenn es um die entscheidende Orientierung hin auf die Entwicklung zur Serienreife und um die breite Marktöffnung geht. Hierzu benötigt man ‚strong ties‘ zwischen den Akteuren." (Weißbach 2000: 283)

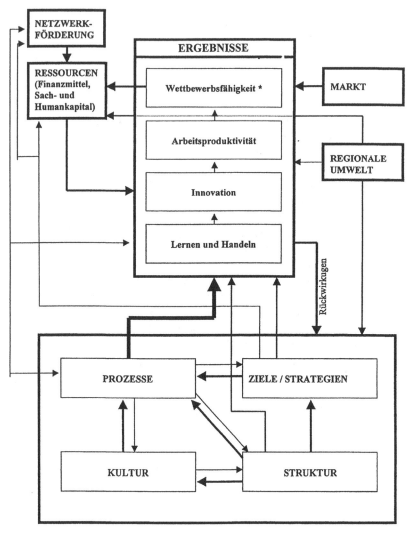

* Wertschöpfung, Marktanteile, Umsatz, Beschaffung, Exporte aus der Region

Abbildung 2.3: InnoRegio-Grundmodell des DIW
Quelle Scholl/Wurzel 2002: 12

Aus den vorangehenden Ausführungen wird deutlich, dass der Erfolg regionaler Innovationsnetzwerke zum einen durch die aus regionaler Konzentration und Netzwerkbildung resultierenden Möglichkeiten zwar prinzipiell besser erreichbar scheint, aber grundsätzlich offen und keineswegs gesichert ist, und dass er zum anderen von mehreren Voraussetzungen und dem positiven (eigendynamischen) Zusammenspiel diverser Einflussfaktoren abhängt. Insofern diese Interaktionsdynamik (der Einflussfaktoren) durchaus unterschiedlich ausfallen kann, sollte gerade die Art und Weise ihres Zusammenspiels untersucht und theoretisch konzeptualisiert und modelliert werden. Genau dies findet sich jedoch kaum in der sozialwissenschaftlichen Forschung und Literatur (etwa über regionale Innovationsnetzwerke).

Einen entsprechenden, weit ausdifferenzierten Versuch machen Scholl/Wurzel (2002) mit dem von ihnen vorgeschlagenen, auf InnoRegios zugeschnittenen organisationstheoretischen Kausalmodell mit 58 Modell-Variablen, dessen Grundstruktur Abbildung 2.3 wiedergibt. In diesem Modell werden 178 Hypothesen über vielfältige, aus dem Zusammenwirken spezifischer Variablen resultierende relevante Effekte formuliert und untersucht, die Zusammenhänge zwischen Marktbedingungen und Netzwerkerfolg, regionalen Bedingungen und Netzwerkerfolg, Ressourcen und Förderung, (internen) Netzwerkprozessen und Netzwerkerfolg, Netzwerkstrukturen und Netzwerkprozessen, Zielen/Strategien und Prozessen des Netzwerks, Netzwerkstrukturen und Zielen/Strategien, Netzwerkkultur, Netzwerkstruktur und Netzwerkprozessen, und die Rückwirkung von Netzwerkergebnissen auf deren Bedingungsfaktoren thematisieren. Ohne auf das Modell näher einzugehen, kann doch festgehalten werden, dass die empirische Anwendung eines solch komplexen Modells durch die begrenzte Verfügbarkeit und Validität der erforderlichen Daten[92] einerseits zumeist nur eingeschränkt möglich ist[93], sie andererseits interessante und spezifischere Erkenntnisse sowohl für Netzwerk- und Innovationsforschung als auch für politische Entscheidungs- und Handlungsträger liefert als grobere, auf die Rolle einzelner Bestimmungsfaktoren beschränkte Studien (vgl. Dörner et al. 1983, Dörner 1992).

Was nun die Möglichkeiten und Grenzen einer Förderpolitik angeht, die die Bildung selbsttragender regionaler Innovationsnetzwerke und Cluster anstrebt, so ist mit Brenner/Fornahl (2002) diesbezüglich insbesondere Folgendes festzuhalten:

---

[92] Diese hängt insbesondere mit ihrer Abhängigkeit von der Bereitschaft der Netzwerkakteure, „im Rahmen von schriftlichen und mündlichen Befragungen umfassend und wahrheitsgemäß Auskunft zu geben" (Scholl/Wurzel 2002: 41), zusammen.

[93] So wurden im Rahmen des entsprechenden, vom DIW koordinierten Begleitforschungsprojekts zum InnoRegio-Programm des BMBF auch nur Partialmodelle dieses komplexen Modells auf einzelne InnoRegios angewandt, deren Ergebnisse aus Gründen der den Interviewpartnern zugesagten Vertraulichkeit bislang auch nicht zugänglich sind.

1. Staatliche Politik kann ihre Bildung nur anregen und fördern, jedoch nicht selbst erzeugen. Um ihre Entstehungswahrscheinlichkeit zu erhöhen, bieten sich vor allem infrastrukturorientierte Maßnahmen an wie

   - „die Schaffung oder Verbesserung von Aus- und Weiterbildungseinrichtungen
   - die Unterstützung oder Verbesserung der Rahmenbedingungen für Firmengründungen
   - die Einrichtung von Forschungseinrichtungen oder die direkte Unterstützung von Innovationsprozessen
   - die Schaffung eines organisatorischen Kerns, der die Aktivitäten in der Region koordiniert, Kompetenzen bündelt und neue Impulse erzeugt
   - die Verbesserung der Infrastruktur für Firmen." (Brenner/Fornahl 2002: 5)

2. Diese Maßnahmen sollten sowohl in Bezug auf die Region als auch in Bezug auf die Branche zielgerichtet erfolgen. Die Möglichkeit des effektiven Einsatzes politischer Maßnahmen besteht weitgehend nur zu bestimmten Zeitpunkten an bestimmten Orten.

3. Von daher sollte die Förderpolitik zum einen zeitlich begrenzt sein, bis sich (in weniger als einer Dekade) ein Cluster gebildet hat, und zum anderen die systematisch begrenzte Zahl (zukünftig) erfolgreicher Regionen als geografische Orte regionaler Innovationsnetzwerke und lokaler branchenspezifischer Cluster in Rechnung stellen.

4. Die Förderpolitik kann einerseits die Standorte der Clusterbildung und andererseits die Stärke der Clusterung beeinflussen (vgl. Brenner/Fornahl 2002: 18f.).

5. Da die Politik aufgrund von Informationsdefiziten und hohen Transaktionskosten nur über begrenztes Steuerungswissen verfügt, steigt die Erfolgswahrscheinlichkeit für politische Maßnahmen, wenn Politik nicht als externe Instanz eingreift, sondern die Koordinationsprozesse und Problemlösungsmöglichkeiten zusammen mit den betroffenen regionalen Akteuren entwickelt und sie somit den regionalen und branchenspezifischen Charakteristika angepasst werden.[94]

6. „Dabei müssen nicht alle Maßnahmen von derselben Ebene durchgeführt werden, sondern verschiedene politische Akteure können gleichzeitig mit unterschiedlichen Maßnahmen – sich gegenseitig ergänzend – eingreifen. Dafür ist eine enge Zusammenarbeit und Koordination zwischen den beteiligten Ebenen erforderlich." (Brenner/Fornahl 2002: 33)

7. Insofern regionale Akteure auf die Förderpolitik unterschiedlich reagieren können, müssen Mitnahmeeffekte durch die Gestaltung der Fördermaßnahmen möglichst weitgehend vermieden werden.

---

[94] „Solch ein Aufbauen auf bereits lokal vorhandenen Aktivitäten und Stärken ist notwendig, da die Politik nur unterstützend und steuernd auf die Prozesse einwirken kann und kaum in der Lage ist, diese in einer Region zu erzeugen." (Brenner/Fornahl 2002: 32)

8. Was die vier oben beschriebenen Voraussetzungen der Clusterbildung anbelangt, sind die Möglichkeiten der Förderpolitik begrenzt, auf branchenspezifische selbstverstärkende Prozesse Einfluss zu nehmen. Sofern der Staat nicht als Nachfrager auftreten kann, ist das Wachstum des (Lead-) Marktes eine Voraussetzung, die durch politische Maßnahmen allenfalls eingeschränkt erzeugt werden kann. Die Förderung regionaler Gründungsaktivitäten und regionalen Unternehmertums ist direkt nur schwer möglich, während über das Setzen geeigneter Rahmenbedingungen eine indirekte Einflussnahme durchaus möglich erscheint, die auf die Kommunikations- und Diffusionsprozesse in der Region abzielen. Dabei hängt gerade die weitergehende Diffusion von Einstellungen und Meinungen in der Bevölkerung hauptsächlich von kulturellen Aspekten und gewachsenen Strukturen ab und lässt sich daher nur bis zu einem bestimmten Grade politisch beeinflussen. Die größte Wirkungsmöglichkeit besitzt die Politik im Bereich der regionalen Randbedingungen, wobei bis auf die Unterstützung von Innovationsprozessen Maßnahmen zur Ausbildung von Arbeitskräften, der Bereitstellung branchenspezifischer Infrastruktur und der Unterstützung von Gründungsprozessen direkt nach der Entstehung eines neuen Marktes am effektivsten sind.

9. Die Förderung innovativer Cluster ist politisch attraktiv, weil mit relativ geringem Aufwand ein großes Ergebnis erreicht werden kann, falls die oben genannten Voraussetzungen der Clusterbildung gegeben sind, weil sie mit guten Gründen zeitlich begrenzt werden kann, und weil sie mit zusätzlichen indirekten positiven Auswirkungen auf die Wettbewerbs- und Innovationsfähigkeit und die regionale Entwicklung im Allgemeinen rechnen kann.

10. Dabei befindet sich die auf die Verknüpfung zwischen globalen Innovationen und regionalen Kompetenzen abzielende Förderpolitik im Zielkonflikt mit einer gleichwertige Lebensverhältnisse anstrebenden Regionalpolitik, weil sie das interregionale Gefälle durch erfolgreiche Gestaltung geförderter Regionen verschärft.[95]

An diesen Ausführungen wird wiederum die Notwendigkeit des gelingenden Zusammenwirkens unterschiedlicher Akteure und Bedingungen für eine erfolgreiche Förderpolitik regionaler Innovationssysteme deutlich, die sich auf drei Ebenen als wirksam erweisen muss: die Etablierung und Weiterentwicklung regionaler Innovationsnetzwerke an sich, die Auswirkungen der Netzwerkbildung auf das regionale Innovationssystem und auf die Innovationsfähigkeit der regionalen Akteure, und die Ausstrahlung und Folgewirkungen der erhofften umfangreicheren und effizienteren Inno-

---

[95] Insofern die gezielte Förderung einzelner Regionen und die Konkurrenz zwischen den Regionen zu Spannungen führen kann, sollte die Förderpolitik daher zum einen die Regeln für das regionale Förderung durchschaubar und einheitlich gestalten, um einen fairen Wettbewerb zu gewährleisten und die Akzeptanz des Ergebnisses zu erhöhen, und zum anderen die unvermeidlichen Verlierer-Regionen nach Möglichkeit – durch möglichst weite Streuung der Clusterbildung – indirekt an den Vorteilen der Cluster partizipieren lassen.

vationsaktivitäten auf die regionale Wertschöpfung, Wettbewerbsfähigkeit und Beschäftigung (Scholl/Wurzel 2002: 10).

Ermutigt etwa durch positive Erfahrungen mit dem BioRegio-Programm und durch entsprechende Politikberatung (vgl. Blind/Grupp 1999), betreiben sowohl Bundes- als auch Landesregierungen in der Folgezeit verstärkt regionale Innovationsförderung[96], z.b. das BMBF mit dem InnoRegio-Programm (1999-2006) (BMBF 2000a, 2002a) und dem darauf aufbauenden Förderprogramm „Innovative regionale Wachstumskerne" (BMBF 2002b) für die ostdeutschen Bundesländer sowie mit der Förderung von Kompetenznetzen (BMBF: kompetenznetze.de). Diese Programme des BMBF setzen im oben beschriebenen Sinne darauf, die Bildung innovativer Cluster anzustoßen. Sie werden durch wissenschaftliche Begleitforschung auf ihre Wirksamkeit hin evaluiert und bauen auf lokalen Initiativen auf, ohne inhaltliche Vorgaben in Bezug auf anvisierte Technologien und Wirtschaftssektoren zu machen.[97]

Bei der in Kapitel 4.1 kurz etwas näher vorgestellten Förderinitiative InnoRegio des BMBF geht es angesichts des stockenden Aufholprozesses in Ostdeutschland und der diagnostizierten Schwachstelle einer unzureichenden Zusammenarbeit von Unternehmen, Forschung und wirtschaftsnahen Einrichtungen auf regionaler Ebene darum, die Innovationsfähigkeit der dortigen Unternehmen durch die Förderung der Netzwerkbildung zu stärken und damit mittelbar Impulse für das Wachstum und die Beschäftigung in diesen Regionen zu geben. Insofern die Bildung solcher regionalen Innovationsverbünde ohne öffentliche Mittel und Anstöße in Ostdeutschland derzeit nur selten zustande käme, spielt das InnoRegio-Programm eine entscheidende Rolle für den Anstoß derartiger Netzwerkinitiativen.[98]

Es ist der Technologiepolitik zuzubilligen, dass sie in diesem Zusammenhang relativ klare, wenn in ihrer praktischen Umsetzung partiell auch widersprüchliche Zielsetzun-

---

[96] Ihren Beginn nahm die regionale Technologie- und Innovationspolitik Anfang der 1980er Jahre mit der flächendeckenden Errichtung von Gründer- und Technologiezentren.

[97] Der Erfolg des InnoRegio-Programms basiert nach Müller et al. (2002: 134) insbesondere auf dem abgestimmten Einsatz folgender sieben Elemente: „Festlegung von Qualitätszielen und deren Operationalisierung, Wettbewerb, Anreize, Zielvereinbarungen zwischen den Beteiligten, Maßnahmen zur Umsetzung von Zielkonzepten ‚von unten' sowie Monitoring zur Analyse von Entwicklungsprozessen und den Wirkungen eingeleiteter Maßnahmen".

[98] Dabei lässt sich der aus theoretischen Zusammenhängen abgeleitete Wirkungszusammenhang für die InnoRegio-Initiative des BMBF wie folgt darstellen: „(i) Die Förderung von regionalen Netzwerkaktivitäten innovativer Akteure führt zur Etablierung neuer bzw. Stärkung bereits in Ansätzen existierender regionaler branchen-, markt- oder technologiespezifischer Innovationssysteme. (ii) Die durch die Förderung erfolgte Stärkung der regionalen Systeme erhöht die regionale Innovationsfähigkeit, die Innovationsaktivitäten der individuellen Akteure erfolgen umfangreicher, dynamischer und effizienter. (iii) Eine quantitative Zunahme und erhöhte Effizienz der i.w.S. technologischen Such-, Lern- und Innovationsprozesse (unterstützt durch soziale Innovationen infolge der Netzwerkinteraktion) lässt mittel- bis langfristig die regionale Wertschöpfung und Wettbewerbsfähigkeit steigen und führt damit auch zur Ausweitung der Beschäftigung in der Region." (Scholl/Wurzel 2002: 9)

gen verfolgt: marktorientierte Förderung von FE-Projekten in den ostdeutschen Bundesländern zur Stärkung der Innovationskraft und damit der wirtschaftlichen Konkurrenzfähigkeit von Regionen, und dies speziell über die Initiierung regionaler Innovationsnetzwerke mit dem Fokus auf die Kooperation von Wissenschaft und Industrie. Da deren Genese und Gestaltung von Engagement, Kompetenz und Kooperationsfähigkeit vor allem regionaler und lokaler Akteure abhängt, bestehen die Haupteinwirkungsmöglichkeiten des technologiepolitisch verantwortlichen BMBF in der kompetenten Selektion zu fördernder InnoRegios und in der Bereitstellung von Fördermitteln und Beratung. Bewilligung und Kontrolle der im Rahmen der InnoRegios durchgeführten Einzelprojekte wurden – damit durchaus dem üblichen forschungspolitischen Rahmen entsprechend – weitgehend an den Projektträger Jülich delegiert. Dieser musste hierfür allerdings teils erst einmal entsprechende personelle Kapazitäten aufbauen und verfügt bestenfalls über begrenzte Möglichkeiten, selbst inhaltliche Orientierungen auf der Ebene der Einzelprojekte vorzugeben oder diese in einmal bewilligten Projekten durchzusetzen.

Auf den letztendlichen wirtschaftlichen Erfolg der Einzelprojekte und der einzelnen InnoRegios hat die Technologiepolitik wenig Einflussmöglichkeiten. Sie kann nur geeignete Anstöße geben und Rahmenbedingungen schaffen, um dann auf eine erfolgreiche Eigendynamik der angestoßenen regionalen Innovationsnetzwerke über die anfangs mehr oder minder umfangreich geförderten FE-Projekte hinaus zu hoffen.[99] Insofern kann durchaus berechtigt vermutet werden, dass die Technologiepolitik unter den von ihr selbst vorgegebenen Zielsetzungen des InnoRegio-Programms die ihr zur Verfügung stehenden begrenzten Möglichkeiten weitgehend ausgeschöpft und in ihrer konzeptionellen Anlage – wenngleich anfangs weniger in ihrer konkreten praktischen Durchführung – auch durchdacht umgesetzt hat.

Auf analytischer Ebene sei abschließend zusammenfassend festgehalten:

---

[99] In dem InnoRegio-Modell von Scholl/Wurzel (2002) werden der Förderpolitik drei Variable zugeordnet: Umfang der InnoRegio-Förderung (Fördersumme, Zahl der geförderten Projekte), Förderqualität (Ausmaß der Betreuung, notwendige Arbeit und Verzögerungen durch das Förderverfahren, Anzahl der nicht bewilligten Projekte), sonstige Förderung (Fördergelder aus anderen Töpfen). 6 der 178 Hypothesen beziehen sich auf die Förderpolitik, die allerdings vergleichsweise trivialer Natur sind:
1. Mit der Höhe der InnoRegio-Förderung wachsen die Finanzressourcen des jeweiligen Netzwerks.
2. Gleiches gilt für die Höhe der sonstigen Förderung.
3. Mit zunehmender Förderqualität steigt die Handlungsfähigkeit des Netzwerks,
4. verbessern sich die Lernprozesse über für das Netzwerk relevante Situationen,
5. und steigen die Chancen der Netzwerkerweiterung.
6. Schließlich erhöht sich mit stärkerer regionaler politischer Unterstützung die Wahrscheinlichkeit sonstiger Förderung des Netzwerks.
Auch wenn die behaupteten Gleichsinnigkeiten dieser Variablen empirisch erst einmal zu überprüfen und zu belegen sind, bedürfte die über Ausnahmefälle hinausgehende Unrichtigkeit dieser Hypothesen einer eingehenden Begründung.

1. Konzeptionell verknüpft die Technologiepolitik mit der Förderinitiative InnoRegio drei Stoßrichtungen: die Förderung von industrienahen und marktträchtigen technologischen Trajektorien in ostdeutschen Bundesländern, das Setzen auf Regionen als sich selbst organisierende und selbsttragende Akteurkonstellationen bei der Entwicklung marktfähiger Schlüsseltechnologien und die Stimulierung interregionalen Wettbewerbs um Fördermittel, technologische Vorreiterrollen und mögliche Lead-Märkte.

2. Die Technologiepolitik (des BMBF) kann im Rahmen ihres InnoRegio-Programms Anreize setzen, markante Anstöße geben und die grundsätzliche Entwicklungsrichtung beeinflussen, was die Bildung und Entwicklung eines regionalen Innovationsnetzwerks angeht. Dessen tatsächliche Entwicklung hängt jedoch neben den zur Verfügung gestellten Fördermitteln maßgeblich von den Ressourcen, den Handlungskapazitäten und Eigeninteressen der Region ab. Substanziell-konkret vermag die Technologiepolitik zum einen die Determinanten von Strategie und Handeln der maßgeblichen Akteure in den FE-Projekten kaum zu beeinflussen und verfügt zum anderen auch auf der Ebene des die Umsetzung der Forschungsprogramme begleitenden und kontrollierenden Projektträgers über zu wenig Personal, um die konkrete Projektgestaltung und -ablauf in der Sache signifikant beeinflussen zu können, wenn die Projektmittel erst einmal vertraglich festgeschrieben worden sind. Technologiepolitik kann somit, durchaus im Einklang mit der vorherrschenden technologiepolitischen Philosophie, durch die Bereitstellung von Fördermitteln und von geeigneter Infrastruktur primär nur vorteilhafte Rahmenbedingungen für regional konzentrierte Innovationsprozesse gewährleisten, nicht aber deren Erfolgsaussichten selbst durch inhaltliche Mitwirkung mitprägen. Diese Situation unterscheidet sich von derjenigen stärker national bestimmter Innovationslandschaften früherer Jahrzehnte allerdings eher bloß graduell, insofern weniger nationale und mehr internationale (wirtschaftliche) Randbedingungen die Handlungsspielräume und Restriktionen der Technologiepolitik bestimmen.

3. Die Technologiepolitik unternimmt verstärkt Bemühungen, den Erfolg ihrer Programme durch Begleitforschung zu evaluieren. Allerdings bleibt offen, inwieweit die Ergebnisse dieser Begleitforschung tatsächlich zukünftige (und laufende) Programme signifikant in ihrem Sinne beeinflussen.

4. Im Unterschied zu manch anderen Politikbereichen vermag Technologiepolitik durchaus sachlich erforderliche Langfristperspektiven zu verfolgen, wobei der Erfolg entsprechender Politikprogramme dadurch allerdings noch offener bleiben muss als bei kurzfristiger angelegten Politiken. Aufgrund der letztlich stark wirtschaftspolitisch geprägten, anwendungsorientierten Ausrichtung des InnoRegio-Programms kann allerdings eine solche Langfristperspektive von einem Jahrzehnt oder mehr politisch leicht untergraben werden.

2.3 Ergebnisse und Erklärungsansätze sozialwissenschaftlicher Gentechnikforschung

In diesem Teilkapitel werden auf der Basis einer in 2002 durchgeführten Sekundäranalyse von sozialwissenschaftlichen Studien, die sich mit dem gesellschaftlichen Umgang mit der und Kontroversen um die Gentechnik, mit Einstellungen zur und der Akzeptanz von Gentechnologie, mit Biotechnologiepolitik und mit sozioökonomischen Rahmenbedingungen der Biotechnologie befassen, die hierbei zum Tragen kommenden Ansätze und Konzepte, Substanz und Art ihrer Ergebnisse, ihre Veränderung über die Zeit und schließlich ihre Reichweite, Tragfähigkeit und Übereinstimmung summarisch erörtert (vgl. Conrad 2004a). Ihre inhaltlichen Ergebnisse selbst gehen weitgehend in Kapitel 3 ein. Dem thematischen Fokus der Mehrzahl dieser Studien gemäß stellt dabei vor allem die Gentechnik und weniger die Biotechnologie den begrifflichen Rahmen dieser Evaluation sozialwissenschaftlicher Literatur dar.[100]

Dabei sind mehrere Einschränkungen ihrer Ergebnisse in Rechnung zu stellen:

1. Es handelt sich um keine Sekundäranalyse im strengen Sinn, weil lediglich exemplarisch ausgewählte und nicht die gesamte Literatur analysiert wurde.[101]
2. Eine kritische Überprüfung der Reliabilität und Validität der in der Literatur präsentierten (empirischen) Ergebnisse war nicht möglich.
3. Deutschsprachige Arbeiten dominieren, während englischsprachige Publikationen nur selektiv ausgewertet wurden. Dies entspricht der Fokussierung der vorliegenden Arbeit auf Deutschland und impliziert die bewusst bloß sekundäre Berücksichtigung von Regulierungen der, Einstellungen zur und Kontroversen um die Gentechnik in anderen EU-Ländern und den USA.
4. Die untersuchten Arbeiten betreffen im Wesentlichen den Zeitraum 1980-2000. Von daher wurden zum einen frühere Veröffentlichungen kaum berücksichtigt und die Zeit vor 1980 aufgrund ihrer im Detail nur mehr begrenzten Impacts auf die zukünftige Entwicklung der Pflanzenbiotechnologie lediglich summarisch behandelt. Zum andern konnten Entwicklungen in den letzten Jahren kaum berücksichtigt werden, da die auszuwertende Literatur – anders als laufende, im Internet ab-

---

[100] So beziehen sich die Titel vieler Arbeiten bewusst auf die Gentechnik: Gen Food (Behrens et al. 1997a), Governing Molecules (Gottweis 1998), Gentechnik in der Öffentlichkeit (Hampel/Renn 1999), Genforschung und Gentechnik. Ängste und Hoffnungen (Niemitz/Niemitz 1999), Gentechnik – Öffentlichkeit – Demokratie (Seifert 2002) oder Genes, Trade and Regulation (Bernauer 2003).

[101] Um die Sekundäranalyse im Rahmen des verfügbaren Arbeitsvolumens durchführen zu können, wurden einige im Bereich der sozialwissenschaftlichen (Gen-)Technikforschung arbeitende deutsche Experten gezielt nach zentralen Forschungsveröffentlichungen befragt. Dadurch konnte die Literaturdurchsicht auf die wichtigsten Arbeiten aus der großen Anzahl vorhandener Literatur beschränkt werden. Insgesamt erfolgte eine gezielte Durchsicht und Auswertung von ca. 60 Arbeiten, die hier nur begrenzt zitiert, im Literaturverzeichnis jedoch aufgeführt werden.

rufbare newsletter zur Gentechnik – allenfalls Ereignisse bis zum Jahr 2000 behandelte. Dies ist deshalb von Bedeutung, weil sich Innovationen, Themen und Diskurse im Bereich der (grünen) Gentechnik auf konkreter Ebene relativ rasch entwickelt und verändert haben.

5. Die nachfolgende Übersicht besitzt notwendig kursorisch-summarischen Charakter; denn es geht ihr vorrangig um die zusammenfassende Einordnung der in den verschiedenen Arbeiten gewählten Forschungsansätze und -designs, während eine fallspezifische Darstellung und Evaluation der einzelnen Studien mit der differenzierten und präzisen Wiedergabe von Argumenten und Ergebnissen zu verschiedenen Themen und Fragestellungen sowie darüber hinaus deren vergleichende und kritische argumentative Abwägung und Einordnung schon aus Platzgründen entfallen muss.

häufig anzutreffen	selten anzutreffen
Behandlung spezifischer sozialwissenschaftlicher Forschungsfragen	breiter angelegte, problemorientierte Überblicksstudien
Konzentration auf spezielle soziale Aspekte der Biotechnologie (Politik, Einstellungen, Diskurs, wirtschaftliche Entwicklung)	substanzielle Versuche einer (sozialwissenschaftlichen) Gesamtanalyse
Interpretation moderner Biotechnologie in je spezifischer Theorieperspektive	solides Abwägen gegenüber anderen Perspektiven
beschreibende Darstellung mit theoriebezogenen Interpretationen ohne hinreichende Begründung ihrer Stringenz	substanzielle theoretische Fundierung mit empirisch falsifizierbaren Aussagen und tatsächlicher Hypothesenprüfung
Beleg des Zusammenspiels vieler Einflussfaktoren	monokausale Erklärungen einerseits, theoretische Konzeptualisierung der Interaktionsdynamik andererseits
zunehmende Differenziertheit der Analysen mit angemessenerer kontextueller Einbettung der Gentechnik	einfache pauschale Erklärungen der Entwicklung der Biotechnologie
unterschiedliche Einschätzung und Erklärung der landesspezifischen Stärke gesellschaftlicher Kontroversen um Gentechnik	vergleichende Untersuchung und Erklärung nationaler Kontroversen

Tabelle 2.3: Charakteristika sozialwissenschaftlicher Gentechnikforschung

Auf der (methodologischen) Ebene der Anlage der sozialwissenschaftlichen Arbeiten zur Gentechnik lässt sich zunächst einmal festhalten (vgl. Tabelle 2.3), dass diese überwiegend spezifische sozialwissenschaftliche und nicht genuin die (grüne) Gentechnik betreffende Forschungsfragen behandeln, seltener einen breiter angelegten, (historisch aufgebauten) problemorientierten Überblick über relevante soziale Dimensionen moderner Biotechnologie geben wie Brauer 1995, Cantley 1995 oder Krimsky/Wrubel 1996 und nur dann genuin naturwissenschaftliche Forschungsergebnisse referieren bzw. thematisieren, wenn dies mit zur Aufgabenstellung einer problemorientierten Untersuchung gehörte, so etwa Daele 1985, Persley 1990, Daele et al. 1996, Jany/Greiner 1998, Sauter/Meyer 2000 und Lemke/Winter 2001.

Die ausgewertete Fachliteratur spiegelt wie zu erwarten die in der problemorientierten sozialwissenschaftlichen Technik- und Umweltforschung in den beiden letzten Dekaden vorherrschenden, auf genuin soziale Problemlagen gerichteten Perspektiven wider.[102] Je nach gewählter Fragestellung und Projektdesign der Untersuchung behandeln die Studien unterschiedliche Dimensionen des gesellschaftlichen Umgangs mit modernen Biotechnologien, wie etwa: soziale Wahrnehmungen, Einstellungen und Akzeptanz, (öffentliche) Diskurse und Kontroversen, die Rolle der Medien, durch Akteurkonstellationen und institutionelle Strukturen, Macht- und Interessenkämpfe geformte politics und policies, Legitimationsprobleme etablierter Institutionen, rechtliche Regulierungen, Innovationsmuster und Technikfolgenabschätzungen, Cluster- und Netzwerkbildung, wirtschaftliche Strukturen und Entwicklungsmuster, Globalisierungseinflüsse und -effekte.

Dabei lassen sich diese Arbeiten grob danach unterscheiden, ob sie vor allem diskurspolitisch persuasiv angelegte Schriften darstellen (z.B. Herbig 1980, Rifkin 1998, Shiva 1993, Shiva/Moser 1995, Teitel/Wilson 2001), ob der Bereich der Biotechnologie primär als Illustrationsmaterial bei der Entfaltung und Begründung einer gewissen (Theorie-)Perspektive dient (z.B. Aretz 1999, Bonß et al. 1990, teils Barben/Abels 2000) oder ob die theoretisch angeleitete Detailanalyse von Struktur- und Entwicklungsmustern (spezifischer) Biotechnologien im Vordergrund steht (z.B. Bauer/Gaskell 2002a, Bernauer 2003, Buchholz 1979, Bandelow 1999, Bongert 2000, Daele 1985, Dolata 1996, 2003a, Voß et al. 2002, Zwick 1998).[103]

Bei der Literaturdurchsicht wird deutlich, wie sehr sich die einzelnen Veröffentlichungen auf jeweils wichtige Aspekte der Biotechnologie konzentrieren, wie z.B. Entwicklung der Biotechnologieindustrie, öffentliche Wahrnehmung und Akzeptanz der Gentechnik, Rahmungen und Kommunikationsstrategien in Gentechnik-Diskursen. Hingegen sind kaum substanzielle Versuche einer (sozialwissenschaftlichen) Gesamtanalyse vorgelegt worden (begrenzt: Brauer 1995, Bernauer 2003, Daele et al. 1996, Dolata 2003a). Dabei interpretieren die verschiedenen Arbeiten moderne Biotechnologien überwiegend in ihrer je spezifischen Theorieperspektive, ohne ebendiese gegenüber anderen Perspektiven solide abzuwägen und sie gar gegebenenfalls zu verwer-

---

[102] Genuin naturwissenschaftliche, insbesondere biologische Forschungsarbeiten im Bereich der grünen Gentechnik, die diese naturgemäß sehr viel direkter betreffen (vgl. Tappeser et al. 2000), waren nicht Gegenstand dieser Sekundäranalyse.

[103] Eher zwischen diesen beiden letztgenannten Polen sind m.E. etwa die Arbeiten von Behrens et al. 1997a, Durant et al. 1998, Gaisford et al. 2001, Gaskell/Bauer 2001, Gottweis 1998, Krimsky/Wrubel 1996 oder Marris et al. 2001 einzuordnen.

fen.[104] Darüber hinaus verdeutlichen die Literaturangaben den konzeptionell dominanten nationalen/sprachspezifischen Rahmen der meisten Untersuchungen.

Bei den mehr problemorientierten Studien stellt sich diese Frage weniger, insofern sie verschiedene (soziale) Dimensionen moderner Biotechnologie thematisieren und weniger auf spezifische Theorieperspektiven abheben.

Von wenigen positiven Ausnahmen abgesehen ist die substanzielle theoretische Fundierung der meisten Arbeiten mit konzeptionell klar abgeleiteten, empirisch falsifizierbaren Aussagen einschließlich ihrer tatsächlichen Prüfung (vgl. Esser 1999) wenig ausgeprägt. Es dominieren eher beschreibende Darstellungen mit (teils suggestiven) theoriebezogenen Interpretationen, deren Stringenz und Vorrangigkeit gegenüber anderen ebenso plausiblen Interpretationen kaum hinreichend begründet wird. Entsprechend findet in der Literatur nur begrenzt eine systematische theoriegeleitete und empiriekontrollierte Auseinandersetzung mit unterschiedlichen (gegenläufigen) Erklärungen und Erklärungsmodellen z.B. biotechnologischer Kontroversen statt. Mehr oder weniger positive Ausnahmen stellen etwa die Arbeiten von Bandelow (1999), Bauer/ Gaskell (2002a), Bernauer (2003), Bonfadelli (1999), Bongert (2000), Daele et al. (1996), Dolata (2003a), Gaskell/Bauer (2001), Lemke/Winter (2001) dar.

Frühe Arbeiten zu gentechnischen Kontroversen zeichnen sich dadurch aus, dass viel stärker genuin wissenschaftliche Entwicklungsperspektiven, potenzielle zukünftige Anwendungszusammenhänge gentechnischer Verfahren und mit diesen verbundene grundlegende ethische Problemlagen, u.a. die Frage nach der Berechtigung des menschlichen Eingriffs in natürliche Evolutionsprozesse im Vordergrund der Analyse standen (vgl. Herbig 1980, Herwig et al. 1980, Daele 1985, Bayertz 1987, Enquete-Kommission 1987), während die tatsächlichen Formen und Probleme der inzwischen angelaufenen, breit gefächerten Anwendung moderner Biotechnologien verständlicherweise noch wenig beachtet wurden.

---

[104] So belegt etwa Gottweis (1998) seine Hypothese der zentralen Rolle des Kampfes um hegemoniale Geschichtsdarstellungen (*narratives*) bei der Entwicklung und Regulierung der Gentechnik mit empirischen Materialien bis etwa 1990. Das Gentechnikgesetz von 1990, das nach Gottweis (1995: 227) „symbolically acknow-ledged the critique articulated in the years before" und "contributed considerably to the stabilization of a policy field in crisis by facilitating a confluence of events that were stable and calculable" (Gottweis 1998: 321), entstand jedoch (ebenso wie die analogen EU-Richtlinien zur Gentechnik) im Umfeld noch ungefestigter institutioneller Strukturen. Deshalb spielten hierbei situative policy-externe Faktoren und Interessenkonstellationen eine entscheidende Rolle, die den verstärkten Einfluss von Gentechnikkritikern zu dieser Zeit verständlich machen. Dass später in den 1990er Jahren andere Akteur- und Interessenkonstellationen im Bereich der Gentechnik die Zentralität von Gottweis' poststrukturalistischer Sichtweise in Frage stellen, indem die Verbände sich programmatisch positionierten und ihre Arbeit professionalisierten, das (korporatistische) Zusammenspiel zwischen Politik, Wirtschaft und Wissenschaft sich erneuerte und zur wichtigsten Basis einer weltmarkt- und standortorientierten Biotechnologiepolitik wurde (Dolata 2000c: 208), kann und will er augenscheinlich nicht mehr wahrnehmen.

Demgegenüber fokussieren neuere Arbeiten häufig auf spezifische, inzwischen sozial ausdifferenzierte Bereiche der Biotechnologie, wie rote oder grüne Gentechnik (vgl. Abels 2000, Behrens et al. 1995, 1997a, Bernauer 2003, Daele et al. 1996, Flitner et al. 1998, Krimsky/Wrubel 1996, Marris et al. 2001, Meins 2003, Menrad et al. 1999, Voß et al. 2002).

Abgesehen von den unterschiedlichen Analyseperspektiven der ausgewerteten Arbeiten zur sozialwissenschaftlichen Gentechnikforschung unterscheiden sich diese teilweise zumindest in ihrer Einschätzung und Erklärung der jeweiligen (landesspezifischen) Stärke biotechnologischer Kontroversen. Während etwa Aretz (1999, 2000), Hampel/Renn (1999), Hampel et al. (2001) diese selbst in Deutschland als durchweg relativ stark ausgeprägt einordnen, stufen Dolata (2000a), Gottweis (1998), Hoffmann (1997) demgegenüber ihre politische Wirksamkeit als eher schwach oder nur von kurzfristiger Bedeutsamkeit ein. Diese unterschiedlichen Betonungen (Intensität öffentlicher Kontroversen versus politische Wirksamkeit) resultieren u.a. aus unterschiedlichen Kontextualisierungen, differierenden Theoriereferenzen ihrer Erklärungsmuster und teils variierenden empirischen Zeitbezügen.[105]

Im Übrigen werden jedoch zunehmend einhellig signifikante nationale und zeitliche Varianzen als auch ähnliche Grundmuster in Einstellungen zur und Kontroversen um die Gentechnik konstatiert und mit diesbezüglichen (landesspezifischen) Strukturzusammenhängen und Einstellungsdeterminanten zu erklären versucht (Bauer/Gaskell 2002a, Bonfadelli 1999, Gaskell/Bauer 2001, Hampel 2000, Marris et al. 2001).

Versucht man Entwicklung und Stand der verschiedenen Forschungsgebiete zu resümieren, so ergibt sich grob folgendes Bild:

1. Was die Untersuchung von Einstellungen zur Gentechnik und Biotechnologie anbelangt, so sind deren theoretische Konzeptualisierung und methodische Erhebung

---

[105] Analog können unterschiedliche Bezugspunkte und Kontextualisierungen der vergleichenden Einordnung biotechnologischen Protests zu prima facie gegenläufigen Resultaten führen. So wird auf der einen Seite in der Literatur meist eine schwache Stellung der Gentechnikkritiker konstatiert und überwiegend mit geringeren Mobilisierungschancen gentechnischen Protests erklärt, sowohl innerhalb Europas im Vergleich etwa zum anti-nuklearen Protest als auch in den USA aufgrund im Vergleich mit Europa offeneren, Kritik eher aufgreifender institutioneller Arrangements (Aretz 2000, Gaskell/Bauer 2001, Hoffmann 1997, Saretzki 2001). Auf der anderen Seite erklärt z.B. Nelkin (1995) umgekehrt den weit größeren Protest gegen Biotechnologien als gegen Informationstechnologien in den USA durch die im ersten Fall viel stärker mobilisierten, da höher eingestuften gesellschaftlichen Werte in der Bevölkerung (Bedrohung der Natur, Umweltrisiken, ökonomische Betroffenheiten durch Biotechnologien) als die anscheinend weniger tief verankerten, stark mit Informationstechnologien assoziierten Werte (weniger Privatheit, politische Kontrolle, Demokratiegefährdung durch Informationstechnologien). Diese vordergründige Diskrepanz erklärt sich aus den unterschiedlich gewählten Vergleichsobjekten und aus der anfänglich durchaus vorhandenen Vehemenz des Gentechnik-Diskurses in den USA.

zunehmend differenzierter geworden, ihre empirische Fundierung jedoch demgegenüber begrenzt geblieben. So werden komplexe mehrschichtige Modelle der Einstellungsforschung genutzt (vgl. Eagly/Chaiken 1993, Heijs et al. 1993, Midden et al. 2002, Pardo et al. 2002), die Stellvertreterrolle der Gentechnik als Indikator von und der (persönlichen) Ambivalenz gegenüber gesellschaftlichen Modernisierungsprozessen berücksichtigt (vgl. Bauer/Gaskell 2002a, Daele 2001a, 2001b, Gill et al. 1998, Zwick 1998), neben Befragungen etwa mit Fokusgruppen gearbeitet (Marris et al. 2001) und Einstellungen nach unterschiedlichen Beurteilungsdimensionen und Anwendungen der Biotechnologie im Vergleich verschiedener Länder und mit anderen Technologien erhoben (vgl. Bauer/Gaskell 2002a, Durant et al. 1998, Gaskell/Bauer 2001, Midden et al. 2002, Hampel 2000, sowie exemplarisch Abbildung 2.4). Die Validität etwa von (EuroBarometer-)Befragungen ist jedoch begrenzt (vgl. Pardo et al. 2002, Berger 1974, Bierbrauer 1976), und es fehlen insbesondere längerfristige Panel-Erhebungen, die die Konstanz sowie die Entwicklungsdynamik von Einstellungen zur Gentechnik empirisch vergleichsweise eindeutig überprüfen könnten.

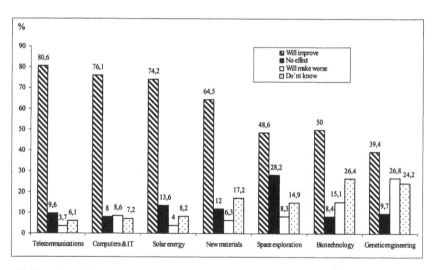

Abbildung 2.4: Allgemeine Einstellungen zu sechs verschiedenen Technologien in der EU 1996
Quelle: Midden et al. 2002: 204

2. Die Untersuchung von öffentlichem Diskurs um die und öffentlicher Meinung gegenüber der Gentechnik und Biotechnologie spielte in der sozialwissenschaftlichen Gentechnikforschung in Form von Medien- und Diskursanalysen eine beachtliche

Rolle (vgl. Aretz 1999, Bauer/Gaskell 2002a, Bonfadelli 1999, Durant et al. 1998, Gaskell/Bauer 2001, Gottweis 1998, Hampel/Renn 1999, Schell/Seltz 2000, Seifert 2002, Spök et al. 2000). Sie sind theoretisch und methodisch recht differenziert angelegt, wenn auch in ihren Erhebungen weitgehend auf wenige Zeitungen konzentriert, und gelangen zu relativ klaren, empirisch überprüfbaren Aussagen, was etwa die Rolle der Medien in gentechnischen Kontroversen angeht (vgl. Bauer/Gaskell 2002a, Bonfadelli 1999, Gaskell/Bauer 2001, Hampel/Renn 1999, Kohtes Klewes 2000). Hier stellt sich heute primär die Frage, ob solche Arbeiten weiterhin fortgesetzt werden, gerade weil die beobachteten Zusammenhänge keineswegs einfach extrapoliert werden können, wie z.b. die in Fußnote 104 dargelegte nur situative Berechtigung mancher Hypothesen von Gottweis (1998) illustriert.

3. Die Biotechnologiepolitik und -regulierung untersuchenden Arbeiten (vgl. Bandelow 1999, Bauer/Gaskell 2002a, Behrens 2001, Bernauer 2003, Cantley 1995, Martinsen 1997, Meins 2003, Russell/Vogler 2002, Seifert 2002, Vogel/Lynch 2001) haben zu einer relativ detaillierten Rekonstruktion diesbezüglicher Politikstrukturen, Akteurkonstellationen, Interessenlagen und Entscheidungsprozesse beigetragen, verschiedene nationale und supranationale Politikarenen und Konfliktlagen untersucht und hiervon mehrheitlich ein differenziertes, deutlich verschiedene Phasen der Biotechnologiepolitik unterscheidendes Bild gezeichnet. Die Interpretation der Daten erfolgt mit je spezifischen, vom Autor präferierten Politiktheorien und -modellen, sodass deren jeweilige konzeptionelle Überlegenheit über ihre vordergründige Plausibilität hinaus wie gesagt kaum je theoretisch und empirisch überprüft wird.[106]

4. Was die Innovationsdynamik und die wirtschaftliche Entwicklung der Biotechnologie angeht, haben diesbezügliche empirische Erhebungen nach anfänglichen Defiziten an Boden gewonnen und liefern mittlerweile recht reliable Erkenntnisse, sowohl was quantitative Erhebungen über die Biotechnologieindustrie als auch was die Bildung von Allianzen, Innovationsnetzwerken und regionalen Clustern in ihr angeht, die teils durchaus über die jährlichen Ernst & Young-Berichte hinausgehen (vgl. Audretsch/Cooke 2001, Bernauer 2003, Dolata 1996, 2000b, 2002, 2003a, Senker 1998, Senker et al. 2001). Allerdings reichen sie in ihrer Validität und Aussagekraft selten so weit, dass sich ökonomische Theorien oder innovations- und technologiepolitische Konzepte in ihrer Wirksamkeit daran empirisch eindeutig testen lassen.

Generell belegen die Untersuchungen, dass z.B. Biotechnologiepolitiken oder soziale Einstellungsprofile zur und Kontroversen über die Gentechnik stets aus dem Zusammenspiel vielfältiger Faktoren unterschiedlicher Einflusebenen resultieren, das häufig bereichsspezifisch, länderspezifisch und zeitlich variiert und einfache mono-

---

[106] Bernauer (2003) stellt hier weitgehend eine Ausnahme dar.

kausale oder homogene Erklärungsmuster nicht gestattet. Ebendies wird von den ausgewerteten Arbeiten trotz (unvermeidlich) vorherrschender analytischer Fokussierung auf bestimmte theoretische Konzepte denn auch verstärkt betont (so Bauer 1995, Bauer/Gaskell 2002a, Bernauer 2003, Bonfadelli 1999, Gaskell/Bauer 2001, Gottweis 1998, Dolata 2003a, Giesecke 2001, Meins 2003, Voß et al. 2002), um u.a. beispielsweise die national und zeitlich variierende Intensität und Wirksamkeit gentechnischen Protests oder die Differenzen und Handelskonflikte zwischen den USA und Europa zu erklären. Wenn auch insbesondere neuere Studien die zentrale Rolle der Interaktionsdynamik von Bestimmungsfaktoren der Entwicklung von Biotechnologie(-märkten, -politik, -diskursen, -akzeptanz) hervorheben und ebensolche Einflussfaktoren im Rahmen ihrer auf bestimmte Determinanten und Zusammenhänge fokussierenden Analyse nicht nur verbal zu berücksichtigen suchen, so geschieht dies nur eingeschränkt in systematischer Weise[107] und kommt es zu keiner genaueren (theoretisch verankerten) Analyse dieser Interaktionsdynamik selbst.

Dabei wird die außerordentliche gesellschaftspolitische Bedeutsamkeit von Ereignissen wie der Zulassung des Imports von Gensoja 1996 oder der Geburt des Klonschafs Dolly 1997, die nur aufgrund vorgängiger, länger währender historischer Entwicklungsprozesse nachvollziehbar ist, in einigen Fallstudien sehr wohl untersucht und historisch erklärt (vgl. Bauer/Gaskell 2002a, Bonfadelli 1999). Umgekehrt wird die große Bedeutung situativer Einflüsse und Koinzidenzen auf die konkrete Gestaltung des gesellschaftlichen Umgangs mit (neuen) Technologien[108], die den zentralen Stellenwert hegemonialer Akteurkonstellationen und Politiken relativiert, in den vorliegenden Arbeiten zwar teilweise erwähnt, jedoch für die Theoriebildung kaum genutzt.

Ebenso wenig finden sich weitergehende systematische Überlegungen etwa im Hinblick auf die modernisierungskritische Frage, inwiefern gerade der technisch-wirtschaftliche Erfolg der Gentechnologie langfristig ihr eigentliches Risiko darstellen könnte (Conrad 1990c).

Zusammenfassend lässt sich festhalten:

- Qualität und Differenziertheit der sozialwissenschaftlichen Gentechnikforschung haben in den beiden letzten Dekaden zugenommen.[109]
- Trotz verbesserter Datenlage auf deskriptiver Ebene ist die empirische Basis für die systematische Prüfung von Erklärungsmodellen und zugrunde liegenden Theorien weiterhin unzureichend.

---

[107] Ein Beispiel in diese Richtung ist die konzeptionelle Aufteilung der public sphere von Bauer/Gaskell (2002b) in die drei Bereiche policy regulation, media coverage und public perceptions.

[108] Dies kam etwa in der zuvor weitgehend abgelehnten und daher politisch nicht durchsetzbaren, 1989/1990 jedoch forciert verfolgten spezialgesetzlichen Regelung der Gentechnik innerhalb der EU zum Ausdruck.

[109] Dies erstreckt sich bis hin zu ausgefeilten Bewertungsmodellen (vgl. Busch et al. 2002).

- Die Untersuchungen werden vermehrt in einen weitergehenden vergleichenden Kontext und breiteren Interpretationsrahmen (auch anderer Technologien) eingebettet.
- Damit wird auch durchaus der Stand der allgemeinen Technik-, Innovations-, Politik- und Marktforschung erreicht.
- Dementsprechend werden zunehmend unterschiedliche Erklärungsansätze angeführt und vergleichend erörtert, ohne dass jedoch bereits eine systematische und valide empirische Überprüfung der vorgetragenen Interpretationsmodelle und Theorien erfolgt.
- Bei tendenzieller Übereinstimmung vieler Arbeiten in Bezug auf generelle Entwicklungsmuster der Biotechnologie differieren sie in ihrer Einschätzung der Dauerhaftigkeit und Wirksamkeit der sozialen Inakzeptanz relevanter Anwendungsbereiche der Biotechnologie, insbesondere von Genfood. Diese Frage lässt sich allerdings angesichts der Kontingenz solcher historischen Prozesse – selbst bei Verfügbarkeit eines tragfähigen Modells der Interaktionsdynamik von Bestimmungsfaktoren der Biotechnologie – derzeit auch nicht eindeutig beantworten.

2.4 Die Interaktionsdynamik von Einflussfaktoren

Da (wissenschaftlich konstruierte) soziale Gebilde und Prozesse (vgl. Esser 1999) wie Biotechnologiepolitiken oder soziale Einstellungsprofile zur Gentechnik, wie im vorigen Teilkapitel festgehalten, stets aus einem meist fallspezifisch variierenden Zusammenspiel vielfältiger Einflussfaktoren resultieren, lassen sich aus gleichartigen Akteurkonstellationen, gleichlautenden Umfrageergebnissen oder ähnlichen situativen Kontextbedingungen je für sich genommen keine eindeutigen Politikergebnisse (policy outputs, impacts oder gar outcomes) oder Einstellungsmuster ableiten. Es ist gerade die Interaktionsdynamik dieser Einflussfaktoren, die letztendlich etwa über Protestwirkungen und Politikfolgen entscheidet.[110]

---

[110] Die nachfolgenden Zitate verdeutlichen dies: „Das Driften des europäischen regulatorischen Prozesses [im Bereich der grünen Gentechnik] ist nicht auf die Vorbildwirkung und schon gar nicht auf den gezielten Einfluss eines kleinen Landes zurückzuführen, sondern auf eine Kumulation von Ereignissen, die mit der BSE-Krise 1996 ihren Anfang nahm: paneuropäische Vertrauenskrisen, die Mobilisierung des Konsumenten, Machtverschiebungen innerhalb der europäischen Institutionen, Freisetzungsskandale, Regierungswechsel in verschiedenen Mitgliedstaaten, Häufung von den Gefahrenverdacht nährenden wissenschaftlichen Expertisen." (Seifert 2000: 330) – „We are inclined to conclude that there is no one cause of the transatlantic divide. Rather we must assume that the developing science and technology of biotechnology triggered a complex interplay of mutually interrelated aspects of the public spheres in North America and Europe, and in combination with different economic, legal and financial systems contributed to different trajectories for the technology itself, its regulation, media coverage and public reception ... Sociocultural systems and technological systems interact in enormously complex ways. Understanding these interactions re-

In der sozialwissenschaftlichen Literatur über realisierte technologische Entwicklungslinien, industrielle Innovationsdynamiken oder Gentechnik-Kontroversen werden weitgehend übereinstimmend, wie in den vorangehenden Teilkapiteln bereits mehrfach hervorgehoben, sowohl die Variabilität möglicher Erklärungsmuster typischer sozialer Zusammenhänge und Prozesse und ihrer Ergebnisse (in Abhängigkeit von den je fallspezifischen historischen Gegebenheiten) hervorgehoben und die (kumulative) Wirksamkeit mehrerer Variablen auf das Explanandum betont als auch Rolle und Einfluss unterschiedlicher Einflussfaktoren gegeneinander abgewogen; die Interaktionsdynamik zwischen diesen Variablen wird hingegen – außer erzwungenermaßen in mehr oder minder komplexen (mathematischen) Simulationsmodellen[111] – zwar teilweise benannt, jedoch kaum näher untersucht und (theoretisch) rekonstruiert.[112]

Während sich allgemein und nicht nur einzelfallspezifisch wirksame Einflussfaktoren auf soziale Strukturen und Prozessmuster noch relativ eindeutig identifizieren und in ihrer Bedeutung gewichten, und damit in ein ebendiese erklärendes theoretisches Konzept einbauen lassen, trifft dies für die aus der Wechselwirkung dieser Einflussfaktoren resultierende, letztlich wirkungsmächtigere Interaktionsdynamik aus mehreren Gründen nicht zu. Hieraus ergeben sich in den meisten Fällen strikte Grenzen ihrer grundsätzlich erwünschten Generalisierbarkeit und damit Theoretisierbarkeit.

---

quires attention to a number of factors that are most clearly visible on the institutional or societal level, rather than the individual level. Regulatory climate, not just specific regulations; media systems, not just specific messages; and social values, not just individual opinions, all clearly contribute to observed outcomes." (Gaskell et al. 2001: 113) – „Social scientists have thus far provided only sketchy answers as to why public acceptance of GE foods varies so much across the European Union and the United States ... Many of these explanations are neither theoretically nor empirically plausible, others are more convincing ... Social scientists do not yet fully understand the complex interactions between consumer perceptions, scientific evidence on risks, public trust in regulators, NGO campaigns, and their effects on regulatory processes." (Bernauer 2003: 76f.)

[111] Das in Kapitel 2.2 vorgestellte Netzwerkmodell für InnoRegios (Scholl/Wurzel 2002) listet eine Vielzahl von Wirkungszusammenhängen zwischen seinen Variablen auf, ohne allerdings die daraus resultierende Interaktionsdynamik insgesamt zu simulieren.

[112] „The picture revealed by our seven industry studies of how technologies and industries evolve over time thus is a complex and variegated one. There is no single pattern that fits all industries. Similarly, the theories that attempt to explain or predict the dynamics of comparative advantage at a national level provide only limited illumination." (Mowery/Nelson 1999: 374) – Mit Blick auf ihre Pfadabhängigkeit und kollektive Diffusionsprozesse „the understanding of the emergence and diffusion of social norms, technological standards or institutional roles requires the exploration of the structure of interdependence between agents having to make sequential choices, under conditions of localized positive feedbacks. Structures of technological interdependence are various and manifest themselves via ... different forms of externalities." (Foray 1993: 6) – „One-directional explanations of the innovative process, and in particular those assuming ‚the market' as the prime mover, are inadequate to explain the emergence of new technological paradigms. The origin of the latter stems from the interplay between scientific advances, economic factors, institutional variables, and unsolved difficulties on established technological paths. The model tries to establish a sufficiently general framework which accounts for all these factors and to define the process of selection of new technological paradigms among a greater set of notionally possible ones." (Dosi 1982: 147)

1. „Wenn man die Ergebnisse sozialer Prozesse zunehmend komplexer und differenzierter und nicht mehr nur durch ein oder zwei Einflussfaktoren zu erklären versucht, dann geht man zwar meist immer noch von diversen wahrscheinlichen sozialen Regel- und Gesetzmäßigkeiten aus. Deren jeweilige Relevanz und Gewichtung kann im konkreten Einzelfall jedoch stark variieren, so dass eine Generalisierbarkeit von Einzelbefunden schon infolge hoher Erklärungskomplexität allenfalls noch auf einer relativ hohen Abstraktionsebene erwartet werden kann." (Conrad 1995: 128)

2. Insofern Innovationen tendenziell mit soziostrukturellen und -kulturellen Strukturbrüchen einhergehen (können), die gesellschafts- und wirtschaftsdynamisch zwangsläufig mit verstärkten Krisenphänomenen, sozialen Konflikten und einer entsprechenden Erneuerung des Kapitalstocks verbunden sind, dann weiß man aus der (formalen) Theorie dynamischer Systeme, dass der Verlauf solcher (sozialen) Transformationsprozesse nicht prognostizierbar und darum nicht durch gezielte Organisationsentwicklung und Unternehmensstrategien steuerbar ist. Gerade unter Bedingungen hoher Kontingenz ist mit typischen Phänomenen nichtlinearer Dynamik wie abrupten Trendwenden, Eskalationen und chaotischen Fluktuationen zu rechnen.[113]

3. An Verzweigungspunkten solcher nichtlinearen Entwicklungsdynamiken sind situative Gegebenheiten und Schlüsselpersonen von entscheidender Bedeutung, insofern sie unterschiedliche zukünftige Entwicklungspfade festlegen, woraus die Pfadabhängigkeit der späteren Ergebnisse z.B. von Technikentwicklungen resultiert.[114]

4. Auch wenn pfadabhängige Prozesse sehr wohl kausal bestimmt sind, lassen sie sich in ihrer Gesamtheit umso weniger als einer Regel folgend interpretieren, je komplexer ein Makroprozess aus Teilprozessen zusammengesetzt ist.[115] (Mayntz 1996: 147)

5. Dabei spielen zudem häufig gerade in hochkontingenten Situationen aus puren Zufallskoinzidenzen resultierende, eben darum nicht vorhersagbare Cournot-Effekte (Boudon 1984) eine wichtige Rolle.[116]

---

[113] Hierauf verweist der oft zitierte Schmetterlingseffekt der Chaostheorie.

[114] An Verzweigungspunkten, die soziologisch gesehen offene, nicht-determinierte Situationen darstellen, die Gelegenheitsfenster eröffnen, die genutzt werden oder ungenutzt bleiben können, werden koinzidenzielle Einflüsse wirksam, sodass „es an dem berühmten seidenen Faden hängt, jene minimale Veränderung in der Faktorenkonstellation stattfindet, die dafür ausschlaggebend ist, ob ein nichtlinearer Prozess die kritische Schwelle überschreitet oder nicht." (Mayntz 1996: 147)

[115] „In Wahrheit sind Vorgänge zivilisatorischer Evolution ... Resultanten kontingenter Interferenz kausaler Prozesse, sie folgen daher gesamthaft keiner bekannten Gesetzmäßigkeit, sind vielmehr singular, nicht prognostizierbar ... irreversibel und unbeschadet erkennbarer Gerichtetheit ... nicht zielgerichtet." (Lübbe 1994: 300)

[116] Dies wird sehr gut durch Katastrophen in großtechnischen Systemen (vgl. Perrow 1984) illustriert, „zu deren typischer Ursachenkonstellation das nicht antizipierte Zusammentreffen von verschiedenen äußeren Ereignissen und technischen wie menschlichen Fehlern gehört – Ereignisse, die

6. „Menschen sind fähig zur Organisation und zur kollektiven Zielsetzung. Die Existenz mächtiger korporativer Akteure ist eine Folge davon; sie intervenieren oder versuchen wenigstens zu intervenieren, wenn ihnen das antizipierte Ergebnis spontaner Strukturbildungsprozesse, von Fluktuationen, Teufelskreisen und Spiralen unerwünscht scheint. Spontane, naturwüchsige Prozesse kollektiven Verhaltens werden so permanent umgelenkt" (Mayntz 1991: 65) und lassen sich bereits von daher nicht einfach in einer generalisierten soziostrukturellen Interaktionsdynamik fixieren.[117]

7. Insofern individuelle Akteure, und damit deren Motiv- und Interessenlagen, in (erfolgreichen) Innovationsprozessen eine entscheidende Rolle spielen, hängt deren Erfolg oder Misserfolg zumeist davon ab, welche maßgeblichen Einzelpersonen mit ihren jeweiligen, im konkreten Einzelfall signifikant variieren könnenden Charakteren, Interessen- und Motivkoppelungen involviert sind. Deren Funktion und Einfluss kann somit in einem Interaktionsmodell zwar als prinzipiell bedeutsame Variable abstrakt berücksichtigt, jedoch kaum in substanzieller Form generalisiert werden.

8. Schließlich ist für den Erfolg von Innovationen gemeinhin – wie beschrieben – das positive Zusammenspiel verschiedener Einflussfaktoren und Teilprozesse notwendig, das gerade nicht unterstellt werden kann, insofern deren Interferenz eben meist keiner eindeutigen Regel folgt, und zwar umso weniger, je seltener eine bestimmte Konjunktion vorkommt.[118]

Von daher lassen sich auf theoretischer Ebene nur verschiedene Theoriemodule formulieren, die spezifische individuelle Kausalmechanismen und günstigenfalls reproduzierbare Effekte allgemein definierter Konfigurationen identifizieren, und von daher wesentliche Bedingungen (und Zufallskomponenten) möglicher oder wahrscheinlicher (sozialer) Entwicklungsprozesse und -ergebnisse benennen können, jedoch keine eindeutigen Entwicklungspfade zu prognostizieren vermögen.[119] Dies

---

sich getrennt voneinander ablaufenden Kausalketten verdanken und nur zufällig so zusammentreffen, dass sie miteinander interagieren." (Mayntz 1996: 146)

[117] „Steuerungshandeln, strategische Interaktion und Prozesse kollektiven Verhaltens ... verlangen nicht nur nach jeweils unterschiedlichen theoretischen Ansätzen ihrer Erklärung. Die entscheidende theoretische Herausforderung liegt ... in der Analyse der *Interferenz* zwischen Prozessen kollektiven Verhaltens einerseits und den darauf reagierenden Steuerungsversuchen und strategischen Interaktionen korporativer Akteure andererseits." (Mayntz 1991: 65)

[118] Wenn sich verschiedene Teilprozesse, die gleichzeitig auf verschiedenen Systemebenen bzw. in verschiedenen gesellschaftlichen Teilbereichen ablaufen, überschneiden und sich dabei auf mehr oder weniger zufällige Weise beeinflussen, können sie sich sowohl gegenseitig verstärken, indem verschiedene Kräfte zunehmend in dieselbe Richtung tendieren, die Spielräume sich verengen und der Erfolgsprozess letztendlich quasi zwangsläufig wird, als auch sich gegenseitig blockieren bzw. in ihrer Richtung verändern (Mayntz 1996: 145).

[119] „Auch die Analyse von einzelnen komplexen Ereignissen erlaubt ... kumulativen Wissensgewinn, wenngleich nicht in Form übergreifender ‚Gesetze‘, denen ihr Auftreten folgte. Wichtig – und möglich – ist vor allem die Identifikation einzelner kausaler Mechanismen und potenziell wieder-

verdeutlicht, „dass wir tatsächlich über ein großes theoretisches Instrumentarium für eine gewissermaßen modular vorgehende Analyse gesellschaftlicher Makrophänomene verfügen und ... dass diese Sammlung von qualitativen Generalisierungen vielleicht ein nützlicher Werkzeugkasten für Ad-hoc-Erklärungen ist, aber keine zusammenhängende Theorie bildet. Um darüber hinauszukommen ist es nötig, auch über das *Zusammenspiel* verschiedener Prozesse, verschiedener Mechanismen und Konstellationseffekte allgemeine Aussagen zu machen" (Mayntz 1996: 150), die weniger empirische Regelmäßigkeiten als vielmehr empirische Möglichkeiten – und die kontingenten Voraussetzungen ihres Auftretens formulieren.[120] Soziologische theoretische Modelle treffen also keine eindeutigen Aussagen über den Verlauf und das Ergebnis von Strukturdynamiken, „bestenfalls benennen sie einige Randbedingungen, die den einen oder den anderen Verlauf der Strukturdynamik präformieren." (Schimank 2002: 166)

Vor diesem Hintergrund kommt es der beschreibenden Interpretation komplexer realer Entwicklungen „nicht auf Generalisierung, sondern auf die Identifikation wesentlicher Aspekte eines historischen Prozesses an ... Die Analyse gilt [dabei] nicht einzelnen Ursache-Wirkungs-Beziehungen, sondern einem *System von Wirkungszusammenhängen*.[121] ... Interferenz ist [hierbei] eine Form von Multikausalität, die für Ereignisse in intern stark differenzierten Makrosystemen charakteristisch ist. Sie entstehen dadurch, dass Prozesse, die in verschiedenen Bereichen und auf verschiedenen Ebenen eines Makrosystems nach ihrer je eigenen Logik ablaufen, unkoordiniert und unvorhergesehen in Wechselwirkung treten... Interferenzen machen Generalisierung nicht prinzipiell unmöglich, sie stecken nur eine wichtige Grenze dafür ab. Makroeffekte, die durch Interferenz zu Stande kommen, können zwar nicht zum Explanandum in

---

holbarer (‚typischer') Konstellationseffekte. Entsprechende Theoriemodule, die teils empirisch-induktiv, teils eher axiomatisch-deduktiv (logisch) gewonnen wurden, finden sich in ... großer Zahl in der sozialwissenschaftlichen Literatur ... So kennen wir etwa die Voraussetzungen für den erfolgreichen Einsatz von Verboten oder von Anreizen zur Verhaltenssteuerung und die solidarisierende Wirkung einer äußeren Bedrohung. Wir wissen, dass die frühzeitige Öffnung von Entscheidungsprozessen für Betroffene die Wahrscheinlichkeit späteren Protests senkt, und dass die strukturelle Trennung zwischen der Suche nach sachlicher Problemlösung und der Lösung von Verteilungskonflikten die Chance kooperativer Problemlösung erhöht." (Mayntz 1996: 149f.)

[120] In diesem Licht verweist Soziologie als Optionenheuristik (Wiesenthal 2003) auf eine Perspektive soziologischer Erklärung, in der Kontingenzen als Raum alternativer Möglichkeiten des Handelns entschlüsselt, die jeweiligen Voraussetzungen, Formen und Folgen diesbezüglich zu einander in Beziehung gesetzt alternativer Optionen komparativ im Hinblick auf die mit ihnen jeweils verbundenen Strukturdynamiken und Aggregateffekte herausgearbeitet, die Verzweigungspunkte mehrerer möglicher, jedoch keineswegs beliebiger Welten genauer verortet, die Optionen der Entzifferung von Kontingenz in Optionen der praktischen Handlungswahl zurück übersetzt und Lernchancen der Risikogesellschaft (Wiesenthal 1994) genutzt werden (können).

[121] „Die kausale Rekonstruktion sucht keine statischen Zusammenhänge zwischen Variablen, sondern eine *Erklärung* des fraglichen Makrophänomens durch die Identifikation von am seinem *Zustandekommen* beteiligten Prozesse und Interdependenzen... Nur wenn die an der ‚Bewirkung der Wirkung' beteiligten Zusammenhänge zumindest hypothetisch generalisierbar sind, leistet die kausale Rekonstruktion mehr als eine Einzelfallerklärung, sei diese sozialwissenschaftlicher oder geschichtswissenschaftlicher Art." (Mayntz 2002b: 13ff.)

einer allgemeinen Aussage werden, aber die dabei zufällig zusammenwirkenden Prozesse können je für sich erkennbaren Regeln folgen."[122] (Mayntz 2002b: 15ff.)

Abbildung 2.5: Relevante Determinanten strategischer Optionen und Handlungsspielräume von InnoPlanta

Im Hinblick auf die Rekonstruktion der Interaktionsdynamik relevanter Einflussfaktoren, die die Optionen von InnoPlanta maßgeblich bestimmt und die in Abbildung 2.5 angedeutet wird, ergeben sich aus diesen allgemeinen (wissenschaftstheoretischen und methodologischen) Ausführungen folgende Schlussfolgerungen für die vorliegende Untersuchung:

---

[122] „Theoretischer Eklektizismus im Sinne des Nebeneinanders verschiedener bereichsbezogener Theorien scheint [daher] unausweichlich, ja für eine Sozialwissenschaft, die nicht über Grundprinzipien diskutieren, sondern Wirklichkeit erklären will, sogar der einzig erfolgreiche Weg bei der Analyse sozialer Makrophänomene zu sein." (Mayntz 2002b: 40)

1. In ihrer konkreten Form handelt es sich um eine fallspezifische und allenfalls in einigen grundlegenden Aspekten generalisierbare Interaktionsdynamik.
2. Die fallspezifische Interaktionsdynamik ließe sich durch geeignete Verknüpfung entsprechender Theoriemodule grundsätzlich (begrenzt) rekonstruieren und simulieren, was die vorliegende Untersuchung jedoch jenseits ihrer heuristischen Darlegung nicht zu leisten vermag.
3. Die in ihr wirksamen Einflussfaktoren und deren Wechselwirkungen lassen sich zumindest im Prinzip benennen, was in dieser Arbeit ansatzweise versucht wird.
4. Die Bedeutsamkeit von Cournot-Effekten als maßgebliche Randbedingungen kann durchaus plausibilisiert werden, ohne jedoch ihre aus spezifischen Veränderungen der Interaktionsdynamik resultierende Wirkung präzise benennen zu können.[123] So ist beispielsweise das durch die BSE-Krise 2001 ausgelöste ministeriale Revirement (BMVEL statt BMELF, Künast statt Funke) mit nachfolgend propagierter Agrarwende durchaus mit gewissen Veränderungen der (politischen und rechtlichen) Randbedingungen bei der Nutzung grüner Gentechnik verbunden (vgl. Canenbley et al. 2004, Feindt/Ratschow 2003). Diese haben für die in der Vergangenheit für InnoPlanta verfügbaren Optionen eine eher unmaßgebliche Rolle gespielt, dürften jedoch für seine längerfristigen zukünftigen Optionen sehr wohl Bedeutung besitzen.[124] Demgegenüber wäre ein mit der grünen Gentechnik verbundener gravierender Unfall zweifellos mit massiven Restriktionen für die Handlungsspielräume von InnoPlanta verbunden, auch wenn er mit dessen Projekten weder örtlich noch sachlich, d.h. mit der Region bzw. mit einem gleichartigen biotechnologischen Verfahren oder Produkt zu tun haben sollte.
5. Insgesamt werden die Grobstruktur und die zentrale Bedeutung der rekonstruierten Interaktionsdynamik für die Optionen und Restriktionen des Innovationsverbunds InnoPlanta insbesondere in den Kapiteln 6.5 und 6.6 deutlich zu machen versucht.

---

[123] „Es müssen stets *beide* Aspekte in die Erklärung eingebaut werden: Die Angabe der Modelle für den generierenden Mechanismus *und* die sorgfältige Beschreibung der im Prinzip immer wieder neuen und ‚einmaligen' Randbedingungen, die auf ... Cournot-Effekte hinweisen und – allgemein – die Anwendbarkeit und Anschlussfähigkeit der Modell-Mechanismen begründen." (Esser 2002: 142)

[124] Offen bleiben muss hierbei allerdings, ob es ohne dieses Revirement aufgrund übergeordneter politischer und struktureller Entwicklungstrends – mit einer gewissen Zeitverzögerung – nicht ebenfalls zu analogen Verschiebungen in der regulativen Agrar- und Biotechnologiepolitik gekommen wäre. Dies ließe diesen hier exemplarisch angeführten Cournot-Effekt als Erklärungselement obsolet werden.

3 Empirische Rahmenbedingungen

Dieses Kapitel arbeitet die markanten Linien der Entwicklung der grünen Biotechnologie auf der Grundlage der ausgewerteten Fachliteratur heraus. Es geht ihm somit nicht um detaillierte Analyse, sondern darum, dem Leser einen Überblick über die für das Netzwerk InnoPlanta wesentlichen empirischen Rahmenbedingungen zu vermitteln. Nach einem Überblick über Entwicklungsphasen und -trends der Biotechnologie in Kapitel 3.1 wird in Kapitel 3.2 vor allem die wirtschaftlich-technische Seite dieser Entwicklung dargestellt, während es in den Kapiteln 3.3 und 3.4 um deren politisch-rechtliche und gesellschaftspolitische Seite geht.

3.1 Geschichte und Entwicklungstrends der Biotechnologie

Wenn auch in diesem Buch bei der Beschreibung und Analyse des Netzwerks InnoPlanta Begriffe wie Pflanzenbiotechnologie, grüne Biotechnologie und grüne Gentechnik nicht durchgängig trennscharf verwandt werden, sollen diesbezügliche Begriffe nachfolgend doch präziser abgegrenzt werden, auch um Optionen und Restriktionen von InnoPlanta später eindeutiger und prägnanter herausarbeiten zu können.

Die Biotechnologie als solche hat eine lange Tradition, und auch heute noch wird mit im Prinzip historisch sehr alten Verfahren wie Bier- und Käseherstellung ein Großteil biotechnologischer Produkte erzeugt. Als ein Set von Techniken und Methoden bezeichnet sie die industrielle Produktion von Waren und Dienstleistungen durch Verfahren, die biologische Organismen, Systeme und Prozesse einsetzen. Als paradigmatisch neue Querschnittstechnologie umfassen ,neue' Biotechnologien die Anwendung (neuartiger) wissenschaftlicher und technischer Methoden, die die konstruktive Bearbeitung und gezielte Neukombination von lebenden Organismen bzw. deren zellulären und subzellulären Bestandteilen erlauben. Sie erweitern somit die Palette biotechnologischer Verfahren und Produkte, aber ersetzen sie nicht. Damit sind etwa biologische Techniken/Verfahren wie Genmanipulation, Fermentation, monoklonale Antikörper, Proteinmanipulation, Zellkulturen oder die Protoplastenfusion immobilisierter Enzyme berücksichtigt. Gentechnik als die Entschlüsselung, Isolierung, Veränderung, Neukombination, Vervielfältigung und Übertragung genetischen Materials stellt hierbei nur eine mögliche Technik der Biotechnologie dar. Gerade die (notwendige) Kombination molekularbiologischer, mikrobiologischer, biochemischer, zellbiologischer, immunologischer, virologischer, bioverfahrenstechnischer (und humangenetischer) Methoden macht das Wesen moderner Biotechnologie aus.[1] Als markante historische Wegpfeiler ihrer Entwicklung werden typischerweise genannt:

- 1866: postulierte Vererbungsregeln (Mendel)
- 1910: Nachweis, dass Gene auf Chromosomen lokalisiert sind (Morgan)
- 1944: DNA und nicht Protein als Trägersubstanz von Genen (Avery et al.)
- 1953: Entdeckung der Doppelhelix-Struktur der DNA (Watson/Crick)
- 1961: Entschlüsselung des genetischen Codes (Brenner/Crick)
- 1966: vollständige Aufklärung des genetischen Codes (Khorana)
- 1973: Einfügung von DNA-Fragmenten in Plasmide (Boyer/Cohen)
- 1975: Asilomar-Konferenz über die Sicherheit der Gentechnik
- 1976: erstes Biotech-Start-up (Genentech) gegründet (Boyer/Swanson)
- 1980: erstes Patent auf einen rekombinierten Organismus (E.coli)
- 1982: erste transgene Pflanze, erster erfolgreicher Gentransfer zwischen Tieren, erste gentechnisch erzeugte Pharmaka (Insulin und Tierimpfstoff) zugelassen
- 1984: Entwicklung des DNA-Fingerabdrucks (genetic fingerprinting) (Jeffreys), erste Freisetzung transgener Pflanzen (in Belgien)
- 1989: erstes Patent auf eine genetisch veränderte Maus
- 1990: erste somatische Gentherapie am Menschen
- 1994: Verkauf genetisch veränderter Tomaten in den USA
- 1996: Beginn des kommerziellen Anbaus transgener Pflanzen
- 1997: Klonschaf Dolly (Wilmut)
- 2000: erfolgreiche Genomanalyse von Mensch (HGP), Fruchtfliege und Reis.

Pflanzenbiotechnologie bezeichnet dabei den Einsatz der Biotechnologie im pflanzlichen Bereich, wobei grüne (Pflanzen-)Biotechnologie insbesondere auf die Nutzung der Gentechnik abhebt. Pflanzengentechnik verweist analog auf den pflanzlichen Bereich betreffende Gentechnik.

In Form von Farballegorien hat sich für den (engeren) Bereich der Gentechnik, weniger für den (weiteren) Bereich der Biotechnologie die Unterscheidung von drei Sektoren durchgesetzt: grüne, rote und graue Gentechnik.[2] Erstere betrifft die Nutzung gentechnischer Methoden im Bereich von Pflanzenzüchtung, Landwirtschaft und Lebensmitteln. Dabei kann es sich um Pflanzen, Lebensmittel (Genfood), Futtermittel,

---

[1] Insofern erscheint die Verschiebung des Referenzpunktes technologiepolitischer Diskurse von der Gentechnik (*recombinant DNA controversy*) in den 1970er und 1980er Jahren zur (neuen) Biotechnologie in den 1990er Jahren mit der zunehmenden industriellen Nutzung gentechnischer Verfahren durchaus angemessen. Die von interessierter Seite in den 1990er Jahren diskurspolitisch auch gezielt angestrebte Substitution des in der öffentlichen Debatte vielfach negativ besetzten Begriffs der Gentechnologie durch den eher besetzten Terminus der Biotechnologie spielt in diesem Zusammenhang inzwischen keine Rolle mehr.

[2] Auch mit diesem sich in den letzten Jahren durchsetzenden Sprachgebrauch sind positive Assoziationen seitens seiner Proponenten durchaus beabsichtigt.

Zutaten/Ingredienzen von Lebensmitteln, Tiere[3] sowie Mikroorganismen in Herstellungs- und Behandlungsverfahren bei der Lebensmittelherstellung handeln, die jeweils gentechnisch verändert wurden. Von daher ist Pflanzengentechnik nur ein Teil der grünen Gentechnik. Der zweite Sektor betrifft die Anwendung der Gentechnik im medizinischen Bereich, etwa bei Diagnostik, Gentherapie und bei der Entwicklung und Herstellung von Arzneimitteln.[4] Der dritte Bereich betrifft allgemein die Herstellung von Enzymen oder Feinchemikalien für industrielle Zwecke mit Hilfe von gentechnisch veränderten Mikroorganismen (GVO), etwa bei Energiegewinnung, Umweltschutz oder Abfallbehandlung.[5]

Bei der Entwicklung gentechnisch veränderter Pflanzen lassen sich grob drei Generationen unterscheiden. Die erste betrifft Input-Eigenschaften, also die gezielte Veränderung von Pflanzen in einem oder zwei Genen, um ihre Kultivierung und ihren Ertrag, also ihre agronomischen Eigenschaften, jedoch nicht die Qualität des Endprodukts zu beeinflussen, d.h. sie z.B. virus- oder insektenresistent oder herbizidtolerant zu machen. Sie hat sich inzwischen auf ca. 68 Mio. ha (in 2003) beim Anbau genetisch veränderter Soja, Mais, Raps und Baumwolle durchgesetzt (James 2003). Die zweite Generation setzt komplexer an und zielt auf Output-Eigenschaften, d.h. die Veränderung bestehender oder die Einführung neuer Stoffwechselprozesse zum Zwecke veränderter Nahrungsmitteleigenschaften (z.B. functional foods; Heasman/Mellentin 2001), indem sie mehrere Gene verändert bzw. hinzufügt. Die dritte Generation strebt molecular farming[6] an, d.h. die Nutzung von Pflanzen als Produktionsstätten für nichtpflanzliche Produkte wie Pharmaka oder Tierimpfstoffe.

Diese begrifflichen Differenzierungen sollen zugleich verdeutlichen, dass die Gentechnik in der Regel keine eigenständige Technologie, sondern eine spezifische wissenschaftlich-technische Methode zur Erzeugung gentechnisch veränderter, ergo transgener Organismen ist, deren Komponenten oder Stoffwechselprodukte in nachfolgenden technologischen Prozessen eingesetzt werden, um spezifische Leistungen zu erreichen.[7] Entsprechend muss die Pflanzengentechnik mit anderen Technologien kombi-

---

[3] Biotechnologen zählen im Übrigen auch den Tierbereich zumeist zur roten Gentechnik.
[4] Die Heftigkeit der öffentlichen Diskussion um den Einsatz von PID (Präimplantationsdiagnostik), PND (pränatale Diagnostik), Stammzell-Klonierung, somatischer Gentherapie, Keimbahn-Therapie erklärt sich daraus, dass hier die Gentechnik direkt den Menschen betrifft. Die in den 1980er Jahren noch heftig und kontrovers diskutierte und inzwischen vielfach praktizierte In-vitro-Fertilisation stellt als solche hingegen kein gentechnisches Verfahren dar.
[5] Weniger etabliert im allgemeinen Sprachgebrauch sind die Kennzeichnungen blaue und schwarze Gentechnik, die sich auf den aquatischen Bereich (z.B. gentechnisch veränderte Lachse oder Shrimps) und auf Biowaffen beziehen.
[6] In der Literatur finden sich für die Kennzeichnung der dritten Generation sowohl der auf den agrarischen Herstellungsprozess verweisende Begriff ‚molecular farming‘ als auch der auf ihren pharmazeutischen Zweck verweisende Begriff ‚molecular pharming‘.
[7] Manchmal werden auch molekularbiologische Methoden (z.B. Gensonden), die überwiegend auf die Entwicklung von analytischen und diagnostischen Dienstleistungen abzielen, der Gentechnik zugeordnet.

niert werden, die etwa transgene Pflanzen auf unterschiedlichen Stufen von Wertschöpfungsketten, von der Pflanzenzüchtung über den Pflanzenbau, die sich daran anschließenden Verarbeitungsstufen in unterschiedlichen Branchen, bis hin zur Entsorgung, weiterverarbeiten (vgl. Abbildungen 3.1 und 3.2).

Als Querschnittstechnologien, die in ganz unterschiedlichen Bereichen der Güterherstellung und Dienstleistungen eingesetzt werden (können), lassen sich verschiedene moderne Biotechnologien nicht umstandslos über einen Kamm scheren. Sie können sich sowohl im gesellschaftlichen Diskurs, in ihrer politischen Regulierung, in ihren wirtschaftlichen Perspektiven als auch in ihren gesellschaftlichen Folgen signifikant unterscheiden, sodass sektor- und fallspezifische Differenzierungen vielfach notwendig sind.

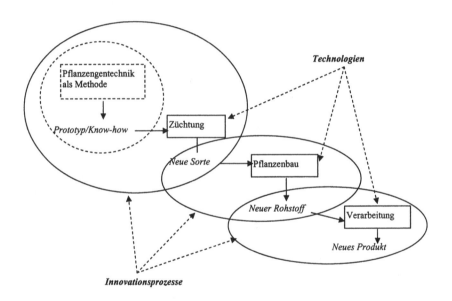

Abbildung 3.1: *Innovationsprozesse und Technologien als Voraussetzungen für die Anwendung der*
Pflanzengentechnik
Quelle: Voß et al. 2002: 7

Anwendungsbereich „Industrierohstoffe" Bsp. Kunststoffe

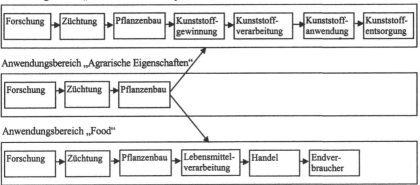

Abbildung 3.2: Wertschöpfungsketten in Anwendungsbereichen der Pflanzengentechnik
Quelle: Voß et al. 2002: 9

Die Genese und Diffusion der neuen Biotechnologie vollzog und vollzieht sich keineswegs in vorab klar identifizierbaren Bahnen, kurzen Fristen und radikalen Brüchen, sondern in Form langwieriger und kontingenter wissenschaftlich-technischer, ökonomischer und sozialer Such- und Selektionsprozesse mit einer Laufzeit von mehreren Jahrzehnten (Dolata 2003a: 163). Dabei lassen sich trotz ihres rekursiven Charakters mit intensiven Interpenetrationen, Iterationen und Rückkoppelungen zwischen akademischer Forschung, industrieller Entwicklung und Kommerzialisierung drei keineswegs willkürlich bestimmte historische Entwicklungsphasen unterscheiden (vgl. Bud 1993, Dolata 2003a, Kenney 1986, Krimsky 1982, 1991, Teitelmann 1989):

- Phase der theoretischen Grundlegung (ca. 1944-1972)
- Phase der experimentellen Praxis genetischer Rekombination (ca. 1973-1980)
- Phase der kommerziellen Nutzung (seit ca. 1981).

Diese Phasen unterscheiden sich aus empirischen und systematischen Gründen, insofern sie sich durch qualitative Umbrüche und Entwicklungssprünge und durch signifikant veränderte Akteurkonstellationen und Rahmenbedingungen der Technikgenese und -durchsetzung voneinander abgrenzen lassen. In der ersten Phase der Entdeckung (1944) und molekularbiologischen Beschreibung (Doppelhelix; 1953) der DNA und der Entschlüsselung des genetischen Codes (1961) dominierte die akademische Grundlagenforschung, die vor allem in den USA früh durch staatliche Förderprogramme im Rahmen der Gesundheitsforschung unterstützt wurde. Mit der in 1973 ersten gelungenen In-vitro-Neukombination von DNA-Fragmenten herrschte in der zweiten Phase des Übergangs von rein grundlagenorientierter Forschung zur experimentellen Praxis genetischer Manipulation und damit zur technischen Nutzung weiterhin die akademische Forschung vor; diese Phase war jedoch mit einem Umbruch in den Biowissenschaften verbunden und führte zur (universitären) Ausgründung erster spezialisierter Biotechnologiefirmen (z.b. Genentech) und zur Formulierung erster staatlicher Richtlinien. Anfang der 1980er Jahre begann die dritte Phase der anwendungsbezogenen ökonomischen, aber weiterhin außerordentlich wissenschaftsbasierten Erschließung des neuen Technikfeldes, in der allmählich die etablierten Konzerne der chemisch-pharmazeutischen, agroindustriellen und Lebensmittel produzierenden Industrien zu den wesentlichen Trägern des biotechnologischen Kommerzialisierungsprozesses wurden, die akademische Wissenschaft ihren vorrangigen und relativ autonomen Status weitgehend verlor, neue außerstaatliche Akteure jenseits des Dreiecks Politik – Wirtschaft – Wissenschaft auf die Entwicklung der neuen Biotechnologie Einfluss zu nehmen suchten und ihre rechtliche Regelung in kontroversen Entscheidungsfindungsprozessen entwickelt und verabschiedet wurde.

Mit Blick auf den Prozess der Technisierung und Kommerzialisierung der Biotechnologie lassen sich nach der angeführten Phase der theoretischen Grundlegung heuristisch noch etwas detaillierter und weniger trennscharf vier anschließende Phasen der Entwicklung der neuen Biotechnologie unterscheiden, die sich jeweils cum grano salis einem Jahrzehnt zuordnen lassen und die nachfolgenden Ausführungen gliedern:

- 1970-1980: Forschungsdurchbruch und Selbstregulierung
- 1980-1990: Regulierung und take-off der Biotech-Industrie
- 1990-2000: Kontroversen, Deregulierung und Biotech-Allianzen
- 2000-2010: Internationalisierung, Normalisierung und Diffusion.[8]

Die *erste Phase* (Forschungsdurchbruch und Selbstregulierung) zeichnete sich aus durch zentrale wissenschaftliche Durchbrüche (rekombinante DNA-Technik, monoklonale Herstellung von Antikörpern), durch die historisch weitgehend neuartige Selbstreflexion der Wissenschaft über die Gefahrenpotenziale rekombinanter DNA-Forschung mit einem kurzfristigen, selbst organisierten Moratorium und anschließender Selbstregulierung gentechnischer Experimente durch entsprechend kodifizierte Sicherheitsrichtlinien, durch die Prominenz molekularbiologischer Forschung (Gentechnologie primär als Wissenschaft), durch große (industrielle) Visionen zukünftiger bio-

---

[8] Die etwas anders gewählten Phasen von Hampel et al. (1998) beziehen sich speziell auf in Deutschland vorherrschende Regulierungsmodi. Torgersen et al. (2002) unterscheiden durch unterschiedliche Rahmungen gekennzeichnete Phasen des Diskurses über Gentechnik und Biotechnologie: wissenschaftliche Forschung; Wettbewerb; Widerstand und Regulierung; europäische Integration; Protest der Verbraucher. Während die ersten 3 Phasen bei unterschiedlichen Zeitspannen in etwa übereinstimmen, sehen Torgersen et al. (2002) ab 1996 primär neuen Verbraucherprotest, während ich diesen noch der dritten Phase zuordne und aus globaler Sicht ab 2000 zunehmende Normalisierung konstatiere.

technologisch geprägter wissenschaftlich-technischer und gesellschaftlicher Entwicklungspfade, durch begrenzte Kontroversen um die (moralische) Legitimität und Risiken gentechnischer Verfahren und durch die politische Billigung und Kodifizierung der weitgehenden Selbstregulierung der Gefahrenpotenziale durch das Wissenschaftssystem.

In der *zweiten Phase* (Regulierung und take-off der Biotech-Industrie) dominierte weiterhin der Wissenschaftssektor in der Nutzung und Entwicklung der Gentechnik. Zugleich wurden, insbesondere von Wissenschaftlern in den USA, zunehmend Biotech-Start-ups zwecks kommerzieller Nutzung ihrer wissenschaftlichen Erkenntnisse gegründet, während sich die etablierten großen Konzerne im Pharma-, Chemie- und Nahrungsmittelbereich zunächst häufig eher vorsichtig in diesem forschungsintensiven Gebiet der Biotechnologie engagierten. Genuin gentechnisch basierte kommerzielle Produkte ließen sich aber noch kaum ausmachen. Vor diesem Hintergrund kam der rasant wachsenden staatlichen Forschungsförderung, die im Zuge der verstärkt global ausgerichteten Biotechnologieindustrie zunehmend als nationale und regionale Wettbewerbs- und Standortförderung einer Schlüsseltechnologie begriffen wird, als auch der vor allem in den USA zu beobachtenden Bereitstellung von Risikokapital entscheidende Bedeutung zu. Zugleich kam es in Europa im Gefolge diverser, wenn auch selten massiver gentechnischer Kontroversen eher situativ bedingt zu einer mehr oder minder ausgeprägten spezialgesetzlichen Regulierung der Gentechnik, während sie in den USA weiterhin im Rahmen allgemeiner Gesetze und spezieller NIH-Richtlinien reguliert wird, die keinen Gesetzescharakter haben und deren Anwendung je nach Bereich durch verschiedene Behörden geregelt wird.

Die *dritte Phase* (Kontroversen, Deregulierung und Biotech-Allianzen) wies zum einen ein signifikantes Wachstum und allmähliche Marktpenetration von auf neuen biotechnologischen Verfahren beruhenden Produkten auf, die einhergingen mit Konzentration, Akquisitionen und strategischen Allianzen unter den in der Biotechnologie verstärkt im Rahmen globalen Wettbewerbs tätigen Unternehmen. Zugleich differenzierten sich zunehmend unterschiedliche Bereiche von neuen Biotechnologien mit je eigenen Wirtschaftlichkeits- und Akzeptanzperspektiven aus. Während die öffentliche Forschungsförderung weiter zunahm, bestimmte zunehmend die an der kommerziellen Verwertung ihrer Produkte interessierte Biotechnologieindustrie die weitere gesellschaftliche Gestaltung der Biotechnologie. Mit zunehmendem Kenntnisstand wurden die Sicherheitsrichtlinien gelockert und dereguliert, ohne jedoch die rechtliche Regulierung der Gentechnik als solche aufzugeben. Vor dem Hintergrund des ersten geklonten Tieres (Schaf Dolly 1997) und der Einführung von gentechnisch veränderten Agrarprodukten in Europa (Genmais, Gensoja 1996) kam es zu intensiven gesellschaftlichen Debatten und Protestaktionen sowie verstärkten Akzeptanzproblemen vor allem der grünen Gentechnik (gentechnisch veränderte Lebensmittel), die innerhalb der EU 1998/99 zu einem De-facto-Moratorium für das In-Verkehr-Bringen transgener Pflanzen führten.

Die derzeit wohl bereits begonnene *vierte Phase* der Internationalisierung, Normalisierung und Diffusion lässt sich (voraussichtlich) kennzeichnen durch eine zunehmend klarer ausdifferenzierte Struktur der Biotechnologiebranche, durch die zunehmende (kommerzielle) Durchsetzung vielfältiger, gentechnische Verfahren und Produkte beinhaltender Güter, durch eine klarere Konturen annehmende Regulierung der Biotechnologie sowie – im Gefolge des überwiegend globalen Agierens von Biotechnologieunternehmen – durch eine zunehmende Internationalisierung von Regulierungsstandards nicht nur auf EU-Ebene, sondern auch weltweit etwa im Rahmen von WTO (World Trade Organisation), CBD (Convention on Biological Diversity) und TRIPS (Trade Related Intellectual Property Rights). Aufgrund wenig kompatibler Regulierungsstile in der EU und den USA (vgl. Bernauer 2003, Vogel/Lynch 2001, Young 2001) erscheint letztere Entwicklung für den Bereich der grünen Biotechnologie allerdings vorerst fraglich. Diese Entwicklungsprozesse dürften mittelfristig mit tendenziell nachlassenden (öffentlichen) Kontroversen bei Inkorporation von einigen Bedenken der Gentechnikkritiker einhergehen. Dabei bleibt zunächst offen, welche zeitlichen Verzögerungen infolge bereichsspezifischer Kontroversen und mangelhaften Konfliktmanagements bei der Marktdurchdringung von gentechnisch veränderten oder auch erzeugten Produkten auftreten werden und in welchen Gebieten es lediglich zu eng begrenzter Penetration und Diffusion derselben kommen wird. Trotz in dieser Hinsicht verstärkter FE-Anstrengungen ist dabei bis 2010 noch nicht mit einer signifikanten Marktpenetration von Agrarprodukten der zweiten und dritten Generation der Pflanzengentechnik (mit veränderten Inhaltsstoffen und nichtpflanzlichen Produkten) zu rechnen (vgl. Kapitel 3.2), sodass von einer Realisierung der vielfältigen Anwendungspotenziale der grünen Biotechnologie (vgl. Menrad et al. 1999) allenfalls im darauf folgenden Jahrzehnt ausgegangen werden sollte.[9]

Vor diesem hier skizzierten Spektrum der historischen Entfaltung der Biotechnologie in den letzten 30 Jahren lassen sich phänomenologisch in Bezug auf ihre wesentlichen Dimensionen zusammenfassend folgende Entwicklungslinien ausmachen.

Auf *wissenschaftlich-technischer* Ebene dominierte in den 1970er Jahren weitestgehend molekularbiologische Grundlagenforschung mit rekombinierter DNA in Forschungslabors. Die Nutzung gentechnischer Methoden breitete sich sodann zunehmend von der biologischen Forschung über die Medizin in sämtliche Biotechnologie-Bereiche aus. Die (kontrollierte) Freisetzung genetisch manipulierter Organismen begann in den 1980er Jahren. Die Entwicklung und Vermarktung gentechnisch herge-

---

[9]   Lediglich die gezielte gentechnische Steigerung der Effizienz bei der Produktion nachwachsender
      Rohstoffe könnte noch in diesem Jahrzehnt zum Tragen kommen.

stellter oder modifizierter Produkte gewann eine zunehmende Dynamik, wobei die Nutzung der Gentechnik immer mehr als nur *ein* (integrales) Moment biotechnologischer Verfahren und Produkte in deren diversen Anwendungsbereichen angesehen und praktiziert wird. In den 1990er Jahren gelang die Klonierung von Makroorganismen und bis 2000/2001 die Entschlüsselung des menschlichen Genoms (Humangenom-Projekt).

Aus *wirtschaftlicher* Sicht ist dabei signifikant, dass sich die inzwischen vorherrschende, zwar immer noch grundlagenbasierte, jedoch stark anwendungs- und entwicklungsorientierte biotechnologische Forschung bislang im Wesentlichen auf den pharmazeutischen und medizinischen Bereich der roten Biotechnologie konzentriert, in dem zumindest kurzfristig die größten Marktchancen gesehen werden. Für den Bereich der grünen Biotechnologie ist festzuhalten, dass hier bislang die Verbreitung gentechnisch veränderter Lebensmittel vor dem Hintergrund vielerorts ablehnender Verbraucher-Einstellungen noch gering ist. Insgesamt umfasste der Anbau von gentechnisch veränderten Pflanzen hingegen weltweit bei den Hauptprodukten Soja, Mais, Baumwolle und Raps in 2003 bereits rund 68 Mio. ha, vornehmlich in den USA (66%), Argentinien (23%), Kanada (6%) und China (4%), und betrug der Weltmarktanteil von Gensoja 55%.[10] – in 2001 gab es bei einer Dominanz der USA weltweit ca. 4.300 Biotech-Unternehmen mit rund 350.000 Mitarbeitern (Ernst & Young 2002a, Marquardt 2002). Diese Situation kennzeichnet die rapide Zunahme und wachsende Diffusion neuer biotechnologischer Verfahren und Produkte. Die Gründungswelle von Biotech-Start-ups erreichte Ende der 1990er Jahre ihren Höhepunkt, während die Zahl der Fusionen und Geschäftsübernahmen zwischen spezialisierten Biotech-Unternehmen in der Tendenz steigt, was auf die allmähliche Herausbildung klarerer, weniger diversifizierter Strukturen der Biotechnologiebranche hindeutet (Audretsch/Cooke 2001: 49). Generell sind Verbindungen und Kooperationen für die Biotech-Wirtschaft von essenzieller Bedeutung (vgl. Dolata 2003a, Audretsch/Cooke 2001, Oliver 2001).

Die *rechtliche* Regulierung von gentechnischer Forschung sowie von Herstellung und Handel biotechnologischer Produkte differiert zwischen Europa und den USA insofern, als es in den USA keine speziell die Biotechnologie betreffenden gesetzlichen Regelungen gibt. Demgegenüber kam es in den meisten EU-Ländern nach anfänglich überwiegender Ablehnung spezieller Gentechnikgesetze und politisch akzeptierter weitgehender Selbstregulierung der gentechnischen Forschung mit Hilfe von Sicherheitsrichtlinien nach teilweise intensiven politischen Debatten durch teils eher zufällige politische Konstellationen ab etwa 1990 zur Verabschiedung einer Reihe (teils durchaus restriktiver) rechtsverbindlicher Regelungen auf Landes- und EU-Ebene (vgl.

---

[10] Global betrachtet betreffen gentechnisch veränderte landwirtschaftliche Erzeugnisse derzeit zu rund 80% den Futtermittelbereich, während sich nachwachsende Rohstoffe sowie pflanzliche und tierische Lebensmittel den Rest teilen.

Kapitel 3.3). In ihrer substanziellen Ausrichtung differieren die national auf formaler Ebene unterschiedlichen Regelungen weniger stark. So kam es in Europa und in den USA mit zunehmendem Kenntnisstand über die Risiken der Gentechnik und wachsendem Engagement und Einfluss der Biotechnologieindustrie zu sukzessiven Erleichterungen in den Sicherheitsvorschriften und Deregulierungen im Kontext entsprechender Novellierungen von Rechtsvorschriften.[11] Dabei verzichteten die politischen Instanzen auch zunehmend bewusst auf anfangs vorhandene Gestaltungsinteressen im Bereich der Biotechnologie. Lediglich im Bereich gentechnisch veränderter Lebensmittel kam es vor dem Hintergrund ihrer abnehmenden öffentlichen Akzeptanz im Gefolge situativ veränderter politischer Konstellationen 1998 zu einem bis 2004 währenden Moratorium für das In-Verkehr-Bringen transgener Pflanzen. Insgesamt bietet die Biotechnologie-Politik in Europa um 2000 ein Bild massiver (wettbewerbspolitisch motivierter) Förderung, rechtlich-bürokratischer Regulierung und (vorübergehender) partieller Beschränkung der Durchsetzung biotechnologischer Innovationen.

Diese Sachlage spiegelt diesbezüglich relevante *gesellschaftliche Diskurse* mit konkurrierenden Koalitionen und Leitbildern (Hohlfeld 2000) wider. Öffentliche Kontroversen um neue Biotechnologien traten in verschiedenen Ländern in unterschiedlicher Stärke und zu verschiedenen Zeitpunkten auf und entzündeten sich an unterschiedlichen Streitfragen (Gaskell/Bauer 2001, Aretz 2000, Bandelow 1999, Schell/Seltz 2000). Während es im Gefolge der Asilomar-Konferenz in den 1970er und auch 1980er Jahren (vor allem in den USA und Deutschland) zu begrenzten Kontroversen insbesondere um die Risiken und die moralische Vertretbarkeit gentechnischer Forschung und humangenetischer Verfahren kam, ging es Ende der 1980er Jahre in manchen EU-Ländern um die (erwünschte oder abgelehnte) restriktive Gestaltung der Regulierung der Gentechnik, gefolgt von anschließenden Abschwächungen der Regelungen in den 1990er Jahren. Mit den weiteren Fortschritten in der biotechnologischen Forschung (transgenes Schaf, Humangenom-Projekt) und der zunehmenden kommerziellen Nutzung von Biotech-Produkten auch im Bereich der grünen Gentechnik (Genmais, Gensoja) wurden konkrete Konfrontation mit und moralische Betroffenheit durch die neuen Biotechnologien für viele Bürger sichtbarer und führten seit der zweiten Hälfte der 1990er Jahre (in ganz Europa) zur erneuten deutlichen Zunahme biotechnologischer Kontroversen[12], die durch entsprechende länderspezifische Pazifierungsstrategien zuvor überwiegend latent gehalten und durch gegenläufige vested interests, Marketing- und Durchsetzungsstrategien von wirtschaftlichen und politischen

---

[11] Für die USA halten Krimsky/Wrubel (1996: 251) fest: „The overall thrust of the regulatory response to biotechnology may be termed a minimalist, cost-effective, priority-driven approach requiring a burden of proof that regulation is warranted ... Federal biotechnology policy was designed to stimulate the innovative potential of American science and industry, to foster technology transfer, and to enable the U.S. biotechnology industry to achieve hegemony in global markets."

[12] Bis hin zu Volksbefragungen in Österreich und der Schweiz.

Akteuren wie z.B. Monsanto verschärft wurden (vgl. Torgersen et al. 2002). Mit der zunehmenden Ausdifferenzierung verschiedener Anwendungsbereiche neuer Biotechnologien wird auch – bei Beachtung fallspezifischer Spezifikationen – die durchschnittlich größere Akzeptanz roter als grüner Gentechnik deutlich, u.a. weil der persönliche Nutzen gentechnisch veränderter Nahrungsmittel für den Verbraucher bislang kaum gegeben scheint.

Im Vergleich zum eher wellenförmigen Verlauf der Intensität biotechnologischer Kontroversen in den letzten Dekaden variieren Grundeinstellungen zur und Akzeptanz von Gen/Biotechnologie weniger über die Zeit, da sie primär relativ konstante, tieferliegende Einstellungen gegenüber Technisierungs- und Modernisierungsprozessen und das generalisierte Vertrauen in verantwortliche Institutionen reflektieren, die – sachlich durchaus wohlbegründet – häufig ambivalente Grundhaltungen von grundsätzlicher Bejahung und gleichzeitiger prinzipieller Skepsis aufweisen und die zwischen verschiedenen sozialen Gruppen und verschiedenen Ländern durchaus im Einzelnen signifikant differieren, sich in ihrer Grundstruktur jedoch selten massiv unterscheiden (Durant et al. 1998, Gaskell/Bauer 2001, Hampel 2000, Hampel/Renn 1999, Marris et al. 2001, Zwick 1998).

Resümierend sind mit Dolata (2003a) folgende strukturelle Charakteristika der neuen Biotechnologie hervorzuheben:

1. Bei genauer Betrachtung handelt es sich zwar um ein paradigmatisch neues Technikfeld, jedoch weder um eine neue wissenschaftliche Disziplin noch um eine neue Industrie. Zum einen entwickelt die neue Biotechnologie vor allem Disziplinen wie Mikrobiologie, Zellbiologie und Biochemie weiter und lässt sich somit im Wesentlichen als qualitativ neue Stufe und Zielpunkt der Nutzung dieser Wissenschaftstraditionen der Biologie einordnen. Zum anderen hat sich trotz der mit beträchtlichen industriellen Restrukturierungsprozessen verbundenen Etablierung einer großen Zahl reiner Biotechnologieunternehmen, der organisationalen und strategischen Neuausrichtung etablierter Großunternehmen und des signifikanten Wachstums neuartiger Formen innerindustrieller und akademisch-industrieller Kooperationsbeziehungen keine eigenständige Biotechnologieindustrie mit neuen Akteuren und neuen Märkten etabliert, wie dies in der Chemie- und die Elektroindustrie eingangs des 20. Jahrhunderts geschah. Vielmehr verbreiten sich neue, biotechnologisch basierte Innovationsdynamiken in bestehenden Industriezweigen, vor allem der Pharma-, Agrochemie- und Lebensmittelindustrie, in denen die traditionellen Großunternehmen ihre marktbeherrschende Position keineswegs an neu gegründete Firmen verloren haben (vgl. Henderson et al. 1999). In diesen Branchen erfolgte die industrielle Aneignung und Nutzung der neuen Biotechnologie in den vergangenen zwanzig Jahren zudem als sukzessive Einführung und Integration neuer For-

schungswerkzeuge (research tools) und Produktionsverfahren (process technologies) in bestehende Abläufe und nicht in Form einer radikalen Entwertung bestehenden Know-hows, einer schnellen Ablösung und schöpferischen Zerstörung vorhandener Forschungs-, bzw. Entwicklungsmethoden und Herstellungsverfahren. So fungieren Bio- und Gentechnik in der Saatzuchtindustrie nicht als Ersatz, sondern als methodische Erweiterung des Züchtungsprozesses, der auch mittelfristig eindeutig von konventionellen Methoden beherrscht bleiben dürfte. Und im Pharmabereich mit weiterhin über 80% Umsatzanteil von chemisch synthetisierten Produkten ersetzt die Bio- und Gentechnik nicht etablierte Forschungsmethoden und Produktionsverfahren, sondern ergänzt und erweitert sie.

2. Anders als bei manchen anderen Technologien – und wie in der Literatur teils vorschnell generalisiert (vgl. Bijker et al. 1987, Dierkes 1997, Dosi 1982, Dosi et al. 1988, Foray/Freeman 1993, Huber 2004) – legten anfängliche Schlüsselentscheidungen und Schließungsprozesse keineswegs frühzeitig weitere Entwicklungspfade und Diffusionsmuster auf eine bestimmte Trajektorie der Biotechnologie fest. Sie bilden sich vielmehr erst in langgestreckten technischen, ökonomischen und sozialen Such- und Selektionsprozessen, die alles andere als vorhersehbare Verlaufsformen annehmen.[13] Diese Uneindeutigkeiten und Unsicherheiten spiegeln wissenschaftlich-technische, ökonomische und soziale Offenheiten wider, die sowohl aus offenen technischen Machbarkeiten und möglichen Verwendungen der vielfältigen biotechnologischen Querschnittstechniken (z.B. die technische Realisierbarkeit gentherapeutischer Heilmethoden mithilfe der Genomforschung, die Züchtung transgener Tiere mit komplex veränderten Eigenschaften), als auch aus ungesicherten wirtschaftlichen Perspektiven der meisten gentechnischen Produktentwicklungen[14] und aus im Kontext technologischer Kontroversen eher ungünstigen Akzeptanz-, Nachfrage- und Regulierungsbedingungen resultieren.

3. Kennzeichnend für die wissensbasierte und multidisziplinär strukturierte Biotechnologie sind eine ausgeprägte wechselseitige Angewiesenheit von Wissenschaft

---

[13] „Unterhalb der sehr generellen Aussage, dass die Neue Biotechnologie die gezielte Rekombination biologischen Materials ermöglicht und damit ein neues Technikfeld sui generis konstituiert, findet ihr eigentlicher Prägeprozess im Gegenteil erst in späteren Phasen der Technikdurchsetzung statt – und ist auch heute noch längst nicht abgeschlossen: Erst spät präzisieren und stabilisieren sich über konkrete Technisierungsprojekte und selektierende Teilschließungen, die nun maßgeblich im ökonomischen Innovationssystem erfolgen, technische Entwicklungspfade sowie funktionierende Produktions- und Nutzungsmuster. Und: Selbst hier handelt es sich um labile und temporäre Stabilisierungen, die immer wieder durch neue, z.B. aus der akademischen Wissensgenerierung erwachsene Öffnungen und Alternativen, überraschende technische Sackgassen und Irrwege sowie gesellschaftliche Debatten und Auseinandersetzungen in Frage gestellt werden." (Dolata 2003a: 168f.)

[14] „The potential uses of biotechnology are myriad, but it is not at all obvious which areas will bring commercial reward. The timescale between invention and product seems to get longer and longer, despite the early optimism that biological agents could be brought to the market more quickly and cheaply than the pharmaceutical industry's traditional output of new chemical entities." (Jennings 1998: 36)

und Industrie mit vielfältigen, parallel laufenden akademischen, industriellen und akademisch-industriellen Kooperationen. Während die Industrie heute deutlich mehr auf die Nutzung akademischer Forschungsleistungen angewiesen ist, sehen sich akademische Wissenschaftler und Forschungseinrichtungen zunehmend systematisch mit konkreten Markt-, Verwertungs- und Transferbedürfnissen konfrontiert, die auf die Ausrichtung ihrer Forschungsprogramme zurückwirken.

4. Während etwa Mikroelektronik und Informationstechnik aufgrund ihrer universellen Einsatzmöglichkeiten nahezu alle ökonomischen Sektoren und gesellschaftlichen Kommunikationsstrukturen nachhaltig verändert haben, beschränkt sich die Verwendung der neuen Biotechnologie trotz ihres Charakters als einer Querschnittstechnologie auf diejenigen Wirtschaftssektoren, in denen mit biologischem Material umgegangen wird, wie Landwirtschaft, nachwachsende Rohstoffe, (Agro-)Chemie, Nahrungsmittelindustrie und pharmazeutische Industrie, wobei sie diese Sektoren allerdings in signifikanter Weise zu Restrukturierungs- und Innovationsprozessen nötigte.

5. Nach anfänglicher Dominanz der akademischen Forschung bestimmen seit den 1990er Jahren vorrangig die großen wirtschaftlichen Akteure vor dem Hintergrund globaler Konkurrenzbeziehungen die Entwicklungslinien der Biotechnologie, wobei wesentliche (forschungs- und wirtschaftspolitische) Initiativen und Entscheidungen in teils informellen Netzwerken von Wirtschaft, Politik und Wissenschaft vorbereitet und abgesprochen werden, in denen typischerweise fast ausschließlich Spitzenvertreter von Regierung, Schlüsselunternehmen, Wirtschafts- und Wissenschaftsverbänden vertreten sind.

6. Über die breitenwirksame Diffusion der neuen Biotechnologie entscheidet – unter den gegebenen politischen und rechtlichen Randbedingungen – letztlich ihre (produkt- und verfahrensspezifische) Marktfähigkeit. Diese kann durch Großkonzerne, die die neue Biotechnologie entwickeln und vermarkten, über Produktentwicklung, Preisgestaltung, Marketing und Ausnutzung von Marktmacht zwar maßgeblich beeinflusst, aber nicht hegemonial bestimmt werden; denn hierin sind zum einen unterschiedliche Akteure mit durchaus divergierenden Interessen entlang der gesamten Wertschöpfungskette involviert und zum anderen richten die unterschiedlichen (End-)Nutzer der Biotechnologie ihre Nachfrage an deren für sie erkennbaren spezifischen Nutzen aus und können zumeist (noch) auf alternative Produkt- und Verfahrensangebote zurückgreifen.[15]

7. Von daher ist insbesondere aufgrund der Kostenträchtigkeit gentechnischer Entwicklungen keineswegs von einer durchgängigen Diffusion jedweder biotechnolo-

---

[15] So hat denn auch insbesondere die mangelnde Nachfrage der Verbraucher und nicht gentechnischer Protest zum bislang weitgehenden Verzicht auf Genfood in Europa geführt.

gischer Verfahren und Produkte auszugehen, die technisch propagiert und entwickelt werden. Voraussichtlich ist vor allem zu rechnen mit (vgl. Ernst & Young 2002a, 2003, Kern 2002, Marquardt 2002, Vogel/Potthof 2003, Wulff 1999):

- einer weitgehenden durchgängigen Penetration gentechnischer Methoden im Umgang mit biologischen Materialien im Sinne einer effizienten und kostengünstigen verfahrenstechnischen Querschnittstechnologie,
- der weiteren Entwicklung und Verbreitung gentechnisch erzeugter Pharmaprodukte, die große Absatzmärkte betreffen,
- der gentechnischen Herstellung weiterer Input-Eigenschaften (auch in Bezug auf Insektenresistenz und Herbizidtoleranz) in den weltweit großflächig angebauten Kulturpflanzen mit weitgehender Diffusion auf dem Weltmarkt,
- der gentechnischen Erzeugung spezifischer wirtschaftlich gewinnbringender Output-Eigenschaften, etwa in den Bereichen nachwachsende Rohstoffe und functional food,
- längerfristig dem Einsatz von molecular farming, insbesondere im Pharmabereich bei der Entwicklung von Impfstoffen und medizinisch bedeutsamen (pflanzlich basierten) Wirkstoffen,
- einer allmählich zunehmenden Nutzung der grauen Biotechnologie, sofern sie sich in Umweltschutz und verfahrenstechnischen Prozessen als wirtschaftlich vorteilhaft erweist.

Vor diesem Hintergrund lassen sich mit Dolata (2003a: 173f.) die folgenden soziotechnischen Entwicklungsdynamiken der Biotechnologie festhalten:

- „Als paradigmatisch neues Technikfeld hat die Neue Biotechnologie *erstens* beträchtliche Verschiebungen in den Leitorientierungen, Denkmustern und Strukturen der beteiligten Wissenschaftsdisziplinen, Wirtschaftszweige und Politikfelder ausgelöst und die Basis für die Konstituierung einer eigenen organizational community geschaffen, in der sich alte Akteure zu repositionieren hatten und sich zugleich Spielräume für neue Mitspieler eröffneten.
- Ihre multidisziplinäre Ausrichtung und extreme Wissensbasiertheit haben *zweitens* nachhaltige kooperative Effekte erzeugt. Nicht nur die akademische Forschung, auch die anwendungsorientierte Technikentwicklung und -nutzung lässt sich nicht mehr von einzelnen Akteuren betreiben, sondern nur noch über akademische, akademisch-industrielle und innerindustrielle Kooperationszusammenhänge bewältigen.
- Die biotechnologische Wissensgenerierung und Innovationsdynamik wird *drittens* durch beträchtliche Fragmentierungen und Indifferenzen geprägt. Die heterogene, kleinformatige und dezentrale Struktur des Technikfeldes ermöglicht bei allem Zwang zu kooperativer Verflechtung zugleich die Verfolgung einer Vielzahl von-

einander unabhängiger und jeweils auf sehr spezifische Bedürfnisse zugeschnittener Forschungs-, Entwicklungs- und Produktionsprojekte, die entweder nichts miteinander zu tun haben oder sich erst über Marktkonkurrenzen aufeinander beziehen.

- *Viertens* produziert ihr fluider und opaker Status einen permanenten industriellen und politischen Entscheidungsdruck unter hochgradig unsicheren und uneindeutigen Bedingungen. Häufige industrielle Strategiewechsel sowie instabile Kooperationszusammmenhänge mit wechselnden Partnern sind unter diesen Bedingungen ebenso die Regel wie schnelle politische Themen- und Problemverschiebungen mit wechselnden Koalitionsbildungen und Frontverläufen.

- Schließlich ist *fünftens* für die weitere Analyse zu berücksichtigen, dass sich die Neue Biotechnologie nicht in kurzen Fristen und radikalen Brüchen, sondern in langgestreckten, rekursiven Such- und Selektionsprozessen als handhabbare Technik konkretisiert. Sie löst nicht alte Technik ab, sie konstituiert auch keine neuen Industriezweige und Märkte, sondern erweitert sukzessiv das vorhandene Methoden-, Verfahrens- und Produktionsspektrum in ausgewählten Anwendungsbereichen und bestehenden industriellen Sektoren."

Während sich die rote Biotechnologie inzwischen grundsätzlich etabliert hat, für die Pharmaindustrie wirtschaftliche Erfolge verspricht und – abgesehen von Versuchen mit embryonalen Stammzellen und menschlichen Klonen – im Wesentlichen politisch und sozial akzeptiert ist, wird die grüne Biotechnologie relativ übereinstimmend als in einer derzeit schwierigen Phase befindlich und als in ihrer gesellschaftlichen Durchsetzung abhängig von erkennbarem Verbrauchernutzen und dem Ausbleiben schädlicher Umwelt- und Gesundheitseffekte angesehen (vgl. Bauer/Gaskell 2002a, Bernauer 2003, Dolata 2003b, Paarlberg 2003, Young 2001).[16] Von daher sind für die grüne Biotechnologie noch ganz unterschiedliche Entwicklungspfade möglich. Neben einer vermutlichen, allmählichen, weiterreichenden (begrenzten) Marktdurchdringung kann sich durchaus eine Entwicklungsdynamik entfalten, in der die maßgeblichen Akteure aufgrund ihrer Präferenzen und Aktivitäten, einschließlich des Machtpokers um die

---

[16] „Sollte der ersten Generation gentechnisch veränderter, bislang vornehmlich herbizid- und schädlingsresistenter Pflanzen eine zweite folgen, die tatsächlich zu signifikanten Ertragserhöhungen beiträgt und (etwa über verbesserte Inhaltsstoffe) zugleich den Endverbrauchern einen erkennbaren Nutzen verspricht, dann könnte die grüne Gentechnik aus ihrer Defensive durchaus wieder herauskommen – und für die dann verbliebenen Unternehmen im zweiten Anlauf zu einem lukrativen Geschäft werden." (Dolata 2003b) – „The longer GM foods are around without causing environmental or health problems, the more consumer fears will fade. In addition, as the next generations of agricultural biotechnology products, which deliver concrete and direct benefits to consumers, become more available, consumers may become more willing to consume them and companies will become more willing to label them as part of their marketing campaigns. This, of course, assumes that no harmful effects of GM food are found. If they are, then the trade dispute may be resolved through abandonment of the technology." (Young 2001: 37)

Durchsetzung/Behauptung ihrer jeweils eigenen Position, der grünen Gentechnik unbeabsichtigt den Garaus bereiten. Eine solche diesbezüglich destruktive Entwicklungsdynamik könnte beispielsweise aus dem Zusammenspiel folgender Einflussfaktoren resultieren:

- Die großen Pharmakonzerne haben sich aufgrund der schwierigen, tiefer verankerten Markt- und Ertragslage in den vergangenen Jahren aus ihren Engagements in der grünen Gentechnik wieder zurückgezogen und Abschied vom Konzept des integrierten Life-Sciences-Konzerns mit aufeinander bezogenen Standbeinen in den Bereichen Pharma, Agrochemie und Ernährung genommen (Dolata 2003a, 2003b).
- Die Nahrungsmittelindustrie verfolgt in Europa seit Ende der 1990er Jahre vor dem Hintergrund geringer Verbraucherakzeptanz von Genfood weitgehend eine Strategie gentechnikfreier Lebensmittel und fällt damit voraussichtlich auf längere Zeit als entscheidender Nachfrager von Genfood aus.
- Auf internationalen Märkten für Gebrauchswaren setzen die sie abnehmenden großen Importeure und nicht die sie verkaufenden großen Exporteure die Standards, sodass das amerikanische Agrobusiness seine diesbezüglichen Interessen trotz enormer Marktmacht nicht unbedingt durchsetzen kann (Busch 2003, Paarlberg 2003).[17]
- Schließlich haben teils aggressive Vermarktungsstrategien von Genfood mit wenig erkennbarem Nutzen für den Verbraucher und mangelnder fallspezifischer Differenzierung, verbunden mit der Diffamierung von Kritikern der Gentechnik, mit vollmundigen, nicht eingehaltenen Versprechungen und ohne eine transparente und diskursive Unternehmenspolitik, im Kontext wiederholter Lebensmittelskandale in Europa ihren Teil zur fehlenden Akzeptanz von Genfood beigetragen, deren Folgewirkungen nicht kurzfristig zu überwinden sein dürften.
- Die seit den 1990er Jahren in der EU und den USA dominanten, deutlich unterschiedlichen Regulierungsmuster, wo die EU bei Genfood verstärkt auf das Vorsorgeprinzip, Monitoring, Kennzeichnung und Trennung setzt, induzieren tendenziell schwer auflösbare Handelskonflikte mit verringerten Absatzchancen für Genfood (Breuer 2003, Vogel/Lynch 2001, Young 2001).
- Zudem ist in Bezug auf die grüne Biotechnologie der Einfluss der Regulierungsphilosophie der EU auf internationale Organisationen und Entwicklungsländer (teils in Verbindung mit NGO-Aktivitäten) vielfach stärker als derjenige der US-amerikanischen (Paarlberg 2003).
- Bislang lassen sich keine eindeutigen ökonomischen Vorteile des Anbaus herbizidtoleranter oder insektizidresistenter Kulturpflanzen für die Landwirtschaft feststel-

---

[17] Entsprechend lassen sich der Einbruch von Mais- und Sojaexporten der USA nach der EU nach 1996 als auch der jüngste Rückzug von Monsanto bei der Entwicklung transgenen Weizens interpretieren.

len, sodass die Saatgut und Pestizide herstellenden Agrochemiekonzerne die anfallenden Gewinne, soweit vorhanden, weitgehend allein einstreichen (Breuer 2003, Busch 2003, Carpenter/Gianessi 2001, EU-Commission 2000).

- Ohne Vorteile für alle an der Wertschöpfungskette beteiligten Akteure lassen sich diese nicht in einen konstruktiven Kooperationszusammenhang integrieren, was die Marktfähigkeit pflanzenbiotechnologischer Produkte und Verfahren behindert und das überwiegend geringe Interesse der europäischen Bauern an GVO-Pflanzen verständlich macht (Busch 2003, Voß et al. 2002).[18]

- In der EU u.a. aufgrund mangelnder Akzeptanz von Genfood und entsprechender politischer Diskurse seit 2004 rechtlich vorgeschriebene Pflichten der Kennzeichnung, Rückverfolgbarkeit (identity preservation) und eine damit verknüpfte Trennung von gentechnisch veränderten Lebens- und Futtermitteln erhöhen neben Monitoring-Vorschriften deren Kosten teilweise beträchtlich und unterminieren dadurch tendenziell ihre Wettbewerbsfähigkeit (BMVEL 2002, Breuer 2003, Nielsen et al. 2002, Paarlberg 2003).

- Angesichts der hohen Entwicklungskosten transgener Pflanzen rentiert sich deren Entwicklung im Allgemeinen nur bei absehbarer umfangreicher globaler Nachfrage. Von daher tätigen die über entsprechende Kompetenzen und Ressourcen verfügenden Agrochemie- und Saatgutkonzerne lediglich deutlich begrenzte Investitionen in die Entwicklung transgener Pflanzen, die entweder von eindeutigem Nutzen für (leider überwiegend wenig zahlungskräftige) Landwirte in Entwicklungsländern wären, oder die mit unvermeidbaren technischen und wirtschaftlichen Problemen der zweiten (und dritten) Generation der grünen Gentechnik zu kämpfen haben, und deren Profitabilität deshalb in beiden Kategorien fraglich ist (Paarlberg 2003, Persley et al. 2002, Pinstrup-Andersen/Schioler 2001, Vogel/Potthof 2003).

Vor allem die vier letztgenannten, ökonomisch signifikant ungünstigen Bedingungszusammenhänge machen ein Scheitern der grünen Gentechnik zumindest in Bezug auf Genfood nicht unwahrscheinlich, sodass aus übergreifender globaler politisch-ökonomischer Perspektive die grüne Biotechnologie deshalb möglicherweise nur relativ begrenzte Erfolge und keine breitenwirksame Diffusion zu verzeichnen haben wird. Ob eine (zunächst einmal) auf den Nonfood-Bereich, insbesondere auf (auch in Entwicklungsländern anbaubare) herbizid- oder insektenresistente Baumwolle setzende, situativ nahe liegende Strategie mittel- oder langfristig dazu beizutragen vermag, der grünen Gentechnik letztlich doch zum Durchbruch zu verhelfen, ist eine derzeit offene Frage.

---

[18] „Traditionally, the farmer was the client of the agrochemical and seed company. Nowadays suppliers of inputs also have to take into account the demands of the food industry, the retail industry, and ultimately the consumer." (Bijman/Joly 2001: 12)

3.2 Innovationsdynamik in der Biotechnologie und Entwicklung der Pflanzenbiotechnologie

Wenn sich, wie in Kapitel 2.1 ausgeführt, eine Technologie vorzugsweise dann durchsetzt, wenn ihre relativen Kostenvorteile, ihre technische Reife und Zuverlässigkeit, ihre Sicherheit für Hersteller, Nutzer und Drittbetroffene, die Reichweite ihrer möglichen Anwendungen, die Machtposition ihrer Promotoren und Implementatoren sowie ihre Umweltverträglichkeit groß sind, dann erscheinen zumindest die längerfristigen Perspektiven der Biotechnologie prima facie in einem günstigen Licht.

Im Hinblick auf die zurückliegende wirtschaftliche Entwicklung der Biotechnologie ist zunächst festzuhalten:

1. Die frühen Prognosen eines rasch expandierenden Weltmarktes der industriellen Nutzung neuer biotechnologischer Produkte und Verfahren waren teils eindeutig übertrieben (Daele 1982, Dolata 1996).
2. Viele der anfänglichen Blütenträume moderner Biotechnologien erfüllten sich nicht, z.b. Einzeller-Protein, biologische Stickstofffixierung, Frostschutz-Bakterien (Krimsky/Wrubel 1996).
3. Die großen kapitalstarken Unternehmen in der Pharma-, Chemie- und Nahrungsmittelindustrie engagierten sich – trotz teils frühzeitiger Förderungsanreize seitens der Politik – vor allem in Europa zunächst eher zögerlich in der modernen Biotechnologie (Bandelow 1999, Bongert 2000).
4. Die Wirtschaftlichkeit und damit die Marktreife vieler biotechnologischer Produkte waren seinerzeit häufig offen (Orsenigo 1989).
5. In einigen EU-Staaten bremsten bürokratische Hürden das Interesse an und die Umsetzung von biotechnologischen Innovationen des Öfteren (Cantley 1995).

Insofern biotechnologische Innovationen in der Vergangenheit vielfach von kleinen, über nur begrenzte finanzielle Ressourcen verfügenden, häufig von Wissenschaftlern gegründeten Biotech-Unternehmen vorangetrieben wurden, weisen diese überwiegend einen technology-push Charakter auf (vgl. die Beispiele in Krimsky/Wrubel 1996), deren kommerzielle Nutzung daher oft vom kooperativen Engagement großer etablierter Konzerne abhängt. Dabei bedürfen sie zumeist bereits für eine erfolgreiche Entwicklung entsprechender öffentlicher Fördermittel und/oder verfügbaren Risikokapitals, gerade weil sich die Biotechnologie dadurch auszeichnet, dass sie überdurchschnittlich wissensbasiert ist, eine hohe wissenschaftlich-technische Dynamik sowie einen ausgeprägten multidisziplinären Charakter besitzt und sie eine modulare Produktionsstruktur mit vielfältigen Kombinations- und Anwendungsmöglichkeiten kennzeichnet (Holland/Reiß 1997).

Charakteristische Kennzeichen der Entwicklung moderner Biotechnologien sind zum einen ihr Schwergewicht im medizinisch-pharmazeutischen Bereich, zum anderen die Vorreiterrolle der USA und schließlich die – durch parallel laufende, generelle wirtschaftliche Globalisierungsprozesse verstärkte – von Anbeginn an primär global angelegte Ausrichtung der Biotechnologiebranche.

Die hieraus resultierenden technologischen Trajektorien führten u.a. dazu, dass bei den seit den 1990er Jahren zu beobachtenden Aufholprozessen der europäischen Biotechnologieindustrie die großen transnationalen Konzerne (zunächst) entgegen den Wünschen der nationalen und EU-Biotechnologiepolitiken primär strategische Allianzen mit US-amerikanischen und weniger mit europäischen Biotech-Start-ups eingingen (vgl. Senker 1998, Sharp 1999). Dabei spielten für die europäischen Biotechnologieunternehmen neben aufwändigen Zulassungsbestimmungen im Pharmabereich vor allem ökonomische Gründe wie fehlendes Risikokapital oder fehlende Marktreife der Produkte und weniger soziale Gründe wie mangelnde Akzeptanz und Protestaktionen oder Informationsdefizite und fehlendes technologisches Know-how die Hauptrolle bei der im Vergleich mit den USA als häufig ungünstig beurteilten Wettbewerbssituation (Menrad et al. 1995, Holland/Reiß 1997, Senker 1998, Dolata 2001b, 2003a).

Bis heute ist die überwiegende Zahl der durchweg äußerst forschungsintensiven Biotech-Start-ups (mit FE-Ausgaben von über 50% ihres Umsatzes) in der roten Biotechnologie engagiert, wobei sie neben der Entwicklung von speziellen pharmazeutischen Wirkstoffen häufig auf Plattformtechnologien setzen (vgl. Casper 1999, Senker et al. 2001). Mit dem Angebot patentierter Werkzeuge und Spezialtechniken an kooperierende große Pharmakonzerne können sie zwar rascher und unkomplizierter auf dem Markt reüssieren, weil sie für deren Zulassung und Markteinführung weder die enormen FE-Kosten aufbringen noch aufwändige klinische Prüfungen durchführen müssen, die für pharmazeutische Produkte notwendig sind. Allerdings sehen sich solche plattformorientierten Biotechnologiefirmen mit gravierenden Problemen dergestalt konfrontiert, dass der Lebenszyklus derartiger Tools durchschnittlich nur gut drei Jahre beträgt, dass zwischen ihnen eine harte Konkurrenz aufgrund paralleler Problemlösungsangebote besteht und dass die großen (Pharma-)Unternehmen „neben der Einlizenzierung und Auftragsvergabe am Aufbau eigener inhouse-Kapazitäten zur Entwicklung maßgeschneiderter Tools, Technologien oder Software-Lösungen" (Dolata 2003a: 183) arbeiten.[19] Dabei finanzierten sich diese Biotech-Start-ups (im ersten Jahrzehnt ihrer Existenz) bislang vorwiegend aus Wagniskapital und Beteiligungen ihrer großindustriellen Kooperationspartner, öffentlichen Fördermitteln, Krediten und

---

[19] Dementsprechend zitiert Dolata (2003a: 183) einen unternehmerisch engagierten Wissenschaftler: „Wir haben in jedem kleinen Marktsegment, was sich anbietet, eine totale Übersetzung mit diesen neuen Unternehmen. Denken Sie nur einmal an die Lebensmittelanalytik: Da haben Sie fünfzig kleine Unternehmen, die darauf gehen, und alle versuchen, bei Nestlé einen Auftrag zu bekommen. Und Nestlé sagt: Nein, das machen wir in Eigenentwicklung."

Aktienemissionen, während ihre Nettoverluste in 2001 weltweit knapp 20% ihres Gesamtumsatzes ausmachten (in den USA 25%, in Deutschland 40%). Auch in den USA (mit 72% Anteil am weltweiten Umsatz der Biotechnologieindustrie) machten 2001 etwa 50% der führenden Biotechnologiefirmen Verluste. In Deutschland mit inzwischen rund 360 Biotechnologiefirmen[20] verbuchte allenfalls gut 10% von ihnen einen Gewinn (Ernst & Young 2002b, 2003b). Abbildung 3.3 gibt die Entwicklung der Biotech-Start-ups in Deutschland wieder. Generell lässt sich seit den letzten Jahren ein Konsolidierungsprozess im Biotechnologiesektor beobachten, der sich mit den Stichworten Erweiterung der Unternehmensbasis, Trend zu größeren Einheiten, verstärkte Kooperation, zunehmende Konzentration, Abhängigkeit von großindustriellen Partnern und Shake-out kennzeichnen lässt (vgl. Ernst & Young 2003b, 2004). Perspektivisch dürfte sich nur eine kleine Minderheit dieser Firmen in der produktorientierten Elitegruppe dieses Sektors etablieren können, wobei sie zugleich Gefahr läuft, ihre Eigenständigkeit zu verlieren und von Großunternehmen übernommen zu werden (vgl. Dolata 2003a).[21] Bei Entwicklungspotenzial für den gesunden Kern der Biotech-Branche zwingen nach dem Boom um die Jahrhundertwende derzeit in Deutschland, wo im internationalen Vergleich eine Vielzahl relativ kleiner Biotech-Firmen existiert (vgl. Abbildung 3.4) und sich nur wenige Pharmaprodukte in fortgeschrittener klinischer Entwicklung befinden, Strukturschwächen und knappe Finanzen zu einer vergleichsweise drastischen Bereinigung mit verstärktem Personalabbau, Übernahmen und weiteren Insolvenzen in diesem Sektor (Ernst & Young 2003b).

,

---

[20] Von den 365 Biotech-Unternehmen machten die 21 börsennotierten Biotech-Firmen 2001 mit durchschnittlich 32 Mio. € pro Firma über 50% des Gesamtumsatzes der Industrie aus (Ernst & Young 2002b: 12). – Das Informations Sekretariat Biotechnologie (vgl. Marquardt 2002) rechnet demgegenüber mit über 500 Biotech-Firmen in Deutschland.

[21] An drei der zehn führenden Biotechnologieunternehmen sind große Pharmakonzerne maßgeblich beteiligt [Genentech, das 1976 gegründete erste Biotech-Start-up, Chiron, Immunex]. „Die Ausnahmeerscheinung Amgen verdankt ihre Unabhängigkeit zum einen der glücklichen Fügung eines frühen und fulminanten Markterfolges mit zwei Blockbuster-Produkten (Epogen und Neupogen) und zum anderen der juristisch erfolgreichen Verhinderung des Eintritts von Konkurrenten mit vergleichbaren Produkten auf dem nordamerikanischen Markt." (Dolata 2003a: 184)

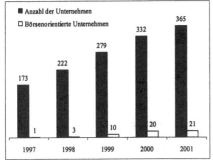

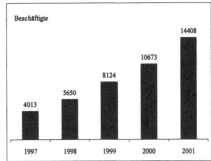

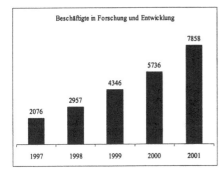

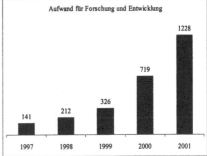

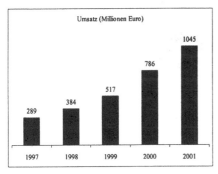

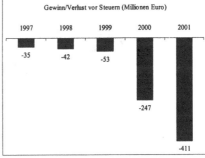

Abbildung 3.3: Biotechnologiebranche in Deutschland
Anmerkung: kleine Unternehmen der Branche mit maximal 500 Mitarbeitern
Quelle: DIE ZEIT 47/2002: 79, Ernst & Young 2002b

99

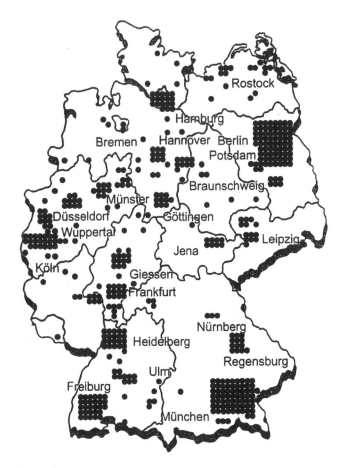

Abbildung 3.4: Geografische Verteilung der Biotechnologieunternehmen in Deutschland

Anmerkung: Ein Punkt repräsentiert jeweils ein Biotechnologieunternehmen.

Quelle: BMBF 2001: 15, Informations Sekretariat Biotechnologie

Von den weltweit ca. 4.300 Biotech-Unternehmen (mit rund 350.000 Mitarbeitern) beschäftigten die hiervon 622 börsennotierten Unternehmen in 2001 188.700 Mitarbeiter, machten einen Umsatz von ca. 35 Mrd. US$ bei knapp 6 Mrd. US$ Verlust und 16,4 Mrd. US$ FE-Ausgaben (Ernst & Young 2002a, Marquardt 2002). Davon entfallen der weitaus größte Teil im Verhältnis von rund 2:1 auf die USA und Europa (vgl. Tabelle 3.1).

Merkmale	USA	Europa	davon: BRD
Industriedaten			
Anzahl der Unternehmen	1.457	1.879	365
Beschäftigte	191.000	87.000	14.408
Finanzdaten	(Mrd. US$)	(Mrd. US$)	(Mrd. €)
Umsatz	28,500	13,733	1,045
FE-Ausgaben	15,700	7,485	1,228
Nettoverlust	-6,900	-1,522	-0,411

Tabelle 3.1: Biotechnologiefirmen in den USA, Europa und Deutschland 2001
Quelle: Dolata 2003a: 179, Ernst & Young 2002a

Als wesentliche Charakteristika der kommerziellen Erschließung der neuen Biotechnologie lassen sich mit Dolata (2003a: 175ff.) festhalten:

- Etablierung und Stabilisierung eines neuen Unternehmenstyps von neugegründeten Biotechnologiefirmen, deren zentrales, oft ausschließliches Betätigungsfeld Produktentwicklungen, Dienstleistungs-, Service- oder Zulieferaktivitäten rund um die Biotechnologie sind,
- Entwicklung der Großunternehmen der chemisch-pharmazeutischen und der agrochemischen Industrie zu major players in der Biotechnologie, indem sie nach teils beträchtlichen Anlaufschwierigkeiten über die Restrukturierung ihrer Konzernprofile, die Integration biotechnologischen Wissens und Know-hows, die kooperative Öffnung nach außen und eine massiv betriebene Aufkauf- und Fusionspolitik ihre Stellung als gewichtige Akteure des biotechnologischen Innovationsprozesses festigen konnten,
- Herausbildung von Biotech-Allianzen mit komplexen industriellen Interaktionsmustern, die durch kooperative Arrangements in Form stabiler, multilateral strukturierter Innovationsnetzwerke als auch fluider, fragmentierter Figurationen mit schnell wechselnden Partnern und durch Innovationswettläufe und Konkurrenz - Forschungswettläufe, Marktkonkurrenzen, Patentauseinandersetzungen, Fusions- und Akquisitionsdynamiken – gekennzeichnet sind,
- internationale Struktur des biotechnologischen Innovationsprozesses mit signifikanten regionalen Verdichtungen und Clusterbildungen, einer unumstrittenen Vorreiterrolle US-amerikanischer Unternehmen und transnationalen kooperativen Lernprozessen und Konkurrenzzusammenhängen.

Unabhängig von den jeweiligen spezifischen nationalen und sektoralen Ausprägungen machen insbesondere vier strukturelle Rahmenbedingungen diese Struktur der (roten) Biotechnologieindustrie plausibel: Wissenschaftsbasiertheit, Frühphase einer technologischen Trajektorie, lange Entwicklungszeiten und hohe Entwicklungskosten, Globalisierung (vgl. Dolata 2003a):

- Die Bedeutung der Biotech-Start-ups für den biotechnologischen Innovationsprozess ist groß, weil sie aufgrund ihrer Nähe zur akademischen Forschung, aber auch wegen ihrer flexiblen und unkonventionellen Forschungsmethoden als wesentliche Träger der biotechnologischen Produktentwicklung fungieren und die entscheidenden Orte der Entwicklung neuer biotechnologischer Forschungs- und Produktionswerkzeuge sind.

- In der frühen Phase der Marktpenetration einer neuen Technologie befindet sich der betreffende Unternehmenssektor typischerweise in einer schwierigen Übergangs- und Konsolidierungsphase, die durch häufige Produkt-Flops, anhaltende Verluste, zahllose Unternehmenspleiten und eine hohe Firmenfluktuation gekennzeichnet ist. (Ernst & Young 2003a, 2003b, 2004)

- Die Entwicklung neuer pharmazeutischer Produkte ist heute typischerweise mit Entwicklungskosten von ca. 800 Mio. € und Entwicklungszeiten bis zur Zulassung und erfolgreichen Markteinführung von ca. 10-15 Jahren verbunden, wobei nur wenige FE-Aktivitäten im Pharmasektor zu gewinnbringenden Blockbustern führen (Drews 1999, Marquardt 2002). Dazu sind normalerweise nur große Konzerne mit entsprechenden Kapazitäten und Marktmacht und kaum Biotech-Start-ups in der Lage.

- Sowohl der internationale Charakter wissenschaftlicher Forschung als auch internationale biotechnologische Innovationswettläufe als auch die (erst) über weltweite Vermarktung biotechnologischer Produkte und Verfahren erzielbare Profitabilität verdeutlichen die Vorherrschaft globaler Perspektiven und Strategien im biotechnologischen Innovationsprozess.

Die zu erwartenden kommerziellen Nutzungsmöglichkeiten der Agrobiotechnologie werden mittel- und langfristig trotz derzeit häufig geringer Akzeptanz vieler Produkte als äußerst vielfältig eingeschätzt (Menrad et al. 1999), wobei bei der Pflanzengentechnik verschiedene Anwendungsbereiche zu unterscheiden sind. So ist etwa zwischen der Verbesserung von agrarischen Eigenschaften, ihrer Nutzung im Food-Bereich und ihrer Nutzung im Bereich Industrierohstoffe zu differenzieren: Nachfrage und Akzeptanz sind für den ersten und dritten Bereich typischerweise höher als für den zweiten (vgl. Voß et al. 2002). Schließlich wird das Marktpotenzial schon in 2010 für gentechnisch erzeugte Output-Eigenschaften und noch mehr für molecular farming optimistisch auf rund das Fünffache desjenigen von gentechnisch erzeugten Input-Eigenschaften geschätzt, ebenso wie Wachstum und Profitabilität dieser Bereiche deutlich höher eingestuft werden (vgl. Kern 2002, Vogel/Potthof 2003). Tabelle 3.2 listet typische Beispiele verbesserter agronomischer Eigenschaften und verbesserter Produkteigenschaften auf. Tabelle 3.3 macht plausibel, weshalb molecular farming bei transgenen Pflanzen gerade für Biopharmazeutika eindeutige Vorteile gegenüber anderen Produktionssystemen verspricht.

Input-Eigenschaften	Output-Eigenschaften/Molecular Farming
Herbizidresistenz	Stärkemetabolismus
Schädlingsresistenz	Fettsäurenmetabolismus
Pilzresistenz	Nährstoffzusammensetzung/-gehalt
Bakterienresistenz	Eliminierung unerwünschter Inhaltsstoffe
Nematodenresistenz	Verlängerte Haltbarkeit
Virusresistenz	Farbe
Trockentoleranz	Reifeverzögerung
Kälte-/Hitzetoleranz	Verarbeitungseigenschaften
Salztoleranz	Herstellung therapeutisch wirksamer Substanzen
Schwermetalltoleranz	
Verbesserte Stickstoffaufnahme	Herstellung industrieller Enzyme
Hybridzüchtung	Herstellung von erneuerbaren Rohmaterialien
➔ **Verbesserung der agronomischen Eigenschaften**	➔ **Verbesserung der Produkteigenschaften**

Tabelle 3.2: Züchtungsziele und Anwendungsbeispiele der grünen Gentechnik
Quelle: Vogel/Potthof 2003: 4

	Transgene Pflanzen	Transgene Tiere	Säuger-Zellen	Hefen	Bakterien
Entwicklungszeit für Produktionssystem	mittel	lang	mittel	kurz	kurz
Erfolgswahrscheinlichkeit	sehr hoch	hoch	begrenzt	begrenzt	begrenzt
Reproduzierbarkeit der Produktion	++	++	+++	+++	+++
Lagerfähigkeit	sehr gut	begrenzt	begrenzt	begrenzt	begrenzt
Scale-up: Zeit	sehr schnell	schnell	mittel	mittel	mittel
Scale-up: Kosten	Sehr niedrig	mittel	hoch	hoch	hoch
Produktionsvolumen	unbegrenzt	unbegrenzt	begrenzt	begrenzt	begrenzt
Biologische Kompatibilität	sehr gut	sehr gut	gut	mittel	begrenzt
Kontamination mit Humanpathogenen	nein	ja	ja	nein	ja
Kontamination mit Toxinen	nein	nein	nein	nein	ja

Tabelle 3.3: Vergleich verschiedener Produktionssysteme für rekombinante Substanzen
Quelle: Vogel/Potthof 2003: 55, Ernst & Young 2003b

Bereits heute lässt sich ein deutlicher Einfluss der grünen Gentechnik auf die Landwirtschaft feststellen. „Discoveries in gene technology have led to:

- Better understanding of how plants function, and how they respond to the environment.
- More targeted selection objectives in breeding programs to improve the performance and productivity of crops, trees, livestock and fish, and post harvest quality of food.
- Use of molecular (DNA) markers for smarter breeding, by enabling early generation selection for key traits, thus reducing the need for extensive field selection.
- Molecular tools for the characterization, conservation and use of genetic resources.
- Powerful molecular diagnostics, to assist in the improved diagnosis and management of parasites, pests and pathogens.
- Vaccines to protect livestock and fish against lethal diseases." (Persley et al. 2002: 7)

Grundsätzlich sind somit die Anwendungsmöglichkeiten und von daher die Perspektiven der Pflanzenbiotechnologie, einschließlich der Verwendung gentechnischer Methoden, als vielfältig und positiv zu beurteilen, insbesondere aufgrund ihres großen Potenzials im (konventionellen) Züchtungsbereich (vgl. Kern 2002, Menrad et al. 1999, Persley et al. 2002). Während sich eine Reihe primär diagnostischer und züchtungstechnischer, die Gentechnik nutzender Methoden bereits weitgehend etabliert hat, erscheint demgegenüber die mannigfache und breitenwirksame Erzeugung und Diffusion transgener Pflanzen aus ökonomischen, technischen und biologischen Gründen zumindest auf absehbare Zukunft noch eher fraglich (Vogel/Potthof 2003):

- Die Entwicklung einer transgenen Pflanze dauert 6 bis 12 Jahre. Die Chance der Markteinführung einer erfolgreichen Entdeckung im Labor beträgt weniger als 1%. Die reinen Entwicklungskosten liegen bei 50 Mio. €. Es bedarf daher großer Märkte und gentechnisch veränderter Eigenschaften, die eine rasche Amortisierung der Investitionen wahrscheinlich machen. Ohne große Märkte sind ihre Entwicklungskosten und die zusätzlichen Kosten für ihre getrennte Ernte und ein Identitätserhaltungssystem (identity preservation) zu hoch.
- Ihre Nachfrage ist in vielen Fällen nicht gesichert, insbesondere solange die Nahrungsmittelindustrie weiterhin vorrangig auf gentechnikfreie Lebensmittel setzt.
- Das Einfügen mehrerer Fremdgene und deren gewebe- und stadienspezifische Exprimierung mithilfe spezifischer Promotoren ist ein schwieriges technisches Unterfangen.

- Der zur Herstellung bestimmter Output-Eigenschaften der Pflanze erforderliche Eingriff in komplexe und gut ausbalancierte Stoffwechselprozesse hat leicht unerwünschte Nebeneffekte zur Folge.[22]

Von daher dominieren die Input-Eigenschaften Herbizidtoleranz und Insektenresistenz in wenigen, vergleichsweise leicht zu transformierenden Kulturpflanzen Soja, Mais, Raps und Baumwolle den Markt gentechnisch veränderter Pflanzen, während in 2003 noch kaum transgene Pflanzen mit veränderten Output-Eigenschaften auf dem Weltmarkt zugelassen waren und angeboten wurden (vgl. Tabelle 3.4) und erst ab 2010 verstärkt mit transgenen Pflanzen der zweiten und der dritten Generation zu rechnen ist (vgl. Tabelle 3.5).

Input-Eigenschaften	Output-Eigenschaften
Insektenresistenz: Baumwolle (3), Mais (5), Kartoffeln (2)	Veränderter Fettsäurenmetabolismus: Raps (1), Soja (1)
Herbizidresistenz: Baumwolle (3), Flachs (1), Mais (3), Raps (6), Rübsen (2), Reis (1), Soja (5), Tabak (1), Zuckerrübe (2)	Verspätete Reife: Tomate (5)
Insekten- und Herbizidresistenz: Baumwolle (1), Mais (6)	
Virusresistenz: Papaya (1), Kürbis (2)	
Virus- und Insektenresistenz: Kartoffel (2)	
Herbizidresistenz und männl. Sterilität: Chicorée (1), Mais (3), Raps (5)	

Tabelle 3.4: Eigenschaften zugelassener transgener Pflanzen
Anmerkung: Die Zahlen geben jeweils die Anzahl zugelassener ‚Events' pro Eigenschaft wieder; Stand Juli 2003.
Quelle: Vogel/Potthof 2003: 12

---

[22] Vogel/Potthof (2003: 75) geben drei Beispiele dafür, dass die Starrheit der Stoffwechselwege, die funktionelle Redundanz der Gene und posttranskriptionelle Kontrollprozesse immer wieder zu unerwarteten Nebeneffekten führen. „(I) Eine transgene Tomate, die ein Phytoensynthasegen konstitutiv exprimierte, hatte zwar wie beabsichtigt mehr Carotenoide in den Samen, wuchs jedoch ganz unerwarteter Weise nur noch zwergenhaft ... (II) Bei transgenen Ölpflanzen, die eine bestimmte Fettsäure neu in größeren Mengen bilden sollen, kann manchmal beobachtet werden, dass der gewünschte Effekt zwar eintritt, dass die Pflanze dann aber unerwartet einen Stoffwechselweg aktiviert, um die Fettsäure abzubauen... (III) Eine transgene Tomate, deren Reifeprozess verändert worden war, zeigte im Feld eine nicht vorhergesehene Empfindlichkeit gegen einen Schadpilz."

2003 bis 2006	2007 bis 2011	nach 2011
Herbizidresistenz: Mais, Raps, Soja, Weizen, Zuckerrübe, Futterrübe, Baumwolle und Chicorée	Pilzresistenz: Weizen, Raps, Sonnenblume und Fruchtbäume	Stressresistenz: Verschiedene Pflanzen
Insektenresistenz: Mais, Baumwolle und Kartoffeln	Virusresistenz: Zuckerrübe, Kartoffeln, Tomate, Melone und Fruchtbäume	Erhöhter Ertrag: Verschiedene Pflanzen
Herbizid- und Insektenresistenz: Mais und Baumwolle	Herbizidresistenz: Weizen, Gerste und Reis	Molecular Farming: Tabak, Mais, Kartoffeln und Tomaten
Veränderter Stärke- oder Fettsäuregehalt: Kartoffeln, Soja und Raps	Modifizierte Stärke: Kartoffeln und Mais	Funktionelle Inhaltsstoffe: Reis, Gemüse
Fruchtreife: Tomate	Modifizierte Fettsäuren: Soja und Raps	Hypoallergene: Verschiedene Pflanzen
	Modifizierter Proteingehalt: Raps, Mais und Kartoffeln	
	Erhöhte Menge an Erucasäure: Raps	

Tabelle 3.5: Eigenschaften transgener Pflanzen, die in Zukunft in der EU auf den Markt kommen könnten

Quelle: Vogel/Potthof 2003: 23, Lheureux et al. 2003

Anders als vor allem in den USA ist die Nachfrage nach gentechnisch veränderten Nahrungsmitteln und häufig auch nach gentechnisch veränderten Futtermitteln in Europa bislang gering. Angesichts des Tatbestandes einer – wenn auch nach europäischen Ländern variierend – geringen öffentlichen Akzeptanz gentechnisch veränderter Nahrungsmittel auf Verbraucherseite, die sich auch in entsprechendem Kaufverhalten niederschlägt, haben sich Nahrungsmittelhersteller und -handel in Westeuropa nach - auch infolge massiver Durchsetzungskampagnen insbesondere von Monsanto in Großbritannien – gescheiterten Versuchen der Markteinführung von Genfood-Produkten in den 1990er Jahren auf eine Strategie gentechnikfreier Lebensmittel verständigt und diese weitgehend in der Praxis umgesetzt.[23] Zugleich hat ein De-facto-Moratorium auf EU-Ebene für gentechnisch veränderte Nahrungsmittel und den kommerziellen Anbau transgener Pflanzen von 1998 bis 2004 die Entwicklung entsprechender pflanzlicher und tierischer Produkte gebremst. Außerdem und dadurch mitbedingt flossen deutlich weniger öffentliche als auch private Forschungsmittel und Wagniskapital in die grüne Biotechnologie (Senker et al. 2001). Zudem weist der hochkonzentrierte

---

[23] So ergaben beispielsweise Untersuchungen der Stiftung Warentest in 2000 in 31 von 82 getesteten Lebensmitteln (ohne Kennzeichnung) Zutaten von transgenem Soja oder Mais und in 2002 bei den im Wesentlichen gleichen Lebensmitteln keinerlei nennenswerte Spuren von transgenen Anteilen mehr.

Markt für Saatgut und Pflanzenschutzmittel, um den es bislang in der Pflanzengentechnik im Wesentlichen geht, – vor dem Hintergrund tendenziell fallender Preise für
landwirtschaftliche Produkte – stagnierende Tendenzen mit zum Teil rückläufigen
Umsätzen auf. Gegenüber dem globalen und (in den OECD-Staaten) trotz allem vielfach lukrativen Pharmamarkt ist er vergleichsweise klein[24] und erlaubt (auch den Großen der Branche) im Allgemeinen keine hohen Gewinnmargen. Somit befanden sich
Agrochemie- und Saatgutindustrie angesichts der Langfristwirkungen heutiger In-
vestitionsentscheidungen, ungewisser Regulierungsmodalitäten und fraglicher Akzeptanz in einer schwierigen Lage, über ihre Innovationsstrategien zu entscheiden (vgl.
Bijman/Joly 2001).[25]

Diese Merkmale der grünen Biotechnologie machen zum einen deren im Vergleich
mit der roten Biotechnologie bislang geringere Marktchancen plausibel (vgl. Tabelle
3.6) und belegen damit zum anderen die Vorrangigkeit sektorspezifischer gegenüber
nationalspezifischen Determinanten biotechnologischer Innovationsdynamik, wobei
letztere als nationale Innovationssysteme dann für jeden Sektor deren spezifische nationale Formen prägen (Senker et al. 2001).

---

[24] Insgesamt beliefen sich die weltweiten Umsätze für Saatgut und Pflanzenschutzmittel in 2000/
2001 auf gut 40 Mrd. US$ gegenüber Umsätzen von über 340/350 Mrd. US$ auf dem Weltphar-
mamarkt. Analog setzte der Pharmakonzern Pfizer setzte nach dem Kauf von Pharmacia in 2002
als Marktführer ca. 40 Mrd. US$ um, während der Umsatz des Marktführers Syngenta in der Ag-
rochemie bei 7 Mrd. US$ lag (Dolata 2001a, 2003b).

[25] „Angesichts der schwierigen Markt- und Ertragslage auf den Agrochemiemärkten, der schleppen-
den Kommerzialisierung und der zum Teil weit verbreiteten gesellschaftlichen Inakzeptanz haben
sich in den vergangenen Jahren die großen Pharmakonzerne aus ihrem Engagement in der grünen
Gentechnik wieder zurückgezogen und Abschied vom Konzept des integrierten Life-Sciences-
Konzerns mit aufeinander bezogenen Standbeinen in den Bereichen Pharma, Agrochemie und Ernährung genommen. Novartis und Astra-Zeneca haben ihre Agrosparten in das neu gegründete
Unternehmen Syngenta ausgelagert, Aventis hat seinen Agrobereich an Bayer verkauft, Pharmacia
hat den erst 1999 erworbenen Monsanto-Konzern in 2002 wieder abgestoßen. Dies geschah teils,
weil sich die zunächst vermuteten Synergieeffekte zwischen Pharma- und Agrobereich als gering
erwiesen haben, vor allem aber, weil die wenig ertragreichen Agrosparten die Konzernbilanzen be-
lasteten und die Unternehmen sich stattdessen zu klar fokussierten Pharmakonzernen, die eine be-
rechenbarere und lukrativere Entwicklungsperspektive auch für die Anleger versprechen, ver-
schlanken wollten." (Dolata 2003b)

	Biopharmaceuticals	Agro-Food	Equipment and supplies
Knowledge/ Skills	• Expertise in every country • Major focus of public research funding	• Higher priority for public sector research in Spain and Ireland • Draws on wide science base	• Neglected by public research funding • No specific science base
Industry/ Supply	• Commercial activity in all countries • High share of new start-ups • Medium risks and high opportunities for new business creation	• Poor (or hidden) commercial activity in many countries • Diversification rather than new start-ups • Very high risks and limited opportunities for new business creation	• Commercial activity concentrated in countries with large science base and strong pharmaceutical or chemical MNCs • Diversification + new start-ups • Low risks and high opportunities for new business creation
Demand/ Social Acceptance	• High potential demand • High social acceptance	• Unknown customers • Weak demand and exploitation • Strong social opposition	• High actual demand • High potential demand • Demand related to science policy • Not an issue in public debate

Tabelle 3.6: Characteristics of framework conditions for innovation by sector
Quelle: Senker et al. 2001: 64

Bei relativ unterschiedlichen technologischen Trajektorien in der Agrochemieindustrie mit ihrem Fokus auf wissenschaftlicher Forschung und auf große Mengen ausgerichteter industrieller Produktion und in der Saatgutindustrie mit ihrer Einbettung in landwirtschaftliche Feldversuche und erfahrungsbasierter Innovation „the new agrobiotechnology trajectory is bringing together the agrochemical industry and the seed industries with their different traditions, cultures, and knowledge bases, and different modes of interaction with the regulatory environment." (Bijman/Joly 2001: 10). Konkret haben sich im letzten Jahrzehnt vor allem die größten Agrochemiekonzerne über Fusionen, Allianzen und Akquisitionen Saatgutunternehmen und Biotech-Firmen einverleibt und sind so zugleich zu den größten Saatgutkonzernen geworden (vgl. Tabellen 3.7, 3.8, 3.9). Somit dominierten in dem später an Gewicht gewinnenden Bereich der grünen Biotechnologie von vornherein die großen, global agierenden Agrofood-Konzerne, während Biotech-Start-ups eine geringere Rolle spielen dürften als in der roten Biotechnologie, was durch die gegenüber dem Pharmasektor stärkere Konzentration dieser Branche, die Vorteile vertikaler Integration und die bereits bestehenden Akteurkonstellationen samt den hieraus resultierenden unterschiedlichen Profitabilitätserwartungen begünstigt wird (Gaisford et al. 2001, Dolata 2001a).

Firma	Einnahmen Agrochemicals (in Millionen US$)	Einnahmen Saatgut (in Millionen US$)	Total (in Millionen US$)
Syngenta	5.385	938	6.623
Bayer	6.086	192	6.278
Monsanto	3.505	1.707	5.212
DuPont	1.922	1.920	3.842
BASF	3.114	0	3.114
Dow	2.627	215	2.842
Total	22.639	4.972	27.611

Tabelle 3.7: Umsätze der weltweit sechs größten Agrochemieunternehmen in 2001
Quelle: Vogel/Potthof 2003: 8

	Firma	Umsatz im Jahr 2000 (in Millionen US$)	Umsatz im Jahr 2001 (in Millionen US$)
1	DuPont	1.938	1.920
2	Monsanto	1.608	1.707
3	Syngenta	958	938
4	Limagrain (heute Bayer Crop-Science)	677	764
5	Savia	474	449
6	Advanta	374	376
7	KWS	309	349
8	Delta & Pineland	301	306
9	Sakata	272	231
10	Dow	185	215

Tabelle 3.8: Umsätze der weltweit zehn größten Saatgutfirmen in 2000 und 2001
Quelle: Vogel/Potthof 2003: 8

Syngenta	Bayer CropScience	Monsanto	DOW	DuPont	BASF Plant Science
Astra Zeneca Novartis Seeds Sandoz Ciba-Geigy Northrup King Rogers Rogers NK Zeneca Hilleshog Wilson Genetics	Aventis AgrEvo Hoechst-Roussel Agritope Exelixis Limagrain Plant genetic Systems Harris Moran Rhone-Poulenc	Calgene Holdens DeKalb Asgrow Upjohn Agracetus	Agrigenetics Mycogen Biosource	Pioneer	American Cyanamid Exseed Genetics Rohm & Haas

Tabelle 3.9: Die sechs wichtigsten Firmen der grünen Gentechnik und ihre verschluckten Partner
Quelle: Vogel/Potthof 2003: 9

Die vier weltgrößten Agrochemiekonzerne DuPont, Monsanto, Syngenta und Bayer verfügen über 90% der bisher für den Anbau zugelassenen transgenen Pflanzen und halten mehr als die Hälfte aller diesbezüglichen Patente (Vogel/Potthof 2003). Allerdings ist der Umsatzanteil gentechnisch veränderten Saatguts und darauf abgestimmter Pflanzenschutzmittel bei diesen Globalen Playern bislang mit 2% bis 5% gering, von Monsanto abgesehen, das den US-Markt gentechnisch veränderter Soja, Baumwolle und Mais in 2002 mit 79%, 69% und 27% Sortenanteil auf den entsprechenden Anbauflächen dominierte, aber in den letzten Jahren beträchtliche Schulden und teils auch Verluste auswies (vgl. Dolata 2003b).[26] Transgenes Saatgut macht mit ca. 1 Mrd. US$ etwa 7% des gesamten Saatgut-Weltmarktes aus, den diese Unternehmen zu ca. 40% beherrschen. Den Weltmarkt für Pflanzenschutzmittel beherrschten in 2000 die sechs Unternehmen Syngenta, Bayer, Monsanto, DuPont, BASF und DowChemical zu 80%. Darüber hinaus versucht die Agrochemieindustrie insbesondere in den USA vermehrt, Einfluss auf den ganzen Versorgungsweg zu nehmen – vom Anbau über den Handel bis zur Verarbeitung und zum Einzelhandel, um über Allianzen mit der Verarbeitungsindustrie eine zunehmende Kontrolle über die gesamte Wertschöpfungskette im Bereich der grünen Gentechnik zu erlangen (vgl. Vogel/Potthof 2003).

Insgesamt hat – bei Konzentration auf wenige Länder – der Anbau nur weniger gentechnisch veränderter Nutzpflanzen mit den oben aufgeführten Merkmalen in weniger als einer Dekade rapide auf weltweit ca. 81 Mio. ha in 2004 zugenommen, nachdem der kommerzielle Anbau transgener Nutzpflanzen in den USA erst 1996 begann. Umgekehrt ist mit der Durchsetzung der zweiten Generation der grünen Gentechnik mit verbesserten Output-Eigenschaften der Nutzpflanzen aus den oben angeführten Gründen lediglich allmählich und in begrenztem Ausmaß zu rechnen. Dies indiziert, dass die grüne Gentechnik nach rascher Durchsetzung auf einigen wenigen großen und daher gewinnträchtigen Agrarmärkten andere potenzielle Absatzmärkte der Pflanzenbiotechnologie voraussichtlich eher nur langsam und längerfristig erobern wird, wobei sie in einigen Bereichen durchaus scheitern kann.

Vor diesem Hintergrund der Entwicklung der Biotechnologieindustrie werden nachfolgend, empirische Untersuchungen zusammenfassend und an die generellen Ausführungen über Netzwerke und Cluster in Kapitel 2.2 anknüpfend, Ausmaß, Art und Vorteile von Innovationsnetzwerken insbesondere in der Biotechnologie skizziert, die Entwicklung von Biotechnologie-Clustern in Deutschland wiedergegeben und nach den Aussichten regionaler Innovationsnetzwerke in der grünen Biotechnologie gefragt.

---

[26] Monsanto stellt ein markantes Beispiel für einen Global Player dar, der auf die inzwischen von den meisten transnationalen Konzernen aus guten Gründen wieder aufgegebenen Strategie eines Life-Sciences-Konzerns und auf grüne Gentechnik setzte und diese bis hin zum Terminatorgen auf dem Markt mit massiven Werbekampagnen und Lobby-Aktivitäten durchzusetzen versuchte. (vgl. Bauer/Gaskell 2002a, Bonfadelli 1999, Dolata 2003b, Dreyer/Gill 2000)

Generell ist zunächst nochmals festzuhalten, dass Unternehmenskooperationen und strategische Allianzen in der Biotechnologie seit den 1980er Jahren von zunehmend zentraler Bedeutung sind, wobei zweifellos auch netzwerkartige Konfigurationen eine Rolle spielen. Dabei waren und sind nur wenige Regionen erfolgreich, selbsttragende Biotechnologie-Cluster zu entwickeln, wofür Wissenschaftler mit „Weltformat" vor Ort, Risikokapital und andere Formen der Finanzierung (staatliche Förderprogramme), eine Kultur unternehmerischen Handelns, Technologietransfereinrichtungen, eine Häufung biotechnologischer Forschungs- und Produktionszentren, durchschaubare Vorschriften und ein eher geringes Maß an Regulierung notwendig bzw. vorteilhaft sind (Audretsch/Cooke 2001, Dolata 2003a).

Bei solchen netzwerkartigen Konfigurationen handelt es sich jedoch erstens je nach Kooperationszusammenhang um unterschiedliche Netzwerke mit differierenden Akteuren, wie beispielsweise Bongert (2000) in ihrer Unterscheidung von Forschungs-, Genese- und Kontextnetzwerk für das Biotechnologie-Netzwerk der EU beim BRIDGE-Programm herausarbeitet.

Zweitens überwiegen bilaterale Kooperationen zwischen Großunternehmen und Biotech-Start-ups, in denen zumeist trotz der Wissensvorsprünge letzterer eine ökonomisch bedingte Machtasymmetrie zugunsten ersterer vorherrscht, sodass von einem genuinen Netzwerk, bestehend aus mehreren Akteuren mit nur eingeschränkt differierenden Machtpotenzialen und Bargainingoptionen, kaum die Rede sein kann (Dolata 2000a, 2000b, 2002, 2003a).

Drittens kann im Zuge allmählich wachsender Marktdurchdringung biotechnologischer Innovationen die jüngst zu beobachtende Marktbereinigung in der Biotechnologie mit stagnierender Gründungrate von strategischen Allianzen und Biotech-Start-ups und zunehmendem Aufkauf durch Großunternehmen als Indiz dafür gewertet werden, dass die Blütezeit für erfolgreiche Biotech-Start-ups und an diese gekoppelte Innovationsnetzwerke zu Ende gehen dürfte.

Viertens ist ein förderndes Umfeld wissenschaftlich-technischer als auch allgemeiner soziokultureller Infrastruktur zwar mitentscheidend für die Lokalisierung von neuen Biotech-Unternehmen und führt die produktivitätssteigernde Eigendynamik des Zusammenspiels regionaler Akteure zu Herausbildung, Wachstum und Attraktivität regionaler Biotech-Cluster (Audretsch/Cooke 2001, Krauss/Stahlecker 2000, Orsenigo 1993, Swann/Prevezer 1996, Swann et al. 1999). Die anfänglich hohe regionale Bindung verliert im Prozess einer erfolgreichen Unternehmensentwicklung jedoch an Bedeutung gegenüber vorzugsweise national geprägten gesamtwirtschaftlichen und technologiespezifischen Rahmenbedingungen wie ein wenig restriktiv wirkendes gesetzliches Regelwerk, ein breites Kapitalangebot in Form von privatem Beteiligungskapital, staatlichen Darlehen und Zuschüssen, und der überregionalen Deckung des Personalbedarfs, z.B. über das Internet, sowie die Vorherrschaft von auf globaler Ebene angelegten strategischen Allianzen (Oliver 2001, Pfirrmann/Feldman 2000).

Zusammengefasst handelt es sich bei der neuen Biotechnologie „um ein paradigmatisch neues Technikfeld mit Querschnittscharakter, das hochgradig wissensbasiert und multidisziplinär ausgerichtet ist, in weiten Teilen kleinformatige Strukturen aufweist und dezentral prozessiert sowie zahlreiche (potentielle) Nutzungsmöglichkeiten unter allerdings extremen Unsicherheitsbedingungen bietet." (Dolata 2003a: 155) Von daher sind (neu gegründete) Biotech-Unternehmen wesentlich auf Kooperation in Netzwerken angewiesen, um Zugang zu breit verstreutem Wissen zu erhalten, entsprechende Lernprozesse in der Biotechnologie zu ermöglichen und dadurch die Wahrscheinlichkeit ihres ökonomischen Erfolgs signifikant zu erhöhen (Powell et al. 1996). Dabei hängt die langfristige Wettbewerbsfähigkeit solcher in regionale Netzwerke und Cluster eingebetteter Unternehmen jedoch immer mehr davon ab, „ob sie weltweit Innovationspotentiale erkennen, aufgreifen (etwa durch strategische Allianzen) und vor dem Hintergrund bisheriger Kompetenzen in neue Produkte umsetzen können."[27] (Heidenreich 2000: 109) Dabei sind (kleine) Biotech-Unternehmen im Allgemeinen dann erfolgreich, „wenn sie ihre Ressourcen und ihre Kompetenz für ihr Kernprodukt – die Forschung – einsetzen und alles, was mit klinischen Tests, Vermarktung und Vertrieb zusammenhängt, an andere Firmen abgeben." (Audretsch/Cooke 2001: 15) Die zahlenmäßig wachsenden strategischen Allianzen zwischen überwiegend kleinen Biotech-Start-ups und großen Konzernen erlauben ersteren die Konzentration auf die kommerzielle Nutzung von Ergebnissen der Grundlagenforschung mit Hilfe technischer Innovationen, während die von ihnen selbst selten aufzubringenden Entwicklungs-, Produktions- und Vermarktungskosten neuer (medizinischer) Produkte über Lizensierungs- und Vermarktungsverträge von letzteren übernommen werden. Letztere sind als ökonomisch stärkere Partner im Falle erfolgreicher Entwicklung und Vermarktung zumeist die Hauptgewinner der (bilateralen) Kooperation, während sie die unsicherere Forschung effizienter extern durch das Biotech-Unternehmen durchführen lassen und damit verbundene Haftungsrisiken zugleich minimieren können (Archibugi/Iammarino 2002, Audretsch/Cooke 2001, Dolata 2000b, 2001b, 2002, Lerner/Merges 1997).

Mit zunehmender kommerzieller Nutzung biotechnologischer Produkte und Verfahren wächst daher die Wahrscheinlichkeit, dass in den frühen Entwicklungsstadien der Biotechnologiebranche vorteilhafte Arrangements weniger wirkungsvoll und sogar kontraproduktiv werden (können). Im Ergebnis spielen somit einerseits regionale Cluster und strategische Allianzen aufgrund vorteilhafter Infrastruktur und internatio-

---

[27] „Lern- und Innovationsvorsprünge, die sich aus den Möglichkeiten zur Aktualisierung, Weiterentwicklung und Neukombination kontextgebundenen Wissens ergeben, werden zur zentralen Grundlage regionaler Leistungsfähigkeit. Zweitens ist eine regionale Vertrauensbasis immer weniger das selbstverständliche Ergebnis räumlicher und soziokultureller Nähe; immer wichtiger wird die *institutionelle Konstruktion von Vertrauen und sozialer Nähe*." (Heidenreich 2000: 110)

naler Marktperspektiven und -konkurrenzen eine zentrale Rolle in der Biotechnologie, während andererseits genuine regionale Innovationsnetzwerke (von universitärer Forschung und Biotech-Start-ups) allmählich an Bedeutung verlieren.

Dass es für innovative Cluster (in der Biotechnologie) des Zusammenspiels einer Reihe sich wechselseitig unterstützender Akteure und Bedingungen bedarf und allein das Vorhandensein einer wettbewerbsfähigen chemischen oder pharmazeutischen Industrie oder von molekularbiologischen Forschungseinrichtungen hierfür nicht ausreicht, indizieren die Tabellen 3.10 und 3.11 die Charakteristika regionaler Innovationscluster der Biotechnologie in den USA und Deutschland benennen.[28]

• bereits Standort von anderen Hochtechnologien
• Anwesenheit von erfahrenen Entrepreneurs
• Möglichkeiten und Raum für Inkubatoren/Technologieparks
• Infrastruktur/Möglichkeiten hoher Mobilität und für in- und externen Informationsaustausch
• vorhandene Forschungseinrichtungen mit hoher Expertise, z.B. Universitäten, staatliche Labors
• Anwesenheit von Dienstleistern mit spezifischer Arbeitsteilung, up- und downstream
• gut ausgebildete Humanressourcen im wissenschaftlichen und technischen Bereich
• Anwesenheit von erfahrenen Finanzdienstleistern, insbesondere Risikokapital
• horizontale und vertikale Kooperationsmöglichkeiten vor Ort
• Expansionsmöglichkeiten für weitere Unternehmenseinheiten
• role model
• Unterstützung/Nichtbehinderung durch regionale Politik
• personelle Mobilität
• Attraktivität des Standortes für Humanressourcen

Tabelle 3.10: Charakteristika regionaler Innovationscluster der Biotechnologie in den USA
Quelle: Giesecke 2001: 109

---

[28] In den USA haben diesbezügliche Initiativen nicht den Charakter einer aktiven, interventionistischen und zentral konzipierten Industrie- und Technologiepolitik, sondern sind in ein dezentral-marktvermitteltes Innovationssystem eingefasst, in dem gesellschaftlicher Selbstorganisation und Eigeninitiative ein wesentlich höherer Stellenwert als in Westeuropa zukommt. Bislang reichen europäische Biotechnologiefirmen und -regionen auch noch nicht an ihre US-amerikanischen Vorbilder heran, wenn man ihr Profil, ihre Größe und ihre Qualität betrachtet. (Dolata 2003a: 264, Senker 1998)

• Zentraler Initiator zur Vernetzung der Region war der Staat
• Starke Regionen sind bereits in der Vergangenheit öffentlich gefördert worden
• Pharmakonzerne und Mittelstand sind vertreten, aber nicht dominant
• Konzentration von Start-ups (oft Ausgründungen aus Hochschulen)
• keine Ressourcenbündelung durch und Abhängigkeiten zu etablierten Technologieunternehmen
• sekundärer Kapitalstandort
• positive Erfahrungen mit behördlichen Genehmigungsverfahren
• Aktionen der regionalen Akteure (Vernetzung, Gründerinitiativen, Technologieparks, Beratungszentren, Kapitalfonds)

Tabelle 3.11: Charakteristika deutscher Innovationscluster der Biotechnologie
Quelle: Giesecke 2001: 119

In Deutschland haben sich echte Biotechnologie-Cluster mit Allianzen aus Wissenschaft und Wirtschaft erst in den 1990er Jahren gebildet (vgl. Momma/Sharp 1999), wobei der vom BMBF 1995 initiierte BioRegio-Wettbewerb eine maßgebliche Rolle spielte.[29] In ihm wurden – auf der Grundlage umfassender wissenschaftlicher Kompetenzen in der biotechnologischen Forschung, substanzieller unternehmerischer Aktivitäten in der Biotechnologie und einem erfolgversprechendem regionalen Entwicklungskonzept für die Biotechnologieindustrie – aus 17 BioRegio-Bewerbern 3 (München, Rheinland, Rhein-Neckar-Dreieck) sowie – qua Sondervotum zur Förderung einer ostdeutschen Region – 1 (Jena) für die weitere direkte (Bio-Regio-Programm) und indirekte (Programm Biotechnologie 2000) Förderung ausgewählt mit dem dahinter stehenden wirtschaftspolitischen Ziel, Deutschland in Europa in der Biotechnologie gegenüber dem seinerzeit führenden Großbritannien seinen Rückstand aufholen und zum Vorreiter werden zu lassen (vgl. Behrens 2001, BMBF 1996, Dohse 2000, Giesecke 2001).[30] Das BioRegio-Programm setzte gezielt auf das selbst organisierte Zusammenwirken relevanter regionaler Akteure und Faktoren in sich (als regionale Innovationssysteme) entwickelnden Biotechnologie-Clustern und verzichtete entsprechend darauf, das grundlegende Informationsproblem staatlicher Technologiepolitik bei der Intervention in Prozesse des technologischen Wandels lösen zu wollen, nämlich Objektwahl, Wirkung, Effekt und Erfolgswahrscheinlichkeit einer Intervention aus systematischen und akteurbezogenen Gründen nicht kompetent beurteilen zu können (vgl. Dohse 2000, Keck 1987).

---

[29] Hierbei erwies sich insbesondere der Fokus des deutschen Innovationssystems auf inkrementelle Innovationen als hinderlich (vgl. Krauss/Stahlecker 2000).

[30] Bei einer jährlichen öffentlichen (institutionellen und Projekt-)Förderung der Biotechnologie mit 200-250 Mio. € wurden insbesondere Ende der 1990er Jahre in Deutschland im europäischen Vergleich überdurchschnittlich viele Biotech-Unternehmen neu gegründet.

In dem strukturanalog konzipierten, in den Kapiteln 2.2 und 4.1 beschriebenen InnoRegio-Programm des BMBF werden in 9 von 23 InnoRegios biotechnologische Themen bearbeitet, davon in 3 InnoRegios vorrangig Projekte im Bereich der grünen Biotechnologie: InnoPlanta (Pflanzenbiotechnologie), Rephyna (Phytopharmaka/Nährstoffergänzungsmittel) und NinA (Naturstoffe), die alle in Sachsen-Anhalt beheimatet sind (BMBF 2000a, Koitz/Horlamus 2002).

Unter den Anfang 2004 rund 100 bestehenden, vom BMBF anerkannten und ihre Außenpräsentation unterstützenden Kompetenznetzen betrafen 13 Kompetenznetze das Innovationsfeld Biotechnologie sowie 3 bzw. 4 die Innovationsfelder Biomaterialien und Genomforschung.[31] Dabei widmet sich das in diesem Jahr neu aufgenommene Netzwerk InnoPlanta ausschließlich der Pflanzenbiotechnologie.

Beide Beispiele verdeutlichen nochmals die entscheidende Rolle der Technologiepolitik bei der Bildung von Innovationsnetzwerken in der Biotechnologie in Deutschland.

Was nun speziell die grüne Biotechnologie angeht, so spricht die empirisch zu beobachtende und theoretisch gut zu begründende vertikale Integration und horizontale Konzentration in der Agrobiotechnologie (Dolata 2001a, Gaisford et al. 2001) gegen die Ausbreitung kooperativer Netzwerke von Biotech-Start-ups. Die Aussichten regionaler Innovationsnetzwerke sind angesichts der geschilderten Kontextbedingungen aus mehreren Gründen zumindest in näherer Zukunft als begrenzt einzuschätzen, auch wenn dies nicht gegen ihre fallspezifische Vorteilhaftigkeit spricht. In der regionalen Kooperation von Forschungseinrichtungen, Biotech-Start-ups und Saatzüchtern und in der Entwicklung und Vermarktung von auf regional angebauten Pflanzen basierenden Industrierohstoffen verspricht die Bildung regionaler Netzwerke und Cluster mittelfristig durchaus Wettbewerbsvorteile, wie sie die benannten drei InnoRegios zu realisieren versuchen. Allgemein ist jedoch erstens in Rechnung zu stellen, dass die kommerzielle Nutzung der grünen Gentechnik zumeist noch nicht auf der Tagesordnung steht[32], wenn man von den beschriebenen Herbizidtoleranzen und Insektizidresistenzen bei den vier Kulturpflanzen Soja, Raps, Mais und Baumwolle einmal absieht, die jedoch von den Global Playern der Agrochemieindustrie kontrolliert werden. Für die zweite und dritte Generation transgener Pflanzen, bei denen es um Output-Eigenschaften und nicht um Input-Eigenschaften geht, lässt sich zweitens bislang ein nur geringes Engagement dieser Global Player beobachten, weil die Entwicklungskosten hoch, das Risiko des technischen und ökonomischen Scheiterns einer Entwicklung groß, der Aufwand für die erforderliche getrennte Ernte und Vermarktung kostentrei-

---

[31] Vgl. http://www.kompetenznetze.de.
[32] „Aufgrund der frühen Entwicklungsbefindlichkeit der Pflanzengentechnik ist kurzfristig noch nicht mit einer Vielzahl kommerzieller Nutzungen zu rechnen, sondern zunächst mit einzelnen neuen Sorten und daraus hergestellten Produkten, die allerdings eine große Verbreitung und ein erhebliches Wertschöpfungspotenzial haben können." (Voß et al. 2002: 194)

bend und die Marktvolumina erfolgversprechender Output-Eigenschaften häufig recht begrenzt sind. Soweit in der Pflanzenbiotechnologie aktive Biotech-Start-ups solche Output-Eigenschaften in Kulturpflanzen entwickeln und vermarkten (wollen), sind sie drittens faktisch gezwungen, dies in (überregionalen) strategischen Allianzen mit gro-ßen Agrochemiekonzernen zu tun, die selten vor Ort ansässig sein dürften. Ebenso hängen die Durchsetzungschancen gerade pflanzengentechnisch basierter Innovationen stark davon ab, „ob und wie deren mögliche Folgen mit den Verwenderansprüchen von Akteuren aus verschiedenen Stufen von Wertschöpfungsketten wechselseitig pass-fähig gemacht werden können." (Voß et al. 2002: 194) Die Wertschöpfungskette ist jedoch – abgesehen von Nischenmärkten – viertens kaum lokal konzentriert, sodass die Kooperation diesbezüglicher Akteure zwar Netzwerkcharakter gewinnen kann[33], sich jedoch kaum auf regionaler Ebene abspielen wird, zumal die Vermarktung von Produkten und Verfahren der grünen Biotechnologie vor allem überregional und welt-weit stattfinden dürfte.

Darüber hinaus existieren noch weitere Gründe, weshalb sich allgemein in der grü-nen Biotechnologie weniger Biotech-Start-ups finden. Bis in die jüngste Zeit betrieben die großen Agrochemieunternehmen wie Syngenta, Bayer oder Monsanto im Gegen-satz zur Pharmaindustrie alle wesentlichen biotechnologischen Innovationsaktivitäten im Agrochemiebereich vornehmlich als In-house-Strategie.[34] Zum einen ist die Bedeu-tung neuen grundlagenorientierten Wissens für Innovationsprozesse in der Agroche-mie deutlich geringer als in der Pharmaindustrie und lässt sich dieses Wissen leichter innerhalb bestehender Unternehmen aneignen. Zum anderen haben sich dementspre-chend neue Biotechnologiefirmen, deren Rolle ganz wesentlich über ihre oft exklusive Transferstellung zwischen Akademia und Industrie bestimmt ist, zunächst nur in ge-ringem Maße in Bereich der Pflanzengentechnik ausgebreitet und fallen daher als mögliche Kooperationspartner – nicht nur in Deutschland, sondern auch in den USA – weitgehend aus. Erst in den letzten Jahren zeichnen sich auch hier unterschiedliche großindustrielle Strategievarianten ab: In-house- und Outsourcing-Strategie (Dolata 2003a: 191). „Und schließlich werden die ökonomischen Perspektiven der Gentechnik im Pharmabereich wesentlich positiver eingeschätzt als diejenigen der grünen Gen-technik. Externe Finanzierungsquellen – der Gang an die Börse, die Einwerbung von Risikokapital oder lukrative Deals mit Großunternehmen – lassen sich unter diesen

---

[33] „Während die Beziehungen zwischen Forschung und Pflanzenzüchtung bereits sehr intensiv sind, werden mögliche Folgen pflanzengentechnisch basierter Innovationsvorhaben durch Akteure in der Landwirtschaft und in folgenden industriellen Verarbeitungsstufen zwar wahrgenommen, dar-auf bezogene Verwenderansprüche aber noch zu wenig formuliert und an die Züchtung und For-schung durchgestellt." (Voß et al. 2002: 201)

[34] Da außerdem der Konzentrationsgrad des Pharmasektors deutlich geringer und seine Struktur er-heblich segmentierter als im Agrochemiebereich ist, können pharmazeutisch ausgerichtete Bio-technologiefirmen zudem leichter immer wieder innovative Nischen besetzen.

Bedingungen für die wenigen grünen Biotechnologiefirmen kaum erschließen." (Dolata 2001a: 1391)

Von daher erschwert die empirisch zu beobachtende und theoretisch gut zu begründende vertikale Integration und horizontale Konzentration in der Agrobiotechnologie die Ausbreitung kooperativer Netzwerke von Biotech-Start-ups und ist eher mit global agierenden (Groß-)Unternehmen mit Verankerung in lokalen (informellen) Netzwerken als mit genuinen regionalen Innovationsnetzwerken als gewichtigen Akteuren in der Entwicklung der Agrobiotechnologie zu rechnen. Regionale Innovationsnetzwerke dürften ohne Anbindung an diese und das Engagement dieser Global Player in der Pflanzenbiotechnologie nur eine relativ begrenzte Rolle spielen und sich auf Nischenmärkte spezialisieren (müssen).

Auf globaler Ebene ist im Hinblick auf Entwicklung, räumliche Verteilung, Pflanzenarten und Marktpotenziale der grünen Biotechnologie zusammenfassend festzuhalten:

1. Der weltweite Anbau transgener Pflanzen hat sich rasch ausgedehnt: von 1,7 Mio. ha (1996) über 11 (1997), 28 (1998), 40 (1999), 44 (2000), 53 (2001), 59 (2002) auf 68 Mio. ha (2003) (James 2003) und in 2004 auf 81 Mio. ha.
2. Dieser Anbau konzentrierte sich (in 2002) auf wenige Länder: USA (66%), Argentinien (23%), Kanada (6%) und China (4%).
3. Neben den USA entwickelt derzeit China die größten Kapazitäten auf dem Gebiet der Pflanzenbiotechnologie. Es wurde in den vergangenen Jahren bereits eine Vielzahl von gentechnisch veränderten Pflanzen erprobt und zugelassen, und Bt-Baumwolle nimmt inzwischen über 50% der Anbaufläche ein.[35]
4. Demgegenüber betrug die Anbaufläche transgener Pflanzen, zumeist für Forschungszwecke, in der EU in 2002 weniger als 1000 ha, wenn man den Anbau von Bt-Mais in Spanien gesondert betrachtet[36], und in Deutschland lediglich 400 ha; die Anzahl der für Forschungszwecke beantragten und genehmigten Freisetzungen von GVOs gemäß der EU-Freisetzungs-Richtlinie 90/220 nahm in Europa nach einem Hoch von 250 in 1997 auf weniger als 50 in 2001 und 2002 ab, um seit 2003 wieder anzusteigen[37] (vgl. Abbildung 3.5).

---

[35] Bei im Food-Bereich aus Sicherheitsgründen durchaus auch vorsichtigem Vorgehen wird der Anbau transgener Pflanzen vor allem aus wirtschaftspolitischen Gründen forciert, um die Importe von Agrarprodukten nicht weiter wachsen zu lassen und die Exporte pflanzenbiotechnologischer Produkte und Verfahren zu erhöhen.

[36] Am stärksten sind die Anbauflächen in den letzten Jahren in Spanien mit dem Anbau von Bt-Mais auf 32.000 ha in 2003 ausgeweitet worden, wo auch die günstigsten Aussagen über die Möglichkeiten der Koexistenz mit konventionell angebauten Pflanzen gemacht wurden (Brookes/Barfoot 2003).

[37] Für die Freisetzung von GVO zu kommerziellen Zwecken wurden bis Oktober 1998 18 Genehmigungen und seitdem bis Ende 2003 keine Genehmigung mehr erteilt.

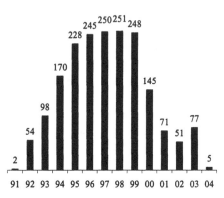

Abbildung 3.5: Zahl der beantragten Feldversuche in der EU und Zahl der Testanträge je EU-Mitglied in 2003

Anmerkung: Norwegen assoziiert

Quelle: Die Zeit 43/2003: 39, Robert Koch Institut

5. Bei 2001 weltweit über 90 zugelassenen transgenen Nutzpflanzen betraf ihr Anbau hauptsächlich zum einen nur wenige global weit verbreitete Kulturpflanzen, nämlich Soja, Raps, Mais und Baumwolle und zum anderen zwei Input-Eigenschaften, nämlich Herbizidtoleranz und Insektenresistenz.[38]

6. Bei diesen Pflanzen, deren Ernteerträge vor allem als Futtermittel oder als Textilrohstoff und weniger als Nahrungsmittel[39] eingesetzt werden, betrug der globale Anteil transgener Sorten am Anbau in 2003 bereits 55% bei Soja (41,4 Mio. ha), 21% bei Baumwolle (7,2 Mio. ha), 16% bei Raps (3,6 Mio. ha) und 11% bei Mais (15,5 Mio. ha) (James 2003), wobei er in den USA in 2002 mit 75% bei Soja, 71% bei Baumwolle und 34% bei Mais bei weiter steigender Tendenz noch deutlich höher lag (Minol 2003).[40] Entsprechend konzentriert sich der Markt transgener Pflanzen mit 3 Mrd. $ in 2001 und knapp 4 Mrd. $ in 2003 auf Soja (48,9%) und Mais (38,1%) sowie auf herbizidtolerante Pflanzen (65,6%) (CropLife International 2004: 9).

7. Die wirtschaftlichen Vorteile dieser transgenen Pflanzen für die Landwirtschaft halten sich in Grenzen und variieren beträchtlich mit Pflanzenart, landwirtschaftli-

---

[38]   In 2001 machten erstere 77%, letztere 15% und kombinierte Herbizidtoleranz und Insektenresistenz 8% der weltweiten Anbaufläche aus (Kern 2002).

[39]   Gensoja kommt bislang vor allem als pflanzliches Öl auch in Europa in den Lebensmittelhandel, und Genmais gelangt in den USA etwa in Form von Mehl und Zuckersirup auf den Markt.

[40]   In Argentinien beträgt der Anteil von Gensoja inzwischen bereits 99%, und in Brasilien wurde deren Anbau in 2003 (bei einer geschätzten Anbaufläche von 3 Mio. ha) legalisiert.

chem Betriebstyp und äußeren (regulativen) Rahmenbedingungen (Bernauer 2003, Carpenter/Gianessi 2001, EU-Commission 2000, USDA 1999, 2002). „In summary, most agronomic studies suggest some increase in yields for corn and cotton, but not soybeans, some reduction of insecticide and pesticide use for cotton and soybeans, but not corn, and somewhat increased profits mainly for cotton and soybeans ... The most consistently positive results obtain only for GE cotton, a non-food product, which appears to involve higher yields, lower herbicide and insecticide use, and higher profits for farmers."[41] (Bernauer 2003: 37)

8. Für die zweite und dritte Generation der Pflanzengentechnik (Output-Eigenschaften, molecular farming) bieten sich vielfältige Anwendungsbereiche mit weit größeren Marktpotenzialen als für die erste Generation (Input-Eigenschaften) an, wie z.B. functional food, funktionale Fasern, funktionale Futtermittel, Haustierfutter, nachwachsende Rohstoffe, energieliefernde Kulturpflanzen, Bioschmierstoffe, pharmazeutische Substanzen (vgl. Tabelle 3.12).

Input-Eigenschaften	Output-Eigenschaften
Insektenresistenz: Baumwolle, Mais, Raps, Reis, Sonnenlume, Soja	Verlängerte Haltbarkeit: Banane, Melone
Herbizidresistenz: Baumwolle, Erbse, Futterrübe, Kopfsalat, Luzerne, Mais, Raps, Reis, Sonnenblume, Weizen	Veränderter Fettsäurenmetabolismus: Mais, Soja
	Veränderter Proteinmetabolismus: Gerste, Kartoffel, Weizen
Virusresistenz: Erbse, Erdnuss, Gurke, Melone, Pfeffer, Tomate, Weizen, Zuckerrübe	Veränderter Stärkemetabolismus: Kartoffel
Pilzresistenz: Banane, Kopfsalat, Pfeffer, Reis, Weizen	Effizientere Ethanolproduktion: Mais
	Veränderte Verdaubarkeit: Gerste, Mais, Soja
Erhöhter Ertrag: Mais, Raps	Reduzierte Mykotoxine: Mais, Soja
	Veränderter Sekundärmetabolismus: Kartoffel, Luzerne, Raps, Soja

Tabelle 3.12: Eigenschaften von transgenen Pflanzen, die bis 2008 kommerzialisiert werden könnten
Quelle: Vogel/Potthof 2003: 67

9. Hierbei dürften die großen Agrochemiekonzerne eine maßgebliche Rolle spielen, die sich diesbezüglich bereits entsprechend positionieren.[42]

10. Deutlicher und früher als im Bereich transgener Pflanzen hat sich die grüne Biotechnologie in der Nahrungsmittelverarbeitung auf der Ebene von Mikroorganis-

---

[41] „Whether GE crops are, on average, more profitable for farmers will only be known once we have long-term studies that take into account yearly fluctuations in yields unrelated to agri-biotechnology per se, variation in prices of seeds and agro-chemical products, costs of labeling and/or IP, as well as developments on the demand side (e.g., commodity prices, premiums for GE or non-GE crops)." (Bernauer 2003: 37f.)

[42] Nach Kern (2002) setzt im Vergleich der großen Saatgutkonzerne besonders Bayer Crop Science neben Output-Eigenschaften auf molecular farming.

men vor allem beim Einsatz gentechnisch veränderter Enzyme durchgesetzt; in Lebensmittelzusatzstoffen (z.b. Aminosäuren, Vitamine, Zuckerersatzstoffe, Aromen, Geschmacksverstärker) finden sich in Europa des Öfteren transgene Substanzen, in Starterkulturen (z.b. Käse-, Brot-, Wurst-, Weinherstellung) hingegen kaum.

11. Dagegen spielen gentechnische Veränderungen bei Tieren auf kommerzieller Ebene noch keine große Rolle; hier kommt die Gentechnik bislang primär beim Einsatz von Impfstoffen, Diagnostika und Hormonen zum Tragen.

12. Auch in der grünen Biotechnologie ist die Entwicklung, Zulassung und Marktdurchdringung neuer Produkte (analog zum Pharmabereich) zeit- und kostenaufwendig.

13. Gentechnische Methoden und Veränderungen stellen dabei, wie bereits hervorgehoben, nur eine Komponente im Entwicklungs- und Züchtungsprozess dar. Insofern diese bislang gegenüber konventionellen Züchtungsverfahren im Allgemeinen mit deutlich höheren Kosten verbunden sind, rentiert sich ihr Einsatz zumeist nur bei in großen Mengen (weltweit) absetzbaren Produkten, was den Fokus auf die wenigen aufgezählten Kulturpflanzen weitgehend erklärt.

14. Darüber hinaus dürfte die zu beobachtende konkrete Gestaltung der grünen Biotechnologie viel mehr das vorherrschende Muster des Strukturwandels der Landwirtschaft hin zu mehr Kapitalintensität, Spezialisierung und Einfluss der Agroindustrie verstärken als eine nachhaltige low-input Agrarproduktion fördern.

In Deutschland lässt sich in der grünen Biotechnologie zum einen ein Fokus auf der Pflanzenbiotechnologie und zum andern seit etwa 2001 eine verstärkte öffentliche Förderung von und ein leicht vermehrtes privatwirtschaftliches Engagement in der Pflanzenbiotechnologie mit der Gründung von einigen Biotech-Start-ups, der Bildung von regionalen Netzwerken in der Pflanzenbiotechnologie und dem Bestreben, marktfähige Produkte zu entwickeln, beobachten (vgl. Ernst & Young 2002b, 2003b, 2004).

Zusammengefasst bestimmen seit ca. 2000 zunehmend die großen multinationalen Pharma-, Chemie- und Nahrungsmittelkonzerne mit ihren inzwischen massiven Investitionen und unternehmensstrategischen Weichenstellungen zugunsten der Biotechnologie als Global Player vorrangig die weiteren Entwicklungs- und Vermarktungspfade der Biotechnologie, während die Steuerungsansprüche und -bemühungen der Biotechnologiepolitik demgegenüber seit den 1990er Jahren rückläufig sind (Bongert 2000, Dolata 2001b, 2003a). Gerade etwa die heute weltweit bereits zu großen Teilen durch genetisch veränderte Soja und Mais geprägte Futtermittelerzeugung macht das Gewicht dieser wirtschaftlichen Akteure bei der Durchsetzung neuer biotechnologischer Verfahren und Produkte deutlich. Insgesamt haben sich die Diffusions- und Marktchancen biotechnologischer Innovationen in den letzten Dekaden sukzessive deutlich verbessert, wurden (mit zuletzt deutlich abnehmender Frequenz) viele junge Biotech-Unternehmen gegründet[43], haben sich regionale Biotechnologie-Cluster als maßgebliche Orte der Entwicklung neuer Biotechnologien herausgebildet (vgl. Audretsch/ Cooke 2001, Dolata 2003a, Ernst & Young 2001, 2002a, 2003a, Fuchs 2003, Prevezer 1997) und ist mit einem weiteren rapiden Wachstum marktfähiger biotechnologischer Produkte zu rechnen (Schitag, Ernst & Young 1998, Ernst & Young 1999, 2000, 2001, 2002a, 2003a, 2004). Allerdings deutet die jüngst zu beobachtende Marktbereinigung in der Biotechnologie mit stagnierender Gründungrate von strategischen Allianzen und Biotech-Start-ups und deren zunehmendem Aufkauf durch Großunternehmen (Audretsch/Cooke 2001, Dolata 1996, 2003a) darauf hin, dass sich die Blütezeit für erfolgreiche Biotech-Start-ups und sich um diese rankende Innovationsnetzwerke dem Ende zuneigen könnte.[44]

3.3 Biotechnologiepolitik und Regulierungsmuster

Zum besseren Verständnis der Förder- und Regulierungspolitik der Pflanzenbiotechnologie werden in diesem Teilkapitel die großen Linien der Entwicklung von politics, policies und Regulierungsmustern um Biotechnologie und Gentechnik in den letzten drei Dekaden mit Fokus auf die Bundesrepublik Deutschland dargestellt und die beträchtliche Rolle spezifischer, sowohl durch die beteiligten Akteure bewirkter als auch zufälliger Ereignisse in diesem Prozess verdeutlicht.

Zusammenfassend lässt sich die Biotechnologiepolitik (in Deutschland) beschreiben erstens als eine Förderpolitik, der es um die Entwicklung einer Schlüsseltechnologie zwecks internationaler Wettbewerbsfähigkeit und Standortsicherung der deutschen Wirtschaft geht und die sowohl von staatlichen Akteuren bewusst forciert als auch von in die Biotechnologie involvierten wissenschaftlichen und wirtschaftlichen Akteuren maßgeblich strukturiert und durchgesetzt wurde und wird, und zweitens als eine Regulierungspolitik, die die rechtlichen Rahmenbedingungen der Nutzung neuer Biotechnologien etabliert und die mit der Gentechnik verbundenen Konflikte reguliert und kanalisiert. Dabei kann es im Falle entsprechender situativer Gegebenheiten und Interessenkonstellationen durchaus zu Politikentscheidungen und Regelungen kommen, die sich (vorübergehend) vergleichsweise restriktiv auf die Förderpolitik und die Entwicklung der Biotechnologie auswirken. So hatten Ende der 1980er Jahre die mangelnde Aufmerksamkeit und noch fehlende Positionierung der einflussreichen, vor allem öko-

---

[43] So hat sich etwa in Deutschland die Zahl kleiner Biotech-Unternehmen, der von ihnen im FE-Bereich Beschäftigten und ihr Umsatz von 1997 bis 2001 noch rund vervierfacht und ihr FE-Aufwand fast verneunfacht (Ernst & Young 2000, 2002b), während sie seitdem stagniert bzw. zeitweise zurückging.

[44] Dies trifft bislang eher für die USA als für die EU zu.

nomischen Akteure bei der Aushandelung und Verabschiedung grundsätzlicher gesetz-
licher Regelungen der Gentechnik ein zunächst vergleichsweise restriktives Gentechnikgesetz (GenTG) zur Folge, und so führten Ende der 1990 Jahre ausgeprägte gesellschaftliche Inakzeptanzen der grünen Gentechnik zum fast völligen Stopp des kommerziellen Anbaus von gentechnisch veränderten Pflanzen und des Verkaufs von Genfood, insofern mit ihr – vor dem Hintergrund von aktuellen Lebensmittelskandalen
und BSE-Krise – für persönlich konkret erfahrene und moralisch hoch besetzte Le-
bensbereiche wie Lebensmittel kein signifikanter Nutzen und beträchtliche Risiken
assoziiert werden.[45] Die bei der Einführung neuer breitenwirksamer Technologien
eher typische Politikstruktur von Forschungsförderung einerseits und Krisenmanage-
ment andererseits spiegelt die grundlegende Ambivalenz zwischen technischem Fortschritt und nur begrenzt kontrollierbarer Technik wider, die mit gegenläufigen, dahinter stehenden soziokulturellen Orientierungen und Interessenlagen von Promotoren
und Nutznießern einer neuen Technologie wie insbesondere Biotechnologie-, Pharma-
und Agrochemieindustrie, Biowissenschaften, Technologiepolitik einerseits, und von
Skeptikern und (potenziellen) Verlierern sowie teilweise (vor allem in frühen Entwicklungsphasen) Technikkritikern, Umwelt- und Verbraucherverbänden, Genehmigungs-
und Überwachungsbehörden andererseits verbunden ist.

Der erste Politikstrang weist durchaus proaktiven Charakter auf, indem ihn vermutete Nutzungspotenziale und Wettbewerbsvorteile zumindest seit den 1970er Jahren zu
beachtlicher und steigender Förderung biotechnologischer FuE-Vorhaben veranlassen:
in Deutschland auf Bundesebene 1981 94 Mio. DM, 1991 274 Mio. DM und 2001 645
Mio. DM.

Der zweite Politikstrang reagiert hingegen vor allem auf akute gesellschaftliche
Konfliktsituationen, indem er diese zwar nicht aufzulösen, aber doch soweit kleinzuar-
beiten, stillzustellen oder zu verschieben vermag, dass sie das politische und soziale
Leben nicht paralysieren. Signifikante Beispiele hierfür sind etwa die 1990 situativ begründete Verabschiedung von Gentechnikgesetz in Deutschland und Gentechnik-
Richtlinien der EU als gentechnische Spezialgesetze, die von den Befürwortern der
Gentechnik zuvor massiv abgelehnt worden waren, oder das 1999 auf EU-Ebene offiziell vereinbarte Moratorium für das Inverkehrbringen transgener Pflanzen, das nach
bestehender Rechtslage eigentlich gar nicht zulässig und wiederum situativen Politik-
konstellationen geschuldet war.[46]

---

[45] Dies schließt nicht aus, dass eine dadurch erzwungene Repositionierung von Biotechnologiepolitik
      und -industrie für sie langfristig im Ergebnis gerade von Nutzen ist, insofern dadurch möglicher-
      weise ein Scheitern der breiten Diffusion gentechnischer Verfahren und Produkte aufgrund dauer-
      hafter gesellschaftlicher Inakzeptanz z.B. durch signifikante Unfälle vermieden wird.

[46] Torgersen et al. (2002: 24) sehen die Widersprüchlichkeit der Biotechnologiepolitik in Europa ins-
      besondere durch durchgängige Doppelstrategien „in order to make biotechnology happen" und
      durch andauernde unterschiedliche nationale Einstellungen gegenüber der Biotechnologie be-
      stimmt.

Innerhalb dieses generellen Interessenkonflikts können dann anders gelagerte Akteur- und Konfliktkonstellationen die Entwicklung von Biotechnologiepolitik und Regulierungsmustern prägen, wie z.b. die Klage der EU-Kommission vor dem Europäischen Gerichtshof gegen Deutschland und andere EU-Staaten in 2003 wegen mangelhafter Umsetzung der EU-Freisetzungs-Richtlinie 2001/18, die Definition und Regelung von Biopatenten (EU-Richtlinie 98/44, in 2004 entsprechender deutscher Gesetzesentwurf), oder die derzeitigen (2004) politischen Auseinandersetzungen um die (Haftungs-)Regelungen in Bezug auf die Koexistenz von Landwirtschaft mit und ohne Gentechnik.

Die Auswertung der sozialwissenschaftlichen Arbeiten über die Entwicklung von politics und policies um die Gentechnik (vgl. Aretz 1999, Bandelow 1999, Behrens 2001, Bernauer 2003, Cantley 1995, Dolata 2003a, Gottweis 1998, Hampel et al. 1998, Hampel et al. 2001, Martinsen 1997, Torgersen et al. 2002) verdeutlicht, wie sehr ein angemessenes Verständnis von Politikprozessen und sozialem Wandel erst über die Rekonstruktion des Zusammenspiels unterschiedlicher relevanter Einflussfaktoren und Dimensionen gewonnen werden kann.[47] So sind zum einen sowohl unterschiedliche, in Kapitel 3.1 aufgeführte zeitliche Phasen der Biotechnologiepolitik, unterschiedliche Politikstränge wie Forschungs- und Technologiepolitik, Umwelt- und Gesundheitspolitik, Wirtschaftspolitik und Regionalpolitik, als auch die zunehmende Ausdifferenzierung verschiedener Bereiche der Biotechnologie wie medizinisch-pharmazeutischer Sektor, Agrar- und Nahrungsmittelsektor sowie Umwelt- und Ressourcensektor zu berücksichtigen, die mit ganz verschiedenartigen Akteurkonstellationen und Interessenberücksichtigungsmustern verbunden sein können.[48] Zum anderen ist die häufig zu beobachtende mittelfristige Gleichartigkeit von policy outputs sowohl in unterschiedlichen westlichen Industrieländern (Gottweis 1998, Schneider 2000) als auch in ihrem längerfristigen Entwicklungsmuster (Bandelow 1999, Daele 2001a) trotz variierender institutioneller Strukturen und Akteurkonstellationen zu erklären. Schließlich wird die Bedeutung situativer, bezogen auf die Biotechnologie eher zufälliger Einflussfaktoren für das Verständnis konkreter Politikprozesse deutlich, insbesondere wenn sich die bestehenden (nationalen) Grundkonfigurationen ähneln, die Politikergebnisse jedoch klar differieren.

Von daher gewinnt eine Perspektive an Plausibilität, die empirisch zu beobachtende, längerfristig eindeutige Entwicklungstendenzen und kurzfristig hiervon abweichende policy outputs als übergreifendes Entwicklungsmuster von Politikprozessen begreift

---

[47] So will Saretzki (2001) von akteurzentrierten zu mehrdimensionalen Analyseansätzen bei der Erörterung der Rolle von Akteuren in Technisierungskonflikten und führt an, dass dabei eben *technology, technology assessment, policies, institutions and procedures, societal contexts* und natürlich *politics matter.*

[48] Laut Bandelow (1999: 79) „unterscheidet Simonis (1997: 88) in einer Bewertungsmatrix der Gentechnik 91 Felder in Abhängigkeit der Anwendungen und Bewertungssysteme. In jedem dieser Felder sei die Struktur des Konfliktes von anderen Interessenkonfigurationen geprägt."

(vgl. Bandelow 1999). Dieses bildet sich einerseits auf der Basis von mittelfristig eher stabilen belief systems abstrakter Normen, Überzeugungen und Einstellungen der (individuellen) Akteure heraus, die in Advocacy-Koalitionen und im Rahmen etablierter Grundinstitutionen und -arrangements agieren, und wird andererseits von (diese belief systems überlagernden) situativ geprägten Verhaltensmustern ebendieser Akteure bestimmt, die aus entsprechend perzipierten (politikexternen) Informationen, aktuellen Interessenlagen, verfügbaren Ressourcen und (Zufalls-)Ereignissen resultieren.[49]

Etwas konkreter gefasst lässt sich die Entwicklung der Bio/Gentechnologiepolitik (in Deutschland) mit Bandelow (1999) und Dolata (2003a) wie folgt resümieren.

In den 1970er Jahren bildete eine grundsätzliche Skepsis den Ausgangspunkt der Diskussion um Maßnahmen zum Schutz vor potentiellen Gefahren der Gentechnik. Sie existierte bereits, ehe diese Technik weitgehend entwickelt und praktisch nutzbar war. Diese von maßgeblichen Wissenschaftlern formulierte Skepsis führte vorübergehend zu einem weltweiten Moratorium für gentechnische Arbeiten, das bis zur Konferenz von Asilomar 1975 eingehalten wurde.[50] Die Aufgabe des Moratoriums und die Formulierung von differenzierten Gentechnik-Richtlinien reflektierten die Überzeugung, dass gentechnische Arbeiten mit unterschiedlichen Risikopotenzialen verbunden sind und dass eine ausreichende Kontrolle des Risikos bestimmter Arbeiten möglich ist.[51]

---

[49] Eine solche Perspektive bleibt mit dem differenzierten gesamtgesellschaftlichen Modell einer Netzwerkgesellschaft nach Messner (1995) kompatibel, das vier Ebenen interagierender Determinanten gesellschaftlicher Handlungsmuster in Bezug auf Wettbewerbsfähigkeit unterscheidet: soziokulturelle Faktoren, Wertehaltungen, Grundmuster politisch-ökonomischer Organisation, Strategie- und Politikfähigkeit auf Metaebene; Haushalts-, Geld-, Steuer-, Wettbewerbs-, Währungs-, Handelspolitik auf Makroebene; Infrastruktur-, Bildungs-, Technologie-, Industriestruktur-, Umwelt-, Regional-, Import-, Exportpolitik auf Mesoebene; und Managementkompetenz, Unternehmensstrategien, Innovationsmanagement, best practice im gesamten Produktzyklus (Entwicklung, Produktion, Vermarktung), Integration in technologische Netzwerke, zwischenbetriebliche Logistik, Interaktion zwischen Zulieferern, Produzenten und Kunden auf Mikroebene.

[50] In dieser frühen Phase der Biotechnologiepolitik konnten einzelne Akteure kurzfristig ihre Überzeugungen durchsetzen, weil Gentechnik von ihr allenfalls in extremer Form ,low politics' betroffen war (so Bandelow 1999: 144f.).

[51] Der Brief von Paul Berg in Science (1974) und die Konferenz von Asilomar 1975 trugen maßgeblich dazu bei, die Debatte über die Problematik, die Risiken und die Frage nach der gesellschaftlichen Regulierung der Genforschung zu entfachen. Beim damaligen Kenntnisstand waren neuartige und hypothetische Risiken der Gentechnik nicht auszuschließen und wurden in diversen Szenarien, vor allem in Bezug auf die Folgen unbeabsichtigter Freisetzungen, dargestellt. Die Konferenz von Asilomar diente denn auch dazu, die von führenden Molekularbiologen selbst ausgelöste breite Debatte zu kanalisieren, auf die Frage der technischen Risiken und die Verabschiedung von Sicherheitsrichtlinien zu begrenzen und damit radikale Kritiker wie Chargaff allmählich zu Abweichlern und Außenseitern abstempeln zu können. Die technisch-organisatorische Kleinarbeit der vermuteten Gefahrenpotenziale der Gentechnik erfolgte durch die Ausarbeitung und Verabschiedung von Sicherheitsrichtlinien unter den Auspizien des NIH in den USA seit 1976, die von den übrigen (westlichen) Industrieländern – bis auf die stärker differenzierenden britischen GMAG-Richtlinien – in modifizierter Form rasch übernommen wurden. Sie bezogen sich vor allem auf die gentechnische Laborforschung und legten ein Stufensystem physikalischer und biologischer Si-

Die sich danach international vollziehende schrittweise Lockerung der Sicherheits-richtlinien spiegelte die weitere Abkehr von der Überzeugung eines spezifischen Risikos der Gentechnik (bei gleichzeitig zunehmender Thematisierung der wirtschaftlichen Potenziale der Gentechnik) wider. Dabei gab es eine Vielzahl politischer Einzelentscheidungen, die in manchen Aspekten eine Lockerung und in anderen Feldern eine Verschärfung der Sicherheitsstandards beinhalteten. Die jeweilige Ausrichtung dieser Einzelentscheidungen lässt sich weitgehend mit den taktischen Zielen der beteiligten Akteure und den Auswirkungen der jeweiligen situativen und institutionellen Rahmenbedingungen erklären. Hierbei wurde in den 1970er Jahren das Entscheidungsnetz von Molekularbiologen dominiert, während Akteure mit gesellschaftlichem, ökonomischem oder ethischem Zugang zur Gentechnik weitgehend latent blieben. Im inneren Kern des Entscheidungsnetzes wirkten naturwissenschaftliche Informationen anzunehmender Sicherheit als policy-bezogener Impact. Dieser erklärt den Abbau des Anforderungsniveaus zwischen 1975 und 1983 hinreichend. Trotz der weitgehend konsensualen Wahrnehmung durch die Akteure bewirkten diese Informationen keine Änderung in der Protesthaltung der damaligen Kritiker der Gentechnik. Die zugrunde liegenden belief systems, die in den sich bereits damals herausbildenden Pro- und Kontra-Koalitionen zur Gentechnik zum Tragen kommen, haben sich im Verlauf der letzten Dekaden zwar modifiziert und erweitert, blieben in ihren Kernüberzeugungen jedoch weitgehend stabil.[52] Die in den 1970er bis Mitte der 1980er Jahre zu konstatierende problemlose Lockerung der Sicherheitsrichtlinien ist dabei insbesondere darauf zurückzuführen, dass die damalige Selbstregulation eine – aus Sicht der Gentechnikanwender erfolgreiche – strategische Maßnahme zur Ausgrenzung gesellschaftlicher Protestakteure aus diesem Entscheidungsnetz war.[53]

---

cherheitsbarrieren fest, die je nach Grad der Gefährlichkeit einer Untersuchung einzuhalten waren. Die jeweiligen nationalen (und lokalen) biologischen Sicherheitskommissionen waren für die Freigabe von Experimenten und die Weiterentwicklung der Richtlinien zuständig. Die direkte Überwachung blieb dagegen im Allgemeinen in der Zuständigkeit der entsprechenden staatlichen Aufsichtsbehörden, die generell für die Sicherheit biologischer Forschung zuständig sind (Conrad 1985).

[52] So begründet z.B. Greenpeace als Kritiker der Gentechnik seine heutige Ablehnung des Anbaus transgener Pflanzen u.a. mit den Gefahren der Einkreuzung genetisch veränderter Eigenschaften in die bestehende Flora, die somit aus der *prinzipiellen Andersartigkeit* von Folgewirkungen der Gentechnik resultierten. Demgegenüber sehen Proponenten der grünen Gentechnik wie z.B. Katzek, Geschäftsführer der Bio Mitteldeutschland GmbH, in solchen Einkreuzungen keine grundsätzlich anderen Probleme als im bekannten Eintrag von Unkräutern beim konventionellen Landbau und rekurrieren damit auf die *prinzipielle Gleichartigkeit* von Folgewirkungen der Gentechnik.

[53] So halten Torgersen et al. (2002: 35) fest: „Concerns other than those of technical risk were dismissed as unscientific or were left to be dealt with separately. This arrangement served effectively to assuage public debates in most countries. For the regulators, the problem appeared to have been settled. However, contrary to the situation in the USA, it was only a matter of time before new conflicts arose."

Parallel hierzu entwickelte sich die systematische Förderung der Biotechnologie als Schlüsseltechnologie durch die deutsche Technologiepolitik mit stark steigenden Fördervolumina und einer kooperativen Entwicklung der Biotechnologiepolitik zwischen den hierbei (anfangs) zentralen Akteuren BMFT (Bundesministerium für Forschung und Technologie) und DECHEMA (damals: Deutsche Gesellschaft für Chemisches Apparatewesen) (Buchholz 1979, Gottweis 1995, 1998). Im Sinne einer aktiven Forschungs- und Technologiepolitik (vgl. Hauff/Scharpf 1975) spielte das BMFT eine aktive Rolle als Initiator und Koordinator des deutschen Aufbruchs in die Biotechnologie, wobei es im Vorfeld seiner politischen Entscheidungen und Initiativen extensiv auf den externen Sachverstand von Wissenschaft und Industrie zurückgriff (Buchholz 1979, Dolata 1996, 2003a, Gottweis 1998). Dabei prägten individuelle Akteure, die sich früh mit der Materie der neuen Biotechnologie befassten, im Rahmen dieser in Deutschland weitgehend vorherrschenden korporatistischen Entscheidungsstrukturen die Formierung und Etablierung einer biotechnologischen Förderpolitik, weil es in dieser Anfangsphase weder bei den Industrie- und Wissenschaftsverbänden noch im politischen Parteiensystem verbindliche programmatische Positionen zur Gentechnologie gab, denen die an der Entscheidungsfindung beteiligten Personen als Interessenvertreter verpflichtet gewesen wären. Von daher lässt sich diese vom Ende der 1960er bis in die Mitte der 1980er Jahre reichende Startphase als personenzentrierte Institutionalisierung einer biotechnologischen Förderpolitik bezeichnen.

Diese Konstellation änderte sich in der zweiten Phase der Regulierung und des take-off der Biotech-Industrie gravierend. Auf politischer Ebene begann sie spätestens mit der Einrichtung der Enquete-Kommission „Chancen und Risiken der Gentechnologie" Mitte der achtziger Jahre und endete mit der Verabschiedung des novellierten Gentechnikgesetzes ein Jahrzehnt später. Während die Förderung und Regulierung der Gentechnik bis dahin weitgehend in geschlossenen Zirkeln verhandelt worden war, kam es nun zu einer öffentlichen und sehr kontrovers geführten Auseinandersetzung, die als Generaldebatte um die Chancen und Risiken der Gentechnik begann und in einen Diskurs über ihre künftige Bedeutung für den Standort Deutschland mündete. Neue, gentechnikkritische Akteure gewannen zeitweise an Einfluss und zwangen die Interessenorganisationen der Wirtschaft und Wissenschaft, sich programmatisch zu repositionieren und ihre Interessen öffentlich offensiv wahrzunehmen. Dementsprechend kennzeichnete diese Periode eine scharfe öffentliche Auseinandersetzung um die Deutungsmacht in Bezug auf die Gentechnik, in deren Umfeld sich beteiligte Akteure ausdifferenzierten und als auf die Politik einflussnehmende Verbände korporativ Position bezogen. Das Gentechnikgesetz von 1990 war auch Ausdruck dieser unsicheren, ungefestigten und stark politisierten Ausnahmesituation. Da die Politik selbst damals noch kaum über Erfahrungen im Umgang mit dieser Technologie verfügte und sich unsicher über deren Risikopotenziale war, favorisierte sie angesichts noch beträchtlicher Beurteilungsunsicherheiten eher rigide rechtliche Rahmensetzungen als weitgehenden, auf Selbstregulierung von Wirtschaft und Wissenschaft setzenden Regulierungsverzicht. Die Wirtschafts- und Wissenschaftsverbände wurden überrascht von der durch Gerichtsentscheide untermauerten Forderung nach Kontrolle und vom Einbruch der Öffentlichkeit in diesen vordem weitgehend regulierungsfreien und nichtöffentlichen Bereich. Nachdem sie ein Gentechnikgesetz zunächst abgelehnt hatten und sich zu dieser Zeit weder auf der nationalen noch auf der europäischen Ebene programmatisch und organisatorisch bereits auf die mit dem Technikfeld verbundenen neuen politischen Anforderungen eingestellt hatten, wollten sie plötzlich rasch ein solches Gesetz, um über eine rechtliche Grundlage für ihre Biotechnologieaktivitäten zu verfügen.[54]

Im Ergebnis wurden Ende der 1980er/Anfang der 1990er Jahre mit den beiden EU-Richtlinien für geschlossene Systeme und zur Freisetzung von genetisch veränderten Organismen (90/219/EWG und 90/220/EWG) und dem Gentechnikgesetz sowie mit nachgeordneten Verordnungen und Umsetzungsmaßnahmen der Behörden die Anforderungen an Antragsteller bei gentechnischen Arbeiten wesentlich erhöht. Diese (vorübergehende) Erhöhung des (rechtlichen) Schutzniveaus kann somit durch die beschriebenen, seinerzeit gegebenen (policy-externen) Rahmenbedingungen und Aushandlungsprozesse weitgehend erklärt werden.

Die Politisierung der Gentechnologiepolitik in den 1980er Jahren, in der es den Kritikern der Gentechnik gelang, das diskursiv vorherrschende Leitbild der Biotechnologie als einer Quelle zukünftigen Wohlstands, Fortschritts und einer *Biosociety*[55] in Frage zu stellen und alternative Vorstellungen zur Rolle der Gentechnik im Rahmen von Konzepten ökologischer Modernisierung und nachhaltiger Entwicklung in den gesellschaftlichen Diskurs einzubringen (Gottweis 1998), führte zu einer Nationalisierung des Konflikts und zu einem Wirkungswandel policy-bezogenen Lernens. So traten an die Stelle internationaler wissenschaftlicher Dispute zunehmend konfrontative Verhandlungen, die im Rahmen klassischer politischer Institutionen ausgetragen wurden (vgl. allgemein Niejahr/Pörtner 2002). Damit wurden Politikergebnisse weitge-

---

[54] Somit fehlte der noch wenig engagierten Industrie eine effektive verbandliche Organisation (Cantley 1995, Rosnit 1997, Bongert 2000). Die marktwirtschaftlich orientierten Teile der EU-Kommission waren überlastet. Die Taktik einzelner ökologischer Akteure war vergleichsweise erfolgreich. „Die Befürworter perzipierten einen besonderen Problemdruck durch das überraschende Urteil des VGH Hessen. Die Bundesregierung stand unter zusätzlichem Zeitdruck durch die bevorstehende Landtagswahl in Niedersachsen. Dieser Zeitdruck wurde durch die Konkurrenz der EG-Richtlinien weiter verstärkt. Horizontale Ressortkonflikte auf Bundesebene und damit zusammenhängende kurzfristige teilweise Eingliederung des Gentechnikrechts in das Immissionsschutzrecht schufen erste Fakten für die Industrie. Vertikale Kompetenzkonflikte zwischen Bund und Ländern überlagerten die inhaltlichen Ziele einzelner Akteure. Die allgemeine Unerfahrenheit mit dem Gegenstand führte zu ungewollten Problemen bei der Implementation." (Bandelow 1999: 126)

[55] So programmatisch die EU-Kommission in ihren seit den 1980er Jahren verstärkt verfolgten biotechnologischen Forschungsprogrammen.

hend abhängig von kurzfristigen taktischen Kalkülen der Akteure, während kaum mehr Bereitschaft zur Akzeptanz inhaltlicher Argumente bestand.[56] Insgesamt unterschieden sich dabei die Politikstile der Politiken, über die sich die verschiedenen europäischen Länderregierungen mehr oder minder erfolgreich um Konfliktvermeidung und -begrenzung bemühten (vgl. Grabner et al. 2001), trotz in der Nachfolge zunehmend ähnlicher Regulierungsmuster beträchtlich: „exclusive or elite decision-making (as in France and the UK), co-option (as in the Netherlands and Sweden), public participation (as in Denmark), [or] delegation to the European level (as in most southern countries, among others).“[57] (Torgersen et al. 2002: 42)

Die Verabschiedung des novellierten Gentechnikgesetzes 1993 markierte sodann vor allem eine Zäsur im politischen Umgang mit der neuen Technologie. Der Diskurs über ihre grundsätzlichen Chancen und Risiken wurde im Wesentlichen beendet und in eine Debatte um die Sicherung der internationalen Wettbewerbsfähigkeit des Industrie- und Forschungsstandortes Deutschland transformiert, nachdem die Wirtschafts- und Wissenschaftsverbände sich programmatisch repositioniert und ihre politische (Lobby-) Arbeit professionalisiert hatten. Und die Politik – Bundes- und Landesregierungen sowie die großen Volksparteien – gab, nicht zuletzt unter dem Eindruck der aufkommenden internationalen Wettläufe und Konkurrenzen um die Biotechnologie, ihre zunächst ambivalente Haltung auf und legte sich im Umfeld der Novellierungsdebatte eindeutig auf die Förderung der Technologie fest. Dementsprechend wurde seit Anfang der 1990er Jahre das Anspruchsniveau für gentechnische Arbeiten sowohl auf Bundesebene als auch auf EU-Ebene stetig gesenkt. Zum einen vollzog sich die Deregulierung und Entbürokratisierung in Novellen des Gentechnikrechts. Zum anderen kam es durch neue Festlegungen der Durchführungsbestimmungen und veränderte

---

[56] Insofern es gerade für viele Gegner der Gentechnik zumeist weniger um eigene wirtschaftliche Interessen als um ethische Prinzipien geht, und sie auf der Ebene des öffentlichen Diskurses eher auf gleicher Höhe wie die Befürworter agieren können als auf derjenigen wirtschaftlicher und politischer Machtkämpfe, macht ihre Konzentration auf Rahmungs- und Definitionskonflikte im Rahmen öffentlicher Diskurse mit dem Ziel von Meinungsführerschaft und Definitionsmacht durchaus Sinn. Dazu muss man nicht die diskursanalytische Position von Gottweis (1998) teilen, der beim wechselseitigen Abhängigkeitsverhältnis von politisch-institutionellen Strukturen, Aushandlungsprozessen und durchgesetzten Politikinhalten den semantischen Kämpfen um die Rahmung und Definition von Politikthemen und daraus resultierenden Politikprogrammen die entscheidende Rolle in ‚postmodernen‘ politics zuspricht. Unbestritten ist aber zweifellos die Wichtigkeit solcher semantischer Machtkämpfe insbesondere, aber nicht nur in öffentlichen Diskursen. Dies macht die Prominenz von Inszenierungen und Symbolpolitik für alle an technologischen Kontroversen beteiligten Akteure nur zu verständlich.

[57] „There was no general rule about how governments dealt with biotechnology conflicts. Their response depended, among other factors, on the way political problems were generally handled and whether there was a generally adversarial or consensual style of resolving them. Government reaction was also affected by whether or not other conflicts allowed biotechnology to appear on the agenda, and by the particular understanding of what biotechnology ‚really‘ means.“ (Torgersen et al. 2002: 77)

Einstufungen gentechnischer Arbeiten zu einer kontinuierlichen Absenkung des Anspruchsniveaus.

Dabei waren sowohl auf Bundes- als auch auf EU-Ebene die Protestakteure aufgrund policy-externer Faktoren besonders einflusslos. So verstärkte die konjunkturelle Krise aus Sicht der Befürworter sowie einzelner Kritiker den Problemdruck, das Anforderungsniveau zu reduzieren. Durch ihre Wahlniederlage 1990 verloren die Grünen auf Bundesebene vorübergehend an Einfluss. Die deutsche Bundesregierung nutzte die Optionen des EU-Mehrebenensystems taktisch erfolgreich, um ihre Ziele durchzusetzen.[58] Auf EU-Ebene wurde die Großindustrie durch den zwischenzeitlichen Erfolg ihres 1989 gegründeten Verbandes SAGB (Senior Advisory Group on Biotechnology), der 1996 mit dem Dachverband der nationalen Biotechnologieverbände ESNBA (European Secretariat for National BioIndustry Association) zum Bio-Industrieverband EuropaBio fusionierte, zur maßgeblichen Kraft. Schließlich verstärkte die Festlegung industriefreundlicher Kriterien für die europäische Währungsunion die allgemeine Dominanz des neoliberalen Paradigmas der Befürworter.

Die technologiepolitische Förderung der Biotechnologie setzte sich in den 1980er und 1990er Jahren in wachsendem Maße fort, wobei sich der zugrundeliegende Leitgedanke von genereller Forschungsförderung zur Innovationspolitik im Zeichen wirtschaftlicher Modernisierung wandelte, die eine diesbezügliche Abstimmung von Forschungs-, Technologie- und Industriepolitik als auch Regionalpolitik (d.h. Initiierung und Förderung regionaler Innovationscluster und Technologieparks) anzustreben hätte. Trotz dezidierter Bemühungen der EU-Kommission seit den 1980er Jahren, die sich bemühte, mit mehreren Biotechnologieprogrammen eine auf europäischer Ebene koordinierte Biotechnologiepolitik zu etablieren, blieben zum einen die nationalen Biotechnologiepolitiken der großen Mitgliedsstaaten dominant und ließen sich zum andern die großen (geförderten), in der EU beheimateten Unternehmen nicht auf eine vorrangige Bildung innereuropäischer Allianzen mit Biotech-Start-ups verpflichten, wie sie die Biotechnologiepolitik der EU anstrebte, sondern gingen als Global Player vielmehr solche Allianzen vorzugsweise mit in den USA lokalisierten Biotech-Unternehmen ein (Bongert 2000, Senker 1998).

Da sich die Großindustrie zunächst eher zögerlich in der Biotechnologie engagierte, wurden die den gesellschaftlichen Diskurs um die Bio/Gentechnologie rahmenden Leitbilder und Vorstellungen zunächst stark von Seiten der Wissenschaft und der Politik bestimmt. Letztere zeigte auf nationaler und europäischer Ebene auch deutliche Ambitionen der inhaltlichen Mitgestaltung und Steuerung des Entwicklungspfades der Biotechnologie (Enquete-Kommission 1987, Brauer 1995, Bongert 2000), reduzierte diese jedoch umgehend mit dem Dominantwerden ökonomischer Akteure in der Arena

---

[58] Bandelow (1997) und Bongert (2000) berichten analoges von der Biotechnologieindustrie sowie allgemein von dominanten Koalitionen der Gentechnik-Befürworter.

der Biotechnologiepolitik in den 1990er Jahren sowie mit der im gesellschaftspolitischen Diskurs dominant werdenden neoliberalen Deregulierungsideologie.

Nach Verabschiedung der ersten Novelle des GenTG kennzeichnete zunehmend ein mit den Begriffen ,Aufbruchstimmung' und ,Gründerzeit' treffend beschriebenes politisches Klima die Biotechnologie. Seitdem verbreiterte sich die industrielle Basis der Biotechnologie in Deutschland durch eine Welle von Unternehmensgründungen erheblich, der BioRegio-Wettbewerb stimulierte die Herausbildung von regionalen Biotechnologie-Clustern, und die technologie- und innovationspolitische Förderung der Biotechnologie rückte in den Mittelpunkt der staatlichen Politik. Darüber hinaus erneuerte und stabilisierte sich das korporatistische Zusammenspiel zwischen Politik, Wirtschaft und Wissenschaft vor allem im Umfeld ,harter' forschungs-, innovations- und wirtschaftspolitischer Entscheidungsprozesse. So strebt die staatliche Biotechnologiepolitik seither zum einen an, die biotechnologische Forschungsinfrastruktur stärker auf international bedeutende Spitzenzentren und Regionen zuzuschneiden, deren Zusammenarbeit mit der Wirtschaft zu fördern und die akademisch-industriellen Technologietransfers zu beschleunigen. Zum anderen konzentriert sie ihre Aktivitäten darauf, eine international konkurrenzfähige industrielle Basis dieser Technologie zu fördern. Adressaten dieser Politik sind vor allem neugegründete Biotechnologiefirmen, deren Entwicklung über Programme zur technologieorientierten Unternehmensgründung, über die staatliche Bereitstellung von Risikokapital oder mit Hilfe verbesserter steuerlicher Rahmenbedingungen unterstützt und verstetigt werden soll, und nicht mehr nur die biotechnologisch engagierten Großunternehmen der Chemie- und Pharmaindustrie, die – anders als ihre Pendants aus der Informationstechnik – auch in der Vergangenheit zu keinem Zeitpunkt in nennenswertem Umfang auf staatliche Förderleistungen zurückgegriffen haben.[59] Diese Politikorientierung kommt vor allem in den strukturpolitischen Teilprogrammen der Biotechnologie-Rahmenprogramme des BMBF (Biotechnologie 2000: 1990-2000, Biotechnologie – Chancen nutzen und gestalten: 2001-2005) zum Ausdruck: BioRegio, BioProfile, BioChance/BioChancePlus, BioFuture (vgl. BMBF 2000c, 2000d, 2001).[60] Insgesamt belaufen sich die FE-Ausgaben des

---

[59]   „Typisch für die industrieorientierte Biotechnologiepolitik ist heute also nicht mehr die Fokussierung der staatlichen Förderung auf wenige heimische Großunternehmen, sondern die auch von letzteren gewünschte Förderung eines kleinindustriellen Biotechnologiesektors, dessen Qualität und Kooperationsfähigkeit als wichtige Innovationsvoraussetzung eine zunehmende Bedeutung in der internationalen Standortkonkurrenz erlangt hat (vgl. BMBF 2000b, Ernst & Young 2000)." (Dolata 2003a: 276)

[60]   Daneben stehen die Förderschwerpunkte für Basisinnovationen und Plattformtechnologien und für die biologische Vorsorgeforschung wie das Deutsche Humangenomprojekt (1996-2004), das Nationale Genomforschungsnetz (2001-2007), die Genomanalyse im biologischen System Pflanze (GABI) und bei Mikroorganismen (GenoMik), Proteomforschung, Bioinformatik, Systembiologie, Nanobiotechnologie, Tissue Engineering, nachhaltige Bioproduktion, Ernährungsforschung, Ersatzmethoden zum Tierversuch, biologische Sicherheitsforschung, TSE-Diagnostik und ethische Begleitforschung in den Biowissenschaften (vgl. BMBF 2004).

Bundes für die Biotechnologie seit 1998 auf jährlich rund 250 Mio. € (BMBF 2002c, 2004).

Über diese Akzentsetzungen der staatlichen Biotechnologiepolitik gab und gibt es keine derart tiefgreifenden, öffentlich ausgetragenen Kontroversen, wie sie für die Auseinandersetzung um das Gentechnikrecht typisch waren und sind. Dies wird auch in der hier vorherrschenden, nachfolgend skizzierten Struktur politischer Entscheidungsfindungsprozesse deutlich (vgl. Dolata 2003a: 276ff.).

Trotz der Vorrangigkeit korporatistisch abgestimmter und standortorientierter Förderung der Biotechnologie sind kontroverse Beurteilungen von Einzelaspekten der Technik keineswegs aus der öffentlichen Diskussion verschwunden, sodass öffentliche Kontroversen nunmehr vor allem in themenspezifischen Subdiskursen zum Tragen kommen. Diese betreffen primär einerseits die verantwortungsethische Debatte um die Grenzen der Gentechnik, insbesondere bei der Forschung an embryonalen Stammzellen und der Klonierung von Menschen, und andererseits die Akzeptanz und Kennzeichnung gentechnisch veränderter Lebensmittel.

Die im Laufe der 1990er Jahre ausgebildeten Strukturen politischer Entscheidungsfindung und Interessenvermittlung in der Biotechnologie ergeben ein stark korporatistisch geprägtes Gesamtbild. Die harten innovations-, technologie- und wirtschaftspolitischen Entscheidungen werden in der Regel im Rahmen stabiler und exklusiv besetzter korporatistischer Arrangements vor allem zwischen der politischen Führung, den Wirtschafts- und den Wissenschaftsverbänden vorbereitet und abgestimmt und entsprechen damit dem klassischen, für die Bundesrepublik seit langem typischen Bild administrativer Interessenvermittlung und politischer Entscheidungsfindung. Strittige Zukunftsfragen werden hingegen in offener strukturierten, themenspezifischen und fluiden Kommunikationszusammenhängen thematisiert. Diese zeichnen sich durch eine größere Zahl, heterogenere Zusammensetzung und losere Kopplung der beteiligten Akteure bei gleichzeitig lockererem Bezug zur politischen Entscheidungsfindung aus. Darüber hinaus vermochten nicht-organisierte kollektive Akteure – Verbraucher, Konsumenten, Wähler – als wichtige externe, politisch kaum institutionalisierte Einflussgrößen insbesondere im Bereich der grünen Gentechnik ihre Bedenken, Kritikpunkte und Nichtakzeptanz gegenüber relevanten Anwendungsbereichen des Technikfeldes – über die Medien verstärkt – dergestalt zum Ausdruck zu bringen, dass diese, wie bereits skizziert, vor allem in der zweiten Hälfte der 1990er Jahre irritierend auf die Ausformulierung von Biotechnologiepolitik zurückwirkten und nicht unbeträchtliche politische und industrielle Kurskorrekturen bewirkten.[61]

---

[61] Dabei ist die Konzipierung forschungspolitischer Förderinitiativen in der Biotechnologie nicht bloß punktuell, sondern systematisch auf den externen Sachverstand und Informationen aus der Wissenschaft angewiesen, die sich in den Wissenschaftsorganisationen bündeln (vgl. Schimank 1995, Braun 1997). „Das besondere politische Gewicht der Wissenschaftsorganisationen, Wirtschaftsverbände und auch einzelner Großunternehmen in der biotechnologischen Entscheidungs-

Somit wird die aktuelle Biotechnologiepolitik seit den 1990er Jahren von einer Reihe unterschiedlicher Entwicklungen geprägt. Die politisch und sozial relevante Akteurkonstellation hat sich erweitert; nach seiner Nationalisierung in den 1980er Jahren wird der Konflikt um die Gentechnik verstärkt auf EU-Ebene und zunehmend auch global ausgehandelt; die Weiterentwicklung der Anwendungsfelder hat außerdem zu einer Ausdifferenzierung des Konflikts geführt. Einzelne Anwendungsfelder werden ähnlich politisch kontrovers diskutiert wie Sicherheitsfragen in den 1980er Jahren, während der ursprüngliche Konflikt um die Sicherheit gentechnischer Anlagen und Arbeiten nur mehr wenig politische und öffentliche Aufmerksamkeit erhält.[62] Gegen-

findung ergibt sich ... nicht nur aus ihren (organisationalen) Ressourcen und ihrer traditionell engen und eingespielten Beziehungen zu allen Ebenen der politischen Administration, sondern basiert zudem auf der herausragenden strukturellen Bedeutung von Wissenschaft und Wirtschaft sowohl für den Entwicklungsprozess dieser wissensintensiven und innovationsträchtigen Technologie selbst als auch für die Positionierung des Landes in der internationalen Standortkonkurrenz. Vieles, was den Interessenlagen der Industrie entspricht, muss (zumindest in der Grundausrichtung) unter diesen Bedingungen gar nicht mehr ausgehandelt werden: Sie wird in der Regel von sich aus in diesem Sinne aktiv." (Dolata 2003a: 296ff.) Cum grano salis wird das Politikfeld Biotechnologie seit Ende der 1990er Jahre noch eindeutiger als ein Jahrzehnt zuvor von den großen Wissenschaftsorganisationen und Wirtschaftsverbänden dominiert. „*Korporatistisch verfasste Austauschprozesse*, in die vor allem die Wirtschaftsverbände und die Wissenschaftsorganisationen, z.T. auch die Gewerkschaften einbezogen sind, bilden auch heute die politikprägenden Kernstrukturen biotechnologischer Entscheidungsfindung in der Bundesrepublik... ‚Harte Themen' wie forschungspolitische Initiativen oder rechtliche Regelungsbedarfe werden an diesen Orten (auch mit Blick auf das Verhalten der nationalen Politik im europäischen Politikfindungsprozess) vorverhandelt und inter-organisational abgestimmt – und zwar vor dem Hintergrund einer beträchtlichen Interessenkongruenz der Beteiligten in Grundsatzfragen: der Sicherung der internationalen Wettbewerbsfähigkeit des Biotechnologiestandorts Deutschland, der konzentrierten forschungspolitischen Förderung dieses Technologiefeldes, der notwendigen Intensivierung akademisch-industrieller Austauschbeziehungen und des Technologietransfers, der politischen Unterstützung eines konkurrenz- wie kooperationsfähigen Sektors neuer Biotechnologiefirmen oder der Förderung regionaler Biotechnologie-Cluster. Unterhalb dieser korporatistischen Kernstrukturen politischer Aushandlung findet sich eine große Zahl *offener strukturierter Kommunikationszusammenhänge* von recht verschiedener Qualität und Reichweite, in die eine weit größere Zahl außerstaatlicher Akteure einbezogen ist... Zu diesen Kommunikationszusammenhängen zählen ... auch ... von außerstaatlichen Akteuren organisierte und in der Regel zugleich staatlich finanzierte *Diskursprojekte* zur Gentechnologie, in denen konfligierende Positionen der Protagonisten (zumeist allerdings ohne durchschlagenden Erfolg) vermittelt oder Meinungsbilder von Laien erstellt werden; sowie die mit der Herausbildung regionaler Cluster einhergehende Ausbildung *regionaler Beziehungsgeflechte*, in die neben der lokalen Politik etwa ansässige Großunternehmen und start-ups, Universitäten, Hochschulen und Technologiezentren, Banken und Venture-Capital-Organisationen, Industrie- und Handelskammern eingewoben sind und über oft niedrigschwellige informelle Kontakte miteinander kommunizieren – mit dem ersten Ziel der konzertierten Förderung der regionalen Innovationspotenziale." (Dolata 2003a: 288ff.)

[62] Vor dem Hintergrund politischer Lernprozesse hat die Befürworterkoalition „einen Teil ihrer ursprünglichen Homogenität verloren, da die Erweiterung der Anwendungsfelder zu einer differenzierteren Interessenstruktur in dieser Koalition geführt hat. In der Kritikerkoalition wiederum hat die kontinuierliche Reduktion der naturwissenschaftlichen Risikovermutung den bisher weitgehend latenten Unterschied zwischen fundamentalen Kritikern aus naturalistisch, technikphilosophisch oder gesellschaftlich motivierten Gruppen auf der einen Seite und naturwissenschaftlich motivierten Kritikern auf der anderen Seite manifestiert" (Bandelow 1999: 217f.), deren Bedeutung in der

über den 1970er und 1980er Jahren ergibt sich mithin das Bild eines bemerkenswert ausdifferenzierten und pluralen Unterbaus korporatistischer Entscheidungsfindungsstrukturen in der Biotechnologie. Er ähnelt jedoch mehr einem fragmentierten und lose gekoppelten Patchwork von Kommunikations- und Kontaktstrukturen als einem kohärenten, wechselseitig abgestimmten System der Politikberatung und -beeinflussung; denn diesbezügliche politische Kommunikationszusammenhänge werden nicht nur von verschiedenen Ebenen des politischen Systems, teils auch von außerstaatlichen Akteuren initiiert und organisiert, sondern sie haben auch sehr verschiedene, in der Regel themenbezogene Aufgabenzuschnitte. Meist sind sie zeitlich befristet und bestehen oft unvermittelt nebeneinander. Je näher allerdings Verhandlungssysteme an die genuine politische Entscheidungsfindung heranrücken, desto stärker nehmen sie die Gestalt geschlossener korporatistischer Beziehungen unter einer exklusiven Zahl von Akteuren an. Die deutlichen Macht- und Einflussasymmetrien zwischen den involvierten außerstaatlichen Akteuren schlagen sich dementsprechend in diesem asymmetrisch strukturierten Pluralismus politischer Entscheidungsfindung und Interessenvermittlung nieder.

Nach diesem Überblick über die Entwicklung der Biotechnologiepolitik generell werden im Folgenden die politischen Kontroversen und Regulierungsmuster in Bezug auf die grüne Gentechnik etwas näher beschrieben (vgl. Bauer/Gaskell 2002a, Bernauer 2003). Hier kam es seit Ende der 1990er Jahre mit den durch das klonierte Schaf Dolly[63], die Zulassung von Genmais und den Import von Gensoja ausgelösten, erneut forcierten gesellschaftlichen Diskursen und Kontroversen um die Gentechnologie und der einsetzenden Marktpenetration grüner Gentechnik nochmals zu restriktiven, allerdings bereichsspezifischen Regulierungen, die zum einen die eingeschränkte Verwendung von embryonalen Stammzellen in der humangenetischen Forschung und zum anderen die Zulassung und Kennzeichnung transgener oder mit Hilfe gentechnischer Verfahren produzierter Lebensmittel betrafen. Eingestandenermaßen spielten dabei übereilte Deregulierungsversuche und kurzfristig orientierte, Widerstände bei den europäischen

---

Kritikerkoalition eher abgenommen hat. Generell lässt sich zudem festhalten, dass die allgemeinen Denkmuster bei den Akteuren einer Koalition nicht einheitlich waren, wobei es den Befürwortern jedoch eher gelang, gemeinsame Policy-Leitbilder (z.B. Gentechnik als ‚Schlüsseltechnologie') zu formulieren und gemeinsame Kernpositionen – vor allem den Bezug auf das Ideal der (Wissenschafts-),Freiheit' – zu finden. Die die politics um die Gentechnik prägende Akteurkonstellation hat sich im Laufe der letzten 25 Jahre zwar situativ geändert mit deutlich schwankenden Gewichten der einzelnen Akteure und sie variierte je nach Anwendungsfeld der Biotechnologie durchaus. Dennoch wies sie im Kern eine über diesen Zeitraum keineswegs einfach zu erwartende Konstanz auf, die für den signifikanten Einfluss von mit der jeweiligen Organisationszugehörigkeit korrelierenden, gut verankerten stabilen Kernüberzeugungen der individuellen Akteure spricht.

63 Dolly löste dabei primär Ängste und moralische Debatten über das mögliche Klonen von Menschen aus und betraf nicht mit der grünen Gentechnik assoziierte Verbraucherängste, Umweltrisiken oder unzureichende behördliche Überwachung.

•

Endverbrauchern unterschätzende Marktstrategien eine wesentliche Rolle, indem als erstes ein Genfood-Produkt ohne erkennbaren Nutzen für den Endverbraucher auf den Markt gebracht und damit die Entwicklung der grünen Gentechnik insgesamt stigmatisiert wurde.[64],[65] Sich zeitlich parallel abspielende Nahrungsmittelskandale, BSE- und (ab 2002) MKS-Krise verstärkten darüber hinaus das Misstrauen in die wirtschaftlichen und politischen Entscheidungs- und Überwachungsinstanzen.[66]

Während somit die rote Biotechnologie – mit Ausnahme der kontrovers diskutierten gentechnischen Veränderung und Nutzung des Menschen (vgl. Daele 1985, Habermas 2001) – inzwischen gesellschaftlich weitgehend akzeptiert ist und genutzt wird, wird die Nutzung und Regulierung der grünen Biotechnologie zwar parallel mit der Entwicklung ihrer Potenziale von den involvierten Akteuren zunehmend engagiert vorangetrieben, sieht sich jedoch in Europa mit massiven Beschränkungen konfrontiert. Diese resultieren daraus, dass (1) die Freisetzung von GVO-Pflanzen und der Import von Genfood nach heftigen politischen Kontroversen von 1998 bis 2004 aufgrund eines entsprechenden De-facto-Moratoriums in der EU faktisch weitgehend unterbunden war[67], (2) gentechnisch hergestellte oder veränderte Lebens- und Futtermittel ab 2004

---

[64] Hierbei tat sich insbesondere der im Bereich der grünen Gentechnik als Pionierunternehmen agierende und in den USA dominierende Monsanto-Konzern hervor, der auf die anhaltende und breite Kritik seiner Vermarktungsstrategie sowohl mit einer europaweiten Public-Relations-Kampagne, die die transgenen Sojabohnen aufgrund geringeren Herbizideinsatzes als nach Umweltkriterien überlegene Alternative zu den konventionellen Bohnen porträtierte, als auch mit einer Revision seiner Haltung zur Kennzeichnungsfrage reagierte, und schließlich die Entwicklung eines Terminatorgens stoppte.

[65] Analog konstatieren Krimsky/Wrubel (1996: 240f.): „Many of the innovations in agricultural biotechnology that we have discussed in the preceding chapters are science-driven rather than need-driven. Industry has developed powerful tools to manipulate organisms genetically and is seeking ways to develop products using those techniques that will generate economic value. That is not to say that there are not agricultural problems that biotechnology could not be helpful in resolving, but the thrust of the biotechnology industry is not to solve agricultural problems as much as it is to create profitability. Sometimes the two coincide, but not necessarily. Perhaps herbicide resistant crops could be used effectively in Africa to prevent large losses to parasitic weeds. To our knowledge no company is directing research to solve that problem. Instead, herbicide resistant corn and cotton are being developed for North American markets although there are already myriad herbicides available to control weeds in those crops."

[66] Hier sehen Vogel/Lynch (2001) einen der Hauptgründe in der gegenläufigen Entwicklung von (die grüne Biotechnologie betreffenden) Regulierungsphilosophien in der EU und den USA. „In a sense, while the American regulatory structure underwent its baptism of fire, Europe's is only in beginning to address the challenge of balancing scientific risk assessment with public confidence. Significantly, while 90 percent of Americans believe the USDA's statements on biotechnology, only 12% of Europeans trust their national regulators. One suspects that had this question been asked two decades ago, the numbers might well have been reversed." (Vogel/Lynch 2001: 26)

[67] Die regulative Blockade resultierte u.a. auch aus rechtssystematischen und situativen Gründen, die weitgehend unabhängig von (speziellen Produkten) der grünen Biotechnologie bestanden, „wie die interpretative Flexibilität des erweiterten Vorsorgeprinzips der Freisetzungsrichtlinie, das Mitspracherecht aller Mitgliedsstaaten und dementsprechend das Aufeinanderprallen unterschiedlicher Risikokulturen, die Tatsache, dass die Marktzulassung für die jeweils relevanten Produkte nicht nur dem Gentechnikrecht unterliegt – bei gleichzeitiger Abwesenheit eines konzentrativen Genehmi-

ab einem Gehalt von 0,9% gekennzeichnet werden müssen, (3) die Bevölkerung als Verbraucher über ihr Kaufverhalten ihre Skepsis gegenüber und ihre Inakzeptanz von insbesondere Genfood ökonomisch wirksam zum Ausdruck bringen kann, und (4) die damit zusammenhängenden, seit Ende der 1990er Jahre verfolgten Unternehmensstrategien von Lebensmittelherstellern und -handel, im Allgemeinen nur (entsprechend zertifizierte) gentechnikfreie Lebensmittel zu produzieren und anzubieten[68], die Nutzung der grünen Gentechnik zumindest im Nahrungsmittelbereich in der EU weitgehend blockieren.[69]

Vor dem Hintergrund der bislang vor allem in den USA forcierten Nutzung der grünen Biotechnologie, den wahrgenommenen Perspektiven ihrer vielfältigen Nutzungsmöglichkeiten (vgl. Kern 2002, Menrad et al. 1999, 2003) und den vested interests ihrer Promotoren in Agrochemie und Teilen der Landwirtschaft[70] war und ist mit einer dauerhaften Be- und Verhinderung der grünen Biotechnologie nicht zu rechnen, zumindest solange es zu keinem von den Kritikern der Gentechnik befürchteten gravierenden, ihr zugerechneten Unfall kommt. Allerdings könnte die grüne Gentechnik auch, wie am Ende von Kapitel 3.1 skizziert, immer noch aus ökonomischen Gründen scheitern, etwa infolge kostentreibender Kennzeichnungs- und Trennungsvorschriften in Verbindung mit Handelskonflikten um die Zulässigkeit von Importbeschränkungen und -regelungen[71] gentechnisch veränderter Futter- und Lebensmittel (vgl. Bernauer 2003, Paarlberg 2003, Young 2001).

Entsprechend gewannen Bemühungen, die Entwicklung und Nutzung der grünen Biotechnologie auch in Europa wieder verstärkt voranzutreiben, in den letzten Jahren

---

gungsverfahrens auf der Basis des One-door-one-key-Konzepts, die politischen Umbrüche in Frankreich und Großbritannien sowie die Reorganisation in der Europäischen Kommission infolge der BSE-Krise." (Dreyer/Gill 2000: 131)

[68] „Nachdem aber Ende 1998 in Großbritannien die Supermarktkette ‚Iceland' bei ihren Zulieferern für die unter ihrem eigenen Namen vertriebenen Produkte gentechnikfreie Zutaten durchgesetzt hatte und damit offensiv Werbung machte, kippte der Markt in ganz Europa: 1999 folgten alle britischen und viele europäische Supermarktketten, so dass am Ende des Jahres transgenes Getreide in Europa praktisch unverkäuflich geworden war." (Dreyer/Gill 2000: 132)

[69] Laut einer Greenpeace-Umfrage in 2003 verzichten die meisten Lebensmittelhersteller in Deutschland auf Zutaten aus genetisch veränderten Organismen. Lediglich 18 von 216 befragten Firmen, darunter allerdings die Handelsketten Aldi und Metro, wollen die Verwendung etwa von Gensoja oder Genmais nicht ausschließen.

[70] Je nach Art und Gestaltung ihrer Nutzung sind und sehen sich die Landwirte als Nutznießer oder negativ Betroffene der grünen Gentechnik (vgl. Bernauer 2003, BMELF 1997, Kern 2002, Persley/Lantin 2000, Persley et al. 2002, Pinstrup-Andersen/Schioler 2001, Seifert 2002). So lehnte laut einer Umfrage noch 2002 die große Mehrheit der deutschen Bauern die Verwendung von gentechnisch verändertem Saatgut und entsprechende Futtermittel ab.

[71] So klagten die USA, Kanada und Argentinien in 2003 vor der WTO gegen den Zulassungsstopp ihrer GVO-Produkte in der EU, während sie zu gleicher Zeit verabschiedeten Zulassungs- und Kennzeichnungs-Verordnungen für gentechnisch veränderte Lebens- und Futtermittel 1829/2003 und 1830/2003 das bestehende Moratorium offiziell gerade beenden sollten. Insbesondere die Maisimporte aus den USA in die EU sind von 3,3 Mio. t in 1995 ab 1998/99 auf ein Minimum mit 26.000 t in 2002 gesunken.

zunehmend an Gewicht. So beklagte die EU-Kommission in 2003, dass die EU auf dem Feld der Biotechnologie international den Anschluss zu verlieren drohe, wobei die Lage u.a. bei der grünen Gentechnik besorgniserregend sei. Umgekehrt spielten die diversen, vor allem in den 1990er Jahren durchgeführten Diskursprojekte im Bereich der grünen Biotechnologie überwiegend eine nur symbolpolitische Rolle (Akademie für Technikfolgenabschätzung 1995, Behrens et al. 1997a, 1997b, BMVEL 2002, Daele et al. 1996, Dally 1997, Kaiser 2000, Schell/Seltz 2000, Joss/Durant 1995, TeknologiNaenet 1992, UK National Consensus Conference 1994, Zimmer 2002). Es ging und geht inzwischen nur mehr um die Regulierung und Standards der absehbaren Nutzung der grünen Biotechnologie, wie sie in den Auseinandersetzungen um Zulassung, Kennzeichnung und Rückverfolgbarkeit (in den entsprechenden EU-Verordnungen und nationalen Regelungen), Biopatente, Haftungsregelungen und Koexistenz zum Ausdruck kommen.

Als diesbezüglich (aktuelle) konkrete symptomatische Beispiele seien etwa angeführt:

• In den heftigen Auseinandersetzungen um (kostenträchtige) prozess- versus produktbezogene GVO-Kennzeichnung (und analog um die Abgrenzung gentechnikfreier Produkte bei 0,9%-GVO-Anteil) überlagern sich in mehrfacher Hinsicht gegensätzliche Positionen: unterschiedliche Regulierungskonzepte der EU und der USA[72] (vgl. Bernauer 2003, Joly/Marris 2001, Meins 2003, Vogel 2001, Vogel/Lynch 2001, Young 2001), weitere bzw. engere Kennzeichnungspflichten anstrebende Gentechnikkritiker und -befürworter, und kostenträchtige Rückverfolgbarkeit[73] (einschließlich potenzieller Haftung) befürwortende, eher ökologisch oder konventionell orientierte bzw. ablehnende, eher auf Pflanzengentechnik setzende (landwirtschaftliche) Akteure (vgl. Bernauer 2003, Nielsen et al. 2002, Muttitt/Franke 2000, Paarlberg 2003). Insbesondere die Kennzeichnungspflicht auch von Futtermitteln stellt einen Erfolg der weitreichende Nachweisbarkeit und hohe Sicherheitsstandards verlangenden Akteure auf EU-Ebene, auch gegenüber den USA dar.

• Neben der Entscheidung des Europäischen Gerichtshofs zugunsten einer vorübergehenden, jedoch nicht dauerhaften Aussetzbarkeit des Verkaufs von GVO-Lebensmitteln, um mögliche Gefahren für den Konsumenten zu überprüfen, stärken

---

[72] Bezeichnenderweise war die Regulierung von Gesundheits-, Sicherheits- und Umweltrisiken von den 1960er Jahren bis Mitte der 1980er Jahre in den USA im Allgemeinen strikter als in Europa, während sich die Situation seitdem umgekehrt hat und das Vorsorgeprinzip, das auf Reversibilität, Ubiquität, Latenz und Persistenz abhebt, vorzugsweise in der EU vermehrt – wie z.B. bei der Regulierung der Gentechnik – rechtlich verankert wird (vgl. Vogel 2001, Vogel/Lynch 2001).

[73] Denn in Bezug auf die Nutzung bzw. das Enthaltensein von GVO sind gerade im Hinblick auf den Herstellungsprozess und nicht lediglich das Endprodukt betreffende Kennzeichnungspflichten diese zum einen häufig schwer zu rekonstruieren und nachzuweisen und zum anderen mit erhebliche Zusatzkosten verbunden.

auch das Inkrafttreten des Cartagena-Protokolls über die Biologische Sicherheit 2003 und der UN-Beschluss über die Transparenz der Kennzeichnung von GVO in Lebensmitteln 2004 diesbezügliche Positionen gegenüber weniger restriktiven handelsrechtlichen WTO-Protokollen.

- Bei der Koexistenz von landwirtschaftlichen Anbauformen mit und ohne gentechnisch veränderte Pflanzen werden die Möglichkeiten von und Anforderungen an die Festlegung von (verbindlichen) Koexistenz-Regeln[74], von Haftungsregeln[75] und von gentechnikfreien Zonen den Interessenlagen der beteiligten Akteure entsprechend kontrovers verhandelt.[76]

- Schließlich führen einerseits sowohl aufgedeckte unerlaubte GVO-Beimischungen in Saatgut (Aventis/Bayer Crop Science in Großbritannien 2002) oder Nahrungsmitteln (StarLink-Mais in den USA 2000) als auch (potenziell) der wissenschaftliche Nachweis negativer Umweltwirkungen des Anbaus von GVO-Pflanzen (vgl. The Royal Society 2003, Norris/Sweet 2002) und andererseits die forcierte Entwicklung und kommerzielle Nutzung der grünen Biotechnologie in einer Reihe von (großen) Ländern sowie die Verlagerung von pflanzenbiotechnologischen FE-Aktivitäten und GVO-Anbau (Bayer Crop Science in China 2004) in diese Länder dazu, die jeweilige Position von Skeptikern bzw. Protagonisten der grünen Gentechnik politisch zu stärken. So sind nach der EU-Richtlinie 2001/18 und der EU-Verordnung 1829/2003 neben einer Umweltverträglichkeitsprüfung ein fallspezifi-

---

[74] So verlangt die Empfehlung der EU-Kommission für Leitlinien der Koexistenz (K (2003) 2624): „Es sollen Bedingungen geschaffen werden, die den Landwirt in die Lage versetzen, zwischen konventionellem Anbau, ökologischem Anbau und GVO-Anbau zu wählen. Auf nationaler Ebene sollen die zu implementierenden Maßnahmen Koexistenz sicherstellen und dürfen keine der drei Anbauformen ausschließen." Solange der Ökolandbau jedoch keinen eigenen Schwellenwert einführt, gilt der Schwellenwert 0,9% im Endprodukt, auch wenn die Regularien des ökologischen Anbaus 2092/91 vorschreiben, dass in ihm keine GVOs oder Produkte, die diesen entstammen, verwendet werden dürfen.

[75] So ist die anvisierte Ergänzung bestehender Haftungsvorschriften in der Gentechnikgesetzgebung in Deutschland heftig umstritten: im Falle einer eher weitgehenden Regelung haftet der GVO-Landwirt bei Schäden, die durch Übertragung, Beimischung oder sonstigen Eintrag entstehen, gilt der GVO-Nutzer auch ohne konkreten Schuldnachweis grundsätzlich als schuldig, muss er als potenzieller Schädiger demgemäß nachweisen, dass er seiner Vorsorgepflicht nachgekommen ist, haften mehrere mögliche Verursacher für einen Schaden gemeinsam, wobei als Schaden gilt, wenn die Ernte des Nachbarbetriebs nicht mehr ohne Kennzeichnung verkauft oder nicht mehr zum vorgesehenen Zweck verwendet werden darf (vgl. http://www.biosicherheit.de/aktuell/264.doku. html).

[76] So weisen verschiedene Studien über die Koexistenz in Frankreich, Dänemark, Spanien oder Großbritannien zwar relativ übereinstimmend deren Machbarkeit unter entsprechenden Anbaubedingungen nach, differieren jedoch mehr oder weniger deutlich in ihren Aussagen, was die damit verbundenen Kosten angeht (vgl. Bock et al. 2002, Boelt 2003, Brookes/Barfoot 2003, Tolstrup et al. 2003). In 2005 will die EU-Kommission auf der Grundlage diesbezüglicher Forschungsprojekte einen umfangreichen Bericht mit politischen Empfehlungen zum Thema Koexistenz veröffentlichen, wonach Haftungsfragen durch „Guidelines" zu lösen versucht werden (vgl. EU-Commission 2003).

sches und ein allgemeines Monitoring vorgeschrieben, um unerwartete Effekte von GVOs aufzuspüren.[77] Dies festigt die Rolle der biologischen Sicherheitsforschung, die in Deutschland stark durch Forschungsaufträge des BMBF, des Bundesamtes für Naturschutz und der EU-Kommission getragen wird.

Nach dieser (politikwissenschaftlich interpretierten) Übersicht über die historischen Entwicklung der (deutschen) Biotechnologiepolitik werden im Folgenden die in Deutschland und der EU für die Gentechnik relevanten rechtlichen Regelungen und deren Entwicklung zusammenfassend aufgeführt.

Stärker als in manchen anderen Ländern spielen rechtsförmige Vereinbarungen in Deutschland eine entscheidende Rolle bei der Gestaltung von Politik wie von den meisten Bereichen des gesellschaftlichen Lebens generell. Von daher ist die Kenntnis rechtlicher Regulierungen und Standards sowie dahinter stehender rechtspolitischer Positionen und Interessenlagen für die Erklärung und Einschätzung von Akteurstrategien von zentraler Bedeutung.

Dabei sind vor dem Hintergrund europäischer Integrations-, Politik- und Regulierungsprozesse zum einen die Parallelität von nationalen und EU-Regulierungen und die vertragsrechtliche Verpflichtung, letztere in nationales Recht umzusetzen, in Rechnung zu stellen. Zum anderen ist die Frage, ob spezielle (Sicherheits-)Probleme der Gentechnologie in gentechnischen Spezialgesetzen oder aufgrund ihres Querschnittscharakters und ihrer Einbettung in das breitere Feld der Biotechnologie besser in allgemeinen, bestimmte Bereiche und Dimensionen des gesellschaftlichen Lebens wie Gesundheit, Umwelt, Anlagengenehmigung oder Arbeitsschutz adressierenden Gesetzen geregelt werden sollten, nicht eindeutig zu beantworten.[78, 79]

---

[77] Infolgedessen ist mit produkt- und fallspezifischen Differenzierungen in der Pflanzengentechnik zu rechnen, die pauschale Entweder-oder-Positionen fragwürdig werden lassen (vgl. Busch et al. 2002). Auch in den USA wird ein besseres post market monitoring von Genfood gefordert (vgl. Taylor/Tick 2003).

[78] So wurden etwa 1978-1981 in Deutschland politische Bestrebungen nach einem speziellen Gesetz zum Schutz vor den Gefahren der Gentechnologie, das eine gesetzlich verankerte Formulierung und Kontrolle der Sicherheits-Richtlinien für die Genforschung intendierte, durch die dominanten wissenschaftlichen und politischen Akteure abgeblockt und mit der de facto bestehenden Regelung und Regulierbarkeit gentechnologischer Aktivitäten im Rahmen bestehender Gesetze begründet, womit gerade die Vorstellung gentechnikspezifischer Risiken zurückgewiesen werden sollte. Diese rechtspolitische Position wurde Ende der 1980er Jahre eher situativ zufällig mit der Diskussion und Verabschiedung des GenTG und der EU-Richtlinien 90/219 und 90/220 (System- und Freisetzungsrichtlinie) aufgegeben, weil das VGH Kassel 1989 entschieden hatte, dass gentechnische Anlagen einer ausdrücklichen gesetzlichen Regelung über die Nutzung der Gentechnologie bedürfen, um errichtet und betrieben zu werden, und weil aufgrund vermuteter zukünftig veränderter parteipolitischer Machtverhältnisse im Bundesrat eine rasche Verabschiedung des GenTG im Interesse der damals im Bereich der Biotechnologie dominierenden wirtschaftspolitischen Akteure lag (Aretz 1999, Bandelow 1999).

[79] In den USA ist die Bio/Gentechnologie bis heute nicht spezialgesetzlich geregelt (vgl. Bernauer 2003, Vogel/Lynch 2001). Vielmehr haben bestehende Behörden wie EPA (Environmental Protection Agency), NIH (National Institutes of Health), FDA (Food and Drug Administration) und

Nachdem 1990 eher situativ bedingt ein spezielles Gentechnikgesetz verabschiedet worden war, kam es in den 1990er Jahren bei gleichzeitiger inhaltlicher Lockerung der gesetzlichen (Zulassungs- und Genehmigungs-)Vorschriften durch Gesetzesnovellierungen zu einer zunehmenden Verrechtlichung der Bio/Gentechnologie.[80,81] Das Gentechnikgesetz selbst wurde unter Beachtung der entsprechenden EU-Regulierungen 1993, 1997, 2002 und 2004 novelliert. Der Anwendungsbereich des GenTG (ab 2005 GenTNeuordG) bezieht sich auf: gentechnische Anlagen, gentechnische Arbeiten, Freisetzen von gentechnisch veränderten Organismen, Inverkehrbringen von Produkten, die GVO enthalten oder aus solchen bestehen, und damit auf die vermehrungsfähigen GVO.[82]

Auf EU-Ebene sind anzuführen sowohl die jeweils in nationales Recht umzusetzenden Richtlinien 90/219 (GVOs in geschlossenen Systemen) und 90/220 (Freisetzung von GVOs), die als novellierte Richtlinien 94/51 und 98/81 einerseits und 94/15, 97/35

APHIS (Animal and Plant Health Inspection Service) vom USDA (US Department of Agriculture) im Rahmen bestehender Gesetze – auf der Basis einer nach langjähriger Diskussion 1992 getroffenen administrativen Vereinbarung ‚Coordinated Framework for Biotechnology Regulation' – Überwachungs- und Zulassungskompetenzen (Ten Eyck et al. 2001: 308).

[80] Das deutsche Gentechnikrecht beinhaltet neben dem eigentlichen Gentechnikgesetz mit dem doppelten Zweck, „Leben und Gesundheit von Menschen, Tieren, Pflanzen sowie die sonstige Umwelt in ihrem Wirkungsgefüge und Sachgüter vor möglichen Gefahren" der Gentechnik zu schützen und den „rechtlichen Rahmen für die Erforschung, Entwicklung, Nutzung und Förderung der wissenschaftlichen, technischen und wirtschaftlichen Möglichkeiten der Gentechnik zu schaffen" (§ 1 GenTG), mehrere als Ausführungsbestimmungen zum GenTG zu verstehende Durchführungsverordnungen. Diese definieren etwa die Sicherheitsstufen (S1-S4), regeln die Zuständigkeiten zwischen Bund und Ländern sowie die Besetzung der Zentralen Kommission für die biologische Sicherheit (ZKBS), nehmen die Konkretisierung der im Genehmigungsverfahren einzureichenden Unterlagen vor oder regeln den Ablauf eines öffentlichen Anhörungsverfahrens bei Anlagengenehmigung für Arbeiten zu gewerblichen Zwecken (Jany/Greiner 1998). Konkret sind die Durchführungsverordnungen die Gentechnik-Sicherheitsverordnung, die Gentechnik-Verfahrensverordnung, die Gentechnik-Anhörungsverordnung, die Gentechnik-Aufzeichnungsverordnung, die ZKBS-Verordnung, die Gentechnik-Beteiligungsverordnung, die Gentechnik-Notfallverordnung und die LA-ZustVGenGT (Zuständigkeit der Länderbehörden mit Ausnahme von Freisetzung und In-Verkehr-Bringen, wofür das Robert-Koch-Institut (RKI) die zuständige Behörde ist).

[81] Außerhalb des direkten Gentechnikrechts sind insbesondere die für die Gentechnologie relevanten (konkurrierenden) rechtlichen Vorschriften und Verfahren zu beachten, wie etwa das Lebensmittel- und Bedarfsgegenständegesetz (LMBG), das Arzneimittelgesetz (AMG), das Pflanzenschutzgesetz (PflSchG), das Tierseuchengesetz (TierSG), das Düngemittelgesetz (DMG), das Saatgutverkehrsgesetz (SaatVG), das Futtermittelgesetz (FMG), das Bundesnaturschutzgesetz (BNatSchG) (vgl. Lemke/Winter 2001) oder die für die Forschungsförderung, Technologie- und Wirtschaftspolitik relevanten gesetzlichen Regelungen.

[82] Nicht unter das GenTG fallen etwa In-vitro-Befruchtung, Konjugation, Transduktion, Transformation oder jeder andere natürliche Prozess, Polyploidie-Induktion, Mutagenese, Zell- und Protoplastenfusion von pflanzlichen Zellen, die zu solchen Pflanzen regeneriert werden können, die auch mit herkömmlichen Züchtungstechniken erzeugbar sind, es sei denn, es werden GVOs als Spender oder Empfänger verwendet (§3.Nr.3 GenTG). Die Standards des Gentechnikrechts ergeben sich insbesondere aus der Einordnung konkreter Vorhaben und Anlagen nach spezifizierten Sicherheitsstufen und Klassifizierungen.

und 2001/18 andererseits aktualisiert und verschärft wurden[83], und die unmittelbar als nationales Recht geltenden Verordnungen 258/97, 1829/2003 und 1830/2003, die die Zulassung, Etikettierung und Rückverfolgbarkeit von GVO-Lebens- und Futtermitteln regeln[84], und 178/2002, die generell allgemeine Grundsätze und Anforderungen des Lebensmittelrechts und Verfahren zur Lebensmittelsicherheit festlegt und die Errichtung der Europäischen Behörde für Lebensmittelsicherheit regelt.

Der Aushandlungs- und Verabschiedungsprozess gerade der kontroverse Positionen rechtlich entscheidenden und festlegenden EU-Verordnungen nimmt typischerweise mehrere Jahre in Anspruch, wie die Novel-Food-Verordnung (258/97)[85] und deren sie ausweitende Nachfolgeverordnungen über die Zulassung und Kennzeichnung von gentechnisch veränderten Lebens- und Futtermitteln (1829/2003) und über deren Rückverfolgbarkeit (1830/2003) belegen.[86]

Wie nachfolgend exemplarisch aufgelistet, wurden in der wissenschaftlichen und politischen Literatur zum Gentechnikrecht u.a. folgende offene Fragen und kontroverse Aspekte erörtert: Ausmaß und Gestaltung der Bürgerbeteiligung (in Erörterungsterminen) (Bora 2000), Kennzeichnungspflichten, Risikoabschätzung und Nachzulassungs-Monitoring transgener Pflanzen (Sauter/Meyer 2000), Möglichkeiten und Grenzen des

---

[83] Die Richtlinien 90/679 (Arbeitsschutz bezüglich biologischer Agenzien), 94/55 (Gefahrguttransport, darunter Transport von infektiösen GVO), 98/95, 98/96 (Saatgutverkehr und Sortenzulassung), 99/105 (forstliches Vermehrungsgut), 2002/53 (gemeinsamer Sortenkatalog für landwirtschaftliche Pflanzenarten) und 2002/55 (Verkehr mit Gemüsesaatgut) betreffen wie angedeutet spezielle Anwendungsbereiche der Gentechnik.

[84] Weitere EU-Verordnungen regeln prozedurale Aspekte und spezielle Bereiche der Zulassung und Kennzeichnung von GVO-Produkten. So wurde vor der Verabschiedung der Verordnungen 1829/2003 und 1830/2003 die Kennzeichnung neuartiger Lebensmittel in die Etikettierungsrichtlinie 79/112/EWG ergänzenden Verordnungen 1813/97, 1139/98, 49/2000 (Schwellenwert von 1% für Beimischungen ohne Kennzeichnungspflicht) und 50/2000 (Gleichstellung von gentechnisch hergestellten Zusatzstoffen und Aromen mit anderen Zutaten aus GVO) konkret geregelt und präzisiert. Die Verordnung 65/2004 schreibt ein System für die Entwicklung und Zuweisung spezifischer Erkennungsmarker für GVOs vor, um die Verordnung 1830/2003 praktisch anwenden zu können.

[85] Diese Richtlinie entzog das Inverkehrbringen gentechnisch veränderter Lebensmittel weitgehend dem Anwendungsbereich der Freisetzungs-Richtlinie 90/220, folgte aber im Großen und Ganzen deren Risikokonzept. Damit „geht das Gentechnikrecht von der Notwendigkeit einer Präventivkontrolle aus, die der Abwehr von Gefahren und der Vorsorge gegen Risiken dient, die mit dem Inverkehrbringen verbunden sind, während das Lebensmittelrecht – abgesehen von Zusatzstoffen – auf dem Grundsatz der Marktfreiheit beruht und lediglich das Inverkehrbringen gesundheitsgefährdender Lebensmittel untersagt (Missbrauchsprinzip)." (Rehbinder 1999: 10)

[86] Bei den Debatten um die Novellierung der Novel-Food-Verordnung mit seit 2001 vorliegenden Entwürfen der EU-Kommission waren etwa die weitreichende Einbeziehung des wirtschaftlich aufgrund der weltweiten Verbreitung von Gensoja und Genmais in Futtermitteln weit brisanteren Futtermittelbereichs und die Festlegung eines Gentechnikfreiheit markierenden Schwellenwertes von besonderer Brisanz. Denn unter „gentechnikfrei" kann verstanden werden, „dass das Lebensmittel
a) während seiner Genese in keiner Weise mit der Gentechnik in Berührung gekommen ist,
b) keine isolierten Produkte oder Bestandteile aus GVO enthält,
c) keine rekombinierte DNA enthält." (Jany/Greiner 1998: 74)

Nachweises von gentechnisch modifizierten Lebensmitteln (Jany/Greiner 1998), das Verhältnis von anlagen- und produktbezogenen Gentechnikrecht (Rehbinder 1999), zivilrechtliche Abwehransprüche (gegen Freisetzungsgenehmigungen) und haftungsrechtliche Fragen, Schutzumfang des GenTG, Antrags- und Klagebefugnisse von Akteuren wie Gemeinden, Beurteilungsspielräume der Genehmigungsbehörden und deren gerichtliche Kontrolle, Verhältnis von Genehmigungsbehörde (RKI oder Landesbehörde) und ZKBS (Schlacke 2001), naturschutzbezogene Fragestellungen (Lemke/Winter 2001), Einstellung der Verwendung von Antibiotikaresistenz-Markern (bis 2004/2008) (Deutsche Forschungsgemeinschaft 2001, Schauzu 1999).

Im Hinblick auf den Einfluss des Gentechnikrechts auf die Entwicklungsdynamik moderner Biotechnologie lässt sich zusammenfassend festhalten: Das Gentechnikrecht hat sich im wechselseitigen Zusammenspiel mit der Entwicklung, der Ausdifferenzierung und dem Wachstum neuer Biotechnologien entwickelt. Insgesamt haben diesbezügliche Regulierungen und Standards diese Entwicklungsdynamik kanalisiert und dabei mehr oder minder vorherrschende Einschätzungen der Gefahrenpotenziale der Gentechnologie in Rechnung gestellt.[87] Damit haben sie mögliche massive Protestaktionen mit unvorhersehbaren Auswirkungen auf weitere biotechnologische Innovationen weniger wahrscheinlich gemacht und eingehegt. Andererseits haben der Umfang bürokratischer Zulassungs- und Genehmigungsauflagen und aufgrund aktueller politischer Kontroversen und Einschätzungen der öffentlichen Meinung getroffene rechtspolitische Entscheidungen teilweise zu deutlichen Verzögerungen und geographischen Verlagerungen in der biotechnologischen Forschung und Industrie geführt.

Es ist auch in Zukunft zu erwarten, dass die Entwicklungsdynamik der Biotechnologie durch das Gentechnikrecht administrativ geformt und geregelt wird mit aus Sicht ihrer Proponenten vermeidbaren Verzögerungen und mit aus der Sicht ihrer Kritiker unzureichenden Kontroll- und Verbotsvorschriften[88], jedoch ohne diese Dynamik substanziell zu modifizieren oder gar zu untergraben.[89]

Insgesamt lässt sich die Rolle der Biotechnologiepolitik bei der Entwicklung neuer Biotechnologien mit Dolata (2003a: 300ff.) wie folgt zusammenfassen: Sie „weist den Staat ... als die Rahmenbedingungen des biotechnologischen Forschungs- und Innova-

---

[87] Die mehrfache Abschwächung der Anforderungen in den Sicherheitsrichtlinien illustriert dies beispielhaft.

[88] So ergibt sich etwa aus der Zahl von 26 Sitzungen der ZKBS von 1981 bis 1988, dass das Gremium für die Diskussion und Entscheidung über die hinreichende Sicherheit der 1232 beantragten Forschungsvorhaben mit rekombinanter DNA – zumeist auf der Basis ihrer vorherigen Begutachtung durch ein Kommissionsmitglied – durchschnittlich allenfalls gerade gut 5 Minuten Zeit zur Verfügung gehabt haben dürfte (Gottweis 1998: 137f.).

[89] Dies ist zumindest solange zu erwarten, solange es zu keinem signifikanten Schadensereignis bei der Nutzung der Gentechnik kommt, wozu u.a. die bestehenden Regulierungen ja gerade auch beitragen sollen.

tionsprozesses aktiv mitgestaltende Instanz aus ... Gleichzeitig sind'... die strukturellen Grenzen der Handlungs- und Gestaltungsspielräume des Staates in der Biotechnologie unübersehbar ... Drittens ist der Staat aber auch auf seinem ureigenen Betätigungsfeld technik- und innovationspolitischer Entscheidungsfindung und Interessenvermittlung keineswegs derart autonom und souverän, dass er ‚über am Ende ausschlaggebende Interventionsmöglichkeiten' verfügen würde ... Der kooperative Verhandlungsstaat ist schließlich als mit anderen konkurrierender Wettbewerbsstaat zu präzisieren, der nicht einfach effektive und diskursiv ermittelte Regelungen hervorzubringen, sondern zusammen mit ausgewählten außerstaatlichen Akteuren in erster Linie nach wettbewerbs- und standortkompatiblen Lösungen zu suchen und diese gesellschaftlich zu vermitteln hat ... Biotechnologische Forschungs-, Technologie- und Innovationspolitik, die den Staat durchaus als aktiven Mitspieler im Technikgeneseprozess ausweist, konkretisiert sich in erster Linie als flankierende Unterstützung der biotechnologischen Innovations- und Kommerzialisierungsdynamik und ist integraler Bestandteil von Standortpolitik – und sie wird ... auch von den staatlichen Akteuren selbst so begriffen."

Mit Blick auf das auf die Pflanzenbiotechnologie ausgerichtete Netzwerk InnoPlanta ist dabei festzuhalten, dass regionale Technologie-Cluster zu einem wichtigen Bestandteil nationaler Innovationssysteme und zu einer wesentlichen Voraussetzung ihrer internationalen Wettbewerbsfähigkeit geworden sind. „Auf die Etablierung von Spitzenregionen orientierte staatliche Förderinitiativen haben sich zu einem wichtigen neuen Element nationaler Biotechnologiepolitiken entwickelt und maßgeblich zu ihrer Formierung und Stabilisierung beigetragen." (Dolata 2002: 248)

3.4 Einstellungen, Akzeptanz, Diskurse und Protest in Bezug auf (grüne) Gentechnik

Unter Bezugnahme auf die in Kapitel 2.3 dargestellten Ergebnisse der sozialwissenschaftlichen Gentechnikforschung werden in diesem Teilkapitel soziale Einstellungs-, Diskurs- und Protestmuster in Bezug auf die Gentechnik[90] und diese bestimmende Einflussfaktoren beschrieben.

Will man Technikeinstellungen empirisch erfassen, so ist zunächst daran zu erinnern, dass es in aller Regel keine bestimmte Einstellung, sondern stets eine Vielzahl von möglichen Einstellungen gegenüber bestimmten (Technik-)Objekten gibt, die meist

---

[90] Im Unterschied zum vorrangigen Biotechnologiebezug der vorangehenden Teilkapitel liegt hier der Fokus auf der Gentechnik, weil sie zum einen die kognitive Rahmung und den Brennpunkt von öffentlichem Diskurs, Akzeptanz und Protest darstellt und die entsprechenden Einstellungsuntersuchungen ihre Befragungen auch so formulierten.

nicht sämtlich parallel und dauerhaft zur Verfügung stehen, sondern von Urteilsbildnern temporär konstruiert werden. Technikeinstellungen bilden sich als temporäre Konstruktionen durch selektive Bezugnahme auf eine subjektive Wissensbasis, deren Elemente im Wesentlichen Informationen, Überzeugungen, Wertmaßstäbe, Entscheidungsheuristiken, Handlungserfahrungen und Emotionen sind. Dementsprechend sind nach Urban (1999: 70) „Einstellungen zur Gentechnik ... situativ konstruierte, generalisierte Bewertungen von technikrelevanten Referenzobjekten auf verschiedenen Ebenen unterschiedlich abstrakter Technikkategorisierungen. Die Bildung von Einstellungen zur Gentechnik erfolgt im Kontext von situativ aktualisierten kognitiven Schemata, in denen Vorgaben zur kognitiven Verankerung, Vernetzung und Vergegenständlichung der gentechnischen Referenzobjekte bereitgestellt werden. Gentechnikbezogene Schematisierungen können über konkrete ‚Gebrauchs‘-Situationen hinaus als kognitiv-evaluative Repräsentationsmuster relativ dauerhaft und mit (relativ) universeller Urteilsrelevanz individuell abgespeichert und erinnert werden. Kognitiv-evaluative Repräsentationsmuster gentechnischer Sachverhalte können auch als soziale Repräsentationsmuster auf gruppenspezifischer Ebene institutionalisiert sein und so eine interindividuelle, kollektive Orientierungsrelevanz besitzen."[91] Von daher ist es keineswegs verwunderlich und widersprüchlich, wenn unterschiedliche Anwendungsbereiche der Gentechnik verschieden beurteilt werden, und ist eine beobachtete relative Konstanz von Einstellungen zur Gentechnik eher nicht zu erwarten (Urban 1999, Urban/Pfennig 1999). Für die Erklärung von Einstellungen zur Gentechnik, bei der einerseits zwischen der generalisierenden Einstellung und den Einstellungen zu konkreten Anwendungen und andererseits zwischen positiven und negativen Urteilen und Ambivalenz zu unterscheiden ist (Hampel/Pfennig 1999), reichen die Modelle der klassischen Einstellungsforschung (vgl. Eagly/Chaiken 1993, Krebs/Schmidt 1993) nicht aus, sondern es werden (ergänzend) Prozessmodelle benötigt, in denen auf motivationale und situative Determinanten abgestellt wird und soziale Einflüsse auf die individuelle Einstellungsbildung untersucht werden (Slaby/Urban 2002). Die nachfolgend zusammenfassend präsentierten Befunde und das vorgestellte idealtypische Erklärungsmodell von Einstellungen zur Gentechnik sind somit zwar als empirisch durchaus substanziiert zu qualifizieren, jedoch auch mit Vorsicht zu genießen. Vor allem ist, wie aus der Einstellungsforschung wohlbekannt, bei dem sehr wohl gegebenen starken Wertebezug von Einstellungen zur Gentechnik zu beachten, dass die Korrelation zwischen Einstellung und Verhalten meist gering ist, weil (als Verhaltensbarrieren erlebte) situations- und kontextspezifische Einflüsse neben Affekten, Emotionen und Kontingenz menschliches Verhalten maßgeblich bestimmen (vgl. Kaiser/Weber 1999) und Werte als Entscheidungs- und Handlungsprädispositionen Entscheidungen und Handeln eben nicht

---

[91] Dabei sind Einstellungen, Schemata und Repräsentationen latente Konstrukte, die empirisch nicht direkt beobachtbar sind.

determinieren. Entsprechend sind einfache monokausale oder einheitlich geltende (homogene) Erklärungsmuster von sozialen Einstellungsprofilen zur und Kontroversen über die Gentechnik als unzureichend und unzulässig einzustufen.

In Bezug auf die vielfältigen Umfragen und Untersuchungen von Einstellungen und Bewertungen der Gentechnik (Bauer/Gaskell 2002a, Bonfadelli 1999, Durant et al. 1998, Gaskell/Bauer 2001, Gaskell et al. 1998, 2003, Hampel/Pfennig 1999, Hampel/Renn 1999, Hampel 2000, Kohtes Klewes 2000, Marris et al. 2001, Schell/Seltz 2000, Slaby/Urban 2002, Urban 1999, Urban/Pfennig 1999, Zwick 1998) sei nun zunächst festgehalten:

1. Der Wissensstand befragter Bürger korreliert zwar mit der Entschiedenheit, mit der eine Einstellung vertreten wird, jedoch kaum mit der Richtung ihrer Einstellung. Infolgedessen führt ein besserer Kenntnisstand zwar tendenziell zu mehr Klarheit in der Einstellung, jedoch nicht unbedingt zu einer positiveren Beurteilung der Gentechnik.

2. Zwischen der Stärke eher polarisierter Einstellungen zur und dem Ausmaß öffentlicher Kontroversen um die Gentechnik existiert allenfalls ein geringer Zusammenhang.[92]

3. Generelle Einstellungen zur Gentechnik von Individuen scheinen über die Zeit vergleichsweise konstant zu bleiben, wobei es hier jedoch nach 1996 vor allem in den südeuropäischen Ländern auch Brüche gegeben hat.[93]

4. Einstellungen zur Gentechnik variieren indes gruppenspezifisch nach unterschiedlichen Typen und Milieus, wobei sie sich entlang durchaus ähnlicher psychologischer Entwicklungsmuster konstituieren.

5. Anwendungsbereichsspezifische Einstellungen differieren vor allem seit der Jahrhundertwende beträchtlich, wobei über die Zeit teils beachtliche Verschiebungen zu beobachten sind und die Bewertung differenzierter und stärker von den konkreten Anwendungszielen abhängig ist und sich nicht auf eine tendenzielle Akzeptanz der roten und eine tendenzielle Ablehnung der grünen Gentechnik reduzieren lässt (vgl. Abbildungen 3.6 und 3.7).

6. Gegenüber der grünen Gentechnik weisen die Einstellungen inzwischen in verschiedenen EU-Ländern und in verschiedenen Milieus als auch zum Teil über die

---

[92] Dabei lässt sich für die (deutschen) Medien bei genauerer Betrachtung empirisch eindeutig keine inhaltlich die Kritiker der Gentechnik bevorzugende Berichterstattung ausmachen (vgl. Aretz 1999, Bauer/Gaskell 2002a, Bonfadelli 1999, Hampel/Renn 1999, Durant et al. 1998, Gaskell/Bauer 2001, Schell/Seltz 2000)·

[93] Allerdings existieren keine längerfristigen Panel-Erhebungen, die die Konstanz sowie die Entwicklungsdynamik von Einstellungen zur Gentechnik empirisch vergleichsweise eindeutig überprüfen könnten. In der diesbezüglichen Studie von Urban (1999) fanden drei regionale Befragungswellen innerhalb eines Jahres statt, wovon sich nur zwei systematisch vergleichend auswerten ließen, so dass sich hieraus keine validen Aussagen über (längerfristige) Einstellungskonstanzen und -veränderungen ableiten lassen.

Zeit statistisch betrachtet deutliche Ähnlichkeiten auf, auch wenn einige Länder wie Finnland, Schweden, Dänemark und Österreich teils deutlicher abweichen (vgl. Abbildungen 3.8, 3.9 und Tabelle 3.13).

7. Insgesamt dominiert keine feindliche, aber vielfach eine deutlich skeptische Haltung gegenüber der Gentechnik.

8. In der Diskussion um die Gentechnik kommt (stellvertretend) ein von breiteren gesellschaftlichen Kreisen geteiltes Unbehagen an der gegenwärtigen gesellschaftlichen Situation und ihrer weiteren Modernisierung zum Ausdruck.[94]

Mit den mit (kontroversen) gesellschaftlichen Diskursen partiell einhergehenden sozialen Lernprozessen (Aretz 1999, Bandelow 1999, Hampel/Renn 1999, Marris et al. 2001) lässt sich seit etwa Mitte der 1990er Jahre eine zunehmende Angleichung in den Grundmustern der Einstellungen zur Bio/Gentechnologie beobachten (Gaskell/Bauer 2001, Gaskell et al. 2003, Marris et al. 2001).[95]

---

[94] So hält Renn (2003: 28) in pointierter Form fest: „Die Gentechnik ist in der Wahrnehmung der Bevölkerung die Speerspitze einer hochtechnisierten, hochchemisierten Landwirtschaft, mit der Turbokühe, Hormonkälber und BSE-Rinder assoziativ verbunden werden und bei der einseitige ökonomische Verwertungsinteressen gegen die Interessen der Konsumenten stehen."

[95] Besonders ausgeprägt war der Umschwung der öffentlichen Meinung in Großbritannien 1998/99. Nach der zunächst problemlosen Vermarktung von gentechnisch veränderten Lebensmitteln (Gentomate 1996) kam es vor dem Hintergrund der BSE-Krise 1998 zu einer von dem Wissenschaftler Pusztai 1998 initiierten öffentlichen Debatte über die Sicherheit von Genfood. Diese beruhte auf von den Behörden nicht berücksichtigten, da in ihrer wissenschaftlichen Validität fragwürdigen und stark kritisierten Schlussfolgerungen über mögliche Gesundheitsrisiken genetischer Veränderungen auf der Grundlage seiner Untersuchung über die Auswirkungen der Verfütterung von gentechnisch veränderten Kartoffeln an Ratten. Außer der Suspendierung Pusztais vom Dienst induzierte diese Debatte Verbraucherboykotte gegen Genfood, die Umorientierung der meisten Nahrungsmittelhersteller und Supermarktketten in Großbritannien auf gentechnikfreie Nahrungsmittel, die (erzwungene) Änderung der Marketing- und Produktstrategie des besonders stark auf Genfood setzenden und gegen Freisetzungsbestimmungen verstoßen habenden Unternehmens Monsanto und die Neubesetzung von für Sicherheits- und Freilassungsfragen zuständige Beratungsgremien (Behrens 2000, 2002).

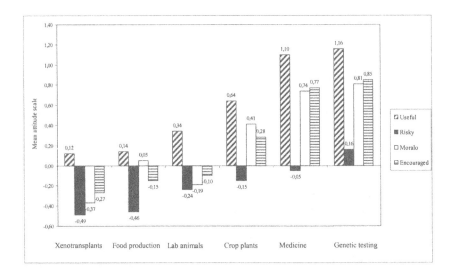

Abbildung 3.6: Spezifische Einstellungen zu sechs Anwendungen der Gentechnik in der EU 1996
Anmerkung: Moralo = Morally acceptable, Encouraged = Should be encouraged
Quelle: Midden et al. 2002: 206

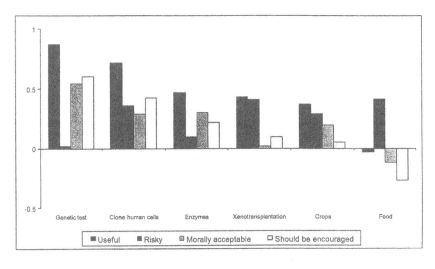

Abbildung 3.7: Einstellungen zu sechs Anwendungen der Biotechnologie in der EU 2002
Quelle: Gaskell et al. 2003: 13

146

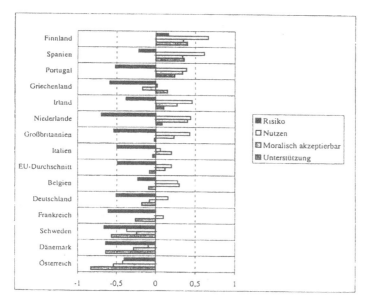

Abbildung 3.8: Bewertung der modernen Biotechnologie bei Lebensmitteln
Quelle: Hampel 2000: 25

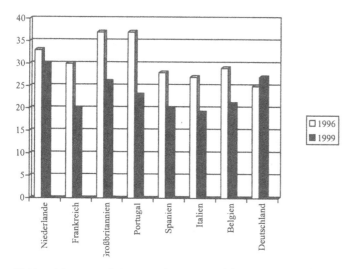

Abbildung 3.9: Bereitschaft zum Kauf genetisch modifizierter Lebensmittel (in Prozent)
Quelle: Kohtes Klewes 2000: 88, Eurobarometer 46.1 und 52.1 (eigene Darstellung)

147

	Genetic Testing			GM Crops			GM Food		
	1996	1999	2002	1996	1999	2002	1996	1999	2002
Belgium	95	90	92	89	74	80	72	47	56
Denmark	91	91	93	68	58	73	43	35	45
Germany	87	90	85	73	69	67	56	49	48
Greece	97	91	92	77	45	54	49	19	24
Italy	97	95	95	86	78	68	61	49	40
Spain	96	94	94	86	87	91	80	70	74
France	96	94	92	79	54	55	54	35	30
Ireland	96	94	94	84	67	77	73	56	70
Luxembourg	91	85	91	70	42	54	56	30	35
Netherlands	93	96	96	87	82	85	78	75	65
Portugal	97	96	93	90	81	84	72	55	68
UK	97	96	95	85	63	75	67	47	63
Finland	95	91	94	88	81	84	77	69	70
Sweden	92	92	93	73	61	73	42	41	58
Austria	74	78	78	39	41	57	31	30	47

Tabelle 3.13: National changes in support for applications of biotechnology 1996-2002
Quelle: Gaskell et al. 2003: 18

Diese zeichnen sich bei näherer Untersuchung durch milieuspezifisch geprägte Differenziertheit, Ambivalenz und tiefer verankerte normative Grundpositionen zu Technikentwicklung, -nutzung und gesellschaftlichen Modernisierungsprozessen aus, die
sich kaum angemessen auf die Frage von Akzeptanz reduzieren lassen.[96] Dabei differieren die Einstellungen zur Biotechnologie durchaus sachangemessen zunehmend
nach unterschiedlichen Anwendungsbereichen dieser Querschnittstechnologie (Bauer/
Gaskell 2002a, Durant et al. 1998, Gaskell/Bauer 2001, Hampel/Pfennig 1999, Hampel 2000, Voß et al. 2002), eher pragmatische Haltungen gegenüber Angeboten technischer Modernisierung reflektierend. Die bereichsspezifische Ausdifferenzierung in der
Wahrnehmung und Bewertung der Gentechnik geht dabei einher mit weitgehend
gleich bleibenden Grundproblemen der öffentlichen Bio/Gentechnologie-Diskurse
(Torgersen et al. 2002):

---

[96] Der Begriff der Akzeptanz geht von einer problematischen Unterscheidung von Technologie und
Öffentlichkeit als zwei klar getrennten Einheiten aus, wobei letztere erstere nur akzeptieren oder
ablehnen könne. Dabei konstituieren beide gerade im Wechselspiel das umfassendere soziale System der Biotechnologie mit. Im besten Fall stellt Akzeptanz ein Euphemismus dar, der die Be-
geisterung, Unzufriedenheit, Sorge, Vorstellungen, Ängste, Vorwegnahmen und Widerstände in
der Bevölkerung widerspiegelt. Dann macht es aber nur noch wenig Sinn, von fehlender Akzeptanz zu sprechen, wenn man die Entwicklungsdynamik öffentlicher Diskurse und ihrer Folgewirkungen angemessen verstehen will (vgl. Gaskell et al. 1998: 9f.).

- über Risikoabschätzungen hinausgehende ethische Grundfragen der Zulässigkeit bestimmter Techniken, was die Gentechnik-Diskurse zum Resonanzboden für allgemeine gesellschaftliche Debatten macht,
- Infragestellung des traditionellen Paradigmas autonomer ungesteuerter Innovationsprozesse (vgl. Daele 1989, 1999),
- Widersprüchlichkeit einer sowohl auf Förderung als auch auf Regulierung ausgerichteten Biotechnologiepolitik, die die Entwicklung der Biotechnologie grundsätzlich favorisiert und nicht in Frage stellt,
- Probleme eines gemeinsamen EU-Markts infolge national unterschiedlicher Einstellungs- und Politikprofile.

Vor diesem Hintergrund erweisen sich viele Einschätzungen eher als Mythen denn als Realitätsbeschreibungen, die in der öffentlichen Diskussion um die grüne Gentechnik und Biotechnologie von deren Protagonisten typischerweise häufig vertreten werden, wie beispielsweise (Marris et al. 2001: 9):

- Der Hauptgrund mangelnder Akzeptanz liegt im fehlenden wissenschaftlichen Fachwissen von Laien.
- Europäische Verbraucher verhalten sich egoistisch gegenüber den Armen in der Dritten Welt.
- Die Öffentlichkeit denkt zu Unrecht, dass genetisch veränderte Organismen per se unnatürlich sind.
- Die Öffentlichkeit verlangt das Nullrisiko, was nicht realistisch ist.
- Die Öffentlichkeit ist ein leicht zu beeinflussendes Opfer skandalorientierter Sensationsmeldungen der Medien.

In solchen Einschätzungen von Gentechnikprotagonisten kommt häufig eine überwiegende Verurteilung von Gegnern der Gentechnik als irrationale Ignoranten zum Ausdruck, denen es häufig um ‚bloße‘ politische Durchsetzung ihrer persönlichen, keineswegs die (grüne) Gentechnik selbst betreffenden Interessen gehe.[97] Entsprechend findet sich hier kaum eine echte Bereitschaft, die in sich durchaus berechtigten Gründe einer in der Bevölkerung mehrheitlich skeptischen Einstellung gegenüber der (grünen) Gentechnik (sozialpsychologisch) zu reflektieren. Denn die kritischen Fragen in Bezug auf die grüne Gentechnik, die von Bürgern der EU in entsprechenden Gruppendiskussionen gestellt werden, erscheinen durchaus berechtigt (Marris et al. 2001: 9):

- Warum brauchen wir genetisch modifizierte Organismen? Was sind die Vorteile?
- Wer wird von ihrem Gebrauch profitieren?
- Wer hat entschieden, dass sie entwickelt werden sollen und auf welche Weise?

---

[97] Für entsprechende, detailliert herausgearbeitete Befunde im britischen Diskurs um die grüne Gentechnik vgl. Cook et al. 2004.

- Warum wurden wir nicht besser informiert über ihren Nutzen in unserer Nahrung, bevor sie auf den Markt kamen?
- Warum lässt man uns als Verbrauchern nicht wirklich die freie Wahl, ob wir diese Produkte kaufen und konsumieren wollen oder nicht?
- Haben Regulierungsbehörden genügend Macht und Stehvermögen, ein effektives Gegengewicht zu den großen Firmen zu bilden, die diese Produkte entwickeln möchten?
- Können Kontrollen von Regulierungsbehörden wirksam durchgeführt werden?
- Wurden die Risiken genau abgeschätzt? Von wem? Auf welche Weise?
- Wurden mögliche Langzeitauswirkungen untersucht? Auf welche Weise?
- Wie wurden nicht reduzierbare Unsicherheiten und unvermeidbares Fehlwissen in den Entscheidungsprozess mit einbezogen?
- Welche Pläne existieren für die Schadensbekämpfung, wenn unvorhersehbare schädliche Auswirkungen auftreten?
- Wer ist verantwortlich im Falle von unvorhersehbaren Schäden? Wie zieht man diejenigen dann zur Verantwortung?

Empirisch konkreter lassen sich die Einstellungen der europäischen und speziell der deutschen Öffentlichkeit zur Gentechnik mit Hampel (2000: 43f.) wie folgt zusammenfassen:

„Wie die Analysen des Eurobarometers 1996 zeigen, gehört Deutschland nicht zu den Ländern, in denen die Bevölkerung der Gentechnik allgemein wie auch konkreten gentechnischen Anwendungen besonders positiv gegenübersteht. Das umgekehrte Szenario eines Landes, in dem eine radikale und emotionalisierte Öffentlichkeit die Einführung neuer Technologien verhindert, ist aber ebenfalls mit den empirischen Ergebnissen unvereinbar. Nicht nur in Deutschland, sondern überall in Europa ist die Gentechnik eine umstrittene Technologie, die wie wenig andere auch Befürchtungen hervorruft. Im internationalen Vergleich fällt Deutschland aber nicht durch ein Übermaß an Befürchtungen auf, wie es in Anbetracht der öffentlichen Debatte um die Gentechnik zu erwarten wäre, sondern durch eine Zurückhaltung bei den positiven Möglichkeiten und durch eine, auch im internationalen Vergleich, stärkere Akzentuierung ethisch-moralischer Bedenken.

Betrachtet man die Bewertungen der sechs untersuchten Anwendungen der Gentechnik [Lebensmittel, Nutzpflanzen, Medizin, Labortiere, Transplantation, Gentests], zeigen sich wie erwartet erhebliche Unterschiede zwischen diesen Anwendungen. Einige werden von einer breiten Mehrheit akzeptiert, andere wiederum nicht. Die Unterscheidung von ‚grüner' und ‚roter' Gentechnik ist für die Wahrnehmung nicht so zentral wie vielfach angenommen wird. Die Bewertung ist auch hier differenzierter und stärker von den konkreten Anwendungszielen abhängig.

Vergleicht man die Anwendungen, zeigt sich unisono, dass in Deutschland gentechnisch veränderte Nahrungsmittel häufiger mit Risiken assoziiert werden als die anderen Anwendungen, während ansonsten in Europa Xenotransplantationen als riskanteste Anwendung gelten.[98] Wider Erwarten ist die Risikowahrnehmung in Deutschland eher niedriger als im statistischen Durchschnittseuropa. Geringer ist auch die Nutzenerwartung. Stärker als in anderen Ländern werden dagegen ethische Probleme bei der Anwendung der Gentechnik gesehen. Unterschiede finden sich auch in der Struktur der Einstellungen zur sozialen Einbettung der Gentechnik. Während sich in Deutschland, wie auch in den Niederlanden und Finnland, die Bewertungen auf zwei Faktoren, ‚technische Modernisierung' und ‚Traditionalismus', zusammenfassen lassen, sind in den anderen europäischen Ländern mindestens drei Faktoren nötig, wobei der dritte Faktor Verfahrensfragen enthält. Das heißt, dass diese Fragen in anderen Ländern weniger mit inhaltlichen Bewertungen zusammenhängen.[99]

Die öffentliche Diskussion über Gentechnik wird zwar überwiegend als Risikodiskussion geführt, die Bewertung der Gentechnik ist allerdings nicht in erster Linie von der Risikowahrnehmung abhängig. Wenn man untersucht, wie sehr die Risikowahrnehmung, die Wahrnehmung eines Nutzens und die Einschätzung der ethischen Akzeptabilität zur Erklärung der Unterstützung oder Ablehnung der einzelnen Anwendungen beitragen, erhält man zum Ergebnis, dass nicht die Risikobewertung ausschlaggebend ist, sondern vielmehr die ethische Bewertung einer Anwendung und die Nutzenwahrnehmung, wobei, mit Ausnahme von Lebensmitteln, die ethische Bewertung einer Anwendung die größte Erklärungskraft hat.

Beim Umgang mit der Gentechnik findet sich eine Vertrauenslücke der Gentechnik. Den für die Regulierung zuständigen Institutionen wird kaum Vertrauen entgegengebracht und auch kaum Regulierungskompetenz zugeschrieben. Allerdings bestehen hier auch je nach Anwendungen deutliche Unterschiede. Während bei medizinischen Anwendungen der Ärzteschaft am meisten Vertrauen entgegengebracht wird, wird bei landwirtschaftlichen Anwendungen der Gentechnik vor allem Umwelt- und Verbraucherverbänden das meiste Vertrauen entgegengebracht. Die starke Betonung internationaler Institutionen als gewünschte Regulierungsinstitutionen verweist aber darauf, dass Gentechnik nicht als national lösbares Problem gesehen wird."

Zusammengefasst resultieren Einstellungen zur Gentechnologie und Biotechnologie vor allem aus folgenden Bestimmungsgrößen:

---

[98] Interessanterweise beurteilt die US-Berichterstattung laut Kohtes Klewes (2000: 10) die rote Gentechnik insgesamt schädlicher und riskanter als die grüne Gentechnik.

[99] Diese die Zeit bis 1996 betreffenden Aussagen werden durch jüngere Untersuchungen von Marris et al. (2001) relativiert.

1. den generellen Wertorientierungen und Technikeinstellungen im Prozess gesellschaftlicher Modernisierung (Zwick 1998) einerseits[100] sowie

2. aus den technologieunabhängigen Einstellungen hinsichtlich der gesellschaftlich angemessenen Entscheidungs-, Regulierungs- und Kontrollprozeduren andererseits.[101]

Letztere drängen sich gerade angesichts überwiegend negativ bewerteter Erfahrungen des vergangenen Verhaltens der für die Entwicklung und Regulierung technischer Innovationen und Risiken verantwortlichen Institutionen mit den daraus herrührenden Glaubwürdigkeits- und Legitimitätsdefiziten auf (Bauer/Gaskell 2002a, Bonfadelli 1999, Gaskell/Bauer 2001, Hampel/Renn 1999, Marris et al. 2001, Seifert 2002, Spök et al. 2000, Wheale et al. 1998).[102] Demgemäß verbinden sich Einstellungen zur Gentechnologie mit gesellschaftlich hegemonialen oder kontroversen Rahmungen auf der Basis entsprechender narratives und story-lines zu einstellungsprägenden Leitbildern (Aretz 1999, Eder 1995, Gill 2003, Gottweis 1998, Hajer 1995, Hohlfeld 2000, Krimsky/Wrubel 1996, Zwick 1998).

Dieses Erklärungsmodell von Einstellungen gegenüber (neuen) Technologien und ihrer gesellschaftlichen Nutzung macht insbesondere zwei Ursachen für kritische Einstellungen der Bevölkerung zur Gentechnik in Rechnung verständlich:

1. grundsätzliche (technikdeterministisch strukturierte) Ängste gegenüber und moralische Ablehnung der Gentechnik aufgrund ihrer angenommenen, sachlich inhärenten bedrohlichen Eigenschaften und neuartigen Risiken, und

---

[100] „Die gegen die Gentechnik vorgebrachte Kritik verdeutlicht ..., dass die Technikdebatte stellvertretenden Charakter besitzt für eine umfassendere Legitimationskrise: In der Diskussion um die Gentechnik kommt ein von breiteren gesellschaftlichen Kreisen geteiltes Unbehagen an der gegenwärtigen gesellschaftlichen Situation und ihrer weiteren Modernisierung zum Ausdruck. Nicht ob, sondern welche Modernisierung gewünscht wird, steht zur Disposition." (Zwick 1998: 87) Aufgrund des starken Bezugs auf ethische Grundwerte spielen dabei Techno-Mythen und Gesellschaftsvisionen eine nicht unwesentliche, die Heftigkeit vieler Gentechnik-Kontroversen mit erklärende Rolle. Krimsky/Wrubel (1996: 215) benennen etwa folgende Mythen und Anti-Mythen: „Biotechnology gives us natural (unnatural) products. Biotechnology offers us greater (less) control over nature. Biotechnology will contribute to greater (less) biodiversity. Biotechnology will be friendly (unfriendly) to the environment."

[101] Gaskell et al. (2003) nennen vier dieser Aufteilung nicht widersprechende Hauptfaktoren: materialistische Werte, Technikoptimismus, Vertrauen in die mit der Biotechnologie befassten Akteure und persönliches Engagement im Bereich der Biotechnologie.

[102] Entsprechend zugespitzt kann Hofmann (2003: 44) über die Gentechnikwerbung formulieren: „Vorbild für all diese religiösen Suggestionen ist der Monsanto-Konzern, der mit an Größenwahn grenzenden Slogans wie ‚Monsanto Feeds the World' und ‚Food – Health – Hope' seine Umsätze zu steigern versucht. Dass der Produzent von ‚Agent Orange', mit dem die USA Vietnam entlaubten, um Feind besser töten zu können, und der heutige Hersteller eines Pflanzenvernichtungsmittels ‚Round up' sowie des so genannten ‚Terminator-Gens', das Pflanzen unfruchtbar machen soll, damit die Landwirte entsprechendes Saatgut nachkaufen müssen, – dass diese auf Tötung von Leben spezialisierte Firma sich selbst mit ihrem Namen /(Mon Santo = mein Heiliger) zum Heiligen stilisiert – das dürfte an Zynismus schwer zu überbieten sein."

2. die durchaus erfahrungsbasierte (gesellschaftspolitische) Skepsis gegenüber dem vermuteten (zukünftigen) wenig verantwortungsvollen Umgang der wirtschaftlichen Technikanwender und ihrer Überwachungsinstanzen (Glaubwürdigkeits- und damit Legitimitätsverlust) mit einer prinzipiell auch umwelt- und sozialverträglich nutzbaren Gentechnik.

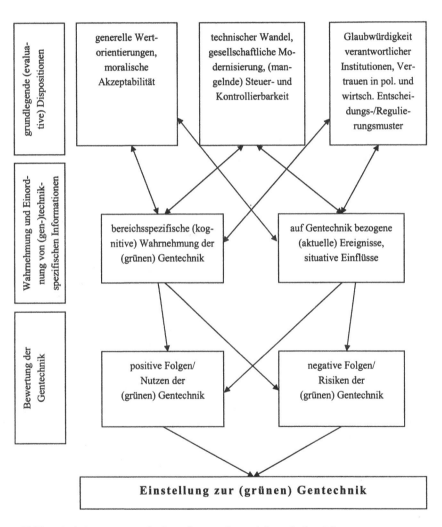

Abbildung 3.10: Determinanten der Einstellung zur (grünen) Gentechnik und ihre Wechselbeziehungen

Abbildung 3.10 gibt eine schematische Darstellung dieser Einstellungsdeterminanten zur Gentechnik wieder. Sie macht die empirisch zu beobachtende Skepsis gegenüber der grünen Gentechnik plausibel, wenn man die sich mehr oder minder negativ auswirkende Bewertung all ihrer Bestimmungsfaktoren in Rechnung stellt.

Wechselt man nun von der Ebene individueller Einstellungen zu derjenigen sozialer Diskurse, so verdeutlichen Untersuchungen von Diskursen um die Gentechnik folgende Merkmale (vgl. Aretz 2000, Bauer/Gaskell 2002a, Bernauer 2003, Bonfadelli 1999, Bora/Döbert, 1993, Canadian Biotechnology Advisory Committee 2002, Daele 1985, 1996, 1997, 2001a, Daele et al. 1996, Gottweis 1998, Habermas 2001, Hampel/Renn 1999):

1. Der gentechnische Diskurs spiegelt die in Kapitel 5.4 beschriebenen Charakteristika sozialer Diskurse teils prototypisch wider. Seine Veränderungen schlagen sich sowohl in thematischen Verschiebungen und Differenzierungen als auch in Positionsverlagerungen nieder, wobei typischerweise über Tatsachen gestritten wird, obwohl es primär um Bewertungen geht.[103] Standen sich anfangs prinzipielle Ja/Nein-Positionen gegenüber, so geht es – angesichts zunehmender Nutzung und Diffusion gentechnischer Methoden – inzwischen immer mehr um die Zulässigkeit, Risiken, Regulierung und Verfahren bereichs- und einzelfallspezifischer Anwendungen der Gentechnik, und damit nicht mehr um das „Ob", sondern um das „Wie" des Einsatzes gentechnischer Methoden.

2. Dementsprechend macht die Diskursanalyse deutlich, dass – vor dem Hintergrund grundsätzlich befürwortender oder ablehnender Haltungen zur Gentechnik – weniger konkrete Sachaussagen als vielmehr die Bezugsreferenzen, die diese Sachaussagen in unterschiedliche Normierungskontexte einordnen, zu divergierenden Urteilen über die (bereichsspezifische) Akzeptabilität von Bio/Gentechnologie führen (vgl. ähnlich Conrad 1988, 1990c, Bonß et al. 1990).[104]

---

[103] „Dies mag daran liegen, dass über zentrale Bewertungskriterien Konsens besteht. Darüber, dass man eine Technik verbieten sollte, wenn sie gesundheitsgefährdend ist oder das Ökosystem destabilisiert, gibt es wenig zu streiten. Die Entscheidung hängt davon ab, was der Fall ist: Gefährdet die Technik tatsächlich die Gesundheit? Destabilisiert sie das Ökosystem?" (Daele 1996: 316)

[104] Bernauer (2003: 22ff.) illustriert detailliert, wie Befürworter und Kritiker der Gentechnik in Bezug auf Umweltrisiken, Gesundheitsrisiken, Ernährung der Weltbevölkerung, Biopatente, ethische Akzeptabilität oder Wirtschaftlichkeit der grünen Gentechnik mit unterschiedlichen Rahmungen und Referenzstudien zu gegenläufigen Urteilen gelangen. Während z.B. von den Proponenten der grünen Gentechnik argumentiert wird, dass es trotz Tausender von Freisetzungsversuchen und trotz mittlerweile jahrelangen kommerziellen Anbaus von transgenen Pflanzen keine Anzeichen für Schäden der menschlichen Gesundheit oder der Umwelt gebe, wurden nach Sukopp/Sukopp (1997) bei weniger als ein Prozent der Freisetzungsversuche potenzielle ökologische Wirkungen transgener Pflanzen überhaupt untersucht. – Allerdings werden Argumentationsfiguren auch opportunistisch angepasst, wenn z.B. Auskreuzungen anfangs als pure Spekulation abgetan wurden und dann nach deren Nachweis plötzlich als normal und natürlich galten.

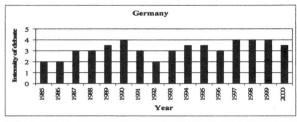

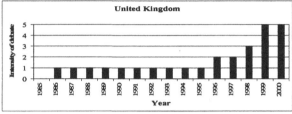

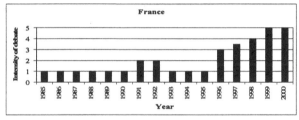

Abbildung 3.11: Entwicklung nationaler Gentechnik-Kontroversen
Quelle: Marris et al. 2001: 38

155

3. Ein besonderes Kennzeichen der Gentechnik ist, dass es in Bezug auf diese Technologie aufgrund der (öffentlichkeitswirksamen) Thematisierung ihrer potenziellen
Risiken innerhalb der Wissenschaft bereits in den 1970er Jahren zu begrenzten
halböffentlichen Kontroversen über die sachliche Vertretbarkeit und Legitimität ihrer Weiterentwicklung lange vor der Einführung gentechnischer Verfahren und
Produkte auf dem Markt kam. Die national bis etwa Mitte der 1990er Jahre deutlich differierenden Einstellungen und die unterschiedliche Intensität öffentlicher
Debatten zur Gentechnologie (vgl. Abbildung 3.11) lassen sich primär aus dem bis
dahin unterschiedlichen Ausmaß des wissenschaftlichen und industriellen Engagements in und der Art und Weise des politischen und kulturellen Umgangs mit
neuen Biotechnologien in verschiedenen westlichen Industrieländern erklären. Auf
der einen Seite frühen politischen und ökonomischen Engagements stehen etwa in
Europa z.B. Schweden, Dänemark, Großbritannien, Deutschland, Frankreich und
die Niederlande, und auf der anderen Seite später wirtschaftlicher und politischer
Aktivitäten Griechenland, Italien, Spanien und Portugal, wobei es in beiden Gruppen durchaus unterschiedliche Entwicklungspfade nationaler Diskurse gibt.

4. Da es sich bei der Gentechnik-Kontroverse um einen gesellschaftspolitischen Konflikt handelt, bei dem es über den Kampf um Realitätsdefinitionen und Definitionsmacht hinaus zugleich um die Durchsetzung bestimmter gesellschaftlicher
Praktiken und interessegeleiteter Verfahren regulativer Kontrolle geht, werden die
augenscheinliche Vehemenz und Häufigkeit der (ritualisierten) Inszenierungen zur
Gentechnik (Schell/Seltz 2000) plausibel.

5. Expertenwissen bleibt bei aller in der öffentlichen Debatte behaupteten Ver-
schmelzung wissenschaftlicher und politisch-normativer Gesichtspunkte im Gentechnik-Diskurs zentral. Unterscheidet man (Experten-)Diskurse von öffentlichen
Debatten, so lässt sich mit van den Daele (1996: 301ff.) etwa in Bezug auf den Anfang der 1990er Jahre durchgeführten TA-Diskurs (vgl. Daele et al. 1996) zum
Einsatz transgener herbizidresistenter Pflanzen trotz der Politisierung des Kognitiven die Aufrechterhaltung der Trennung von Tatsachen und Werten und der Vorrang des Arguments vor dem Interesse am Argument festhalten. Der TA-Diskurs
rehabilitiert im Ergebnis sowohl die Idee der objektiven Erkenntnis als auch die
Zuständigkeit der Wissenschaft als Kontrollinstanz für empirische Behauptun-
gen.[105] Wissenschaftliche Experten gehen aus der politischen Kritik gewiss nicht
unverändert, aber letztlich unangefochten hervor. Im TA-Verfahren führt die Diskussion darüber, was die Wissenschaft weiß und wissen kann, zu einer Demarkati-
onslinie, an der die Beteiligten von kognitiven zu politischen Argumenten wech-

---

[105] Von daher gilt: „Wer mit Argumenten Politik macht, behauptet, dass er gute Gründe hat, und legt
sich – zu Legitimationszwecken – auf die Standards eines Diskurses fest. Denn gute Gründe sind
solche, die einer vorurteilsfreien Prüfung im Lichte aller verfügbaren Einwände und Kritiken (also
einem Diskurs) standhalten." (Daele 1996: 323)

seln. Daher bewegten sich die Diskursteilnehmer in einem gemeinsamen kognitiven Kosmos. Unvereinbare Positionen liegen somit nicht auf der Ebene der Wissensformen und -ansprüche, sondern auf der Ebene der moralischen Wertungen und der politischen Ziele. Ein solcher Diskurs verdeutlicht, dass Gegenexperten das Spiel der Experten zumindest dort spielen (müssen), wo sie auf Wissen über Tatsachen rekurrieren. Häufig ist das Ergebnis eine asymmetrische Arbeitsteilung, insofern die Gegenexperten die Wissenschaft vor allem beobachten und die kritischen Fragen stellen, und die Experten Wissenschaft machen und die Antworten geben.

6. Gerade weil wissenschaftlich gesicherte empirische Befunde im Gentechnik-Diskurs eine zentrale Rolle spielen, können gegensätzliche Positionen im Falle ungesicherter und ungeklärter Sachverhalte mit gutem Grund vertreten und diskurspolitisch genutzt werden, um den Diskurs samt anstehender politischer Entscheidungen offen zu halten oder um umgekehrt bestimmte interessegeleitete politische Entscheidungen zu favorisieren. Während etwa die gesundheitlichen Risiken bislang kommerziell genutzter gentechnisch veränderter Kulturpflanzen in der Wissenschaft relativ übereinstimmend als sehr gering eingestuft werden, werden ihre langfristigen ökologischen Risiken kontrovers beurteilt. Ebenso lassen sich mit guten Gründen im Hinblick auf sozioökonomische Kriterien gegensätzliche Positionen vertreten, etwa was ihre wirtschaftlichen Vorteile für Landwirte, die Kostenverteilung für Kennzeichnung, Rückverfolgbarkeit und Koexistenz, ihr Nutzen für die Nahrungsversorgung der Bevölkerung in Entwicklungsländern, Patentierung und Konzentration wirtschaftlicher Macht in wenigen Agrochemiekonzernen, die Wahlfreiheit der Verbraucher oder ethische Bedenken z.B. gegen Gentransfer bei Überschreitung von Artgrenzen angeht (vgl. Bernauer 2003).

7. Das Mandat der Experten in diesen Diskursen ist letztlich ein politisches. Solange die doppelte Bodenlosigkeit der Expertise latent bleibt[106], bleibt es unangefochten. Jeder offene Konflikt aber hebt die Latenz auf. Die Bodenlosigkeit der Expertise wird im Diskurs in voller Schärfe exponiert. Experten geben auf Diskursebene unter dem Druck solcher Kritik zumeist die Zuständigkeit für die Bewertung an die Gesellschaft, also an demokratische Entscheidungsverfahren zurück. Sie verteidigen nur mehr ein eingeschränktes Mandat, nämlich ihre fachliche Zuständigkeit für

---

[106] „Bei der Wahrnehmung eines solchen Mandats arbeiten Experten in doppelter Hinsicht wissenschaftlich ‚bodenlos': Sie überziehen nicht nur regelmäßig ihr gesichertes Wissen, das heißt, sie behaupten mehr, als sie notfalls beweisen können, sie treffen auch Wertentscheidungen, das heißt, sie urteilen darüber, welche Handlungen bei einer gegebenen Sachlage angemessen oder notwendig oder unzulässig sind." (Daele 1996: 321)

die Klärung empirischer Sachverhalte. Schließlich ist die Wissenschaft die letzte Rückzugslinie (Daele 1996).[107]

8. Was in öffentlichen Debatten ungeschieden bleibt, trennen Expertendiskurse: Themen und Interessen, objektive Tatsachen und politische Wertungen, und die Rollen und Kompetenzen von Experten und Gegenexperten. Im Diskurs gilt eine andere Rationalität als in der politischen Öffentlichkeit (vgl. Bora/Döbert 1993).[108] Dem regulativen Ideal einer deliberativen Politik kommen Diskursverfahren darum sehr viel näher als Auseinandersetzungen in der Arena der massenmedialen Öffentlichkeit.[109] Dabei bestimmen jedoch die Regeln der politischen Öffentlichkeit und nicht die Regeln des Diskurses, ob und wie Diskursergebnisse auf eine (öffentliche) Kontroverse zurückwirken. Es ist allerdings eher die Ausnahme als die Regel, dass ihre Resonanz dadurch gesichert wird, dass sich die Hauptakteure der öffentlichen Kontroverse im Diskurs geeinigt haben und mit dieser Nachricht in die öffentliche Arena zurückkehren (Daele 1996).

9. Auch wenn die öffentliche Kontroverse um die Gentechnik in Deutschland maßgeblich zur gesellschaftlichen Bewusstseinsbildung und (im internationalen Vergleich) restriktiven Regulierung der Gentechnik und zusammen mit der Ablehnung von Genfood durch die Verbraucher zu dessen weitgehender Blockade in Lebensmitteln zumindest bis 2004 beigetragen haben dürfte, blieben vor allem in den 1990er Jahren organisierte, meist staatlich finanzierte Dialog- und Diskursprojekte (vgl. Abels/Bora 2004, Akademie für Technikfolgenabschätzung 1995, Behrens et al. 1997b, BMVEL 2002, Daele et al. 1996, Dally 1997, Fischer 2000, Hampel/ Renn 1999, Kohtes Klewes 2000, Menrad et al. 1996a, Renn/Hampel 1998, Schell/Seltz 2000, Zimmer 2002) ohne erkennbare Anbindung an und Auswirkung auf politische Entscheidungsfindungsprozesse (vgl. Conrad 2004a, Dolata 2003a). Ihre Wirkung ist via mind framing primär indirekter Natur und sie stoßen lediglich dann auf öffentliche, politisch bedeutsame Resonanz, wenn sich die Hauptakteure der öffentlichen Kontroverse, wie gesagt, im Diskurs geeinigt haben und diese Übereinkunft in die öffentliche Arena einbringen.

10. Risiken sind in technikpolitischen Konflikten wie der Gentechnik-Kontroverse aus systematischen Gründen zentrales Thema, wo nicht nur die Bewertungskriterien, sondern auch die ihnen zugrunde zu legenden Sachverhalte strittig sind (vgl. Daele

---

[107] „Die Kritik konfrontiert die Gesellschaft mit der Tatsache, dass die Experten über sicheres Wissen nicht verfügen und dass politisch entschieden werden muss, wie unter Bedingungen solchen Nicht-Wissens gehandelt werden soll." (Daele 1996: 322)

[108] „Die bloße ,Inszenierung' von Argumentation, die für massenmediale Resonanz ausreichen mag, ist unter Diskursbedingungen nicht durchzuhalten, ebenso wenig die Zuschreibung von Kompetenz und Expertenstatus nach journalistischen Kriterien." (Daele 1996: 303)

[109] „Allerdings wird dies durch institutionelle Distanz zur Öffentlichkeit erkauft. Solche Distanz mag eine Bedingung dafür sein, dass auch in Kontroversen, in denen ,Welten' aufeinanderprallen, gelernt werden kann." (Daele 1996: 324)

1997, 1999, 2001a, Daele et al. 1996). Risikothemen können daher „mit hoher Resonanz in der Öffentlichkeit und im politischen System rechnen. Allerdings sind sie genau deshalb auch immer schon verregelt... Risikoargumente sind um so wirksamer, je konventioneller sie in ihren normativen Prämissen sind; meist beziehen sie sich auf dieselben unumstrittenen Schutzgüter, die auch die Regulierungen zugrunde legen, wie menschliche Gesundheit oder ökologische Stabilität ... Keine Risikoprüfung beweist ..., dass die Technik sicher ist (= dass es keine Risiken gibt); sie zeigt lediglich, das es keine Anhaltspunkte für die geprüften Risiken gibt. Ob das hinreichende Sicherheit verbürgt und die Zulassung einer Technik rechtfertigt, ist eine politische Frage." (Daele 1996: 299ff.)

So durchliefen z.B. die Diskussionen zu den Risiken gentechnisch veränderter (transgener) Pflanzen in den Verhandlungen des vom Wissenschaftszentrum Berlin (WZB) organisierten TA-Verfahrens zur Herbizidresistenz (vgl. Daele et al. 1996) Stufen, die aus der öffentlichen Auseinandersetzung über die Gentechnik lange bekannt sind und sich folgendermaßen kennzeichnen lassen:

- „von *erkennbaren Risiken* mit absehbaren Folgen zu *unbekannten (hypothetischen) Risiken* mit unabsehbaren Folgen;
- von der Analyse der Risiken gentechnisch veränderter Pflanzen zum *Risikovergleich* mit konventionell gezüchteten Pflanzen;
- von der Begründung des Risikoverdachts zur *Umkehr der Beweislast* für die Sicherheit neuer Technik
- und von der Risikovorsorge zur *Prüfung des gesellschaftlichen Bedarfs.*"[110] (Daele 1997: 281)

Empirische Befunde zwingen allerdings nicht automatisch dazu, die politische Einstellung gegenüber der Gentechnik zu revidieren. „Aber sie zwingen dazu, die Begründungen für diese Einstellung zu überdenken und gegebenenfalls auszuwechseln. Dadurch kommen neue normative Bewertungsprinzipien ins Spiel, die den Konflikt auf eine andere Ebene heben."[111] (Daele et al. 1996: 253)

Der Rekurs auf Argumentation und rationale Gründe begrenzt dabei jedoch die Anwendbarkeit nicht konsentierter normativer (moralischer) Kriterien der Technikbewertung (Daele 2001b). Somit gilt letztlich für die Risikobewertung:

---

[110] In der Sache lässt sich für herbizidresistente Pflanzen wissenschaftlich begründet laut van den Daele et al. (1996) mit hoher Wahrscheinlichkeit zusammenfassend festhalten: (1) „Besondere Risiken" transgener Pflanzen sind nicht anzunehmen. (2) Herbizidresistenz führt unter realistischen Bedingungen nicht zu im Mittel erhöhten Belastungen für die menschliche Gesundheit und den Naturhaushalt.

[111] Der verstärkte rechtsverbindliche Rekurs auf das Vorsorgeprinzip in der grünen Biotechnologie auf EU-Ebene oder die (bislang weitgehend erfolglosen) Bemühungen um die Einführung einer vierten Hürde des sozioökonomischen Bedarfs respektive der Sozialverträglichkeit einer (neuen) Technologie (vgl. Daele 1993, 1997, 2001b) lassen sich hier anführen.

1. „Risikovergleiche sind unabweisbar und setzen Regulierungen unter Konsistenzdruck.
2. Kausalitätsnachweise lassen sich nicht beliebig verdünnen.
3. Die Umkehr der Beweislast für unbekannte Risiken ist kein praktikables Regulierungsprinzip.
4. Politisch definierte Umweltqualitätsziele können Schädlichkeitsdefinitionen nicht ersetzen.
5. Risiko-Nutzen-Abwägungen lassen sich nicht zu Bedürfnisprüfungen erweitern.
6. Die Bewirtschaftung knapper Ressourcen erlaubt keine allgemeine Innovationskontrolle." (Daele 1999: 260)

Ohne allerdings dabei genauer zwischen Öffentlichkeit und Kritikern zu differenzieren, fasst van den Daele (2001a: 27) die Gründe für die zu beobachtenden Einstellungs-, Diskurs- und Protestmuster folgendermaßen zusammen: „Die Motive des Konflikts über die Gentechnik liegen in der Angst vor Unbekanntem, in moralischem Widerstand gegen das Verhältnis zur Natur, das durch die modernen Biotechniken hergestellt wird, und in politischem Protest gegen die Macht und das Mandat der privaten Wirtschaft, die Gesellschaft mit technischen Innovationen und dem dadurch bedingten sozialen Wandel zu überziehen – und all das tendenziell in globalem Maßstab. Allerdings sind die manifesten Themen des Konflikts und die Fragen, die auf die Agenda des Gesetzgebers gelangen, weit weniger grundsätzlich als diese Motive. Hier geht es um die Kontrolle von Risiken, die Kennzeichnung von Produkten, die Überwachung der Folgen und die Haftung für eventuell eintretende Schäden. Die Diskrepanz zwischen den treibenden Motiven und den manifesten Themen des Konflikts bringt die Gentechnikpolitik in eine paradoxe Situation: Was wirklich auf dem Spiel steht, kommt nicht auf die Agenda. Und was tatsächlich verhandelt wird, kann die Hintergrundprobleme nicht lösen. Daher wird keine Risikokontrolle, Kennzeichnung, Überwachung oder Haftung, selbst wenn sie an sich vollkommen ausreichend und legitim erscheint, den Konflikt beenden, sofern das Ergebnis nicht ein vollständiges Verbot transgener Pflanzen ist. Kritiker werden fortfahren, die Regulierung der Technik als unzureichend zu verwerfen und Protest zu organisieren, wo immer dies möglich ist, auf nationaler, europäischer und internationaler Ebene. Vielleicht verebbt der Konflikt, weil die Aktivisten sich erschöpfen oder anderen Themen zuwenden. Wahrscheinlicher ist, dass er erst dann verschwindet, wenn transgene Produkte angeboten werden, die für die Verbraucher attraktiv sind. Wenn die Menschen glauben, dass sie transgene Produkte brauchen, und wenn sie diese im Alltag nutzen, werden sie Vertrauen zur Regulierung dieser Produkte entwickeln. Transgene Medikamente sind ein Beleg dafür. Dann wird bloße Angst kein Thema mehr sein und die theoretische Möglichkeit unbekannter Risiken wird ebenso hingenommen werden wie die Begrenzung der Haftung für unvorhersehbare Schäden."

Ebenso wie soziale Einstellungsprofile und Diskurse resultieren soziale Protestbewegungen aus der komplexen Interaktionsdynamik vielfältiger Bestimmungsgrößen von Modernisierungsprozessen (Rucht 1994). Von daher werden nachfolgend vor dem Hintergrund vielfältiger Untersuchungen technologischer Kontroversen die fördernden und hemmenden Faktoren gentechnischen Protests, insbesondere für den Bereich der grünen Gentechnik zusammenfassend dargestellt.

Auch wenn das Erkenntnisinteresse und der Fokus der einzelnen technologische Kontroversen untersuchenden Arbeiten variieren, so wird in ihnen doch vielfach ein ähnlicher Grundtenor deutlich (vgl. Bauer 1995, Conrad 1990b, Conrad/Gnath 1980, Daele 1989, 1991, Eurich 1988, Fach 2001, Frederichs et al. 1983, Huber 1982, Kitschelt 1984, 1985, Lawless 1977, Nelkin 1979, Renn 1998, Renn/Hampel 1998, Sieferle 1984, Winner 1977, 1986). Vor dem Hintergrund einer zunehmend auf Wissenschaft und Technik basierten Gesellschaft sowie allgemein gesteigerter Bildungskompetenzen und Partizipationsansprüche werden technologischer Protest und Kontroversen insbesondere als Ausdruck der Skepsis gegenüber und der Auseinandersetzung mit den technologieinduzierten Veränderungen der Lebensverhältnisse und den kaum kontrollierbaren Folgen von Modernisierungsprozessen interpretiert. Denn diese kann man selbst nicht mitgestalten, wobei das soziale Vertrauen in die sie vorantreibenden Institutionen in Wirtschaft, Wissenschaft und Politik tendenziell verloren geht.

Dabei sind diese Skepsis und das Misstrauen in die Protagonisten neuer Technologien insofern durchaus begründet, weil zum einen Modernisierung für diese primär eine Steigerung von Rationalität, Wissen, technologischem Vermögen, von Produktivität, Effizienz, Wettbewerbsvorteilen und Gewinnerwartungen bedeutet, während das umfassendere Modernisierungsverständnis in der Öffentlichkeit und von Kritikern sich primär an der Steigerung von Lebensqualität, der Umwelt- und Sozialverträglichkeit (Daele 1993) und ethischen Legitimierbarkeit der Folgen solcher Modernisierungsprozesse orientiert (vgl. Zwick 1998). Zum anderen wird das Vorgehen der Protagonisten neuer Technologien als direkte und indirekte Durchsetzungs- und Akzeptanzbeschaffungsstrategie erfahren, die keinen wirklich ergebnisoffenen Diskurs anstrebt, sondern über überzeugende Sachargumente von Experten, die diskursive Konstitution entsprechender Einstellungen und die Integration des Protests via Risiko-Kontroversen und technischer Modifikationen zum Ziel der letztendlichen Implementation einer neuen Technologie gelangt. Dabei findet eine sukzessive Umkodierung der technologischen Kontroverse von diametral entgegengesetzten Weltbildern bei Proponenten und Kritikern (progressive Technik versus reaktionärer *Geist*) über einen Machtkampf (arbeitende Technik versus parasitärer *Sinn*) zu einem integrierenden Technik-Dialog (überzeugende Technik versus technisches *Risiko*) statt (vgl. Huber 1989b): „Rationalität ersetzt Legitimität, Einsicht verdrängt Macht, statt Herrschaft gibt es nur noch Akzeptanz."[112] (Fach 2001: 183) So kann Bauer (1995) technologischen Protest – in Analogie zur Medizin – als funktional sinnvolles Schmerzsignal gesellschaftlicher Modernisierungsprozesse interpretieren, das in der Tendenz dafür sorgt, dass ihnen mehr Aufmerksamkeit geschenkt wird, dass sie sorgsamer evaluiert werden und dass sie zugunsten ihrer eigenen Dauerhaftigkeit sozialverträglicher gestaltet werden. Von daher gewinnt auch die Interpretation des vermehrten Auftretens technologischer Kontroversen als Indikator einer materialen Politisierung der Produktion entlang einem primär auf die Inklusion/Exklusion von die Produktion und Nutzung stark technologiebasierter Güter und Dienstleistungen bezogenen Grundkonflikt an Plausibilität (Kitschelt 1985, Conrad 1990b).

Analog gerät in normativer Perspektive die Frage nach einem angemessenen Verhältnis von Demokratie und Technologieentwicklung ins Blickfeld, d.h. wie sich Technik als sozialer Prozess (Weingart 1989) demokratisch fundiert und legitimiert gestalten lässt (vgl. Bongert 2000, Daele 1989, 1993, Hoff et al. 2000, Sclove 1995, Seifert 2002).

Unter der Flagge demokratieorientierter zivilgesellschaftlicher Bürgerbeteiligung setzen denn auch verschiedene prozedurale Verfahren von Bürgerdialog und -beteiligung in je unterschiedlichem Maße darauf, dass auf kognitiver Ebene Information und rationale Argumentation, auf psychologischer Ebene kommunikativer Dialog und Beteiligung am Diskurs und auf Handlungsebene Diskursgestaltung und partizipatorische Einflussmöglichkeiten dazu beitragen, (1) unter den Beteiligten zu (partiellem) Konsens im Hinblick auf (wissenschaftlich) begründete Sachurteile zu gelangen, (2) wechselseitige Anerkennung unterschiedlicher und gegensätzlicher Positionen zu gewährleisten und (3) im Diskurs tragfähige Kompromisse zu entwickeln, sowie (4) (projektspezifisch) begrenzte Mitentscheidungs- und Mitwirkungsmöglichkeiten bei Konfliktmanagement und Technikumsetzung zu eröffnen und zu realisieren. Damit sollen idealiter sozialverträgliche Formen der Technologieimplementation, soziale Zufriedenheit und Technikakzeptanz sowie die (erneute) Glaubwürdigkeit verantwortlicher Institutionen erreicht werden.

Dass solche prozeduralen Verfahren zwar durchaus zur (sozialverträglichen) Optimierung von substanziellen Modi und Inhalten der Technikimplementation beitragen können, jedoch zugleich systematisch begrenzt sind, fällt bei ihren Proponenten dann allerdings leicht unter den Tisch. So ist etwa die Wirkung von Informationen und ra-

---

[112] Ohne allerdings dabei die differenzierten Befunde der sozialwissenschaftlichen Innovationsforschung in Rechnung zu stellen, konstatiert Fach (2001: 179) entsprechend: „Keine technologische Errungenschaft hat sich automatisch durchgesetzt ... Anfänglich galten Dampfloks als technische Ungeheuer, langsam hat man Vertrauen geschöpft und sich an den Schienenverkehr gewöhnt (siehe Max Weber); heute haben wir ihn schätzen gelernt, ja betrachten seine Nutzung als unser ökologisches Gebot: von der Angst über Vertrauen, Gewöhnung und Neigung bis hin zur Verpflichtung reicht der ‚adaptive' Zyklus ... Es gibt keinen systematischen Grund, warum sich ähnliche Zyklen nicht auch bei neuen Technologien, etwa der Gentechnik, reproduzieren sollten."

tionalen Argumenten stets stark von förderlichen Kontexten abhängig (vgl. Daele 1996, 1997); Kommunikationsstrategien sind gegenüber in der Persönlichkeitsstruktur lebensgeschichtlich tief verankerten Wertorientierungen wenig wirksam; kommunikationstheoretische Ansätze fairen Dialogs thematisieren kaum die sozialpsychologisch zu erwartenden, kurzfristig nicht veränderbaren Ursachen gestörter Kommunikation und die prinzipiell nur begrenzte Lösbarkeit substanzieller Gegensätze und Wertkonflikte; Partizipationsmodelle blenden zumeist aus, dass Partizipation und substanzielle Verfahrensbeteiligung nicht identisch sind und aus Partizipation keineswegs zwangsläufig Sozialverträglichkeit resultiert (Wiesenthal 1990), dass sozialstrukturelle Ursachen von Kontroversen zu berücksichtigen sind und dass die sachliche und zeitliche Komplexität vieler Probleme nicht allein sozial mittels partizipativ angelegter, demokratischer Verfahren bearbeitet werden kann (Conrad/Krebsbach-Gnath 1980).[113]

Im Ergebnis hängt der Beitrag diskursiv und partizipativ angelegter Verfahren im Kontext biotechnologischer Projekte und Entwicklungspfade zu deren inhaltlicher Mitgestaltung und nicht nur zu bloßer Protestbefriedung davon ab, wie die jeweiligen sozialen, wirtschaftlichen, kulturellen und institutionellen Rahmenbedingungen diesen Input verarbeiten und begrenzen. Infolgedessen spielt vor allem die zwangsläufige Einbettung dieser Verfahren in (kurzfristig) kaum veränderbare (strukturelle) Rahmenbedingungen die entscheidende Rolle. Darin kommt es dann zwar durchaus auf das grundsätzliche Design dieser Verfahren, aber weniger auf deren Optimierung im Detail an.

Allgemein kann festgehalten werden, dass die gesellschaftliche Stabilisierung und Tragfähigkeit einer technologischen Kontroverse von ihrer organisatorischen und institutionellen Verankerung, ihrer sozialen Verankerung, ihrer sozialen Relevanz und ihrer inhaltlichen Stabilisierung abhängt (Frederichs et al. 1983, Conrad 1990a). Von daher wird erklärbar, warum sich technologische Kontroversen um eine Technologie, jedoch nicht um eine andere, früher oder später, in manchen Ländern und nicht in an-

---

[113] Aus kritischer Sicht handelt es sich laut Fach (2001) angesichts faktisch dominierender Macht- und Interessenlagen von Technologieproponenten und sozialstrukturell verankerter Selektions- und Verfahrensmuster bei solchen prozeduralen Strategien letztlich lediglich um zunehmend komplexer und intelligenter angelegte Formen der (impliziten) Optimierung von Technikimplementation einschließlich dadurch evozierter technischer Modifikationen im Sinne besserer Umwelt- und Sozialverträglichkeit. Diese Strategien versuchen, statt die Gegner einer Technologie zu bekämpfen deren falsches Bewusstsein zu bearbeiten. Dabei nehmen sie deren diffuse Ängste durchaus ernst, um sie durch Vertrauen schaffende und präzise Gründe verlangende Dialoge in ihrer Wirksamkeit zu entmachten. Und sie entfalten durch Themenverschiebung, Kompromissbereitschaft und Lagerdifferenzierung die Mikrophysik der Macht, um erwünschte Einstellungen über Diskurse mit zu konstituieren und die Technikgegner über ehrliche Vermittler, wie Lehrer, Ärzte, Eltern, allmählich zu vereinnahmen. Allerdings berücksichtigt eine solche tendenziell verschwörungstheoretische Perspektive die diesbezüglich sehr wohl variierenden Befunde der Technikgeneseforschung kaum.

deren entwickeln, und in welchen Formen sich speziell der gentechnische Protest artikuliert.

Für den Protest gegen moderne Biotechnologien gilt auch für Deutschland, wo die gentechnologischen Kontroversen im internationalen Vergleich mit am stärksten ausgebildet waren, dass von einem kollektiven Widerstand im Sinne einer „Anti-Gen-Bewegung" nicht sinnvoll gesprochen werden kann, da ihm die Kollektivität der Akteure, die Mobilisierungskraft, die sichtbaren Vernetzungsstrukturen, die kollektive Identität sowie die gemeinsamen Zielvorstellungen der Akteure und die Kontinuität der Aktionen mehr oder weniger mangeln (Hoffmann 1997).[114]

Die systematischen Mobilisierungsbarrieren der durchaus großen Zahl von Gentechnikskeptikern beruhen angesichts sehr wohl bestehender Betroffenheitspotenziale und vielfältig vorhandener Mikro- und Mesomobilisierungsgruppen vor allem auf unzureichenden kulturellen Mobilisierungsfaktoren. Dazu zählen z.B.

- die vergleichsweise heterogenen belief systems der Kritiker (Bandelow 1999),
- die angesichts positiver Wirkungen im humanmedizinischen Bereich nicht hinreichend überzeugende grundsätzliche Ablehnung der Gentechnologie,
- das angesichts ausbleibender und nicht nachweisbarer substanzieller Störfälle wenig überzeugende Beharren auf dem Risikodiskurs,
- ein auch angesichts vielfältiger Anwendungsbereiche der Biotechnologie wenig eingängige, einfache und schlagkräftige Diagnose und Rahmung der öffentlichen Debatte (diagnostic framing; vgl. Brand 2000, Brand/Jochum 2000, Brand et al. 1997, Eder 1995, Hajer 1995) und
- fehlende rationale und glaubwürdige (technische) Alternativkonzepte zu den Faszination ausstrahlenden prognostizierten Optionen neuer Biotechnologien.

Hinsichtlich der institutionell bestehenden Einfluss- und Entscheidungspunkte weist Deutschland eine mittlere Offenheit auf, insofern die Gentechnikkritiker Gegenexpertise in Anhörungsverfahren und rechtliche Auseinandersetzungen einbringen können, durch die Grünen parteipolitisch wirksam werden können und wurden, und Einflussmöglichkeiten auf EU-Ebene existieren (Schneider 2000).

Zusammengefasst fördern einerseits die Zentralität ethischer Grundwerte, die nur begrenzte Offenheit des (biotechnologie-)politischen Entscheidungsprozesses und die Polarisierungseffekte des Insistierens auf apodiktischen Positionen und der Nichtwahr-

---

[114] „Es gibt zwar im Bereich der Bio- und Gentechnologie nicht nur Skepsis und Ablehnung, sondern auch lokale Protestaktionen gegen die Ansiedlung gentechnischer Anlagen oder gegen Freisetzungsversuche von gentechnisch veränderten Pflanzen. Über diese lokalen Initiativen hinaus werden Kritik und Protest gegen die Entwicklung und Anwendung der Bio- und Gentechnologie in der Bundesrepublik aber nicht von einer eigenständigen sozialen Bewegung, sondern von bestehenden Organisationen der Umwelt- und Frauenbewegung, von Verbraucherverbänden, Dritte-Welt-Gruppen und Bürgerrechtsinitiativen getragen." (Saretzki 2001: 199f.)

nehmung von Informationen konkurrierender Akteure in der Tendenz gentechnischen Protest. Andererseits hemmen ihn mangelnde kulturelle Mobilisierungsfaktoren, die Einbindung von Kritikern in bestehende Politik- und Regulierungsnetzwerke und der viele Anwendungsbereiche umfassende, weitgehend dezentrale Charakter der Biotechnologie.

Vor dem Hintergrund starker affektiver Besetzungen von Lebensmitteln und ihrer Erzeugung, verbunden mit divergierenden Leitbildern einer nachhaltigen, naturnahen Landwirtschaft bzw. einer effizienzorientierten Hightech-Landwirtschaft, verspricht seit Ende der 1990er Jahre am ehesten die Lebensmittelproduktion bzw. der Handel mit Genfood Mobilisierungschancen.[115] Hier ist die Ablehnung in der Bevölkerung am größten, u.a. weil ihr Lebensmittel vergleichsweise eng mit konkreten Lebenswelten verknüpft erscheinen, weil sie angesichts analog perzipierter Skandale im Nahrungsmittelbereich wie BSE-Krise, Hormonbelastungen in Eiern und Geflügel etc. großen Wert auf möglichst naturbelassene, nicht technisch veränderte Lebensmittel legt[116] und weil ein Nutzen von Genfood von ihr bislang kaum wahrgenommen wurde.[117] Zudem kann sie als Verbraucher über Kaufentscheidungen als entscheidender, wenn auch diffuser Akteur direkt Einfluss nehmen und Protest in ökonomisch relevanten Boykott

---

[115] Während die Entwicklung transgener Pflanzen bisher – im Stadium der Laborforschung und experimentellen Freisetzung – weitgehend den Maßstäben agrarindustrieller und biotechnologischer Ingenieursrationalität in Richtung auf höhere Ernteerträge und geringeren unmittelbaren Arbeitseinsatz folgen konnte, sieht sich der Absatz transgener Lebensmittel an den (individuellen) Verbraucher mit dessen Kaufpräferenzen, möglichen konzertierten Verbraucheraktionen und der politisch-administrativen Regulierung des Marktzugangs konfrontiert. Gerade für den Verbraucher war der persönliche Nutzen von Genfood bislang kaum erkennbar und mit von vielen vermuteten unerwünschten Risiken behaftet (Dreyer/Gill 2000). Die möglichen Vorteile höherer Hygienestandards, längerer Haltbarkeit, besseren Geschmacks und auf bestimmte Krankheitsbilder zugeschnittene Produkte (functional foods; Heasman/Mellentin 2001) kamen noch kaum zur Geltung, während die Vorteile für die Hersteller zwar deutlich erkennbar, aber – außer in der Futtermittelherstellung – erst in wenigen Verfahren und Produkten zum Tragen kamen. Behrens et al. (1995) führen etwa an die Verkürzung des Produktionsprozesses (z.B. der Reifezeit), höhere Produktionssicherheit (z.B. durch Phagenresistenz), bessere Analyseverfahren (z.B. zur Kontrolle der angelieferten Rohstoffe), höhere Produktqualität (z.B. Geschmack oder Konsistenz), größere Stabilität der verwendeten Stoffe im Produktionsverlauf (z.B. Thermostabilität von Enzymen) und höhere Ausbeute (z.B. im Fall Chymosin).

[116] Dass es sich hierbei um eine zumindest selektive Wahrnehmung handelt, insofern der Großteil alltäglicher Lebensmittel wie Milch, Brot, Obst überwiegend technisch behandelt wurde, sei hier nur am Rande vermerkt.

[117] Ob sich diese durchaus marktrelevante Ablehnung solcher Nahrungsmittel mittelfristig verringern wird, lässt sich bislang nicht eindeutig prognostizieren, insofern ganz unterschiedliche Gesichtspunkte für diese Position verantwortlich sind und insofern deren Veränderung durchaus vom weiteren Verhalten maßgeblicher Akteure, z.B. der Nahrungsmittelindustrie, und deren bereits entstandenen sunk costs und vested interests abhängen. Vor dem Hintergrund oben geschilderter typischer Merkmale des Verlaufs technologischer Kontroversen erscheint die Vermutung jedoch begründet, dass sich gentechnisch veränderte Lebensmittel im Falle ihrer Wirtschaftlichkeit zumindest in einer Reihe von Fällen auf Dauer am Markt durchsetzen dürften.

transformieren[118], wobei geeignete Skandalisierungsmöglichkeiten auf Grund der Politisierung des Themas bestehen und der Protest sich an der Kennzeichnung von Genfood respektive deren Verweigerung seitens der Hersteller als wenig vertrauenswürdiger Akteure festmachen kann.[119] Mit dem (politisch legitimen und erfolgreichen) Insistieren auf (kostenträchtiger) Kennzeichnung kann gentechnischer Protest zudem auf kaum negierbare Wahlfreiheit rekurrieren, ohne sich (argumentativ) auf kontroverse Risikofragen einlassen zu müssen. Darüber hinaus sind relevante wirtschaftliche Akteure wie Kleinbauern und Lebensmittelhandel direkt (voraussichtlich negativ) betroffen. Nachdem der Lebensmittelhandel inzwischen in Europa auf Genfood weitgehend verzichtet hat, kann er aufgrund der daraus resultierenden Folgewirkungen im Hinblick auf seine Lieferanten und seine Glaubwürdigkeit diese Strategie außerdem nicht einfach problemlos umkehren.

In historischer Perspektive lassen sich grob drei signifikante Wellen beobachten, in denen gentechnischer Protest in Deutschland virulent wurde und gentechnikkritische Akteure temporär einen beträchtlichen Einfluss auf öffentliche Debatten und politische Regulierungsaktivitäten erlangen konnten:

- Ende der 1970er Jahre, als die Gentechnik noch neu war und es um die Risiken und Grenzen wissenschaftlicher Forschung ging, die über ein von den beteiligten Forschern selbst vorübergehend propagiertes Moratorium zum Thema öffentlicher Diskurse wurden;
- Ende der 1980er und Anfang der 1990er Jahre, als die tatsächliche (wirtschaftliche) Nutzung der Gentechnik noch neu und umstritten war, die Politik sich unsicher verhielt, und sowohl die Wissenschaftsorganisationen als auch die Wirtschaftsverbände sich in dieser Frage noch nicht positioniert hatten;
- Ende der 1990er und Anfang der 2000er Jahre, als die grüne Biotechnologie in Europa den Markt zu erobern suchte und dabei auf eine mehrheitliche Ablehnung von Genfood in der EU stieß.

Ging es in der ersten Phase in der Praxis vor allem um die Festlegung von Sicherheitsrichtlinien für die gentechnische Forschung (vgl. Bandelow 1999, Conrad 1988, Daele 1982, Herwig/Hübner 1980), stand in der zweiten Welle die generelle rechtliche Regulierung der Gentechnik im Vordergrund (Aretz 1999, Bandelow 1999, Behrens 2001, Dolata 2003a, Gottweis 1998) und betraf die dritte Welle im Wesentlichen spe-

---

[118] Dabei verweist allerdings die begrenzte Dauer gezielter Verbraucherboykotte, wie jüngst nach der BSE-Krise, auf die begrenzte „Haltbarkeit" und damit die allenfalls partielle und situativ geprägte innerpsychische Verankerung und politische Durchschlagskraft diesbezüglicher Einstellungen.

[119] Plausibel wird an dieser Konstellation zugleich, dass sich Protest und Widerstand u.a. aufgrund der Charakteristika der neuen Biotechnologien neben der zeitweiligen Zerstörung von Versuchsfeldern eher in Verbraucherboykotten gegenüber Genfood als in Aktionen gegen Forschungs- und Entwicklungsprojekten manifestieren dürften.

ziell die Zulassung und Regulierung der grünen Gentechnik (Bernauer 2003, Dolata 2003a, Hampel et al. 2001), aber ebenso politische und rechtliche Grenzziehungen beim Einsatz der Gentechnik am Menschen.[120] Dabei gelang es gentechnischem Protest und Kritik in all diesen Phasen, – im Sinne der oben beschriebenen Einhegung der und Akzeptanzbeschaffung für die Entwicklung und Implementation einer Technologie in der Gesellschaft – zunächst eher restriktive (und später wieder gelockerte) Regulierungen mit durchzusetzen, ohne jedoch, wie zu erwarten, weiterreichende Verbotsziele zu erreichen.

Dieser relative Erfolg gentechnischen Protests lag auch darin begründet, dass die Proponenten der Gentechnik die Dynamiken der öffentlichen Auseinandersetzung um dieses Technikfeld zunächst vollkommen unterschätzt hatten. Eine klar fokussierte und gut organisierte Anti-Gen-Bewegung, die einem Vergleich mit der Anti-AKW-Bewegung oder der Ökologiebewegung der 1970er und 1980er Jahre standhalten könnte, ist aus solchen Konstellationen aus den genannten Gründen jedoch nicht annähernd entstanden, wobei auch der soziokulturell begründete Rückgang von für die Stabilisierung und Tragfähigkeit sozialer Bewegungen vorteilhaften mentalen, sozialen und politisch-institutionellen Bedingungen in den 1990er Jahren zum Tragen kommen dürfte. „Gentechnikkritische Aktivitäten werden vielmehr von einem instabilen patchwork an Gruppierungen getragen und äußern sich vornehmlich in lokalen Aktionen sowie vereinzelten themenspezifischen Öffentlichkeitskampagnen, denen ein größeres Mobilisierungspotenzial zugeschrieben wird (wie z.B. von Greenpeace gegen Genfood)." (Dolata 2003a: 287f.)

Für den Protest gegen die grüne Gentechnik lässt sich festhalten:

- In diesem Kontext wurden die meisten (öffentlichen) Diskursprojekte durchgeführt,[121] die allerdings vorzugsweise eine symbolpolitische Rolle spielten.[122]

---

[120] Bei Letzterem geht es allerdings weniger um die (Chancen und Risiken der) Gentechnik selbst als vielmehr um moralische Schranken bei der Nutzung von andernorts sehr wohl bereits akzeptierten gentechnischen Methoden, nämlich insbesondere die Forschung mit Keimzellen und Embryonen und die Klonierung von Menschen.

[121] Stattgefunden haben und in der Literatur mehr oder weniger systematisch ausgewertet wurden etwa folgende diskursiv und partiell partizipativ angelegte Vorhaben: eine vom WZB organisierte, partizipative Technikfolgenabschätzung zum Einsatz transgener herbizidresistenter Pflanzen mit intensiver wissenschaftlicher Begleitung und Auswertung (Daele et al. 1996), Konsenskonferenzen in Dänemark, Norwegen und London (Fischer 2000, Joss/Durant 1995, Kaiser 2000, Levidow 1998, Mayer/Geurts 1998, TeknologiNaenet 1992, UK National Consensus Conference 1994), Dialog-Modell Novo Nordisk (Behrens et al. 1997a, 1997b), Diskurs-Modell von Unilever (Behrens et al. 1997a, 1997b), Dialogprojekt „Gentechnologie in Niedersachsen" (Dally 1997), Bürgerforum Gentechnik (Akademie für Technikfolgenabschätzung 1995, Behrens et al. 1997a), Diskurs Grüne Gentechnik (BMVEL 2002), Bürgerkonferenz „Streitfall Gendiagnostik", Deutsches Hygiene-Museum Dresden (Zimmer 2002), Ausstellung „Gen-Welten", Landesmuseum für Arbeit und Technik Mannheim (Schell/Seltz 2000), Unternehmens-Handbuch „Communicating Genetic Engineering in the Agro-Food Sector with the Public" (Menrad et al. 1996b).

- Der Protest artikulierte sich – bei wachsender kognitiver Verknüpfung der einzelnen Ereignisse – bislang deutlich fallspezifisch (bestimmte Versuchsfelder, spezifische Importe von Genmais).

- Das von 1998 bis 2004 während EU-Moratorium für den (kommerziellen) Anbau und Importe von GVO-Pflanzen(produkten) ist primär Verbrauchereinstellungen und -verhalten, auf gentechnikfreie Lebensmittel setzenden Strategien von Nahrungsmittelproduzenten und -handel und situativen politischen Gegebenheiten, und kaum dem Protest selbst geschuldet.

- Im Falle der (primär von ihrer wirtschaftlichen Konkurrenzfähigkeit abhängenden) Durchsetzung der zweiten und dritten Generation gentechnisch veränderter Pflanzen auf dem Markt ist die zukünftige, sozial und institutionell verankerte Tragfähigkeit gentechnischen Protests unter den seit 2004 gegebenen rechtlichen und politischen Bedingungen ohne einen gravierenden, der grünen Biotechnologie zugerechneten Unfall tendenziell als eher prekär einzuschätzen.

- Der Protest dürfte sich am ehesten bei fall- und bereichsspezifischen Anwendungen der grünen Biotechnologie sozial verankern können, insofern die Bevölkerung wie ausgeführt zunehmend differenziertere Einstellungsmuster entwickelt, z.B. Genfood (noch) überwiegend ablehnt, aber nicht (mehr) krankheits- und schädlingsresistente Pflanzen. Demgemäß ist mittelfristig eher mit einer partiellen und kaum mit einer umfassenden Marktdurchdringung von Produkten und Verfahren der grünen Biotechnologie zu rechnen, insbesondere als verfahrenstechnische Querschnittstechnologie und bei weltweit großflächig angebauten Kulturpflanzen.

---

[122] „Derartige Diskursprojekte, die ihre Hochzeit in der ersten Hälfte der neunziger Jahre hatten, sind im Rückblick allerdings ein temporäres Phänomen geblieben und hatten im Vergleich zu öffentlichem Druck und gesellschaftlicher Akzeptanzverweigerung nur geringe Auswirkungen auf politische Entscheidungsprozesse." (Dolata 2003a: 281) So formulierte Katzek, heutiger Geschäftsführer der Bio Mitteldeutschland GmbH (BMD), früherer BUND-Gentechnikkritiker, in einem Interview: „Also TAB, Loccum, Unilever und WZB hatten keinen Einfluss auf die Politik. Ich sehe nicht, wieso sich die Gentechnik-Politik reell geändert hätte aufgrund dieser Diskurse. Ich glaube, das hängt auch damit zusammen, dass die Politik sich immer schön rausgehalten hat. Die haben die Sachen zum Teil bezahlt, aber das war es dann auch. Lasst die man spielen." (zitiert nach Dolata 2003a: 281)

4 Netzwerk InnoPlanta: Beschreibung

4.1 Die Entwicklung eines Innovationsverbunds

Dieses Kapitel beschreibt die Entwicklung von InnoPlanta als Innovationsverbund, um anschließend Struktur und Kennzeichen der geförderten FE-Projekte und anhand vier exemplarisch ausgewählter Vorhaben typische Projektkonstellationen und -entwicklungen zu verdeutlichen. Da die Determinanten und Optionen von InnoPlanta in Kapitel 5 systematisch untersucht werden, steht hier seine zusammenfassende empirische Darstellung im Vordergrund, bei der (implizite) Interpretationen im Wesentlichen durch die gewählte Begrifflichkeit und die Auswahl der hier präsentierten Ereignisse und Prozesse zum Tragen kommen. An die Beschreibung der exemplarischen Einzelprojekte schließt sich hingegen jeweils die analytische Herausarbeitung ihrer Hauptmerkmale an, nämlich Akteurkonstellation, projektrelevante Kontexte und Strukturen, Denkfiguren und Problemsichten der Akteure, Entwicklungsmuster und -dynamik des Vorhabens, Marktperspektiven und Wettbewerbsmuster. Dabei wird die historische Entwicklung von InnoPlanta pragmatisch entlang jeweils prominenter Merkmale in vier Phasen etwas genauer beschrieben, um dann erkennbare zugrunde liegende Entwicklungslinien vor dem Hintergrund von Akteurkonstellationen, vorherrschenden Problemsichten, erreichten Ergebnissen und Problemlösungen deutlich zu machen. Die vier Phasen markieren Entstehung und Gründung (1999-2000), Etablierung und Strukturbildung (2001-02), Konsolidierung und Routinisierung (2002-04) und (zukünftig) Optimierung und Fortführung (2004-06) von InnoPlanta.

Die das InnoRegio InnoPlanta bildende Region Nordharz/Börde umfasst die Landkreise Bernburg, Schönebeck, Aschersleben-Stassfurt, Quedlinburg, Halberstadt und Bördekreis. Wie die meisten ländlichen Regionen der ostdeutschen Bundesländer zeichnet(e) sie sich – mit einem land- und forstwirtschaftlich genutzten Flächenanteil von ca. 80% – durch geringe wirtschaftliche Stärke und Dynamik und hohe Arbeitslosigkeit aus (vgl. exemplarisch Burger 2003). So nahm in den 1990er Jahren seine Bevölkerung um 6% auf weniger als 500.000 Menschen ab, sank die Zahl der Beschäftigten um gut 25%, liegt die Arbeitslosenquote über 20%, und lagen die Werte für die Bruttowertschöpfung je Einwohner, die Erwerbsquote und der Anteil von Akademikern und FE-Personal an den Beschäftigten selbst noch signifikant unter dem Durchschnitt der ostdeutschen Bundesländer (DIW 2004 (http://www.diw.de/innoregio), GfW 2003 (http://www.gfw-net.de)).

Zugleich verfügt diese Region jedoch, klimatisch und durch ertragreiche Böden begünstigt, über eine relativ durchgängige Tradition und Expertise im Bereich von Saatzucht, Sonderkulturen, Arznei- und Gewürzpflanzenanbau und über in dieser Hinsicht günstige infrastrukturelle Voraussetzungen in Form des Instituts für Pflanzengenetik und Kulturpflanzenforschung Gatersleben (IPK), der Bundesanstalt für Züchtungsforschung an Kulturpflanzen in Quedlinburg (BAZ), die Universität Halle mit der ältesten landwirtschaftlichen Fakultät Deutschlands, die Fachhochschule Anhalt in Bernburg, mehr als 15 Saatzüchtern und Saatgutbetrieben, 6 Pflanzenbiotechnologie-Unternehmen, modernen Verarbeitungsbetrieben für Zuckerrüben und Weizenstärkeherstellung sowie großen landwirtschaftlichen Betrieben (InnoPlanta 2000: 9).

Vor diesem Hintergrund sind in Sachsen-Anhalt Ende der 1990er Jahre aktive, informell aufeinander abgestimmte Bemühungen von einigen Schlüsselpersonen als Beginn der *ersten Phase* zu sehen, die sich in mehr oder minder bedeutsamen Positionen mit einer marktwirtschaftlich orientierten Einstellung für die regionale wirtschaftliche Entwicklung engagieren, wodurch sie sich zugleich regionalpolitisch profilieren können (vgl. Steuer 2003). Es sind dies der ehemalige (bis 1994) und neue (ab 2002) Wirtschaftsminister von Sachsen-Anhalt Rehberger (FDP), der zugleich ein eigenes Beratungsunternehmen leitete, der damalige Geschäftsführer der BioRegion Halle-Leipzig Management GmbH[1] Schrader (FDP), seit 2002 Landtagsabgeordneter und seit 2003 Vorsitzender des InnoPlanta-Vorstands, die Geschäftsführerin der Gesellschaft für Wirtschaftsförderung Aschersleben-Stassfurt mbH (GfW)[2] Nettlau, ihr damaliger Mitarbeiter und stellvertretender GfW-Vorsitzender Strohmeyer, Leiter der Geschäftsstelle des 2000 gegründeten InnoPlanta e.V., Wilke als Leiter der Dr. Wilke & Partner Biotech-Consulting GmbH, später durchgängig Vorsitzender des Wissenschaftlichen Beirats von InnoPlanta, der Landrat von Aschersleben-Stassfurt Leimbach, späterer Vorstandsvorsitzender von InnoPlanta (2000-2002) und inzwischen Regierungspräsident in Halle, und teilweise auch Wobus, der Direktor des IPK, und in dieser Funktion durchgängig Mitglied und zeitweise Interims-Vorsitzender des InnoPlanta-Vorstands. Gemeinsame Sicht und Überzeugung dieser Personen war und ist es, die (Pflanzen-) Biotechnologie als Schlüsseltechnologie für die Region wahrzunehmen, durch deren gezielte Förderung zusammen mit der Koordination von Forschung, Entwicklung und Markterschließung sich die Wirtschaftskraft des Landes Sachsen-Anhalt auf der Grundlage dieser regionalen Tradition und Kompetenzen mittelfristig deutlich stärken ließe und die Region zum entscheidenden Kompetenzzentrum für Pflanzenbiotechno-

---

[1] Dieser Biotechnologie-Verband resultierte aus dem Mitte der 90er Jahre durchgeführten BioRegio-Wettbewerb des BMBF, aus dem die Regionen München, Rhein-Neckar-Dreieck und Rheinland als Sieger hervorgingen (vgl. Dohse 2000). Ihm gehören die wesentlichen wissenschaftlichen Institutionen (BAZ, IPK, IPB, UFZ), Saatzucht-Unternehmen, Biotech-Unternehmen und potenzielle Kapitalgeber wie die Sachsen LB an. Ende 2002 wurde die BioRegion Halle-Leipzig in die BMD mit Katzek als Geschäftsführer überführt.

[2] Die GfW ist eine gemeinnützige, von öffentlich-rechtlichen Institutionen des Landkreises Aschersleben-Stassfurt getragene Organisation, deren Zweck die Förderung der wirtschaftlichen Entwicklung dieses Landkreises ist.

logie und Pflanzenzüchtung in Deutschland werden könnte. Dabei bot sich die GfW aufgrund ihrer Aufgabenstellung als Institution an, die diesbezüglichen Initiativen organisatorisch und praktisch umzusetzen, gerade nachdem das Flughafen-Projekt Cochstedt, in das sie involviert war, gescheitert war. Für diese Aufgabe war primär Strohmeyer zuständig, während sich Nettlau vor allem darum bemühte, Gründungs- und Ausbildungsaktivitäten anzustoßen, insbesondere das 2000 entstandene, durch Fördermittel von Land, Bund und EU unterstützte BioTech-Gründerzentrum Gatersleben mit einer Investition von 5 Mio. €. Es soll jungen Biotech-Unternehmen mit günstigen Mietkonditionen den Start in die Selbstständigkeit erleichtern und allmählich (mit ca. 40 Mio. € Investitionskosten) zu einem Biopark Gatersleben mit entsprechenden Gemeinschaftseinrichtungen werden (InnoPlanta 2000: 13).

Begünstigt durch die positiven Erfahrungen mit dem BioRegio-Wettbewerb, in dem die Technologiepolitik ab Mitte der 90er Jahre durch die Förderung regionaler biotechnologischer Innovationsnetzwerke die Entwicklung und Wettbewerbsfähigkeit der deutschen Biotechnologie zu forcieren und zu verbessern suchte (BMBF 1996, Dohse 2000), entwickelte das Bundesministerium für Bildung und Forschung (BMBF), unter maßgeblicher Initiative von Regierungsdirektor Hiepe, Ende der 90er Jahre das Förderprogramm InnoRegio mit dem Ziel, die Innovations- und Wettbewerbskraft der Unternehmen in den ostdeutschen Bundesländern zu stärken und damit wirtschaftliches Wachstum und Beschäftigung nachhaltig zu unterstützen. Wiederum soll dadurch die Bildung regionaler Innovationsnetzwerke angeregt werden, indem tragfähige Kontakte und Kooperationsbeziehungen zwischen vorwiegend regionalen Akteuren – Unternehmen, Forschungs- und Bildungseinrichtungen, (Fach-)Hochschulen, Finanzierungsinstituten, Selbstverwaltungseinrichtungen der Wirtschaft und öffentliche Verwaltung – aufgebaut bzw. intensiviert werden, um die regionalen Investitions- und Innovationspotenziale besser zu nutzen. Bei dem im April 1999 ausgeschriebenen Wettbewerb InnoRegio konnten sich regionale Initiativen bis Oktober 1999 zunächst für eine nachfolgende Entwicklungsphase von einem Jahr bewerben, in der sie im Falle ihrer Auswahl ihre Förderanträge für die technologiepolitisch zentrale Umsetzungsphase (Ende 2000 bis Ende 2005/2006[3]) – bei einer Förderung mit bis zu 153.000 € – konkretisieren mussten. Während eine vom BMBF berufene Jury aus Wissenschaft, Wirtschaft und Politik aus 444 Bewerbungen zunächst 25 für die Entwicklungsphase auswählte, wurden hiervon im Oktober 2000 nach einer 15-minütigen Präsentation ihres Konzepts vor der Jury 19 und nach Überarbeitung ihrer Konzepte Ende 2001 nochmals 4 Initiativen in die endgültige Förderung aufgenommen.[4] Für das insgesamt von 1999 bis

---

[3] Aufgrund von Verzögerungen bei der einzelprojektspezifischen Bewilligung von Vorhaben wurde die Umsetzungsphase um ein Jahr verlängert.
[4] Auswahlkriterien (InnoRegio-Förderrichtlinie Punkt 6.1 Abs. 6) waren: Neuheit der Ansätze für die Region, Bedeutung und spezieller Nutzen der Vorhaben für die Region, insbesondere für ihre Wettbewerbsfähigkeit, ihre wirtschaftliche Entwicklung und ihre Beschäftigungssituation, dyna-

2006 laufende InnoRegio-Programm stellt das BMBF nach dem im Dezember 2000 abgeschlossenen Notifizierungsverfahren (Anmeldung bei und Zustimmung der EU-Kommission) insgesamt 255,6 Mio. € zur Verfügung (vgl. BMBF 2000a, 2002a). Zugleich lässt es dieses Förderprogramm in einer von 1999 bis 2004 laufenden wissenschaftlichen Begleitstudie durch einen vom Deutschen Institut für Wirtschaftsforschung (DIW) koordinierten Projektverbund[5] für 2,5 Mio. € evaluieren. Das Ziel der Begleitstudie ist es, Konzeption und Umsetzung der InnoRegio-Vorhaben in den Regionen zu analysieren und Erfolgsfaktoren zu identifizieren, Hilfestellungen für die InnoRegios auf der Basis von Erkenntnissen aus vergleichbaren Regionalentwicklungen zu geben, die Erkenntnisse für zukünftige Innovationsregionen aufzubereiten und das BMBF zum Förderansatz und zur Gestaltung künftiger Förderprogramme zu beraten (vgl. Eickelpasch et al. 2001, 2002, 2003, Eickelpasch/Pfeiffer 2004, Voßkamp 2004). Es geht dem Programm – in Kenntnis der im Vergleich zu jeweils parallel laufenden FE-Anstrengungen relativ geringen Fördermittel – bewusst um Anschubfinanzierung, womit „neben der Förderung von konkreten Verbundprojekten auf von den Akteuren selbst vorgeschlagenen Innovationsfeldern auch soziale Innovationen – vor allem die Erprobung und Etablierung von neuen institutionellen Arrangements wie Organisations- und Steuerungsformen sowie Kommunikations- und Interaktionsmustern – bewirkt werden sollen." (Eickelpasch et al. 2001: 526) Für die Bewilligung und Kontrolle der konkreten Einzelprojekte sowie deren InnoRegio-bezogene Koordination belieh das BMBF den Projektträger Jülich (PTJ), bis 2000 Projektträger „Biologie, Energie, Umwelt" (BEO), abgesehen von Bildungsprojekten, für die das Bundesinstitut für Berufsbildung (BIBB) zuständig wurde.[6]

Das Zusammentreffen dieser beiden regional- und technologiepolitischen Initiativen stellte eine günstige Voraussetzung für den anschließenden Erfolg von InnoPlanta als Sieger des InnoRegio-Wettbewerbs dar, in dem sein Konzept mit 20,5 Mio. € Fördermitteln bedacht wurde. In den knapp zwei Jahren der Entstehung und Gründung von InnoPlanta ging es den oben aufgeführten Schlüsselpersonen mit ihren je spezifischen

---

misches Potenzial der Maßnahmen und Projekte für die Region (u.a. Umfang des Abbaus der Innovationshemmnisse), Nachhaltigkeit der mit der Konzeptumsetzung beginnenden Entwicklung in der Region, Plausibilität und Umsetzungsreife des Konzeptes sowie der Maßnahmen und Projekte, Qualität der entwickelten Kooperation, Einbindung und Zusammenwirken der Akteure der Region, Eigenleistung der Region, Übertragbarkeit der Ansätze auf andere Regionen.

[5] Neben dem federführenden DIW gehören ihm an: artop (Arbeits- und Technikgestaltung, Organisations- und Personalentwicklung e.V., HU Berlin), APT (Arbeitsstelle Politik und Technik an der FU Berlin), CEIS (Center für Europäische und Internationale Studien, Universität Jena), Euro-Norm (Gesellschaft für Qualitätssicherung und Innovationsmanagement mbH, Neuenhagen) und FAB (Forschungsagentur Berlin. Außerdem vergab das BMBF noch Begleitforschungsaufträge an das Max-Planck-Institut (MPI) zur Erforschung von Wirtschaftssystemen (Jena) und das IÖR (Institut für ökologische Raumforschung, Dresden).

[6] Hier gab es beim von der GfW beantragten Querschnittsprojekt Bildung durchaus Zuständigkeitsquerelen zwischen PTJ und BIBB.

Kompetenzen und Verbindungen – bei Koordination und Management durch eine aus Rehberger, Schrader, Wilke, Nettlau, Strohmeyer und Heuer (als späterer Mitarbeiter der InnoPlanta-Geschäftsstelle) bestehende Steuerungsgruppe – vor allem darum,

- die organisatorischen Rahmenbedingungen und den Zeitplan für das zukünftige Netzwerk InnoPlanta zu entwerfen und zu entwickeln,
- die Vereinssatzung zu formulieren und die Vereinsgründung mit seinen verschiedenen Organen vorzubereiten,
- die Gesamtkonzeption mit ihren inhaltlichen Schwerpunkten und möglichen (die Erfolgschancen des Förderantrags erhöhenden) Querschnittsprojekten auszuarbeiten,
- Projektskizzen einzuholen, zu entwickeln und auszuwählen,
- Interesse an der InnoRegio-Initiative zu wecken, dafür Marketing und Öffentlichkeitsarbeit z.B. über „Innovationsforen" zu betreiben, Kontakte zu möglichen zukünftigen Mitgliedern des Netzwerks zu knüpfen und entsprechende Informationen zu streuen,
- wichtige Personen aus zentralen Institutionen wie Neumann (BAZ-Direktor), Schellenberg (FH Anhalt), Reski (Universität Freiburg, Pflanzenbiotechnologie, später Mitglied des Wissenschaftlichen Beirats von InnoPlanta), Seulberger (Sun-Gene, vormals IPK), von Rhade (Nordsaat), Kaufmann (Bauernverband Sachsen-Anhalt), Chmielewski (Deutsche Bank, Wagniskapital) oder Kullik (Landrat Landkreis Quedlinburg) für das Netzwerk zu gewinnen und einzubinden (vgl. die Aufzählung in InnoPlanta 2000: 12),
- den für die Unterstützung und Gestaltung des Förderantrags notwendigen Diskurs zu organisieren, seine Einbettung in bestehende pflanzenbiotechnologische Arbeits- und Projektzusammenhänge zu gewährleisten, und in diesem Kontext unterschiedliche (konfligierende) institutionelle und persönliche Interessen auszugleichen,
- Kontakt zum Projektträger und zu landespolitischen (Förder-)Instanzen herzustellen und zu halten,
- Konzeption (1999) und Förderantrag (2000) (vor der Jury) zu präsentieren
- und die Gründung einer Wagniskapitalgesellschaft unter Mitgliedschaft relevanter Banken vorzubereiten.

All diese Aktivitäten schlugen sich u.a. darin nieder, dass InnoPlanta auf Empfehlung des Projektträgers im Mai 2000 als e.V. gegründet wurde. Auf der Gründungsveranstaltung wurde angesichts der zentralen Rolle der GfW bei der Gründung von InnoPlanta[7] und der politischen Opportunität Leimbach auf ausdrücklichen Wunsch der

---

[7] So war seine Geschäftsstelle bis Ende 2000 bei der GfW in Stassfurt angesiedelt, wo auch ihr Geschäftsführer Strohmeyer tätig war. Aufsichtsratsvorsitzender der GfW war bis 2002 Leimbach.

Steuerungsgruppe als Vorstandsvorsitzender von InnoPlanta gewählt. Der Verein InnoPlanta besteht im Wesentlichen aus einem elf Personen, darunter maßgebliche Ent-
scheidungsträger umfassenden Vorstand, einer seine Beschlüsse ausführenden, für die
konkrete Problembearbeitung, Projektkoordination und -kontrolle zuständigen Geschäftsstelle, bestehend aus zwei bis drei Personen, einem Wissenschaftlichen Beirat
aus weitgehend externen Wissenschaftlern, der einzureichende Projekte begutachtet[8],
und der den Vorstand wählenden und entlastenden Mitgliederversammlung. Des Weiteren ließen sich die Steuerungsgruppe und InnoPlanta von den Consulting-Unternehmen Rehbergers und Wilkes beraten.[9] Während Rehberger über rechtliche und politische Rahmenbedingungen informierte, in organisatorischen, wirtschaftlichen und technischen Fragen beriet, die Vereinssatzung entwarf, die Gründungsveranstaltung leitete
und den Arbeitskreis Bildung mit konzipierte, wirkte Wilke, der im Auftrag des Minis-
teriums für Wirtschaft und Technologie des Landes Sachsen-Anhalt 1999 eine Studie
„Pflanzenbiotechnologie – wirtschaftliche Nutzungsmöglichkeiten für Sachsen-Anhalt" erstellt hatte, an der Konzeption des Förderantrags und der Einwerbung, Beurteilung und Auswahl von Projektskizzen mit. Außerdem wurden bei drei der fünf Grün-
dungssitzungen der Steuerungsgruppe und bei Treffen der Arbeitskreise Bildung und
Öffentlichkeitsarbeit Moderationsdienstleistungen des Instituts für Organisationskom-
munikation GmbH (IFOK), Berlin, in Anspruch genommen, wodurch auch bei Konflikten zwischen den beteiligten Personen in der Gründungsphase vermittelt werden
konnte (vgl.Steuer 2003). Aus etwa 55 Projektskizzen wählten die fachliche Initiativgruppe und die Steuerungsgruppe 35 aus, einschließlich von 4 Querschnittsprojekten,
die fachlich und politisch in deren Gesamtkonzept passten[10] und für die im Projektantrag bei vorgesehenen 11 Mio. € Eigenmitteln insgesamt 31 Mio. € Fördermittel beantragt wurden, abgesehen von vorhabenspezifischen Investitionen von 7 Mio. € und
35 Mio. € für den Biopark Gatersleben (InnoPlanta 2000: 5). In dieser Phase konnten
die Vertreter von IPK, BAZ und auch von Nordsaat Saatzucht aufgrund ihrer Mitwirkung und der FE-Kapazität ihrer Institutionen deren Beteiligung an der Mehrzahl der
beantragten Projekte durchsetzen, nämlich an 15, 9 und 6 Vorhaben, was sich auch in
späteren Projektbewilligungen dementsprechend niederschlug und zu der anfangs stark
(grundlagen-)forschungs- und weniger marktorientierten Ausrichtung der geförderten

---

[8]   In der Gründungsphase beurteilte eine fachliche Initiativgruppe die vorgeschlagenen Einzelprojek-
      te, die aus Nettlau, Rehberger, Reski, Strohmeyer und Wilke bestand.
[9]   Als weiteres externes kommerzielles Consulting-Unternehmen beriet die ÖHMI Consulting GmbH
      InnoPlanta seit seiner Gründung. Ihr Vertreter Pudel gehörte dem InnoPlanta-Vorstand bis 2002 an
      und ist als Geschäftsführer von PPM außerdem am Ölpflanzensamen-Projekt C22 beteiligt (vgl.
      Kapitel 4.5).
[10] Aufgrund von Hinweisen des Projektträgers wurden auch Projektideen ausgesiebt, die bereits lau-
      fenden bzw. durchgeführten Projekten ähnelten. Aufgrund eines Personalwechsels beim Projekt-
      träger Ende 2000 ging diesem die diesbezügliche Fachkompetenz allerdings erst einmal verloren.

FE-Projekte führte (vgl. Kapitel 4.2). Von der Zusage über 20,5 Mio. € Fördermittel[11] Ende 2000 waren die Initiatoren von InnoPlanta positiv überrascht, da sie aufgrund ihrer intensiven Vorarbeiten zwar mit der Akzeptanz ihrer InnoRegio-Konzepts seitens des BMBF, nicht aber mit einem solch großen Fördervolumen gerechnet hatten. So konnte in dem 2000 eingereichten Förderantrag bereits die Mitwirkung(sbereitschaft) von 14 wissenschaftlichen Einrichtungen, 8 Biotech-Start-ups, 16 Unternehmen, 12 Saatzüchtern, 8 Landwirtschaftsbetrieben, 9 Dienstleistern, 5 Finanzinstituten und 7 öffentlichen Verwaltungen im InnoPlanta-Netzwerk angeführt werden.

Nach der erfolgreichen Gründung von InnoPlanta mit den dabei von seinen Initiatoren vorgenommenen (impliziten) Weichenstellungen und der Zusage von 20,5 Mio. € Fördermitteln im Rahmen des InnoRegio-Programms ging es in der *zweiten*, etwa die Jahre 2001 bis 2002 umfassenden *Phase* um die substanzielle Etablierung von InnoPlanta mit der Umsetzung dieser Zusage in die Beantragung und Bewilligung konkreter Einzelprojekte, der Ausbildung hierfür geeigneter (dem InnoRegio-Programm gemäßer) Verfahrens- und Koordinationsmuster, und der Klärung strittiger Interessen und Orientierungsmuster.

Zum einen musste sich die InnoPlanta-Geschäftsstelle in verwaltungstechnischem Management engagieren und etablieren und eine entsprechende Außenwahrnehmung erreichen, hierbei u.a. auch die Einbindung in Informationsflüsse etwa zwischen zentralen Forschungsinstitutionen und Projektträger durchsetzen, ihre administrative und koordinierende Rolle in der Praxis zwischen einer Vielzahl grundsätzlich sinnvoller Aufgaben und ihrer durch 2 bis 2,5 Mitarbeiterstellen begrenzten Kapazität ausbalancieren, Antragsteller beraten und das (interne) Antragsprozedere[12] organisieren, Informationsveranstaltungen organisieren, Kontakte und Kooperationen unter den Mitgliedern des Netzwerks fördern und neue Mitglieder gewinnen, industrielle, eigene Mittel einbringende Partner trotz allenfalls langfristiger wirtschaftlicher Erträge von der Mitarbeit an InnoPlanta-Projekten überzeugen, (weitere) Wagniskapitalgeber finden, einen netzwerkübergreifenden Erfahrungs- und Wissensaustausch durch den Aufbau eines netzwerkinternen Wissens- und Informationssystems organisieren, Öffentlichkeitsarbeit selbst und qua Delegation an professionelle Institute (Capito 2001-2003, Genius 2003-2004) leisten[13] als auch Kontakte zum Projektträger, zu landespolitischen

---

[11] Dies ist neben dem gleichfalls auf Biotechnologie fokussierenden InnoRegio BioMeT in Dresden das größte Fördervolumen für ein InnoRegio.

[12] Dieser mehrstufige interne Qualifizierungsprozess der Projektanträge besteht aus: Einreichen einer Projektskizze, Erarbeitung eines Projektantrages nach BMBF-Kriterien, fachliche Begutachtung durch den Wissenschaftlichen Beirat, regionales Votum durch den InnoPlanta-Vorstand, Präsentation des Projekts im regionalen Fördermanagement-Team (FMT).

[13] Zu nennen sind etwa: Konzeptentwicklung, Durchführung von Veranstaltungen, Teilnahme an Messen, Präsentation vor politisch-rechtlichen Organen und vor Verbänden, Homepage im Inter-

und zu kommunalen (Förder-)Instanzen pflegen. So entstand Ende 2000 das InnoPlanta-Kapitalnetzwerk (IKN) als Wagniskapital-Fonds mit dem Zweck der dauerhaften Förderung von Existenzgründungen und Biotechnologie-Vorhaben, dem eine Reihe von Finanzinstitutionen, im Wesentlichen Banken unter der Koordination von InnoPlanta angehören.[14] Die GfW koordiniert den mit insgesamt 35 Mio. € Landesmitteln (Initiative REGIO bzw. Biotechnologie-Offensive des Landes Sachsen-Anhalt) als Erweiterung des bereits bestehenden Biotech-Gründerzentrums geförderten Biopark Gatersleben, mit Baubeginn in 2004. Nach SunGene (1998) und Novoplant (2000) kamen dort in 2001 die Firmenneugründung TraitGenetics und die Firmenansiedlung IconGenetics (und in 2003 die Neugründung array-on Biochip Technologies) hinzu. Die Mitgliederzahl von InnoPlanta erhöhte sich von 33 aus Personen, Institutionen und Firmen bestehenden Gründungsmitgliedern bis Ende 2000 auf 55 und ist bis Ende 2003 auf 64 gestiegen.

Wesentlich für die in dieser zweiten Phase stattfindende Strukturbildung des Netzwerks waren vor allem folgende Entwicklungs- und Klärungsprozesse:

1. InnoPlanta entwickelte sich langsam von einer sich durchaus auch selbst als solche verstehenden Beutegemeinschaft, in der sich „die Meute um die Beute (zusätzlicher reichlicher Fördermittel des BMBF) streitet" (so ein Interviewpartner), zu einem Innovationsverbund, in dem – ganz im Sinne der InnoRegio-Initiative – vermehrt regionale Kontakte geknüpft und (zukünftige) kooperative Entwicklungsprojekte von wissenschaftlichen und wirtschaftlichen Akteuren angestoßen werden, womit eine verstärkte Wahrnehmung von und ein kontinuierlich wachsendes Zugehörigkeitsgefühl zu InnoPlanta einhergeht. Von einem echten (erfolgreichen) Innovationsnetzwerk mit einer gemeinsamen Zielsetzung, einer Vielzahl horizontaler Knoten und relativ offenen Kommunikationskanälen, geeigneten Formen der Organisation und Kommunikation, überzeugender Leistungsfähigkeit der Akteure, dem Vorhandensein von komplementären Kompetenzen und der Fähigkeit, diese in innovative Projekte einzubringen, kann in dieser Phase jedoch noch nicht die Rede sein.

---

net, Archiv und Datenbank, Erstellung und Auswertung eines Pressespiegels, Prospekte, Newsletter und Presseverlautbarungen.

[14] Bei dem eingebrachten Kapital handelt es sich allerdings bislang ausschließlich um von industriellen Projektpartnern in InnoPlanta-Projekte eingebrachte Eigenmittel, während sich die beteiligten Banken die eigene fallspezifische Entscheidung über die Vergabe von Wagniskapital vorbehalten, sodass das IKN bisher allenfalls als bisweilen genutztes Forum von Informationsaustausch und Absprachen dient. Zudem ist die Bereitschaft, Risikokapital im Bereich der grünen Gentechnik zur Verfügung zu stellen, derzeit gering. So hat sich die Deutsche Bank um 2002 aus dem Kreditgeschäft für Start-ups im Bereich der grünen Gentechnik zurückgezogen. Insgesamt wurden von den beteiligten Banken projektspezifisch 3 Mio. € als Kredite für Existenzgründer bei InnoPlanta-Vorhaben bereitgestellt, die bislang jedoch nicht in Anspruch genommen wurden.

2. Ungeachtet dessen stand – wie nicht anders zu erwarten – in den Prozessen der Antragsgestaltung und -begutachtung das Interesse der Antragsteller im Vordergrund, ihre eigenen Projekte gegenüber um Mittel konkurrierenden Anträgen durchzusetzen und einen möglichst großen Teil der Fördermittel für ihre Forschungs- und Profilierungsinteressen zu vereinnahmen.[15] Von daher kamen einerseits nach den beschriebenen vorangegangenen Weichenstellungen insbesondere in den ersten Bewilligungsrunden grundlagenorientierte biotechnologische FE-Vorhaben des IPK und der BAZ mit Vollfinanzierung durch Fördermittel zum Zuge, obwohl dies nicht unbedingt den seitens des BMBF mit dem InnoRegio-Programm verfolgten Intentionen entsprach.[16] Andererseits führte diese offensichtliche Asymmetrie zu verstärkten Bemühungen, Projekte mit anderen Projektpartnern aus Wissenschaft und Wirtschaft und einer beträchtlichen Eigenmittelquote zu entwickeln, was sich in den späteren Projektbewilligungen niederschlug (vgl. Kapitel 4.2). Unabhängig davon gibt es keinen Fall, in dem der Vorstand ein anderes Votum als der Wissenschaftliche Beirat abgab.

3. Im Prozess von Projektbeantragung und -bewilligung trafen teilweise geringe Erfahrungen mancher Antragsteller mit FE-Anträgen gemäß formalen BMBF-Richtlinien, Probleme mit den Förderbestimmungen[17], ein beträchtlicher Stau von Förderanträgen in 2001 bei einem personell zunächst unzureichend ausgestatteten Projektträger, ein personeller Wechsel in der Zuständigkeit für InnoPlanta bei PTJ, 2001 nicht mehr verfügbare Fördermittel, seitens PTJ geforderte Antragsüberarbeitungen und viel Zeit beanspruchende mehrstufige Begutachtungsverfahren mit teils differierenden Projektbewertungen zusammen. Dies führte zu teils signifikanten Verzögerungen bei der Projektbewilligung, insbesondere bei Vorhaben, die abhängig von Vegetationsperioden sind, zu Kosten verursachender Vorhaltung geeigneten Personals oder zu weiteren Verzögerungen infolge Zeit beanspruchender Personalrekrutierung nach Projektbewilligung, zu aus beidem resultierenden verspäteten Mittelabruf, sowie zu Erwartungsenttäuschungen und Unzufriedenheit bei vielen Antragstellern.[18] So wurde die zusätzliche, de facto das entscheidende Votum

---

[15] Vor diesem Hintergrund ist die im Förderantrag aufgeführte Beratungsaufgabe von Moderation und Konfliktmanagement durch InnoPlanta nicht nur als eine externe, sondern auch als eine interne Aufgabe anzusehen.

[16] Allerdings forderte das BMBF anfangs selbst dazu auf, auch Vollfinanzierung verlangende Projektanträge einzureichen, um Ende 2000/Anfang 2001 verfügbare Haushaltsmittel für einen raschen Beginn von InnoRegio-Projekten zu nutzen.

[17] So sah sich der Projektträger zunächst nicht in der Lage, eine Beteiligung der BAZ an Projekten zu bewilligen, weil es sich um eine dem BMVEL nachgeordnete Behörde handele, die nicht einfach BMBF-Fördermittel in Anspruch nehmen dürfe. Die Lösung bestand in der Verwendung anderer Antragsformulare (AZV statt AZA).

[18] Mehrere Interviewpartner monierten telefonische Zusagen oder letters of intent, die nicht eingehalten worden seien, wobei ihnen der administrativ bedeutsame, unter Umständen mit signifikanten Zeitdifferenzen verknüpfte Unterschied zwischen Zusage und Bewilligung, zwischen letter of

abgebende Instanz des regionalen FMT, die den Förder- und Bewilligungsinstanzen BMBF und PTJ einen ausgewogeneres Urteil über die Projektanträge ermöglichen soll und die aus Vertretern des BMBF, von PTJ, des Wirtschafts- und des Kultusministeriums von Sachsen-Anhalt, der Innovations- und Beteiligungsgesellschaft des Landes Sachsen-Anhalt, Mitgliedern des Vorstands, des Wissenschaftlichen Beirats und der Geschäftsführung besteht, von einigen Interviewpartnern als überflüssige Bürokratisierung und zeitraubende Verlängerung des Bewilligungsverfahrens eingestuft, auch wenn sie in gemeinsamen Sitzungen mit den Antragstellern zu einer schnelleren Klärung von Zweifelsfragen der Fördermodalitäten und zur beschleunigten Entscheidungsfindung beitragen kann. Die nach den ersten beiden rasch angesetzten Sitzungen des FMT im Januar und April 2001 aufgetretenen Irritationen über Projektbewertung, Bewilligungsverfahren und -zeiträume führten zu klärenden Gesprächen des InnoPlanta-Vorstands mit dem BMBF und PTJ im Juni und August 2001 und im Januar 2002 – nach einem ‚Beschwerdeschreiben' an die Forschungsministerin, als aufgrund fehlender Haushaltsmittel im Herbst 2001 Projektbewilligungen ausblieben. Aufgrund dieser Gespräche fanden - gerade angesichts ähnlicher Situationen in anderen InnoRegios – zusätzliche Beratungssprechtage von PTJ vor Ort statt und wurden die Richtlinien des InnoRegio-Programms deutlicher herausgestellt sowie eine zukünftig möglichst bedarfsgerechte Zuweisung der Fördergelder, kein Verlust von Fördergeldern infolge verzögerten Mittelabrufs und eine Verlängerung des Förderzeitraums um ein Jahr bis 2006 vereinbart.

4. Parallel hierzu fanden teils durchaus mühsame (widerwillige) Lernprozesse unter vielen InnoPlanta-Akteuren dahingehend statt, dass der Fokus der InnoRegio-Initiative nicht auf einer Förderung genuin wissenschaftlicher Kompetenzen und Kapazitäten in der Region, sondern auf einer wirtschaftsfördernden, unternehmensorientierten Ausrichtung zwecks Anstoßens einer nachhaltigen ökonomischen Entwicklung der Region und damit auf anwendungs- und marktorientierten Kooperationsprojekten von Wissenschaft und Wirtschaft liegt, was durch das Einbringen signifikanter Eigenmittel glaubhaft und erst dadurch förderungswürdig wird. Diese insbesondere vom Projektträger forcierten Lernprozesse waren vor allem deshalb

---

intent und Zuwendungsbescheid nicht klar gewesen sein dürfte. – Die Kompliziertheit und Dauer des Bewilligungsprozesses wurde übrigens durchweg von Teilnehmern am InnoRegio-Programm bemängelt (vgl. Eickelpasch et al. 2002). Hier kommen die Dilemmata der Förderpolitik eines technologiepolitisch innovativen InnoRegio-Programms zwischen der raschen, unbürokratischen Förderung regionaler Innovationen und dem Zwang, bestehende Verfahrensvorschriften einzuhalten (verbunden mit der Gefahr des Rückfalls in Routinen konventioneller Projektförderung), sowie zwischen dem einerseits artikuliertem Beratungsbedarf und dem Wunsch nach möglichst präzisen Vorgaben aus den Regionen und andererseits der Befürchtung einer zu starken Einschränkung der regionalen Eigenentwicklung durch formal unverbindliche Empfehlungen des Projektträgers zum Ausdruck (vgl. Müller et al. 2002).

so mühsam, weil sie in der Konsequenz zum einen den Interessenlagen der beiden Hauptakteure und Hauptprofiteure der Fördermittel, IPK und BAZ, tendenziell widersprachen und ihre Position schwächten, und zum anderen das finanzielle Engagement von Unternehmen in für sie wirtschaftlich riskante Projekten verlangten, deren Erträge zudem meist weit in der Zukunft lagen. Der Erfolg dieser Lernprozesse lässt sich an der verstärkten Beteiligung etwa von Saatzuchtunternehmen in Kooperationsprojekten und der erhöhten Eigenmittelquote bei später beantragten und bewilligten FE-Projekten festmachen.

5. Schließlich ist trotz dieser (vom Projektträger) mühsam erreichten (Re-)Orientierung von InnoPlanta auf wirtschaftlich aussichtsreiche Projekte auch auf in gewisser Weise widersprüchliche Rationalitäten bei Förderinstanzen und Antragstellern hinzuweisen. Auf der einen Seite kommen beim Projektträger administrative, auf Regelhaftigkeit und Vorschriftsmäßigkeit abzielende Rationalitäten zum Tragen, die auf ökonomische Rationalitäten betriebswirtschaftlicher Effizienz bei Projektbearbeitern im Zweifelsfall wenig Rücksicht nehmen, zumal wenn die hieraus resultierenden Kosten nicht von ersterem zu tragen sind. So sind durch Antragsprozeduren und verzögerte Bewilligungen entstehende zusätzliche Kosten selbstverständlich vom Antragsteller zu tragen. Vor dem Hintergrund des vorherrschenden ertragsorientierten innovationsökonomischen Mainstreams im wirtschafts- und technologiepolitischen Diskurs führt die wirtschafts- und regionalpolitische Stoßrichtung der InnoRegio-Initiative des BMBF auf der anderen Seite angesichts des tendenziell an Wahlperioden orientierten Legitimationsbedarfs technologiepolitischer Programme dazu, eine Markteinführung und -penetration der entwickelten biotechnologischen Verfahren und Produkte möglichst früh nach Beendigung der geförderten FE-Projekte als Beleg der ökonomischen Relevanz des InnoRegio-Programms zu erwarten, auch wenn es offiziell nicht um kurzfristige wirtschaftliche Verwertbarkeit auf Einzelprojektebene, sondern um den Anstoß einer nachhaltigen regionalen Innovationsdynamik mit erst in fernerer Zukunft zu erwartenden wirtschaftlichen Erträgen geht. Demgegenüber ist unter realistischen Annahmen bei der Mehrzahl der Projekte trotz beschleunigter Innovationsprozesse mit einer Markteinführung und erfolgreichen Marktdurchdringung der entwickelten Verfahren oder Produkte der Pflanzenbiotechnologie erst in 10 bis 20 Jahren zu rechnen, was durchaus typischen Zeiträumen für erfolgreiche Innovationen in den life sciences entspricht. Mit diesen beiden so gezeichneten widersprüchlichen Rationalitäten werden sowohl die unterschiedlichen Systemreferenzen der Akteure (politisch-administratives bzw. ökonomisches System) als auch die innerhalb ihres Funktionssystems nach Bezugsebenen ihres Entscheidens und Handelns variierenden Legitimationskriterien deutlich. Dem Projektträger geht es um eine rechtlich korrekte und den Vorschriften entsprechende Vorgehensweise gegenüber dem BMBF,

einerseits, das ihn mit der eigenverantwortlichen Projektbewilligung und -abwicklung beliehen hat, und um wirtschafts- und technologiepolitisch einschlägige Erfolgsmeldungen (für das InnoRegio-Programm) gegenüber den politischen Akteuren in Regierung, Parlament, Wirtschaft und Öffentlichkeit, andererseits. Dem industriellen Projektnehmer hingegen geht es (für sein Unternehmen) um die ökonomisch effiziente Nutzung der ihm zur Verfügung stehenden Betriebsmittel, einschließlich von Fördergeldern, einerseits, und um eine technisch und wirtschaftlich solide Einschätzung der Vermarktungsperspektiven in sachlicher, (langfristiger) zeitlicher und quantitativer (räumlicher und sozialer) Hinsicht, andererseits, aufgrund derer sich die voraussichtliche Wirtschaftlichkeit seiner FE-Aufwendungen erst – zumindest grob – abschätzen lässt. Während die beiden Rationalitäten von PTJ zwar infolge unterschiedlicher Referenzen und Akteurbezüge im Normalfall problemlos koexistieren können, jedoch strukturelle Inkompatibilitäten aufweisen, handelt es sich bei dem industriellen Projektnehmer um zwar unterschiedliche, jedoch im Normalfall durchaus kompatible Rationalitäten.[19]

Nach der strukturbildenden und konfligierende Interessen und Orientierungsmuster klärenden Etablierung von InnoPlanta geht es in der seit ca. Mitte 2002 bis etwa Mitte 2004 während *dritten Phase* primär um Konsolidierung und Routinisierung.

Nachdem die Antrags- und Bewilligungsprozeduren einvernehmlich geklärt worden sind und sich bei den Beteiligten eingespielt haben, und infolge häufigerer Interaktion eine gewisse wechselseitige Vertrautheit der Akteure untereinander entstanden ist, entwickelte sich zwischen InnoPlanta und PTJ eine weitgehend problemlose Zusammenarbeit bei einer nunmehr zunehmend routinemäßig verlaufenden Projektabwicklung, in der sich beide Akteure aneinander „gewöhnt" haben, ihre jeweiligen Funktionsrollen respektieren und Konfliktsituationen unwahrscheinlich geworden sind. Neben der Entwicklung und Begutachtung weiterer Projektanträge bis etwa Mitte 2004[20], durch die das Fördervolumen vollständig ausgeschöpft werden dürfte und wodurch die Offenheit für unterschiedliche Projektideen zwangsläufig weitgehend verschwindet, werden das Monitoring und Controlling der laufenden Projekte zunehmend wichtiger, wo es sowohl um die ordnungsgemäße Projektbearbeitung als auch um die Wahrnehmung erfolgversprechender Ergebnisse im Netzwerk geht. Während die Mehrzahl der Vorhaben erwartungsgemäß verläuft, können wenige wie z.B. das Thymian-Projekt C24 mit unerwartet positiven und frühzeitigen Ergebnissen der Ertragsverbesserung aufwarten (vgl. Kapitel 4.4). Wenige andere wurden in 2003 aufgrund mangelnder Erfolgsaus-

---

[19] Natürlich können sich auch betriebswirtschaftliche Effizienz und notwendig risikobehaftete FE-Investitionen in einem Unternehmen (ex post) als inkompatibel herausstellen.

[20] Danach machen neue Projektanträge aufgrund ihrer aus pflanzenbiologischen Gründen notwendigen zumindest zweijährigen Laufzeit und des Auslaufens der InnoRegio-Förderung Ende 2006 wenig Sinn.

sichten abgebrochen, nämlich das Hybridweizen-Projekt C02 (vgl. Kapitel 4.6), bzw. wie das Bildungsprojekt B08 aufgrund konzeptioneller und methodischer Mängel beendet und nicht, wie von seinen Bearbeitern beantragt, weiter fortgeführt. An seiner Stelle wurde die Förderung eines anderen Ausbildungsprojekts B13 zur Einrichtung eines dualen Studiengangs Pflanzenbiotechnologie beantragt. Abgesehen von den mit der Beendigung dieser Projekte verbundenen Interessenkonflikten zeichnet sich die dritte Phase durch wenige Kontroversen, eine aus Erfahrung resultierende routiniertere und auch professionellere Projektbearbeitung, -kontrolle und -koordination und die weitere Konsolidierung von InnoPlanta als allmählich echtes regionales Netzwerk aus.

Im Übrigen führt InnoPlanta die weiteren in der vorangehenden Phase verfolgten, oben beschriebenen Aktivitäten wie etwa das Einwerben von Wagniskapital und die Förderung von Firmenneugründungen, Networking, die Durchführung von Informationsveranstaltungen und verstärkte PR-Arbeit (vgl. Genius 2003) fort. Darüber hinaus bemüht sich InnoPlanta auf der Grundlage seiner zunehmend gefestigten eigenen Position um die praktische Umsetzung einer Strategie, durch die die Region über Clusterentwicklung, Fokussierung, Imagebildung, nachhaltiges Netzwerkmanagement und verstärkte externe Kontakte zum Spitzenstandort für Pflanzenbiotechnologie in Deutschland werden soll. So werden einige Projekte mit erfolgversprechenden Ergebnissen (C14, C16, C17 und indirekt C05; vgl. Kapitel 4.2) um 2 Mio. €[21] aufgestockt, ein Businessplan-Wettbewerb verfolgt, um weitere Global Player wie etwa Bayer Crop Science oder Syngenta als Mitglieder des Netzwerks zu gewinnen und Firmenneugründungen der Branche anzuregen, die landespolitischen Kontakte zwecks Einbettung und Ausweitung von InnoPlanta intensiviert und die Zusammenarbeit mit der Bio Mitteldeutschland GmbH (BMD) fortgesetzt.[22]

In der letzten, noch in der Zukunft liegenden *vierten Entwicklungsphase* von InnoPlanta geht es von 2004 bis 2006 neben dem Abschluss der im Rahmen des InnoRegio-Programms bearbeiteten Projekte in Fortführung der bereits begonnenen Umsetzung seiner gerade skizzierten Strategie um die Optimierung und Verstetigung des Netzwerks. Die dabei anstehenden Aufgaben betreffen insbesondere

- den erfolgreichen Abschluss fast sämtlicher Anfang 2004 noch laufender bzw. noch gar nicht begonnener FE-Projekte seitens der verantwortlichen Projektbearbeiter,
- die Ermittlung und außenwirksame Darstellung von (häufig nur schwer messbaren) generellen Erfolgen von InnoPlanta, wie neu gegründete Biotech-Unternehmen,

---

[21] Um 0,91 Mio. €, wenn das an das Projekt C05 anschließende Zuckerrübenmarker-Projekt R19 (Haplotypenmuster) nicht einbezogen wird.

[22] Dieser Verband von der Biotechnologie nahe stehenden Unternehmen und Institutionen in Sachsen-Anhalt und Sachsen finanziert ab 2003 zu 30% die Geschäftsstelle von InnoPlanta, die perspektivisch mittelfristig in ihm aufgehen dürfte.

geschaffene Arbeitsplätze, angemeldete Patente und Lizenzen oder geschaffene Allianzen,

- die Identifikation und die für äußere Interessenten ansprechende Präsentation und Vermarktung von herausragenden und marktträchtigen Projektergebnissen,
- die Fortführung erfolgversprechender Projekte in Richtung auf marktfähige Produkte, meist in Zusammenarbeit mit Saatzüchtern,
- die Finanzierung solcher Folgeprojekte und die Verhandlungen mit potenziellen Geldgebern,
- die Einbindung des Netzwerks in das anlaufende, 150 Mio. € schwere Biotechnologie-Förderprogramm des Landes Sachsen-Anhalt[23] und
- die wirkungsvolle Verknüpfung verschiedener Aktivitäten, verfügbarer Fördermittel und vorhandenen Wagniskapitals innerhalb und außerhalb von InnoPlanta.

Von richtungweisender Bedeutung für die weitere Entwicklung von InnoPlanta dürfte die von seinem Vorsitzenden maßgeblich betriebene klare Positionierung von Inno-Planta zugunsten der grünen Gentechnik in 2004 sein, die in Verbindung mit der seitens InnoPlanta übernommenen administrativen Betreuung und Koordination des Erprobungsanbaus von Bt-Mais durch Monsanto, Pioneer und KWS in Sachsen-Anhalt und noch weiteren Bundesländern erfolgte. Die InnoPlanta in 2004 übertragene Koordination des Erprobungsanbaus von Bt-Mais soll – in Verbindung mit der über Inno-Planta an das Institut für Pflanzenzüchtung und Pflanzenschutz der Universität Halle vergebenen wissenschaftlichen Begleitforschung (Vorhaben R25) – perspektivisch dazu beitragen, seine Position als maßgebliches Netzwerk in der Pflanzenbiotechnologie und Pflanzengentechnik zu stärken. Sie macht zum einen die zukünftige Einbeziehung von InnoPlanta-Projekten in die gesellschaftspolitische Kontroverse um die grüne Gentechnik wahrscheinlich und wird zum anderen von manchen Mitgliedern als ihnen aufoktroyiert empfunden, was ihre Bereitschaft zum Engagement im Netzwerk mindern könnte. Falls es zu einer weitergehenden Durchsetzung der grünen Gentechnik in der Landwirtschaft und einer Normalisierung im gesellschaftlichen Umgang mit ihrer Nutzung in der Pflanzenbiotechnologie kommt, dann dürfte sich diese Positionierung vorteilhaft für InnoPlanta auswirken, während sie andernfalls mit zusätzlichen Risiken bei seiner weiteren Entwicklung verbunden sein dürfte.

---

[23] Auch hier werden sich primär Mitglieder von InnoPlanta wie das IPK und nicht InnoPlanta selbst um Fördermittel bemühen (können), so wie sie dies bisher im Rahmen von InnoPlanta tun, um InnoRegio-Gelder zu erhalten.

Nach dieser Darstellung der Entwicklung von InnoPlanta als Innovationsverbund sollen abschließend die hierbei erkennbaren Entwicklungslinien und -muster zusammenfassend skizziert werden, die dann in Kapitel 5 einer genaueren Analyse unterzogen werden.

Die *Akteurkonstellation* des Verbunds zeichnet sich vor allem durch folgende Merkmale aus:

- ihre klare Verankerung in der Region
- ein innerer Kreis von ca. 10 Promotoren mit komplementären Kompetenzen, die an einer mithilfe innovativer Pflanzenbiotechnologie zu erreichenden nachhaltigen wirtschaftlichen Entwicklung der Region interessiert sind und die für Konzeption, Gestalt und zentrale Entscheidungen des Verbunds hauptsächlich verantwortlich zeichnen
- die Kontinuität des Engagements dieser häufig im InnoPlanta-Vorstand vertretenen Promotoren
- die Durchsetzung der Interessen dominanter Akteure bei partieller Berücksichtigung der Anliegen weniger einflussreicher Akteure und relativ wenigen, organisatorisch und atmosphärisch eingehegten internen Konflikten
- Bedeutsamkeit sowohl informeller als auch formeller Kommunikation und Aushandelungsprozesse mit hierarchischen Strukturelementen
- die starke Vertretung von wissenschaftlichen Instituten und (ausgegründeten) Biotech-Start-ups sowie von (leitenden) Wissenschaftlern in InnoPlanta
- die Mitgliedschaft einer Reihe regionaler Unternehmen vor allem im Bereich der Agrarindustrie, die sich jedoch finanziell überwiegend nur zögerlich in Vorhaben des Verbunds engagieren
- die Zugehörigkeit interessierter Dienstleister, Banken und Organe der öffentlichen Verwaltung
- langsames Wachstum und weitgehende Kontinuität der Vereinsmitglieder
- Kontaktaufnahme und -pflege mit und positive Resonanz von relevanten Umfeldakteuren in Politik, Industrie und Dienstleistungssektor
- BMBF und PTJ als entscheidende externe Interaktionspartner infolge ihrer Rolle als Hauptgeldgeber bzw. Bewilligungsinstanz, mit denen die Aufgabenstellungen und Modalitäten von Projektabwicklung und -kontrolle (im Rahmen des InnoRegio-Programms) ausgehandelt werden (müssen), die die wirtschaftliche Existenzgrundlage des Innovationsverbunds sichern
- trotz teilweiser informeller Einbindung weitgehende Abwesenheit von in der Agrar-, Ernährungs- und speziell Biotechnologieindustrie aktiven Global Playern
- weitgehende Abwesenheit von Gegenspielern des Innovationsverbunds, insbesondere von Gegnern der (grünen) Gentechnik, mit denen sich InnoPlanta auf der Ebene konkreter Aktivitäten und Proteste bislang nicht auseinanderzusetzen brauchte

und die, abgesehen von Diskussionsveranstaltungen in der Region, primär indirekt über politische und rechtliche Rahmenbedingungen und allgemeinen öffentlichen Diskurs eine Rolle spielen. Dies trifft aufgrund der oben beschriebenen Koordination des Erprobungsanbaus von Bt-Mais durch InnoPlanta seit 2004 allerdings nicht mehr zu.

Diese Akteurkonstellation belegt zudem, dass eine Gruppe engagierter und trotz teils unterschiedlicher Interessen kooperierender Schlüsselpersonen mit klarem Ziel und komplementären Kompetenzen in relevanten Positionen (unter günstigen Bedingungen) durchaus die Chance hat, für ihr Anliegen förderliche soziale Prozesse in Gang zu bringen und Wesentliches zu bewirken.

Für die *Denkfiguren* und *Problemsichten* der Mehrzahl der (bedeutsamen) individuellen Akteure sind insbesondere kennzeichnend:

- die Vorrangigkeit der je individuellen Forschungs- und Verwertungsinteressen bei relativer Akzeptanz von und Gleichgültigkeit gegenüber anderen (inhaltlich nicht verwandten) InnoPlanta-Projekten, wobei sich jedoch allmählich ein zunehmendes Interesse auch an solchen Vorhaben beobachten lässt
- eine mehr oder minder ausgeprägte Orientierung auf die Region
- eine globale Perspektive in Bezug auf die Entwicklung und Vermarktung von pflanzenbiotechnologischen Verfahren und Produkten
- die angestrebte Nutzung des (unerwartet großen) Topfs aus InnoRegio-Fördermitteln für vor allem eigene FE-Interessen
- trotz eines gewissen Verständnisses für die Situation von BMBF und PTJ eine überwiegend negative Beurteilung der vorgegebenen und praktizierten, als unnötig bürokratisch angesehenen Modalitäten der Projektbewilligung und des Verhaltens von PTJ in der Vergangenheit
- in den Projekten ein bewusster Verzicht auf die Entwicklung von Genfood-Produkten und teils auch von gentechnisch veränderten Kulturpflanzen im Sinne einer unter den gegebenen gesellschaftlichen Rahmenbedingungen klugen Strategie der Beschränkung auf politisch und ökonomisch voraussichtlich realisierbare Produkte und Verfahren der Pflanzenbiotechnologie
- dabei die grundsätzliche, teils pragmatisch-selbstverständliche, teils auch enthusiastische Befürwortung des Einsatzes der Gentechnik in der Pflanzenbiotechnologie, der primär als Chance und (bei Einhaltung nachvollziehbarer Sicherheitsstandards) kaum als Risiko eingestuft wird   .

- eine naturwissenschaftlich oder ökonomisch geprägte Überzeugtheit von dieser positiven eigenen Einstellung, deren begrenzter Horizont und eingeschränkte Objektivität kaum reflektiert wird[24]
- damit verbunden eine überwiegende Verurteilung von Gegnern der grünen Gentechnik als irrationale Ignoranten, denen es häufig um ‚bloße' politische Durchsetzung ihrer persönlichen, keineswegs die Gentechnologie selbst betreffenden Interessen gehe[25], vielfach ohne echte Bereitschaft, die in sich durchaus berechtigten Gründe einer in der Bevölkerung mehrheitlich skeptischen Einstellung gegenüber der (grünen) Gentechnik (sozialpsychologisch) zu reflektieren (vgl. Kapitel 3.3)
- die tendenzielle Vernachlässigung der die mögliche wirtschaftliche Entwicklung und Rolle einer Region systematisch begrenzenden Einflussfaktoren: zu nennen sind insbesondere die gegebenen, nicht kurzfristig veränderbaren *allgemeinen* sozioökonomischen Verhältnisse einer Region, die im internationalen Wettbewerb ohne in der Region verankerte oder aktive Global Player der Biotechnologie eingeschränkten Durchsetzungschancen regionaler Firmen der Pflanzenbiotechnologie auf dem Weltmarkt, und die im Vergleich mit der roten Biotechnologie bei über die Futtermittelherstellung hinausgehenden Agrarprodukten möglicherweise begrenzten Verkaufs- und Gewinnmöglichkeiten von bzw. durch Genfood, das die Global Player der Nahrungsmittelindustrie derzeit kaum zu vermarkten interessiert sind.[26]

Folgende von den Akteuren wahrgenommene (konfliktträchtige) *Problemlagen* und diesbezüglich gefundene bzw. *anvisierte Problemlösungen* fallen ins Auge:

- Für die aus unterschiedlichen Zielen und Rationalitäten von PTJ und InnoPlanta resultierenden Differenzen über das Management und die Modalitäten von Projektbewilligung und -beginn wurde nach einer Phase wechselseitiger Verärgerung und Skepsis durch die Einschaltung und Mitwirkung des BMBF (auf diskursivem Wege) eine einvernehmliche prozedurale Lösung gefunden, sodass sich in der Folgezeit eine weitgehend problemlose Form von Projektbegutachtung, -bewilligung und -durchführung einspielte.

---

[24] So wurde auf einer Mitgliederversammlung von InnoPlanta die Ungefährlichkeit der grünen Gentechnik mit dem Resultat eines faktisch stattfindenden riesigen Experiments belegt, dass nämlich die Mehrzahl der US-Bürger seit nunmehr einem Jahrzehnt gentechnisch veränderte Lebensmittel konsumierten, ohne deshalb gesundheitlich beeinträchtigt worden zu sein. Die in mehrfacher Hinsicht methodische Unhaltbarkeit einer solchen Aussage dürfte offensichtlich sein.

[25] Für analoge, detailliert herausgearbeitete Befunde im britischen Diskurs um die grüne Gentechnik vgl. Cook et al. 2004.

[26] Die mentale Fokussierung auf die Chancen und nicht auf die Restriktionen einer regionalen Innovationsdynamik ist sozialpsychologisch gesehen vermutlich eine notwendige Voraussetzung für die erfolgreiche Durchsetzung einer solchen auf die Pflanzenbiotechnologie setzenden Strategie im politischen Prozess.

- Die faktische Diskrepanz zwischen der vorrangigen Wissenschaftsorientierung vieler (von den InnoPlanta Hauptakteuren IPK und BAZ beantragter) Projekte und deren von PTJ gewünschter industrieller Anwendungsorientierung wurde durch die allmähliche Anerkennung dieses Verlangens seitens InnoPlanta, eine verstärkte Industriebeteiligung und eine größere Eigenmittelquote zumindest deutlich reduziert.
- Die Dominanz von IPK (und BAZ) bei der Verteilung und Förderung der FE-Projekte, die auch aus der bei diesen Institutionen angehäuften wissenschaftlichen Kompetenz resultiert, wurde zunehmend als problematisch wahrgenommen und zu begrenzen versucht, wobei sich ihr trotz einer gewissen Beschränkung gegebener Fortbestand zum einen als impliziter Machtkompromiss interpretieren lässt.[27] Zum anderen ist das IPK in Verbundprojekten in vielen Fällen der geeigneteste und damit wichtigste Kooperationspartner für Industrieunternehmen.
- Angesichts der gegenüber großen Biotech-Unternehmen beschränkten Kapazitäten und Möglichkeiten der InnoPlanta-Akteure auf dem Weltmarkt zielen die Projekte einerseits auf die Entwicklung von Plattformtechnologien und die Züchtung von verbreiteten Kulturpflanzen mit neuen Inhaltsstoffen oder mit Virus- und Fusarienresistenzen ab, die sich im Erfolgsfall in Allianzen mit solchen Konzernen oder teilweise auch mit regionalen Saatzuchtunternehmen grundsätzlich vermarkten lassen sollten, und andererseits auf Nischenmärkte vor allem im Arznei- und Gewürzpflanzensektor ab, in denen aufgrund der bestehenden lokalen Kompetenzen und Stärken die Wettbewerbsfähigkeit der (zukünftig) entwickelten Verfahren und Produkte im Prinzip erwartet werden kann.
- Im Hinblick auf die angestrebte, letztlich auf Gewinne abzielende Markteinführung von erst noch zu entwickelnden pflanzenbiotechnologischen Verfahren oder Produkten werden die Entwicklungskosten und potenziellen Verluste im Falle einer scheiternden Marktpenetration zum einen durch ein übliches stufenweises Vorgehen beim Entwicklungs- und Züchtungsprozess und zum anderen durch den Langfristhorizont einer Markteinführung in überwiegend erst 10 bis 20 Jahren in Grenzen zu halten versucht.
- Das Risiko einer unter den derzeitigen gesellschaftlichen Bedingungen vermutlich scheiternden Markteinführung gentechnisch veränderter Lebensmittel und – wenn auch weniger ausgeprägt – Agrarprodukte wurde strategisch bewusst dadurch vermieden, dass die Projekte nicht auf die Entwicklung von Genfood-Produkten abzielen, Projekte gerade auch im Nonfood-Bereich verfolgt werden und nur wenige Vorhaben auf gentechnisch veränderte Output-Eigenschaften von für die Lebensmittelherstellung vorgesehenen Kulturpflanzen ausgerichtet sind.

---

[27] Bei der mit durchaus teils kontroversen Diskussionen verbundenen Evaluation der rund 20 Projektvorschläge im Hinblick auf die Verteilung der in 2004 noch verfügbaren restlichen Fördermittel kommen wiederum zur Hälfte solche zum Zuge, an denen das IPK bzw. die BAZ beteiligt sind (R17, R22, R23, R30; R24, R26, R27, R31, R33).

- Die (öffentlich kontrovers diskutierte) Frage der (gesundheitlichen und ökologischen) Sicherheit der grünen Gentechnik und Biotechnologie spielt für InnoPlanta kaum eine Rolle. Entsprechende Sicherheitsforschung findet etwa beim IPK allenfalls außerhalb dieses Verbunds statt, indem es u.a. 2001 bis 2004 im Rahmen der BMBF-geförderten biologischen Sicherheitsforschung ein Forschungsvorhaben über die Entwicklung von alternativen Markergenen (und von Methoden zur sequenzspezifischen Integration von Transgenen in das Pflanzengenom) durchführte.

- Anfänglich hiervon durchaus selbst positiv überrascht, sah sich InnoPlanta bislang in der Region nicht mit Protestaktionen gegen die Gentechnik konfrontiert.[28] Bei anstehenden Feldversuchen der Projekte sind Proteste allerdings, etwa im Zusammenhang mit der landespolitischen Biotechnologie-Offensive, nicht auszuschließen. Hierfür wurden, abgesehen von (vorbeugenden) PR-Aktivitäten, Aufklärungsveranstaltungen, Podiumsdiskussionen, öffentlichen Instituts-Präsentationen und Kontaktpflege mit wichtigen regionalen Akteuren, bislang keine weiter reichenden Konzepte einer Problemlösung entwickelt. Dies war zum einen bis jetzt nicht notwendig; zum anderen dürften – angesichts des weitgehend fehlenden Verständnisses für das Anliegen von Kritikern der Gentechnik – im Konfliktfall die internen Ressourcen von InnoPlanta für dessen Bewältigung kaum ausreichen, zumal sich Gentechnik-Protest vorzugsweise situativ und nur stellvertretend an bestimmten Objekten festmacht.

Betrachtet man die *bisher* auf verschiedenen Ebenen *erreichten Ergebnisse* der vielfältigen Aktivitäten von InnoPlanta, so sind insbesondere folgende zu nennen:

- Auf der Ebene von Projektentwicklung, -bewilligung und -kontrolle gelang deren Überführung in ein zunehmend routinemäßiges Projektmanagement, das Einwerben einer ausreichenden Zahl qualifizierter Projektanträge und teilweise die kompromisshafte Auflösung von Konfliktsituationen infolge divergierender Problemsichten und Interessen.

- Auch wenn eine Reihe von FE-Projekten die angestrebten (vermarktungsfähigen) Ergebnisse nicht erreichen dürfte, finden sich in dem Projekt-Portfolio doch einige vielversprechende Projekte mit aussichtsreichen Marktperspektiven.

- In diesem Zusammenhang werden auch erfolgversprechende pflanzenbiotechnologische Trajektorien für die Fortführung begonnener Produkt- und Verfahrensentwicklungen aufgezeigt, deren Finanzierung jedoch noch offen steht.

---

[28] Mit der Übernahme der Koordination des Erprobungsanbaus von Bt-Mais in 2004 durch InnoPlanta dürfte sich dies ändern, wie erste Aktionen im Juni 2004 verdeutlichen, wobei über die Stärke und soziale Verankerung des Protests in der Region noch keine eindeutigen Aussagen möglich sind.

- Außerdem haben die Kooperationen in den Projekten bisweilen den Anstoß für die Entwicklung weiterer Projekte und diesbezüglicher Kooperationen auch außerhalb des InnoPlanta-Projektverbunds gegeben.

- InnoPlanta weist zunehmend den anfangs lediglich propagierten Charakter eines Netzwerks auf, wenn auch primär auf der Ebene organisatorischer Koordination und weniger auf derjenigen inhaltlich-kognitiver Vernetzung (vgl. Abbildung 4.1).

- Als Innovationsverbund hat sich InnoPlanta in der Region etabliert und konsolidiert, regionale Akzeptanz gewonnen und Resonanz in Fachkreisen gefunden.

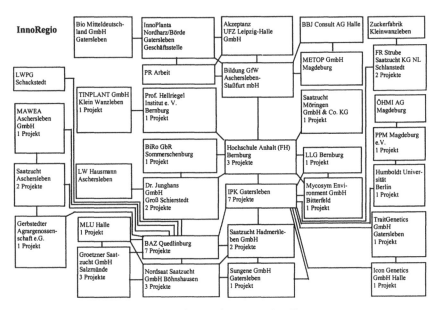

Abbildung 4.1: *Kooperative Vernetzung der Projektpartner in InnoPlanta*
Quelle: InnoPlanta Geschäftsstelle

Versucht man nun die diesen Befunden zugrunde liegenden markanten *Entwicklungslinien* und -*muster* herauszuarbeiten, so bieten sich folgende Interpretationen an:

1. InnoPlanta gelingt – bei einem nach der Gründungsphase langsamen Wachstum – seine zunehmende regionale Etablierung und interne Konsolidierung mit damit einhergehendem steigendem Selbstbewusstsein.

2. Dem korrespondiert eine Entwicklung von einer für diesen Zweck gebildeten Beutegemeinschaft über einen lockeren Innovationsverbund hin zu einem Netzwerk, das vor allem durch organisatorische und Weichen stellende Abstimmungsprozes-

se, die die Verfolgung bestimmter pflanzenbiotechnologischer Optionen festlegen, und noch weniger durch gemeinsame Arbeitsinhalte geprägt ist.[29] Denn Netzwerke sind keine Selbstläufer. Sie benötigen Koordination, um ihre Aktivitäten zu verknüpfen. Und ihre Entwicklung ist durch die ihnen innewohnende Dynamik und Komplexität nur schwer planbar. Im Vergleich mit anderen InnoRegios hat Inno-Planta auf der Grundlage der vielfältigen kompensatorischen Kompetenzen seiner Promotoren und seiner frühen und intensiven Gründungsvorbereitungen jedenfalls die für eine Netzwerkbildung kritische Masse annähernd erreicht (vgl. Brenner/ Fornahl 2002). So gehört er seit 2004 zu den vom BMBF ausgezeichneten Kompetenznetzen im Innovationsfeld Biotechnologie. Hingegen beteiligt er sich (als bereits etabliertes Kompetenznetzwerk) bislang nicht an dem Förderprogramm des BMBF „Innovative regionale Wachstumskerne" für die ostdeutschen Bundesländer, in dem erkennbare Marktpotenziale, Wettbewerbsfähigkeit und Unternehmensstrategien stärker als in dem in Konzeption und Instrumentierung vergleichbaren InnoRegio-Programm im Blickpunkt stehen.

3. Nach der in den ersten Jahren im Vordergrund stehenden Auflösung von (externen) prozeduralen Konflikten um die Modalitäten der Projektbewilligung und der Reduzierung von (internen) Verteilungskonflikten um Fördermittel steht mit wachsender Einbettung in die (regionale) Pflanzenbiotechnologie und ihr förderndes politisches, wirtschaftliches und wissenschaftliches Umfeld neben einem zunehmend professionellen Vorgehen die Entwicklung und Umsetzung einer hieran eingepassten kohärenten Strategie verstärkt im Vordergrund der Aktivitäten von InnoPlanta, die darauf abzielt, die Region zum Zentrum der Pflanzenbiotechnologie in Deutschland werden zu lassen. Ob die in 2004 vorgenommene klare Positionierung zugunsten der grünen Gentechnik dabei diesem Ziel dienlich sein oder sich als kontraproduktiv erweisen wird, ist noch offen und wird von der Wettbewerbsfähigkeit und gesellschaftlichen Akzeptanz von Produkten und Verfahren der grünen Biotechnologie abhängen.

4. Der erfolgreiche Verlauf dieser Entwicklungsprozesse hin zu einem Innovationsnetzwerk und möglicherweise Cluster der Pflanzenbiotechnologie erfordert notwendig hinreichend Zeit und lässt sich nur begrenzt beschleunigen. Hier lässt sich für InnoPlanta unter den gegebenen Voraussetzungen konstatieren, dass er gerade auch im Vergleich mit anderen InnoRegios diesen skizzierten Entwicklungspfad zügig gegangen ist und wohl wenig mehr hätte erreichen können (vgl. Eickelpasch et al. 2003 sowie diesbezügliche informelle Angaben). Sicherlich wäre bei stärkerem finanziellen Engagement regionaler Unternehmen, einer großzügigeren Ausstattung der Geschäftsstelle oder einem raschen Projekterfolg durch die erfolgrei-

---

[29] Auf die Erfüllung der Kriterien einer Netzwerkbildung wird in den Kapiteln 2.2 und 5.6 näher eingegangen.

che Entwicklung einer neuen Plattformtechnologie im Hinblick auf die Bildung eines Innovationsnetzwerks mehr möglich gewesen, aber solche fiktiven Voraussetzungen waren eben weder gegeben noch realistischerweise durchsetzbar gewesen.

5. InnoPlanta ist auch innerhalb der Region nur ein Element in dem gesamten Setting der Pflanzenbiotechnologie und ist daher auch – ganz im Sinne der Förderphilosophie des BMBF[30] – als solches einzuordnen, wenn über die Erreichbarkeit des genannten Ziels von InnoPlanta, die Region zum Zentrum der Pflanzenbiotechnologie in Deutschland werden zu lassen, räsoniert wird.

6. Aus Sicht des fördernden BMBF steht und fällt der Erfolg von InnoPlanta als am InnoRegio-Programm teilnehmenden Innovationsnetzwerk mit der erfolgreichen Durchführung der geförderten Vorhaben, der Verzahnung der Vorhaben untereinander und der Umsetzung ihrer Ergebnisse in innovative Produkte, und somit mit dem Gelingen dieser gesamten Sequenz.

7. In diesem Sinne werden letztlich zukünftige echte Markterfolge neu entwickelter Verfahren und/oder Produkte in der Pflanzenbiotechnologie über den tatsächlichen Erfolg von InnoPlanta entscheiden, wobei diese nicht notwendig aus in seinem Rahmen geförderten Projekten resultieren müssen, sondern sich auch aus hierdurch angestoßenen neuen (Folge-)Projekten ergeben können. Die soziale Verankerung und Tragfähigkeit der ‚Institution‘ InnoPlanta selbst muss damit übrigens keineswegs eng gekoppelt sein und kann sich unabhängig vom Eintreten solcher Markterfolge erweisen.[31]

4.2 Projektstruktur und Kennzeichen der Einzelprojekte

Nach dieser generellen Darstellung der Struktur und Entwicklung von InnoPlanta gibt dieses Teilkapitel eine Übersicht über Gesamtbild und Verteilung der bislang bewilligten und abgelehnten einzelnen Vorhaben entlang einiger relevanter formaler und inhaltlicher Dimensionen. Dabei geht es vor allem um die Benennung empirischer Tatbestände und weniger um deren technologie-, wirtschafts- und regionalpolitische Einordnung und Interpretation. Die diesem Überblick zugrunde liegende Datenbasis besteht im Wesentlichen aus seitens der InnoPlanta-Geschäftsstelle zur Verfügung gestellten Unterlagen, dem darauf basierenden Bericht „Beschreibung und Evaluation der

---

[30] Diese zielt mit dem InnoRegio-Programm wie beschrieben darauf ab, über eine Anschubfinanzierung sich in der Folge selbst tragende (eigenständige) Innovationsdynamiken durch die Vernetzung regionaler Akteure anzustoßen.

[31] Vgl. zu den Erfolgsbedingungen und der Persistenz sozialer Institutionen und Organisationen aus ganz verschiedenartiger Perspektive Luhmann 1964, Parkinson 1966, Peters/Waterman 1982, Wiesenthal 1995.

Einzelprojekte des InnoRegio-Vorhabens ‚InnoPlanta Pflanzenbiotechnologie Nord-harz/Börde'" (Conrad/Steuer 2003) und ergänzenden Angaben und Einsichten aus den durchgeführten Experten-Gesprächen und aus InnoPlanta-Veranstaltungen in 2001-2003.

Von den InnoPlanta insgesamt von 2000 bis 2006 zustehenden InnoRegio-Fördermit-teln von 20,5 Mio. € waren unter Einbeziehung der Kosten für die Geschäftsstelle (903.000 €[32]) und die beiden Querschnittsprojekte Bildung (208.000 €) und Akzeptanz (182.000 €) Ende 2003 15.656.475 € in insgesamt 24 Projekten verbindlich bewilligt.[33] Bis August 2004 wurden weitere 3,4 Mio. € für 6 neue Projekte (R17 Spinnenseide, R18 Maiszuchtprogramm, R19 Haplotypenmuster/Zuckerrüben-Marker, R21 Optimie-rung natürlicher Aromen, R20 Industrieroggen[34], R25 Erprobungsanbau Bt-Mais: wis-senschaftliche Begleitforschung) und für die Aufstockung/Fortsetzung von 3 laufenden Projekten (C14 Mykorrhizapilze, C16/R23 Qualitätserhöhung von Futtererbsen, C17/R22 proteinhaltiger Winterweizen) bewilligt, nachdem deren Anträge von allen inhaltlichen Prüfungsinstanzen positiv begutachtet worden sind. Hinzu kommen insge-samt 8,2 Mio. € an von beteiligten Projektpartnern eingebrachten Eigenmitteln[35] sowie weitere 2,4 Mio. € an bei den 9 neuen (Folge-)Projekten zugesagten Eigenmitteln.[36] Somit stehen InnoPlanta bisher insgesamt 23.873.000 € bzw. 29,5 Mio. € für bereits bewilligte Projekte zur Verfügung, was bei 30 Vorhaben im Mittel 1 Mio. € je Projekt entspricht.[37] Von diesen Mitteln waren bis Ende 2003 8.605.000 € an Fördermitteln (~42%) und ca. 3.8 Mio. € an Eigenmitteln, zusammen 12,4 Mio. € verbraucht. Daraus wird ersichtlich, dass die Eigenfinanzierungsquote insbesondere infolge der verstärk-ten Projektbeteiligung von Industrieunternehmen von weniger als 20% auf insgesamt bislang 35% und bei den vor der Bewilligung stehenden neuen Projekten auf über 40% gestiegen ist, was durchaus der Intention des InnoRegio-Programms des BMBF ent-spricht. Für weitere zukünftige InnoPlanta-Projekte stehen im Prinzip noch 1,4 Mio. € an Fördermitteln zur Verfügung. Hierfür befinden sich 7 kleinere Fachprojekte (R24 Virusresistenz Roggen, R26 Vererbung der TuYV-Resistenz bei Winterraps, R27 Be-wertung Virustoleranzen bei Getreide, R30 Weizenmikrosporen, R32 neuartiges Raps-

---

[32] Im Folgenden sind die Angaben zumeist auf jeweils Tausend € gerundet.
[33] Hierbei ist der Abbruch des Projekts C02 mit dadurch eingesparten Fördermitteln von knapp 0,5 Mio. € berücksichtigt.
[34] Die formelle Bewilligung dieses Projekts stand zu diesem Zeitpunkt noch aus.
[35] Einschließlich der von der BMD seit 2003 übernommenen 30% der Kosten der Geschäftsstelle von InnoPlanta, was bis 2006 197.000 € entspricht.
[36] Eigenmittel bezeichnen dabei im Prinzip sämtliche nicht aus der InnoRegio-Förderung stammen-den Mittel, wobei es sich nicht nur um selbst erwirtschaftete, sondern ebenso um an anderer Stelle eingeworbene (öffentliche) Mittel handeln kann.
[37] Bei manchen Projekten kam es im Projektverlauf zu nachträglichen Änderungen, was neben Run-dungsfehlern die in dieser Angabe liegende Diskrepanz zur bloßen Addition der Einzelbeträge er-klärt (29,5 statt 29.7 Mio. €).

öl (R31), R 33 Arzneifenchel und R 31 Aufstockung Rhabarber) und 2 Querschnitts-projekte (B13 Bildung/dualer Studiengang; Businessplan-Wettbewerb) im Begutach-tungsprozess. Im Falle der vollständigen Bewilligung der Förderung all dieser Projekte wären die gesamten für InnoPlanta verfügbaren Fördermittel damit ausgeschöpft.[38] Ihre Durchführung muss infolge der Befristung der Fördermittel bis 2006 zudem auch umgehend beginnen.

Generell hat InnoPlanta die zur Verfügung stehenden Fördermittel über ein formal gut konzipiertes, in Kapitel 4.1 bereits beschriebenes Begutachtungsverfahren der Pro-jektanträge sinnvoll abgerufen und ausgeschöpft. Die zeitliche Verteilung der (voraus-sichtlichen) Verwendung der Fördermittel ist von 2002 bis 2006 mit 3 bis 4,5 Mio. € relativ gleichmäßig, nachdem außer der seit 2000 bestehenden und finanzierten Ge-schäftsstelle in 2001 nach häufig lange andauernden Projektbewilligungsphasen zu-nächst 8 Projekte in Angriff genommen und 1,1 Mio. € verbraucht wurden.

Bei den nicht konkrete biotechnologische FE-Projekte betreffenden Vorhaben und Ak-tivitäten handelt es sich im Wesentlichen um die Querschnittsprojekte B03/B11 (Ge-schäftsstelle), B08/B13 (Bildung und Ausbildung), B10 (Akzeptanz) und den anvisier-ten Businessplan-Wettbewerb. Dabei geht es neben Management, Beratung und Koor-dination des InnoPlanta-Netzwerks und der Projektpartner durch die Geschäftsstelle[39] um Öffentlichkeitsarbeit, wofür nacheinander zwei Beratungsverträge vergeben wur-den, um die Ermittlung von Ausbildungsbedarf, die Entwicklung einer Bildungskon-zeption und voraussichtlich um die Entwicklung und Erprobung eines dualen Studien-gangs in der Pflanzenbiotechnologie durch die FH Anhalt, und – mit besonderem Blick auf die öffentliche Bewertung und Akzeptanz der grünen Gentechnik – um die Analyse der Optionen und Handlungsspielräume von InnoPlanta und deren Vermitt-lung an die Netzwerk-Mitglieder. Der Businessplan-Wettbewerb soll weitere Global Player als Mitglieder des Netzwerks gewinnen und Firmenneugründungen der Branche anregen. Mit voraussichtlich knapp 1,6 Mio. € Fördermitteln (und 0.2 Mio. € Eigen-mitteln) werden knapp 8% der gesamten Fördermittel für administrative Zwecke und (sozialwissenschaftliche) Begleitforschung verwandt, was angesichts deren weiterrei-chender, über reine Projektkoordination und -administration hinausgehender Ziele eher

---

[38] Die Förderung weiterer Projektanträge, die vom Vorstand InnoPlantas erörtert wurden, mit Inno-Regio-Mitteln wäre nur bei Nichtbewilligung von einzelnen der aufgezählten Projektanträge mög-lich. Da einige von ihnen Schwierigkeiten haben, wie von PTJ gewünscht ausreichende Eigenmit-tel zu mobilisieren, ist dies keineswegs auszuschließen.

[39] Von 2001 bis 2003 wurden neben Projektbesprechungen und Sprechtagen des Projektträgers 6 Workshops, 3 InnoPlanta-Foren, 3 Innovationsabende, 3 Mitgliederversammlungen und 6 För-dermanagementberatungen durchgeführt.

als angemessene und kaum als übermäßige Inanspruchnahme der Fördermittel einzustufen ist.[40, 41]

Die bis Ende 2003 21 bewilligten und 13 abgelehnten pflanzenbiotechnologischen InnoPlanta-Projekte gruppieren sich in vier Themenfelder:

- neue molekulargenetische Verfahren für die Züchtungsforschung (‚tools‘) (C01-C07, R06),
- neue Resistenzzüchtungen gegen wichtige europäische Kulturpflanzenschädlinge (C08-C15),
- Züchtung von Kulturpflanzen mit neuen Inhaltsstoffen (C16-C23, R11) und
- züchterische Optimierung von Sonderkulturen mit regionaler Bedeutung (C24-C32).

Dabei verteilen sich die Vorhaben mit je 5 bzw. 6 Projekten gleichmäßig auf diese vier Themenfelder. Die Ablehnungsquote von knapp 30% und die Förderung von 21 aus 34 in die engere Diskussion gelangten biotechnologischen Projekten indiziert – jenseits insgesamt begrenzter Fördermittel – durchaus wirksame substanzielle Auswahlkriterien für die eingereichten Projekte. Dabei weisen die Projekte, von Ausnahmen abgesehen, laut Beurteilung des Wissenschaftlichen Beirats durchweg ein erhebliches bis sehr erhebliches Risiko ihrer wissenschaftlich-technischen Realisierbarkeit und ihres wirtschaftlichen Erfolgs auf, wie aus zusammenfassenden Tabelle 4.1 hervorgeht, die die Einzelprojekte entlang der aufgeführten Evaluationskriterien vergleichend darstellt. Die Laufzeit der Projekte variiert zwischen 3 und 5 Jahren, wobei Letzteres selten vorkommt. Bei Aufteilung der Projekte in kleinere (<400.000 €), mittlere (400.000-800.000 €) und große (> 800.000 €) ergibt sich eine Aufteilung in 8 große, 10 mittlere und 3 kleinere Vorhaben, wobei für zwei der letzteren in 2004 eine Aufstockung angestrebt wird, so dass sie zu einem mittleren (C16/R23) und einem großen (C17/R22) werden würden.[42] Der wechselseitige Bezug der Projekte untereinander ist (bislang) geringer ausgeprägt, als er im Falle verwandter Themenstellungen sein könnte.[43]

---

[40] Hierbei ist allerdings zu berücksichtigen, dass zugleich die erwähnte das gesamte InnoRegio-Programm mit 25 InnoRegios betreffende, vom DIW koordinierte Begleituntersuchung mit einem Volumen von 2,5 Mio. € durchgeführt wird.

[41] Die Geschäftsstelle ist im Hinblick auf ihre umfangreichen administrativen Koordinationsaufgaben eher unterausgestattet.

[42] Durch den Abbruch des Projekts C02 gibt es nun ein großes Projekt weniger und ein mittleres Projekt mehr.

[43] Dies spiegelt den Anfangscharakter von InnoPlanta als einer Beutegemeinschaft wider.

Projekt	Gruppe	Bewilligung	Größe	Innovationstyp	Realisierungschance	Marktpotenzial	GT-Produkt/Verfahren	Lösung dringenden Problems	Existenz konkurrierender Lösungen	komplementäre Entwicklung nötig	anvisierter Markttypus	Marktchancen	Umweltverträglichkeit	keine unerwarteten ökologischen Risiken	Sozialverträglichkeit/ wirtschaftl. Folgen	keine Akzeptanzprobleme	Bezug zu anderen IP-Projekten
C01	1	-	+				+										
C02	1	+	+	+	0	+	+	+	0	+int	+	+	+	0	+	+/0	-
C03	1	+	0	0	0	+	+	+	-	+int	+	?	+	0	+	0	+
C04	1	+	+	+/0	-	+	+	+	+/0	+int	+	0	0	0	0	0	-
C05	1	+	+	0	0	+	0	0/-	+/-	+int	+/-	0	+	0	+	+	-
C06	1	-	+				0										
C07	1	+	+	-	0	0	-	+	+	+	+	0/-	+	+	+	+/0	+
C08	2	+	+	-	0	+	+	+	0/-	0	+/0	+/0	+	0	+	+/0	-
C09	2		0	+/0	0	+	+	+/0	+	-/0	+/0	0	+/0				+
C10	2	+	0		0	0	+	+/0		+	+	?	+	0	+	+	+
C11	2	+	0	-	0	+/0	+	+	+	+int	0	+	+	0	+	+	0
C12	2	+	+	-	0	+	+	+/0	0	0	0	0	+	0		+/0	0
C13	2	-	+		0	0	+	0	+	-	0	0		0	0	0	-
C14	2	+	+	+	-/0	+	+	+	+	+?	0	+/0	+	0	+	+	-
C15	2	-	-	-	0	-	+	-/0		-	-	0	0			-	
C16	3	+	-	-	0	+	+	+/0		+int	0	0	+	+/0	+	+	0
C17	3	+	-	-	-/0	+	+	0/-	-	+int	+	0	+	+/-	+	+	+
C18	3	-	+	0	0	+/0	-/0	0	-/0	-	+	0	+	0	0/-	-	-
C19	3	+	0	-	-/0	0	+	0	-	+int	+	0	+	+/0	+	0/+	-
C20	3	-	0				+										
C21	3	-	0	-	-/0	-/0	-	-/0	+	-	-	+/0	+	-	-	-	-
C22	3	+	0	-	0	+	+	0/+	0	0	0	0/-	+	+	+	0	0
C23	3	-	+		-/0	-/0	-	-/0		-	0	+	+	+	+	0	-
C24	4	+	0	-	0	-	0/-	-	+	0/int	-	0	+	+	+/0	+	0
C25	4	+	0	-	+/0	-	-	-	+	+int	-	0	+	0	+/0	+	-
C26	4	+	0	-	+/0	-	-	0/-	+	+int	-	+/0	+	0	+	+	-
C27	4	+	-	-	0	0	-	0	+/0	+int	0	+	+	+	+	+	-
C28	4	+	+	0	0	0	+	0	+/-	+int	0	0	+	0	+/0	+/0	0
C29	4	-	0	-/0	-/0	-	-	-	0	-	-	0	+	+	+	-/0	-
C30	4	-	-				+										
C31	4	-	+				0										
C32	4	-	-				-										
R06	1	+	+	0	0	+	+	+	+/-	+int	+	0	+	0/-	+	+/0	-
R11	3	+	+	-	0/-	+		+	+	+int	+	?	+	+/0	+	+	-

Tabelle 4.1: Vergleichende Merkmalsübersicht über die InnoPlanta-Projekte (Stand 2003)
Quelle: Conrad/Steuer 2003: 71; korrigiert

Legende zu Tabelle 4.1:

Gruppe (Themenfelder): Tools 1, Resistenzzüchtungen 2, Inhaltsstoffe 3, Sonderkulturen 4

Bewilligung/Antragstellung: bewilligt +, abgelehnt, zurückgezogen, kein Antrag gestellt -

Größe: > 800.000 € +, 400.000-800.000 € 0, <400.000 € -

Innovationstyp: radikale Innovation +, moderate Innovation 0, inkrementelle Innovation -

Realisierungschance: wahrscheinlich +, erhebliche Risiken 0, große Risiken -

Marktpotenzial: groß +, mittel 0, klein -

gentechnisches Produkt/Verfahren: zentral für Projekt +, Nutzung gentechnischer Verfahren 0, entfallen -

Lösung dringenden technischen oder politischen Problems: ja +, begrenzt 0, nein -

komplementäre Entwicklungen nötig: ja +, begrenzt 0, nein -; falls nur projektintern notwendig: int
Markttypus: großer Gesamtmarkt +, mehrere begrenzte Teilmärkte 0, Nischenmärkte -
Marktchancen: groß +, mittel o, klein -
Gesundheits- und Umweltverträglichkeit: zu erwarten +, gewisse Teilprobleme 0, kaum gegeben -
keine unerwarteten ökologischen Risiken: ja +, nicht auszuschließen 0, nein -
Sozialverträglichkeit/positive wirtschaftliche Folgen: ja +, weitgehend/sowohl als auch 0, nein-
keine Akzeptanzprobleme: ja, zu erwarten +, ja, aber offen 0, nein -
Bezug zu anderen InnoPlanta-Projekten: besteht +, besteht thematisch, aber nicht auf Projektebene 0, nein -
mehrere Kennzeichnungen: bei verschiedenen Teilprojekten/-produkten und bei unterschiedlichen Referenzen

Von den 6 größten, über 1 Mio. € beanspruchenden FE-Projekten, die in der Tendenz auch die größeren Märkte und Marktpotenziale anvisieren, gehören 3 zum ersten und 2 zum zweiten Themenfeld. Zugleich finden sich in diesen beiden Gruppen überwiegend diejenigen Projekte, die radikale oder zumindest moderate Innovationen (8 von 21) anstreben. All dies ist aus der Orientierung der Themenfelder heraus auch zu erwarten: neue molekulargenetische Verfahren und neue Resistenzzüchtungen setzen in der Tendenz grundlegender an als auf neue Inhaltsstoffe oder auf Sonderkulturen-Optimierung ausgerichtete Züchtungen. Das Risiko ihres Scheiterns mag im Mittel etwas höher liegen als dasjenige der auf eher inkrementelle Innovationen setzenden Vorhaben. Dies ist aus den Einschätzungen des Wissenschaftlichen Beirats von InnoPlanta jedoch nicht genauer zu entnehmen, da dieser die Projekte (möglicherweise auch aus antragstaktischen Gründen ihrer Förderungswürdigkeit) mehr oder weniger durchweg als mit erheblichen Risiken behaftet eingestuft hat. Die überwiegende Zahl der Projekte, aber keineswegs alle zielen primär auf die Nutzung gentechnologischer Verfahren ab und in einigen Fällen (6) (zumindest in züchterischen Nachfolgeprojekten) auf die Entwicklung gentechnisch veränderter pflanzlicher Produkte (Getreide, Zuckerrübe, Raps), jedoch in keinem Fall auf konkrete Genfood-Produkte ab.[44] Letzteres resultiert weniger aus der angesichts der kontroversen öffentlichen Debatte um die grüne Gentechnik bewussten Vermeidung solcher Projektziele als vielmehr daraus, dass die Entwicklungskosten von Genfood-Produkten sehr hoch wären und dass die Projekte durchweg auf agronomische Eigenschaften landwirtschaftlicher Erzeugnisse abzielen, die erst im Zuge ihrer weiteren Verarbeitung zu in der Wertschöpfungskette nachgelagerten Produkten, also Lebensmitteln, Futtermitteln oder Industrieprodukten wie Mehl/Brot, Zucker, Öl oder Kunststoff zum Tragen kommen.

In vielen Fällen könnten die Projekte im Falle ihrer erfolgreichen Marktpenetration zur Lösung signifikanter technischer, teils auch politischer Probleme beitragen. Zwar

---

[44] Dies gilt auch für zwei weitere, in 2004 neu bewilligte Projekte.

existieren in der Mehrzahl der Fälle konkurrierende Problemlösungen, die jedoch laut Projektanträgen zumeist mit mehr Nachteilen verknüpft sind als die jeweiligen Inno-Planta-Projekte. Diese zeichnen sich zudem vielfach dadurch aus, dass sie um ganzheitliche Problemsichten und -lösungen bemüht sind, deren Erfolg von komplementären Entwicklungen verschiedener, aufeinander abgestimmter (interner) Teilprojekte abhängt. Die Marktchancen der in den einzelnen FE-Projekten anvisierten pflanzenbiotechnologischen Produkte oder Verfahren sind durchweg schwer abzuschätzen, weil diese neben der Qualität des neu entwickelten Verfahrens oder Produkts zum einen häufig stark von dessen letztendlich realisierten Kostenvorteilen und zum anderen von zukünftigen sozioökonomischen und politischen Rahmenbedingungen abhängen, deren Struktur heute noch mehr oder minder offen und damit unsicher ist. Überwiegend zielen die Projekte entweder stark wissenschaftsorientiert auf die Entwicklung innovativer biotechnologischer Verfahren oder auf die Gewinnung von pflanzenbiotechnologischen Produkten und Verfahren, die zunächst einmal die Verbesserung regional bedeutsamer Kulturpflanzen und von kleinere Marktvolumina umfassenden Arznei- und Gewürzpflanzen, somit also eher Marktnischen betreffen. Bei einigen Projekten (C07 Bioinformatik, C12 Getreide-Virusresistenzen, C14 Mykorrhiza, C24 Thymian, C25 Bohnenkraut, C26 Arzneipflanzenproduktion; partiell: C08 Verbesserung Getreidequalität, C16 Qualitätserhöhung Futtererbsen, C22 chlorophyllreduzierte Ölpflanzen) erscheint die baldige wirtschaftliche Nutzung ihrer Ergebnisse unter der Voraussetzung nicht zeitaufwändiger Zulassungsverfahren durchaus möglich[45], da bei ihnen typischerweise keine anschließenden, Jahre in Anspruch nehmenden Züchtungsanstrengungen erforderlich sind. Bei den anderen Projekten hingegen liegen die Zeithorizonte für die Markteinführung der anvisierten, in nachfolgenden Züchtungsprojekten häufig erst noch zu entwickelnden Produkte und Verfahren bei 10 und mehr Jahren.

Insofern es InnoPlanta im Rahmen des InnoRegio-Programms (offiziell) um die Entwicklung marktfähiger Produkte in der Pflanzenbiotechnologie und die wirtschaftliche Stärkung der Region geht und seine Hauptakteure in der grünen Gentechnik primär eine Chance und nicht ein Risiko sehen, existieren zwangsläufig keine Projekte, die auf die Gentechnologie betreffende Sicherheitsforschung abzielen.[46] Bei Einhaltung der bestehenden Sicherheitsstandards kann die Umwelt- und Sozialverträglichkeit der Vorhaben unter realistischen Rahmenbedingungen hingegen durchweg erwartet werden. Darüber hinaus müssen die Projekte selbst im Allgemeinen nicht mit spezifi-

---

[45] Die Zulassung neuer Sorten aus konventioneller Züchtung nimmt typischerweise weniger Zeit in Anspruch als diejenige gentechnisch veränderter Lebens- und Futtermittel und der Freisetzung von gentechnisch veränderten Organismen.

[46] Im Rahmen der vom BMBF geförderten biologischen Sicherheitsforschung verfolgt das IPK auch diesbezügliche Projekte, die die Entwicklung von alternativen Markergenen und von Methoden zur sequenzspezifischen Integration von Transgenen in das Pflanzengenom betreffen.

schen Akzeptanzproblemen rechnen, jedoch teilweise mit solchen, die aus dem generellen Kontext ablehnender Einstellungen gegenüber GenFood resultieren.[47] Signifikant ist im Hinblick auf die Aufteilung der InnoPlanta-Projekte, dass an den laufenden 21 Projekten das IPK Gatersleben an 12 bzw. sogar 13 Vorhaben[48] und die BAZ an 7 Vorhaben beteiligt sind[49] und hierfür ein Drittel der diesbezüglichen Fördermittel in Anspruch nehmen.[50] Hier kommt das enorme faktische Gewicht dieser beiden Hauptakteure zum Ausdruck, die die tatsächliche Interessenlage und FE-Orientierung von InnoPlanta entscheidend mitbestimmen und über ihre Direktoren in seinem Vorstand durchgängig vertreten sind. Nur an 3 Projekten ist keine dieser beiden Institutionen beteiligt. Inwieweit diese Dominanz aus dem schlichten Fehlen von förderungswürdigen Projektanträgen anderer Akteure, aus gegenüber anderen Interessenten qualitativ besseren Projektanträgen, aus der im Vergleich besseren und rascheren Kenntnis der Fördermöglichkeiten und Antragsprozeduren und den besseren forschungspolitischen Verbindungen dieser beiden Institutionen, aus besseren formellen und informellen Kontakten zu Beratungs- und Entscheidungsgremien oder aus der wechselseitigen Absprache und Befürwortung ihrer Projektanträge im InnoPlanta-Vorstand herrührt, muss hier offen bleiben; zu vermuten ist, dass all diese Gründe eine Rolle spielen. Vor diesem Hintergrund wird aber auch das Bemühen anderer InnoPlanta-Mitglieder und der Förderinstanzen verständlich, andere Institute verstärkt in das InnoRegio „InnoPlanta – Pflanzenbiotechnologie" einzubeziehen, um diese ungleiche Verteilung der Fördermittel zumindest abzuschwächen.

Durch die institutionelle Struktur mit dem IPK als einer primär an pflanzengenetischer Grundlagenforschung interessierten und der BAZ als einer primär an wissenschaftlich ausgerichteter Züchtungsforschung orientierten Institution wird zudem plausibel, dass insbesondere anfangs vor allem wissenschaftsorientierte Vorhaben beantragt wurden und dass diese Orientierung mit dem auf regionale Innovations- und Wettbewerbsfähigkeit ausgerichteten und damit primär wirtschaftspolitischen Ziel des InnoRegio-Programms des BMBF konfligierte und erst in einem mühsamen Lernprozess entsprechend adjustiert wurde. So sind die Beteiligung von echten Industriepart-

---

[47] Dies gilt hingegen nicht ohne weiteres für aus den Vorhaben resultierende zukünftige Produkte oder Verfahren, wenn sie in etwa 10 Jahren auf den Markt gelangen sollten.

[48] Beim Projekt C22 wechselte der verantwortliche Projektleiter vom IPK an die HU Berlin.

[49] Bei 5 der 21 Projekte handelt es sich um reine IPK-Projekte respektive ein IPK/BAZ-Kooperationsprojekt.

[50] Der gegenüber der Anzahl an Projektbeteiligungen geringere Fördermittelanteil resultiert daraus, dass beide Institutionen an den besonders großen Projekten entweder gar nicht bzw. nur wenig (C05, C04) oder lediglich als ein Projektpartner unter mehreren beteiligt sind. Ein Fördermittelanteil von einem Drittel bedeutet auch, dass alle übrigen 23 bzw. inklusive der Querschnittsprojekte 26 an FE-Vorhaben beteiligten Institutionen zusammen lediglich doppelt so viele Fördermittel wie diese beiden Organisationen erhalten, was zweifellos auch ihre im Vergleich geballte FE-Kapazität und Fachkompetenz widerspiegelt.

nern[51], die Eigenfinanzierungsquote und der Anteil der Vorhaben ohne IPK- oder BAZ-Beteiligung in den später bzw. voraussichtlich noch bewilligten Projekten gestiegen. So sind an immerhin 13 der 21 Projekte als auch an fast allen noch in der Antragsphase befindlichen Vorhaben echte[52] Industriepartner beteiligt. Aufgrund ihres Status als öffentlich-rechtliche Forschungsinstitutionen müssen die (Teil-)Projekte von IPK und BAZ zudem grundsätzlich zu 100% finanziert werden, was der Förderintention des InnoRegio-Programms ebenfalls nicht entspricht.[53]

Erwähnenswert scheint in diesem Kontext schließlich, dass des Öfteren nicht nur denselben Institutionen, sondern auch denselben (leitenden) Personen mehrere beantragte Projekte (voraussichtlich) bewilligt wurden, wie etwa Ganal (Trait Genetics: C05, R19), Junghanns (Dr. Junghanns GmbH: C24, C27, R21), Pank (BAZ: C24, C25), Schellenberg (FH Anhalt: C14, C26, C27, R11, B13) oder Sonnewald (IPK: C02, C19).[54]

Im Hinblick auf die Geschichte und Einbettung der Projekte ist festzuhalten, dass sie in vielen Fällen im Rahmen laufender Forschungsarbeiten und -programme der individuellen Antragsteller entwickelt wurden, was einerseits für deren kompetente Bearbeitung spricht, andererseits innovative Projekte mit grundsätzlich neuartigen weitreichenden Zielsetzungen weniger wahrscheinlich macht. Zudem soll es sich insbesondere bei vom IPK und von der BAZ eingereichten Anträgen des Öfteren um Projekte handeln, die – in leicht abgewandelter Form – bereits andernorts, z.B. im Rahmen von Forschungsprogrammen der EU-Kommission eingereicht wurden, deren Förderung jedoch abgelehnt wurde.[55]

Was die Antrags- und Bewilligungsprozeduren der Projekte anbelangt, so wurden von vielen Antragstellern deren Aufwendigkeit und Langwierigkeit bemängelt, was durchweg zu einer Verzögerung von bis zu einem Jahr beim im Antrag vorgesehenen Projektablauf führte. Während auf Seiten von Antragstellern und InnoPlanta ein Lern- und Gewöhnungsprozess erfolgte, was Bewilligungsverfahren[56] und -zeitraum anbe-

---

51 Primär durch Wagniskapital und öffentliche Fördermittel finanzierte Biotech-Start-ups ohne ins Gewicht fallenden eigene auf dem Markt erwirtschaftete Erträge zählen nicht hierzu, während PPM als insbesondere FE-Vorhaben für die Pflanzenölindustrie durchführendes Dienstleistungsunternehmen mitgezählt wurde.

52 Das heißt solche, die nicht primär von öffentlichen Zuwendungen abhängig sind.

53 Deshalb werden ab 2004 auch Projekte dieser Institutionen nur noch gefördert, wenn sie durch andernorts eingeworbene Drittmittel oder durch Eigenmittel einbringende Projektpartner zu deren Finanzierung verbindlich beitragen.

54 Hierbei ist in Rechnung zu stellen, dass diese teils als Institutsleiter tätigen Personen – analog etwa zum Geschäftsführer der Nordsaat von Rhade (Projekte C08, C12, C28) – kaum an der genuinen Projektarbeit beteiligt sind.

55 Diese Aussage beruht auf der informellen Mitteilung eines kenntnisreichen Gesprächspartners, deren Richtigkeit jedoch nicht weiter überprüft wurde.

56 Dieses umfasst typischerweise das Einreichen und Erörterung einer Projektskizze, die Antragsausarbeitung, die Registrierung und Weiterleitung des Antrags durch die Geschäftsstelle, das Gutach-

trifft, verfügte auch der zuständige Projektträger Jülich nach einiger Zeit über die Kapazität und Routine, um die (abnehmende) Zahl der Projektanträge rascher zu bearbeiten, so dass inzwischen diesbezüglich von Seiten der Beteiligten kein größeres Problem mehr gesehen wird.

Vor dem Hintergrund des derzeitigen technologie- und wirtschaftspolitischen Engagements der Landesregierung von Sachsen-Anhalt zur Förderung der Biotechnologie (mit 150 Mio. € Fördervolumen) und der allmählichen Entwicklung von InnoPlanta von einer Beutegemeinschaft zu einem im Bewusstsein der relevanten wissenschaftlichen, wirtschaftlichen und politischen Akteure präsenten Netzwerk mit sich daraus ergebenden Einflussmöglichkeiten (vgl. Conrad 2004b) sind die Perspektiven für die (marktorientierte) Durchführung weiterer wissenschaftlicher und züchterischer Vorhaben in der Pflanzenbiotechnologie als zumindest kurzfristig günstig zu beurteilen. Von daher haben die Projekte durchaus mit zur Entwicklung der Pflanzenbiotechnologie in der Region Nordharz/Börde beigetragen. Zugleich ist aber auch festzuhalten, dass sich die (landwirtschaftliche) Nutzbarkeit der Projektergebnisse überwiegend erst in anschließenden züchtungsbasierten Folgeprojekten herausstellen wird und dass sich deren Wettbewerbsfähigkeit auf dem regionalen und dem Weltmarkt erst danach zeigen wird.

4.3 Einsatz von arbuskulären Mykorrhizapilzen (C14)

Im Rahmen des Projekts „Einsatz von arbuskulären Mykorrhizapilzen (AMP) zur Ertragserhöhung und Qualitätssicherung im konventionellen und ökologischen Gewürz- und Heilpflanzenanbau Sachsen-Anhalts" (C14) sollen der Einfluss natürlicher Mykorrhizen auf Wachstum, Stresstoleranz und Produktivität von Arznei- und Gewürzpflanzen untersucht und diese Pilzstämme molekularbiologisch präzise charakterisiert werden. Aufbauend auf diesen Erkenntnissen sollen dann besonders effektive Hochleistungslinien (Mykorrhizastämme) isoliert und (weiter) vermehrt werden. In einem zweiten Schritt sollen Experimente mit verschiedenen möglichen Inokula (Substrate oder Wurzelmaterial) gemacht werden, um brauchbare Methoden der Anwendung zu entwickeln. Diese beimpften Substrate bzw. Jungpflanzen (mit präparierten Wurzeln) will der industrielle Projektpartner Mycosym Environment, vormals Triton Umwelt-

---

ten des Wissenschaftlichen Beirats von InnoPlanta, die Diskussion und Bewertung im Vorstand von InnoPlanta mit regionalem Votum, die Evaluation im regionalen Fördermanagement-Team, gegebenenfalls die Überarbeitung des Antrags und die Gewinnung weiterer Projektpartner, und die letztendliche Antragsbeurteilung und -bewilligung durch den Projektträger unter Abstimmung mit dem BMBF und nimmt daher leicht ein Jahr in Anspruch.

schutz[57] dann vermarkten. Wesentliche Zielsetzung dieses Projekts ist die aufgrund seiner öffentlichen Förderung mögliche, bislang nicht existierende (systematische) Untersuchung und Validierung positiver quantitativer und qualitativer Wirkungen von mithilfe des Vorhabens gezielt selektierten AMP-Hochleistungslinien, die sich auf dieser Grundlage auch über den Bereich der Arznei- und Gewürzpflanzen hinaus mit Wirkungsgarantien gezielt vermarkten lassen dürften.

Die meisten höheren Pflanzen bilden unter natürlichen Verhältnissen intensive Lebensgemeinschaften mit verschiedenen Wurzelpilzen aus. Diese Wurzel/Pilz-Symbiose wird als Mykorrhiza bezeichnet, wobei die arbuskuläre Mykorrhiza als Endomykorrhiza die häufigste Form unter den bekannten Mykorrhiza-Klassen darstellt. In zahlreichen Studien konnte eine Vielfalt von (ertrags- und qualitätssteigernden) Wirkungen der Mykorrhiza auf ihre Wirtspflanzen gezeigt werden, wie verbesserte Wuchsleistung, ausgewogenere Ernährung und Erhöhung der Toleranz gegenüber abiotischen und biotischen Stressfaktoren. Dabei variiert die positive (oder auch negative) Mykorrhiza-Wirkung in Abhängigkeit von den jeweiligen Pflanzenarten und -sorten, einerseits, und von den vielzähligen unterschiedlichen Mykorrhizapilzen, andererseits, und schließlich von den jeweils gegebenen Symbioseverhältnissen (wie Bodenverhältnisse, Quantität und relatives Verhältnis der vorhandenen Mykorrhizaspezies). So sind im konkreten Anwendungsfall sowohl die jeweils vorhandenen Glomus-Stämme eindeutig zu bestimmen als auch deren Ausbildung zu wirksamen Mykorrhiza in der Wurzel der interessierenden Pflanze nachzuweisen.

Von daher kann der Einsatz der Mykorrhiza-Technologie positive Effekte der Mykorrhizierung gezielt verstärken, wie (bei der Gewürz- und Heilpflanzenproduktion):

- Produktionssteigerung bzw. Kulturzeitverkürzung,
- Erhöhung der Produktqualität (via erhöhter Pflanzenqualität und Wirkstoffausbeute),
- Verbesserung der Toleranz gegenüber biotischem und abiotischem Stress
- dadurch Erhöhung der Dürre- und Krankheitstoleranz bzw. Krankheitsresistenz
- Erhöhung der Umwelttoleranz
- Reduktion des Bewässerungsaufwandes
- Reduktion des Dünger- und Bizideinsatzes.

Dabei stehen beim Einsatz der Mykorrhiza-Technologie gerade diese vielfältigen positiven Wirkungen und nicht primär eine Ertragssteigerung im Vordergrund. Ihre Nutzung ist nur bei hochpreisigen Kulturen wirtschaftlich, wie Intensiv-Landwirtschaft im Obst- und Gemüseanbau oder Gewürz- und Heilpflanzenproduktion, da hier

---

[57] Die Umbenennung erfolgte 2003, weil es weltweit viele Unternehmen namens Triton gibt und der neue Name Mycosym Environment sowohl auf Mykorrhiza-Technologie als Geschäftsfeld und deren Umweltverträglichkeit hinweist als auch ein Alleinstellungsmerkmal beinhaltet.

5-10 % Ertragssteigerung deren Kosten bereits ausgleichen, während dies für Weizen- oder Maisanbau nicht gilt.

Da die Wirksamkeit der Mykorrhiza-Technologie entscheidend vom Zusammenspiel der Pflanzen- und Pilzarten im Boden und nicht von bloßen Einsatzmengen abhängt, und der Käufer eine relative Garantie ihrer Wirksamkeit erwartet, ist deren Absicherung über entsprechende (Feld-)Versuche notwendig.

Das auf 4 Jahre angelegte, seit Herbst 2001 bzw. Anfang 2002 laufende Vorhaben konnte bis Ende 2003 in vielen Fällen positive Effekte eingesetzter AMP bei Ertrag und Inhaltsstoffen nachweisen, ohne jedoch bereits eindeutige Ergebnisse vorweisen zu können. Das Risiko der Erreichbarkeit seiner wissenschaftlichen Ziele wurde vom Wissenschaftlichen Beirat von InnoPlanta als „nicht ganz erheblich", das der Erreichbarkeit seiner wirtschaftlichen Ziele als erheblich eingeschätzt.

Dabei zielt das Projekt auch auf die Nutzung gentechnischer Untersuchungsverfahren zur eindeutigen Identifizierung und „Evaluierung" der verschiedenen Wurzelpilze. Im Endprodukt selbst, einem mit Mykorrhizapilzen beladenen Substrat, sollen hingegen keine gentechnisch veränderten Mykorrhizapilze enthalten sein. Die theoretische wirtschaftliche Reichweite ist prinzipiell sehr groß, denn die Inokula bzw. die Applikationstechnologie und Mykorrhizastämme sind im gesamten Kulturpflanzenbau einsetzbar und haben das Potenzial, Anzuchtmethoden und Substratproduktion zu revolutionieren. Bei breiter Durchsetzung würde das Projekt eine radikale Innovation darstellen.

Das Finanzvolumen des Projektes beträgt 1.211.828 €, wobei insbesondere Mycosym eine Eigenbeteiligung von 40% und die Fachhochschule Anhalt von 20% einbringen, woraus eine Förderquote von knapp 75% resultiert. Es handelt sich damit um ein großes FE-Projekt von InnoPlanta, das durch die in der Antragsphase nachträglich als Kooperationspartner für die Analyse der Inhaltsstoffe hinzu gekommene FH Anhalt und dem daraus resultierenden erweiterten Untersuchungsdesign gegenüber ursprünglich vorgesehenen 286.000 € signifikant ausgeweitet wurde. Basierend auf den in 2003 gewonnenen Ergebnissen, die einen erheblichen Einfluss der nativen Mykorrhiza im Feldversuch zeigten, wurden die Feldversuchsanordnung verbessert und zusätzliche Gewächshausversuche eingeleitet. Dies bedingt zusätzliche Analytikleistungen und damit eine Erhöhung der Projektkosten, wofür das Vorhaben 2004 nochmals um 121.000 € aufgestockt werden konnte.

Durch die Entwicklung der Mykorrhiza-Technologie könnten folgende technischwirtschaftliche Probleme gelöst werden:

- Dem Biozideinsatz im Aromapflanzenbau sind enge Grenzen gesetzt.
- Bislang stehen Züchtern, Bauern oder Baumschulbetrieben keine lagerfähigen Mykorrhiza-Inokula zur Verfügung.

- Bislang ist eine Vermehrung von Mykorrhizastämmen auf künstlichen Medien nicht möglich (obligate Biotrophie der endotrophen Mykorrhizapilze).
- Zugleich könnten nach einem erfolgreichen Abschluss des Vorhabens qualitativ hochwertige Anbauprodukte (in der Region) den Wettbewerb mit billigen Importen im Arznei- und Gewürzpflanzenanbau mit einer Importquote von rund 90% besser bestehen.

Der Nachweis dieser Vorteile muss und soll allerdings erst im Rahmen des Projekts erbracht werden, wobei frühere, weniger genaue Untersuchungen zumindest Ertragssteigerungen feststellen konnten.

Im Hinblick auf die Marktperspektiven des Vorhabens ist insbesondere festzuhalten:

1. Bis April 1999 wurden in der EU lediglich 8 Anträge auf die Freisetzung von Organismen mit der gentechnisch induzierten Eigenschaft „Bewurzelung" gestellt. Eine weitere gentechnische Konkurrenzlösung könnten längerfristig Arznei- und Gewürzpflanzen der 2. Generation darstellen, die resistent gegen abiotische Stressfaktoren (z.B. Dürre, Nässe) sein sollen und damit keine speziellen Substrate benötigen. Entsprechende Entwicklungen sind aber bislang nicht bekannt, geschweige denn marktreif.
2. Eine konventionelle Konkurrenzlösung könnte in der traditionellen Züchtung bzw. Auswahl angepasster Arznei- und Gewürzpflanzensorten bzw. Mykorrhizastämme liegen; die hier anvisierten Analysetechniken würden jedoch das Auswahlverfahren erheblich verkürzen und stehen in keinem Gegensatz zu den traditionellen Zuchtmethoden, sondern könnten helfen, die traditionelle(n) Anzucht(-methoden) zu optimieren.
3. Auf dem Substratmarkt werden national und international auf Mykorrhiza basierende Konkurrenzprodukte als Flüssig- oder Granulatprodukte vor allem im Garten- und Landschaftsbau und bei der Rekultivierung von Flächen patentiert bzw. vermarktet. Diese wirken allerdings häufig unspezifisch. Für die Anwendung im nordeuropäischen Arznei- und Gewürzpflanzenbau existieren die Mykorrhiza-Technologie nutzende Produkte bislang allenfalls für (mediterrane) Gewürzpflanzen wie Oregano, Rosmarin oder Thymian.
4. Schließlich sei noch auf komplementäre Forschungsvorhaben der Grundlagenforschung verwiesen, wie das DFG-Projekt „Molekulare Grundlagen der Mykorrhizasymbiosen" der Universität Bielefeld (2000) oder das Projekt „Mykorrhizen in Kippenforsten" der TU Cottbus.
5. Aufgrund der vielfältigen Anwendungsmöglichkeiten und der symbiose-spezifischen Wirksamkeit von AMP bietet die Mykorrhiza-Technologie ein breites potenzielles Anwendungsspektrum, so dass derzeit bei wenig oligopolisierten Märkten in diesem Bereich nicht mit massiven Konkurrenzen zu rechnen ist.

6. Während für Arznei- und Gewürzpflanzen die wirtschaftliche Wettbewerbsfähigkeit gegenüber billigen Importprodukten von entscheidender Bedeutung ist, zielt
die Unternehmensstrategie von Mycosym darauf ab, die Ergebnisse des Projekts
C14 auf andere Pflanzen im Bereich der Intensiv-Landwirtschaft, wie z.b. Spargel,
Salat, Schnittblumen zu extrapolieren, bei denen mit absolut höheren wirtschaftlichen Erträgen zu rechnen ist.

Von daher könnten neben dem direkt untersuchten Bereich der Arznei- und Gewürzpflanzen folgende agrarwirtschaftliche Teilmärkte von dem Vorhaben profitieren:

• der Saatgutmarkt für qualitativ hochwertiges (Spezial-)Saatgut für Extremstandorte
  durch mit Mykorrhizapilzen ummanteltem Saatgut,
• Jungpflanzenzüchter, Baumschulbetriebe etc. durch Verkürzung der Standzeiten,
  Reduzierung der Verlustquote und einer Verbesserung der Nährstoffbindung, also
  einer Reduzierung der Kosten mithilfe von Mykorrhiza-Technologie,
• Substratproduzenten qualitativ hochwertiger (Spezial-)Substrate (mit Sporen und
  aktivem Pilzmyzel) mit hohen Gewinnspannen, die an der Produktion von Substra-
  ten/Bodenhilfsstoffen, wie Kippsubstrate für Sanierung und Renaturierung, Interesse haben.

Diese Teilmärkte haben durchaus attraktive Volumina, der potenzielle Anwendungsbereich von Mykorrhizen in der Landwirtschaft und im Gartenbau ist sehr groß. Auf
dem Saatgutmarkt ist die Mykorrhiza-Technologie als Qualitätsverbesserung für jede
Saatgutsorte einsetzbar und damit auch für die großen Saatgut-Oligopolisten von Interesse; ebenso ist sie auf dem Substratmarkt universell einsetzbar. Vor dem Hintergrund, dass in Europa allmählich Torfvorräte erschöpft bzw. die verbliebenen Torfge-
biete geschützt sind, ist eine Durchsetzung dieser Technologie auf dem Substratmarkt
zu vermuten. Sollten die erwarteten Effekte nachweislich eintreffen, so ist die Durchsetzung auf allen drei Teilmärkten auf Grund der zu erwartenden großen Vorteile für
die Betriebe und dem geringen Einfluss (skeptischer) Endverbraucher sehr wahrscheinlich. Zudem gibt es bislang keinen etablierten Markt für Mykorrhizapilze und
-Inokula, so dass hier auch keine die Durchsetzung erschwerenden oligopole Strukturen den Zugang zum Markt verwehren können. Auch der Baumschul- und Substratmarkt ist wenig oligopolisiert.

Der Entstehungskontext des Mykorrhiza-Projekts C14 ist im Wesentlichen in folgenden Punkten zu sehen:

1. Mit der in den 1990er Jahren wachsenden Einschätzung der Mykorrhiza-Technologie als einer biologischen und umweltverträglichen Zukunftstechnologie nahmen
   sowohl Forschungsarbeiten als auch Mykorrhiza-Produkte anbietende Unternehmen zu. Zugleich werden in dem 1997 in Deutschland gegründeten interdisziplinä-

ren Arbeitskreis „Anwendung arbuskulärer Mykorrhiza in der Praxis" Probleme der Qualität von Mykorrhiza-Produkten, des eindeutigen Nachweises der Wirksamkeit eines ganz bestimmten Pilzprodukts und auch der Einordnung von Mykorrhiza als plant vitalising systems[58] und nicht etwa als Dünger oder Pflanzenschutzmittel unverändert thematisiert. Von daher passt das Projekt C14 gut in diesen Kontext.

2. Für die Mycosym Environment GmbH in Bitterfeld als Hauptakteur und Koordinator, die selbst über 50% der Projektmittel beansprucht, bietet das FE-Vorhaben die Möglichkeit systematischer Feldversuche mit AMP, die aus ökonomischen Gründen sonst nicht durchgeführt werden.

3. Während das Hauptinteresse von Mycosym in der Übertragung der Untersuchungsergebnisse auf andere umfangreichere und bereits existierende Absatzmärkte von Mykorrhiza-Inokula, vor allem Kombinationen des Produkts MYCOSYM TRITON für diverse Anwendungszwecke, liegt, um deren Zusammensetzung weiter zu optimieren, eröffnet das Projekt eine zusätzliche, wenn auch quantitativ relativ begrenzte regionale Marktperspektive im Arznei- und Gewürzpflanzenanbau.

4. Mycosym produziert und vermarktet weltweit Mykorrhiza-Inokula und besitzt von daher vielfältige Kompetenzen in Bezug auf AMP. Im einzelnen handelt es sich hierbei um (umweltorientierte) Rekultivierungsvorhaben in Chile, Thailand, Vereinigte Arabische Emirate u.a. und um außer Rekultivierungsmaßnahmen auch die Intensiv-Landwirtschaft betreffende Vorhaben in europäischen Ländern wie Deutschland, Schweiz, Spanien, die Niederlande (Rosen, Blumenkästen, Spargel, Weinreben). Während die 2001 gegründete (vormalige) Triton AG in Bitterfeld, entstanden aus einer 1993 im Kontext der Privatisierungsanstrengungen der Treuhand gegründeten, Umwelttechnologie und Mykorrhiza-Entwicklung in Sachsen-Anhalt betreibenden Firma, generell für Forschung, Produktentwicklung, Qualitätskontrolle, für Produktion, Marketing und Vertrieb in Deutschland und für die Koordination der Tochtergesellschaften verantwortlich ist, ist die spanische Tochtergesellschaft aus klimatischen und technologischen Gründen (ganzjährige Produktion, Kultivierung der Pilze auf Pflanzen in Gewächshäusern) bei teilweiser Vergabe von Feldversuchen an externe Landwirte und Firmen für Produktion und Lagerhaltung zuständig. Die Schweizer Tochtergesellschaft organisiert in Basel primär den weltweiten Vertrieb. Bei Umsätzen der gesamten Gruppe (mit etwa 20 Mitarbeitern) von rund 1 Mio. € in 2003, soll in 2004 die Rentabilitätsschwelle erreicht und sollen in 2007 (auf der Grundlage des eingesetzten Risikokapitals) 50 Mio. € umgesetzt werden.

5. Für Mycosym stellt das Projekt C14 nur ein FE-Vorhaben in einer ganzen Projektkette dar, in der vielfältige Entwicklungsprojekte und Anwendungsmöglichkeiten

---

[58] Hierbei handelt es sich um einen geschützten Begriff.

der Mykorrhiza-Technologie mit meist öffentlichen Fördermitteln verfolgt werden. Von daher passte dieses Projekt mit seinem weiterreichenden empirischen Untersuchungsdesign gut in die Firmenstrategie von Mycosym.

6. Die Möglichkeit der Finanzierung von InnoPlanta-Projekten im Rahmen des Inno-Regio-Initiative des BMBF fiel zeitlich zusammen mit der Gründung der Triton AG in 2001, so dass von daher ein echter Industriepartner als Projektkoordinator einen entsprechenden Förderantrag einreichen konnte und an der Durchführung dieses FE-Vorhabens substanziell interessiert war, insofern dieses Projekt die Chance bot, systematische mehrjährige Feldversuche, Inhaltsstoffanalysen und eine eindeutige molekularbiologische Bestimmung und Beschreibung der im konkreten Fall wirksamen AMP zu kombinieren.

7. Hierbei spielten sowohl die die regionale Förderung der Pflanzenbiotechnologie betreibenden zentralen Akteure wie Schrader und Wilke als auch der inhaltlich erst später an dem FE-Vorhaben beteiligte und als fachlich kompetent anerkannte Prof. Schellenberg von der FH Anhalt in Bernburg als Mitglied des InnoPlanta-Vorstands eine wichtige Rolle, indem erstere den Projektleiter Watzke von Mycosym animierten, einen größeren Projektantrag bei InnoPlanta einzureichen und letzterer ihm geeignete Projektpartner vermittelte und sich bei InnoPlanta generell für die verstärkte Berücksichtigung von nicht dem IPK oder der BAZ zugehörigen Akteuren einsetzte.

8. Somit trägt die Förderung dieses Projekts auch dazu bei, gegenüber den insbesondere in der Anfangsphase hauptsächlich von IPK und BAZ als dominanten Akteuren bestimmten FE-Vorhaben einer gewissen Balance näher zu kommen, indem auch von anderen (industrienäheren) Akteuren beantragte Projekte vorrangig gefördert wurden.

9. Zudem verspricht das FE-Vorhaben in wenigen Jahren vermarktbare Ergebnisse und entsprach damit den InnoRegio-Kriterien außerordentlich gut.

10. Für die beteiligte Landesanstalt für Landwirtschaft und Gartenbau (LLG) Bernburg, die die Freilandversuche zum AMP-Einsatz durchführt, bot das Projekt die Möglichkeit, Drittmittel für vor allem zusätzliche Maschinenanschaffungen einzuwerben, wozu sie im Zuge ihrer gerade stattfindenden Reorganisation verstärkt gehalten war, obwohl sie vor allem als Service-Einrichtung für die Landwirtschaft kaum genuine Forschung betreibt.

11. Für den seitens des IPK beteiligten Wissenschaftler bietet die gentechnische Untersuchung von AMP die Chance, die bislang primär auf Hefen ausgerichteten molekularbiologischen Arbeiten auch auf AMP auszuweiten mit der Option, diese möglicherweise zu einem zukünftigen Schwerpunkt der Forschung werden zu lassen.

12. Die FH Anhalt in Bernburg wurde erst nachträglich in die Projektplanung einbezogen, als klar wurde, dass die Analytik der Inhaltsstoffe, verbunden mit der Charak-

terisierung möglicher Veränderungen im Inhaltsstoffspektrum der Pflanzen, der Entwicklung fallspezifischer Analysemethoden und dem Nachweis einer durch AMP-Inokulation erzeugten verbesserten Resistenz gegenüber Phytopathogenbefall, für seinen Erfolg von zentraler Bedeutung ist.

13. Schließlich war für den verantwortlichen Projektleiter Watzke von Mycosym bei der Projektplanung entscheidend, dass es sich bei den Kooperationspartnern aus der Wissenschaft um praxisorientierte Personen in räumlicher Nähe handelt, mit denen „die Chemie stimmt", insofern sich solche auf praktische Umsetzung hin orientierte FE-Vorhaben keineswegs generell mit jeweils durchaus fachkompetenten Vertretern aus der Wissenschaft problemlos durchführen lassen.

Die technischen und wirtschaftlichen Perspektiven des Mykorrhiza-Projekts hängen entscheidend davon ab, ob es zum einen gelingt, über die Auswahl geeigneter Mykorrhizastämme positive Effekte im Feldversuch bei den ausgewählten Pflanzenarten zu belegen, die den Einsatz von Mykorrhiza-Technologie im Arznei- und Gewürzpflanzenanbau als wirtschaftlich profitabel nahe legen, und ob die nachgewiesenen positiven Effekte mit diesen AMP zum anderen auch für andere Kulturpflanzen Gültigkeit besitzen, was das Marktpotenzial der Mykorrhiza-Technologie enorm erweitern würde. Denn für Mycosym stellt deren Einsatz beim Gewürz- und Arzneipflanzenanbau mit den untersuchten Arten Kümmel, Johanniskraut, Majoran, Thymian, Melisse und Salbei[59] nur einen kleinen, eher lokalen Sektor innerhalb seiner gesamten Aktivitäten dar. Für den Arznei und Gewürzpflanzenanbau ist im Erfolgsfall mit raschen Ergebnissen zu rechnen. Allerdings sind die Kompetenzen der Projektbearbeiter in diesem Sektor als relativ begrenzt einzustufen, so dass in dem FE-Vorhaben möglicherweise auch mit teils anderweitig bereits bekannten Resultaten zu rechnen ist.

Die grundsätzliche Problematik der Mykorrhiza-Technologie besteht darin, dass ihre positiven Effekte wesentlich aus dem Zusammenspiel diverser Einflussfaktoren in der Symbiose von Pflanzenwurzel und Pilz resultieren, so dass unterschiedliche Bodenverhältnisse, die Präsenz weiterer Glomusarten oder die Anbauweise zu Variationen in diesen Effekten führen können.[60]

In Mycosyms Unternehmensstrategie macht gerade die Kombination aus einer systematischen empirischen Untersuchung mit dem möglichen eindeutigen Nachweis der Wirksamkeit ausgewählter, molekulargenetisch identifizierter AMP auf Ertrag und Inhaltsstoffe, und der Nutzung dieser Ergebnisse im Bereich profitabler Intensiv-Landwirtschaft den Reiz des Vorhabens aus. Auch wenn Mycosym bei der Finanzierung und Förderung seiner Projekte die gegenwärtige Ausstrahlungskraft biologisch gesun-

---

[59] Aus Gründen der schwierigen Kulturführung wurde die statt Kümmel zunächst vorgesehene Nachtkerze aus dem Versuchsprogramm gestrichen.

[60] So führten etwa vergleichbare Versuche in den sandigeren Böden Brandenburgs ohne natürliche Mikorrhiza zu völlig anderen Versuchsergebnissen.

der Produkte nutzt, benötigt umgekehrt die Durchsetzung von (ihren) Umweltprojekten, wie etwa weitergehende Rekultivierungsmaßnahmen, einen langen Atem.

Die Marktsituation für AMP zeichnet sich dadurch aus, dass zum einen aufgrund der Vielfalt der Anwendungsmöglichkeiten und der Vielzahl verfügbarer Glomusarten eine große Zahl potenzieller Spezialmärkte ohne oligopolistische Marktmächte existiert und dass zum anderen der Konkurrenzkampf vor allem über die Festlegung (nationaler) Standards der Zulassung sowie über die Wirksamkeit der Produkte, und dann erst über den Preis stattfindet. So halten etwa universitäre Einrichtungen, die eher im Liter-Maßstab und nicht großtechnisch produzieren, den Anspruch an wissenschaftliche Standards hoch, die kostentreibend wirken. Analog versucht ein französischer Konkurrent die Notwendigkeit der Zulassung von AMP als Pestizid zu erreichen, wodurch neben dem Nachweis ihrer Wirksamkeit und phytopathogenen Unschädlichkeit auch der mit hohen Kosten verbundene Nachweis verlangt wird, dass sich keine sonstigen Keime auf dem AMP-Träger befinden. Insofern es sich bei Pilzen um lebende Organismen handelt, kann deren Zulassung nicht problemlos unterstellt werden.[61] Neben wenigen europäischen Konkurrenten in Deutschland, Frankreich, Großbritannien oder Tschechien gibt es zwei Konkurrenzfirmen in den USA und eine in Kanada. In den USA ist die Mykorrhiza-Technologie vor allem im Bereich der Rekultivierung seit den 1980er Jahren mit einem Marktvolumen von rund 10 Mio. $ pro Jahr bereits etabliert, wobei die dortigen Unternehmen ihre Produkte weltweit zu vertreiben suchen, die auf einer anderen Technologie beruhen, bei der die Pilze zumeist vom Träger als Sporen abgewaschen und in Kombinationsprodukte eingebracht werden.

Für die übrigen am Projekt C14 beteiligten Institutionen geht es weniger um wirtschaftliche Verwertungsperspektiven. Die FH Anhalt ist außer an der Entwicklung geeigneter Analyseverfahren und dem Nachweis von durch AMP verbesserten Inhaltsstoffen an der Ausbildung und regionalen Bindung entsprechender Wissenschaftler interessiert. So promovieren im Rahmen des Vorhabens zwei Doktoranden. Dem IPK geht es neben der präzisen Beschreibung der untersuchten Mykorrhiza-Stämme um die Ausweitung und Verfeinerung von auf PCR basierenden Verfahren mit anschließendem DNA-Fingerprinting. Die LLG Bernburg ist schließlich außer an der Durchführung der Freilandversuche an der Kooperation mit wissenschaftlichen Institutionen über solche Projekte und der Vermittlung der Ergebnisse zwecks ihrer Nutzung seitens der Landwirtschaft interessiert.

---

[61] So verkauften US-Firmen Mykorrhiza-Produkte in Brasilien ohne Zulassung mit der Folge, dass sie sich nach Aufdeckung dieses Tatbestandes erst einmal von diesem Markt zurückziehen mussten.

Beteiligt sind an dem FE-Vorhaben insgesamt 12 Personen, davon 8 Wissenschaftler, wobei meist jeweils 3 Personen, häufig mit Teilzeitengagement, den vier beteiligten Instituten angehören.

Mycosym Environment hat klar die Position des Projektkoordinators inne und ihr kommen die Projektergebnisse letztlich primär zugute. Das Vorhaben ist gemäß seiner Anlage und den spezifischen Kompetenzen der beteiligten Institutionen bei einer grundsätzlich kooperativen Einstellung der beteiligten Personen ausgesprochen arbeitsteilig aufgebaut, wodurch das Verständnis der jeweiligen Versuchsergebnisse durch die anderen Kooperationspartner teilweise leidet. So bestand etwa zunächst wenig Interesse am Ablauf der Freilandversuche der LLG, sondern lediglich an deren Ergebnissen, ehe begriffen wurde, dass auch während der Vegetationszeit signifikante Einflüsse zu beobachten sind, mit der Folge eines nunmehr verstärkten Interesses der Projektpartner an diesbezüglichen Informationen. Die gesamte Projektgruppe trifft sich drei- bis viermal jährlich. Ansonsten finden Abstimmungsprozesse per Telefon und e-mail statt.

Im bisherigen, insgesamt dem vorgesehenen Rahmen entsprechenden Projektverlauf haben sich infolge seiner ersten Resultate folgende bedeutsame Veränderungen ergeben. Zum einen haben sich die Abstände der Parzellen in den Freilandversuchen als zu gering herausgestellt, weil die jeweiligen Pilze deutlich längere Myzelien ausbildeten als erwartet mit der Folge, dass sich (veränderte) Erträge und Inhaltsstoffe überhaupt nicht bestimmten Mykorrhizastämmen zuordnen ließen. Deshalb wurden die Versuchsanlage ab 2003 mit 6 anstelle der üblichen 4 Wiederholungen der Parzellen angelegt und die Flächen diesen Erkenntnissen entsprechend versuchstechnisch optimiert. Außerdem wurde für die statistische Auswertung zusätzlich ein Biostatistiker eingeschaltet. Zum anderen wurde ein verstärktes Augenmerk auf den Einfluss von Bodenfaktoren auf die Zusammensetzung der autochthonen AMP der Versuchspflanzen gelegt, nachdem bei Parallelversuchen in Brandenburg deren weitgehendes Fehlen festgestellt wurde. Schließlich wurde neben der vorgesehenen, leicht veränderten Variation der Versuchspflanzen (Kümmel statt Nachtkerze) der Einfluss unterschiedlicher Hochleistungslinien genauer untersucht; denn um deren Selektion und den Nachweis ihrer Wirksamkeit geht es letztendlich vor allem.

Das finanzierte Projektvolumen wird von den Hauptakteuren als in etwa ausreichend eingestuft, zumal die nachträgliche Ausweitung der vorgesehenen Projektarbeiten durch entsprechende Aufstockung finanziert wird. Wie bei mehreren InnoPlanta-Projekten sehen allerdings auch manche Projektbearbeiter dieses FE-Vorhabens unnötige Verzögerungen seines Beginns aufgrund langwieriger Begutachtungsprozesse mit wiederholten Präsentationen des Projektantrags.

Das Interesse der Projektbeteiligten an den zunächst einmal völlig offenen Ergebnissen ist groß. In 2003 konnten dabei AMP-induzierte Ertragssteigerungen bei den Versuchspflanzen beobachtet werden. Offen ist, ob selbst positive Versuchsresultate auch zu wirtschaftlich tragfähigen Ergebnissen führen werden, da sich dies erst gegen Projektende in 2005 mit der Realisierung eines Technologiemanagements bei großflächigem AMP-Einsatz herausstellen wird. Zugleich ist jedoch festzuhalten, dass in Verbindung mit diesem Projekt weitere Projektideen dieser Koopertionspartner angestoßen und verfolgt werden, z.B. die Entwicklung eines Mykorrhiza-DNA-Sensors für den Schnellnachweis von AMP durch Mycosym, IPK und einen Gerätehersteller in Magdeburg.

Nach dieser zusammenfassenden, vorwiegend deskriptiven Darstellung von Inhalt, Aufbau und Entwicklung des Mykorrhiza-Projekts geht es im Folgenden darum, seine Hauptmerkmale, nämlich wiederum Akteurkonstellation, projektrelevante Kontexte und Strukturen, Denkfiguren und Problemsichten der Akteure, Entwicklungsmuster und -dynamik des Vorhabens, auf analytischer Ebene herauszuarbeiten.

Die Akteurkonstellation besteht auf Projektebene aus vier kleinen Arbeitsgruppen der jeweiligen beteiligten Institute mit klarer Arbeits- und Kompetenzverteilung bei wechselseitigem Vertrauen in die Kompetenzen der anderen Arbeitsgruppen und die sie jeweils leitenden Personen Watzke, Schellenberg, Kunze und Debruck (bis Oktober 2003) sowie in die Koordinations- und Führungsfunktion von Mycosym. Demgemäß sind die Projektbeteiligten in unterschiedliche Forschungs- und Aktionsfelder eingebunden, die aufzeigen, wo ihr für sie jeweils relevantes professionelles Netzwerk liegt. Weitere projektrelevante Akteure im Umfeld des FE-Vorhabens sind: IPK, FH Anhalt, LLG Bernburg und Mycosym Environment GmbH als involvierte Institutionen, interessierte (regionale) Arznei- und Gewürzpflanzen-Anbauer, potenzielle Abnehmer von Mykorrhiza-Produkten, InnoPlanta, PTJ, BMBF, im AMP-Bereich tätige Firmen weltweit, der Arbeitskreis „Anwendung arbuskulärer Mykorrhiza in der Praxis". Diese Akteure prägen in unterschiedlicher Weise das Wahrnehmungs- und Handlungsumfeld des FE-Vorhabens, interagieren jedoch kaum innerhalb seiner konkreten Durchführung.

In einem eng eingegrenzten Sinn kann projektspezifisch von einem (Innovations-) Netzwerk gesprochen werden, insofern die am Projekt beteiligten Personen formal als solches betrachtet werden können. Die für sie eigentlich relevanten Netzwerke sind hingegen für Mycosym Business-Netzwerke in den Bereichen Mykorrhiza-Inokulate, Rekultivierung, ökologische Landwirtschaft in Sachsen-Anhalt, unterschiedliche Absatzmärkte in ganz verschiedenen Ländern und ähnliches mehr, für Kunze (IPK) die auf PCR basierende molekularbiologische Klassifizierung (u.a. DNA-Fingerprinting) von Hefen und Pilzen, für Schellenberg (FH Anhalt) die Analytik von Inhaltsstoffen und außerdem regionale Wirtschaftsentwicklung, und für die LLG Bernburg Freiland-versuche und Anwendungstechnik im Bereich Gewürz- und Heilpflanzen.

An projektrelevanten Kontexten und Strukturen ist vor allem auf die folgenden hinzu-weisen:

1. Der Einsatz von arbuskulären Mykorrhizapilzen zur Ertragserhöhung und Quali-tätssicherung im konventionellen und ökologischen Gewürz- und Arzneipflanzen-anbau in Sachsen-Anhalt stellt für den Hauptakteur Mycosym nur einen eher klei-nen Teilbereich im Rahmen ihrer auf Mykorrhiza-Technologie ausgerichteten Un-ternehmensstrategie dar.

2. Ohne die regionale Tradition und Expertise im Arznei- und Gewürzpflanzenanbau in Sachsen-Anhalt und Thüringen wäre zumindest dieser spezifische Projektfokus unwahrscheinlich.

3. Im Bereich der Arznei- und Gewürzpflanzen geht es bei dem Vorhaben letztlich vor allem darum, zu erfolgversprechender (regionaler) Qualitätskonkurrenz gegen-über preiswerteren Importen beizutragen.

4. Jedenfalls vermag das Vorhaben im Erfolgsfall den regionalen Arznei- und Ge-würzpflanzenanbau zu stärken, der aufgrund der gegebenen weltwirtschaftlichen Wettbewerbsbedingungen durchaus nicht als gesichert angesehen werden kann. Zugleich dürfte es allerdings auch an anderen Orten die Nutzung der Mykorrhiza-Technologie in diesem Sektor fördern.

5. Insofern die Gentechnik nur als molekularbiologische Analyse mithilfe von DNA-Fingerprinting und RFLP-Technik zur Sporen-Klassifikation und zum Nachweis mykorrhizierter Wurzeln beiträgt, jedoch produktbezogen keine Rolle spielt, dürfte dies bei einer zukünftigen Vermarktung von AMP-Produkten zu keinen Akzep-tanzproblemen führen, denn gerade der ökologische Arznei- und Gewürzpflanzen-anbau ist an gentechnik- und chemiefreien Produkten interessiert.

6. Ein mit großer Wahrscheinlichkeit weiter expandierender Markt für Mykorrhiza-Produkte ist und wird auf globaler Ebene von einer größeren Zahl wirtschaftlich engagierter Akteure (mit je eigenen Mykorrhiza-Technologien und Spezialitäten) bestimmt, so dass deren Konkurrenz primär über die Wirksamkeit ihrer Produkte und die Festlegung ihrer Zulassungsstandards und erst sekundär über den Preis ausgetragen wird.

7. Für die Mykorrhiza-Technologie ist im Erfolgsfall eine signifikante Langfristwir-kung der angestrebten Innovation als einer Querschnittstechnologie im weiteren Bereich der Intensiv-Landwirtschaft nicht unwahrscheinlich, sofern die erforderli-chen anschließenden Arbeiten zum Technologiemanagement und zur Übertragung der gewonnenen Erkenntnisse auf andere Kulturpflanzen ebenfalls erfolgreich ver-laufen sollten.

8. Da ein wirtschaftlicher Erfolg des FE-Projekts C14 entscheidend vom Zusammenspiel diverser Faktoren beim Einsatz der Mykorrhiza-Technologie abhängt, was die erzielten Erträge und Inhaltsstoffe der behandelten Kulturpflanzen angeht, ist ein zwar systematisches, jedoch auf trial and error basierendes Vorgehen bei dem Vorhaben weitgehend unvermeidbar.

9. Die gleichgerichtete Überlagerung ganz unterschiedlicher Projektinteressen durch deren projektbezogene wechselseitige Ergänzung impliziert im Prinzip vorteilhafte Synergieeffekte mit einer grundsätzlich konfliktfreien Kooperation und einem gemeinsamen Interesse der Projektbeteiligten an einem erfolgreichen Projektabschluss.

10. BMBF und PTJ kommen als Förderinstanzen eine entscheidende Rolle im Hinblick auf die tatsächliche Durchführung des FE-Vorhabens zu, insbesondere weil sie auch die (indirekt) zweimalige Aufstockung der Projektmittel bewilligt haben, wobei sie von den Antragstellern teilweise als den Projektbeginn unnötig hinauszögernde und komplizierende Instanzen wahrgenommen wurden. Im Übrigen haben sie für die Durchführung des Vorhabens (über die für die Präsentation von Projektergebnissen und die Projektkontrolle sinnvollen jährlichen Statusseminare und Zwischenberichte hinaus) keine wesentliche Bedeutung.

11. Saatgutzüchter spielen anders als bei einigen anderen Projekten bislang keine Rolle, weil die jeweiligen Arznei- und Gewürzpflanzen selbst bekannt sind und sie kein züchterisches Interesse an AMP haben. Sie sind zwar beispielsweise an mit Mykorrhizapilzen ummantelten Saatgut grundsätzlich interessiert; das Projekt selbst verfolgt jedoch ein solches weitergehendes Ziel nicht.

12. Die im innerdeutschen Vergleich teils unzureichende allgemeine sozioökonomische und kulturelle Infrastruktur der Region spielt bei dem Vorhaben keine bedeutsame Rolle; denn die projektspezifischen infrastrukturellen Voraussetzungen wie moderne Kommunikationsmittel, verfügbare Versuchsfelder, qualifizierte Doktoranden, Hilfskräfte etc. sind in den beteiligten Institutionen, wenn auch nicht im Übermaß, durchaus vorhanden.

13. Vested interests und sunk costs spielen bei dem Projekt insofern eine Rolle, als sich in ihm unternehmerisches Engagement und Fokussierung auf AMP bei Mycosym, wissenschaftliche und wissenschaftspolitische Erkenntnis- und Reputationsinteressen bei IPK, FH Anhalt und auch LLG Bernburg, regional- und wirtschaftspolitische Förderinteressen und die aus verteilungspolitischen Gründen erwünschte Förderung von über industrielle Initiative und Koordination laufende InnoPlanta-Projekte besonders vorteilhaft verbinden. Darüber hinaus kommen typischerweise die Eigendynamik und das Eigeninteresse im Rahmen eines einmal begonnenen und möglicherweise erfolgreichen Projekts zum Tragen.

Die Problemsichten, Wahrnehmungs- und Denkmuster der (vom Autor interviewten) Hauptakteure zeichnen sich (nach seiner Wahrnehmung) aus durch weitgehende Übereinstimmung in einer pragmatischen und tendenziell optimistischen projektbezogenen Sach- und Effizienzorientierung, durch unterschiedliche, (durch ihre jeweilige systemspezifische institutionelle Verankerung bedingte) primär wissenschaftlich, wirtschaftlich oder agrarisch geprägte Perspektiven, die jedoch wechselseitig anerkannt und respektiert werden und zu keinen projektspezifischen Konflikten führten, und durch eine allerdings unterschiedlich stark ausgeprägte Orientierung auf die Region, deren Entwicklung durch Stärkung von regionaler Kompetenz und Wirtschaft zu fördern sei. Schließlich gibt es in dem klar arbeitsteilig organisierten und als positiv empfundenen Kooperationsverhältnis der Projektbeteiligten keine projektrelevanten Konfliktlinien und es dominiert von daher eine konsensorientierte Vorgehensweise. – Über die projektbezogenen Sichtweisen und Orientierungsmuster der übrigen oben aufgeführten, mit dem FE-Vorhaben verbundenen Akteure ist dem Autor ohne weitere Recherchen nichts bekannt.

Hinsichtlich der Entwicklungsmuster und -dynamik des Mykorrhiza-Projekts C14 lässt sich bislang cum grano salis Folgendes festhalten:

1. Die im vierjährigen Projektverlauf anfallenden Kosten verteilen sich relativ gleichförmig, da es sich vor allem um kontinuierlich anfallende Personalkosten handelt, wobei die FH Anhalt in 2002 für die Entwicklung von Analyse- und Trennmethoden und die LLG Bernburg in 2003 für den Kauf eines Traktors überdurchschnittlich Fördermittel beanspruchten.

2. Dabei handelt es sich um parallel laufende, wechselseitig jedoch aufeinander angewiesene Projektarbeiten. Bei begrenztem Interesse an den Arbeitsprozessen der anderen Projektgruppen funktioniert der Austausch von und die Diskussion über jeweilige Untersuchungsergebnisse.

3. Damit sind signifikante Lernprozesse über die Bildungs- und Entwicklungsmuster von Mykorrhiza und deren Differenzierungen und Wechselwirkungen verbunden, wobei der gewinnbringende großflächige Einsatz von AMP entscheidend von der Optimierung des Zusammenspiels diverser für die Ertrags- und Qualitätssteigerung von Mykorrhiza relevanter Einflussfaktoren abhängt.

4. So mussten anfängliche Freilandversuche wiederholt werden, nachdem diese in 2002 zunächst in zu eng benachbarten Parzellen durchgeführt worden waren, die zu einer nicht erwarteten Mischung von Mykorrhizastämmen geführt hatten, wofür zusätzliche Projektmittel benötigt wurden.

5. Während die Wirksamkeit von ausgewählten AMP zwar für verschiedene Arznei- und Gewürzpflanzen systematisch untersucht wird, finden keine umfasseneren systematischen Versuchsvariationen für verschiedene Pilzstämme statt.

6. Trotz erster ermutigender Ergebnisse in 2003 kann über etwaige Umsetzungs- und Vermarktungsprobleme noch nichts gesagt werden. Zum einen wurde die Wirksamkeit spezifischer selektierter AMP unter typischen landwirtschaftlichen Anbauverhältnissen mit variierenden klimatischen und Bodenbedingungen bislang nicht nachgewiesen. Zum andern muss auch die Wirtschaftlichkeit eines Technologiemanagements bei großflächigem AMP-Einsatz anschließend erst noch erreicht werden. Und schließlich ist die Extrapolation und Übertragbarkeit der detaillierten Versuchsergebnisse bei Arznei- und Gewürzpflanzen auf andere Kulturpflanzen der Intensiv-Landwirtschaft noch in keiner Weise gesichert, insofern es auch hier auf das positive Zusammenspiel der bedeutsamen Einflussfaktoren für eine ertrags- und qualitätssteigernde Symbiose ankommt.

7. Von daher ist das Hauptziel von Mycosym, das FE-Projekt qua Extrapolation seiner Ergebnisse für den Bereich der Intensiv-Landwirtschaft, wie z.B. Spargel-, Salat- oder Blumenanbau, zu nutzen, erst mittelfristig in 5 bis 10 Jahren erreichbar. Falls diese angestrebte Übertragung der entwickelten Mykorrhiza-Technologie auf wissenschaftlich-technischer Ebene gelingt, bestehen für Mycosym mit ihrer diesbezüglichen Fachkompetenz und ihren Marktkenntnissen auf einem expandierenden Markt für Mykorrhiza-Produkte ohne außergewöhnliche wirtschaftliche oder politische Umsetzungsprobleme dann allerdings gute Marktchancen.

8. Eigendynamische Prozesse dürften insbesondere bei erfolgreichem Projektverlauf eine zunehmende Rolle spielen, als in diesem Fall vielversprechende Folgeprojekte und sich eröffnende Marktpotenziale für ein weiteres Engagement und eine Fortsetzung der Kooperation der Projektbeteiligten sprechen würden.

Bislang sind keine negativen Auswirkungen von (natürlichen) Mykorrhizapilzen auf die menschliche und tierische Gesundheit bekannt, obwohl ca. 85% der höheren Pflanzen solche Symbiosen ausbilden; eine Gefährdung durch natürliche Pilzstämme ist deshalb vermutlich auszuschließen. Auswirkungen neuartiger bzw. künstlich hergestellter Mykorrhizastämme auf das Ökosystem oder die menschliche oder tierische Gesundheit sind allerdings nicht von vornherein auszuschließen. Mögliche Auswirkungen auf die Quantität und die Zusammensetzung der Pflanzeninhaltsstoffe werden im Rahmen des Projekts untersucht. Auswirkungen eines Austrags der inokulierten AMP aus dem Substrat in die Umgebung sind nicht auszuschließen und nicht abschätzbar, da sich Bodenorganismen unkontrolliert ausbreiten können; im Rahmen des Vorhabens sind keine diesbezüglichen Untersuchungen geplant. Im Prinzip kann das Vorhaben jedoch zu umweltverträglichen Verfahren des Pflanzenschutzes beitragen, nachdem nach dem neuen Pflanzenschutzmittelgesetz im Arznei- und Gewürzpflanzenanbau nur noch wenige umweltverträgliche Mittel zugelassen sind, die im Rahmen der

Lückenindikation eingesetzt werden. Positive Auswirkungen sind in erster Linie durch die Reduktion des Düngemittel- und Bewässerungsaufwands zu erwarten.

Gegenwärtig sind die generellen Marktperspektiven der Mykorrhiza-Technologie als günstig einzuschätzen. Ihr Engpass liegt primär in der garantierten eindeutigen Wirksamkeit eines fallspezifisch optimierten Technologiemanagements. Im Erfolgsfall würden hiervon vor allem Mycosym, aber indirekt auch die Region profitieren.[62]

Bei erfolgreicher Marktpenetration sind kaum negative politische oder soziale Folgen des Projekts zu erwarten. Da sich im Endprodukt keine gentechnisch veränderten Stoffe wiederfinden, sind keine (end-)produktspezifischen Akzeptanzprobleme zu erwarten. Bei den Abnehmern und Nutzern von Mykorrhiza-Produkten ist im Falle garantierter Qualitäts- oder Ertragsverbesserung zudem eher mit einer raschen Marktpenetration zu rechnen. Außerdem könnte etwa die zu erwartende Reduzierung des Pflanzenschutzmitteleinsatzes tendenziell zu einem Imagegewinn von (Umwelt-)Politik und Pflanzenbiotechnologie beitragen.

4.4 Rohstoffoptimierung für die Herstellung von Thymianfluidextrakt und Thymiherba (C24)

Ziel des Projekts ist die Erweiterung des Marktanteils des in Sachsen-Anhalt traditionell angebauten Thymians, der hier besonders günstige natürliche Bedingungen vorfindet und der als Rohstoff für die Herstellung von rezeptfreien Produkten des sich gegenwärtig stark ausdehnenden Naturstoff-Marktes verwendet wird. Die Anwendung erstreckt sich auf Phytopharmaka in der Human- und Veterinärmedizin, auf Lebensmittel- und Futtermittelzusätze mit konservierender und diätetischer (antimikrobieller, antioxidativer) Wirkung und auf kosmetische Produkte. Die Teilaufgaben des Projekts umfassen die Verbesserung von Ertrag, Homogenität und Inhaltsstoffen durch Züchtung, die Kostensenkung des Thymianrohstoffs durch Rationalisierung der Anbautechnologie und die Kostensenkung und Qualitätsoptimierung durch verbesserte Technologie der Nacherntebearbeitung. Insgesamt handelt es sich um ein breit angelegtes, auf eine Produktpalette hin orientiertes Verbesserungsprojekt für die kostengünstige Gewinnung und die Ausweitung der Marktanteile von Thymian. Somit geht es dem Projekt im Wesentlichen um die substanzielle Verbesserung des Gesamtsystems Thymianzüchtung, -anbau und -vermarktung zwecks regionaler Wettbewerbsvorteile.

---

[62] Im Prinzip kann jedes der Projekte aus dem vierten Teilbereich der InnoPlanta-Vorhaben (regional bedeutsame Kulturpflanzen, d.h. in erster Linie Arznei- und Gewürzpflanzen) von den zu erwartenden Ergebnissen und dem zu entwickelnden Technologiemanagement bei großflächigem AMP-Einsatz profitieren.

Das 2002 begonnene und auf 4 Jahre angelegte Projekt hat aufgrund bisheriger Erkenntnisse auf diesem Gebiet grundsätzlich gute Erfolgsaussichten, falls insbesondere die Selektion auf Genotypen mit zytoplasmatisch bedingter Sterilität, zugehörigen Maintainern und Bestäuberkomponenten mit hoher Eigenleistung für die Hybridsortenerzeugung gelingt. Die Risiken seiner wissenschaftlich-technischen als auch seiner wirtschaftlichen Realisierbarkeit sind allerdings laut Gutachten des Wissenschaftlichen Beirats von InnoPlanta erheblich, insbesondere weil sie von der erfolgreichen Lösung sämtlicher Teilaufgaben abhängt.

Das 2002 begonnene und auf knapp 4 Jahre angelegte mittelgroße FE-Projekt (426.406 € mit knapp 90% Fördermitteln) setzt auf konventionelle Züchtungsmethoden. Die eher inkrementelle Innovation besteht in der Züchtung von leistungsfähigem genetischem Material, das zur Züchtung von Populationssorten und von Hybridsorten genutzt wird. Das aus durchaus unterschiedlichen Teilmärkten resultierende gesamte Marktpotenzial ist relativ begrenzt (in den 1990er Jahren weltweit ca. 10 Mio. €).

Konkurrierende, auf diesen Märkten bereits etablierte Angebote stellen zum einen die bislang praktizierten Formen des Thymiananbaus dar, die gerade verbessert werden sollen. Zum anderen müssen sich Thymianprodukte in den verschiedenen Anwendungsbereichen von Humanmedizin, Veterinärmedizin, Gewürzen, functional food und Kosmetik mit Konkurrenzprodukten messen, die möglicherweise die dort gewünschten Funktionen in anderer Form ebenso gut oder billiger erfüllen, z.B. als Arzneimittel, als gesundheitsförderndes Speiseöl oder als ätherisches Öl. Als originärer Rohstoff des Europäischen Arzneibuches kann Thymian allerdings nicht durch andere Arten substituiert werden.

Die Erlangung von Wettbewerbsvorteilen durch die optimierten Thymianprodukte hängt eindeutig von der (gleichzeitigen) erfolgreichen Durchführung der einzelnen Teilaufgaben des Projekts ab, da letztlich erst die anvisierte Verbesserung der Produktionskette von der Saatguterzeugung über den Anbau bis zur Herstellung eines für die industrielle Verarbeitung optimierten Halbfertigprodukts dies zu gewährleisten vermag.[63] Allerdings ist prinzipiell auch die je separate Bearbeitung der einzelnen Projektkomponenten möglich.

Mit den optimierten Thymianprodukten können Teilmärkte verschiedener Bereiche (Gewürze, Phytotherapeutica (als Mono- und Kombinationspräparate), Veterinärmedizin, Konservierungsmittel) bedient werden.[64] Mit dem Wachstum des Naturstoffmarktes und der Selbstmedikation dürften auch die Nachfrage nach Thymianpräparaten und die Substitution synthetischer Mittel zunehmen. Allerdings dürfte die Größe dieser Märkte auch im Falle wachsender Naturstoffmärkte relativ begrenzt bleiben.

---

[63] Eine dergestalt verbesserte Wettbewerbsfähigkeit würde auch die Erweiterung des Thymiananbaus im traditionellen Anbaugebiet von Sachsen-Anhalt als Alternative zu subventionierten Marktfrüchten erfolgversprechend machen.

[64] Dabei werden ca. 60% der Thymianprodukte exportiert.

Die Durchsetzung auf diesen Teilmärkten hängt einerseits zentral von der verbesserten Qualität, der erreichten Kostensenkung und der erfolgreichen Vermarktung von Thymianprodukten ab und kann andererseits je nach Teilmarkt und spezieller Anwendung stark variieren.

Der Entstehungskontext des Thymianprojekts C24 ist insbesondere in folgenden Punkten zu sehen:

1. Für den Hauptantragsteller und mit 90% Anteil an den Fördermitteln Hauptnutznießer des Projekts, Dr. F. Pank, ein im Bereich der Arznei- und Gewürzpflanzenforschung internationale Reputation genießender Wissenschaftler der BAZ, bot das Projekt die Möglichkeit, eine relativ anspruchsvolle wissenschaftliche Problemstellung, nämlich die Entwicklung von genetischen Komponenten für ein Hybridsortensystem für die Züchtung qualitativ hochwertigen Thymians und die genauere Untersuchung der Blütenbiologie dieser gynodiözischen Art zu bearbeiten[65], für die seitens der BAZ kein Interesse und keine Kapazität bestand.

2. Die züchtungsmethodischen Erkenntnisse und die zu entwickelnden Thymianlinien versetzen den industriellen Kooperationspartner, die Dr. Junghanns GmbH in die Lage, Thymian-Hybridsorten mit gesteigertem Ertrags- und Qualitätsniveau und einer hohen Homogenität, wie sie von der Industrie gefordert wird, zu züchten.[66] Als Gründer (1998) und Leiter eines jungen, kleinen, ohne öffentliche Anschubfinanzierung arbeitenden, gewinnbringenden und eigene Forschung betreibenden Saatzuchtunternehmens, der bis 1998 in dem Majoranwerk Aschersleben fünf verschiedene Abteilungen geleitet hatte und anerkannte Kompetenzen und Verbindungen im Bereich der Arznei- und Gewürzpflanzen besitzt[67], sah Dr. W. Junghanns in der möglichen Projektförderung die willkommene unternehmensstrategische Chance, in die langfristig angelegte Entwicklung von Thymian-Spitzensorten einzusteigen, die insbesondere im Pharmabereich, hingegen weniger im Gewürzbereich, zukünftig signifikante Absatzchancen böten. Hierbei ist auch von Bedeutung, dass ein junges expandierendes Unternehmen, das sich auf die Erzeugung von Arzneipflanzen im Vertragsanbau mit landwirtschaftlichen Erzeugern, auf die Verarbeitung des Rohstoffs und auf den Handel mit einschlägigen Produkten spe-

---

[65] Mit den zu erwartenden Forschungsergebnissen wird im internationalen Vergleich Neuland betreten.

[66] Hybridsorten gewährleisten darüber hinaus einen natürlichen Sortenschutz, da das aus Konsumbeständen gewonnene Saatgut für den weiteren Nachbau aufgrund der Aufspaltung unbrauchbar ist.

[67] So ist er beispielsweise Gutachter bei deutschen Fachzeitschriften in diesem Bereich und derzeit Vorsitzender der Saluplanta, der größten deutschen Organisation von Gewürzpflanzenanbauern sowie auch einer von drei deutschen Vertretern für Arznei- und Gewürzpflanzen auf europäischer Ebene.

zialisiert hat, für Sortenzüchtung, Saatgutproduktion, Anbauverträge, Verarbeitung und Vermarktung verantwortlich ist und eigene Mittel in das Projekt einbringt.

3. In einem von der EU-Kommission 1997-2000 geförderten, von beiden Antragstellern bearbeiteten Projekt war die analoge Entwicklung eines Hybridsortensystems für Majoran mit angestrebten Ertragssteigerungen und angereicherten Inhaltsstoffen erfolgreich, so dass beide Akteure über für eine erfolgreiche Hybriderzeugung hochwertiger homogener Thymiansorten vorteilhafte Erfahrungen und Kenntnisse verfügen.

4. Insofern das Projekt von wirtschaftlichem und wissenschaftlichem Interesse ist, ist es aus der Förderperspektive von BMBF und PTJ und der Zielsetzung von Inno-Planta, die Kooperation von Wirtschaft und Wissenschaft zwecks Entwicklung wirtschaftlich vermarktbarer Produkte zu fördern, ein für seine öffentliche Förderung geeignetes FE-Vorhaben. So trafen sich das 1999 bei einem Treffen artikulierte Eigeninteresse von Junghanns, Thymian von exzellenter Qualität zu produzieren, mit der Anfrage von InnoPlanta nach einem entsprechenden Projektantrag, der eben nicht wie viele andere aus dem (Umfeld des) IPK Gatersleben stammte und gute wirtschaftliche Verwertungsaussichten aufwies.

5. Die Antragsteller haben aus mehreren Gründen auf die Anwendung genuin gentechnischer Methoden verzichtet. Zum Ersten werden sowohl Genfood allgemein als auch gentechnisch veränderte Arzneipflanzen speziell in Europa als derzeitiger Hauptabsatzmarkt bislang weitgehend abgelehnt. Zum Zweiten betragen die Entwicklungskosten bei der Züchtung gentechnisch veränderten Thymians ein Vielfaches derjenigen konventioneller Züchtung, so dass sie sich nur bei großen Produktvolumina rechnen. Die notwendige Vorlaufforschung zur Gewinnung von Genkonstrukten, mit deren Hilfe ein Umschalten auf männliche Sterilität und männliche Fertilität möglich wäre, würde viel Zeit in Anspruch nehmen, der Erfolg wäre ungewiss und die Kosten unüberschaubar. Zum Dritten impliziert die Nutzung patentierter Gene eine Abhängigkeit von den entsprechenden biotechnologischen Unternehmen bzw. weitere kostenmäßige Nachteile. Zum Vierten besteht ein Vorteil des Thymian-Projekts darin, dass aufgrund der häufigen natürlichen zytoplasmatisch bedingten männlichen Sterilität auf ein für homogene Hybridsorten relevantes gentechnologisches Verfahren zur Herstellung männlicher Sterilität verzichtet werden kann, auf das etwa das inzwischen eingestellte, in Abschnitt 4.6 dargestellte Projekt C02 gerade abzielte.

Unter Vermarktungsaspekten ist die Langfristperspektive des gesamten Vorhabens von großer Bedeutung. Das Projekt selbst zielt auf die Züchtung geeigneter Thymian-Ausgangslinien und -sorten ab. Die auf Heterosis beruhenden Leistungssteigerungen in Ertrag, Homogenität und Inhaltsstoffen können erst in Kombinationseignungsprüfung des entstandenen genetischen Materials nach Ablauf des Projekts ermittelt werden. Erst falls auch diese Arbeiten durch die Dr. Junghanns GmbH erfolgreich abgeschlossen werden sollten, kann im günstigsten Fall in ca. 8 Jahren mit der Einführung von Hybridsorten gerechnet werden, so dass sich der hochwertige Rohstoff auf die Qualität der Thymianprodukte auswirken kann. Ein Vorteil dieser Langfristperspektive besteht darin, dass analog ansetzende konkurrierende FE-Vorhaben seitens anderer Akteure und darum negative wirtschaftliche Folgen von teils bereits eingetretenen Verzögerungen bei Projektbewilligung und -durchführung nicht zu erwarten sind.[68]

Im Wesentlichen sind an dem FE-Projekt C24 etwa 8 Personen beteiligt: die zwei Hauptakteure und Antragsteller Pank und Junghanns, ein Doktorand, ein technischer Assistent sowie zwei Dienstleistungen erbringende Personen auf Seiten der BAZ, ein Mitarbeiter der Dr. Junghanns GmbH und ein Landwirt als seitens Junghanns beauftragter Unterauftragnehmer für die Feldversuche beteiligt.

Aufgrund positiver vergangener Kooperationserfahrungen und wechselseitiger Kenntnis und Wertschätzung der Sachkompetenzen und Denkweisen des jeweiligen Kooperationspartners verlaufen der Austausch und die Koordination zwischen Junghanns und Pank komplikationslos, effizient und mit minimalem Zeitaufwand, im Wesentlichen per Telefon, e-mail oder am Rande von Tagungen. Zugleich ist das Projekt so konzipiert, dass die jeweiligen Teilaufgaben möglichst separat bearbeitet werden können, u.a. etwa um die aus Wettbewerbsgründen nicht gewollte Offenlegung von Informationen z.B. von mitwirkenden Landwirten vermeiden zu können. So beschränkt sich die Besichtigung der Experimente der Dr. Junghanns GmbH durch den als Projektkoordinator fungierenden Pank auf ein bis zwei Termine im Jahr. Auf der anderen Seite ist Junghanns zu Kontrollzwecken bei heißen Phasen der Feldversuche durch den als Unterauftragnehmer am Projekt mitarbeitenden Landwirt selbst vor Ort dabei und er besichtigt ebenfalls bis zu zweimal im Jahr die Experimente der BAZ.

Das finanzierte Projektvolumen wird von den Hauptakteuren als in etwa ausreichend eingestuft, wobei allerdings im Vergleich mit anderen bewilligten Projekten von Junghanns eine nach eigener Einschätzung sehr geringe Fördersumme beantragt wurde, die unter derjenigen der eingebrachten Eigenmittel liegt. Ohne öffentliche Fördermittel wäre das Projekt jedoch zweifellos nicht in Angriff genommen worden.

Als weit gravierenderer Mangel sind aus der Sicht der Antragsteller hingegen die wiederholten Verzögerungen bei der Projektbewilligung einzustufen, so dass zwischen erster Projektskizze und endgültiger Bewilligung mehr als zwei Jahre vergingen und sich der geplante Projektbeginn letztlich um ein Jahr verzögerte. So konnte etwa Jung-

---

[68] Diesbezüglich sieht die Situation bei dem parallel laufenden, gleichfalls von der BAZ sowie GHG Saaten Aschersleben, Agrargenossenschaft Lindenhof und dem Majoranwerk Aschersleben durchgeführten Projekt C25 über Bohnenkrautextrakte für Naturprodukte ungünstiger aus, das ein umfangreicheres Projekt mit stärkerem Engagement des gleichfalls als Projektkoordinator fungierenden Pank ist.

hanns nach Rückgabe des Unterauftrags durch den als ersten beauftragten Landwirt erst in 2003 mit den ihn betreffenden Arbeiten beginnen. Darüber hinaus wurden die geforderten Antragsprozeduren als unnötig bürokratisch eingeordnet.[69] Vor diesem Hintergrund kam es u.a. deshalb nicht zu einem Ausstieg aus dem Thymian-Projekt C24, sondern blieb es bei einem verspäteten und mühsamen Einstieg in ebendieses, weil sonst die in den vorangehenden 2-3 Jahren erbrachten, entsprechende vested interests und sunk costs erzeugenden Vorleistungen fast mit Sicherheit hinfällig gewesen wären.

Im November 2002 organisierten die Projektleiter eine Tagung „Grundlagen der Thymianforschung", zu der ganz bewusst ,konkurrierende' Forschergruppen aus Europa eingeladen wurden, um insbesondere auch ein valides Bild über den Stand der Forschung zu gewinnen. Demnach stellen diese parallel laufenden Forschungsvorhaben keine wirkliche Konkurrenz dar, insofern sie entweder keine Hybridsorten züchten, oder Thymianlinien für Hybridsorten mit deutlichen Kostennachteilen nur vegetativ vermehren, oder aber die Arbeiten auf die reine Sammlung und Evaluierung von Akzessionen beschränken und so ohne weitreichende Produktperspektive und ohne langen Atem vorgehen.

Da das geförderte FE-Projekt selbst u.a. nur diverse verschiedene Thymian-Linien hervorbringen wird, die sich erst in einem Anschlussvorhaben mit den dann möglichen und erforderlichen Kombinationseignungsprüfungen über Heterosiseffekte möglicherweise zu neuen hochwertigen (ertrags- und qualitätssteigernden) Thymiansorten kombinieren lassen werden, und da Arzneipflanzen keine Zulassung benötigen, wird aus wettbewerbstaktischen Gründen bewusst auf die Beantragung von Sortenschutz verzichtet, um dem Sortenamt keine neu gezüchteten Sorten liefern zu müssen und so die Gefahr ihrer unkontrollierten Weiterverbreitung zu vermeiden.[70]

Nach dieser zusammenfassenden, primär deskriptiven Darstellung von Inhalt, Aufbau und Entwicklung des Thymian-Projekts werden nun im Folgenden wiederum seine Hauptmerkmale analytisch herausgearbeitet.

---

[69] Exemplarisch sei hier die von Junghanns zurückgewiesene Anforderung seitens des Projektträgers angeführt, als er für den mit einer geringen Entlohnung verbundenen, klar umrissenen Unterauftrag an einen anderen Landwirt vor Ort mehrere zusätzliche Kostenvoranschläge erstellen und nach Möglichkeit noch eine Ausschreibung durchführen sollte, nachdem der zunächst beauftragte Landwirt diesen Unterauftrag aufgrund der ungünstigen finanziellen Bedingungen im August 2002 zurückgab.

[70] Die BAZ macht Züchtungsforschung, erzeugt aber keine eigenen neuen Sorten, und will seine Untersuchungsergebnisse publizieren. Insofern wird kein genetisches Material herausgegeben, was die exklusive Nutzung der neu gezüchteten Sorten für Junghanns trotz der Rolle der BAZ als Hauptprojektnehmer möglich macht.

Die Akteurkonstellation besteht auf Projektebene aus einer kleinen Gruppe weniger Personen mit klarer Kompetenzverteilung und wechselseitigem Vertrauen der beiden Hauptakteure Pank und Junghanns. Weitere projektrelevante Akteure im Umfeld des FE-Vorhabens sind: InnoPlanta, PTJ, BMBF, drei Forschergruppen mit verwandten FE-Projekten (in Europa), potenzielle Abnehmer thymianbasierter Phytopharmaka, das Netzwerk der Arznei- und Gewürzpflanzenforschung und -branche. Diese Akteure interagieren kaum im Rahmen des konkreten Projekts selbst. Die BAZ spielt eher die Rolle eines zufälligen Akteurs, insofern es sich um kein genuines BAZ-Projekt wie bei einigen anderen InnoPlanta-Vorhaben handelt.

Projektspezifisch ist kaum von einem genuinen Innovationsnetzwerk zu sprechen, insofern es sich (bislang) um lediglich zwei Hauptakteure handelt. Insofern diese qua Biografie und Profession in Region verankert sind, gehören sie im Arznei- und Gewürzpflanzenbereich aktiven (regionalen) Netzwerken an, wollen durch ihr Engagement in diesbezüglichen FE-Projekten für die Region Nordharz/Börde (wirtschaftlich) vorteilhafte Ergebnisse bewirken, und haben von daher starke, nicht nur projektspezifische vested interests am Erfolg des Thymian-Projekts.

An projektrelevanten Kontexten und Strukturen ist insbesondere auf die folgenden hinzuweisen:

1. Die regionale Tradition und Expertise im Arznei- und Gewürzpflanzenanbau, die besonders auch nach dem 2. Weltkrieg wegen der Devisenknappheit in der DDR gepflegt wurde und im Allgemeinen ein höheres Niveau als in den westdeutschen Bundesländern erreichte, ist für das Projekt sowohl auf der Ebene regional verfügbaren Know-hows und entsprechender Kompetenzen als auch auf der Ebene bestehender Infrastruktur und Netzwerke bedeutsam. Dies geht einher mit für diesen Bereich regional günstigen klimatischen und Bodenbedingungen. Auf allgemeiner volkswirtschaftlicher Ebene ist die bestehende regionale Infrastruktur weniger vorteilhaft und spiegelt die eher schwache wirtschaftliche Kapazität und Attraktivität der Region wider.

2. Beim Anbau von und der Produktgewinnung aus Arznei- und Gewürzpflanzen handelt es sich um einen eher kleinen Wirtschaftszweig für spezielle Märkte, dessen Akteure einander mehr oder weniger wohlbekannt sind.

3. InnoPlanta als Gewinner des InnoRegio-Wettbewerbs des BMBF und als Projektbefürworter ist primär als seine Finanzierungsbasis sichernder Akteur zentral für das Thymian-Projekt. Darüber hinaus ist Junghanns an der Entwicklung von InnoPlanta zu einem tragfähigen und erfolgreichen Innovationsnetzwerk interessiert und pflegt als junger Unternehmer entsprechende Kontakte, während Pank sich als Angehöriger der öffentlichen Forschungseinrichtung BAZ u.a. biografisch bedingt im Wesentlichen als Wissenschaftler versteht.

4. Der Projektträger Jülich wird eher als ein die Projektdurchführung zwar fördernder, aber aufgrund schwerfälliger bürokratischer Prozesse eher komplizierender Akteur wahrgenommen.[71] Neben der Einflussnahme durch PTJ kommt ein (indirekter) Einfluss der Politik auf das Projekt in ihrer Rolle als potenzieller weiterer Förderer und Regelsetzer bei der Markteinführung von Thymian-Produkten zum Tragen.

5. Insofern es sich bei dem Projekt um eine eher inkrementelle Innovation handelt, sind seine Erfolgschancen auf der Ebene seiner konkreten Projektziele bei kompetenter Durchführung als günstig einzuschätzen. Unter der Voraussetzung, dass im notwendigen Folgeprojekt die Züchtung von qualitativ hochwertigen und ertragsstarken Thymiansorten über positive Heterosis-Effekte der entwickelten Thymianlinien ohne zusätzliche Kosten beim Thymiananbau und bei der Gewinnung von Thymian-Phytopharmaka gelingt, dürfte dieser Weg der Thymiangewinnung konkurrierenden Verfahren grundsätzlich überlegen und damit wirtschaftlich konkurrenzfähig sein. Dies besagt allerdings noch nichts über seine tatsächliche zukünftige Dominanz auf dem Thymianmarkt.

6. Der gewählte (konventionelle) Züchtungsweg zielt zum einen auf anspruchsvollere Problemlösungen als diejenigen der potenziellen Konkurrenten ab, und vermeidet zum anderen bewusst gentechnische Lösungswege, weil diese bei Beachtung der gegebenen wirtschaftlichen und gesellschaftspolitischen Rahmenbedingungen vermutlich eher von Nachteil wären.

7. Vested interests und sunk costs spielen bei dem Projekt allenfalls auf persönlicher und nur begrenzt auf struktureller Ebene eine Rolle. Während Thymian für die Dr. Junghanns GmbH ein wirtschaftlich interessantes phytopharmazeutisches Potenzial bietet und ein Hauptaktionsfeld darstellt, ist das Thymian-Projekt für Pank von ausgesprochen wissenschaftlichem Interesse. Abgesehen von der Eigendynamik und dem Eigeninteresse im Rahmen eines einmal begonnenen und unter Umständen erfolgreichen Projekts kamen sunk costs bislang insofern zum Tragen, als Junghanns trotz geänderter Förderbedingungen mit mehr erforderlichem Eigenkapitalanteil als zunächst vorgesehen dem beantragten FE-Vorhaben treu blieb.

Die Problemsichten, Wahrnehmungs- und Denkmuster der beiden Hauptakteure des Thymian-Projekts zeichnen sich (nach Wahrnehmung des Autors) aus durch eine projektbezogene Sach-, Effizienz- und Wirtschaftlichkeitsorientierung, einerseits, und durch eine Verankerung in der und die Wertschätzung der Region sowie eine Orientierung auf Arzneipflanzen, andererseits. Zum Dritten bestehen eine durch vergangene

---

[71] Aus Sicht der Projektleiter handelt es sich um ein ‚eigenes‘, klar konzipiertes und zudem eher knapp kalkuliertes Projekt, dessen erfolgreiche Durchführung durch externe (politische) Einflussnahme nur behindert wird.

Erfahrungen gestützte gewisse Enttäuschung über fehlende Wertschätzung seitens der sowie eine Skepsis gegenüber den wissenschaftspolitisch und wirtschaftlich mächtigen, in etablierten Institutionen verankerten, ihre eigenen Interessen ausgeprägt verfolgenden Führungspersonen, die auch verschwörungstheoretische Interpretationsfiguren einschließt. Schließlich gibt es in ihrem effizienz- und vertrauensbasierten und zugleich klar arbeitsteilig organisierten Kooperationsverhältnis keine projektrelevanten Konfliktlinien, während zugleich die teils per Unterauftrag vergebenen Projektarbeiten der Mitarbeiter von ihnen hinreichend kontrolliert werden. – Über die projektbezogenen Sichtweisen und Orientierungsmuster der übrigen oben aufgeführten, mit dem FE-Projekt verbundenen Akteure ist dem Autor ohne weitere Recherchen nichts bekannt.

Hinsichtlich der Entwicklungsmuster und -dynamik des Thymian-Projekts lässt sich bislang grob Folgendes festhalten. Die im vierjährigen Projektverlauf anfallenden Kosten verteilen sich eher gleichförmig, da es sich vor allem um kontinuierlich anfallende Personalkosten handelt, was den budgetären Präferenzen der Förderinstanzen entgegenkommt. Bis Ende 2003 verliefen die unterschiedlichen Projektversuche planmäßig und durchweg erfolgreich. Im Bereich der Züchtungsforschung wurden etwa die Evaluierung von insgesamt 62 Akzessionen abgeschlossen, Testkreuzungen erfolgreich durchgeführt, Feldversuche vorbereitet, das Kältebedürfnis zur Blütenbildung in Vernalisationsversuchen geklärt und eine Methodik der Verklonung von Elitepflanzen entwickelt. Im Bereich der Anbautechnik gelangen u.a. eine Reduzierung der Handpflegekosten um ca. 50%, eine Verringerung des Herbizidansatzes um ca. 30%, eine Erhöhung der Ertragssicherheit getrockneter Ware um ca. 50% und eine höhere Ausbeute an phenolischen Inhaltsstoffen. Im Bereich der Nacherntebearbeitung wurden insbesondere eine Reduzierung der Nacherntekosten um 80% bei Anwendung des Direktdrusches, eine verbesserte Inhaltsstoffzusammensetzung bei Anwendung des direkten Verfahrens, eine Einsparung von ca. 30% der Energiekosten durch die neue Siebtechnik und eine Erhöhung der Durchsatzleistung bei vergleichbarer Endproduktqualität um ca. 30% erreicht. Diese eine idealtypische Projektentwicklung spiegelnden, raschen außerordentlichen Erfolge erklären sich vor allem dadurch, dass Thymianzucht und -anbau, anders als z.B. Weizen, bislang kaum systematisch untersucht wurden[72] und ein derart umfangreiches systematisches Vorgehen in diesem Vorhaben erstmals praktiziert wird. Mit möglichen wissenschaftlich-technischen Umsetzungsproblemen ist primär erst nach Projektabschluss zu rechnen, wenn es in der Nachfolge um die Nutzung erhoffter vorteilhafter Heterosiseffekte bei Kombinationseignungsprüfungen der verschiedenen entwickelten Thymianlinien geht. Sofern das Projekt auf wissen-

---

[72] Bei Thymian existiert (noch) eine große natürliche Variabilität. In Frankreich wurde gerade erstmals ein großes Selektionsprogramm gestartet. Aus wissenschaftlicher Sicht ist daher bei der Erforschung des Thymians unter Blinden der Einäugige König.

schaftlich-technischer Ebene Erfolg hat, ist mit keinen außergewöhnlichen wirtschaftlichen oder politischen Umsetzungsproblemen[73] zu rechnen, insofern Junghanns und Pank im Arznei- und Gewürzpflanzensektor Reputation besitzen, und ersterer in diesem relativ umgrenzten Markt über Marktkenntnisse und Marketing Know-how verfügt und aktiv Networking betreibt. Eigendynamische Prozesse dürften (infolge der relativen Kleinheit des Vorhabens) nur insofern von Bedeutung sein, als die Hauptakteure nach einmal begonnenem Engagement das Vorhaben auch zu Ende bringen wollen und es bei auftretenden Schwierigkeiten nicht leichtfertig abbrechen dürften.

Generell ist nicht mit besonderen ökologischen und gesundheitlichen Risiken bei der Züchtung, dem Anbau und der Vermarktung optimierter Thymianprodukte zu rechnen. Von daher sind auch spezifische Akzeptanzprobleme nicht zu erwarten.

Auf regionaler Ebene sind dabei tendenziell positive wirtschaftliche und soziale Folgen des Projekts zu erwarten, während diese für konkurrierende Anbauregionen im Erfolgsfall eher negativ aussehen dürften, sofern sie nicht durch einen entsprechend expandierenden Naturstoff-Markt kompensiert werden.

Ohne die Marktperspektiven und Wettbewerbsmuster im Thymianmarkt im Einzelnen kompetent beurteilen zu können, dürfte die Abschätzung des begrenzten, vor allem auf Pharmaprodukte ausgerichteten Thymianmarktes auf inzwischen deutschlandweit maximal 10 Mio. € zumindest für die nähere Zukunft zuverlässig sein. Unterschiede zu anderen ähnlichen Projekten bestehen wie gesagt vor allem in der langfristig angelegten, züchterisch weiterreichenden und den gesamten Herstellungsprozess und Verkauf von Thymianprodukten systematisch umfassenden Projektkonzeption, woraus weitgehend auch die spezifischen komparativen Vorteile des Vorhabens resultieren. Mögliche Wettbewerbsnachteile und Risiken sind zum einen in der Unsicherheit von erwünschten Heterosiseffekten zu sehen, auch wenn diese bei Majoran und einigen Gemüsesorten inzwischen in großem Umfang genutzt werden, zum anderen in einer unvorhergesehenen Entwicklung des Thymianmarktes, und schließlich in der geringen Größe und damit der eng begrenzten personellen und finanziellen Kapazität der Dr. Junghanns GmbH, die (im Konfliktfall) einem potenten Pharma-Konzern oder Saatguthersteller kaum gewachsen sein dürfte, auch wenn es sich um ein wirtschaftlich erfolgreiches und expandierendes, auf die Sortenzüchtung und Verarbeitung von Arznei- und Gewürzpflanzen und den Handel mit einschlägigen Produkten spezialisiertes Unternehmen handelt.

---

[73] Es bestehen keine besonderen Gesundheitsrisiken der Thymianprodukte.

4.5 Chlorophyllreduzierte Ölpflanzen (C22)

Das Vorhaben zielt auf die Verbesserung der Verarbeitungseigenschaften des pflanzlichen Rohstoffs Ölpflanzensamen durch eine Reduktion des Chlorophyllgehaltes in den Samen. Dadurch sollen Herstellungskosten gesenkt und laut Antrag der Anfall von Nebenkomponenten optimiert werden. Dazu sollen gentechnische und züchterische Methoden kombiniert und eine interdisziplinäre Zusammenarbeit zwischen molekularer Züchtungsforschung und Verfahrenstechnik (Ölmühlen) verwirklicht werden. Zum einen sollen die existierenden Sorten nach chlorophyllarmen Sorten durchmustert und diese zur Weiterzüchtung identifiziert werden, zum anderen sollen gentechnische Verfahren eingesetzt werden, um im reifenden Samen den Chlorophyllabbau zu beschleunigen. Geplante Ergebnisse sind die Etablierung transgener Ölpflanzenlinien als geeignetes Ausgangsmaterial für weitere Züchtungsprogramme sowie die Erprobung vereinfachter technischer Verfahren zur Ölraffinierung. Dabei sollen auch Grundlagenerkenntnisse über die Physiologie des Chlorophyllstoffwechsels und die Expression und Aktivitäten der beteiligten Enzyme gewonnen werden. Somit geht es bei diesem Projekt einerseits darum, Rapspflanzen mit beschleunigtem Chlorophyllabbau zu gewinnen, die erst den Ausgangspunkt für die zukünftige Züchtung entsprechender Rapssamen darstellen, und andererseits darum, ein verbessertes Verfahrens bei der Raffinierung des Rapsöles zu entwickeln, um Chlorophyll-Restbestände zu eliminieren.

Das Vorhaben wurde am 1.4.2002 begonnen und soll über 3 Jahre laufen. Laut Gutachten des Wissenschaftlichen Beirats von InnoPlanta weist es ein erhebliches Risiko der wissenschaftlich-technischen Realisierbarkeit sowie des wirtschaftlichen Erfolgs auf.

Das Vorhaben setzt zum überwiegenden Teil auf gentechnische Methoden: Einsatz gentechnischer Methoden zur Erzeugung transgener Linien für die Weiterzüchtung und Einsatz biotechnischer Methoden bei der Raffination. Es sollen aber auch die existierenden Sorten auf eine Eignung zur Weiterzüchtung mit molekularbiologischen Methoden gescreent werden. Das Projekt zielt zunächst auf eine inkrementelle Innovation, kann aber langfristig auch einen Beitrag zur Entwicklung neuartiger und nachhaltiger Methoden darstellen. Es handelt sich um ein mittelgroßes FE-Projekt mit einem Gesamtvolumen knapp 440.000 €; davon werden 93% InnoRegio-gefördert.

Das FE-Vorhaben C22 hat das Potenzial, dabei folgende bestehende technische und (agrar-) wirtschaftliche Probleme der Ölpflanzenproduktion und -verarbeitung zu lösen:

- Beeinträchtigung der Samenreifung und des Chlorophyllabbaus im Samen durch zu kurze Vegetationsperioden (frühzeitiger Frosteinbruch) für den (Sommer-)Rapsanbau, was eine Verminderung der Qualität des Rapsöles bewirkt. So entstehen ökonomisch relevante qualitative und quantitative Mängel des Rapssamens, insbesondere bei Sommersortenanbau in Kanada, Skandinavien, Osteuropa. Von daher ist die Erzeugung von Rapslinien, die einen beschleunigten Chlorophyllabbau während der Samenreifung zeigen, ein erstrebenswertes Züchtungsziel.

- Bislang sind spezielle industrielle Bleichungsverfahren notwendig, um Rapslinien, die einen beschleunigten Chlorophyllabbau während der Samenreifung zeigen, mit vermarktungsfähiger Qualität herzustellen. Dazu wird Bleicherde eingesetzt, was zusätzliche Kosten verursacht. Dies soll durch die Zugabe Chlorophyll abbauender Enzyme beim Raffinationsprozess reduziert werden.

Das Vorhaben verspricht somit folgende Vorteile:

- Einsparpotenzial beim Bleichungsschritt
- Rapsanbau auch in Regionen, in denen er bislang nicht möglich ist, und damit Ausweitung der Anbaugebiete für Raps weltweit.

Potenzielle Nachfrager chlorophyllreduzierter Sorten sind (mit Konzentrations- und Monopolisierungstendenzen konfrontierte) Raps-/Saatzüchter bzw. konventionelle Ölbauern. Sie haben ein Interesse an ölhaltigen Samen mit reduziertem Chlorophyllgehalt, da Chlorophyllrückstände photodynamische Prozesse auslösen könne und dann insbesondere ungesättigte Fettsäuren peroxidieren. Als Nachfrager für chlorophyllreduziertes Erntegut sind in erster Linie die (allerdings häufig eine konservative und wenig innovationsfreudige Haltung einnehmenden) Ölmühlenbetreiber zu nennen, die ein Interesse an einer Vereinfachung der Weiterverarbeitung haben.[74] Mit dem Endprodukt kann der Industrieölbedarf des (relativ diversifizierten) Grundstoffmarkts der chemischen Industrie bedient werden. Weiterhin Die wird Rapsöl auf dem von vielen Anbietern belieferten Speiseölmarkt nachgefragt: Gesundheitsbewusste Verbraucher sind dabei an Speiseölen mit hohem Anteil an (einfach) ungesättigten Fettsäuren interessiert.

Der Entstehungskontext des Ölpflanzensamenprojekts C22 ist im Wesentlichen in folgenden Punkten zu sehen:

1. Wissenschaftlich ist ein besteht ein genaueres (molekularbiologisches) Verständnis und die Kontrolle des Chlorophyllsyntheseprozesses bei der Samenreifung von höherwertigen Pflanzen von hohem Interesse, wobei der wissenschaftliche Ehrgeiz vor allem bei transgenen Pflanzen und Varietäten liegt. Hier hat der Projektkoordinator Prof. Dr. B. Grimm aufgrund langjähriger Forschungserfahrung – auch im Vergleich zu anderen diesbezüglichen Arbeitsgruppen – ein vergleichsweise genaues Wissen in Bezug auf die für Chlorophyllsynthese und -abbau verantwortli-

---

[74] Einsparpotenzial insbesondere beim Bleicherdeeinsatz: Verbrauch in der BRD ca. 20.000 t/a, Bleicherdepreis ca. 0,50-0,75 €/kg; vermutetes Einsparpotenzial: 10% = 1 Mio. € + geringere Ölverluste

chen Gene. Aufgrund des insbesondere beim Sommerrapsanbau in nördlichen Anbaugebieten unvollständigen Abbaus von Chlorophyll im ausgereiften Samen vermindern photodynamische Reaktionen während der Samenreifung und im Verlauf
der Pflanzenölraffination die Ölqualität, indem aufgrund phototoxischer Effekte
etwa ungesättigte Fettsäuren schneller oxidieren. Von daher verspricht die Kontrolle und gezielte Verringerung des Chlorophyllgehalts in Raps und Ölpflanzen auch
einen praktischen Nutzen für Landwirtschaft und Ölpflanzenindustrie. Nachdem
das Projekt noch während Grimms Zugehörigkeit zum IPK Gatersleben konzipiert
worden war, wird der Hauptteil des Projekts infolge seines Wechsels zum 1.1.2001
auf den Lehrstuhl für Pflanzenphysiologie an der Humboldt Universität zu Berlin
(HUB) dort durchgeführt, wobei er bis Herbst 2002 seine Forschungsaktivitäten
noch überwiegend am IPK verfolgte. Seiner auf Chlorophyllsynthese und -abbau
ausgerichteten Arbeitsgruppe an der HUB gehören insgesamt 25 Mitarbeiter (davon 20 Wissenschaftler) an, wodurch die Einbettung des Projekts in einen größeren
Forschungszusammenhang gegeben ist. Außer dem FE-Vorhaben über chlorophyllreduzierte Ölpflanzen hatte Grimm in Kooperation mit weiteren Projektpartnern parallel über InnoPlanta noch die Förderung eines gleichfalls den Chlorophyllstoffwechsel betreffenden FE-Vorhabens zur Erzeugung dauergrüner Gräsersorten (C30) mit 600.000 € Fördervolumen beantragt, das jedoch bereits vom Wissenschaftlichen Beirat von InnoPlanta Ende 2000 als nicht förderungswürdig ausgeschieden wurde.

2. Bis zur Wende war der Großraum Magdeburg in der vormaligen DDR ein Zentrum
für die Verarbeitung von Ölsaaten. Mit der Schließung der dortigen Ölmühle 1990
wurde im Zuge der generellen politischen Privatisierungsbemühungen die Oehmi
Forschung und Ingenieurtechnik Gmbh (heute Oehmi AG) gegründet, die als Industrie-Dienstleister Anlagen für die Speiseölindustrie plant und realisiert und über
10 Tochtergesellschaften mit inzwischen weltweiten Aktivitäten verfügt. Da Oehmi langfristig nicht in der Lage ist, selbstständig vorwettbewerbliche FE-Aktivitäten zu verfolgen, wurde 1993 der Pilot Pflanzenöltechnologie Magdeburg e.V.
(PPM) als FE-Einrichtung auf privater Basis mit 16 Mitgliedsfirmen bzw. –personen gegründet. PPM soll Mittel für FE-Projekte einwerben und sich durch Dienstleistungsprojekte für die Pflanzenölindustrie gegenfinanzieren und konkurriert somit mit universitären Forschungsinstitutionen. Mit einem jährlichen Umsatz von
gegenwärtig 550.000 € und der einzigen Technikumsanlage für Ölsaatenverarbeitung in Deutschland trägt sich PPM inzwischen weitgehend über eingeworbene
Drittmittel wirtschaftlich selbst. PPM könnte im Falle einer erfolgreichen Entwicklung und Anwendung von Chlorophyll abbauenden rekombinanten Enzymen in
einem vereinfachten Bleichungsverfahren dieses wiederum über Lizenzgebühren
und Tests für die Speiseölindustrie gewinnbringend vertreiben, da PPM zu einer

Vermarktung selbst nicht in der Lage ist. Letztere wäre primär durch entsprechende PPM-Mitglieder wie Anlagenbauer und Ölmühlenbetreiber zu leisten. Innerhalb von PPM handelt es sich dabei um ein eher kleines FE-Vorhaben mit weniger als 100.000 €, wobei 28.000 € Eigenmittel trotz mühseliger Projektbewilligungsprozeduren aus Gründen des Know-how Gewinns, der Imagepflege und des Kontaktes mit InnoPlanta[75] beigesteuert werden.

3. Mit der intelligenten antragsstrategischen Verknüpfung zweier sachlich und in ihrer Zielsetzung separaten Teilprojekte, nämlich die Entwicklung (transgener) chlorophyllreduzierter Ölpflanzen und die Entwicklung und der Einsatz Chlorophyll abbauender Enzyme bei der Raffination und Bleichung von Ölsaaten, erhöhten sich die Chancen für eine erfolgreiche Bewilligung des beantragten FE-Vorhabens enorm, insofern es äußerlich den Förderkriterien des InnoRegio-Programms des BMBF genau entsprach und auch vom InnoPlanta-Vorstand entsprechend qualifiziert wurde.[76] Dabei verbinden sich mit den beiden Teilprojekten durchaus teils gegenläufige Interessenlagen, insofern bei einer allerdings nur langfristig realisierbaren Markteinführung von transgenem chlorophyllreduzierten Raps der enzymgestützte Abbau von chlorophyllhaltigen Rapsölsamen bei der Raffination tendenziell obsolet wird.

4. Da das Projekt somit von wirtschaftlichem und wissenschaftlichem Interesse ist, ist es aus der Förderperspektive von BMBF und PTJ und der Zielsetzung von Inno-Planta, die Kooperation von Wirtschaft und Wissenschaft zwecks Entwicklung zumindest potenziell wirtschaftlich vermarktbarer Produkte zu fördern, ein für seine öffentliche Förderung geeignetes FE-Vorhaben. Die in ihren jeweiligen Feldern anerkannte Expertise der beiden Projektpartner, interessante FE-Ergebnisse in einem absehbaren, relativ kurzfristigen Zeitraum versprechendes und ein mit Patenten und Lizenzen verknüpftes, sogar baldige Verwertungschancen eröffnendes Projekt dürften darüber hinaus für die positive Beurteilung und die Bewilligung des Ölpflanzensamenprojekts C22 überzeugend gewirkt haben.

5. Trotz diesbezüglicher Versuche gelang keine Einbindung von Pflanzenzüchtern als den letztlich potenziellen Hauptnutznießern in das FE-Vorhaben. Hierfür dürfte vor allem eine (implizite) Kosten-Nutzen-Analyse der Saatzüchter verantwortlich sein: zum einen ist mit der Markteinführung chlorophyllreduzierter Rapssorten allenfalls langfristig zu rechnen, und zum anderen ließen sich solche transgenen Rapssorten

---

[75] Der Geschäftsführer von PPM und Aktionär von Oehmi, Dr. F. Pudel war 2000-2002 im InnoPlanta-Vorstand und deshalb über dessen laufende Aktivitäten gut informiert, während er danach kaum mehr relevante Insider-Informationen erhält.

[76] „Die Zusammenführung von molekularer Züchtungsforschung und unmittelbarer verfahrenstechnischer Prüfung der erzielten Entwicklungsergebnisse hat nicht nur konzeptionelle Vorbildfunktion, sondern öffnet die Tür für die Einbindung der verarbeitenden Industrie und des Maschinenbaus, ist also von hoher regionaler Bedeutung." (regionales Votum des Vorstandes von InnoPlanta 2001)

unter den gegenwärtigen Bedingungen infolge mangelnder Akzeptanz der Verbraucher kaum verkaufen. Allerdings gibt es mittlerweile eine interessierte Projektbeobachtung seitens des nicht in der Region beheimateten Rapszüchters Norddeutsche Pflanzenzucht (NPZ), der auch entsprechende Versuchsfelder zur Verfügung stellen will und der im Beirat von PPM sitzt. Möglicherweise ist er ebenso wie der Deutsche Saatzucht Verband (DSV) zu einer Zusammenarbeit in einem anvisierten Folgeprojekt bereit.

6. Für Projektkonzeption und -durchführung ist eine (von Seiten des fördernden BMBF erwünschte) Marktperspektive allenfalls für PPM relevant, während ansonsten der Hauptzweck des Vorhabens eindeutig Grundlagenforschung ist. Aufgrund seines langfristigen großen Marktpotenzials und des PPM-Projektteils ist es jedoch im Vergleich mit einigen anderen InnoPlanta-Projekten noch ein eher anwendungsbezogenes FE-Vorhaben.

Die technischen und wirtschaftlichen Perspektiven des Ölpflanzensamenprojekts sind zwar grundsätzlich von großer Reichweite, jedoch aufgrund vielfältiger möglicher Punkte eines Misslingens, seines infolge der langwierigen Bewilligungsprozedur frühen Stadiums der Durchführung, und der Kontroversen um gentechnisch veränderte Lebensmittel noch weitgehend offen. Insofern es sich im Grunde um die intelligente Kombination zweier separater Ansätze handelt, die beide unabhängig von einander verfolgt werden könnten, unterscheiden sich auch deren wirtschaftliche und zeitliche Erfolgsaussichten.

PPM hat eine kurzfristigere Perspektive. Hier geht es um die Entwicklung und die verfahrenstechnische Optimierung eines modifizierten Raffinationsverfahrens unter Einsatz von rekombinanten Enzymen (Chlorophyllase) zur Reduktion des Chlorophyllgehaltes in Pflanzenölen. Hierfür sind sowohl der Einfluss von Chlorophyll auf die Qualität gebleichter Öle, die Auswirkungen vereinfachter Bleichverfahren auf chlorophyllreiche bzw. -arme Rapsöle und der Einfluss von Enzymen des Chlorophyllkatabolisjmus bei der Raffination zu bestimmen als auch modifizierte Raffinationsschritte für Rapsöl zu etablieren. Dabei hat sich eine Biotech-Firma aus Halle bereits ihr Interesse an der Herstellung eines rekombinanten Proteins für Raffinierungsprozesse im Großmaßstab bekundet. Im Erfolgsfall wäre dann die Vermarktung des vereinfachten Bleichverfahrens vor allem Sache der dieses (qua Mitgliedschaft) als erste nutzen könnenden Anlagenbauer und Ölmühlen. Das prognostizierte Einsparpotenzial beim Einsatz von Bleicherde liegt in Deutschland bei ca. 1 Mio. €. Allerdings haben die diesbezüglichen Versuche mit einem chlorophyllreduzierendem Enzym bei PPM erst im Frühjahr 2004 begonnen und bislang noch zu keinen eindeutigen Ergebnissen geführt.

Bei der HUB dominiert das wissenschaftliche Erkenntnisinteresse der Grundlagenforschung, während die von dem Projekt letztlich profitieren könnenden Saatzüchter trotz erwünschter Beteiligung praktisch nicht involviert sind.[77] Konkret geht es um

- die Durchmusterung und Analyse verschiedener Rapslinien (Sommer- und Winterraps) auf Chlorophyllgehalt während der Reifung und die Auswahl von 1-2 Rapslinien mit beschleunigtem und vollständigem Chlorophyllabbau,
- die Erstellung und Prüfung geeigneter Genkonstrukte zur Rapstransformation mit einem wirkungsvollen und unschädlichen, aber beschleunigten und vollständigen Chlorophyllabbau[78],
- die Bereitstellung rekombinanter Chlorphyllase zum Einsatz in der Rapsöl-Raffination und
- die Etablierung eines kombinierten Enzymassays zum vollständigen Abbau auch von photoreaktiven Chlorophyll-Abbauprodukten im Rapsöl.

Neben der HUB verfolgen mindestens vier weitere Wissenschaftlergruppen in Kanada und den USA, allerdings mit jeweils unterschiedlichen Genen, transgene Ansätze der Chlorophyllreduzierung in Ölpflanzen und halten zum Teil diesbezügliche Patente. Bei der angestrebten Herstellung vermutlich transgener chlorophyllreduzierter Rapspflanzen ist – abhängig von Engagement und Marktvorteil – deren erfolgreiche Einkreuzung in Hochleistungssorten in nachfolgenden FE-Projekten und ihr anschließender Anbau in nördlichen Regionen allenfalls in 10 bis 20 Jahren zu erwarten. Dabei entscheidet die jeweilige Pflanze, ob der jeweils zum Zuge kommende gentechnische Ansatz in der Praxis auch funktioniert. Vor diesem Hintergrund ist das innerhalb des InnoRegio-Programms auf baldige wirtschaftliche Verwertbarkeit der Forschungsergebnisse orientierte Förderinteresse des BMBF in diesem Fall eindeutig zu kurzfristig angelegt und induzierte dadurch eher kontraproduktiv entsprechende legitimatorische Antragsformulierungen.

An dem FE-Projekt C22 sind 6 Personen beteiligt: einschließlich des Hauptakteurs und Projekteinreichers Grimm drei Wissenschaftler und eine Diplomandin auf Seiten der HUB und Krause als wissenschaftlicher Bearbeiter sowie Pudel als verantwortlicher Geschäftsführer auf Seiten von PPM. Aufgrund der auch praxisorientierten Einstellung von Grimm verläuft die Zusammenarbeit des mit eigenverantwortlich durchgeführten Teilprojekten weitestgehend arbeitsteilig angelegten und im Grunde nur durch die InnoRegio-Vorgaben einer erwünschten Kooperation von Wissenschaft und Wirtschaft

---

[77] Das Saatgut für das Screening von Rapslinien mit beschleunigtem Chlorophyllabbau stammt vom Institut für Pflanzenbau und Pflanzenzüchtung der Universität Gießen.

[78] In solchen transgenen Pflanzen können dabei sowohl eine RNAi-Suppression der Chlorophyllaufbauenden Proteine als auch eine Überexpression der Chlorophyll-abbauenden Proteine zum Tragen kommen.

entstandenen Vorhabens problemlos und auch anregend. Projektbezogene Arbeitstreffen finden fallweise zwanglos zwei- bis dreimal jährlich statt, woran bei Bedarf außer den Hauptakteuren auch die übrigen Mitarbeiter teilnehmen.

Das Fördervolumen, aus dem nur laufende Personal- und Sachausgaben und keine Maschinen und Geräte finanziert werden[79], wird von Seiten der HUB als ausreichend eingestuft, während PPM mit gut 15% Förderanteil und einem vom BMBF verlangten Eigenmittelanteil von 30%, den es infolge seiner Rolle als Dienstleistungs- und Verwertungsunternehmen der Pflanzenöle gewinnenden und verarbeitenden Industrie ökonomisch nur schwer aufbringen konnte, primär aus Imagegründen trotz mehrfacher Verzögerungen bei der Mittelbewilligung seine Projektbeteiligung aufrecht erhielt.[80] Bei der Antragstellung wurde die erforderliche Antragssumme so kalkuliert, dass nach vermuteter Einschätzung der Bewilligungsinstanzen weder zu viel noch zu wenig Finanzmittel angesetzt wurden. Ohne öffentliche Förderung wäre das Projekt zweifellos nicht in Angriff genommen worden.

Massive Kritik fand hingegen die aus Sicht der Antragsteller ungerechtfertigte mehrfache und telefonische Zusagen nicht einhaltende Verzögerung der Projektbewilligung, zumal damit jedes Mal Projektmodifikationen und zeitaufwändige Schreibarbeiten verbunden waren. Hierbei wurden insbesondere der unprofessionelle und unzureichend koordinierte, als formalistisch, unflexibel, undurchsichtig, taktierend und den praktischen Forschungsalltag wenig berücksichtigend empfundene Umgang von PTJ und BMBF mit den InnoRegio-FE-Anträgen gerügt, samt die von deren Seite vorgetragenen ‚hanebüchenen' Argumente für weitere Verzögerungen und das Mehrebenen-Bewilligungsverfahren bei mangelnder Delegation von Projektbewilligungen etwa an den InnoPlanta-Vorstand oder das regionale Fördermanagementteam; dabei besteht in der Retrospektive durchaus auch Verständnis für die anfängliche Überforderung der Vergabeinstanzen bei BMBF und PTJ durch das InnoRegio-Programm. So wurde der 2000 erstmals eingereichte Projektantrag letztlich erst 2002 bewilligt.

Aufgrund dieser Verzögerung des Projektbeginns hatten die Arbeiten an dem Vorhaben im März 2003 auf Seiten der HUB gerade erst mit dem molekularbiologischen Screening von existierenden Rapssorten und der gentechnischen Erzeugung transgener Rapslinien begonnen, während bei PPM der Einsatz chlorophyllabbauender Enzyme erst ab Sommer getestet werden konnte. Auch wenn das Vorhaben keine (kurz- oder längerfristigen) Erfolge zeitigen sollte, wird es grundsätzlich als fruchtbares und befriedigendes kooperatives Unternehmen mit wechselseitiger Anregung durch die Projektpartner begrüßt. Dabei ist eine Fortsetzung des Projekts (bei erfolgversprechenden Ergebnissen) gerade im Hinblick auf die Einkreuzung transgener chlorophyllreduzier-

---

[79] Die kostenneutrale Anschaffung einer nachträglich beantragten Sterilwerkbank wurde gestattet.
[80] So wurden die Mittel für PPM erst Mitte 2002 ein Vierteljahr nach denjenigen für die HUB mit der Maßgabe bewilligt, dass Kosten erst ab 2003 abgerechnet werden durften.

ter Rapslinien in Hochleistungssorten und die empirische Über-prüfung ihrer entsprechenden Wirksamkeit in Feldversuchen erwünscht, hängt jedoch von einer entsprechenden, noch nicht weiter verfolgten Finanzierung ab.

Nach dieser zusammenfassenden, primär deskriptiven Darstellung von Inhalt, Aufbau, Genese und Entwicklung des Ölpflanzensamenprojekts werden im Folgenden seine Hauptmerkmale analytisch herausgearbeitet.

Die Akteurkonstellation besteht auf Projektebene aus einer kleinen Gruppe weniger Personen mit klarer Kompetenzverteilung und wechselseitiger Anerkennung der beiden verantwortlichen Hauptakteure Grimm und Pudel und der Projektleiter Eckhardt und Krause. Dabei sind diese Personen je nach Zugehörigkeit primär in ein Forschungs- bzw. industrietechnisches Netzwerk eingebunden, in die sich die jeweiligen Teilprojekte einordnen: Verständnis und Kontrolle des Chlorophyllstoffwechsels in höherwertigen Pflanzen, einerseits, und Verfahrenstechnik in der Pflanzenölindustrie, andererseits. Weitere projektrelevante Akteure im Umfeld des FE-Vorhabens sind: IPK, Institut für Biologie/Pflanzenphysiologie der HUB, PPM, Oehmi, interessierte Saatzucht-Unternehmen, InnoPlanta, PTJ, BMBF, vier Wissenschaftler-Arbeitsgruppen im Bereich der chlorophyllreuzierenden gentechnischen Rapstransformation in Kanada und den USA, und die 16 Mitglieder von PPM. Diese Akteure prägen das Wahrnehmungs- und Handlungsumfeld des FE-Vorhabens, interagieren jedoch kaum innerhalb seiner konkreten Durchführung.

Projektspezifisch entwickelt sich durchaus Verständnis für die Ziele und die Arbeitsweise des Projektpartners. Es ist aber kaum von einem genuinen Innovationsnetzwerk zu sprechen, wohingegen sehr wohl von wissenschaftlichen, die Chlorophyllsynthese untersuchenden sowie von verfahrenstechnischen, durch die Ölsaaten verarbeitende Industrie geprägten Netzwerken gesprochen werden kann, denen die Projektmitarbeiter jeweils angehören.

An projektrelevanten Kontexten und Strukturen ist insbesondere auf die folgenden hinzuweisen:

1. Die gleichgerichtete Überlagerung von wissenschaftlichen und wirtschaftlich-verfahrenstechnischen Interessen der Antragsteller und von technologie-, wirtschafts- und regionalpolitischen Interessen der Förderinstanzen machte trotz fehlender Mitwirkung von Pflanzenzüchtern sowohl die Bewilligung der beantragten Projektmittel als auch die kompetente Durchführung des FE-Vorhabens wahrscheinlich.

2. Den in Bezug auf die Herstellung chlorophyllreduzierter transgener Rapspflanzen unterschiedlichen Interessenlagen beider Projektpartner kommt nur insofern Be-

deutung für Struktur und Durchführung des bewilligten FE-Vorhabens zu, als sie sich in seiner klaren Aufteilung in zwei Teilprojekte und entsprechender Arbeitsteilung widerspiegeln.[81]

3. Die infolge der gegebenen Rahmenbedingungen durchaus verständliche Zurückhaltung der Pflanzenzüchter gegenüber dem Vorhaben wirkt sich insofern aus, als Grimm deren spezifische Wünsche und Anforderungen für die konkrete Projektgestaltung zwar aufzugreifen bereit wäre, sie jedoch nicht kennt, so dass sie als dessen eigentlichen Ansprechpartner und Profiteure seinen spezifischen inhaltlichen Entwicklungspfad, anders als aus Fördersicht grundsätzlich erwünscht, nicht mitprägen. Erst in möglichen Nachfolgeprojekten könnten bislang bereits bestehende lockere Kontakte mit Saatzucht-Unternehmen in konkrete Kooperationsformen einmünden.

4. Die (mehrfach überarbeiteten) Projektanträge der Antragsteller wurden ausschließlich über InnoPlanta bei Projektträger und BMBF eingereicht. Andere Antragskanäle oder Förderinstanzen wurden nicht anvisiert.

5. BMBF und PTJ kommen von daher als die Projektfinanzierung ermöglichende Förderinstanzen eine entscheidende Rolle im Hinblick auf die tatsächliche Durchführung des FE-Vorhabens zu, die im Wesentlichen bei seinem Beginn und eventuell bei seiner zukünftigen Weiterführung zum Tragen kommt. Hinsichtlich seiner Bewilligungsformalitäten und -verzögerungen wurden sie von den Antragstellern allerdings als die Projektdurchführung unnötig hinauszögernde und komplizierende Förderinstanzen wahrgenommen, was durchaus zum Rückzug des FE-Antrags hätte führen können. Im Übrigen haben sie für die Durchführung des Vorhabens keine große Bedeutung.

6. Insofern es sich bei dem Vorhaben zum einen primär um wissenschaftliche Grundlagenforschung handelt und bei dem kurzfristig anvisierten vereinfachten Bleichverfahren mit Chlorophyll abbauenden Enzymen keine transgenen Rapsölsamen raffiniert werden, spielen bestehende restriktive Regulierungen der Gentechnik und die bei deutschen (und europäischen) Verbrauchern und Nahrungsmittelkonzernen vorherrschende Ablehnung gentechnisch veränderter Lebensmittel für das Projekt keine relevante Rolle. Sie kommen allerdings sehr wohl in der Nichtbeteiligung von Saatzüchtern und möglicherweise bei der zukünftigen Markteinführung transgener Rapssorten zum Tragen.

7. Eine Marktperspektive kommt in dem Vorhaben für die beiden separaten Teilprojekte in ganz unterschiedlicher Form zum Tragen: Eher kurzfristig wird sich der Einsatz Chlorophyll abbauender Enzyme bei der Bleichung und Raffination von

---

[81] Dies schließt durchaus eine sinnvolle Delegation notwendiger Teilarbeiten ein, wie die Bereitstellung von rekombinanten Enzymen des pflanzlichen Chlorophyllabbaus durch die HUB oder der Einsatz von Proteinen in Pilotanlagen von PPM.

Raps in einigen Jahren als wirtschaftlich tragfähig erweisen und möglicherweise mittelfristig für entsprechende Lizenz- und Dienstleistungseinnahmen von PPM sorgen, wobei das Einsparpotenzial insbesondere beim Einsatz von Bleicherde in der BRD allerdings auf ca. 1 Mio. € begrenzt bleiben dürfte. Die nur langfristig erwartbare Markteinführung chlorophyllreduzierter (transgener) Rapssorten spielt für die HUB hingegen allenfalls als Hintergrundperspektive und Legitimationsargument eine Rolle.

8. Das FE-Vorhaben kennzeichnet zudem die weitreichende potenzielle Langfristwirkung einer eher inkrementellen Innovation. Im Falle der in notwendigen Anschlussprojekten erfolgreichen und zudem wirtschaftlich vorteilhaften Herstellung chlorophyllreduzierter Hochleistungsrapssorten hat es eine große wirtschaftliche Reichweite, und dies nicht einmal notwendig auf primär anvisierte nördliche Regionen begrenzt; denn Ölpflanzen mit niedrigerem Chlorophyllgehalt haben ein sehr großes Marktpotenzial, insofern sie sich in besseren Fütterungseigenschaften, in der Nachfrage nach Speiseöl (mit ungesättigten Fettsäuren) und in qualitativ hochwertigeren Vorprodukte für die chemische Industrie niederschlagen.

9. Der Wechsel von Grimm vom IPK an die HUB ist (bei bleibenden Kontakten nach Gatersleben) als situativer Einfluss auf die Projektdurchführung zu werten, dem jedoch im Hinblick auf seinen grundsätzlichen Ablauf und Erfolgsaussichten keine weitere Bedeutung zukommen dürfte.

10. Entgegen dem Votum des InnoPlanta-Vorstands dürfte die regionale Bedeutung des Projekts recht gering sein, da seine Ergebnisse einerseits für (deutsche) Ölmühlenbetreiber generell von Nutzen sein können und andererseits chlorophyllreduzierte (transgene) Rapssorten weltweit vor allem in weniger warmen (nördlichen) Regionen vermarktet werden dürften. Schließlich zeigten auch lokale Saatzüchter bislang kein gesteigertes Interesse an dem Vorhaben. Allenfalls über die Stärkung von PPM als regionalem Industriedienstleister ist mit einer geringfügigen positiven regionalen Wirkung des Projekts zu rechnen.

11. Umgekehrt spielt die auf regionaler Ebene teils unzureichende sozioökonomische und kulturelle Infrastruktur für die erfolgreiche Durchführung des Vorhabens praktisch keine Rolle, zumal sein Hauptteil an der HUB in Berlin ausgeführt wird.

12. Welche speziellen Gene eine den Chlorophyllgehalt von Raps signifikant reduzierende Wirkung haben und darüber hinaus zu wirtschaftlich profitablen Einkreuzungen in Raps-Hochleistungssorten führen können, ist für die von verschiedenen Wissenschaftlergruppen anvisierten unterschiedlichen konkreten gentechnischen Rapstransformationen noch völlig offen. Bislang zählt bei dieser Grundlagenforschung vor allem wissenschaftliche und nicht marktbezogene Konkurrenz. Ein gewisser Wettbewerbsvorteil der HUB-Gruppe liegt nach Einschätzung von Grimm darin, dass die konkurrierenden Arbeitsgruppen vorwiegend Erfahrung mit Raps

und dessen Samenreifungszyklen besitzen, während er auf den Chlorophyll-Stoff-wechsel in höherwertigen Pflanzen spezialisiert ist und über die diesbezüglichen Gene Bescheid weiß, was für die Herstellung transgener Rapslinien mit genuin gentechnischen Verfahren von Vorteil ist. So verfolgt Grimm neben der Inaktivie-rung von Chlorophyllsynthese-Genen als wohl einziger auch die Überexprimierung von den Chlorophyllabbau steuernden Genen, der sich innerhalb des Projekts durchaus als der erfolgversprechendere Weg erweisen könnte.

13. Vested interests und sunk costs spielen bei dem Projekt insofern eine Rolle, als es im Wesentlichen erst aufgrund der im Hinblick auf seine Förderung und Durchfüh-rung bestehenden Deckungsgleichheit von primär wissenschaftsimmanenten Er-kenntnis- und Reputationsinteressen von Grimm (HUB), von vermarktungsfähigen Dienstleistungsinteressen von Pudel (PPM) und von dem regional- und wirtschafts-politischen Interesse an der regionalen Zusammenarbeit von wissenschaftlichen und industriellen Akteuren seitens der (forschungs)politischen Förderinstanzen konzipiert und gefördert wurde. Abgesehen von der Eigendynamik und dem Eigen-interesse im Rahmen eines einmal begonnenen und unter Umständen erfolgreichen Projekts kamen sunk costs bislang dabei insofern zum Tragen, als insbesondere PPM trotz mehrjähriger Projektverzögerung und eines zunächst nicht vorgesehenen Eigenkapitalanteils dem beantragten FE-Vorhaben treu blieb.

Die Problemsichten, Wahrnehmungs- und Denkmuster der beiden (vom Autor inter-viewten) Hauptakteure zeichnen sich (nach seiner Wahrnehmung) bei Übereinstim-mung in einer projektbezogenen Sach- und Effizienzorientierung durchaus durch un-terschiedliche (durch die jeweilige systemspezifische institutionelle Verankerung be-dingte) Perspektiven aus, die jedoch wechselseitig anerkannt und respektiert werden und zu keinen projektspezifischen Konflikten führten. Auf wissenschaftlicher Seite dominiert das (Erkenntnis-)Interesse an einem transgenen Ansatz der kontrollierten Chlorophyllreduzierung, eine für die Projektdurchführung noch wenig relevante Lang-fristperspektive des landwirtschaftlich-industriellen Anbaus von chlorophyllreduzier-ten (transgenen) Raps- und Ölpflanzen primär in nördlichen Regionen der Erde, und das Interesse an einer prinzipiell durchaus auf praktische Nutzbarkeit abzielenden, in der Sache befriedigenden Zusammenarbeit mit einer industrienahen Institution. Dem-gegenüber geht es PPM vor allem um wirtschaftlich vorteilhafte verfahrenstechnische Entwicklungen im Anlagenbau für die Pflanzenöl gewinnende und verarbeitende In-dustrie, die diese dann insbesondere in Ölmühlen übernehmen kann. Diese Problem-sicht entspricht zum einen Auftrag und Unternehmensstrategie von PPM und ver-spricht zum anderen die Chance, sich als Dienstleister und über Lizenzgebühren für in-dustrielle Bleichungsverfahren mit rekombinanten Chlorophyll abbauenden Enzymen teilweise zu finanzieren. Von daher hat PPM als auf Verfahrenstechnik und nicht auf

Pflanzenzucht ausgerichtetes Unternehmen kein genuines Interesse an der erfolgreichen Gewinnung chlorophyllreduzierter Ölpflanzen, weil damit seine noch eigens zu entwickelnde Verfahrenstechnik für ebendiese weitgehend überflüssig würde. – Über die projektbezogenen Sichtweisen und Orientierungsmuster der übrigen oben aufgeführten, mit dem FE-Projekt verbundenen Akteure ist dem Autor nichts bekannt.

Hinsichtlich der Entwicklungsmuster und -dynamik des Ölpflanzensamen-Projekts C22 lässt sich bislang grob Folgendes festhalten. Die im dreijährigen Projektverlauf anfallenden Kosten verteilen sich relativ gleichförmig, da es sich vor allem um kontinuierlich anfallende Personalkosten handelt, was den budgetären Präferenzen der Förderinstanzen entgegenkommt. Über mögliche wissenschaftlich-technische Umsetzungsprobleme kann noch wenig gesagt werden, da das Projekt aufgrund der eingetretenen Verzögerungen gerade erst begonnen hat. Punkte möglichen Fehlschlags sind durchaus gegeben sowohl hinsichtlich der Wirksamkeit und der ökonomisch erforderlichen Effektivität von rekombinanten Enzymen in modifizierten (kostengünstigen) Raffinationsverfahren von Rapsöl als auch hinsichtlich der Durchmusterung von Raps-Akzessionen in Bezug auf ihren Chlorphyllabbau für konventionelle Züchtungsprogramme und der Herstellung transgener Rapspflanzen mit Überexprimierung des Chlorophyllkatabolismus oder Verminderung der Expression in der Chlorophyllbiosynthese. Sofern das Projekt auf wissenschaftlich-technischer Ebene Erfolg hat, können züchterische, wirtschaftliche oder politische Umsetzungsprobleme nicht ausgeschlossen werden, insofern zum einen – in späteren Folgeprojekten – die Einkreuzung solcher transgener Rapssamen in Hochleistungssorten und deren Chlorophyllreduzierung gelingen muss und zum anderen deren wirtschaftliche Vorteile und gesellschaftliche Akzeptanz sich dann erst erweisen müssen. Eigendynamische Prozesse dürften (infolge der relativen Kleinheit des Vorhabens) nur insofern von Bedeutung sein, als die Hauptakteure nach einmal begonnenem Engagement das Vorhaben auch zu Ende bringen wollen und es bei auftretenden Schwierigkeiten nicht leichtfertig abbrechen dürften.

Generell sind bei dem Vorhaben keine besonderen Gesundheitsgefahren zu erwarten. Vielmehr dürften die im Erfolgsfall aus chlorophyllreduzierten Sorten gepressten Öle eher gesünder sein. Umweltgefährdungen sind ebenfalls wenig wahrscheinlich. Zum einen ist mit einem geringeren Einsatz an Hilfsstoffen (Bleicherde) bei der Raffination zu rechnen. Zum anderen ist zwar insbesondere beim Raps eine Auswilderung der transgenen Sorten auf Grund der besonderen Kreuzungsfreudigkeit mit Wildverwandten zu erwarten, eine Verdrängung von Wildsorten aber nicht wahrscheinlich, da keine die Überlebensfähigkeit verbessernden Eigenschaften eingebaut werden sollen. Durch den geringeren Energie- und Bleicherdeeinsatz sind außerdem umweltschonende Materialeinsparungen bei der Weiterverarbeitung/Raffination zu erwarten.

Was den erfolgreichen und wirtschaftlich vorteilhaften Einsatz rekombinanter pflanzlicher Enzyme des Chlorophyllabbaus bei der Rapsöl-Raffination anbelangt, sind bei geglückter Marktpenetration negative politische oder soziale Folgen des Projekts nicht zu erwarten. Allenfalls ist mit produktspezifischen Akzeptanzproblemen auf den Endverbrauchermärkten – hier also dem Rapszüchter, Ölmühlenindustrie, Verbraucher von Industrie- und Speiseöl – zu rechnen. Bei den Zwischenkonsumenten (Weiterverarbeiter) ist im Falle verbesserter Verarbeitungseigenschaften hingegen eher eine schnelle Adaption/Annahme wahrscheinlich. Zusätzlich sind via der Stärkung der Rolle von PPM begrenzte positive Folgen in der Region zu vermuten. – Anders sieht es für den weitaus größeren Markt transgener chlorophyllreduzierter Rapssorten aus. Da hier der Zeithorizont ihrer Markteinführung jedoch mehr als zehn Jahre beträgt, wären zuverlässige und gültige Aussagen über die dann zu erwartenden sozialen und politischen Folgen eher spekulativer Natur, insofern die zu diesem Zeitpunkt herrschenden, diesbezüglich relevanten sozioökonomischen und soziokulturellen Rahmenbedingungen heute noch weitgehend unbekannt sind.

4.6 Gentechnologisches Verfahren zur Herstellung männlicher Sterilität in Raps und Weizen (C02)[82]

Das gentechnologische Verfahren zur Herstellung männlicher Sterilität in Raps und Weizen zielt auf die Entwicklung eines universellen, gentechnologisch erzeugten männlichen Sterilitätssystems in Pflanzen, das auf einer an- und abschaltbaren Veränderung des Saccharosestoffwechsels während der Pollenentwicklung beruht. Der vom IPK Gatersleben zum Patent angemeldete methodische Ansatz zur Erzeugung männlich steriler Pflanzen ist neu. Die Konstruktion entsprechenden Zuchtmaterials und der Nachweis der praktischen Anwendbarkeit ist Hauptzweck des Projekts. Die Hybriderzeugung ist eine wichtige Methode zur züchterischen Optimierung von Ertrag, Krankheitsresistenz und Umweltstabilität von Kulturpflanzen. Die Erzeugung der Hybriden erfordert eine kontrollierte Kreuzbestäubung der elterlichen Komponenten ohne signi-

---

[82] Die Richtigkeit der (fachlichen) Aussagen dieses Teilkapitels ist leider nicht durchweg gesichert, weil – anders als in den übrigen näher untersuchten, in den Kapiteln 4.3 bis 4.5 beschriebenen FE-Projekten – die telefonisch interviewten Mitarbeiter von SunGene und des IPK nach interner Absprache nicht bereit waren, notwendige Korrekturen an dem ihnen vorliegenden Textentwurf schriftlich oder mündlich vorzunehmen, was auch mit dem Abbruch und damit dem Misserfolg dieses Vorhabens zu tun haben dürfte. Zwei Sungene nicht angehörende, mit dem Projekt, jedoch nicht mit all seinen spezifischen Details vertraute, fachlich kompetente Biologen nahmen bei Durchsicht dieses Teilkapitels zumindest keine für sie klar erkennbaren Falschaussagen wahr.

fikante Selbstbestäubung. Die meisten Kulturpflanzen können jedoch aufgrund des zwittrigen Blütenaufbaus sowohl selbst- wie fremdbestäubt werden.

Im Erfolgsfall ist ein wesentlicher Beitrag zur Verbesserung der Hybriderzeugung von Raps und Weizen als weltweit bedeutenden Kulturpflanzen zu erwarten. Gleichzeitig stellt die Pollensterilität eine implizite Sicherheitsmaßnahme für die Freisetzung transgener Pflanzen dar, da die ungewollte Verbreitung genetischen Materials durch Pollenflug eingeschränkt wird.

Das im Jahre 2001 begonnene Vorhaben sollte sich insgesamt über 5 Jahre erstrecken und in vier Phasen ablaufen. Hierbei existierten nach 2 Jahren mehrere Abbruchpunkte, an denen das Projekt im Falle des Scheiterns spezifischer Projektschritte gestoppt werden konnte. Bei erfolgreichem Verlauf sollte die Finanzierung der Fortführung des zunächst nur für 3 Jahre geförderten FE-Vorhabens für zunächst weitere 2 Jahre beantragt werden. Die Risiken seiner wissenschaftlich-technischen als auch seiner wirtschaftlichen Realisierbarkeit wurden als erheblich eingeschätzt, so dass seine Realisierungschance allenfalls 50% betrug.

Das demgemäß für zunächst 3 Jahre bewilligte Projekt setzte gezielt auf die Entwicklung eines gentechnologischen Verfahrens, stellte eine in der Tendenz radikale Innovation dar, wies ein großes Marktpotenzial auf (weltweit ca. 1 Mrd. €) und war mit 1,76 Mio. € bei 50% BMBF-Fördermitteln ein großes FE-Projekt von InnoPlanta. Grundsätzlich gibt es konkurrierende mechanische, chemische und biotechnologische Lösungen, nämlich das mechanische Entfernen männlicher Gametophyten, die Nutzung von Gametoziden oder die Nutzung natürlich vorkommender zytoplasmatischer männlicher Sterilität (CMS-Systeme). Diese weisen jedoch gegenüber dem Projekt im Erfolgsfalle einige Nachteile auf, die im Projektantrag beschrieben sind. Allerdings sind CMS-Systeme etwa bei Raps weltweit bereits bis zu einem gewissen Grad erfolgreich etabliert, während das anvisierte gentechnologische Verfahren zur Herstellung männlicher Sterilität seine technische und wirtschaftliche Realisierbarkeit erst noch beweisen müsste.

Der Erfolg des Projekts hing vom erfolgreichen Abschluss seiner verschiedenen, im Projektantrag beschriebenen Teilkomponenten ab und war insofern intern, jedoch kaum extern von komplementären Entwicklungen abhängig. Hierzu zählen insbesondere

- Suche nach und Entwicklung von geeigneten Promotoren (für Tabak), die als regulative Teile die Expression der zugehörigen entsprechenden Gene kontrollieren, die für die Synthese der Enzyme Saccharose-Isomerase und Palatinase verantwortlich sind, die die Umwandlung von Saccharose in Palatinose bzw. von Palatinose in Hexosen (Glucose und Fructose) regulieren,

- Herstellung von t[83]-DNA-Konstrukten zur Transformation der ausgewählten Kulturpflanzen Tabak, Raps und Weizen,
- Anhängen entsprechender GUS-Konstrukte als Reporter-Gene, die über Blaufärbung den Nachweis der erfolgreichen Pflanzentransformation durch Einbau und Wirksamkeit des Promotors gestatten,
- Isolierung und PCR-Klonierung[84] geeigneter zellwandspezifischer Signalpeptide, die die t-DNA auf sekretorischem Weg in die Zellwand schleusen,
- Transformation mono- und dikotyledoner Modellpflanzen mithilfe von t-DNA-Konstrukten in entsprechenden Vektoren und deren nachfolgende Analyse,
- Expression dieser Gene durch die Produktion der beiden aufgeführten Enzyme,
- Nachweis und Kontrolle der antheren-spezifischen Wirksamkeit dieser Enzyme,
- Kreuzung von Saccharose-Isomerase und Palatinase exprimierenden transgenen Pflanzen mit Restoration der Fertilität,
- Systemoptimierung durch Isolierung bzw. Lizenzierung geeigneter spezifischer Promotoren und Signalpeptide, um FTO und eine optimale Aktivität dieser Enzymsequenzen zu erreichen, d.h. insbesondere umfassende Penetranz der männlichen Sterilität in den Antheren der Mutterpflanze und hinreichende Restoration der Pollenfertilität in der F1-Generation,
- Nachweis und Kontrolle der Wirksamkeit der optimierten Konstrukte, d.h. des Zusammenwirkens der Einzelkomponenten des Gesamtsystems, wie pflanzenspezifische Wirksamkeit von jeweiligem Promotor und Saccharose-Isomerase-Gen bzw. Palatinase-Gen, Tapetum-spezifische Penetranz männlicher Sterilität, Verknüpfung der isolierten Promotoren, Enzymgene und Signalpeptide in geeigneten Vektoren,
- analoge Durchführung dieses an der sich durch leichte Transformierbarkeit und gute Regenerationsfähigkeit auszeichnenden Modellpflanze Tabak erprobten Verfahrens bei Raps und Weizen unter Nutzung der hierbei gewonnenen Erkenntnisse und Prüfung der Verwendbarkeit bereits getesteter Promotoren und Signalpeptide,
- Steigerung der Transformationseffizienz durch geeignete Selektion bei der Agrobakterien-vermittelten Transformation von Weizen,
- Übertragbarkeit/Anwendbarkeit des Verfahrens hinsichtlich verschiedener Weizensorten,
- Einkreuzung der transgenen Merkmale in Elitematerialien von Weizen.

Das Projektziel der Entwicklung eines universellen gentechnisch erzeugten männlichen Sterilitätssystems setzte somit an der Pollenentwicklung durch Veränderung des Saccharosestoffwechsels in transgenen Pflanzen an. Dies sollte geschehen durch die Expression einer Saccharose-Isomerase, die spezifisch im Tapetum, der inneren

---

[83] transfer;
[84] Vervielfältigung durch polymerase chain reaction.

Grenzschicht zu dem Pollen bildenden Gewebe, stattfindet, so dass infolge der Umwandlung von Saccharose in Palatinose die Pollenentwicklung verhindert wird, und durch die Expression einer als Restorer wirkenden Palatinase, durch die Palatinose in Hexosen umgesetzt wird, die von sich entwickelnden Pollen aufgenommen und verstoffwechselt werden.

Unter üblichen Rahmen- und Sicherheitsbedingungen ist, gerade angesichts des impliziten Sicherheitseffekts der Pollensterilität, mit keinen unerwarteten ökologischen und Gesundheitsrisiken dieses Verfahrens zu rechnen. Allerdings fehlen dem Autor hierzu genauere Informationen.

Je besser nun die Entwicklung eines *universellen* gentechnologisch erzeugten männlichen Sterilitätssystems in Pflanzen gelingt, desto größer ist das Marktpotenzial dieses Verfahrens, das sich ja keineswegs auf in sich gentechnisch veränderte Kulturpflanzen beschränken muss. Grundsätzlich kann es den gesamten Bereich der Pflanzenzucht betreffen.

Patentrechtlich scheint das Verfahren gesichert zu sein und mit keinen konkurrierenden Patenten rechnen zu müssen, so dass Freedom to Operate (FTO) wahrscheinlich gewährleistet wäre. Nutzer wären im Wesentlichen Saatgut-Hersteller (und die Produzenten des männlichen Sterilitätssystems), wobei zunächst vor allem Saatzüchter in der Region Nordharz/Börde, die Raps und Weizen im Zuchtprogramm haben, deutlich leistungsfähigere Hybridsorten entwickeln, diese national und international besser schützen und – abhängig vom Anteil von Hybridsorten am gesamten Kulturpflanzenmarkt – vermarkten könnten. Als Nachfrager dürften diese Unternehmen jedoch erst dann auftreten, wenn das Sterilitätssystem auf der Grundlage einer intensiven Zusammenarbeit von grundlagen- und praxisorientierter Forschung und Züchtung mittelfristig zur Marktreife gelangt. Mit spezifischen Akzeptanzproblemen wäre dabei eher nicht zu rechnen, solange das Verfahren nur bei der Hybriderzeugung angewandt wird, ohne dass die Pflanzenprodukte (in ihren qualitativen Eigenschaften) selbst gentechnisch verändert wären.[85]

Bei realisierbaren Ertragssteigerungen von ca. 5% für Weizen und 10% für Raps in Westeuropa lassen sich laut Antrag daraus resultierende Erlössteigerungen von weltweit ca. 2 Mrd. € ableiten. Falls sich mit gentechnisch erzeugten Hybriden 20% des Marktes für Hybridsorten gewinnen lassen, wäre für Weizen und Raps ein Marktvolumen in Europa von 150 Mio. € und weltweit von 400 Mio. € erreichbar, und unter Ausweitung des Hybridsystems auf Mais ca. 1 Mrd. €.

---

[85] Es handelte sich zwar um transgene Pflanzen, insofern sie männlich steril wären; ihre Produkte wie Weizenmehl oder Rapsöl wären jedoch gentechnisch nicht verändert.

Der Entstehungskontext des Hybridweizen-Projekts C02 ist im Wesentlichen in folgenden Punkten zu sehen:

1. Zum einen trug es mit etwa 600.000 € diesbezüglichen Fördermitteln wesentlich zur Finanzierung der von BASF Plant Science, dem IPK Gatersleben und zwei zentral involvierten Mitarbeitern (Geschäftsführer und wissenschaftliche Direktorin) als Biotech-Start-up 1998 gegründeten SunGene GmbH mit inzwischen 62 Mitarbeitern und 5 Mio. € laufenden jährlichen Kosten bei.

2. Die Idee des IPK zu versuchen, ertragsstarke Hybridsysteme mithilfe eines gentechnologischen Verfahrens herzustellen, traf sich mit der Kenntnis der dafür bestehenden Marktpotenziale aber auch Marktrisiken bei SunGene, wie etwa von Patentkonkurrenz und Zeithorizont seiner Markteinführung. Von daher bot sich diesbezüglich eine durch lokale Züchter komplettierte Kooperation von IPK und SunGene mit vorteilhafter Arbeits- und Kompetenzverteilung an.

3. Es handelte sich um vom BMBF geförderte anwendungsorientierte Grundlagenforschung mit einem potenziell großen Markt, bei der das IPK bereits engagiert war und ein Grundpatent für das anvisierte gentechnologische Verfahren besaß, so dass es in dem Projekt auch um die Fortführung bereits laufender Arbeiten von IPK ging.

4. Von daher konnten die Hauptakteure in dem Projekt (Herbers, Seulberger, Sonnewald sowie partiell Altpeter) auch ihren persönlichen Forschungs- und Reputationsinteressen verfolgen, die sich dabei zusätzlich gegenüber den Förderinstanzen wie BMBF und PTJ in Form eines Kooperationsprojektes von Wissenschaft und Industrie und damit InnoRegio-Kriterien genügend verkaufen ließen.[86]

In der Langfristperspektive des gesamten, sich über gut 15 Jahre hinziehenden Entwicklungsprozesses erwartete die BASF als Kapitalgeber anschließend eine wenigstens über 10% liegende Verzinsung ihres eingesetzten Risikokapitals, wobei üblicherweise für Risikokapital im Erfolgsfall mit 25% Verzinsung gerechnet wird. Bei der im Vergleich zu den meisten InnoPlanta-Vorhaben hohen Eigenmittelquote[87] waren in dem FE-Vorhaben dementsprechend mehrere deutlich unterschiedene Projektteile und -phasen mit relativ klar definierten Abbruchpunkten von Bedeutung.

In Phase 1 ging es laut Projektantrag um die Herstellung transgener Tabakpflanzen zum Proof of Concept (POC) in einer dikotyledonen Modellpflanze, wobei Tabak wegen seiner besseren Transformierbarkeit verwendet wurde. In Phase 2 sollte transgener Weizen zum POC in einer monokotyledonen Pflanze hergestellt werden. In beiden

---

[86] Interessanterweise hatte der Leiter des IPK vor dem (finanziellen) Engagement der BASF in das joint venture SunGene enge kooperative und finanzielle Verflechtungen der IPK-Mitarbeiter mit externen wirtschaftsnahen Forschungsinstitutionen eher abgelehnt und zu unterbinden gesucht.

[87] Unter den bis 2003 bewilligten Projekten weisen nur die Projekte R06, R18, C04, C05, C10 und R17 und gleichfalls eine Eigenmittelquote von um die 50% auf.

Phasen sollten bereits beschriebene bzw. patentierte Promotoren und Signalpeptide verwendet und neue Enzymsequenzen für optimale Aktivität und Freedom to operate (FTO) isoliert werden. In Phase 3 sollte es um die Optimierung der Konstruktbestandteile für FTO und für eine verbesserte Penetranz der männlichen Sterilität/Restoration gehen. Schließlich sollten in Phase 4 optimierte Vektoren hergestellt werden und die Transformation von Weizen und Raps erfolgen. Diese beiden letzten Phasen sollten dazu dienen, das entwickelte Hybridsystem zu optimieren. Darüber hinaus müssten spezifische Promotoren und Signalpeptide isoliert bzw. lizensiert werden, mit denen FTO und damit eine Marktfähigkeit des gesamten Sterilitätssystems erreicht werden kann.

Bei einer klar arbeitsteiligen Vorgehensweise war die IPK-Arbeitsgruppe von Sonnewald und Mitarbeitern, die über das in 2000 beantragte (Grund-)Patent für das auf der Veränderung des Saccharosestoffwechsels in transgenen Pflanzen basierende universelle gentechnologische Verfahren eines männlichen Sterilitätssystems verfügt, im Wesentlichen für den POC in der dikotyledonen Modellpflanze Tabak zuständig. Der kleinen IPK-Arbeitsgruppe von Altpeter bzw. Kumlehn ging es insbesondere um den POC in der auf der biolistischen Transformationsmethode beruhenden monokotyledonen Modellpflanze Weizen. Die SunGene-Arbeitsgruppe von Herbers und Mitarbeitern war schließlich vor allem verantwortlich für den POC in Raps und in auf der Agrobakterien-vermittelten Transformation von Weizen, für die Herstellung der finalen Vektorkonstrukte mit neuen Promotoren, Signalpeptiden, Selektionsmarkern und optimierten Gensequenzen, d.h. die Realisierung und Optimierung des gesamten Sterilitätssystems, die FTO erlauben, sowie für die Koordination des Gesamtprojekts. Anschließend sollte die SunGene-Arbeitsgruppe in Kooperation mit einem Saatzucht-Unternehmen das Sterilitätssystem in den Zielpflanzen weiter charakterisieren, wobei letzteres damit beginnen sollte, die transgenen Merkmale in Elitematerial einzukreuzen.

Insgesamt waren an dem FE-Vorhaben einschließlich der Projektleiter etwa 12 Personen, darunter 7 Wissenschaftler beteiligt, wovon rund die Hälfte SunGene angehörte.

Regelmäßiger Informationsaustausch und Projektkommunikation sind trotz ausgeprägter Arbeitsteilung gerade bei einem solch riskanten Projekt sehr wichtig, da die Projektmitarbeiter teils stark auf das jeweilige spezifische Know-how ihrer Kooperationspartner angewiesen sind und da die Ergebnisse spezieller Versuche sehr wohl von Bedeutung für das Arrangement anderer Untersuchungsarbeiten sein können. Im Großen und Ganzen funktionierte die Kooperation der Projektpartner gut.[88]

---

[88] Dies gilt nur eingeschränkt für Altpeter (IPK), der nach ca. einem halben Jahr, andernorts eine neue Stelle antretend, ausschied und für den der ihm nachfolgende Kumlehn einige unerledigte Dinge nacharbeiten musste.

Mit der im Vergleich zu anderen InnoPlanta-Vorhaben raschen Projektbewilligung und dem drittgrößten Einzelprojektvolumen bei 50% Eigenmittelanteil waren die Förderinstanzen anders als bei einer Reihe anderer FE-Vorhaben nicht wirklich Gegenstand ernsthafter Kritik, auch wenn der Eigenanteil von 30% auf 50% erhöht werden musste. Zudem sicherte sich SunGene, an der BASF Plant Science mit etwa 60%, das IPK mit ca. 10% und zwei leitende Mitarbeiter mit ca. je 15% beteiligt sind, über die Weitergabe von ca. 30% der Projektmittel als befristete Unteraufträge an die beiden IPK-Arbeitsgruppen die weitgehende finanzielle Kontrolle über die zur Verfügung stehenden Mittel.

Im Hinblick auf den Verlauf des FE-Vorhabens sind nun insbesondere folgende Punkte festzuhalten.

Ab Ende 2002 war nur mehr Weizen Zielobjekt des zu entwickelnden Hybridsystems mit gentechnologisch erzeugter männlicher Sterilität und wurde Raps als zunächst aufgrund seiner größeren Ertragssteigerungspotenziale primäres Zielobjekt aufgegeben, nachdem der Wissenschaftliche Beirat von InnoPlanta noch 2000 in seinem Votum die Konzentration auf Raps (und Tabak) explizit empfohlen hatte. Die Beendigung dieses Teilprojekts geschah im Wesentlichen aus Gründen einer skeptischen Markteinschätzung, weil beim Rapsanbau ein starkes Wettbewerbsumfeld mit etablierten Alternativen der Hybriderzeugung existiert und bei Rapszüchtern wegen absehbarer bzw. vermuteter Umsetzungsprobleme eines gentechnischen Verfahrens im Vergleich mit traditionellen Alternativen mehr Zurückhaltung gegenüber dessen Einsatz in der Praxis besteht.

Alle konventionellen und gentechnischen Konzepte zur Herstellung männlicher Sterilität in Kulturpflanzen sind patentiert, ohne dass bis jetzt eines der gentechnisch hergestellten Systeme zur Marktreife gelangte. Dies betrifft auch weitgehend alle bekannten und in dieser Hinsicht relevanten Promotoren. Nachdem das IPK das Grundpatent für das Konzept der Veränderung des Saccharosestoffwechsels in transgenen Pflanzen zwecks Herstellung männlicher Sterilität besitzt, wurde in dem Projekt die Entwicklung eigener Promotoren gegenüber der lizenzierten Nutzung bereits bekannter und patentierter Promotoren bevorzugt, weil dadurch zum Ersten die angestrebte FTO sicherer erreicht werden konnte, weil zum Zweiten die mit Kosten verbundene Übernahme eines lizenzierten Promotors keineswegs dessen erfolgreiche Anwendbarkeit im speziellen Projektzusammenhang garantierte, während zum Dritten damit ein wissenschaftlich anspruchsvollerer Entwicklungspfad eingeschlagen wurde, der allerdings mit zumindest gleich hohen Risiken des Fehlschlags verbunden war.

Im Laufe der Projektarbeit verflüchtigten sich einerseits die anfangs gepflegten Kontakte mit der als offizieller Projektpartner fungierenden, an Projektdiskussionen teilnehmenden und vor Ort ansässigen Saatzucht Hadmersleben, deren projektbezogene

Kompetenzen sich für SunGene als relativ bescheiden herausstellten, während andererseits ab Mitte 2002 Kontakte zur Nordsaat Saatzucht GmbH als potenziellem zukünftigen Kooperationspartner gesucht wurden. Nordsaat hat in Europa über 98% Anteil am kleinen, feinen Markt für Hybrid(winter)weizen[89], an dem sie aus unternehmensstrategischen Gründen festhält, kennt sich in den verschiedenen Verfahren der Sterilitätserzeugung aus und verfügt neben eigenen sortengeschützten Saatgutlinien über eine Lizenz von DuPont[90] auf ein Gametozid, um auf chemischem Wege männliche Sterilität in mütterlichen Linien herzustellen.[91] Nordsaat sah zwar das gut durchdachte Grundkonzept des gentechnisch erzeugten Sterilitätssystems, aber auch einen voraussichtlichen Entwicklungszeitraum von eher 30 als 20 Jahren und wäre einer Kooperation bei Vorliegen eines mehr oder minder fertig entwickelten gentechnologischen Verfahrens zur Herstellung männlicher Sterilität im Weizen nicht abgeneigt gewesen. Sie war nach einem diesbezüglichen Treffen mit Sungene hingegen nicht bereit, sich selbst finanziell in dem Projekt zu engagieren, was nicht ausschließt, dass sie sich gegebenenfalls in anders konzipierten, rascher Erfolg versprechenden, auf transgene Pflanzen setzenden Vorhaben engagiert.

Von den im Projekt beabsichtigten Teilschritten waren nunmehr eine ganze Reihe erfolglos. Sie betrafen insbesondere die konstitutive Exprimierung des für das Enzym Palatinase verantwortlichen Gens im Tabak, den Transfer Tapetum-spezifischer Promotoren in Tabak, die Exprimierung des im monokotyledonen Reis gewonnenen, für das Anschalten der die Saccharose-Isomerase-Produktion steuernden Gensequenz verantwortlichen Promotors im ebenfalls monokotyledonen Weizen (trotz erfolgreicher Exprimierung im dikotyledonen Tabak), die Entwicklung eines alternativen eigenen, nicht lizenzabhängigen Promotors für Weizen, und die Lebensfähigkeit mithilfe biolistischer Transformationsmethoden erzeugter transgener Weizenpflanzen.

Diese Fehlschläge, die in dieser Vielzahl nicht erwartet worden waren, und eine systematischere Business-Analyse seitens BASF Plant Science führten dazu, dass nach längerer mehrmonatiger (interner) Diskussion das Projekt zum 31.3.2003 abgebrochen wurde. Infolge des Verzichts auf Raps waren nach zwei Drittel der Projektlaufzeit erst 43,5% der Gesamtmittel ausgegeben worden.[92] Während man grundsätzlich bereit war,

---

[89] Der Weizenanbau findet praktisch zu 100% mit Selbstbefruchtern statt, so dass der Hybridweizenmarkt lediglich auf einen Weltmarktanteil von ca. 0.2% kommt.

[90] Nordsaat besaß zuvor eine analoge Lizenz von Monsanto, bis sich dieser Konzern aus dem Hybridweizengeschäft zurückzog.

[91] Chemische Sterilitätssysteme dominieren heute bei Hybridweizen eindeutig, trotz der Rückstandsproblematik und möglichen Toxizität der beiden auf dem europäischen Markt, jedoch nicht in Deutschland zugelassenen Gametozide von Monsanto und DuPont, weil die Entwicklung biologischer Sterilitätssysteme, wie z.B. vor 30 Jahren noch übliche CMS-Systeme zeitlich nicht mit der raschen Entwicklung neuer Sortenlinien samt der dann einsetzbaren, Sterilität erzeugenden Chemikalien Schritt halten kann.

[92] Die eingesparten Fördermittel kommen dadurch im Übrigen anderen InnoPlanta-Projekten zugute.

die erforderlichen technischen Einzelschritte durch verwandte zu substituieren, um das Projekt doch noch erfolgreich fortzuführen, ergab die Wirtschaftlichkeitsanalyse, dass zum einen mit einer erfolgreichen Marktpenetration nur in kleinerem Umfang (>2% statt möglichst 40%) und mit großer Wahrscheinlichkeit erst später und nach aufwändigeren, insgesamt vermutlich 20 Mio. € erfordernden Versuchsreihen als ursprünglich geplant zu rechnen war, und dass zum anderen die erhofften Mehrerträge voraussichtlich geringer als zunächst erwartet ausfallen würden. Von daher waren es letztlich ökonomische Überlegungen, die aufgrund ausfallender bzw. jedenfalls zu geringer returns on investment zum Projektabbruch führten, wobei ein zu geringer zukünftiger Marktanteil, ein zu langer Zeithorizont für die Markteinführung, eine durchaus fragliche Marktperspektive für mit einem gentechnologischen Verfahren hergestellten Hybridweizen, hohe Fehlschlagsrisiken und selbst unzureichend gesicherte Ertragssteigerungen durch das zu entwickelnde Sterilitätssystem zusammenkamen. Dabei erlaubte es erst diese aufgrund der bisherigen Projektentwicklung mögliche genauere Evaluation[93], das (wirtschaftliche) Risiko der Fortführung des FE-Vorhabens als zu hoch einzuschätzen.

Zunächst versuchte SunGene noch vergeblich die Fortsetzung des FE-Vorhabens durch den Einstieg von Nordsaat zu erreichen, als BASF Plant Science aufgrund der Business-Analyse aussteigen wollte. Noch größer waren (verständlicherweise) Enttäuschung und Widerstand beim IPK, das ein genuines Forschungsinteresse an der Weiterführung des Projekts hatte, von dem nicht weiter finanzierten Fachpersonal ganz abgesehen. Über den Projektabbruch wurde letztlich konsensuell projektintern entschieden. Dabei fiel die Letztentscheidung im SunGene-Vorstand nach ausführlichen Beratungen mit dem IPK und mit BASF Plant Science. Diese Entscheidung wurde dem Projektträger auch umgehend mitgeteilt, ohne ihm Einsicht in die Einzelheiten der von Marktanalysten von BASF Plant Science durchgeführten Analyse zu gewähren.

Der Abbruch impliziert nicht, dass das im Laufe des Vorhabens gewonnene Knowhow nicht mehr in verwandten FE-Vorhaben genutzt werden kann, z.B. beim Einsatz der Saccharose-Isomerase in anderen Zusammenhängen. Konkrete diesbezügliche Aktivitäten gab es allerdings im April 2003 noch nicht.

Nach dieser zusammenfassenden, primär deskriptiven Darstellung von Inhalt, Aufbau, Genese und Entwicklung des Hybridweizen-Projekts werden seine Hauptmerkmale, nämlich Akteurkonstellation, projektrelevante Kontexte und Strukturen wie Marktperspektiven und Wettbewerbsmuster, Denkfiguren und Problemsichten der Akteure, Entwicklungsmuster und -dynamik des Vorhabens, im Folgenden analytisch herausgearbeitet.

---

[93] Bei SunGene werden generell alle laufenden Vorhaben einmal jährlich evaluiert.

Die Akteurkonstellation bestand auf Projektebene aus drei am selben Ort arbeitenden Projektpartnern mit zwischen 2 und 7 beteiligten Mitarbeitern, sowie der anfangs beratend beteiligten Saatzucht Hadmersleben. Zwischen den am Projekt beteiligten Arbeitsgruppen gab es (entlang der jeweiligen unterschiedlichen Forschungsinteressen) eine klare Arbeits- und Kompetenzverteilung, wobei Herbers (SunGene) und Sonnewald (IPK) projektintern die zentralen Akteure waren. Weitere projektrelevante Akteure im Umfeld des FE-Vorhabens waren: SunGene, IPK, BASF Plant Science, Inno-Planta, Projektträger Jülich, BMBF, Nordsaat sowie allein indirekt sonstige in eben diesen Bereichen arbeitende Forschergruppen und Saatzucht-Unternehmen, einschließlich DuPont und Monsanto als Lizenzen vergebende, in der Pflanzenbiotechnologie und im Hybridweizen-Saatgut-Bereich engagierte Konzerne, und weitere über Inno-Planta weitgehend finanzierte Biotech-Start-ups bei Gatersleben. Diese Akteure prägten in unterschiedlichem Maße das Wahrnehmungs- und Handlungsumfeld des FE-Vorhabens, ohne jedoch innerhalb seiner konkreten Durchführung mitzuwirken.

Während projektspezifisch aufgrund der wenigen beteiligten Arbeitsgruppen allenfalls sehr eingeschränkt von einem Innovationsnetzwerk gesprochen werden kann, ist dies auf der Ebene der die Herstellung männlicher Sterilität in Kulturpflanzen untersuchenden Biotechnologie mit entsprechenden Wissenschaftlergruppen und Biotech-Unternehmen in sich überlappenden Forschungszirkeln durchaus berechtigt.

Bedeutsam waren für Projektablauf und -entwicklung die direkte Nachbarschaft der Arbeitsgruppen in Gatersleben, die persönliche Bekanntschaft einiger wichtiger Akteure, die Lernprozesse der Hauptakteure etwa in Bezug auf wissenschaftlich-technische Komplikationsmöglichkeiten, wechselseitige Abstimmungs- und konsensorientierte Entscheidungsprozesse, wenig involvierte Kooperationspartner im Saatzuchtbereich, begrenzte Marktperspektiven und der durch BASF Plant Science mit einer genaueren zweiten Marktanalyse bedingte Projektabbruch.

An projektrelevanten Kontexten und Strukturen ist insbesondere auf die folgenden hinzuweisen:

1. SunGene als zentraler Akteur in dem FE-Vorhaben reflektiert die Gründung eines Biotech-Start-up auf lokaler Ebene infolge der Verbindung unternehmensstrategischer Interessen der BASF im Bereich der Pflanzenbiotechnologie mit dem Interesse des IPK Gatersleben an verbesserter Reputation und korrespondiert damit dem bekannten Muster strategischer Allianzen in der Biotechnologie mit dem Ziel günstigen Know-how-Zugangs für Großkonzerne, einerseits, und besserer Verfügbarkeit von Forschungsmitteln für wissenschaftliche Institute, andererseits (vgl. Conrad 2004a, Dolata 2003a).

2. In der Kombination von Grundlagen- und angewandter Forschung ließen sich in dem Hybridweizen-Projekt wissenschaftliche und industrielle Forschungsinteressen gut verbinden.

3. Zugleich bot es für das 1998 neu gegründete Biotech-Start-up im Erfolgsfall eine wirklich interessante Marktperspektive mit Festigung der eigenen Position. Gerade weil einige biotechnologische Versuche, männliche Sterilitätssysteme in der Hybriderzeugung zu entwickeln, fehlschlugen, war die Bewilligung des FE-Vorhabens für SunGene mit hohen Erwartungen und Risiken zugleich verknüpft.

4. Für die Inangriffnahme des FE-Vorhabens waren seine öffentliche Förderung und wohl auch seine Einbettung in den InnoPlanta-Verbund entscheidend. Sonstige relevante Rahmenbedingungen auf lokaler, regionaler, nationaler und globaler Ebene in Wissenschaft, Wirtschaft, Politik und Kultur dürften demgegenüber für die Pflanzenbiotechnologie in der Region Nordharz/Börde vor allem generell und weniger projektspezifisch bedeutsam gewesen sein.

5. Ökonomische und nicht technologiepolitische Gesichtspunkte genossen in dem FE-Vorhaben insofern Priorität, als echte Abbruchkriterien vorgegeben waren und mangelnde wirtschaftliche Erfolgsaussichten zum bislang einzigen Projektabbruch im InnoPlanta-Verbund führten, der aufgrund einer durch einen halb-externen Akteur nach knapp zwei Jahren vorgenommenen, gegenüber der ersten optimistischeren Expertise genaueren Analyse zustande kam. Dabei war dies das einzige Inno-Planta-Projekt mit BASF als einem Global Player im Hintergrund, der eben dessen Abbruch auslöste.[94]

6. Aus der grundlagenbasierten Forschungskonzeption des Projekts resultierte die Langfristigkeit seiner Marktperspektive von minimal 15, wahrscheinlich eher 30 Jahren; kennzeichnend waren zudem arbeitsteilig konzipierte, klar strukturierte und abgegrenzte Projektteile und -phasen.

7. Die erst im Projektverlauf gewonnene Erkenntnis, dass man für die zukünftigen Feldversuche und Verwertungsabsichten besser einen anderen, fachlich kompetenteren und wirtschaftlich involvierteren als den ursprünglich vor Ort gewonnenen Saatzüchter als Kooperationspartner hätte wählen sollen, hätte im Falle von Nordsaat möglicherweise früher zum Projektabbruch geführt, falls deren Wissen über die absehbare sehr lange Dauer und die hohen Risiken des Vorhabens Entscheidungsrelevanz erlangt hätte.

8. Insofern das Hybridweizen-Projekt auf ein gentechnologisches Verfahren zur Herstellung männlicher Sterilität in Weizen und später auch in anderen, durch Hybriderzeugung gewonnenen Kulturpflanzen, und nicht auf veränderte Output-Eigen-

---

[94] Ohne die von PTJ durchgesetzte Erhöhung des Eigenmittelanteils von 30% auf 50% wäre dieser Abbruch vermutlich ebenso, wenn auch voraussichtlich etwas konflikthafter zustande gekommen, weil die Projektteile des IPK dann wohl direkt von PTJ und nicht indirekt über Sungene finanziert worden wären.

schaften abzielte, das jedoch erst in zwei bis drei Dekaden auf dem Markt für Hybridweizen zum Zuge hätte kommen können, spielten bestehende restriktive Regulierungen der Gentechnik und die bei deutschen (und europäischen) Verbrauchern und Nahrungsmittelkonzernen vorherrschende Ablehnung gentechnisch veränderter Lebensmittel für das Projekt, abgesehen von möglichen zukünftigen Feldversuchen, noch keine relevante Rolle.

9. Eingangs aufgeführte konkurrierende Problemlösungen zur Herstellung männlicher Sterilität in Kulturpflanzen wie vor allem chemische Sterilitätssysteme werden (von anderen Akteuren) separat verfolgt. Hieraus ergaben sich markante Marktkonkurrenzen zu, aber keine direkten Konflikte mit dem in diesem FE-Vorhaben verfolgten gentechnologischen Verfahren.

10. Die regionale Bedeutung des Vorhabens kam primär auf FE-Ebene durch die Etablierung des Biotech-Start-ups SunGene und die positionelle Stärkung des IPK Gatersleben zum Tragen. Im Falle einer erfolgreichen Markteinführung hätten davon zukünftig auch noch regional ansässige Saatzüchter profitieren können, die Weizen (und Raps) im Zuchtprogramm haben.

11. Indem das Hybridweizen-Projekt zumindest in kleinerem Rahmen auf eine radikale Innovation abzielt, sind ein hohes Risiko des Scheiterns, eine langfristige Marktperspektive und ein großes Marktpotenzial für es kennzeichnend, was einer keineswegs untypischen Konstellation bei derartigen FE-Vorhaben entspricht.

12. Vested interests und sunk costs spielten bei dem FE-Vorhaben zum einen über die relative Parallelität der bei den beteiligten Forschungsinstitutionen und Förderinstanzen bestehenden wissenschaftlichen, wirtschaftlichen und förderpolitischen Interessenlagen eine Rolle. Zum andern kamen sie im mit kontroversen Intentionen verknüpften und nur allmählich konsensuell entschiedenen, durch die Dominanz von BASF und SunGene erleichterten Prozess der Projektbeendigung zum Tragen, insofern die vested interests an letzlich rentablen FE-Investitionen durchschlugen und versucht wurde, sunk costs vergleichsweise frühzeitig zu begrenzen.

Die Problemsichten, Wahrnehmungs- und Denkmuster der Hauptakteure zeichnen sich (nach im Einzelnen nicht weiter validierter Wahrnehmung des Autors) in der Tendenz aus durch folgende Merkmale:

- eine auf Sachlichkeit, Machbarkeit und Funktionsfähigkeit hin orientierte eher technische Problemsicht,
- auf Wirtschaftlichkeit und Effizienz ausgerichtete Denkmuster,
- Wahrnehmungs- und Lösungsmuster, die sich bei projektbezogener Kooperationsbereitschaft an der Vertretung der eigenen Forschungsinteressen und an betriebswirtschaftlich geprägten, teils das eigene in SunGene investierte Kapital reflektierenden Nutzungs- und Verwertungsinteressen orientieren,

- daher teils dezidierte Kritik an einer die Entwicklung der grünen Gentechnik nach eigener Wahrnehmung behindernden Biotechnologiepolitik und an damit korrespondierendem gentechnologischen Protest sowie
- teilweise die Selbstverständlichkeit von Habitus und Umgangsformen, die aus der Eingebundenheit und Etabliertheit in der (regionalen) Elite von Wissenschaft, Wirtschaft und Politik resultieren und tendenziell selbstbestimmtes Management und Führung indizieren (vgl. Bourdieu 1982).

Insgesamt lassen sich die Problemsichten, Wahrnehmungs- und Denkmuster der Hauptakteure bei kreativer Offenheit in der Projektgestaltung als (aufgeklärt) technokratisch und ökonomisch systemimmanent geprägte qualifizieren.

Im Hinblick auf Entwicklungsmuster und -dynamik des Hybridweizen-Projekts C02 lässt sich grob Folgendes festhalten. Das arbeitsteilige Vorgehen bei der Projektdurchführung lässt eine effiziente und wirtschaftliche Nutzung der Projektmittel vermuten, auch wenn im Vergleich mit anderen InnoPlanta-Projekten eine eher großzügige Dotierung vorliegt und durch Personalwechsel bei einem IPK-Projektpartner von impliziten zusätzlichen Kosten für Nacharbeiten auszugehen ist. Mit der aus wirtschaftspragmatischen Gründen nicht weiter verfolgten Rapstransformation und der aus fehlgeschlagenen Teilschritten und den geringen wirtschaftlichen Erfolgsaussichten resultierenden Einstellung des FE-Vorhabens haben die Projektverantwortlichen, verstärkt durch ihre eigenen Interessenlagen, nach allem Anschein pragmatisch, sinnvoll und verantwortlich entschieden und absehbar ohne positive Ergebnisse bleibende Ausgaben vermieden, so dass nach zwei von zunächst lediglich drei Jahren vorhergesehener Projektlaufzeit erst 43,5% des zur Verfügung stehenden Gesamtbudgets verbraucht worden war. Der dieser Entscheidung zugrunde liegende Beratungsprozess unter den am Projekt beteiligten Akteuren war trotz seines am Ende eindeutigen und von allen akzeptierten Ergebnisses intensiv und nahm nicht ohne Grund relativ viel Zeit in Anspruch, da er eine Risikoentscheidung implizierte, die unter Hintanstellung wissenschaftlicher Forschungsinteressen bei nicht gesichertem Wissen eben nicht hinreichend abgesichert werden konnte. Ob das in dem FE-Vorhaben gewonnene, z.B. den Einsatz der Saccharose-Isomerase betreffende Know-how in verwandten Projekten genutzt wird oder ob auf modifizierten Wegen erneut die Entwicklung eines gentechnologischen Verfahrens zur Herstellung männlicher Sterilität in Kulturpflanzen bei der Hybriderzeugung verfolgt wird, ist vorerst völlig offen.

5 Netzwerk InnoPlanta: Analyse

Nachdem das vorangehende Kapitel Hauptmerkmale und Entwicklung von InnoPlanta und einigen ausgewählten FE-Projekten ausführlicher beschrieben hat, geht es in diesem Kapitel um deren Analyse, indem deren hierbei zu beobachtende Determinanten und Konfigurationen in ihrer Form, ihrer Wirkung und ihrer Tragfähigkeit herausgearbeitet werden. Dabei werden mit Blick auf die diese Determinanten wiedergebende Abbildung 2.5 zunächst maßgebliche externe Rahmenbedingungen (Kapitel 5.1 bis 5.5) und dann interne Randbedingungen (Kapitel 5.5 bis 5.9) von InnoPlanta erörtert. Wesentliche externe Rahmenbedingungen ergeben sich aus regionaler Infrastruktur (5.1), der nationalen und internationalen Konkurrenzfähigkeit der Region in der Pflanzenbiotechnologie (5.2), der staatlichen Förderpolitik (5.3), dem öffentlichen Gentechnik-Diskurses (5.4) und dem Grad der allgemeinen sozialen Akzeptanz der grünen Biotechnologie (5.5). Interne Randbedingungen resultieren insbesondere aus der regionalen Akzeptanz der Pflanzenbiotechnologie und -gentechnik (5.5), der Stärke und den Folgen der Netzwerkbildung (5.6), den Orientierungs- und Denkmustern der Netzwerkakteure (5.7), ihren Interessenlagen und Konflikten, inklusive der Rolle von Einzelpersonen und Zufallsereignissen (5.8) und der sich daraus bildenden Entwicklungsdynamik von InnoPlanta (5.9). Hieraus lassen sich dann die für InnoPlanta verfügbaren Zeithorizonte und Optionsspielräume abschätzen (5.10).

5.1 Regionale Infrastruktur

Wie in Kapitel 4.1 skizziert, sind die allgemeinen sozioökonomischen Bedingungen der Region als (derzeit) relativ ungünstig einzuschätzen[1], wohingegen die speziell die Pflanzenbiotechnologie betreffenden infrastrukturellen Gegebenheiten zumindest in beträchtlichen Teilen als vergleichsweise günstig eingestuft werden können.

Allgemein laufen die ostdeutschen Bundesländer Gefahr, – vor dem Hintergrund einer schwachen gesamtdeutschen Wirtschaftskonjunktur – trotz Flexibilität der Beschäftigten, vergleichsweise häufiger Innovationskooperationen, Erneuerung der Infrastruktur, Aufbau einer wettbewerbsfähigen Unternehmensbasis und der Verbesserung der materiellen Lebensverhältnisse der Menschen (vgl. Brenke et al. 2002, DIW et al.

---

[1] Generell monierten die InnoRegio-Antragsteller als regionale Schwächen: „mangelnde Kooperation und Vernetzung in der Region, Eigenkapitalschwäche, geringe Produktivität und geringe FE-Aktivität der KMU, allgemeine Strukturschwächen, hohe Arbeitslosigkeit, geringe Diversität, wenig Gründungen bzw. Ansiedlungen, Fehlen von Fachkräften durch Abwanderungen bzw. mangelnde Ausbildung, Abhängigkeit von Förderprogrammen, unzureichendes Standort- und Regionalmarketing." (Müller et al. 2002: 53)

2003, Legler et al. 2004) bis auf wenige historisch verankerte, über eine eigene Entwicklungsdynamik und Ausstrahlung verfügende Wachstumskerne wie Dresden, Leipzig oder Berlin zum Mezzogiorno in Deutschland zu werden.[2] Die Gründe hierfür sind vor allem in aufgrund verstärkter Konkurrenz und Attraktivität der osteuropäischen Nachbarländer für industrielle Investoren, vielfach unspezifisch wirkender Gießkannenförderung bei der Vergabe von Bundesmitteln, einem übergestülpten westdeutschen Rechts- und Regulierungssystem, der Finanzkrise der öffentlichen Haushalte, der unternehmenspolitisch dominanten Rolle westdeutscher Großkonzerne, hoher Arbeitslosigkeit, und in Abwanderung und Braindrain zu suchen. Außer sozioökonomischen wirken sich soziokulturelle Defizite negativ auf die Attraktivität und damit auf die Entwicklungsperspektiven ostdeutscher Bundesländer aus: niedrigerer regionaler Lebensstandard, historisch bedingt örtlich unzureichend verfügbare (praktische) wirtschaftliche Kompetenzen, eingeschränkte kulturelle und Bildungsangebote und teils die urbane Wohnungsmarktsituation wirken z.B. wenig anziehend auf Investoren und Spitzenkräfte.[3]

Das Land Sachsen-Anhalt bildet dabei zumeist das Schlusslicht mit der im Vergleich höchsten Arbeitslosenquote, der höchsten Insolvenzquote, der geringsten Selbstständigenquote, der höchsten Pro-Kopf-Verschuldung, dem geringsten Pro-Kopf-Einkommen und dem geringsten Bruttoinlandsprodukt pro Einwohner, mit deutlich zurückgehender Einwohnerzahl, wenigen großen Unternehmen und trotz einer zwar beachtlichen, mit immensen öffentlichen Fördermitteln neu strukturierten Chemieindustrie um Bitterfeld, die jedoch sehr kapitalintensiv ist und darum wenig Arbeitsplätze schafft.

Die zum InnoRegio InnoPlanta gehörenden, grob zwischen Magdeburg und Quedlinburg liegenden sechs Kreise repräsentieren diesbezüglich ungefähr den Durchschnitt von Sachsen-Anhalt mit seinen relativ günstiger dastehenden regionalen Zentren in Magdeburg, Halle und Bitterfeld und seinen relativ benachteiligten peripheren Gebieten im Norden des Landes und im Ostharz. Der Vorteil dieser Region liegt in ihrer agrarischen Wettbewerbsfähigkeit, Tradition und Expertise im Bereich von Sonderkulturen, Gewürz- und Heilpflanzenanbau und Saatzucht, und (perspektivisch) in der Pflanzenbiotechnologie mit (auf globaler Ebene) grundsätzlich günstigen Zukunftsaussichten. Zudem sind ihre Aktivitäten in der Pflanzenbiotechnologie durchaus mit den for-

---

[2] So liegt laut Eurostat auch die Wirtschaftskraft ostdeutscher Städte wie Chemnitz, Dresden, Halle oder Magdeburg lediglich bei rund 50% derjenigen von Bremen, Frankfurt, Hamburg oder Stuttgart.

[3] In diesem Zusammenhang fallen die bemühten Anstrengungen politischer Akteure ins Auge, in Broschüren die Vorteile der Region positiv herauszustellen. „Politik kann den investitionsfreundlichen Rahmen schaffen: Türen öffnen, mit Fördergeld winken, Infrastruktur bereitstellen, ein wissenschaftliches Umfeld bereiten. Und wenn alles nichts hilft, große Investoren nicht kommen oder nach ein paar Jahren wieder abziehen? Dann dürfen Politiker Trümmer zusammenfegen. Das kann Politik. Mehr nicht!" (Honnigfort 2004)

cierten Anstrengungen im Bereich der Biotechnologie in Halle und Magdeburg vernetzt, gerade auch weil die Landesregierung von Sachsen-Anhalt auf Biotechnologie als zentrale Schlüsseltechnologie setzt (vgl. Ministerium für Wirtschaft und Arbeit 2003), um auf Landesebene mittelfristig eine wirtschaftliche Dynamik zur Umkehr der derzeitigen wirtschaftlichen Stagnation in Gang zu setzen. Schließlich bemüht sich InnoPlanta aktiv um die Schaffung eines förderlichen Ausbildungs-, Beratungs- und Finanzierungsumfeldes.

Grundsätzlich ist bei der Bewertung dieser sozioökonomischen Situation im Auge zu behalten, dass das starke Engagement in der Pflanzenbiotechnologie ebenso wie die Erneuerung der Infrastruktur oder der Ausbau der Verkehrsinfrastruktur (in den ostdeutschen Bundesländern) zwar kurzfristig durchaus branchenspezifische Wirtschaftsaktivitäten anregen, sich jedoch meist erst langfristig in spürbaren wirtschaftlichen Erträgen und einer selbsttragenden regionalen Innovationsdynamik niederschlagen können.

Im Hinblick auf die speziell die Pflanzenbiotechnologie betreffende Infrastruktur sind einerseits wissenschaftliche Einrichtungen, Saatzuchtbetriebe, große landwirtschaftliche Betriebe, Verarbeitungsbetriebe, einige Pflanzenbiotechnologie-Unternehmen, spezialisierte agrarische Expertise und günstige klimatische und Bodenbedingungen vorhanden, während andererseits die Situation trotz diesbezüglicher Bemühungen der InnoPlanta-Akteure vor allem im Ausbildungsbereich und teilweise im für eine erfolgreiche Clusterbildung erforderlichen Umfeldbereich von professionellen Dienstleistungen und Beratungsexpertise (z.B. Gründungs-Management, Finanzgeber, verfügbares Wagniskapital, spezialisierte Risikokapitalisten, Rechts- und Patentanwälte) bislang weniger gut aussieht.

Fragt man nun nach den Auswirkungen dieser infrastrukturellen Gegebenheiten auf die Entwicklung und Handlungsspielräume von InnoPlanta, so sind diese zwar als tendenziell ungünstig, jedoch für seine bisherigen Aktivitäten als relativ wenig restringierend einzuschätzen. Die gegebene Infrastruktur engt mit anderen Worten InnoPlantas Handlungsspielräume etwas ein und macht seine Entwicklungsbemühungen mühsamer, verhindert deren Realisierung aber nicht. Für die zukünftige Vermarktung entwickelter pflanzenbiotechnologischer Produkte und Verfahren dürfte ähnliches gelten: gewisse Erschwernisse ihrer Vermarktung, aber keine Verhinderung von (internationaler) Wettbewerbsfähigkeit. Im Einzelnen ist etwa anzunehmen, dass die Region in Bezug auf kulturelle Attraktivität, Urbanität, Verkehrsinfrastruktur, Dienstleistungsinfrastruktur und Lohnniveau nicht mit anderen Biotechnologie-Regionen wie München oder dem Rhein-Neckar-Dreieck konkurrieren kann, allerdings durch ihre Fokussierung auf Pflanzenbiotechnologie in Verbindung mit den vorteilhaften agrarischen und klimatischen Bedingungen für Feldversuche speziell in diesem Segment der Biotechnologie leichte regionale Wettbewerbsvorteile hat. Analog existieren eine Reihe von (öffentlichen) Unterstützungsangeboten für Unternehmensgründungen (für Biotech-Start-ups), ohne in ihrer Gesamtheit bereits mit anderen eine hohe Attraktivität besitzenden Biotechnologie-Regionen konkurrieren zu können oder gar eine Gründungseuphorie auszulösen.[4] Infrastrukturelle Achillesferse dürfte vorläufig die Bildungs- und Ausbildungssituation bleiben, wo generelle, sich in teils mangelhaften Grundkenntnissen und -fähigkeiten von Schülern und Auszubildenden niederschlagende Defizite des Bildungssystems mit häufig unzureichenden Kompetenzen des Lehrpersonals, etwa an Berufsschulen, im Bereich der neuen (Pflanzen-)Biotechnologie zusammentreffen, mit der Folge von unzureichend qualifiziertem und zu wenig Nachwuchspersonal. Unterstützt durch staatliche Beratungsangebote und Fördermittel hat sich InnoPlanta hingegen in begrenztem Rahmen sein eigenes, in Kapitel 4.1 beschriebenes Beratungs- und Finanzierungsumfeld geschaffen.

Für die angestrebte Bildung eines regionalen Pflanzenbiotechnologie-Clusters sind gemäß den Ausführungen in Kapitel 2.2 sowohl die notwendigen branchenbezogenen und marktlichen Voraussetzungen als auch regionales Unternehmertum und Netzwerke eingeschränkt gegeben. Insofern ein branchenspezifischer Cluster in einer Region nur dann mit einer hohen Wahrscheinlichkeit entsteht, „wenn die Gesamtheit der regionalen Randbedingungen gegenüber anderen Regionen positiv genug ist" (Brenner/Fornahl 2002: 40), erscheint die Bildung eines solchen Clusters in der Region als offen. Maßnahmen zur Ausbildung von Arbeitskräften, der Bereitstellung branchenspezifischer Infrastruktur und der Unterstützung von Gründungsprozessen, die direkt nach der Entstehung eines neuen Marktes am effektivsten sind[5], finden sich durchaus; jedoch ist nicht gesichert, ob vorhandene Aus- und Weiterbildungseinrichtungen, die Rahmenbedingungen für Firmengründungen, die Unterstützung von Innovationsprozessen und die Infrastruktur für Firmen bereits genügen, um in Form hinreichender regionaler Randbedingungen eine Clusterbildung zu ermöglichen.

Zusammenfassend kann somit festgehalten werden, dass die in der Region bestehende und voraussichtliche zukünftige Infrastruktur für InnoPlantas Entwicklung zu einem regionalen Innovationsnetzwerk und dessen Handlungsmöglichkeiten eine gewisse, allerdings eingeschränkte Tragfähigkeit besitzt, es jedoch fraglich bleibt, ob sie für die Entwicklung zu einem Cluster der Pflanzenbiotechnologie hinreichen würde.

Umgekehrt können und sollen InnoRegios wie InnoPlanta als Innovationsnetzwerke ihrerseits – unter Einbindung der Regionalpolitik – zur Regionalentwicklung beitra-

---

4   Trotz der allgemein eher ungünstigen wirtschaftlichen Lage herrschte bei InnoPlanta nicht nur in seiner Gründungsphase, sondern bis heute immer noch eine gewisse Aufbruchsstimmung.

5   „Ihre Wirkung lässt bereits deutlich nach, wenn der Markt eine bestimmte Größe erreicht hat, auch falls ein weiteres Wachstum gegeben ist. Maßnahmen, die zu einer Verbesserung der Innovationsfähigkeit der Firmen führen, sind während des gesamten Wachstums des Marktes gleichbleibend effektiv. Eine Unterstützung der Kooperationen und Synergien zwischen Firmen der Region hingegen erreicht ihre höchste Effektivität erst, wenn das Wachstum des Marktes nachlässt und es zu einer starken Konkurrenz auf dem Markt kommt." (Brenner/Fornahl 2002: 41)

gen, indem über sie bzw. mit ihnen Dialog- und Kooperationsformen sowie gemeinsame Leitbilder entwickelt, innovative Unternehmen gegründet, wirtschaftliche Diversität gefördert, neue Märkte erschlossen, das infrastrukturelle und kulturelle Umfeld entwickelt, Marketing und Vertriebsmöglichkeiten für die Region als auch Informations- und Qualifizierungsangebote für die Bevölkerung verbessert werden (Müller et al. 2002). In dieser (hier nicht weiter verfolgten) Perspektive wird auch der wechselseitige Bedingungszusammenhang der Entwicklung und Qualität von regionaler Infrastruktur und Netzwerkbildung deutlich.

5.2 Nationale und internationale Einbettung und Konkurrenzfähigkeit

Nach der Betrachtung der regionalen Infrastruktur stehen in diesem Teilkapitel die allgemeinere, nicht regionenspezifische nationale und internationale Einbettung von InnoPlanta und seine hieraus resultierende prospektive Konkurrenzfähigkeit im Vordergrund. Dabei geht es sowohl um den Einfluss der (globalen) wirtschaftlichen Bedingungszusammenhänge in der Pflanzenbiotechnologie als auch um die Auswirkungen von die Biotechnologie betreffenden politischen Regulierungen und Konflikten auf die Entwicklungsperspektiven von InnoPlanta. Je nach im Einzelnen verfolgten Projektzielen und -inhalten können Grad und Art dieser wirtschaftlichen und politischen Einflussfaktoren deutlich variieren.

Unter Bezugnahme auf die in Kapitel 3 beschriebenen Rahmenbedingungen sind insbesondere im Hinblick auf die Pflanzengentechnik u.a. folgende signifikante empirische Sachverhalte hervorzuheben:

Grundsätzlich sind die Anwendungsmöglichkeiten und von daher die Perspektiven der Pflanzenbiotechnologie, einschließlich der Verwendung gentechnischer Methoden, als vielfältig und positiv zu beurteilen, insbesondere aufgrund ihres großen Potenzials im (konventionellen) Züchtungsbereich (vgl. Grienberger et al. 2000, Kern 2002, Menrad et al. 1999, Persley et al. 2002, Pinstrup-Adersen/Schioler 2001). Demgegenüber erscheint die mannigfache und breitenwirksame Erzeugung und Diffusion transgener Pflanzen aus ökonomischen, technischen und biologischen Gründen zumindest auf absehbare Zukunft eher fraglich (vgl. Vogel/Potthof 2003). Von daher ist InnoPlanta durch seinen breiten Fokus auf Pflanzenbiotechnologie mit einem relativ diversifizierten Projekt-Portfolio, das nicht primär auf transgene Pflanzen setzt und auf die eigene Entwicklung von Genfood-Produkten verzichtet, in diese Gesamtsituation gut eingebettet.

Vor dem Hintergrund kostenträchtiger und langwieriger Entwicklungsprozesse geht es den zentralen (wirtschaftlichen) Akteuren nicht nur bei der ersten, auf rund 30 Mrd. € Marktpotenzial limitierten, sondern auch bei der zweiten und dritten, mit weit größeren Marktpotenzialen von 100 bis 500 Mrd. € verbundenen Generation transgener Pflanzen in einem harten Konkurrenzkampf um globale Absatzmärkte. Da InnoPlanta diesbezüglich kaum mithalten kann, ist er langfristig entweder auf Biotech-Allianzen mit Global Playern oder auf die Eroberung von Nischenmärkten angewiesen.

Die rasche Durchsetzung der grünen Gentechnik auf einigen wenigen großen und daher gewinnträchtigen Agrarmärkten und ihre eher langsame und längerfristige Verbreitung in anderen potenziellen Absatzmärkten der Pflanzenbiotechnologie, wobei sie in einigen Bereichen durchaus scheitern kann, impliziert für InnoPlanta zum einen die Bestätigung seiner Langfristperspektive, zum andern die Schwierigkeit und das Risiko, aber auch die Wettbewerbschancen seiner im Bereich der grünen Gentechnik auf Output-Eigenschaften ausgerichteten FE-Projekte; denn deren Produkte könnten im allerdings nicht allzu wahrscheinlichen Erfolgsfall aufgrund der Zurückhaltung der großen Agrochemiekonzerne unter eigener Beteiligung gewinnbringend vermarktet werden.

Die Entwicklung einer transgenen Pflanze dauert 6 bis 12 Jahre, die reinen Entwicklungskosten liegen bei 50 Mio. € und die Chance der Markteinführung einer erfolgreichen Entdeckung im Labor beträgt weniger als 1% (Vogel/Potthof 2003). Es bedarf daher großer Märkte und solcher gentechnisch veränderter Eigenschaften, die eine rasche Amortisierung der Investitionen wahrscheinlich machen. Daraus resultiert für die Mehrzahl der InnoPlanta-Projekte ein hohes Risiko ihres Scheiterns, ihre langfristige Marktperspektive und die Notwendigkeit zu Kooperationsvereinbarungen vorzugsweise mit den die grüne Biotechnologie dominierenden großen Agrochemiekonzernen.[6] Insofern sich keine Global Player vor Ort befinden, verringert dies die Chance lokaler Clusterbildung, z.B. im Vergleich mit dem Rhein-Neckar-Dreieck.

Aufgrund der ungleichen (wirtschaftlichen) Stärke der Kooperationspartner in solchen Allianzen kann dies leicht zu einer Konstellation führen, in der die InnoPlanta zugehörige kleine Partner mit überwiegend öffentlichen Fördermitteln die risikoreiche Basisforschung durchführt, während der nicht dem Netzwerk angehörende große Partner die anschließenden kostspieligeren, aber dann erfolgsträchtigeren Entwicklungsarbeiten und Züchtungen in Eigenregie durchführt, sodass im Ergebnis InnoPlanta für ein großes Agrochemieunternehmen quasi die Kastanien aus dem Feuer geholt haben könnte.

Dies gilt nicht für diejenigen FE-Projekte, die tendenziell auf Nischenmärkte abzielen, welche aufgrund ihres begrenzten Marktvolumens für große Agrochemiekonzerne von geringerem Interesse sind. Immerhin visieren rund die Hälfte der InnoPlanta-Projekte solche teils in der Region beheimatete Nischenmärkte an.

---

[6] In dieser Hinsicht kann InnoPlanta durchaus beschränkte Erfolge vorweisen, insofern SunGene (Projekt C02) mehrheitlich eine BASF-Tochter ist, Icon Genetics (Projekt C04) ein Abkommen mit Berlix Inc., einer US-Tochter von Schering, abgeschlossen hat und ein Kooperationsabkommen von Trait Genetics (Projekte C05 und R19) mit Syngenta und KWS im Gespräch ist.

Infolge der Konsolidierung und Marktbereinigung in der deutschen Biotechnologie-industrie, der auch in der Wahrnehmung potenzieller Anleger geringeren Profitabilität der grünen Biotechnologie und der seit dem Zusammenbruch des Neuen Marktes in 2000/01 herrschenden Börsenflaute ist das für junge Biotech-Unternehmen verfügbare Wagniskapital nur mehr begrenzt vorhanden. Dem versucht InnoPlanta so weit als möglich mit dem Ende 2000 gegründeten InnoPlanta-Kapitalnetzwerk zu begegnen, das allerdings bislang diese Funktion in der Praxis noch kaum ausfüllt.

Insofern immer noch viele wissenschaftliche Erkenntnisse mit vielfältigen techni-schen Optionen, aber vergleichsweise wenige kommerzielle Nutzungen die Pflanzen-gentechnik kennzeichnen, handelt es sich für InnoPlanta um einen noch relativ offe-nen, wachsenden Markt mit all seinen typischen Chancen und Risiken. Dieser benötigt noch vor allem FE-Investitionen und -Anstrengungen, verlangt für seine Eroberung meist die Kooperation mit Global Playern, ist aber durch diese noch nicht verriegelt. InnoPlanta trägt dem – qua seiner Struktur als auch bewusst – weitgehend Rechnung.

Aus diesem Grund geht es für InnoPlanta zum jetzigen Zeitpunkt vor allem um wis-senschaftliche Konkurrenzfähigkeit, während über die wirtschaftliche Wettbewerbsfä-higkeit und die politische Regulierung der in seinem Rahmen entwickelten pflanzen-biotechnologischen Produkte und Verfahren überwiegend erst im nächsten Jahrzehnt entschieden werden wird.

Vor dem Hintergrund der (notwendigen) Spezialisierung wissenschaftlicher For-schung ist die wissenschaftliche Wettbewerbsfähigkeit der InnoPlanta-Projekte, die sich in den meisten Fällen nur mit wenigen konkurrierenden FE-Vorhaben konfrontiert sehen, aufgrund der verfügbaren regionalen Expertise in der Pflanzenbiotechnologie und der Konzentration auf dieselbe grundsätzlich gegeben, sodass InnoPlanta auf For-schungsebene zumindest im Prinzip mit anderen Biotechnologie-Regionen konkur-renzfähig ist.

Schließlich stärkt die Einbettung in eine großzügige Förderpolitik und in Kompe-tenznetz(werk)e InnoPlanta in finanzieller und kommunikativer Hinsicht, was seine forschungsstrategischen Möglichkeiten und damit indirekt (langfristig) auch seine Konkurrenzfähigkeit stärkt.[7]

Bei anstehenden (zukünftigen) Feldversuchen ist InnoPlanta möglicherweise durch-aus von der in Kapitel 3.4 skizzierten Kontroverse um die Gentechnik und von gen-technischem Protest betroffen, was in substanzieller Form bei der bislang dominieren-den Laborforschung nicht der Fall war, bei seiner Koordination des Erprobungsanbaus von Bt-Mais in 2004 jedoch deutlich wurde. Diese für seine Interessen prekäre Einbet-tung in ein gesellschaftliches Diskurs- und Konfliktfeld lässt sich auch durch ein stra-tegisch geschicktes Kommunikationsmanagement nicht vermeiden. Hier dürfte die

---

[7]   Ob InnoPlanta daraus die forschungs- und marktstrategisch angemessenen Konsequenzen für Pro-jektauswahl und -Portfolio zieht, ist damit noch nicht gesagt.

meist lange Entwicklungsdauer der FE-Projekte bis zu ihrer Marktreife von Vorteil sein, falls es mittelfristig zu einem Abflauen der öffentlichen Kontroverse kommt.[8]

Die bestehenden (gentechnischen) Regulierungen gewinnen – abgesehen von die gentechnische Forschung regelnden Vorschriften – für die meisten FE-Vorhaben von InnoPlanta erst im Falle von Freisetzungsversuchen und Produktvermarktungen an Bedeutung.[9] Von daher sind sie zwar für die Projektplanung und -durchführung relevant, wirken aber bislang nicht restringierend auf sie. Hier kommen – neben eventuellen politischen Opportunitäten – rechtliche Vorschriften und Prozeduren zum Tragen, die nicht regions- wohl aber landes- oder EU-spezifisch wirken können, über deren Stringenz und Reichweite im politischen Kampf und Kräftespiel entschieden wird und denen sich InnoPlanta kaum entziehen kann. Dazu gehören insbesondere die in 2004 verabschiedeten Kennzeichnungspflichten für gentechnische Produkte[10] und die derzeit verhandelten Haftungsregeln für die Nutzung von GVOs, vor allem im Hinblick auf die Koexistenz unterschiedlicher landwirtschaftlicher Anbauformen.

Aufgrund unterschiedlicher (gesundheits- und verbraucherpolitischer) Regulierungskonzepte und -traditionen ist im Bereich der Pflanzenbiotechnologie – gerade vor dem Hintergrund bereits bestehender agrarpolitischer Interessenkonflikte – durchaus mit massiveren Handelskonflikten zwischen der EU und den USA zu rechnen (vgl. Bernauer 2003). Diese können durchaus zu absatzrelevanten Marktverzerrungen und -abschottungen für pflanzenbiotechnologische Produkte und Verfahren führen. Solange die in seinen FE-Projekten anvisierten Produkte und Verfahren nicht die von solchen Handelskonflikten voraussichtlich betroffenen Hauptprodukte (Gensoja, Genmais, Genraps) berühren, ist dies für InnoPlanta von vor allem indirekter Bedeutung, insofern solche Handelskonflikte vermutlich auch zu einer Verschärfung der Akzeptanzproblematik infolge einer verstärkten (öffentlichen) Skepsis gegenüber der grünen Gentechnik beitragen.[11]

Für das Projekt-Portfolio von InnoPlanta ist im Einzelnen noch festzuhalten: Vier Projekte von InnoPlanta (C08, C10, C11, C12) zielen auf Input-Eigenschaften, näm-

---

[8] Dies setzt allerdings voraus, dass zumindest das Ausmaß stetig neu entdeckter (Umwelt-)Risiken der grünen Gentechnik mehrheitlich als weitgehend beherrschbar angesehen wird und einer stärker fallspezifischen Risikobeurteilung Platz macht (vgl. The Royal Society 2003).

[9] So untersagte etwa das BMVEL die im Rahmen eines von der BAZ geleiteten Vorhabens geplante Freisetzung gentechnisch veränderter Apfelbäume in Dresden-Pillnitz in 2003. Dieses Vorhaben selbst hat allerdings nichts mit InnoPlanta zu tun.

[10] In dieselbe Richtung gehen auch die in Kapitel 3.3 angeführten internationalen Regelungen im Rahmen des Cartagena-Protokolls.

[11] In diesem Zusammenhang ist z.B. auch der im Mai 2004 von Monsanto verfügte Stop seiner Entwicklung herbizidtoleranten Weizens einzuordnen, weil die Weizenexporteure in Kanada und den USA bei seinem Anbau ihre Exportmärkte in Höhe von weit über 1 Mrd. € wegbrechen sehen.

lich Virus- und Fusariumresistenzen im Getreide ab.[12] Sie bemühen sich um einen wissenschaftlich zwar bereits durchaus breiter untersuchten, aber kommerziell noch wenig etablierten Bereich jenseits von Herbizidtoleranz und Insektenresistenz. Im technischen und wirtschaftlichen Erfolgsfall ist ihr Marktpotenzial daher beträchtlich. Zugleich hängt die zukünftige Markteinführung von Getreide-Virus- oder -Fusarium-resistenzen auch davon ab, ob sich Kulturpflanzen mit gentechnisch eingebauten Resistenzen, deren Ernteerträge in/zu Lebensmitteln weiterverarbeitet werden, in den kommenden Jahren (in Europa) durchsetzen können.

Insofern der Einsatz der Pflanzengentechnik im Nonfood-Bereich industrieller Rohstoffe (graue Gentechnik) mit geringeren Akzeptanzproblemen rechnen kann (vgl. Bernauer 2003, Gaskell et al. 2003, Voß et al. 2002) und die Nutzung von Pflanzen als industrielle oder Energierohstoffe wirtschaftlich vielfach interessanter wird, bieten Projekte in diesem Bereich für durch sie entwickelte markt- und wettbewerbsfähige Produkte im Falle ihres technischen Erfolgs im Prinzip gute Aussichten sowohl auf nationaler als auch internationaler Ebene. Deshalb favorisiert InnoPlanta inzwischen auch mehrere solche FE-Projekte: C22, R17 und R20, die entweder Input- oder Output-Eigenschaften betreffen.

Insofern eine Reihe von InnoPlanta-Projekten (C16, C17, C19, C28) auf verbesserte Output-Eigenschaften in Nutzpflanzen abzielt, die anschließend auch gentechnisch veränderten Nahrungsmitteln zugute kämen, hängt deren erfolgreiche Vermarktung - bei nunmehr gegebener Kennzeichnungspflicht – von den Unternehmensstrategien der Nahrungsmittelindustrie im Wechselspiel mit dem (längerfristigen) Kaufverhalten der Verbraucher als zahlungsfähigen Konsumenten ab.[13] Auf diese entscheidende Determinante erfolgreicher Marktpenetration hat InnoPlanta de facto kaum einen Einfluss.

Kein InnoPlanta-Projekt ist der dritten Generation der grünen Gentechnik, dem molecular farming, zuzurechnen.[14] Auch wenn sich bereits eine Reihe von Biopharmazeutika und essbaren Impfstoffen in der Entwicklung befinden (vgl. Daniell et al. 2001, Vogel/Potthof 2003), existiert fast noch keine (kommerzielle) Nutzung dieser Produkte, wobei molecular farming aufgrund ihrer voraussichtlichen medizinischen Ausrichtung möglicherweise mit geringeren Akzeptanzproblemen konfrontiert sein wird.

Die die Entwicklung von Plattformtechnologien anstrebenden FE-Projekte (C03, C04, C05, R19 sowie im Prinzip auch C07 (Elektronische Infrastruktur/Bioinformatik)

---

[12] Dabei setzen die Projekte C10, C12 und indirekt C08 – auf der Grundlage zu entwickelnder molekularbiologischer Methoden zur Identifizierung (und Bewertung) von Virusresistenzen – nicht nur auf gentechnische, sondern (auch) auf konventionelle züchterische Methoden ihres Einbaus.

[13] Hier wirken sich mehr oder minder häufig auftretende neue Lebensmittelskandale über mit ihnen einhergehende Vertrauensverluste der etablierten, für den Agrar- und Food-Bereich zuständigen Institutionen meist zusätzlich restriktiv auf die Nachfrage nach Genfood aus.

[14] Das in Kapitel 4.4 vorgestellte Projekt C24 zielt durchaus auf Biopharmazeutika ab, verzichtet aber auf gentechnische Veränderungen von Thymian.

sind im Erfolgsfall – gerade für Biotech-Start-ups – besonders aussichtsreich, aber auch dem internationalen Wettbewerb besonders ausgesetzt, von der Kooperationsbereitschaft wichtiger (Global) Player im Agrochemie- und Saatgutbereich abhängig und auf eine breiter gestreute und dauerhafte Nachfrage nach diesen Plattformtechnologien angewiesen. Außerdem müssen sie ihre (weitgehende) gesundheitliche und ökologische Unbedenklichkeit nachweisen.

Schließlich sieht sich eine Reihe von InnoPlanta-Projekten (C10, C14, C24, C25, C26, C27, C28, R11, R21), die zwar fallweise durchaus gentechnische Untersuchungs- und Nachweismethoden nutzen, aber ansonsten (ganz bewusst) auf konventionelle Züchtungsmethoden setzen und keine transgenen Pflanzen anvisieren, mit den üblichen Wettbewerbsbedingungen und Regulierungen in den diversen Märkten pflanzlicher Produkte konfrontiert, die sie im Falle ihres erfolgreichen Abschlusses meistern müssen. Diese variieren sektorspezifisch (z.B. Nahrungsmittel versus Phytopharmaka, Thymian versus Mykorrhizapilze) und sind hier nicht weiter zu erörtern. Meist handelt es sich um globale Märkte bei nationalen oder regionalen Regulierungen und Standards, für die im Erfolgsfalle prinzipiell Konkurrenzfähigkeit angenommen werden kann.

Aus diesen Merkmalen der nationalen und internationalen Einbettung von InnoPlanta lassen sich zusammenfassend folgende Schlussfolgerungen ziehen (vgl.Conrad 2004c, 2005):

Die Art der Einbettung von InnoPlanta in nationale und internationale Markt- und Politikstrukturen samt hieraus resultierender Konkurrenzfähigkeit ist letztlich anhand der konkreten pflanzenbiotechnologischen FE-Projekte fall- und begrenzt firmenspezifisch zu untersuchen und nur sehr eingeschränkt allgemein für InnoPlanta als regionales Netzwerk zu behandeln. Denn diese Einbettungsstrukturen variieren projektspezifisch und bestimmen dadurch primär die Wettbewerbsfähigkeit der ein bestimmtes FE-Vorhaben durchführenden Unternehmen und erst sekundär diejenige von InnoPlanta. Daher wären viele der oben beschriebenen Merkmale – trotz einiger bereits auf ausgewählte FE-Projekte bezogener Darlegungen – noch projektspezifisch zu substanziieren, wenn präzise inhaltliche Aussagen über je konkrete Einbettungsstrukturen gemacht werden sollen.

Auch auf einer allgemeineren Ebene jenseits projektspezifischer Einbettungsstrukturen ist zum einen nach verschiedenen Generationen transgener Pflanzen und gentechnisch unveränderten Pflanzen, die durch konventionelle, gentechnische Instrumente jedoch durchaus nutzende Züchtungsmethoden erzeugt werden, und zum anderen nach verschiedenen Weltregionen zu differenzieren, die sich in ihrer Offenheit für und in ihrer Regulierung von gentechnisch veränderten Produkten und Verfahren signifikant unterscheiden. Bei ersteren ergeben sich wie beschrieben je nach Typus recht unterschiedliche Marktstrukturen, -chancen und -zeithorizonte. Bei letzteren lassen sich grob vier Gruppen ausmachen (vgl. Bernauer 2003): (1) die USA, Kanada, Argentinien und tendenziell China, (2) die europäischen Länder, (3) dazwischen stehend Australien, Brasilien, Indien, Japan, Mexiko, Russland, Südafrika und (4) die meisten diesbezüglich noch kaum aktiven Entwicklungsländer.[15]

Kurz- und mittelfristig geht es für InnoPlanta um die überregionale Einbettung von (anwendungsorientierter) wissenschaftlicher Forschung, wo sich die Konkurrenzfähigkeit seiner FE-Vorhaben vor allem über deren fachliche Qualität, ihren Anwendungsbezug, die zugrunde liegenden Forschungs- und Marktstrategien und Selektionskriterien, und ihre Einbettung in die biotechnologische Forschungslandschaft erweist, während Regulierungen der Gentechnik und pflanzenbiotechnologische Marktperspektiven zunächst noch eher in den Hintergrund treten. Ohne den Einzelfall beurteilen zu können, legen die Ausführungen in den Kapiteln 4.1 und 4.2 nahe, dass zum einen schon aufgrund der gegebenen Spezialisierung pflanzenbiotechnologischer FE-Vorhaben deren wissenschaftlich kompetente Bearbeitung überwiegend gewährleistet ist und insofern wissenschaftliche Konkurrenzfähigkeit besteht, und dass zum anderen insbesondere anfangs eine projektübergreifende Forschungsstrategie lediglich recht eingeschränkt verfolgt wurde, insofern InnoPlanta zunächst die Mentalität einer Beutegemeinschaft prägte, sodass InnoPlantas insgesamt recht diversifiziertes Projekt-Portfolio deshalb nur suboptimalen Charakter besitzt.

Langfristig bestimmen die jeweiligen Marktperspektiven, Regulierungsmuster und bestehenden (gruppenspezifischen) Inakzeptanzen über den Erfolg der InnoPlanta-Projekte, über deren zukünftige Form substanzielle Aussagen nur auf recht allgemeiner Ebene möglich sind. Während die Aussichten für die Pflanzenbiotechnologie generell als relativ günstig einzuschätzen sind, sind sie für auf veränderte Output-Eigenschaften gerichtete pflanzengentechnische Vorhaben zumindest vorerst auch mit Skepsis zu betrachten.

5.3 Rolle der Förderpolitik

Staatliche Förderpolitik spielt(e) für die Entstehung und Entwicklung des regionalen Innovationsnetzwerks InnoPlanta eine entscheidende Rolle: ohne das InnoRegio-Programm des BMBF dürfte es kaum existieren, wobei sich möglicherweise mithilfe landespolitischer Fördermittel etwas später ein ähnlicher (kleinerer) Verbund aufgrund der in Kapitel 4.1 beschriebenen Aktivitäten seiner Initiatoren gebildet hätte. Staatliche

---

[15] Relevant ist für diese vor allem das TRIPS-Abkommen, wo es um die Eigentumsrechte und Patentierbarkeit indigener Pflanzen geht (vgl. Brand/Görg 2001, Flitner et al. 1998, Heins 2000, Henne 2000, Shiva 1993, Shiva/Moser 1995, Schomberg 2000, Swanson 2002)

Förderung stellt von daher eine notwendige Bedingung für die durch den InnoRegio-Wettbewerb forcierte und durch relativ umfangreiche Fördermittel von 20 Mio. € stabilisierte Bildung und eine zukünftig möglicherweise selbsttragende Entwicklung von InnoPlanta dar. Dies gilt auch für weitere (absehbare) förderpolitische Programme und Maßnahmen wie seit 2004 die Anerkennung von InnoPlanta durch das BMBF als Kompetenznetz im Innovationsfeld Biotechnologie oder die mögliche Beteiligung von InnoPlanta-Mitgliedern am von der Landesregierung Sachsen-Anhalts im Rahmen ihrer Biotechnologie-Offensive ab 2004 gestarteten, ca. 150 Mio. € umfassenden fünfjährigen Förderprogramm. Dadurch will sie das Bundesland nicht nur für die rote Biotechnologie, sondern auch mithilfe der Gentechnologie zu einem Zentrum der grünen Biotechnologie machen und dadurch seine wirtschaftliche Entwicklung stärken. Aus der Sicht von InnoPlanta stellen diese Förderprogramme zu nutzende Gelegenheitsfenster dar, die ihm – insbesondere angesichts der überwiegend nur langfristig erreichbaren Wirtschaftlichkeit seiner Projekte – die Chance bieten, über das InnoRegio-Programm hinaus (umfangreiche) Mittel für erfolgversprechende, teils bereits laufende Vorhaben einzuwerben, auch mit dem Ziel, marktfähige Produkte oder Verfahren in der Pflanzenbiotechnologie zu entwickeln.

Wie in Kapitel 2.2 beschrieben, sind die politischen Möglichkeiten und Maßnahmen zur Erzeugung eines innovativen regionalen selbsttragenden Clusters, hier im Bereich der Pflanzenbiotechnologie, beschränkt und vor allem im Bereich der Schaffung passender regionaler Randbedingungen und des Setzens geeigneter regulativer und kommunikativer Rahmenbedingungen gegeben. Diesbezügliche förderpolitische Maßnahmen existieren im Falle von InnoPlanta in einem vergleichsweise beachtlichen Ausmaß. Sie können eine entsprechende Clusterbildung aber allenfalls ermöglichen und nicht erzwingen. Wie in den beiden vorangehenden Kapiteln 5.1 und 5.2 angesprochen, sind die Aussichten einer solchen als noch offen einzuschätzen, weil sowohl fördernde als auch restringierende Faktoren wirksam sind, was ihre branchenbezogenen, marktbezogenen, regionalen sozialstrukturellen, soziokulturellen und infrastrukturellen Voraussetzungen angeht: global konzentrierte Agrochemie und Saatgutindustrie, produktgruppenspezifische Wachstumsperspektiven der Pflanzenbiotechnologie, gesellschaftspolitische Kontroverse um die grüne Gentechnik, ungünstige wirtschaftliche und soziale Gesamtsituation, vorhandene Innovationsfreudigkeit, Engagement, Kooperationsfähigkeit und Konfliktregulierungskompetenzen maßgeblicher regionaler Akteure, unzulängliche Infrastruktur und geringe Attraktivität der Region.

Entscheidend für die um 2000 günstige förderpolitische Situation ist das teils zufällige, historisch bedingte Zusammentreffen von insbesondere vier diesbezüglich vorrangigen Politikzielen und -programmen:

Bereits seit den 1970er Jahren sieht die bundesdeutsche Technologiepolitik die Biotechnologie als die Wettbewerbsfähigkeit Deutschlands sichernde Schlüsseltechnologie an, was sich durchgängig in entsprechenden Biotechnologie-Förderprogrammen und stetig steigenden Förderbudgets niedergeschlagen hat.

Seit den 1990er Jahren setzt die Technologie- und Innovationspolitik (als auch Wirtschafts- und Regionalpolitik) verstärkt darauf, die Bildung selbsttragender regionaler Innovationsnetzwerke und Cluster anzustoßen und zu unterstützen, die dadurch mittelfristig eine selbsttragende Innovationsdynamik und damit wirtschaftliche Wettbewerbsfähigkeit und Ausstrahlung gewinnen sollen.

Seit den 1990er Jahren soll mithilfe diverser politischer Förderprogramme und Finanztransfers der Wiederaufbau mangelhafter Infrastruktur und die Wettbewerbsfähigkeit der „abgewickelten" Wirtschaft und Wissenschaft in den ostdeutschen Bundesländern erreicht werden. Das in diesem Rahmen entstandene InnoRegio-Programm verknüpft dabei die Förderung des Aufbaus Ost mit einer auf regionale Clusterbildung abzielenden Innovationspolitik.

In dieselbe Richtung zielt die 2003 gestartete Biotechnologie-Offensive des Landes Sachsen-Anhalt, wobei es sich hier um in ihrer Konzeption durchaus durchdachte, vor dem Hintergrund seiner skizzierten desolaten Wirtschafts- und Haushaltslage aber zugleich auch um fast schon verzweifelte landespolitische Anstrengungen und Profilierungsbemühungen zur Legitimationssicherung handelt.

Als problematisch sind im Hinblick auf die substanzielle Wirksamkeit dieser Förderpolitiken in diesem Kontext zu sehen: zum einen die – vor allem in ihrer ideologischen Rahmung, hingegen nicht durchweg in ihrer Praxis – relativ apodiktisch festgelegte, primär nur noch ökonomische Betrachtungs- und Vorgehensweise ihrer Umsetzung, die die derzeit vorherrschende allgemeine Ausrichtung von Politik widerspiegelt und teils aus legitimationspolitischen Gründen auf kurzfristige Markterfolge hin angelegt ist[16], und zum anderen die Widersprüchlichkeit von Regulierungs- und Förderinteressen und -maßnahmen in der (Pflanzen-)Biotechnologie, die vor dem Hintergrund der gesellschaftspolitischen Kontroverse um die grüne Gentechnik allerdings nur schwer vermeidbar ist.[17]

Konkret sei für die in den Kapiteln 2.2 und 4.1 geschilderte Förderpolitik des Inno-Regio-Programms festgehalten: Im Anschluss an die Initiierung eines regionale Netzwerkbildung fördernden Wettbewerbs besteht es im Wesentlichen aus der sich über sechs Jahre erstreckenden Verteilung von Fördermitteln für auf Forschungskooperation angelegte FE-Projekte, deren Auswahl sowohl zunächst die Organe des Netzwerks InnoPlanta selbst als auch der vom BMBF beliehene Projektträger PTJ mithilfe eines gemischt besetzten Fördermanagement-Teams vornehmen. Der Einsatz dieses finanziellen Instruments der Technologiepolitik, das als Anschubfinanzierung zeitlich be-

---

[16] Grundsätzlich stehen dabei ökonomische Gesichtspunkte bei solchen wirtschaftspolitisch und anwendungsorientierten Programmen zu Recht im Vordergrund.

[17] In diesem Kontext kann sich eine allzu strikte, Kritik unterdrückende Förderpolitik durchaus als kontraproduktiv erweisen.

wusst begrenzt wird, wird neben der Beratung von Antragstellern ergänzt durch überwiegend von InnoPlanta durchgeführte Veranstaltungen wie Innovationsforen und Statusseminare, die der Präsentation von Projektergebnissen, der technologiepolitischen
Kontrolle und auch der sozialen Verankerung des Netzwerks durch Öffentlichkeitsarbeit dienen. Auch wenn das InnoRegio-Programm selbst 2006 ausläuft, ist die An-
schlussförderung erfolgreicher InnoRegios durch weitere Förderprogramme (des
BMBF) sehr wahrscheinlich und angesichts der nur längerfristig erreichbaren Wirtschaftlichkeit der meisten in den FE-Projekten entwickelten pflanzenbiotechnologischen Produkte oder Verfahren auch als gerechtfertigt und nicht kontraproduktiv einzustufen.

Abgesehen von einer nur begrenzt selektiven Projektauswahl und von anfänglichen
administrativen, verzögernd und demotivierend wirkenden Umsetzungsproblemen
wirkt die Förderpolitik eindeutig als positive, anstoßende und stützende Determinante
der Bildung des regionalen Innovationsnetzwerks InnoPlanta und hat somit ihre von
ihren politischen Trägern intendierte Aufgabe bislang weitestgehend erfüllt.

5.4 Gesellschaftsstrukturelle Determinanten und soziale Diskurse

Nachdem in den vorangehenden Teilkapiteln die wesentlichen biotechnologiespezifischen wirtschaftlichen, politischen und regionalen Kontextdeterminanten der Optionen
und Handlungsspielräume von InnoPlanta erörtert wurden, geht es im Folgenden
einerseits um den Einfluss des allgemeinen und nicht biotechnologiespezifischen Um-
felds auf InnoPlanta, soweit sich dieser näher bestimmen und pointieren lässt. Bei der
Betrachtung der Struktur sozialer Diskurse steht andererseits der Gentechnik-Diskurs
als markante Kontextdeterminante im Mittelpunkt.[18]

Die hier vorgenommene Selektion und behauptete Wirkung gesellschaftsstruktureller
Determinanten kann nicht mehr als eine gewisse Plausibilität für sich beanspruchen.
Diese Determinanten geben die ungefähren Rahmenbedingungen vor, innerhalb derer
sich im Allgemeinen sektor- oder regionsspezifische soziale Prozesse abspielen (können). Hervorgehoben seien: eine kulturell und institutionell begrenzt verankerte Rele-

---

[18] Während sich Kontextdeterminanten auf Einflussfaktoren im Bereich der Biotechnologie beziehen, die etwa als diesbezügliche *past decisions, vested interests* und *sunk costs* die möglichen und
eingeschlagenen Entwicklungspfade von InnoPlanta prägen, bezeichnen gesellschaftsstrukturelle
Determinanten allgemeine gesellschaftliche Rahmenbedingungen und Entwicklungstendenzen
substanzieller Natur, die mehr oder minder quer durch alle Sektoren bedeutsam sind, z.B. das Um-
weltbewusstsein einer Gesellschaft, Sozial- und Wirtschaftsstruktur, politische Kultur, Grad der
Bürokratisierung, Zentralisierung bzw. Dezentralisierung relevanter Entscheidungsprozesse, Ausbildung und Stärke der Zivilgesellschaft, Modernisierungskapazität, die Rolle intermediärer Organisationen, bestehende Umbruchsituation einer Gesellschaft (vgl. Conrad 1992).

vanz von Umweltanliegen und Technikkritik, Ökonomisierung und Individualisierung praktisch aller Lebenssphären einerseits und legalistische Verwaltungstradition mit signifikanten Bürokratisierungseffekten andererseits, wachsende soziale Fragmentierung und Ungleichheiten, Vertrauensverlust (der Repräsentanten) etablierter Institutionen, leistungsfähige, aber nur partiell innovative Wirtschaft, begrenzte Modernisierungskapazität, Korporatismus mit geringer Fähigkeit zu grundlegenden (institutionellen) Reformen und Prioritätensetzung jenseits neoliberaler Reaktionen auf die Globalisierungsfalle (vgl. Martin/Schumann 1996).

InnoPlanta sieht sich mit diesen gesellschaftsstrukturellen Einflüssen und Entwicklungstendenzen natürlich genauso wie andere soziale Akteure und Netzwerke konfrontiert. Holzschnittartig verkürzt schlägt sich dies etwa (indirekt) nieder in erkennbarem Druck in Richtung Marktfähigkeit und Patentierbarkeit der FE-Projekte, in der Förderung und beträchtlichen Regulierung der grünen Gentechnik vor dem Hintergrund der öffentlichen Kontroverse um die Gentechnologie, in im Allgemeinen begrenzter Kooperationsbereitschaft der relevanten Akteure aus Politik, Wissenschaft, Ausbildungsinstitutionen, Landwirtschaft, Agrochemie, Biotechnologie und Nahrungsmittelindustrie, in den im Laufe der Produktentwicklung noch zu beachtenden vielfältigen rechtlichen Vorgaben oder in der jenseits der direkt beteiligten Akteure relativ begrenzten sozialen Einbettung von InnoPlanta-Vorhaben. Diese sozialen Mechanismen und Entwicklungsmuster ließen sich vermutlich auch ohne die angeführten gesellschaftsstrukturellen Determinanten beobachten, aber wohl in geringerem Ausmaß. Insofern ist deren diesbezüglicher Einfluss von eher formender und verstärkender Art als von bestimmten Entwicklungsrichtungen vorgebener bzw. blockierender Natur. Am deutlichsten dürften sie im Protest gegen und mangelnder Nachfrage nach Genfood zum Ausdruck kommen, was auf Laborebene (bislang) keine Rolle spielte und innovative FE-Projekte in diese Richtung nicht verhindert, jedoch in (zukünftigen) Protestaktionen bei Feldversuchen, in scheiternder Marktfähigkeit von FE-Projekten und in dem dies berücksichtigenden Projekt-Portfolio von InnoPlanta zum Tragen kommen dürfte, nämlich auf genuine Genfood-Projekte zu verzichten und vermehrt auf Nonfood-Projekte zu setzen.

Was nun die Merkmale sozialer Diskurse und speziell den Einfluss des Gentechnik-Diskurses anbelangt, so ist zuvörderst festzuhalten, dass soziale Diskurse – als kontrovers strukturierte Felder symbolischer Interaktion – gesellschaftliche Bewusstseinsbildung, die Wissens-, Werte- und Willensbildung vollziehen und damit – beabsichtigt und unbeabsichtigt – über die durch sie festgelegten Sinn- und Bedeutungsstrukturen der Herbeiführung und institutionalisierten Aufrechterhaltung von Herrschaftsverhältnissen dienen (vgl. Foucault 1982, Howarth 2000, Keller et al. 2000, Nennen 2000). Betrachtet man Diskurse als „inhaltlich-thematisch bestimmte, institutionalisierte Form[en] der Textproduktion" (Keller 1997: 311), so bilden sie ihre Gegenstände nicht nur ab, sondern konstituieren sie erst (Foucault 1982: 74) und formen damit die soziale Realität. Diskurse sind durch einen gemeinsamen Gegenstand bestimmt, der die Anschlussfähigkeit von Aussagen thematisch begrenzt, und durch die jeweiligen systemspezifischen Regularien der Inklusion/Exklusion und Transformation von Informationen (Weingart et al. 2002: 22). Denn in modernen Gesellschaften finden in den verschiedenen sozialen Funktionssystemen wie Wissenschaft, Politik, Medien unterschiedliche parallele Diskurse statt[19], die unterschiedliche Diskursprofile und -dynamiken aufweisen und sich durch Diskursinterferenzen wechselseitig beeinflussen können.[20] Entsprechend unterscheiden sich die Rezeptions- und Verarbeitungsmuster von Kommunikation in verschiedenen sozialen Funktionssystemen, weil die Diskurse unterschiedliche kommunikative Risiken wie solche des Glaubwürdigkeitsverlusts, des Legitimationsverlusts oder des Verlusts von Marktchancen generieren (vgl. Keller 1997, Weingart et al. 2002).

In Diskursen, die in einem thematisch zusammenhängenden Diskursstrang, einer story-line verlaufen, geht es um die Geltung von Realitätsdefinitionen und somit um semantische Auseinandersetzungen um Deutungshoheit. Die Diskursteilnehmer konkurrieren um die Durchsetzung spezifischer Problemdeutungen und ringen von daher letztlich um Diskurshegemonie, wofür sie Diskurskoalitionen eingehen. Die Diskursdynamik hängt ab von der kognitiven Akzeptierbarkeit von Argumenten, d.h. faktische Glaubwürdigkeit der Argumente, Vertrauenswürdigkeit der Argumentierenden, und der positionalen Akzeptierbarkeit der im Diskurs vermittelten Inhalte und Ziele, d.h. der Frage, inwiefern sie personelle/institutionelle Positionen bestärken oder bedrohen (vgl. Hajer 1995). Ein etablierter Diskurs kann andere mögliche Diskurse, und deren Realitätsdefinition, ein- oder ausschließen. Damit wird selektiert, was in einer konkreten Situation resonanz- und anschlussfähig ist und was ausgeschlossen wird. Diskurse werden damit zu einer regulierenden Instanz, die Bewusstsein und darüber hinaus auch sonstige gesellschaftliche Strukturen formieren (Huber 2001: 274f.). Mithilfe der Bezugnahme auf kulturelle Deutungsbestände und Symbole, der Eingängigkeit der präsentierten story-lines, entsprechender ‚Framing'- oder Rahmungsstrategien (vgl. Gerhards 1992) und von Diskurskoalitionen versuchen die am Diskurs teilnehmenden (Konflikt-)Parteien, ihre Realitäts- und Problemdefinitionen durchzusetzen, wobei es qua Verknüpfung von (neuen) Problemrahmungen mit alltäglichen Deutungsmustern um die Kombination einer überzeugenden Problemdiagnose (diagnostic framing), der Definition einer Problemlösung (prognostic framing) und der Mobilisierung von

---

[19] „Unterschiedliche Diskurse arbeiten mit gleichen Themen und in einem Diskurs lassen sich divergierende Themen auffinden." (Kneer 1996: 227)

[20] „Allerdings besteht ein Effekt der hohen Selektivität der Kommunikationen in den Teilsystemen darin, dass nur ein kleiner Teil der kommunikativen Ereignisse des einen Diskurses in den anderen Resonanz erzeugen kann und zu entsprechenden Anschlüssen führt." (Weingart et al. 2002: 23)

Handlungsmotiven (motivational framing) geht (vgl. Snow/Benford 1988, Brand 2000, Brand et al 1997, Eder 1995).[21]

Wie in Kapitel 3.4 ausgeführt, spiegelt der gentechnische Diskurs die angeführten Merkmale sozialer Diskurse teils prototypisch wider, was etwa Diskursinterferenzen zwischen Diskursen in verschiedenen sozialen Funktionssystemen, Rahmungsstrategien und Deutungskonflikte, die zentrale Rolle von Experten oder die Vorrangigkeit von Risikothemen angeht.

Betrachtet man nun die Folgen dieser Charakteristika des Gentechnik-Diskurses für InnoPlanta, so ist zusammenfassend festzuhalten, dass er sich sichtlich in Form von mind framing, partiell in Form aktiver Diskursbeteiligung und kaum handlungsprägend und in Form interner Diskurse auswirkt:

Für die Durchführung der konkreten FE-Vorhaben spielt der Gentechnik-Diskurs faktisch keine (handlungsbestimmende) Rolle, hingegen eine begrenzte bei deren Auswahl (Verzicht auf genuine Genfood-Projekte, Förderung von Nonfood-Projekten).

Die über den Gentechnik-Diskurs im Sinne von mind framing etablierten Problem- und Realitätsdefinitionen (z.B. die Wichtigkeit der Unterscheidung von gentechnischen und nicht gentechnischen Verfahren und Produkten, die prominente Position von Risikofragen) schlagen sich indessen eindeutig in den Sicht- und Argumentationsweisen der InnoPlanta-Mitglieder nieder.

Da diese durchweg die Gentechnik als solche nicht ablehnen, findet innerhalb von InnoPlanta keine kontroverse Debatte um die Gentechnik statt. Allerdings vertreten sie dabei innerhalb der dominanten story-line durchaus unterschiedliche Auffassungen, was etwa die Marktperspektive genetisch veränderter Nutzpflanzen angeht, insofern die Einschätzung von deren wirtschaftliche Konkurrenzfähigkeit oder deren Akzeptanz auf Verbraucherseite deutlich variiert und sich in unterschiedlichen Projektdesigns niederschlägt.

Nach außen hin bezieht dagegen insbesondere die Mehrzahl der Protagonisten von InnoPlanta klar Position zugunsten der grünen Gentechnik und beteiligt sich auch häufiger am öffentlichen Diskurs, durchaus mit dem Ziel, eigene Wertungen, Präferenzen

---

[21] „Da die jeweiligen Problemrahmungen und ‚story lines‘ in Interessenlagen, Weltbildern und Wertüberzeugungen verankert sind, weisen sie eine relativ hohe Beharrungskraft auf. In den symbolischen Kämpfen um Definitionsmacht müssen sich die beteiligten Akteure allerdings – und sei es nur rhetorisch – auch auf die Binnenlogik der Debatte und auf die sich verschiebenden Kontextbedingungen der jeweiligen Debatte einlassen. Dieser ‚Interdiskurs‘ wird eine durch die massenmedial vermittelte Dynamik öffentlicher Konfliktdiskurse und Themenkonjunkturen vorangetrieben. Zum anderen schaffen aber auch die jeweiligen Praktiken der institutionellen Umsetzung eine sich beständig verändernde Ausgangslage für die weitere Debatte." (Brand/Jochum 2000: 173)

und Risikourteile als angemessen(er)e zu propagieren und durchzusetzen.[22] Dem gelten u.a. auch die Öffentlichkeitsarbeit und das (externe) Netzwerk-Management von InnoPlanta.

Insofern sich der Gentechnik-Diskurs auch in Protestaktionen seitens der Kritiker niederschlägt, ist mit einer zwangsläufigen, voraussichtlich polarisierend wirkenden Einbindung von InnoPlanta in kontroverse öffentliche Debatten zu rechnen, falls sich der gentechnische Protest in der Region – nach der Vernichtung von Versuchsfeldern mit Genweizen – an dem durch InnoPlanta koordinierten, im Frühjahr 2004 begonnenen Erprobungsanbau von Bt-Mais unter Beteiligung der Firmen Monsanto, Pioneer und KWS festmachen sollte, wie die jüngsten diesbezüglichen Dispute nahe legen.

Auf der konkreten Ebene der Teilnahme am und Beeinflussung von Gentechnik-Diskurs erscheint dann die Reflexion folgender Tatbestände für InnoPlanta als wesentlich:

Ein gesellschaftlicher Diskurs ist auch für einflussreiche Akteure nicht wirklich steuerbar.

InnoPlanta als Netzwerk kann zwar an ihm teilnehmen, ihn aber als Nicht-Akteur erst recht nicht steuern, wohingegen seine Mitglieder hierdurch Lernprozesse durchlaufen können.

InnoPlanta kann einen kontroversen Diskurs vor Ort kaum verhindern, falls z.B. Greenpeace ein bestimmtes Vorhaben, wie jüngst den Erprobungsanbau von Bt-Mais, zum öffentlichen Thema machen will.

Im Falle politisch und/oder öffentlich kontroverser Feldversuche InnoPlantas sind seine (externen) Einflussmöglichkeiten auf einen solchen Konflikt relativ begrenzt und ein (vorübergehender) Rückzug kann sinnvoll sein.[23] In solchen Situationen spielt die zuvor erworbene Glaubwürdigkeit eine zentrale Rolle.[24]

Dabei kann eine auf offenem und nicht dogmatisch verengtem Diskurs basierende zukünftige Kooperation mit Gentechnik-Kritikern in konkreten Projekten anstelle konfliktverschärfender Vorgehensweisen durchaus Sinn machen und von Vorteil sein, wie diesbezügliche Erfahrungen im Umweltmanagement von Unternehmen belegen (vgl. Conrad 1998a); außerdem vermag sie zum Abbau von wechselseitigen Feindbildern beizutragen.

---

[22] Aus diesem Kontext resultierte auch das Interesse an einer Akzeptanzstudie des UFZ Leipzig-Halle mit dem Ziel, Kommunikationsstrategien zwecks Akzeptanz der grünen Gentechnik zu entwickeln (vgl. Kapitel 1.1).

[23] Tatsächlich hat sich der InnoPlanta-Vorstand 2004 bei der Übernahme der Koordination des Erprobungsanbaus von Bt-Mais für ein offensives, die grüne Gentechnik als Zukunftstechnologie propagierendes Engagement im (regionalen) Gentechnik-Diskurs entschieden.

[24] In diesem Kontext spielt die gelungene Mitwirkung von InnoPlanta an (regionalen) Veranstaltungen und Diskursen zur Pflanzenbiotechnologie für die eigene Vertrauenswürdigkeit und Sichtbarkeit eine wesentliche Rolle, ohne dass dies eine Erfolgsgarantie für die Durchsetzbarkeit eigener Vorstellungen und Vorhaben darstellt.

Auf der anderen Seite kann eine Beteiligung am öffentlichen Gentechnik-Diskurs als nicht notwendig und überflüssig angesehen werden, wenn intern infolge einer weitgehenden, die grüne Gentechnik grundsätzlich befürwortenden Übereinstimmung ohnehin kaum eine Diskussion stattfand und extern vor Ort Widerstand und Protest (bislang) weitgehend unbekannt war.

Hingegen ist eine solche Beteiligung im Falle starker lokaler Proteste oder gar eines irgendwo, insbesondere aber vor Ort als durch grüne Gentechnik bedingt eingestuften Unfalls für InnoPlanta nicht vermeidbar und notwendig.

5.5 Akzeptanz

Vor dem Hintergrund des Hauptmotivs von InnoPlanta für die Vergabe dieser Studie, die (regionale) Akzeptanz oder Ablehnung grüner Gentechnik empirisch zu untersuchen, deren Gründe genauer zu verstehen und mögliche (Kommunikations-) Strategien zugunsten verbesserter Akzeptanz aufzuzeigen, ist der Akzeptanzproblematik über ihre Thematisierung in Kapitel 3.4 und situative Berücksichtigung in anderen Kapiteln hinaus ein eigenes Teilkapitel gewidmet.

Der wesentliche und legitime Grund für das Interesse von InnoPlanta an Akzeptanzstrategien ist darin zu sehen, dass einerseits weitgehend alle Mitglieder des InnoPlanta-Netzwerks von Nutzen und Sinn der grünen Gentechnik in der Pflanzenbiotechnologie überzeugt sind und die von ihnen gegebenenfalls entwickelten, Gentechnik nutzenden Produkte oder Verfahren auch vermarkten wollen. Umgekehrt herrschen andererseits bislang in Europa Ablehnung der Verbraucher von gentechnisch veränderten Lebensmitteln, der weitgehende Verzicht des Lebensmittelhandels auf Genfood und politische und rechtliche Beschränkungen der grünen Gentechnik vor. Ohne Akzeptanz gentechnisch veränderter Kulturpflanzen und Nahrungsmittel bei ihren (potenziellen) Abnehmern lassen sich diese jedoch, wie in Kapitel 3.4 beschrieben, kaum kommerziell nutzen, was den InnoPlanta-Mitgliedern durchaus bewusst ist.

Darum werden in diesem Teilkapitel wesentliche Ergebnisse der Technikakzeptanzforschung und der Akzeptanzsituation von InnoPlanta in Bezug auf die grüne Gentechnik zusammengefasst. Dadurch sollen auch diesbezüglich einseitige und unangemessene Problemperspektiven reflektiert und hinterfragt werden.

Zunächst sei für den inzwischen auch in der Alltagssprache häufig verwendeten Akzeptanzbegriff festgehalten, dass Akzeptanz als ein komplexes, vielschichtiges Konstrukt nicht direkt und unmittelbar messbar ist. Akzeptanz umfasst mindestens eine kognitive, eine normativ-evaluative und eine konative Dimension, ist auf Wert- und Zielebene, auf Einstellungsebene und auf Handlungsebene angesiedelt, und ist nur unter Beachtung des Zusammenspiels von Akzeptanzsubjekt, -objekt und -kontext adäquat zu analysieren (vgl. Hüsing et al. 2002: 21ff.).[25]

Drei Analysecluster prägen bis heute die Darstellung der Ergebnisse und die inhaltliche Ausrichtung der Technikakzeptanzforschung: Meinungsumfragen zur Ermittlung von Technikeinstellungen in der Bevölkerung, vertiefte Untersuchungen zur Bedeutung von Technikrisiken und die Medienberichterstattung über Technik bei Technikeinstellungen (vgl. Hüsing et al. 2002: 19).

Besonders akzeptierte Technologien zeichnen sich durch ein hohes Maß an gesellschaftlicher Wünschbarkeit, hohe Nutzenerwartungen, geringe Schadens-, Katastrophen- und Missbrauchspotenziale aus und sind nicht angstbesetzt. Dabei legen Erkenntnisse aus der Technikakzeptanz- und Innovationsforschung nahe, „dass die Annahme eines einfachen, linearen und kausalen Zusammenhangs zwischen Akzeptanz, Nachfrage und Wettbewerbsvorteilen viel zu kurz greift. Vielmehr hat man es mit komplexen, mehrdimensionalen Wirkungsmechanismen mit vielfältigen Rückkopplungsschleifen und intervenierenden Faktoren zu tun." (Hüsing et al. 2002: 347)

Leider finden viele Erkenntnisse dieser sozialwissenschaftlichen Forschung (immer noch) keinen entsprechenden Eingang in die öffentliche Debatte. „Vielmehr ist nach wie vor zu beobachten, dass die Diskussion um Technikakzeptanz und Technikeinstellungen oft subjektive Eindrücke verallgemeinert und diese teilweise strategisch für eigene Zwecke ausschlachtet, um von eigenen Fehlleistungen oder wenig populären Beweggründen abzulenken (Zwick/Renn 1998)." (Hüsing et al. 2002: 20)

Ohne nun diese Differenzierungen der Technikakzeptanzforschung im Einzelnen aufzugreifen, werden nachfolgend die für InnoPlanta relevanten Akzeptanzsubjekte, -objekte und -kontexte verdeutlicht und Hintergründe und Folgeprobleme der von vielen InnoPlanta-Mitgliedern eingenommenen Akzeptanzperspektive aufgezeigt, soweit sie die grüne Gentechnik (als Akzeptanzobjekt) betreffen.[26]

Akzeptanzsubjekte sind die Bevölkerung der Region, die die Entwicklung der Pflanzenbiotechnologie maßgeblich mit entscheidenden und gestaltenden Akteure, wie Forschungseinrichtungen, Biotechnologie-Unternehmen, staatliche Förder- und Regulierungsinstanzen, Kapitalgeber, Ausbildungseinrichtungen und auch Umweltverbände, und die der gesamten Wertschöpfungskette in den jeweiligen Anwendungsbereichen

---

[25] Dabei ist zu berücksichtigen, dass Akzeptanz „keine feste Eigenschaft ist, die einem Akzeptanzsubjekt als Persönlichkeitsmerkmal, als situations- und bereichsübergreifende konstante Einstellungs- und Verhaltensdisposition zukommt. Ebenso wenig ist Akzeptanz auf Seiten des Akzeptanzobjekts eine objektimmanente, unveränderliche, themen- und situationsunspezifische Qualität. Ihre jeweilige Ausprägung erfahren sie erst in der Zusammenschau von Subjekt, Objekt und Kontext, und können demnach zusätzlich zeit- und situationsabhängig variieren." (Hüsing et al. 2002: 24)

[26] So interessieren an dieser Stelle beispielsweise weder die Akzeptanz konkreter Projektdesigns seitens des fördernden Projektträgers oder der Landesregierung noch die Akzeptanz von Beruf oder Lebensstil der InnoPlanta-Mitglieder in ihren Familien oder Freundeskreis.

der Pflanzengentechnik zugehörigen, bis zum Endverbraucher reichenden Akteure, wie Landwirtschaft, Saatzüchter, Nahrungsmittelindustrie und Lebensmittelhandel (vgl. Abbildung 3.2). Diese Akzeptanzsubjekte beeinflussen direkt die Erfolgsbedingungen der InnoPlanta-Vorhaben. Die Akzeptanz grüner Gentechnik im Allgemeinen etwa in der Gesamtbevölkerung, in der Politik oder in der Biotechnologieindustrie ist von indirekter Bedeutung, insofern sie maßgeblich die allgemeinen Rahmenbedingungen der FE-Aktivitäten von InnoPlanta prägt, ohne diese selbst auch nur zur Kenntnis nehmen zu müssen. Insofern können solche Quasiakteure ebenso gut als Akzeptanzkontexte wie als Akzeptanzsubjekte eingeordnet werden.

Akzeptanzobjekte der grünen Gentechnik sind zum einen auf ihr basierende Produkte und Verfahren, insbesondere spezifische genetisch veränderte Pflanzenarten und Genfood, zum andern aber auch damit zusammenhängende Projekte, Verhaltensweisen, Handlungen oder Lösungsvorschläge von InnoPlanta angehörenden Akteuren. Dabei können letztere je nach ihrer Ausgestaltung als Akzeptanzkontexte durchaus die Akzeptanz ersterer (mittelfristig) beeinflussen.

Akzeptanzkontexte wie die lebensweltliche Einbettung einer Technik, ihre soziale Einbindung, insbesondere das Verhalten verantwortlicher Institutionen, oder vorherrschende Wertorientierungen führen häufig zu unterschiedlichen Einstellungen, Bewertungen und damit Akzeptanzen einer Technik(anwendung), wie bereits in Abbildung 3.10 deutlich wurde.

Angewandt auf InnoPlanta und die grüne Gentechnik ergeben sich folgende Akzeptanzmuster.

Auf regionaler Ebene ist die (aktive oder passive) Akzeptanz der InnoPlanta-Vorhaben, einschließlich der Nutzung gentechnischer Methoden, bei allen Akzeptanzsubjekten weitgehend gegeben, von möglichen Aktionen durch Umweltverbände einmal abgesehen. Dies gilt überwiegend auch für die grüne Gentechnik generell, ohne allerdings bereits eine Akzeptanz von Genfood in der Bevölkerung der Region unterstellen zu können. Außerdem ist die konkrete Einbindung von und Abstimmung mit weiteren Akteuren in der Wertschöpfungskette, etwa aus der verarbeitenden Industrie und dem Handel, im Bereich der Pflanzengentechnik häufig relativ gering. Deshalb lässt sich deren Kooperationsbereitschaft und -praxis des Öfteren nur eingeschränkt beobachten (vgl. Voß et al. 2002), sodass es ihnen an aktiver Akzeptanz teilweise mangelt.

Da die Akzeptanz der grünen Gentechnik allgemein derzeit in Deutschland nur sehr eingeschränkt gegeben ist und sich in ungünstigen Rahmenbedingungen niederschlägt, wirken diese sich als Akzeptanzkontext insofern hinderlich aus, als regionale, der Pflanzengentechnik häufig grundsätzlich positiv gegenüberstehende Akteure eher vorsichtig und defensiv agieren. So wird z.B. in manchen InnoPlanta-Projekten bewusst auf die Entwicklung gentechnisch veränderter Nutzpflanzen verzichtet oder es sind nur wenige Landwirte bereit, Feldversuche mit solchen Nutzpflanzen, so wie jüngst mit Bt-Mais, durchzuführen.

Während vor allem das Akzeptanzobjekt Genfood (am Ende der Wertschöpfungskette) auf wenig Akzeptanz stößt, was Ende der 1990er Jahre zu entsprechenden, auf gentechnikfreie Lebensmittel setzenden Unternehmensstrategien der Nahrungsmittelindustrie geführt hat, sehen sich pflanzenbiotechnologische FE-Projekte (am Anfang der Wertschöpfungskette), insbesondere solche, die zwar gentechnische Methoden nutzen, jedoch auf die Züchtung gentechnisch veränderter Nutzpflanzen verzichten, bislang kaum mit Akzeptanzproblemen konfrontiert.

Damit ist jedoch bei Freisetzungsversuchen durchaus zu rechnen, wie die Fälle des Verbots der Freisetzung gentechnisch veränderter Apfelbäume in Dresden-Pillnitz durch das BMVEL in 2003 und die Greenpeace-Aktivitäten 2004 in Sachsen-Anhalt gegen Freisetzungsversuche von Genweizen durch Syngenta und den Erprobungsanbau von Bt-Mais durch Monsanto, Pioneer und KWS demonstrieren.

Da InnoPlanta letzteren maßgeblich koordiniert, erhöht sich, wie in Kapitel 5.4 bereits ausgeführt, durch diese Handlungen sein Risiko, auch an anderer Stelle mit Akzeptanzproblemen konfrontiert zu werden, insofern diese Verhaltensweise selbst Akzeptanzobjekt werden und qua Generalisierung auf andere Vorhaben übertragen werden kann.

Angesichts dieser Gegebenheiten spielte die Frage der Akzeptanz im engeren Sinne für InnoPlanta bislang aus mehreren Gründen lediglich als Hintergrundfolie eine Rolle:

Anders als in einigen anderen Gebieten spielte organisierter Widerstand gegen gentechnisch arbeitende Pflanzenbiotechnologie in der Region praktisch keine Rolle.[27]

Die meisten InnoPlanta-Projekte nutzen zwar gentechnische Instrumente und Verfahren; insbesondere die marktnäheren InnoPlanta-Projekte verzichten jedoch durchweg auf gentechnisch veränderte Produkte, weil ihre Bearbeiter von einer zumindest vorerst anhaltenden Ablehnung solcher Produkte seitens der Endverbraucher ausgehen und mögliche Proteste und Konflikte in Bezug auf ihre konkreten FE-Vorhaben vermeiden wollen.

An eine ins Gewicht fallende Marktpenetration der derzeit in Entwicklung befindlichen pflanzenbiotechnologischen Produkte oder Prozesse ist in den meisten Vorhaben frühestens in 10 Jahren zu denken, sodass deren heutige Akzeptanz relativ bedeutungslos ist.

Umgekehrt entscheiden bei einer Reihe von aus den InnoPlanta-Projekten resultierenden potenziellen Produkten letzten Endes sehr wohl deren Nutzer und Konsumen-

---

[27] Dies impliziert allerdings nicht, dass ein solcher in Zukunft aufgrund entsprechend wahrgenommener Ereignisse nicht wieder aufflammen kann. Infolge der bewusst gewählten maßgeblichen Koordinationsrolle beim Erprobungsanbau von Bt-Mais in Sachsen-Anhalt ist hiermit wahrscheinlich schon in Bälde zu rechnen.

ten, ob sie sich auf dem Markt durchsetzen können. Hier lässt sich jedoch nicht prognostizieren, ob die Ablehnung gentechnisch veränderter Produkte, also insbesondere
von Genfood, in zehn oder mehr Jahren noch ein wesentliches Kriterium diesbezüglicher Kaufentscheidungen sein wird.[28]

Angesichts dieser Gegebenheiten fällt die mentale Prominenz der Akzeptanzproblematik unter vielen Mitgliedern des InnoPlanta-Netzwerks ins Auge. Vor dem Hintergrund
der eingangs geschilderten gegenläufigen Sichtweisen rührt das starke Interesse an Akzeptanz – analog wie in anderen technologischen Kontroversen – aus der eigenen Position und der Überzeugtheit von ihrer Richtigkeit auf Seiten der Befürworter grüner
Gentechnik her. Einstellungen zur (grünen) Gentechnik lassen sich aber typischerweise nicht auf eindimensionale Akzeptanz (Ja oder Nein) reduzieren, wie in Kapitel 3.4
ausgeführt. Es ist etwa rational durchaus wohlbegründet, dass die Einstellung zu einer
Technologie von dem Vertrauen in und der Glaubwürdigkeit von für sie verantwortlichen (als auch generell gesellschaftlich zentralen) Institutionen, und eben nicht allein
von den genuinen Eigenschaften einer Technik abhängt (vgl. Abbildung 3.10). Von
daher haben Akzeptanzstrategien, die nicht auf echte partizipative Dialoge und genuine Diskurse ausgerichtet sind, nur recht begrenzte Erfolgsaussichten. Solche Akzeptanzstrategien, wie sie von einigen Protagonisten InnoPlantas verfolgt werden, erkennen im Wesentlichen nur die eigene Sichtweise als (rational) begründet an und zielen
damit de facto lediglich auf die kommunikationspsychologisch geschickte Überzeugung von andere, als unbegründet eingestufte Sichtweisen vertretenden Akteuren ab,
um (zumindest passive) Akzeptanz (grüner Gentechnik) zu erreichen.[29]

Hinsichtlich der tatsächlichen zukünftigen Akzeptanz von grüner Gentechnik ist sachlich m.E. davon auszugehen, dass kurz- und mittelfristig einerseits (in Deutschland)
allgemein weiterhin eine geringe Akzeptanz insbesondere von Genfood bestehen dürfte, die grüne Gentechnik sich hingegen andererseits längerfristig, allerdings differenziert nach Bereichen, faktisch durchsetzen wird. Entscheidend hierfür wird vor allem
sowohl der tatsächliche als auch der von ihren Anwendern und Folgekonsumenten
wahrgenommene Nutzen der grünen Gentechnik sein. Vermutlich wird sie auch aus
diesem Grund in der Agrarbiotechnologie (einschließlich der bereits weit verbreiteten
Futtermittelherstellung mit gentechnisch veränderten Pflanzen) rascher zum Durchbruch kommen als bei der Herstellung von Genfood-Produkten.

---

[28] Von daher erscheint mir die Frage der Akzeptanz für den (wirtschaftlichen) Erfolg von InnoPlanta
weit weniger wichtig zu sein als diejenige des Zeithorizontes der Markteinführung der angestrebten pflanzenbiotechnologischen Produkte und Verfahren.
[29] Insofern es diesen Protagonisten allerdings primär um die Durchsetzung ihrer Anliegen im politischen Prozess und in der öffentlichen Debatte geht, lässt sich diese Vorgehensweise, wie in Kapitel 3.4 ausgeführt, durchaus als Bemühen um die sukzessive Umkodierung einer technologischen
Kontroverse interpretieren.

Dabei werden sich die politischen und öffentlichen Kontroversen um die grüne Gentechnik mittelfristig vermutlich auf ein mit anderen Wirtschaftssektoren vergleichbares ‚normales' Maß einpendeln. Dazu tragen maßgeblich bei:

- die Durchsetzung von und Gewöhnung an rechtlich vorgegebene Sicherheitsstandards und -maßnahmen wie Kennzeichnung, Zulassungsbestimmungen, Gefährdungshaftung und ähnliches,
- die vermehrt fallspezifische und differenziertere Betrachtung von Nutzen und Risiken der grünen Biotechnologie,
- das Angebot von Produkten der grünen Biotechnologie, die mit nachvollziehbaren Nutzeffekten für den Verbraucher verbunden sind, und
- die allmähliche Ermüdung des gentechnischen Protests im öffentlichen Diskurs.

Wie in dem in Kapitel 3.4 zitierten Beispiel der Eisenbahn angedeutet, gibt es keinen systematischen Grund, warum sich nicht langfristig ein alltäglicher und vertrauter Umgang mit Produkten der grünen Gentechnik einspielen können soll, falls in der Praxis im Normalfall die weitgehend gefahrlose Nutzbarkeit gentechnischer Verfahren unterstellt werden kann. Ein gravierender, der grünen Biotechnologie zugeschriebener Unfall dürfte (aufgrund der voraussichtlich nur eingeschränkten Beherrschbarkeit seiner ökologischen Folgewirkungen) eine solche Entwicklung allerdings für längere Zeit verhindern.

5.6 Akteurkonstellation und Netzwerkbildung: von einer Beutegemeinschaft zum Innovationsnetzwerk

Nachdem in Kapitel 4.1 Akteurkonstellation und Netzwerkbildung von InnoPlanta beschrieben wurden, sollen an dieser Stelle deren markante Züge verdeutlicht und der erreichte Grad sowie die Erfolgsaussichten der Netzwerkbildung erörtert werden.

Auf der Ebene von Personen besteht die Akteurkonstellation aus einem inneren Kreis von inzwischen 10 bis 15 bis auf eine Ausnahme männlichen Personen, die maßgebliche Positionen in ihren jeweiligen (wissenschaftlichen, wirtschaftlichen oder politischen) Institutionen innehaben. Gerade auch aufgrund dieser ihrer Funktionsrollen sind sie als eine Zweckgemeinschaft bemüht, ihre durchaus auch unterschiedlichen, mit eigenen Profilierungsinteressen verbundenen, auf die Pflanzenbiotechnologie bezogenen Anliegen (Akquisition von FE-Mitteln, wirtschaftspolitische Profilierung, Schaffung von Bildungsinfrastruktur und Ausbildungsgängen, Positionsstärkung) mithilfe von InnoPlanta als einem infolge des InnoRegio-Programms etablierten und mit beträchtlichen öffentlichen Fördergeldern geförderten Verein durchzusetzen. Aufgrund ihrer Positionen verfügen sie damit typischerweise wie beschrieben über eine gewisse Durchsetzungsmacht, jedoch über relativ wenig Zeit und nur eingeschränkte fallspezifische Fachkompetenz, um substanzielle Strategien und Förderanliegen von InnoPlanta kontrovers erörtern und entscheiden zu können. Während noch eine Reihe weiterer stärker involvierter Personen existieren[30], sind und erfahren sich demgegenüber die Personen, die vor allem über ihre Institutionen als juristische Mitglieder mit InnoPlanta verbunden sind, in die diesbezüglichen Willensbildungs- und Entscheidungsprozesse überwiegend als nur marginal einbezogen.[31] Daher konnten auch dem inneren Kreis angehörige Wissenschaftsmanager eher die Befürwortung der Förderung ihrer Vorhaben zu erreichen und vermochten seine primär politischen Promotoren (Schrader, Wilke, jüngst Katzek) eine (intern keineswegs unumstrittene) klare Positionierung von InnoPlanta zugunsten der grünen Gentechnik durchzusetzen. Die Verknüpfung spezifischer Interessenlagen mit bestimmten Machtpositionen innerhalb von InnoPlanta schlägt sich somit relativ gut nachvollziehbar in entsprechenden Entscheidungen und programmatischen Vorgaben nieder, innerhalb derer eine vergleichsweise hohe Kooperationsbereitschaft besteht.

Auf der Ebene vor allem korporativer Akteure zeichnet sich die Akteurkonstellation aus durch eine klare Verankerung in der Region, ein anhaltendes Engagement seiner Promotoren, die Zugehörigkeit interessierter Dienstleister, Banken und öffentlicher Verwaltung, die Unterstützung seitens politischer (Förder-)Instanzen, eine vorsichtige Unterstützung seitens der Landwirtschaft und die weitgehende Abwesenheit von Gegenspielern, aber auch von Global Playern in der Agrar-, Ernährungs- und speziell Biotechnologieindustrie.

Das für die Entwicklung eines Netzwerks notwendige Engagement seiner Mitglieder und Förderer bedarf entsprechender Interessenkopplungen; denn ohne diese bringt ein solches Engagement dem betreffenden Akteur wenig Nutzen. Bei InnoPlanta stimmen zum einen das wissenschaftliche oder wirtschaftliche Eigeninteresse der an den Projekten beteiligten Institutionen und Personen mit dem Interesse des Netzwerks an erfolgreichen Projekten überein; etwas weniger gilt dies für sein Interesse an Projektpartnern aus unterschiedlichen Bereichen und an der Verzahnung verschiedener Projekte. Das Interesse der Förderinstanzen BMBF und PTJ als auch der im InnoPlanta-Kapital-Netzwerk organisierten Wagniskapital-Geber an Vernetzung von in der Pflanzenbiotechnologie tätigen Akteuren und an marktfähigen innovativen Produkten bzw. Verfahren geht zum anderen gleichfalls mit dem Netzwerkinteresse von InnoPlanta konform, eine stärkere Vernetzung von Projektbearbeitern zu erreichen, sodass innovative marktrelevante Projekte in der Pflanzenbiotechnologie durchgeführt werden (können).

---

[30] Dazu gehören z.B. die Mitglieder des Wissenschaftlichen Beirats von InnoPlanta oder die Leiter von in FE-Projekten kooperierenden Wirtschaftsunternehmen.

[31] Entsprechend gehört InnoPlanta zu den InnoRegios mit weniger offenen Kommunikationsstrukturen (vgl. Müller et al. 2002).

Was den Grad und die Erfolgsaussichten der Netzwerkbildung bei InnoPlanta anbelangt, so lässt sich im Lichte der Ausführungen in Kapitel 2.2 festhalten:

Es hat eine Entwicklung von einer Antragskoalition regionaler Promotoren mit teils langjährigen Kontakten im InnoRegio-Wettbewerb über eine Verteilung und Verteilungskampf organisierenden Beutegemeinschaft zu einem zunehmend durchorganisierten Innovationsverbund hin gegeben, der sich als ein Netzwerk präsentiert (vgl. Inno-Planta 2001) und auch vermehrt als ein organisatorisches Innovationsnetzwerk agiert, insofern er organisatorische und Weichen stellende Abstimmungsprozesse realisiert, die die Verfolgung bestimmter pflanzenbiotechnologischer Optionen festlegen.[32] Zentrale Erfolgsfaktoren der Netzwerkorganisation, nämlich klar definierte und transparente Strukturen, effiziente Aufgaben- und Kompetenzverteilung im Netzwerk sowie Offenheit der Netzwerkstrukturen (vgl. Müller et al. 2002), sind annähernd gegeben. Die Netzwerkkommunikation weist einen deutlichen Mehrebenencharakter (formelle Gremien, informelle Diskussion und Absprachen, Projektkommunikation, Außenkontakte, Foren und Seminare) auf und ist geprägt von Schlüsselakteuren, verfügbaren Organisations- und Arbeitsforen, funktionalen und hierarchischen Kontexten, begrenzter Offenheit und überwiegend interner (und nicht professioneller externer) Moderation. Mit der zunehmenden regionalen Etablierung, internen Konsolidierung und einem wachsenden Selbstbewusstsein von InnoPlanta gehen zumindest teilweise eine Erweiterung der Kapazitäten einzelner Akteure, Effizienzvorteile und Synergieeffekte, kollektive Lernprozesse und eine verbesserte Kooperationskompetenz seiner Akteure einher, die alle als typische Nutzeffekte von Innovationsnetzwerken gelten. Allerdings konzentriert sich einerseits das eigentliche Netzwerkmanagement auf den inneren Kreis der qua Position und Zugehörigkeit einflussreichen Personen, während die einzelnen Projektmitarbeiter überwiegend nur projektbezogen und nicht bezogen auf InnoPlanta als Ganzes kooperieren.[33] Andererseits behalten sich die dem InnoPlanta-Kapitalnetzwerk als einer bislang noch vergleichsweise unverbindlichen Assoziation angehörenden, als potenzielle Risikokapitalgeber fungierenden Finanzinstitutionen die eigene Entscheidungskompetenz über die tatsächliche, derzeit eher restriktiv gehandhabte Bereitstellung von Wagniskapital vor. Und schließlich haben sich die korporativen InnoPlanta-Mitglieder sehr zurückhaltend gezeigt, was die Finanzierung und damit längerfristige Absicherung der InnoPlanta-Geschäftsstelle angeht. Somit dürfte die Einstufung von InnoPlanta als Innovationsverbund und – begrenzt – auch als organisatorisches Innovationsnetzwerk am angemessensten sein.

---

[32] Hingegen handelt es sich eindeutig um kein kognitives Innovationsnetzwerk, insofern er kaum durch gemeinsame Arbeitsinhalte geprägt ist und dies auch nicht sein kann.

[33] Ihr primäres Netzwerk ist etwa vorzugsweise ihre jeweilige (subdisziplinäre) scientific community, während sie sich teils über mangelnde Information und Beteiligung an den internen Entscheidungsprozessen von InnoPlanta beklagen.

Was seine Erfolgsaussichten als regionales Innovationsnetzwerk anbelangt, so sind diese als noch unklar, ambivalent und skeptisch einzuschätzen.

1. Die nach Hellmer et al. (1999) erforderlichen unterschiedlichen (politischen, wirtschaftlichen, wissenschaftlichen) Netzwerkbausteine (vgl. Abbildung 2.1) sind mit Einschränkungen vorhanden.

2. Eine kritische Masse an Akteuren mit komplementären Kompetenzen ist im Prinzip vorhanden, die die typischen Nutzeffekte von Innovationsnetzwerken, wie oben aufgeführt, zu generieren vermögen.

3. Es geht InnoPlanta nicht nur um Interessenausgleich unter seinen Mitgliedern, sondern auch um die Organisation von Problemlösungen.

4. Es handelt sich um ein *regionales* Netzwerk.

5. Die bereits benannten wesentlichen Erfolgsbedingungen der Bildung innovativer Netzwerke, nämlich eine gemeinsame Zielsetzung, geeignete Formen der Organisation und Kommunikation, die Leistungsfähigkeit der Akteure, das Vorhandensein von komplementären Kompetenzen und die Fähigkeit, diese in innovative Projekte einzubringen (Eickelpasch et al. 2002), lassen sich bei InnoPlanta ausmachen.

6. Im Vordergrund stehen FE-Vorhaben, die jedoch perspektivisch meist auch die Vermarktung ihrer Ergebnisse als Innovationen anvisieren.

7. Die längerfristige Absicherung seiner ökonomischen Basis erscheint – nach Beendigung der öffentlichen InnoRegio-Anschubfinanzierung – als in mehrfacher Hinsicht prekär: Weder haben sich Global Player signifikant in strategischen Allianzen mit InnoPlanta-Mitgliedern engagiert, noch ist bislang Wagniskapital in der Praxis relativ problemlos verfügbar, noch ist eine stärkere, über konkrete FE-Projekte hinausgehende Bereitschaft seiner Mitglieder zu einem finanziellen Engagement erkennbar. Schließlich dürfte die (angestrebte) Finanzierung der Geschäftsstelle durch die BMD vermutlich die Unabhängigkeit InnoPlantas beeinträchtigen, frei über seine pflanzenbiotechnologischen Forschungs- und Marktstrategien zu entscheiden.

8. InnoPlanta hat wahrscheinlich nur dann mittelfristig eine Chance, sich als Innovationsnetzwerk zu stabilisieren, wenn manche seiner FE-Projekte in nicht allzu ferner Zukunft in einer wirtschaftlich gewinnbringenden Marktdurchdringung münden. Aber auch in solchen Erfolgsfällen ist dies keineswegs gesichert, weil durchaus die Möglichkeit besteht, dass ebendiese lediglich den direkt am Projekt beteiligten Akteuren zugerechnet werden und allein ihnen zugute kommen.

9. Falls sich InnoPlanta ersichtlich als Proponent der grünen Gentechnik positioniert und die diesbezügliche gesellschaftspolitische Kontroverse in den kommenden Jahren (noch) nicht abebbt, dann ist die Tragfähigkeit von InnoPlanta als Innovationsnetzwerk voraussichtlich gefährdet, selbst wenn er sich unter solchen Umständen zu einem „eingeschworenen Verein" entwickeln sollte.

10. Denn gerade dann ist verstärkt mit Lock-in-Effekten und Phänomenen des Netzwerkversagens zu rechnen, wie kognitiven Blockierungen und Ingroup-Verhalten, kontraproduktiven Entscheidungen, dem Beharren auf eingeschlagenen Entwicklungspfaden, der Vorrangigkeit von Macht gegenüber Vertrauen in Netzwerkbeziehungen, einem zugespitzten Spannungsverhältnis von Konflikt und Kooperation, oder vermehrter Externalisierung von Binnenproblemen (vgl. Messner 1995).

Demnach besteht für InnoPlanta zwar durchaus die Chance, jedoch mitnichten bereits eine hohe Wahrscheinlichkeit, ein stabiles regionales Innovationsnetzwerk zu werden. Wie in den Kapiteln 2.2 und 4.1 festgehalten, sind Netzwerke keine Selbstläufer. Ihre Innovationskraft wird maßgeblich von der (meist variierenden) Qualität der Managementfähigkeiten der Führungspositionen bestimmt. Sie bedürfen gelingender Koordination, um ihre Aktivitäten zu verknüpfen. Und ihre Entwicklung ist durch die ihnen innewohnende Dynamik und Komplexität nur schwer planbar.

Ob sich InnoPlanta als ein im Erfolgsfall zukünftig konsolidiertes Innovationsnetzwerk darüber hinaus mittel- und längerfristig zu einem (Element in einem) pflanzenbiotechnologischen Cluster entwickeln könnte, hängt von der Erfüllung von dessen in Kapitel 2.2 beschriebenen maßgeblichen Voraussetzungen ab. Die branchenspezifischen Voraussetzungen (Akkumulation von Humankapital, Firmenneugründungen, Innovationen, Synergien, Risikokapitalgeber) sind bislang nur ansatzweise erfüllt. Mit einer Marktöffnung und Marktexpansion wird in der Pflanzenbiotechnologie durchaus gerechnet (vgl. Menrad et al. 1999), sie scheint jedoch insbesondere im Bereich der grünen Gentechnik noch keineswegs gesichert. Regionales Unternehmertum und Netzwerke existieren, allerdings bislang erst in einem noch recht rudimentären Maß. Regionale Randbedingungen, wie Ausbildungseinrichtungen, Forschungseinrichtungen, günstige Bedingungen für Firmenneugründungen und Innovationsfähigkeit der Bevölkerung, sind ebenfalls nur partiell und ansatzweise gegeben. Von daher ist die zukünftige Herausbildung eines (politisch durchaus erwünschten) Clusters in der Pflanzenbiotechnologie zwar möglich, aber derzeit noch durchaus fraglich.

5.7 Orientierungs- und Denkmuster der Akteure und ihre Folgen

Was vorherrschende Denkmuster und Problemsichten der InnoPlanta-Akteure angeht, wurden diese in Kapitel 4.1 aufgelistet. Dabei ist in Rechnung zu stellen, dass diese je nach Person und deren institutioneller Zugehörigkeit durchaus variieren und dass diese aufgrund der geführten Fachgespräche und der Äußerungen maßgeblicher Personen in Veranstaltungen und Sitzungen nur indirekt erschlossen, jedoch nicht eigens erhoben wurden. In diesem Teilkapitel werden zum einen die Orientierungs- und Denkmuster der Akteure in ihren Grundzügen und ihren Varianzen unter Berücksichtigung von deren Interessenlagen resümiert und zum andern die sich hieraus voraussichtlich ergebenden Folgen für InnoPlanta aufgezeigt.[34]

Die qua Ausbildung und Profession vorwiegend naturwissenschaftlich und ökonomisch geprägten Denkweisen der meisten InnoPlanta-Mitglieder gehen mehr oder minder einher mit einem sachbezogenen beruflichen Engagement und einer pragmatisch-selbstverständlichen Haltung zur Nutzung gentechnischer Methoden. Diese Orientierungsmuster korrelieren – in unterschiedlichem Maße – mit einer positiven Einstellung zum gesellschaftlichen Potenzial von Pflanzenbiotechnologie und grüner Gentechnik und mit persönlichen Schwierigkeiten, teils auch mit Widerwillen, die Anliegen von Kritikern der Gentechnik und die mehrheitlich skeptische Haltung der deutschen Bevölkerung zu verstehen und zu respektieren. Partiell geht damit auch eine Abneigung einher, sich mit diesbezüglichen, den eigenen Erklärungsmustern zuwiderlaufenden sozialwissenschaftlichen Erklärungen unvoreingenommen auseinanderzusetzen.[35] Varianzen werden, wie nachfolgend erläutert, insbesondere im Zusammenhang mit bereits institutionell bedingten unterschiedlichen Interessenlagen deutlich.

Den auf die politische Durch- und Umsetzung der grünen Gentechnik setzenden und sich diesbezüglich längerfristig professionell engagierenden Promotoren der Pflanzenbiotechnologie in Sachsen-Anhalt wie Schrader oder Katzek geht es um die Durchsetzung ihrer Interessen im Alltag politischer Auseinandersetzung, Politikformulierung und Programmimplementation. Dabei erfüllen (Sach-)Argumente für sie primär die Aufgabe, die eigene Position zu legitimieren und zu stärken, weniger involvierte und skeptischere Akteure zu überzeugen und Gegenpositionen zu diskreditieren, und soziale Diskurse dienen ihnen vorrangig als Medium von PR-Strategien und nicht der auch möglichen selbstkritischen Reflexion eigener Vorstellungen.

Die im Forschungsmanagement wissenschaftlicher Einrichtungen beruflich aktiven Promotoren der Pflanzenbiotechnologie sind vor allem an der Akquisition ausreichender Fördermittel interessiert und vom grundsätzlichen Nutzen der grünen Gentechnik überzeugt. Diesbezügliche politische Kontroversen und Entscheidungen, die FE-Vorhaben ihrer Institutionen verzögern, erschweren oder gar blockieren, können bei ihnen mit der Zeit auch sarkastische und partiell resignative Haltungen im Rahmen ihres beruflich erforderlichen Engagements befördern. Jenseits institutspolitischer Interessenlagen besteht durchaus eine gewisse, qua wissenschaftlicher Sozialisation geförderte Offenheit für den kritischen Austausch von Argumenten und die begrenzte Revision eigener Urteile.

---

[34] Die Orientierungsmuster und Interessenlagen externer, für InnoPlanta relevanter Akteure wie z.B. von BMBF oder PTJ wurden im Kern in vorangehenden Kapiteln dargestellt.

[35] Dem häufig durchaus bestehenden ernsthaften Interesse an nachvollziehbaren Erklärungen gesellschaftlicher Inakzeptanzen von grüner Gentechnik steht die (unbewusste emotionale) Abwehr von solchen (sozialwissenschaftlichen) Erklärungsmodellen entgegen, die sowohl eigenen Deutungsmustern widersprechen als auch gedanklich erst einmal schwer nachvollziehbar sind, weil sie eigenen Denkweisen fremd sind und damit nicht leicht an diese anschließen können.

Weitere wissenschaftliche und wirtschaftliche Akteure, die eigene FE-Projekte im Rahmen von InnoPlanta durchführen und zwar nicht dem inneren Kreis dieses Netzwerks angehören, aber in ihm aktiv sind, schätzen die (wirtschaftlichen) Anwendungsmöglichkeiten der grünen Gentechnik als auch die mittelfristige Tragfähigkeit von InnoPlanta eher pragmatisch und differenziert ein und beurteilen in Bezug auf diesen inneren Kreis von Vorstand und Geschäftsstelle sowohl die fachliche Solidität der Diskussion, die Beteiligung der Mitglieder an der Entscheidungsfindung als auch die zunehmende Fokussierung auf und angestrebte Profilierung von InnoPlanta über die grüne Gentechnik teilweise durchaus kritisch. Ihre Orientierungs- und Denkmuster dürften schon aus organisationssoziologischen Gründen für InnoPlanta aber zumindest solange nicht repräsentativ werden, wie dessen bisher und derzeit verfolgte Strategie nicht offensichtlich scheitert.

Die übrigen, über die Mitarbeit in einem entsprechenden FE-Projekt ihrer jeweiligen Institution in InnoPlanta eingebundenen Personen sind nicht (aktiv) mit seiner Strategieformulierung und Geschäftspolitik befasst, grundsätzlich von der Nutzung gentechnischer Methoden in der Pflanzenbiotechnologie überzeugt und u.a. aus arbeitsökonomischen Gründen nur eingeschränkt an einer substanziellen Auseinandersetzung mit dem Für und Wider der grünen Gentechnik in sozialen Diskursen interessiert.[36]

Insofern das Ausmaß der emotionalen Besetzung von und der Identifizierung mit bestimmten Einstellungen die aus ihnen resultierenden Handlungsprioritäten, Verhaltensorientierungen und Interaktionsformen maßgeblich mitbestimmt, sind die zu beobachtenden, jeweils nach Akteurgruppe unterschiedlichen emotional besetzten Konfliktlinien von Interesse. Die primär im politischen Prozess verankerten Personen empfinden gentechnikkritische Akteure wie Greenpeace und die politischen Regulierungsinstanzen wie BMVEL und BMU als ihre Hauptkontrahenten, obwohl InnoPlanta von deren Handeln bislang mehr indirekt über den öffentlichen Gentechnik-Diskurs und allgemeine Regulierungen als in Form direkter Auseinandersetzungen betroffen war. Darüber hinaus spielten die Auseinandersetzungen mit PTJ um die Projektbewilligungsmodalitäten eine gewisse Rolle. Für die Instituts- und Betriebsleiter und Forschungsmanager steht der als unvermeidbar perzipierte Verteilungskampf um die verfügbaren Fördermittel im Vordergrund.[37] Daneben sind/waren in unterschiedlichem Ausmaß Gentechnik-Kritiker und der Projektträger emotional besetzte Kontrahenten. Für weniger involvierte (wissenschaftliche) Mitarbeiter spielen all diese drei Konfliktlinien im Fall persönlicher Betroffenheit eine gewisse Rolle, sind jedoch im Allgemei-

---

[36] Diese Aussage hat allerdings nur tentativen Charakter, insofern ihre Evidenzen von kursorischer Natur sind.

[37] Erinnert sei an das Zitat eines Hauptakteurs von InnoPlanta: „Die Meute streitet sich um die Beute." Für die Stärke der emotionalen Besetzung dieser Verteilungskonflikte dürften in erster Linie die Nichtbewilligung eigener Projektanträge und die wahrgenommene Fairness bei der Evaluation der Projektanträge innerhalb von InnoPlanta ausschlaggebend sein.

nen weniger stark emotional besetzt.[38] Kennzeichnend ist nun, dass mit dem Abflauen der Mittelkonflikte mit dem Projektträger und der Verteilungskonflikte um die Fördermittel die subjektive emotionale Besetzung dieser Konflikte zumeist ebenfalls zurückgeht und verschwindet, weil es sich formal um prinzipiell lösbare Konflikttypen handelt. Dagegen bleibt die negative emotionale Besetzung von Gentechnik-Kritikern relativ unverändert, obgleich InnoPlanta mit ihnen bislang keine realen Konflikte auszufechten hatte, weil es sich tendenziell um einen Wertekonflikt handelt, in dem grundlegende, für die beteiligten Akteure nicht zur Disposition stehende Werte tangiert sind (vgl. zu unterschiedlichen Konflikttypen Efinger et al. 1988, Müller 1991, Senghaas 1994, Zürn et al. 1990).

Insofern Wahrnehmungsmuster und Einstellungen soziale Prozesse maßgeblich prägen, was etwa im bereits zitierten Thomas-Theorem deutlich wird, ist im Hinblick auf die Perspektiven von InnoPlanta ceteris paribus nach den vermutlichen Folgen der hier zusammengefassten Orientierungs- und Denkmuster seiner Akteure zu fragen, wobei wiederum die grüne Gentechnik im Vordergrund steht. Hier erscheinen folgende Gesichtspunkte von Bedeutung:

Was die erfolgreiche wissenschaftlich-technische Durchführung der FE-Vorhaben von InnoPlanta angeht, dürften sich diese Orientierungs- und Denkmuster im Allgemeinen positiv auswirken.

Was den psychologischen Zusammenhalt von InnoPlanta anbelangt, dürften sie ambivalent wirken, indem einerseits durchgängig eine grundsätzliche Bejahung grüner Gentechnik besteht, andererseits die partizipative Einbindung der Mitglieder zu wünschen übrig lässt und die teilweise differenzierteren Deutungsmuster mancher Mitglieder infolgedessen nicht zum Tragen kommen.

Mit der anvisierten Profilierung durch grüne Gentechnik wird die zwangsläufige Einbeziehung von InnoPlanta in die Gentechnik-Kontroverse wahrscheinlich. Hier dürfte sich die Präferenz für PR-orientierte Kommunikationsstrategien zur Akzeptanzgewinnung bei mangelhafter Dialogfähigkeit gerade des inneren Kreises vermutlich kontraproduktiv auswirken und mit Enttäuschungen und weiterer Verhärtung stereotyper Wahrnehmungen verbunden sein, zumindest solange gentechnischer Protest und soziale Ablehnung von Genfood gesellschaftlich bedeutsam bleiben. Eine Vorgehensweise, die auf der machtpolitischen Durchsetzung pflanzengentechnischer Vorhaben, unbedingtem Festhalten propagierter Positionen und mangelndem genuinen Respekt vor andere Auffassungen vertretenden Akteuren basiert, impliziert insbesondere aufgrund ihrer – infolge des prozeduralen Beziehungsaspekts solcher Kommunikationsstrategien (vgl. Schulz von Thun 1981) – konfliktverschärfenden Tendenz ein steigen-

---

[38] Bei dieser Einschätzung ist zu berücksichtigen, dass andere Konflikte, wie z.B. betriebsinterne Auseinandersetzungen oder außerberufliche Konflikte, durchaus eine größere emotionale Bedeutung für einzelne InnoPlanta-Akteure haben können als die hier benannten, mit InnoPlanta verbundenen Konflikte.

des Risiko für die Marktfähigkeit der Produkte und die Lebensfähigkeit des InnoPlanta-Netzwerks, gerade wenn es sich nicht nur als eine verschworene Gemeinschaft versteht will, die nach ihrem Selbstverständnis vor Ort allein über zutreffende Sachkenntnisse verfügt.

In Bezug auf die grüne Gentechnik ist der Einfluss spezifischer persönlicher Denkmuster und Einstellungen von InnoPlanta-Akteuren letztlich dennoch als relativ begrenzt einzuschätzen, weil deren Durchsetzung weitgehend von den Global Playern vor allem in Agrochemie, Futtermittelindustrie und Nahrungsmittelindustrie bestimmt und entschieden wird und sich damit de facto unabhängig von solchen regionalen Orientierungs- und Denkmustern vollzieht. Hierbei sind die Aussichten der ersten Generation transgener Pflanzen angesichts weltweit bereits relativ fortgeschrittener Realisierung als vergleichsweise günstig und die der zweiten und dritten Generation angesichts technischer, wirtschaftlicher und teils vorläufig anhaltender Akzeptanzprobleme als zumindest in absehbarer Zukunft fragwürdig einzuordnen. Günstiger sieht es teilweise für den Nonfood-Bereich aus, wobei die Wirtschaftlichkeit diesbezüglicher (zukünftiger) Produkte allerdings des Öfteren, z.B. bei der energetischen Nutzung von Biomasse, nur aufgrund öffentlicher Subventionen gegeben ist.

Für die (wirtschaftliche) Tragfähigkeit von InnoPlanta – unabhängig von Produkten der grünen Gentechnik – dürften sich das Ziel von und der Glaube an ein regionales Zentrum der Pflanzenbiotechnologie insofern sozialpsychologisch stabilisierend auswirken, als dadurch – angesichts einer zurzeit als eher ungünstig und von daher demotivierend einzustufenden allgemeinen sozioökonomischen Lage Sachsen-Anhalts – das hierfür notwendige Durchhaltevermögen gestützt wird.

5.8 Interessenlagen, Konflikttypen und Situationsstruktur

In diesem Teilkapitel werden eher auf der Mesoebene angesiedelte Determinanten der Optionen und Handlungsspielräume von InnoPlanta resümiert, nachdem in den Kapiteln 5.1 bis 5.5 primär auf der Makroebene und in den Kapiteln 5.6 bis 5.7 überwiegend auf der Mikroebene wirksame Determinanten erörtert wurden. Dabei werden relevante Interessenlagen der Akteure, Konfliktkonstellationen, situative Bedingungen, Zufallsereignisse und die Bedeutsamkeit bestimmter Individuen jenseits ihrer Rollenfunktion aufgeführt, weil ebendiese Gegebenheiten typischerweise signifikanten Einfluss auf den Werdegang einer Organisation oder eines Netzwerks haben, der im konkreten Einzelfall allerdings jeweils zu überprüfen und zu spezifizieren ist. Diese Determinanten sind also darzustellen und – im Zusammenspiel mit den übrigen Determinanten – auf Stärke und Richtung ihrer Wirkung auf InnoPlantas Entwicklungspfad zu befragen.

Die Handlungsrelevanz von Interessenlagen kann gemeinhin unterstellt werden, ohne dass sie konkretes Handeln bereits determinieren, insofern hierfür auch noch andere, u.a. situative Bedingungen verantwortlich sind. Für die mit InnoPlanta verbundenen Akteure lassen sich in einer etwas differenzierteren Perspektive folgende diesbezügliche Interessenlagen festhalten.

Wissenschaftliche Einrichtungen und (in ihnen tätige) Wissenschaftler verfolgen vorrangig spezifische (für ihre Entwicklung und Karriere vorteilhafte) FE-Projekte und bemühen sich um die Finanzierung derselben. In diesem Rahmen haben sie ein Interesse, angesichts knapper verfügbarer Mittel gegenüber konkurrierenden Projektanträgen und Antragstellern den Zuschlag zu erhalten, ihre Entdeckungen vermehrt patentieren zu lassen, an der Verfügbarkeit qualifizierten Forschungspersonals, am Zugang zu (projekt-)relevanten Informationen, am Austausch mit in verwandten Gebieten aktiven Personen und Institutionen, teilweise (mittelfristig) an der Kooperation mit Saatzüchtern und im günstigen Fall an in vermarktbare Produkte oder Verfahren mündenden Projektergebnissen, sowie nach Möglichkeit an die Einbettung ihrer Forschung in einen prosperierenden und dynamischen regionalen Cluster.

Saatzucht-Unternehmen haben ein Interesse an züchterisch interessanten Ergebnissen der FE-Projekte, an einer darauf bezogenen Kooperation mit Forschern im Bereich der Pflanzenbiotechnologie, an einer diesbezüglichen Priorität ihres Unternehmens gegenüber anderen potenziellen Kooperationspartnern im Saatzuchtbereich, in diesem Zusammenhang an der Verfügbarkeit zusätzlicher (öffentlicher) Mittel, an der Zulässigkeit und rechtlichen Abgesichertheit der Nutzung und Vermarktung gentechnisch veränderter Pflanzen, an der Vermeidung insbesondere von sie direkt betreffenden Protestaktionen und Auseinandersetzungen bei Feldversuchen, und natürlich grundsätzlich an ihrer Wettbewerbsfähigkeit auf dem Weltmarkt und in der Region.

Industrieunternehmen im weiteren Umfeld der Pflanzenbiotechnologie haben ein generelles Interesse an mit ihren unternehmerischen Innovationsstrategien kompatiblen Kooperationen mit wissenschaftlichen Einrichtungen, an dadurch verfügbaren zusätzlichen Fördermitteln, am damit verbundenen (leichteren) Zugang zu den (vermarktbaren) Ergebnissen wissenschaftlicher Forschung, sowie an einer unbürokratischen Abwicklung solcher Kooperationsprojekte und an der Vermeidung von Zulassungs- und Regulierungsproblemen bei der Entwicklung und Vermarktung neuer pflanzenbiotechnologischer Produkte oder Verfahren.

Biotech-Start-ups im Speziellen haben ein ausgeprägtes Interesse an einer großzügigen Anschubfinanzierung und der Verfügbarkeit von Wagniskapital, an wissenschaftlichen Kooperationspartnern, an Kooperationen und Allianzen mit Global Playern, an Forschungsdurchbrüchen mit erfolgreichen marktfähigen Projektergebnissen, an möglichst wenig restriktiven Regulierungen der (grünen) Gentechnik und an der Vermeidung von sie betreffendem gentechnischen Protest.

Dienstleister haben an InnoPlanta insofern ein Interesse, als sich dadurch für sie ein zusätzlicher Absatzmarkt für diverse Felder der Unternehmensberatung, für Messinstrumente und für Infrastrukturbedarf, etwa im 2004 beginnenden Bau des Bioparks Gatersleben eröffnet.[39]

Wie in den Kapiteln 4.1 und 5.6 beschrieben, haben die dem InnoPlanta-Kapitalnetzwerk angehörenden Risikokapitalgeber ein Interesse an überdurchschnittlichen Renditen, an hohen Erfolgschancen der durch sie finanzierten Vorhaben, an der Kontrolle über den Abfluss von Wagniskapital, und gegebenenfalls darüber hinaus an der Vergabe konventioneller (Bank-)Kredite.

InnoPlanta als ein als Verein organisierter Innovationsverbund hat demgegenüber ein Eigeninteresse an seinem Fortbestand, Konsolidierung und Wachstum, am (auch finanziellen) Engagement seiner Mitglieder, an der in seinem Rahmen erfolgreichen Entwicklung marktfähiger pflanzenbiotechnologischer Produkte und Verfahren, an einem für Wissenschaft, Wirtschaft und Politik förderungswürdigen und (langfristig) profitablen Projekt-Portfolio, an Bedeutungsgewinn durch die Mitgliedschaft und Mitwirkung von industriellen Unternehmen, an Imagegewinn, an interner Konsens- und Strategiefähigkeit, an der Sicherung der Finanzierung seiner Geschäftsstelle, sowie grundsätzlich an seiner Entwicklung zu einem echten Innovationsnetzwerk.

Die nationale Förderpolitik bezweckt speziell mit dem InnoRegio-Programm in Ostdeutschland eine Anschubfinanzierung zum Anstoß einer baldmöglichen selbsttragenden Innovationsdynamik, die Vernetzung regionaler Akteure, die Kontrolle von Projektauswahl und -durchführung, eine effiziente Nutzung der Fördermittel sowie die erfolgreiche Durchführung der geförderten FE-Projekte, deren Ergebnisse durch die kooperierenden und sich finanziell beteiligenden Unternehmen möglichst bald vermarktet werden sollen. Darüber hinaus hat der verantwortliche Projektträger ein Interesse am Nachweis seiner Daseinsberechtigung.

Die Landespolitik und politische Verwaltung haben ein Interesse an der (gezielten) Förderung der (Pflanzen-)Biotechnologie als Schlüsseltechnologie, die in erster Linie zu regionaler Wertschöpfung, Konkurrenzfähigkeit, Unternehmensgründungen und der Schaffung von Arbeitsplätzen beitragen soll, an der zusätzlichen Verfügbarkeit von Bundesmitteln, am Beitrag der pflanzenbiotechnologischen Aktivitäten zur Wirtschaftskraft vor Ort mit daraus resultierendem Imagegewinn, und an ihrer Profilierung als Gestalter einer erfolgreichen Regierungspolitik.

Die Global Player (im Bereich der Agrochemie) haben ein grundsätzliches Interesse an den Ergebnissen von interessanten, öffentlich finanzierten Grundlagenprojekten, die sie über Kooperationsabkommen (preiswert) nützen können, vor allem wenn sie dadurch ihre eigene Position festigen und Wettbewerbsvorteile erlangen können. Auf-

---

[39] Beim Biopark Gatersleben handelt es sich zwar um kein InnoPlanta-Vorhaben, er hängt jedoch mit den Aktivitäten des Netzwerks zusammen.

grund der (nach eigener Einschätzung) fraglichen Profitabilität genetisch veränderter Nutzpflanzen der zweiten und dritten Generation der grünen Gentechnik macht ihre Zurückhaltung bei eigenen FE-Investitionen und damit ihr Interesse an der interessierten Beobachtung von Ergebnissen der FE-Vorhaben von wissenschaftlichen Instituten und Biotech-Start-ups besonders einleuchtend.

Angesichts dieser Interessenlagen ist plausibel, dass sie überwiegend in die Richtung einer nach Möglichkeit erfolgreichen Durchführung der FE-Projekte von Inno-Planta wirken. Hingegen fördern sie deren kostenträchtige Fortführung zwecks Entwicklung marktfähiger pflanzenbiotechnologischer Produkte und Verfahren trotz sich diesbezüglich entwickelnder vested interests aufgrund unzureichend verfügbaren Risikokapitals, eingeschränkter öffentlicher Weiterfinanzierung und allenfalls vorsichtigen Engagements von Global Playern nicht unbedingt.

Konflikte, die häufig, aber keineswegs nur aus gegenläufigen Interessenlagen resultieren, und ihre Austragungsmodi und Ergebnisse strukturieren ebenfalls maßgeblich die Entwicklung sozialer Gebilde.[40] Je nach Konflikttyp bestehen unterschiedliche Möglichkeiten der Konfliktlösung und Chancen der kooperativen Konfliktbearbeitung. Konsensuale Konflikte resultieren aus einer Mangelsituation, in der alle Beteiligten dasselbe wollen, aber nicht genug für alle vorhanden ist. Dabei geht es in Interessenkonflikten um absolut bestimmte Güter um solche Güter, deren Wert unabhängig davon ist, wie viel andere von ihm besitzen (z.B. Grundbedürfnisse wie ausreichende Nahrung oder sauberes Wasser). Interessenkonflikte um relativ bestimmte Güter entspringen daraus, dass ein Akteur mehr von ihnen besitzt als andere, was seine Machtposition tendenziell stärkt. Dissensuale Konflikte beruhen auf einem Dissens über den normativen oder empirischen Status eines strittigen Objekts. Wertekonflikte bestehen dann, wenn mindestens zwei Akteure unvereinbare Positionen über ein anzustrebendes Ziel einnehmen. Bei Mittelkonflikten hingegen liegt der Dissens im Weg zur Erreichung eines gemeinsamen Ziels. Theoretisch zu erwarten und empirisch vielfach bestätigt ist nun folgende Rangfolge in der kooperativen Bearbeitbarkeit dieser Konflikttypen: Interessenkonflikt über absolut bewertete Güter, Mittelkonflikt, Interessenkonflikt über relativ bewertete Güter, Wertekonflikt (vgl. z.B. Efinger et al. 1988, Efinger/Zürn 1990, Müller 1991, Rittberger/Zürn 1990, Zürn et al. 1990). Diese absteigende Rangfolge ergibt sich grob daraus, dass die emotionale Zentralität und Wertigkeit des Konfliktgegenstands und die Unvereinbarkeit der Positionen in ihr tendenziell zunehmen, und die Teilbarkeit der angestrebten Güter/Werte und die bei Kooperation im

---

40 „Einer groben Einteilung folgend können soziale Gebilde in Aggregate, Märkte, kollektive Akteure, soziale Beziehungen, einfache Sozialsysteme, Gruppen, Organisationen, korporative Akteure und Gesellschaften unterschieden werden." (Esser 1999: 86)

Vergleich mit Defektion gegebenen Auszahlungswerte in der spieltheoretischen Auszahlungsmatrix tendenziell abnehmen.

Als (potenzielle) InnoPlanta betreffende Konfliktkonstellationen lassen sich etwa die folgenden ausmachen, die im Wesentlichen Konflikte um (finanzielle) Ressourcen, um Entscheidungskompetenzen und -modalitäten, um Forschungsprioritäten und um die grüne Gentechnik allgemein betreffen:

Verteilungskonflikte um Fördermittel: diese Konflikte sind/waren bedeutsam, Konfliktparteien sind die Antragsteller und die (internen) Bewilligungsgremien (Wissenschaftlicher Beirat, Vorstand, Fördermanagement-Team), und es handelt sich um einen über prozedurale Verfahren lösbaren Interessenkonflikt um sowohl absolut als auch relativ bestimmte Güter.

Eigenfinanzierungsanteile an FE-Projekten und die finanzielle Beteiligung kooperierender Unternehmen: solche Konflikte spielten eine Rolle, Konfliktparteien waren antragstellende wissenschaftliche Einrichtungen und Industrieunternehmen, Bewilligungsgremien und PTJ, und es handelte sich um einen Interessenkonflikt um absolut und teils relativ bestimmte Güter, der über eine wachsende Eigenmittelquote und ein zurückhaltendes Engagement von Industrieunternehmen reguliert wurde.

Kontrolle über und den Zugang zu Wagniskapital: ein solcher Interessenkonflikt um eher absolut bestimmte Güter blieb bislang latent, Konfliktparteien wären Biotech-Start-ups, InnoPlanta und Wagniskapitalgeber, wobei sich letztere die Entscheidungskompetenz über die Vergabe von Risikokapital auch im Rahmen des IKN vorbehalten haben.

Konflikte zwischen Mitgliedsinstitutionen und InnoPlanta als Netzwerk und koordinierender Verein mit eigener Geschäftsstelle: derartige Konflikte spielen allenfalls auf kleiner Flamme eine Rolle und ergeben sich naturwüchsig aus je individuellen Mitgliederinteressen und teils divergierenden übergeordneten Interessen des Netzwerks respektive Innovationsverbunds. Sie kamen in der mangelnden Bereitschaft der künftigen Finanzierung der Geschäftsstelle durch die Mitglieder und in einer impliziten Beschränkung des hohen Anteils an Fördermitteln zum Ausdruck, die an IPK, BAZ und ihnen nahe stehende Ausgründungen vergeben wurden.

Unzureichende Infrastruktur und fehlende Ausbildungsgänge: bei weitgehendem Konsens über diesbezügliche Defizite und die Notwendigkeit ihrer Verminderung kam es hier zwischen verschiedenen Antragstellern und Bewilligungsgremien allenfalls zu kleineren Mittel- und Verteilungskonflikten um die Konzeption und Einrichtung von Bildungsgängen und -maßnahmen.

Verfahren und Modalitäten der Bewilligung und Zuteilung von Fördermitteln: diesbezügliche prozedurale Konflikte waren bedeutsam, Konfliktparteien waren Antragsteller, Bewilligungsgremien, PTJ und BMBF, und es handelte sich um einen über

Lernprozesse, organisatorische Vorkehrungen und Verhandlungen prozedural gelösten Mittelkonflikt.

Konflikte um Entscheidungskompetenzen in Projektverbünden: solche Mittelkonflikte, bei denen die beteiligten Projektpartner Konfliktparteien sind, spielten – auch aufgrund klarer Kooperationsvereinbarungen zu Projektbeginn – kaum eine Rolle.

Konflikte um die Entscheidungskompetenzen individueller Promotoren: solche Mittelkonflikte spielten in Einzelfällen eine begrenzte Rolle, z.B. bei der Wahl des Inno-Planta-Vorstands oder bei der Begrenzung der Einflussmöglichkeiten von mehrere Funktionsrollen ausübenden Promotoren. Die für die Mehrzahl der Vereinsmitglieder trotz qua Vereinssatzung formell existierenden, jedoch faktisch nur geringen partizipativen Einflussmöglichkeiten waren bislang kein Konfliktgegenstand.

Konflikte um die Durchsetzung spezifischer Forschungsinteressen und -programme: neben den auch hier relevanten benannten Verteilungskonflikten zwischen verschiedenen Antragstellern geht es hier je nach Perspektive um einen Wertekonflikt, einen Mittelkonflikt oder einen Konflikt um absolut bewertete Güter bzw. um eine Kombination dieser Konflikttypen, nämlich zwischen der vorrangigen Wissenschaftsorientierung vieler (insbesondere von IPK und BAZ) beantragter FE-Projekte und deren von PTJ erwünschter und vorgegebener industrieller Anwendungsorientierung, die sich in der Kooperation mit Industrieunternehmen und einer kürzerfristigen Markteinführungsperspektive niederschlagen sollte. Diese Konfliktkonstellation spielte vor allem anfangs eine bedeutsame Rolle und rückte mit der allmählichen Akzeptanz der Förderperspektive und der faktischen Langfristigkeit der Marktfähigkeit der meisten Vorhaben zunehmend in die Latenz.

Konflikte mit der grünen Gentechnik kritisch gegenüberstehenden Umweltverbänden und mit Regulierungsbehörden: hier handelte es sich bislang um im Wesentlichen imaginierte potenzielle Werte- und Mittelkonflikte, die vorrangig den inneren Kreis der Promotoren von InnoPlanta, Saatzüchter, Landwirtschaftsverbände, Landwirte, die Landesregierung von Sachsen-Anhalt, BMVEL und Greenpeace betreffen. Sie sind nur eingeschränkt regulierbar und dürften mit einiger Wahrscheinlichkeit durch die angestrebte Schlüsselstellung von InnoPlanta beim Erprobungsanbau von Bt-Mais virulent werden, gerade weil es dabei nach Beendigung des Moratoriums in der EU aus Sicht der Kontrahenten der Intention nach um die Etablierung des Anbaus gentechnisch veränderter Pflanzen in Deutschland bzw. deren Verhinderung geht und die Skepsis an einer Beteiligung in der Landwirtschaft groß ist.

Insgesamt resultieren aus den skizzierten manifesten und latenten Konfliktkonstellationen überwiegend prozedurale und durch Verhandlung regulierte Konflikte um die Verteilung von Ressourcen und diesbezüglicher Entscheidungskompetenzen, also Konflikte um Mittel und um teils absolut, teils relativ bewertete Güter. Gleichfalls wurden für den (strukturbedingten) Konflikt um Forschungsprioritäten in der Praxis akzeptable Lösungen gefunden. Kritisch ist in erster Linie der in der Vergangenheit vor Ort noch gar nicht aufgetretene Wertekonflikt um die (kommerzielle) Nutzung der grünen Gentechnik zu sehen, mit dessen Ausbruch aufgrund der dezidierten Rolle von InnoPlanta beim Erprobungsanbau von Bt-Mais und seiner Positionierung als Promotor der grünen Gentechnik nunmehr wahrscheinlich zu rechnen ist und dessen Resultate von recht unterschiedlicher Natur sein können.

Situative Bedingungen meinen das Analyseobjekt direkt formende Konfigurationen wie sie betreffende (soeben skizzierte) Konfliktmuster und -linien, Spielsituation (im Sinne der Spieltheorie), Eigendynamik, Akteurkonfiguration, Altlasten (sunk costs), Entscheidungszuständigkeiten und -ebenen, Entscheidungsdruck, Spill-over-Risiken (zum Beispiel für Wirtschaftsbereiche), Politikspiel, -rationalitäten, -verflechtung und -adressaten, intentionale Policy-Orientierung (vgl. Conrad 1992). Dabei geht es um situationsspezifisch vorherrschende Muster und Werte dieser Größen, z.B. hoher oder geringer Entscheidungsdruck, und deren Folgewirkungen auf InnoPlanta. Insgesamt ergibt sich daraus eine bestimmte (spieltheoretische) Situationsstruktur, die sich aus den wichtigsten Akteuren in einem Problemfeld, deren Verhaltensoptionen und deren interaktionsbezogenen Präferenzordnungen zusammensetzt (vgl. Zürn et al. 1990), die hier aber nicht näher bestimmt werden soll. Folgende in dieser Hinsicht inhaltlich relevante Konfigurationen sind insbesondere zu nennen:

In der InnoRegio-Initiative des BMBF wurden zwei Politikprogramme miteinander verknüpft, nämlich die Bildung und Förderung innovativer regionaler Cluster und die Förderung der Wirtschaftskraft und Wettbewerbsfähigkeit der ostdeutschen Bundesländer. Deshalb standen und stehen hier – neben Mitteln der regionalen Wirtschaftsförderung – beträchtliche Fördermittel der Technologiepolitik zur Verfügung, die auf die Entwicklung marktfähiger Produkte und Verfahren in regionalen Innovationsnetzwerken abzielen.

Zugleich traf die InnoRegio-Initiative mit Initiativen der GfW zusammen, die Wirtschaftskraft der untersuchten Region durch gezielte Maßnahmen zur Entwicklung der Pflanzenbiotechnologie als einer regional verankerten Schlüsseltechnologie zu stärken. Von daher bestanden gute Voraussetzungen für die Gründung und den Aufbau eines InnoRegio InnoPlanta, das dann auch Gewinner im InnoRegio-Wettbewerb wurde.

Mit dem IPK Gatersleben als einem nach der deutschen Wiedervereinigung reorganisierten Zentrum für Pflanzengenetik und Kulturpflanzenforschung, der BAZ und einer Reihe von Saatzuchtunternehmen existierten regionale Akteure mit entsprechenden Kompetenzen und Ressourcen, um politisch anvisierte pflanzenbiotechnologische FE-Projekte mit einiger Aussicht auf Erfolg angehen zu können.

Schließlich setzt die Landesregierung von Sachsen-Anhalt zur Verbesserung der ungünstigen Wirtschaftslage dieses Bundeslandes gleichfalls programmatisch auf die

Förderung der Biotechnologie als einer Schlüsseltechnologie, auch hier in der relativ undifferenzierten Überzeugung, mit der verstärkten Förderung bio- und speziell gentechnologischer Entwicklungen würden sich die verfolgten wirtschaftspolitischen Ziele voraussichtlich über kurz oder lang einstellen.

Dabei setzen insbesondere der FDP angehörende oder nahe stehende Akteure auf dieses Pferd, um sich hierüber als rettende wirtschaftspolitische Kraft profilieren zu können, nachdem sich diese von 1998 bis 2002 in der Opposition befand.

Seit langem wird die Biotechnologie von der deutschen Technologiepolitik als Schlüsseltechnologie eingestuft und gefördert, und vor diesem Hintergrund wird auch verstärkt der grünen Gentechnik als ein gegenüber der roten Gentechnik bislang eher vernachlässigtes Feld zum Durchbruch zu helfen versucht.

Neben diesen für die Pflanzenbiotechnologie vorteilhaften situativen Bedingungen in der Politik und der regionalen Akteurkonstellation sind auch das Vorherrschen prozedural auflösbarer Verteilungskonflikte, eine Kooperation eher fördernde Spielsituation und ein wahrgenommener Entscheidungsdruck als in der Tendenz günstige situative Bedingungen anzusehen, während sich bestehende Entscheidungszuständigkeiten und -ebenen nicht negativ auswirken sollten und von keinen signifikanten Altlasten auszugehen ist, die sich auf die Entwicklung von InnoPlanta zu einem Innovationsnetzwerk blockierend auswirken könnten.

Zufallsereignisse sind Ereignisse, die zumindest innerhalb des jeweiligen Handlungs- und Entwicklungszusammenhangs nicht erwartet werden können, z.B. der unerwartete Tod eines maßgeblichen Akteurs, ein folgenreicher Regierungswechsel oder der Ausbruch eines Krieges. Sie können den Werdegang des Untersuchungsobjekts signifikant beeinflussen. Solche chance events können, müssen aber keine Rolle für den von Inno-Planta eingeschlagenen Entwicklungspfad spielen (vgl. Boudon 1984, Brooks 1986, Clark et al. 2001). Ordnet man Ereignisse im Kontext der Pflanzenbiotechnologie, wie das Ende des EU-Moratoriums in Bezug auf die Zulassung gentechnisch veränderter Pflanzen und von (gekennzeichnetem) Genfood in 2004, das Verbot der Aussaat von genetisch veränderten pilzresistenten Apfelbäumen in Dresden-Pillnitz in 2003 oder die Aussaat von genetisch verändertem Weizen und Mais in der Region und diesbezügliche Protestaktionen von Umweltgruppen in 2004, nicht als Zufallsereignisse ein, da sie bei Kenntnis der Sachlage durchaus erwartet werden konnten, so waren Zufallsereignisse für InnoPlanta allenfalls auf der Mikroebene möglicherweise von Bedeutung, z.B. bei Personalauswahl oder eingereichten Projektanträgen, während sie auf der Meso- und Makroebene m.E. bislang keine erkennbare Rolle spielten.

Dass Individuen und personellen Beziehungen ein erhebliches und eigenständiges Gewicht für die Gestaltung und den Verlauf sozialer Prozesse zukommt und dass es für historische Prozesse und Verzweigungspunkte durchaus häufig von Bedeutung ist, dass nicht beliebige, sondern ganz bestimmte Personen entscheidende Schlüsselpositionen innehaben und in ihnen agieren, ist in den Sozialwissenschaften inzwischen common sense: individuals matter. Die Bedeutsamkeit von Individuen jenseits der bloßen Übernahme und Ausübung institutionell vorgegebener Rollen ist sowohl prinzipiell als auch spezifisch gegeben: soziale Prozesse lassen sich weder allein auf System- und Organisationsebene ohne Rückbezug auf Individuen als sie maßgeblich mitbestimmende Akteure erklären noch ist es ohne Belang, welche Personen in einem bestimmten Zusammenhang agieren und entscheiden. Auch wenn extern vorgegebene Verhaltenserfordernisse, wie ökonomische Markt-, Konkurrenz- und Verwertungszwänge, institutionelle und strukturelle Rahmenbedingungen sowie gewachsene und verfestigte Leitorientierungen, Organisationskulturen und Machtstrukturen die Handlungsmöglichkeiten von (ihnen unterworfenen) Individuen begrenzen und präformieren[41], so sind ihre Handlungsprogramme dadurch keineswegs determiniert. Gerade im Rahmen offenerer sozialer Suchprozesse, wie sie für Innovationen typisch und notwendig sind, spielen erstens besonders in den frühen Phasen von Technikgenese und -entwicklung Wissenschaftler, Erfinder und Konstrukteure eine wichtige eigenständige Rolle als Promotoren und Strukturbildner, bewirken zweitens zunächst meist einzelne Wissenschaftler, Forschungsleiter oder Politiker die Befassung mit und Durchsetzung von neuen technologischen Leitorientierungen, entsprechend modifizierten Handlungsprogrammen oder Regulierungserfordernissen einer neuen Technik und hängen drittens erfolgreiche Kooperationsbeziehungen zwischen korporativen Akteuren in hohem Maßen vom gegenseitigen Vertrauen, persönlichen Engagement und Integrationspotenzial der unmittelbar beteiligten Personen ab (Dolata 2003a: 24ff.). Diese Ausführungen machen zugleich auch bereits die systematische Bedeutung von Persönlichkeitsmerkmalen und persönlichen Fähigkeiten und damit der Rolle jeweils bestimmter, im konkreten Fall handelnder Personen deutlich: zwischen ihnen stimmt z.B. die Chemie oder eben nicht.

Von daher wurde zum einen die Entwicklung von InnoPlanta (als Innovationsverbund) in Kapitel 4 gerade auch auf der Mikroebene handelnder Personen rekonstruiert. Wichtiger erscheint es zum anderen aber hervorzuheben, dass bestimmte Personen für die Gründung und Entwicklung von InnoPlanta zweifellos eine entscheidende Rolle spiel(t)en, insofern sein Werdegang mit anderen Personen an derselben Stelle voraussichtlich anders verlaufen wäre, es sei denn sie hätten die gleichen Profilierungsstrategien verfolgt. Ohne das durchaus mit persönlichen Interessen verbundene Engagement

---

[41] „So kann sich beispielsweise ein Pflanzenschutz- und Saatgutunternehmen selbst dann, wenn alle Mitglieder dies aus welchen Gründen auch immer wollten, heute nicht mehr dafür entscheiden, auf gentechnische Forschungs- und Produktionsprojekte zu verzichten, wenn es weiter mitspielen möchte: Die Gefahr wäre zu groß, mittelfristig nicht mehr wettbewerbsfähig zu sein." (Dolata 2003a: 28)

von Nettlau, Leimbach, Rehberger, Schrader und Wilke wären Gründung und InnoRe-gio-Förderung von InnoPlanta weniger wahrscheinlich, allerdings keineswegs ausge-schlossen gewesen. Ohne das Engagement von Nettlau und Schellenberg ständen Akti-vitäten zugunsten verbesserter Ausbildungskonzepte und -gänge bei InnoPlanta ver-mutlich weniger im Vordergrund. Und ohne das zielstrebige Agieren von Schrader und Katzek würde InnoPlanta voraussichtlich keine so maßgebliche Rolle beim Erpro-bungsanbau von Bt-Mais spielen und weniger offensichtlich zugunsten der grünen Gentechnik Position beziehen. Während die beiden erstgenannten Aktionen durchaus maßgeblich zur Etablierung und längerfristigen Festigung von InnoPlanta beigetragen haben dürften, sind die längerfristigen Folgewirkungen der letztgenannten Vorgehens-weise für InnoPlanta angesichts der gesellschaftspolitischen Kontroverse um die grüne Gentechnik noch kaum absehbar.

Zusammenfassend haben sich die hier betrachteten, auf der Mesoebene angesiedelten Determinanten in der Tendenz vermutlich meist vorteilhaft auf die Etablierung und Arbeitsfähigkeit von InnoPlanta ausgewirkt. Für seine zukünftigen Optionen und Handlungsspielräume, wo es um Ergebnisse und Erträge der FE-Projekte geht, gilt dies weniger eindeutig, weil zum einen inzwischen bestimmte, unter Vermarktungsge-sichtspunkten tendenziell in konventionellen Bahnen verlaufende Entwicklungspfade beschritten und damit Pfadabhängigkeiten erzeugt wurden und weil zum anderen so-wohl die erkennbaren Marktperspektiven der zweiten und dritten Generation transge-ner Pflanzen als auch die voraussichtlich mit vermehrten Kontroversen verbundene öffentlichkeitswirksame Positionierung InnoPlantas zugunsten der grünen Gentechnik diesbezügliche Markterfolge zumindest vorerst fraglich erscheinen lassen.

5.9 Eigendynamik und Pfadabhängigkeit

In Kenntnis davon, dass einmal (innerhalb vorgegebener technologischer Paradigmen) eingeschlagene technologische Trajektorien in Verbindung mit daraus resultierenden Eigendynamiken das Spektrum der in Innovationsprozessen offen bleibenden Entwick-lungspfade weitgehend prägen und festlegen (vgl. Nelson/Winter 1982, Dosi 1982, 1988, Dosi/Nelson 1994, Erdmann 1993, Freeman 1992, Sahal 1985), stellt sich die Frage, ob eigendynamische soziale Prozesse (vgl. Mayntz/Nedelmann 1987) bei Inno-Planta eine Rolle spielen und ob sich bereits Pfadabhängigkeiten in seinen FE-Projek-ten zeigen, die seine zukünftige Entwicklung prägen.

Institutionelle Eigendynamiken meinen durch vested interests, sunk costs und sys-tem-, organisations- und gruppenbedingte Trägheiten entstandene und durch zentrale organisationsstrukturelle oder prozessbedingte Interessenlagen stabilisierte selbsttra-

gende Prozesse, die dadurch quasi ein Eigengewicht gewinnen und soziale Prozessmuster aufrechterhalten können. Soziale Prozesse, wie das Modekarussell oder der bürokratische Teufelskreis, lassen sich somit als eigendynamisch bezeichnen, „wenn sie
sich – einmal in Gang gekommen oder ausgelöst – aus sich selbst heraus und ohne
weitere externe Einwirkung weiterbewegen und dadurch ein für sie charakteristisches
Muster produzieren und reproduzieren. Formuliert man diesen Sachverhalt in Bezug
auf die Träger dieser Prozesse, so ließe sich von eigendynamischen Prozessen dann
sprechen, wenn die Akteure die sie antreibenden Motivationen im Prozessverlauf
selbst hervorbringen und verstärken."[42] (Mayntz/Nedelmann 1987: 648f.) Legt man
die strengere Abgrenzung eigendynamischer sozialer Prozesse seitens dieser Autoren
zugrunde, so ist bei als selbsttragend erscheinenden Eigendynamiken erst einmal eine
ihnen zugrunde liegende zirkuläre Kausalität nachzuweisen.[43]

Im Rahmen eines technologischen Paradigmas, wie z.B. „Kulturpflanzenzüchtung"
oder „Regenerative Energiequellen", können verschiedene, aber eben nur mit ihm
kompatible Entwicklungswege beschritten werden. Das Paradigma stellt somit einen
Innovationskanal für einen ganzen Cluster von Trajektorien (Dosi 1982, Nelson/Win-
ter 1982) oder innovation avenues (Sahal 1985) bereit. In Abhängigkeit von der gewählten Entwicklungsrichtung wird weiteres spezifisches Know-how akkumuliert und
die Grenzen des Wissens werden erweitert, wodurch sich eine pfadabhängige Entwicklung des Wissenszuwachses ergibt. Dieser Prozess des pfadabhängigen Lernens bedingt zunehmende Spezialisierung und u.U. entsprechende Kompetenzvorsprünge, die
mit der Zeit die Realisierung von Spezialisierungsgewinnen erlauben. Ein Wechsel der
Richtung von Innovationsbemühungen und die Wahl einer alternativen Trajektorie
wird damit im Zeitverlauf immer unwahrscheinlicher, weil die Kosten bzw. Nutzen-
einbußen durch den Verlust der Spezialisierungsgewinne und die Entwertung bisheriger Kompetenzen und Investitionen steigen und die technologischen Kompetenzen für
andere Trajektorien verloren gegangen sind. Ein Wechsel der technologischen Trajektorie wird erst erfolgen, wenn sich das Innovationspotenzial erschöpft, die möglichen

---

[42] Eigendynamische Prozesse selbst sind komplizierte empirische Vorgänge; so lassen sich das Inein-
andergreifen und Umkehren von Ursache und Wirkung, die zirkuläre Stimulation zwischen Aktion
und Reaktion, verstärkende bzw. hemmende Rückschleifen meist nur durch detaillierte empirische
Feinarbeit herausfinden (Mayntz/Nedelmann 1987: 652).

[43] „Zentrales Kriterium eigendynamischer Prozesse ist die Erzeugung der den Prozess tragenden
Handlungsmotivation in und durch den Prozess selbst ... Ebenso wenig wie das Vorliegen von
Elementen zirkulärer Kausalität genügt, um von eigendynamischen sozialen Prozessen zu sprechen, sollte man von eigendynamischen Prozessen sprechen, wenn bloß eine zirkuläre Prozess-
form (eine Auf- oder Abwärtsspirale bzw. zyklische Veränderung) vorliegt. Es gibt zahlreiche es-
kalierende Veränderungen von Systemmerkmalen, die einfache Aggregationseffekte oder das Ergebnis von Diffusionsprozessen sind, bei denen es nicht zu einer interaktiven Rückkopplung
kommt... Die Bezeichnung ‚eigendynamisch' sollte man für jene Prozesse reservieren, an denen
der geschilderte Kausalmechanismus nicht nur mitwirkt, sondern die zentral durch ihn bedingt
werden." (Mayntz/Nedelmann 1987: 657ff.)

Marktgewinne immer geringer werden oder ein externer Impuls gegeben wird (Hemmelskamp 1999: 66, Freeman 1992: 79, Erdmann 1993: 89f.). Die Entscheidung für eine Trajektorie verstärkt und kanalisiert somit die Innovationsbemühungen eines Unternehmens, einer Branche oder einer Region in eine bestimmte Richtung. Durch kumulative Lerneffekte, Know-how-Transfer und selbstverstärkende Investititonsaktivitäten auf Hersteller- und Verwenderseite entwickelt sich in der Tendenz ein irreversibler Prozess, der Beharrungsmomente und Lock-in-Effekte verständlich macht (Kowol 1998: 43).[44]

Die Anwendung dieser theoretisch und empirisch relativ gut validierten Modelle sozialer und technologischer Entwicklungsdynamiken auf InnoPlanta führt nun zu folgenden Ergebnissen:

Die FE-Vorhaben erfolgen im Wesentlichen im Rahmen allgemein akzeptierter wissenschaftlicher und technologischer Paradigmen im Bereich der Pflanzenbiotechnologie, wie sie sich in der Molekularbiologie, Biochemie, in Züchtungsverfahren, Bioverfahrenstechnik oder beim Einsatz gentechnischer Methoden finden.

Im Falle einer klarer umrissenen Anwendungsorientierung und Marktperspektive haben sich die einzelnen FE-Projekte dabei häufig auch – mehr oder minder unvermeidlich – auf bestimmte Trajektorien festgelegt.

Jenseits konkreter Einzelprojekte kann hingegen von einer Pfadabhängigkeit im engeren Sinne (aufgrund der Entscheidung für eine spezifische Trajektorie und damit einhergehender Verriegelungseffekte) bislang kaum die Rede sein, wie das durchaus breit gefächerte Projekt-Portfolio von InnoPlanta belegt.

Ebenso lassen sich zwar begrenzt gewisse typische Eigendynamiken beobachten, wie das Durchziehen einmal begonnener Projekte oder das kontinuierliche Verfolgen von Aktivitäten wie Netzwerkmanagement, Projektbegutachtung, PR-Aktivitäten und Strategieentwicklung, die für die Etablierung InnoPlantas als Innovationsverbund erforderlich sind; denn die damit befassten Personen entwickeln ein Eigeninteresse, einmal in Angriff genommene erfolgversprechende Vorhaben auch durchzuführen und ihre Erträge zu vereinnahmen. Es lassen sich jedoch bislang keine darüber hinausgehenden, im strengen Sinne eigendynamischen sozialen Prozesse auf der Basis zirkulärer Kausalitäten erkennen.

Dies war für ein sich gerade erst herausbildendes Innovationsnetzwerk auch zu erwarten: enge Festlegungen auf eine spezifische pflanzenbiotechnologische Trajektorie sollten (zu diesem Zeitpunkt) noch keine Rolle spielen, und es spräche nicht für InnoPlanta, wenn sich solche bereits in ausgeprägter Weise feststellen ließen. Somit spielen Eigendynamiken und Pfadabhängigkeiten bislang nur eine geringe Rolle. Je mehr In-

---

[44] Dies impliziert jedoch keine deterministische Festlegung in dem Sinne, dass konkrete technische Weiterentwicklungen unbedingt dem vorgedachten und geplanten Verlauf einer Trajektorie entsprechen müssen.

noPlanta sich allerdings als Innovationsnetzwerk mit einem spezifischen pflanzenbio-technologischen Profil etablieren sollte, umso stärker dürften sie zum Tragen kommen. Während eine InnoPlanta stabilisierende Eigendynamik aus Sicht des Netzwerks sel-ber sicherlich begrüßt würde, hängen mögliche Spezialisierungsgewinne infolge der sich mit seiner Positionierung zugunsten der Pflanzengentechnik herausbildenden Pfadabhängigkeit davon ab, ob der gewählte Spezialisierungspfad von wissenschaftli-chem und wirtschaftlichem Erfolg gekrönt sein wird, ob es tatsächlich zur Entstehung eines wettbewerbsfähigen Clusters der Pflanzenbiotechnologie in der Region kommt und ob sich die grüne Biotechnologie in Deutschland im nächsten Jahrzehnt durch-setzt.

5.10 Zeithorizonte und Optionsspielräume

Angesichts der im Grundsatz im Wesentlichen vorgegebenen formalen Entwicklungs-pfade der meisten InnoPlanta-Vorhaben (wissenschaftliche Untersuchung, Züchtung, Vermarktung) lassen sich die in pflanzenbiotechnologischer Hinsicht (im Erfolgsfalle) jeweils konkret verfügbaren Optionen und die damit verbundenen sequenziellen Ent-scheidungszeitpunkte grob abschätzen. Auch wenn sich die Zeiträume nicht ex ante genauer kalkulieren lassen, die für erfolgreiche pflanzengentechnische Veränderungen, für gelingende Einkreuzungen in Hochleistungssorten, für die Züchtung wirtschaftlich gewinnbringender Kulturpflanzensorten und für die Schaffung diesbezüglicher Pro-duktionsverfahren und Vertriebskanäle mit Einbindung der entsprechenden wirtschaft-lichen Akteure entlang der Wertschöpfungskette benötigt werden, so lässt sich doch für die jeweiligen Entwicklungsphasen die Größenordnung der (projektspezifischen) Zeithorizonte angeben, in denen sich unterschiedliche Optionen eröffnen können, über deren Auswahl und weitere Verfolgung entschieden werden muss. Während sich einerseits InnoPlantas Optionsspielräume aufgrund der Kontingenz seiner zukünftigen Umfeldbedingungen mit der zunehmenden Festlegung der externen und internen Randbedingungen mit der Zeit grundsätzlich systematisch verringern, werden anderer-seits aufgrund der erfolgreichen Durchführung von Vorhaben bestimmte Optionen erst genauer erkennbar und überhaupt realisierbar, die zuvor allenfalls potenziell bestan-den. Wie im vorigen Teilkapitel beschrieben, verkleinert sich der Optionsspielraum typischerweise mit der Entscheidung für und Festlegung auf eine ganz bestimmte Op-tion.

Wenn sich beispielsweise die grüne Gentechnik in der EU nicht weiter durchzuset-zen vermag, dann steht InnoPlanta diese auf gentechnisch veränderte Pflanzen setzen-de Option längerfristig kaum mehr ernsthaft zur Verfügung. Umgekehrt kann Inno-Planta diese Option schon aus wirtschaftlichen Gründen kaum vernachlässigen, falls sich transgene Pflanzen als kostengünstig erweisen, sich auf dem Markt durchsetzen und Genfood alltäglich nachgefragt wird. Die derzeitige Ausrichtung von InnoPlanta auf die Option der Pflanzengentechnik stärkt seine Position und die Aussichten der Region, zum Hauptzentrum der Pflanzenbiotechnologie in Deutschland zu werden, falls sich die grüne Gentechnik im nächsten Jahrzehnt durchsetzt, hält damit jedoch andere Optionen weniger offen, was sich als nachteilig erweisen dürfte, falls ebendies nicht geschieht.

Das Zeitfenster für die Wahrnehmung unterschiedlicher forschungsstrategischer Optionen war im Wesentlichen zwischen 2000 und 2004 geöffnet. Mit der Entscheidung über die Bewilligung oder Ablehnung der meisten eingereichten FE-Projekte und der damit verbundenen Finanzierung bestimmter Institutionen und Arbeitsgruppen ist der diesbezügliche Optionsspielraum weitgehend genutzt und geschlossen worden.

Zugleich bestanden begrenzte Optionsspielräume im Hinblick auf die erforderlichen sozialorganisatorischen Aktivitäten von InnoPlanta, um seine Etablierung und Festigung als Netzwerk zu erreichen. Diese Optionsspielräume waren und sind relativ begrenzt, weil sie zwar in ihrer Gestaltung im Detail variieren mögen, jedoch in ihrem Setting im Prinzip weitgehend festliegen, insofern sie vor allem internes und externes Netzwerkmanagement, Mittelbeschaffung und -verwaltung, Koordination, Kontaktpflege und Imagebildung, und administrative Alltagsroutinen der Geschäftsstelle betreffen. Hierbei existieren schon aufgrund des Netzwerkcharakters von InnoPlanta auch zukünftig gewisse Optionsspielräume, wie z.B. die zwar plausible, aber keineswegs zwingende Durchführung eines Businessplan-Wettbewerbs illustriert.

Der Zeithorizont für die Durchführung der mit InnoRegio-Mitteln finanzierten mehrjährigen FE-Projekte liegt zwischen 2004 und 2006. Die hierbei gegebenen Optionsspielräume waren in der Phase der Projektkonzeption groß, während sie im Laufe der Projektbearbeitung typischerweise nur mehr begrenzte Gestaltungsspielräume implizieren.

Für die Vorbereitung von Anschlussprojekten und die Anbahnung einer dabei vielfach erforderlichen Zusammenarbeit mit Saatzüchtern ist im Allgemeinen ebenfalls ein immer noch relativ kurzfristiger Zeithorizont von ca. 2005 bis 2008 anzunehmen.[45] Die dabei bestehenden Optionsspielräume in der Gestaltung der Nachfolgeprojekte und in der Wahl der Kooperationspartner sind zwar grundsätzlich wiederum beträchtlich, in der Praxis aber durch die aus den Ergebnissen der laufenden FE-Projekte resultierenden Vorgaben und die jeweils spezifischen Fachkompetenzen möglicher Kooperationspartner lediglich eingeschränkter Natur.

Im Falle der durch diese Anschlussprojekte gelingenden Herstellung von prinzipiell marktfähigen pflanzenbiotechnologischen Produkten oder Verfahren eröffnen sich

---

[45] Prinzipiell sind Weiterentwicklungen in Folgeprojekten auch deutlich später möglich, solange sie noch nicht andernorts in Angriff genommen oder gar erfolgreich abgeschlossen wurden.

Perspektiven ihrer Markteinführung und -penetration, die allerdings im Allgemeinen nur durch Einbindung von und Kooperation mit entsprechenden konkurrenzfähigen Akteuren realisiert werden können.[46] Wiederum existieren hierbei im Prinzip große und in der Praxis zumeist relativ begrenzte Optionsspielräume; denn sowohl die Zahl der in Bezug auf das entwickelte spezielle pflanzenbiotechnologische Produkt oder Verfahren kompetenten, interessierten und wettbewerbsfähigen Saatzucht-, Biotechnologie- oder Agrochemieunternehmen als auch die diesbezüglichen Wahlmöglichkeiten der hierfür verantwortlichen wissenschaftlichen Einrichtungen oder Biotech-Start-ups sind infolge ihrer tendenziell geringen Verhandlungsmacht meist gering. Die Zeithorizonte für entsprechende Aktivitäten (entlang der Wertschöpfungskette) variieren zwischen den einzelnen FE-Vorhaben etwa zwischen 2005 und 2015, wobei in vielen Fällen mit der tatsächlichen Markteinführung aufgrund notwendiger mehrjähriger züchterischer Optimierung durchaus erst um 2020 zu rechnen ist. Dabei ist auch in Rechnung zu stellen, dass sich für die Mehrzahl der FE-Vorhaben von InnoPlanta die Option einer Markteroberung gar nicht eröffnen dürfte, weil generell die überwiegende Mehrzahl von Innovationen scheitert, woran die Beispiele des Riesenwindrads Growian, des Hochtemperaturreaktors THTR 300, des Siemens-Großrechners oder (bislang) des Bildtelefons erinnern (vgl. Braun 1992, Bauer 2004).

Bei der Erörterung der Zeithorizonte und Optionsspielräume pflanzenbiotechnologischer FE-Projekte und Entwicklungen sind im Übrigen wissenschaftlich-technische, ökonomische und soziale Handlungsspielräume auseinander zu halten. Durch biologische Gegebenheiten, züchterische Optimierung und technische Risikobegrenzung sind sowohl die Zeiträume als auch die projektzielbezogen verfügbaren Optionen nur innerhalb eines gewissen Korridors wählbar. Unabhängig davon sind unter den meist gegebenen Bedingungen starken Wettbewerbs, bestehender Alternativen und großer Marktmacht der Global Player auch die für einzelne Projektentwicklungen verfügbaren Möglichkeiten und Zeitfenster zumeist zu klein, um hohe Gewinne zu erzielen. Wiederum relativ unabhängig hiervon sind die unterschiedlichen sozialen Handlungsspielräume zu sehen, die InnoPlanta bzw. seinen Mitgliedern z.B. bei der Festlegung von Forschungsprioritäten, bei der Auswahl von Kooperationspartnern oder gar bei der Einflussnahme auf die Gestaltung von Biotechnologiepolitik und -regulierung zur Verfügung stehen. Dabei stehen mit der Festlegung auf bestimmte pflanzenbiotechnologi-

---

[46] Ihre Marktfähigkeit resultiert aus ihrer technischen Realisierung, ihrer Wirtschaftlichkeit und ihrer Konkurrenzfähigkeit. Hierfür ist zentral,
- ob potenzielle Abnehmer oder Folgekonsumenten bereit sind, für die angebotenen (und professionell vermarkteten) pflanzenbiotechnologischen Produkte oder Verfahren so viel zu zahlen, dass sie per saldo Erträge bringen,
- ob Ko-Produzenten und Konkurrenten die Markteinführung und -penetration dieser Produkte oder Verfahren nicht obstruieren und
- ob sich eine positive Interaktionsdynamik der für die erfolgreiche Entwicklung und Vermarktung dieser Produkte oder Verfahren relevanten Einflussfaktoren einstellt.

sche FE-Vorhaben, die voraussichtliche Zeithorizonte und Optionsspielräume durchaus zu berücksichtigen vermag, ebendiese bereits meist weitgehend fest, insofern die technischen Realisierungszeiträume und -optionen, die auf dem Markt erzielbaren Preise und die möglichen Kooperationspartner und Vertriebswege von InnoPlanta kaum selbst bestimmt werden können und damit in einem beachtlichen Maß vorgegeben sind.

6 Resultate und Schlussfolgerungen

Um die Angemessenheit der aus der Beschreibung und Analyse der Entwicklung, Struktur und Determinanten von InnoPlanta zu ziehenden Schlussfolgerungen einschätzen zu können, ist sowohl nach der Nutzbarkeit und Tragfähigkeit der in dieser Untersuchung verwandten analytischen Perspektiven (Kapitel 6.1) als auch nach der Reliabilität und Validität der empirischen Untersuchungsergebnisse (Kapitel 6.2) zu fragen. Erst auf der Grundlage einer solchen methodologisch ausgerichteten Evaluation macht es Sinn, mögliche Entwicklungspfade, Aufgaben und Handlungsspielräume von InnoPlanta aufzuzeigen (Kapitel 6.3 bis 6.7) und praxisorientierte Empfehlungen (Kapitel 6.8) zu geben.

6.1 Nutzbarkeit und Tragfähigkeit der analytischen Perspektiven

Die Frage nach der Nutzbarkeit und Tragfähigkeit der benutzten, auf bestimmte theoretische Konzepte und Erklärungsmodelle rekurrierenden analytischen Perspektiven ist vor dem Hintergrund der in dieser Untersuchung gewählten empiriegeleiteten, Theoriekonzepte eklektisch kombinierenden, hermeneutischen Vorgehensweise zu beantworten. Dies schränkt Entscheidbarkeit dieser Frage und die Stringenz der sie beantwortenden Aussagen aus mehreren Gründen ein.

1. Die gebrauchten analytischen Perspektiven wurden im Laufe der empirischen Erhebungen gewählt, weil sie als erklärungskräftige Rahmungen für Entwicklungsgeschichte, -muster und -tendenzen von InnoPlanta angesehen wurden, sodass mit der Wahl eines entsprechenden kategorialen Analyserasters ihre Nutzbarkeit quasi per definitionem gegeben war.

2. Da die erhobenen Daten und story-lines nicht mithilfe verschiedener Erklärungsmodelle interpretiert wurden, kann das gewählte Analyseraster hier nicht mit alternativen Interpretationsfolien auf seine relativen Vor- und Nachteile verglichen werden, wobei für hermeneutisches Verstehen unterstellt werden darf, dass im allgemeinen alle (konkurrierenden) Erklärungsmodelle nutzbar sind.

3. Unterschiedliche Interpretationsraster werden dabei primär fallspezifisch für unterschiedliche soziale Bereiche und Akteure im Sinne verschiedener Realitäten angewandt. So werden etwa Einstellungen und Protest in Bezug auf die grüne Gentechnik vor allem sozialpsychologisch und die Entwicklung der grünen Biotechnologie vor allem durch ökonomische Wettbewerbskräfte und Innovationsdynamiken erklärt.

4. Zugleich werden für denselben Gegenstandsbereich InnoPlanta verschiedene Erklärungsperspektiven eingenommen, um ihm in seiner Komplexität und Vielfältigkeit gerecht zu werden. Hier geht es nicht um die Überlegenheit eines bestimmten Erklärungsmodells, sondern um die nachvollziehbare Kombination von solchen.

5. Die vorgenommenen erklärenden Rahmungen stützen sich primär auf bestimmte Begriffe und dahinter stehende Konzepte, wenden jedoch kaum spezifische Theorien an. Es geht also zunächst einmal um eine angemessene begriffliche Fassung und die dadurch mögliche Präzisierung und Differenzierung der erhobenen empirischen Daten. Die Plausibilität der gewählten Begrifflichkeit wird durchaus erwartet, die zumindest grobe Stimmigkeit und Gültigkeit der ihr zugrunde liegenden Theorien wird hingegen prima facie unterstellt und lediglich auf ihre Anwendbarkeit in Bezug auf das Analyseobjekt InnoPlanta geprüft.[1] Dabei variieren Nutzungstiefe und die Anwendung theoretischer Erklärungsmodelle beträchtlich. So wurde etwa die Rolle von technologischen Trajektorien und von Eigendynamiken als prägende Kennzeichen vieler Innovationen bzw. vieler sozialer Prozesse lediglich konstatiert und als für die zukünftige Entwicklung von InnoPlanta vermutlich bedeutsam behauptet. Demgegenüber wurde das Netzwerkkonzept differenziert vorgestellt und die diesbezügliche Einordnung von InnoPlanta genau reflektiert und begründet. Ebenso wurden die Voraussetzungen einer Clusterbildung in der Konzeption von Brenner/Fornahl (2002) genauer dargestellt und die entsprechenden Aussichten von InnoPlanta erörtert.

6. Die Tragfähigkeit einer analytischen Perspektive ist im Grunde auf zwei Ebenen zu prüfen. Zum einen wäre nach ihrer theoretischen Fundierung und der empirischen Geltung dieser Theorien zu fragen, zum andern wäre ihr Ertrag für die Erklärung von Werdegang und Optionen InnoPlantas herauszuarbeiten. Ihre eigene Konsistenz einmal unterstellt, verlangt dies in beiden Fällen wiederum den Vergleich mit alternativen Interpretationsfolien, der hier wie gesagt nicht geleistet werden kann.

Für die verbleibende Frage nach der Tragfähigkeit der analytischen Perspektiven und mögliche Antworten folgt daraus:

1. Die Frage ist nur begrenzt auf Plausibilitätsebene beantwortbar.
2. Die Tragfähigkeit ist für die einzelnen Erklärungsmodelle getrennt herauszuarbeiten.
3. Zu ermitteln ist dabei,
   - ob die durch die gewählte Begrifflichkeit gewonnenen Differenzierungen zu einem besseren Verständnis von InnoPlanta beitragen,

---

[1] So wurden z.B. für die InnoPlanta-Vorhaben noch kaum Lock-in-Effekte beobachtet, ohne deshalb jedoch deren wahrscheinliches Eintreten nach Festlegung auf eine bestimmte technologische Trajektorie in Frage zu stellen.

- ob weitgehende Widerspruchsfreiheit der auf verschiedenen analytischen Perspektiven beruhenden Aussagen gegeben ist und
- ob aus der Kombination der unterschiedlichen gewählten Interpretationsraster eine als Gesamterklärung einleuchtende Synthese resultiert?

Ohne hier nun die Tragfähigkeit der einzelnen verwandten Konzepte im Detail nachweisen zu können, soll sie doch fallspezifisch resümiert werden.

Die dargestellten Differenzierungen des Netzwerkkonzepts tragen zu einem besseren Verständnis von InnoPlanta bei[2], wobei ihm allerdings dieses Prädikat trotz seines nur eingeschränkt gegebenen Netzwerkcharakters häufig (pragmatisch) zugeschrieben wird, sodass streng genommen seine Klassifikation als Innovationsverbund, als Netzwerk oder als Innovationsnetzwerk nicht völlig konsistent ist. Netzwerk- und Clustermodell sind kompatibel, wobei InnoPlanta zwar begrenzt als Netzwerk, jedoch (noch) nicht als Cluster eingestuft werden kann. Offensichtliche Widersprüche mit anderen genutzten Konzepten und Begrifflichkeiten erscheinen nicht ersichtlich.

Das vorgestellte Clusterkonzept ist für InnoPlanta eher als angestrebtes Ziel von Bedeutung und verweist auf die vielfältigen Voraussetzungen einer Clusterbildung. Es spielt jedoch für die Interpretation der bisherigen Handlungsstränge und Strukturgegebenheiten von InnoPlanta keine bedeutsame Rolle.

Modelle von Innovationsprozessen samt ihren innovationstheoretischen Differenzierungen erlauben eine angemessene, relativ konsistente Einordnung von Struktur und Perspektiven der InnoPlanta-Vorhaben und lassen sich über das Konzept des (regionalen) Innovationsnetzwerks gut mit ihren Netzwerkeigenschaften verknüpfen. Auch sonst erscheint eine weitgehend widerspruchsfreie Kombinierbarkeit mit weiteren genutzten Konzepten wie Wettbewerbsfähigkeit, Technologiepolitik oder technologische Kontroversen problemlos möglich.

Trotz gewisser Defizite des Modells der Wettbewerbsvorteile nach Porter macht es sowohl die noch weitgehend fehlende und voraussichtlich des Öfteren prekäre Wettbewerbsfähigkeit von InnoPlanta-Akteuren und deren internationale Verortung als auch die Notwendigkeit ihrer einzelfallspezifischen Abschätzung plausibel. Zugleich scheint das Modell recht gut mit weiteren genutzten Erklärungsmodellen kompatibel zu sein.

Als maßgebliche Rahmenbedingungen setzend und bildend wurde die Rolle der Technologiepolitik und speziell der Biotechnologiepolitik unter starker Bezugnahme auf die Arbeiten von Dolata als vermehrt auf wirtschaftliche Wettbewerbsfähigkeit hin orientiert und mit der Balance zwischen Förder- und Regulierungsaufgaben befasst dargestellt, ohne dabei auf spezifische Politiktheorien zu fokussieren. InnoPlanta di-

---

[2] Dabei spielt die Entscheidung zugunsten einer Position, die Netzwerke als Hybrid und nicht als eigenständigen Koordinationsmechanismus einordnet, hierfür praktisch keine Rolle.

rekt betreffend stand die auf regionale Innovationsnetzwerke setzende Förderpolitik des BMBF mit dem InnoRegio-Programm im Vordergrund. Diese technologie- und innovationspolitische Perspektive lässt sich etwa mit wettbewerbs- und innovationstheoretischen Konzepten gut kombinieren.

Erkenntnisse der Einstellungs- und Akzeptanzforschung wurden in Verbindung mit Untersuchungen technologischer Kontroversen und sozialer Diskurse um neue Technologien genutzt, um die Gründe für Einstellungen, Inakzeptanzen und Protest in Bezug auf grüne Gentechnik als auch ihre möglichen Veränderungen darzulegen, die bei InnoPlanta diesbezüglich bestehenden Unkenntnisse und Stereotype zu verdeutlichen und seine Rolle und Möglichkeiten im Gentechnik-Diskurs herauszuarbeiten. Diese Erklärungsmodelle tragen zu einem differenzierteren und besseren Verständnis der Kontroverse um die Gentechnik und der möglichen Rolle von InnoPlanta bei und erscheinen grundsätzlich mit den innovationstheoretischen Ansätzen kombinierbar, ohne dass dies jedoch in dieser Arbeit in erkennbarem Ausmaß geschieht.

Analysekategorien wie technologische Trajektorien, eigendynamische soziale Prozesse, Diskursformen etc. werden als Interpretationsfolien für InnoPlantas Entwicklung zwar genutzt und wohl auch widerspruchsfrei kombiniert, um diese besser zu verstehen; sie werden jedoch ohne weitere Prüfung der ihnen unterliegenden Theoriekonzepte eingesetzt und nicht in ein expliziertes Gesamtmodell der Entwicklung von InnoPlanta eingefügt.

Ausführlicher werden Akteurkonstellation, Interessenlagen der Akteure und mit ihnen verknüpfte Konflikttypen dargestellt, was erklärungskräftige Differenzierungen und ihre Kombination zum besseren Verständnis von InnoPlanta gestattet. Dabei werden diese Kategorien im Wesentlichen inhaltlich ausgefüllt, ohne weiter auf dahinter stehende Theorien zu rekurrieren.

Die grüne Gentechnik wird in ihren diversen technischen und sozialen Facetten als ein zentrales Thema (biotechnologie-)politischer Debatten und Auseinandersetzungen kenntlich gemacht und interpretiert. Dem korrespondieren auch Anlage und thematische Schwerpunkte dieser Studie, ohne dass die Konsequenzen dieser Rahmung und story-line für die Erklärung von InnoPlantas Werdegang näher reflektiert werden.

Der zentrale Stellenwert der Interaktionsdynamik relevanter Einflussfaktoren, der Verbindung von Makro-, Meso- und Mikroebene und der Verknüpfung von Struktur und Handlung für ein angemessenes Verständnis und analytisches Interpretationsraster von InnoPlanta wird in dieser Arbeit immer wieder betont und auch vielfach illustriert. Ein substanzielles, die konzeptionelle Synthese dieser Ebenen vornehmendes Gesamtmodell, das die Entwicklung von InnoPlanta stringent erklärt, wird jedoch nicht entwickelt. Insofern liefert die Untersuchung ein hermeneutisches Verständnis, aber keine theoretische Erklärung von Struktur und Entwicklung InnoPlantas. Dabei kann die

Tragfähigkeit der in diesem Rahmen verwandten Begriffe und Konzepte weitgehend angenommen werden.

Zusammengefasst kann somit im großen Ganzen die Tragfähigkeit und Nutzbarkeit der eingenommenen analytischen Perspektiven für die Untersuchung der Optionen und Restriktionen von InnoPlanta unterstellt werden.

6.2 Reliabilität und Validität der Untersuchungsergebnisse

Die Reliabilität und Validität der Untersuchungsergebnisse hängt zum einen von der Klarheit und Stringenz des Untersuchungsdesigns und zum andern von der methodischen Abgesichertheit der erhobenen Befunde ab. Dabei ist zu unterscheiden zwischen der Reliabilität und Validität der dargestellten empirischen Rahmenbedingungen und der InnoPlanta betreffenden Befunde, und bei letzteren wiederum zwischen der Zuverlässigkeit und Gültigkeit der erhobenen empirischen Daten und der daraus gezogenen Schlussfolgerungen.

Formal ist Reliabilität dann gegeben, wenn die wiederholte Untersuchung desselben Objekts unter gleichen Bedingungen (möglichst durch andere Personen) zum gleichen Ergebnis führt. Validität ist dann gegeben, wenn die erhobenen Daten und Befunde tatsächlich die Sachverhalte repräsentieren, die sie messen sollen, wenn sie also als deren Abbildung Gültigkeit beanspruchen können.[3]

Was die empirischen Rahmenbedingungen von Entwicklungen, Innovationsdynamiken, Regulierungsmustern und Förderpolitiken der Biotechnologie und von Gentechnik-Kontroversen anbelangt, so ist für die Reliabilität ihrer Darstellung vor allem die getroffene Literaturauswahl und für ihre Validität im Wesentlichen die Qualität der berücksichtigten Literatur entscheidend, da in dieser Hinsicht Literaturauswertung die zentrale Erhebungsmethode war. Weil im deutschen Sprachraum ein beträchtlicher Teil der sozialwissenschaftlichen Literatur ausgewertet wurde (vgl. Conrad 2004a), kann aus Sicht des Autors von einer gewissen Reliabilität in der Darstellung der empirischen Rahmenbedingungen ausgegangen werden.[4] Hinsichtlich ihrer Validität muss er sich auf die wissenschaftliche Qualität der Befunde in der Fachliteratur und, sekundär, auf die fachliche Reputation ihrer Verfasser verlassen.

Hinsichtlich der Reliabilität und Validität der InnoPlanta betreffenden empirischen Befunde sind die in Kapitel 1.2 aufgezeigten methodischen Grenzen und Schwachstellen der Erhebung in Rechnung zu stellen. Trotz der eingeschränkten Zahl der Inter-

---

[3]   Hierfür müssen etwa in psychologischen Untersuchungen die Testergebnisse mit einem für den betreffenden Sachverhalt relevanten äußeren, als Validitätskriterium bestimmten Merkmal statistisch möglichst hoch korrelieren.

[4]   Der Leser kann diese hingegen ohne eigene Kenntnis der Literatur nicht beurteilen, insofern die verschiedenen Studien hier nicht näher ausgeführt werden.

views und der nur von einigen Interviewpartnern vorgenommenen Korrekturen der in Kapitel 4 gegebenen Beschreibungen von InnoPlanta und seinen FE-Projekten kann, abgesehen von Projekt C02 (Kapitel 4.6), überwiegend Reliabilität vermutet werden, wobei interpretationsbedingte Verschiebungen in der Gewichtung von Einzelbefunden möglich sind. Hingegen ist Validität aus methodologischen Gründen nicht gesichert. Ob die auf einer begrenzten Zahl von Interviews und Rückmeldungen beruhenden Rekonstruktionen der Geschichte und Strategie InnoPlantas und von Projektentscheidungen und -abläufen den tatsächlichen Entwicklungsabläufen entsprechen, wie sie etwa im Falle teilnehmender Beobachtung, wiederholter Interviews und umfassender Auswertung von Unterlagen begrenzt möglich sind, lässt sich nicht eindeutig überprüfen. Vor dem Hintergrund anderer Untersuchungen, etwa über Innovationsprozesse in der Biotechnologie, ist mit einiger Wahrscheinlichkeit anzunehmen, dass die Grundzüge und Hauptmerkmale der vorgelegten Rekonstruktionen im Wesentlichen zutreffen, während die Validität mancher beschriebener Details offen bleiben muss.

Ob die in den Kapiteln 5 und 6 vorgetragenen Analysen und Schlussfolgerungen als reliabel und valide einzuschätzen sind, ob also andere Personen auf der Basis der in den Kapiteln 3 und 4 dargestellten Sachverhalte zu den gleichen Interpretationen und Schlussfolgerungen kämen, und ob diese in einem solchen Fall als realitätsangemessen einzustufen wären, kann aufgrund der hermeneutischen Anlage der Untersuchung aus mehreren Gründen nicht eindeutig beantwortet werden.

1. Es ist offen, ob die Ausweitung der auf empirische Befunde und Messergebnisse hin konzipierten Bewertungskriterien Reliabilität und Validität auf interpretative Aussagen und Schlussfolgerungen überhaupt Sinn macht, falls sie dann nicht mehr klar bestimmt werden können.

2. Auf Grundlage der angewandten Analysekategorien sollten primär auf objektivierbare Strukturmerkmale abzielende Analysen zu zumindest ähnlichen Ergebnissen kommen. Auf InnoPlanta bezogene substanziell-konkrete Aussagen über eine unzureichende regionale Infrastruktur, die zentrale Rolle der Förderpolitik, polarisierende Rahmungen im Gentechnik-Diskurs, eine geschichtete Akteurkonstellation und eine lediglich begrenzte Netzwerkbildung dürften recht reliabel und auch valide sein. Für darüber hinausgehende, allgemeiner werdende Schlussfolgerungen kann damit hingegen nicht mehr gerechnet werden.

3. Wie aus der wissenschaftstheoretischen Diskussion bekannt, ist auch der (zeitweise) bestehende Konsens über wissenschaftliche Wahrheiten keine Garantie für ihre Validität, wie gelegentliche Paradigmenwechsel (im Kontext wissenschaftlicher Revolutionen) belegen (vgl. Kuhn 1967, Weingart 2001). Insofern lässt sich die Gültigkeit der hier vorgelegten Analysen und Schlussfolgerungen allenfalls im Rahmen der ihnen zugrunde liegenden sozialwissenschaftlichen Paradigmen feststellen.

4. Zwar können hermeneutisch begründete Interpretationen sozialer Sachverhalte diesen mehr oder weniger angemessen sein, sie vermögen jedoch keine Eindeutigkeit zu beanspruchen, insofern sie unterschiedliche Befunde nutzen und diese verschieden interpretieren können. Somit behält eine problemorientierte, empiriegeleitete, Theoriekonzepte eklektisch kombinierende, auf hermeneutisches Verständnis abzielende Arbeit eine interpretative Offenheit. Von daher lassen sich Reliabilität und Validität bei solchen Arbeiten nur vage, aber nicht strikt bestimmen.

Auch wenn sie bei der Darstellung der Resultate und Schlussfolgerungen dieser Untersuchung als gegeben unterstellt werden, kann somit zusammenfassend nur von einer gewissen Reliabilität und einer lediglich begrenzten, ungewissen Validität der Untersuchungsergebnisse ausgegangen werden.

6.3 Pfadvorgaben durch ‚externe‘ Rahmenbedingungen

Dieses Teilkapitel fasst die in den Kapiteln 3, 4 und 5 beschriebenen, aus InnoPlanta-Sicht externen Rahmenbedingungen und die aus ihnen resultierenden, von InnoPlanta zu berücksichtigenden Vorgaben für seine angestrebte Entwicklung als Innovationsnetzwerk zusammen, während das folgende Teilkapitel die Impacts seiner internen Randbedingungen und Ressourcen resümiert, um seine sich daraus ergebenden Optionen und Handlungsspielräume in Kapitel 6.6 eingrenzen und abschätzen zu können (vgl. Abbildungen 1.1 und 2.5).

In Tabelle 6.1 sind die relevanten externen Rahmenbedingungen aufgelistet, exemplifiziert, auf vermutliche Änderungen im nächsten Jahrzehnt hin abgeschätzt und hinsichtlich ihrer voraussichtlichen tendenziell fördernden (+) oder behindernden (-) Auswirkungen auf die Entwicklung und Hauptziele von InnoPlanta bewertet. Diese Bewertungen sind nicht zwingend, auf der Grundlage der in den vorangehenden Kapiteln konkreter beschriebenen Wirkungszusammenhänge jedoch plausibel.[5] Ohne auf die Tabelle und die ihr zugrunde liegenden Überlegungen und Annahmen im Einzelnen einzugehen (vgl. Kapitel 3, 4 und 5), ist ihr doch zu entnehmen, dass die externen Rahmenbedingungen für InnoPlanta in der Tendenz als eher positiv einzuschätzen sind, von der (im innerdeutschen Vergleich) mangelhaften regionalen Infrastruktur und der heute trivialerweise nicht gegebenen internationalen Wettbewerbsfähigkeit der in den Projekten anvisierten innovativen Produkte abgesehen.

---

[5] Am wenigsten gesichert dürfte die Prognose einer sich nicht nur normalisierenden, sondern auch abnehmenden Regulierungsdichte der (grünen) Biotechnologie sein, da hier ebenso noch gegenteilige Entwicklungen möglich sind.

Merkmal	Bedeutung	Veränderung/ Prognose	Bewertung
allgemeiner struktureller Kontext	generelle politische, wirtschaftliche und soziale Lage	tendenziell eher Verschlechterung	o/-
Marktperspektive der grünen Biotechnologie	Differenzierung nach 3 Gnerationen grüner Biotechnologie, Substitution traditioneller Pflanzen, Querschnittstechnologie	wachsender Markt, aber fallspezifisch stark variierend	+
internationale Wettbewerbsfähigkeit	Marktfähigkeit/ -penetration auf dem Weltmarkt	derzeit nein, möglich meist erst in 10-20 Jahren	-/?
nat./reg. wirtschafts-/ technologiepolitische Förderung	Bejahung in der Politik, Existenz von Förderprogrammen/-maßnahmen	offen, eher abnehmende finanzielle Förderung	+
Biotechnologiepolitik und -regulierung	Art und Intensität rechtlicher Regulierungen und politischer Kontroversen	tendenziell abnehmend und Normalisierung	o
regionale Infrastruktur	Qualität der Infrastruktur, Attraktivität der Region	langsame Verbesserung	-
netzwerkbezogene (externe) Akteurkonstellation	Stellung zentraler Akteure, Struktur der Konstellation	kurzfristig wohl stabil, u.U. Auftritt von Gegnern der Gentechnik	+
spezifische Wettbewerbsvorteile	Art der regionalen (wirtschaftlichen) Stärken	Chancen in Nischenmärkten, Spezialkulturen	+/o
situative Gelegenheitsfenster	Zeitfenster für die Durchsetzbarkeit bestimmter Vorhaben	derzeit offen, für die Zukunft kaum vorherzusagen	+
sozialer Diskurs	Formen, Inhalte, Konfliktivität, Impacts des Gentechnik-Diskurses	Differenzierung, Normalisierung, falls kein Unfall	o

Tabelle 6.1: Externe Rahmenbedingungen von InnoPlanta

Als Pfadvorgaben für InnoPlanta ausgedrückt bedeutet dies:

• Die allgemeinen sozioökonomischen (nationalen und regionalen) Rahmenbedingungen dürften sich kaum wesentlich verbessern, möglicherweise sogar verschlechtern.

• Die situativen Bedingungen (politische Förderprogramme, externe Promotoren, Gelegenheitsfenster, lösbare Verteilungs- und Kompetenzkonflikte) sind gegenwärtig als eher günstig einzustufen, ohne dass dies auch für die Zukunft unterstellt werden kann.

- Die Marktperspektiven für die grüne Biotechnologie sind zwar – in Abhängigkeit von der Nachfrage nach und der Wirtschaftlichkeit von ihren Produkten – differenziert, aber längerfristig grundsätzlich positiv einzuschätzen.

- Die Wettbewerbsfähigkeit von InnoPlanta-Akteuren dürfte in speziellen Märkten zwar bestehen; ansonsten ist sie aber von der Kooperation mit Global Playern und ökonomischen Akteuren in nachgelagerten Bereichen der Wertschöpfungskette abhängig.

- Die Regulierung von Biotechnologie und Gentechnik, Gentechnik-Kontroverse und öffentlicher Diskurs dürfte zwar anhalten, sich aber wahrscheinlich – abhängig von kostengünstigen marktfähigen Produkten, der (substanziellen) Internalisierung und Regelung legitimer Schutzanliegen, und der Erschöpfung der öffentlichen Debatte normalisieren und fallspezifisch ausdifferenzieren[6], und damit für InnoPlanta tendenziell neutralen, handhabbaren Charakter gewinnen.

Insgesamt lassen die externen Rahmenbedingungen – insbesondere unter der Voraussetzung fortbestehender günstiger situativer Verhältnisse – die Entwicklung von InnoPlanta zu einem regionalen Innovationsnetzwerk der Pflanzenbiotechnologie mit hierbei recht unterschiedlichen Entwicklungspfaden zu. Diese schließen die jeweils fallspezifisch zu beurteilende Nutzung der grünen Gentechnik mit ein, und ihre letztlich auf Wettbewerbsfähigkeit beruhende dauerhafte Tragfähigkeit ist derzeit noch fast durchweg offen.

6.4 Impacts der ‚internen' Ressourcen und Prozessmuster

Die internen Ressourcen und Prozessmuster von InnoPlanta sind, anders als die externen Rahmenbedingungen, seiner selbstbestimmten Gestaltung zumindest in einem gewissen Rahmen im Prinzip zugänglich. Allerdings schlagen hierbei die Macht- und Interessenlagen sowie die Denk- und Orientierungsmuster der Mitglieder dieses Netzwerks durch, sodass aus diesen internen Gegebenheiten leicht härtere Pfadvorgaben als aus externen Rahmenbedingungen resultieren, zumal Netzwerke oder Assoziationen, wie in Kapitel 2.2 ausgeführt, keinen genuinen Akteurcharakter besitzen und in ihren strategischen Aktionsmöglichkeiten demgemäß beschränkt sind.

---

[6]   Dabei ist auch anzunehmen, dass die gegenwärtigen, überwiegend auf Verzicht von Genfood ausgerichteten Unternehmensstrategien der europäischen Nahrungsmittelindustrie sich unter solchen Umständen entsprechend ändern würden.

Merkmal	Bedeutung	Veränderung/ Prognose	Bewertung
finanzielle Ausstattung	verfügbare Projektmittel, Mittel für Geschäftsstelle	Reduzierung/ Wegfall der BMBF-Finanzierung, Aufgehen in BMD, neue Finanzierungsquellen	o
personelle Ausstattung	Verfügbarkeit und Qualifikation von Personal	langsame Verbesserung	o/-
Netzwerk	Charakter und Kohärenz des Netzwerks	vermutlich Konsolidierung u. Ausweitung, partiell Innovationsnetzwerk	+
Denk- und Orientierungsmuster	Ausmaß an Homogenität, Klarheit, Offenheit, Reflexivität, Praxisbezug	tendenziell stärkere Anwendungsorientierung und Differenziertheit in Urteilen	o/-
Einbettung	Passung im Umfeld, Stärke der Außenkontakte	vermutlich zunehmend	o/+
institutionelle Verankerung	Absicherung auf organisatorischer und prozeduraler Ebene	vermutlich Festigung	+
interne Akteurkonstellation, Macht- und Interessenlagen	Stellung, Einfluss von Mitgliedern, Verteilung von Entscheidungskompetenz	Entwicklung offen, Interessenausgleich, Erhaltung von Machtbalance	o
Strategie	Art, Inhalt u. Stringenz der verfolgten Ziele u. Mittel	klarere, umfeldangepasste Strategie wahrscheinlich	+/o
spezielle Wettbewerbsvorteile	aus dem Netzwerk selbst resultierende kompetitive Vorteile	möglich, aber nicht gesichert	+/o

Tabelle 6.2: Interne Randbedingungen von InnoPlanta/der Geschäftsstelle

In Tabelle 6.2 werden die internen Randbedingungen von InnoPlanta benannt, die sich aus seinem Charakter eines Innovationsverbunds und den Interessenlagen und Einflussmöglichkeiten seiner Mitglieder ergeben, ihre voraussichtlichen Veränderungen aufgeführt und wiederum hinsichtlich ihrer voraussichtlichen tendenziell fördernden (+) oder behindernden (-) Impacts auf die Entwicklung und Hauptziele von InnoPlanta bewertet. Natürlich sind auch diese Bewertungen nicht zwingend, aber auf der Basis der konkret beschriebenen Prozessmuster, Ressourcennutzung, Interessen- und Konfliktlagen plausibel.[7] Es ergibt sich ein leicht positives Bild, insofern keine schwerwiegenden Defizite ausgemacht werden. Wiederum ohne auf die Tabelle und die ihr zugrunde liegenden Überlegungen und Annahmen im Einzelnen einzugehen (vgl. Kapitel 4 und 5), schätze ich – trotz m.E. bestehender gewisser Einseitigkeiten und Engen in Einstellungen und Sichtweisen – die zunehmende Verankerung, die Ent-

---

[7] Ob etwa die Verfügbarkeit qualifizierten Personals mittelfristig unbefriedigend bleibt oder ob sich die institutionelle Verankerung von InnoPlanta festigt und positiv auf seine Entwicklung auswirkt, steht keineswegs fest und kann durchaus auch anders ausfallen.

wicklung und die strategische Ausrichtung von InnoPlanta als Netzwerk als erfolgversprechend ein: von einer Beutegemeinschaft zum Innovationsnetzwerk.

Als Pfadvorgaben setzende Impacts für InnoPlanta heißt dies:

- Die verfügbaren (finanziellen und personellen) Ressourcen dürften vorerst zwar relativ knapp, aber kaum gänzlich unzureichend bleiben.

- Einbettung, Konsolidierung und Handlungsfähigkeit des Netzwerks dürften sich in
der Tendenz verbessern, wobei ein gelingender interner Interessen- und Machtaus-
gleich den prekären Punkt markieren dürfte.

- Die Realisierung aus der Netzwerkbildung resultierender kompetitiver Vorteile
liegt einerseits in der Hand der InnoPlanta-Mitglieder selbst und hängt andererseits
von gelingenden Kooperationen mit Global Playern als auch mit ökonomischen
Akteuren in nachgelagerten Bereichen der Wertschöpfungskette sowie von externen wirtschaftlichen und politischen Rahmenbedingungen ab, die von InnoPlanta
nur wenig beeinflusst werden können.

- Die Orientierungs- und Denkmuster maßgeblicher InnoPlanta-Mitglieder begünstigen zwar Netzwerkbildung und -stabilisierung, stellen jedoch möglicherweise
einen Engpass dar, was die wirtschaftliche Nutzbarkeit mancher FE-Projekte, die
Auseinandersetzung mit und die Integration von gentechnik-kritischen Perspektiven und die Offenheit für unkonventionelle, innovative Vorhaben angeht, die jenseits bereits verfolgter Forschungslinien liegen.

Insgesamt wirken sich die Impacts der internen Ressourcen und Prozessmuster von
InnoPlanta tendenziell vorteilhaft auf seinen angestrebten Weg zu einem regionalen
Innovationsnetzwerk der Pflanzenbiotechnologie aus, der sich positiv wie negativ in
eher konventionellen Bahnen bewegen dürfte, die dem unter Fach- und Machtpromo-
toren der grünen Biotechnologie herrschenden Mainstream entsprechen. Dabei lassen
die internen Randbedingungen, nicht nur was die Nutzung der grünen Gentechnik anbelangt, durchaus unterschiedliche Entwicklungspfade zu, deren spätere Wettbewerbsfähigkeit wie gesagt noch völlig offen ist und durch die von InnoPlanta getroffene
Auswahl und kompetente Durchführung geförderter FE-Projekte zwar positiv beeinflusst, aber nur sehr eingeschränkt gesichert werden kann.

6.5 Resultierende Entwicklungsdynamik: zum Zusammenspiel von Makro-, Meso- und Mikroebene

Die den Entwicklungspfad von InnoPlanta bestimmende Interaktionsdynamik relevanter Einflussfaktoren wird in dieser Arbeit, wie in Kapitel 2.4 ausgeführt, nicht als solche rekonstruiert oder simuliert. Die aus ihren Wirkungszusammenhängen resultierende Entwicklungsdynamik soll jedoch in diesem Teilkapitel dergestalt deutlich gemacht

werden, dass die hinter der Entwicklung von InnoPlanta stehende (notwendige) Push-und-Pull-Dynamik am Zusammenspiel ihrer Determinanten auf Makro-, Meso- und Mikroebene demonstriert wird.[8] Das Konzept der Push-und-Pull-Dynamik rekurriert darauf, dass in (modernen) Gesellschaften dann etwas zustande kommt, „wenn gleichsinnige Impulse aus mehreren Subsystemen einander verstärken."[9] (Huber 1991: 43). Um gesellschaftlich etwas zu bewegen, gilt es – im Modell der Soziosphäre von Gesellschaft (vgl. Abbildung 6.1) –, „eine Kombination von Weltanschauung, Lebensstil, Recht, Politik, Wirtschaft und Technik zu finden – derart, dass die Akteure in Ausübung der Funktionen jedes dieser Subsysteme jedes andere möglichst jederzeit und möglichst widerspruchsfrei verstärken." (Huber 1991: 49) Dieses Konzept lässt sich nicht nur auf gesamtgesellschaftlicher Ebene, sondern auch regions- und sektorspezifisch anwenden.

Wenn dabei am Beispiel der (stilisierten) Entwicklung von InnoPlanta zu einem (erfolgreichen) Innovationsnetzwerk Erklärungselemente auf Makro-, Meso- und Mikroebene kombiniert werden, so hängt dies mit ihrer jeweils erforderlichen unterschiedlichen Detailschärfe zusammen. Während z.B. die Auswahl konkreter FE-Projekte oder die Realisierung eines Ausbildungsprogramms im Bereich der Pflanzenbiotechnologie durch InnoPlanta konkrete Maßnahmen und individuelle Projekte auf Mikroebene darstellen, wird die fördernde Rolle eines wachsenden Marktes der Pflanzenbiotechnologie lediglich als Aggregatgröße auf Makroebene betrachtet, obwohl für den Erfolg spezieller FE-Projekte letztlich auf Mikro- bzw. Mesoebene zu ermittelnde, im Vergleich dazu erreichte Innovationserfolge und die Marktposition der im gleichen Sektor konkurrierenden ökonomischen Akteure maßgeblich sind. Die Push-und-Pull-Dynamik selbst beruht auf der wechselseitigen Verstärkung von Wirkungszusammenhängen, die auf verschiedenen Analyseebenen sichtbar werden, und nicht etwa auf einem vordergründig als solches erscheinenden Zusammenspiels dieser Analyseebenen selbst.[10]

---

[8] Unterscheidet man etwa die Referenzen Gesellschaft/soziales Funktionssystem, Organisation und Interaktion (vgl. Kitschelt 1980), so werden auf der Makroebene strukturelle Bedingungszusammenhänge, wie z.B. übergreifende Politikstile, Regulierungsmuster, Diskursfunktionen, Marktstrukturen, -größen, -wachstum, analysiert und begrifflich als (allgemeine) Aggregatgrößen gefasst, ohne ihre innere Feinstruktur näher zu untersuchen, da von dieser abstrahiert werden kann, sofern die Erklärung auf Makroebene zunächst einmal unabhängig von ihr Geltung beansprucht. Auf der Mesoebene geht es um die Analyse der Interaktionsmuster (genereller) bereichs- und situationsspezifischer Interessenlagen, Kooperationsmuster, Konfliktformen oder Politikprogramme von korporativen Akteuren, wie der Verteilungskonflikte in oder der Innovationserfolge von Netzwerken. Auf der Mikroebene stehen konkrete Aktionen, Strategien, Interpretationen und die Artikulation von Interessen und Positionen individueller Akteure und die daraus resultierenden sozialen Handlungs- und Prozessmuster im Vordergrund.

[9] „Anders gesagt, wenn die Subsystem-Attraktoren in die gleich Richtung ‚drücken' wie die Co-Systeme ihre Kontextbedingungen ‚ziehen', dann bricht sich etwas Bahn. Es ist wie beim Jiu-Jitsu: je ausgeprägter die Push-Pull-Ratio, um so wirkungsvoller die Bündelung der Kräfte." (Huber 1991: 43)

[10] Demgemäß werden in dem differenzierten InnoRegio-Modell von Scholl/Wurzel (2002) (vgl. Abbildung 2.3) die Förderwirkungen von InnoRegio auf der Grundlage der angenommenen Wir-

Abbildung 6.1: Erweiterte Gliederung der Soziosphäre
Quelle: Huber 1989a: 207 mit eigenen Ergänzungen

Dimensionen der Soziosphäre

	psychische	semiotisch-symbolische	normative	ordinative	allokative	operative	physisch-ökologische
System	zum Beispiel professionelles Management und Therapie der menschlichen Psyche, Werbung, Kampagnen	zum Beispiel Wissenschaft, Hoch- und Fachsprachen, professionelle Kunst	zum Beispiel Recht und Gesetz, Statuten, Verträge	zum Beispiel Politik/Staat, Management, Verwaltung	zum Beispiel Märkte, Geld- und Erwerbswirtschaft, Arbeitszeit	zum Beispiel industrielle Technologie, professionelle Arbeit	zum Beispiel Stoffbilanzen, Energieverbrauch sozialer Systeme, professioneller Naturschutz
Lebenswelt	zum Beispiel Gefühle und Affekte wie Angst, Aggression, Liebe, Leidenschaft, Identitätsbildung	zum Beispiel Alltagskunst, Umgangs- und Muttersprache, Alltags- und Lebenserfahrungswissen	zum Beispiel Ethik/Moral, Werte und Prioritäten/Präferenzen	zum Beispiel Statusgefüge, Familie, Freundschaft, Nachbarschaft	zum Beispiel Subsistenz- und Schenk- und Tauschwirtschaft, Freizeit	zum Beispiel Hausarbeit, Eigenarbeit, einfache Technik	zum Beispiel lokale Ökosysteme und ihre Erhaltung und Nutzung, Gartenpflege, Autofahren, Freude an Naturschönheiten

in gebildeter Alltagssprache:
Psyche → Kultur → Recht → Politik → Wirtschaft → Technik → Umwelt
Kultur → Zivilisation

systemische / primäre Bereiche der Soziosphäre

kungszusammenhänge deutlich: „(i) Auf der Mikroebene der einzelnen Akteure anhand der Steigerung der einzelwirtschaftlichen Effizienz und Wettbewerbsfähigkeit der Unternehmen in den Regionen; (ii) auf der sogenannten Mesoebene, konstituiert durch die Interaktion der individuellen Akteure und die dabei etablierten Institutionen und Organisationen, anhand der in den Netzwerken realisierten Innovationserfolge; (iii) auf der Makroebene anhand der erhöhten regionalen Wettbewerbsfähigkeit, die sich in gesteigerter Wertschöpfung, höherem Wirtschaftswachstum, einer verbesserten regionalen Exportbilanz sowie steigender Beschäftigung in der Region widerspiegelt." (Scholl/Wurzel 2002: 9)

Makro	Meso	Mikro	Meso	Makro
Politik/Gesellschaft	Land/Region	InnoPlanta	Umfeldakteure	Ökonomie/Weltmarkt

Technologiepolitik, InnoRegio-Förderung

schlechte Wirtschaftslage

Promotoren, Profilierungsinteresse

Expansion, Marktdurchdringung der neuen BT

(GfW-)Förderung der PflanzenBT

InnoPlanta: Gründung

Wachstum der grünen BT, 1. Generation transgener Pflanzen, primär Futtermittel und Ingredienzen

rechtliche Regulierung der BT

Beteiligung von Wissenschaft und Wirtschaft, Hauptgewichte: IPK, BAZ

Mehrheitliche Ablehnung von Genfood, Gentechnik-Diskurs

Struktur-, Ziel-, Strategiebildung, Projektformulierung und- auswahl

Global Player der Agrochemie und Nahrungsmittelindustrie

Projektträger: Projektbewilligung und -Kontrolle,

durchgängige Förderung der BT, weitere zukünftige Förderung

BT-Offensive der Landesregierung

Akteurkonstellation

gentechnikfreie Lebensmittel, wirtschaftliche Machtverhältnisse

Marktsituation, Konkurrenzunternehmen

NW-Bildung, NW-Management, Lernprozesse, Konflikthandhabung

fördernde regionale Einbettung

NW-Ressourcen, Eigenfinanzierung, Wagniskapital

regionale Infrastruktur

Projektdurchführung, Förderqualität

310

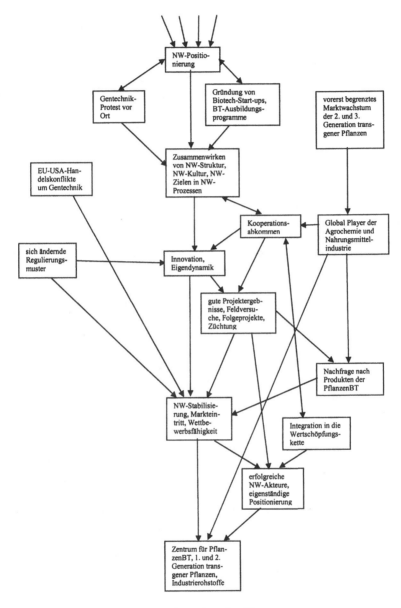

Abbildung 6.2: Modellhafte Entwicklungsdynamik von InnoPlanta

Anmerkung: BT = Biotechnologie, NW = Netzwerk

311

Die Notwendigkeit einer Push-und-Pull-Dynamik erweist sich darin, dass sowohl bei Fehlen bestimmter relevanter Einflussfaktoren InnoPlantas Entwicklungsprozess gebremst oder gar blockiert würde als auch diesbezügliche, aus dem gleichsinnigen Zusammenwirken resultierende Verstärkereffekte entfallen würden. So dürfte eine Etablierung, Stabilisierung und zukünftige wirtschaftliche Tragfähigkeit des organisatorischen Netzwerks InnoPlanta ohne das InnoRegio-Programm, ohne die Wahrnehmung erforderlicher administrativer Aufgaben durch eine Geschäftsstelle, ohne substanzielle finanzielle Unterstützung durch seine Mitglieder oder ohne eine günstige Marktsituation in der Pflanzenbiotechnologie nur schwer möglich sein. Und so verstärken sich die Gründung von Biotech-Start-ups, die Verfügbarkeit von Wagniskapital, die erfolgreiche Entwicklung pflanzenbiotechnologischer Produkte oder Verfahren, und das Interesse an Kooperationsabkommen zwischen Wirtschaft und Wissenschaft im Allgemeinen wechselseitig.

Während das Zusammenwirken relevanter Einflussfaktoren in dem InnoRegio-Modell von Scholl/Wurzel (2002) in einer vergleichsweise differenzierten Form untersucht werden kann (vgl. zu Simulationsmodellen exemplarisch Ehlers/Kraft 2001, Meadows et al. 1992), illustriert Abbildung 6.2 die angesprochene Push-und-Pull-Dynamik für die auch in die Zukunft extrapolierte gelingende Entwicklung von Inno-Planta zu einem erfolgreichen Innovationsnetzwerk in nicht formalisierter heuristischer Form. Den unterschiedlichen Analyseebenen werden tendenziell die nationale und transnationale Ebene von Wirtschaft und Politik sowie von Gesellschaft allgemein als Makroebene, die vorwiegend regionale Ebene der Landespolitik sowie der Mitglieder und Umfeldakteure von InnoPlanta als Mesoebene, und die Netzwerkebene als Mikroebene zugeordnet. Dabei sind eine Reihe typischer Wirkungszusammenhänge nicht wiedergegeben, um Klarheit und Lesbarkeit der Abbildung zu erhalten.[11] Mit der vor allem auf InnoPlanta bezogenen Pfeilrichtung von (kausalen) Wirkungszusammenhängen und einem entsprechenden Fokus der Mikroebene soll Abbildung 6.2 deutlich machen, wie diverse Einflussfaktoren auf Makro-, Meso- und Mikroebene überwiegend in einem positiv unterstützenden Sinne die Entwicklung von InnoPlanta vorantreiben und damit eine gewisse Entwicklungsdynamik induzieren (können), während negativ wirkende, behindernde Einflussfaktoren lediglich eine Minderheit ausmachen. Die Auswahl der aufgelisteten Einflussfaktoren korreliert mit dem unterstellten weiteren Entwicklungspfad von InnoPlanta; sie erscheint jedoch als empirisch durchaus begründet und insofern als nicht beliebig. Natürlich belegt Abbildung 6.2 nicht, dass die Entwicklung von InnoPlanta unter den gegebenen Randbedingungen mehr oder minder genauso verlaufen musste, sie illustriert jedoch die diesbezüglichen, auf

---

[11] So wird beispielsweise der Bedingungszusammenhang von Technologiepolitik, ihrer Ausrichtung auf regionale Innovationsnetzwerke, der Wirtschaftsförderung der ostdeutschen Bundesländer, der InnoRegio-Initiative und dem InnoRegio-Programm nicht dargestellt, sondern auf InnoRegio-Förderung verkürzt.

Makro-, Meso- und Mikroebene identifizierten und behaupteten Wirkungszusammenhänge. Cum grano salis war die in dieser Untersuchung rekonstruierte Entwicklungsdynamik von InnoPlanta allerdings bei Kenntnis bzw. Annahme der festgestellten externen Rahmen- und internen Randbedingungen durchaus zu erwarten. Zusammengefasst hält Abbildung 6.2 folgende dynamische Entwicklung von InnoPlanta fest:

1. Die Wahrnehmung vielfältiger Anwendungsmöglichkeiten und eines weltweit wachsenden Marktes der Pflanzenbiotechnologie, die InnoRegio-Initiative des BMBF, regionale Initiativen der Wirtschaftsförderung und entsprechende kooperative, mit persönlichen Profilierungsinteressen verknüpfte Aktivitäten einiger regionaler Promotoren mündeten in der Gründung von InnoPlanta (1. Phase der Entstehung und Gründung: 1999-2000).

2. InnoRegio-Förderung, das andauernde Engagement der Promotoren, das Interesse bestehender wissenschaftlicher Einrichtungen an Fördermitteln und an Kontakten zu Wirtschafts-, insbesondere Saatzuchtunternehmen, und die Wahrnehmung der Pflanzenbiotechnologie als Kern einer möglichen Clusterbildung führten unter Beachtung von Förderinteressen und Entscheidungskompetenzen der Politik, von weltweit verfolgten FE-Projekten in der Pflanzenbiotechnologie, von bestehenden rechtlichen Regulierungen der und politischen Kontroversen um die Biotechnologie, von Gentechnik-Diskurs und von um 2000 nicht absehbarer Vermarktbarkeit von Genfood in der EU zu Struktur- und Zielbildung bei InnoPlanta, verbunden mit Projektideen, -formulierung, -begutachtung und -auswahl (2. Phase der Etablierung und Strukturbildung: 2001-2002).

3. In der Wechselwirkung von Netzwerkstruktur, -kultur und -zielen führen Netzwerkprozesse in Verbindung mit der Vergabe von Fördermitteln, (internationalen, nationalen und regionalen) Entwicklungstrends in der Biotechnologiepolitik, Regulierungen der Gentechnik, Unternehmensstrategien von Global Playern in der Biotechnologie, Agrochemie, Nahrungsmittel- und Futtermittelindustrie zur Durchführung bewilligter und Konzipierung weiterer FE-Projekte, zu internem und externem Netzwerkmanagement, zu Strategiebildung, Stabilisierung, verstärkter Eigenfinanzierung, und netzwerkbezogenen Lernprozessen (3. Phase der Konsolidierung und Routinisierung: 2002-2004).

4. Bei fortdauernder Wirksamkeit dieser Determinanten induzieren staatliche Förderung der Biotechnologie auf europäischer, Bundes- und Landesebene, die Verabschiedung gentechnischer Regulierungen, internationale Handelskonflikte um Regulierungsprozeduren gentechnisch veränderter Produkte, die Wahrnehmung von Defiziten bei der Realisierung von Netzwerkstrategien und die verbesserte Identifizierung von Marktchancen darüber hinaus die Gründung von Biotech-Start-ups, Bemühungen um Ausbildungsprogramme, Patentabsicherung, Wagniskapital und

Kooperationsabkommen mit größeren Industriefirmen, und die verstärkte Positionierung zugunsten der grünen Gentechnik (4. Phase der Optimierung und Fortführung: 2004-2006).

5. Bei andauernden übergreifenden Netzwerkaktivitäten, die der Konfliktregelung, der institutionellen Verankerung und der strategischen Positionierung von Inno-Planta dienen, induzieren positive Projektergebnisse Anschlussprojekte, wobei die Wirksamkeit der aufgeführten Determinanten anhält und die Erkenntnis an Boden gewinnt, dass die Marktpotenziale der zweiten und dritten Generation transgener Pflanzen aus Kostengründen vorerst begrenzt sind. Diese Anschlussprojekte laufen mithilfe von Feldversuchen und Züchtung auf die Entwicklung konkreter marktfähiger pflanzenbiotechnologischer Produkte (und Verfahren) hinaus und sehen sich möglicherweise mit gentechnischem Protest vor Ort konfrontiert, dessen Erfolg, d.h. Verzögerung oder Abbruch dieser Entwicklungsprojekte, wesentlich von dem vorherrschenden gesellschaftlichen Klima abhängt, gentechnisch veränderte Kulturpflanzen und Nahrungsmittel als üblich zu akzeptieren und nachzufragen oder nicht (5. Phase der Entwicklung und Züchtung marktfähiger Produkte: ca. 2005-2020).

6. Unter fortbestehender Bedeutung der aufgeführten Determinanten und weiterer politisch als erforderlich angesehenen Regulierungen des expandierenden Markts im Bereich der Biotechnologie werden im Rahmen von InnoPlanta neu entwickelte pflanzenbiotechnologische Produkte und Verfahren auf dem Markt eingeführt, wo sie ihre Wettbewerbsfähigkeit gegenüber konkurrierenden Produkten und Verfahren von anderen Anbietern beweisen müssen. Hierfür sind Abstimmung mit und Kooperation von ökonomischen Akteuren notwendig, etwa im Food-Bereich aus Saatzucht, Landwirtschaft, Futtermittelherstellung, Lebensmittelverarbeitung und -handel, und im Nonfood-Bereich der Industrierohstoffe z.B. für Kunststoff aus Züchtung, Pflanzenbau, Kunststoffgewinnung, Kunststoffverarbeitung, Kunststoffanwendung und Kunststoffentsorgung. Eine Clusterbildung als Zentrum der Pflanzenbiotechnologie ist möglich und vorteilhaft, wobei es durchaus zu einer eigenständigen, InnoPlanta (bewusst) nicht einbeziehenden Positionierung der Institution(en) kommen kann, die diese neuen pflanzenbiotechnologischen Produkte und Verfahren entwickelt haben[12] (6. Phase der Vermarktung und Wettbewerbsfähigkeit: ca. 2010-2030).

Die beiden letzten, länger währenden Phasen werden als prospektive, in der Zukunft liegende Entwicklungsetappen zwangsläufig allgemeiner beschrieben, während die

---

[12] Prinzipiell kann ein informelles (einflussreiches) Netzwerk über entsprechende Verflechtungen maßgeblicher Akteure existieren, die zugleich einem formellen Netzwerk angehören und es für ihre Zwecke zu nutzen suchen, was sich durchaus auch in Bezug auf InnoPlanta beobachten lässt. Zwischen beiden Netzwerken ist zu differenzieren.

Merkmale der vierten, gerade begonnenen Phase noch genauer absehbar sind und darum etwas konkreter benannt werden können.

Entscheidend für die vermutete, grob angedeutete Entwicklungsdynamik von Inno-Planta ist nicht nur die wechselseitige Verstärkung von positiv wirkenden Einflussfaktoren, sondern ebenso die weitgehende Abwesenheit negativ wirkender Einflussfaktoren, wie z.B. sich zuspitzende netzwerkinterne Konflikte, die Existenz von Akteuren und Interessenlagen, die die Entwicklung von InnoPlanta zu einem Netzwerk der Pflanzenbiotechnologie gezielt unterlaufen wollen, eindeutig blockierend wirkende institutionelle oder rechtliche Randbedingungen[13], Marktblockaden durch konkurrierende Global Player in der Pflanzenbiotechnologie, oder wie bisher – jenseits von Herbizidtoleranz und Insektenresistenz der Hauptkulturpflanzen – die weitgehende Beschränkung profitabler Biotechnologie-Projekte auf die rote Biotechnologie. In Abbildung 6.2 werden diesbezüglich im Wesentlichen nur die (zeitweise) Ablehnung von Genfood, gentechnischer Protest vor Ort und erfolgreiche Vermarktung entwickelter pflanzenbiotechnologischer Produkte oder Verfahren durch Netzwerkmitglieder bei gleichzeitigen Auflösungserscheinungen des Netzwerks InnoPlanta angeführt, während Gentechnik-Diskurs, Regulierungen der Biotechnologie, Handelskonflikten zwischen der EU und den USA oder der schlechten regionalen Wirtschaftslage erst einmal nur ambivalente Wirkungen zugeschrieben werden.

Grundsätzlich ist sicherlich nicht auszuschließen, dass solch negativ oder auch ambivalent wirkende Einflussfaktoren wie die benannten eine Rolle spielen und die skizzierte Entwicklungsdynamik von InnoPlanta be- oder verhindern. Aber eben genau dann würde die hier aufgezeigte vorteilhafte Push-und-Pull-Dynamik nicht mehr existieren.

6.6 Optionen und Handlungsspielräume von InnoPlanta

Um Optionen und Handlungsspielräume von InnoPlanta herausarbeiten zu können, wurden in Abbildung 1.1 deren Verknüpfung mit und Abhängigkeit von seinen Zielen, externen Rahmenbedingungen, internen Randbedingungen und der Interaktionsdynamik dieser Einflussfaktoren modellhaft dargestellt und im Anschluss daran die sich hieraus ergebenden Fragestellungen in Kapitel 1.1 aufgelistet. Dieses einfache Modell der Entwicklung von Optionen und Handlungsstrategien verdeutlicht auch, dass die Zahl der verfügbaren Optionen und die InnoPlanta zur Verfügung stehenden Hand-

---

[13] Für einen transgene Pflanzen anbauenden Landwirt wirkt sich (im Rahmen der Koexistenz von Anbauweisen) das – derzeit im politischen Prozess rechtlich zu verankernde – Ausmaß seiner (kollektiven) Gefährdungshaftung gegenüber potenziellen Verlusten durch Kontamination gentechnikfreien Pflanzenbaus möglicherweise ökonomisch wettbewerbsblockierend aus. Prinzipiell folgt aus einer Gefährdungshaftung jedoch nicht zwangsläufig fehlende Konkurrenzfähigkeit.

lungsspielräume entscheidend von der unterstellten Eindeutigkeit und Stärke der Wirkungszusammenhänge abhängen, die mögliche Optionen und Handlungsspielräume festlegen, und damit auch von den zugrunde gelegten, diese Wirkungszusammenhänge formulierenden und erklärenden Modellvorstellungen und Theorien. Je eindeutiger und stärker die bestehenden externen und internen Randbedingungen Handlungsweisen und Handlungswirkungen von InnoPlanta determinieren, desto geringer werden die ihm verbleibenden Handlungsspielräume.[14]

Nachdem externe Rahmenbedingungen, interne Randbedingungen, Interaktionsdynamik und Pfadabhängigkeit bereits erörtert wurden, sind für die Bestimmung der Optionen und Handlungsspielräume von InnoPlanta noch die diese prägenden Ziele und Ressourcen zu charakterisieren.

Die übergeordneten Ziele von InnoPlanta sind relativ eindeutig:

- Entwicklung und erfolgreiche Durchführung innovativer FE-Projekte in der Pflanzenbiotechnologie
- Entwicklung marktfähiger innovativer Produkte und Verfahren im Bereich der Pflanzenbiotechnologie
- Konsolidierung, Erweiterung und Positionsfestigung als organisatorisches Netzwerk
- Entwicklung zu einem echten Innovationsnetzwerk.[15]

Das Ziel der Technologie- und der Landespolitik, zu einer nachhaltigen wirtschaftlichen Entwicklung der Region beizutragen, ist aus Sicht von InnoPlanta zwar zu begrüßen, aber allenfalls als untergeordnetes Ziel einzustufen, insofern sich seine Erfüllung wiederum positiv auf das fördernde Umfeld auswirken dürfte, das die Aktivitäten von InnoPlanta mit prägt.[16]

Grundsätzlich lassen sich Ziele und die Mittel, sie zu erreichen, oder, in anderen Worten, Zweck- und Mittelziele unterscheiden: letztere sollen qua (sozialer) Struktur-

---

[14] Die separate Betonung von Wirkungen und Ergebnisse der Handlung(sstrategi)en von InnoPlanta in Abbildung 1.1 verweist darauf, dass diese aufgrund dieser Randbedingungen selbst dann relativ klar vorgegeben sein können, wenn InnoPlanta (voluntaristisch) über große, dann allerdings in dieser Hinsicht irrelevante Handlungsspielräume verfügen sollte.

[15] Das letzte Ziel ist dabei nicht als unbedingtes Ziel, sondern eher als erwünschte Folgewirkung der Netzwerkentwicklung anzusehen.

[16] Die im Hinblick auf ihre Förderung formulierten InnoRegio-Anträge heben mehr auf solche generellen Ziele ab: „Aufbau eines regionalen Netzwerks, Entwicklung von Dialog- und Kooperationsformen sowie gemeinsamen Leitbildern, Gründung innovativer Unternehmen, Förderung der wirtschaftlichen Diversität, Erschließung neuer Märkte, Entwicklung des infrastrukturellen und kulturellen Umfeldes, Verbesserung des Marketings und der Vertriebsmöglichkeiten für die Region sowie Verbesserung der Informations- und Qualifizierungsangebote für die Bevölkerung." (Müller et al. 2002: 93)

bildung das Erreichen ersterer ermöglichen.[17] So sollen z.b. sowohl die Netzwerkbildung als auch die Durchführung innovativer FE-Projekte die effizientere und effektivere Entwicklung marktfähiger innovativer Produkte ermöglichen, und sind aus dieser Sicht als Mittel zum Zweck anzusehen. Es hängt jedoch zum einen typischerweise von der jeweiligen Akteurperspektive ab, was als übergeordnetes Endziel angesehen wird; und zum anderen werden anfängliche Mittelziele bei den sie verfolgenden Akteuren unter der Hand häufig zu Zweckzielen.

Analog sind als untergeordnete Ziele bzw. zu erledigende Aufgaben, die direkt oder indirekt die Erreichbarkeit der übergeordneten Hauptziele von InnoPlanta unterstützen bzw. erst ermöglichen, insbesondere folgende zu nennen:

- organisatorische und mentale Stärkung des Netzwerkes
- daher Förderung interner Kommunikation und Lernprozesse
- Pflege und Ausbau externer Kontakte
- Bearbeitung und Lösung von (internen) Interessen- und Verteilungskonflikten
- verstärkte Kooperation von Projektpartnern aus Wissenschaft und Industrie
- Entwicklung innovativer Projektideen
- Sicherung der Finanzierung durch Einwerben und Aufbringen von Projektmitteln
- Projektkontrolle und -evaluation
- Verzahnung unterschiedlicher Projekte
- erfolgreiche Öffentlichkeitsarbeit
- Entwicklung und Umsetzung einer kohärenten Strategie
- Fähigkeit zum Umgang mit Krisensituationen.

Als Ressourcen von InnoPlanta, die die Durchführung dieser Aufgaben und das Erreichen seiner Ziele überhaupt erst ermöglichen, sind sowohl manifeste als auch indirekt-latente Ressourcen anzuführen: also Finanzmittel, (qualifiziertes) Personal, Ausstattung und (über Einfluss verfügende) Mitglieder einerseits, und interne Kommunikation und Kohärenz, externe Kontakte und Förderer, zweckdienliche Netzwerkstruktur und effektives Netzwerkmanagement andererseits. Hier kann festgehalten werden, dass InnoPlanta auf der einen Seite über diese Ressourcen, wenn auch erwartungsgemäß in

---

[17] Dementsprechend lassen sich auch direkte und indirekte Ziele und Wirkungen sowie unterschiedliche Ziele und Zieladressaten unterscheiden. Handlungsstrategien können darauf abzielen, ihre letztendlichen Ziele auf direktem oder – über das Auslösen von förderlichen Aktionen anderer Akteure – auf indirektem Wege zu erreichen. Ebenso können konkrete Ziele als Voraussetzungen weiter gesteckter (indirekter) Ziele angestrebt werden, so wie etwa das BMBF in der Förderung pflanzenbiotechnologischer Projekte von InnoPlanta letztlich einen Beitrag und Anstoß zu einer nachhaltigen wirtschaftlichen Entwicklung Sachsen-Anhalts sieht. Ziele von InnoPlanta sind z.B. sowohl der erfolgreiche Abschluss pflanzenbiotechnologischer Projekte als auch seine Etablierung als Innovationsnetzwerk, das weitere (eigenfinanzierte und kooperative) Vorhaben anstößt. Analog sind bei der Markteinführung innovativer pflanzenbiotechnologischer Produkte deren Abnehmer (externe) Zieladressaten, während auf Mentalitätsänderungen durch mind framing gerichtete Aktivitäten von InnoPlanta auf (interne) Vereinsmitglieder abzielen.

einem begrenzten Rahmen, weitgehend verfügt.[18] Entscheidend für InnoPlanta ist auf der anderen Seite, dass – abgesehen von knappen (finanziellen) Ressourcen für die Geschäftsstelle (mit teils ABM-finanzierten 2-2,5 Vollzeitstellen) und deren Netzwerkmanagement – systematische Zeitknappheit und im Zweifelsfall prioritäre Eigeninteressen seiner Mitglieder und sein Netzwerkcharakter (als nicht einfach handlungsfähiger Akteur) seine Aktionsmöglichkeiten grundsätzlich beschränken und Prioritätensetzungen in seiner Handlungsstrategie notwendig machen.

So ist beispielsweise die Entwicklung und Markteinführung innovativer Produkte primär Sache der hierfür verantwortlichen Mitglieder und kann von InnoPlanta als Netzwerk allenfalls unterstützt (oder gebremst) werden. Ebenso würde die gezielte Beeinflussung agrobiotechnologischer politics und policies durch entsprechende Lobbyarbeit von InnoPlanta beträchtliche personelle Ressourcen und diesbezügliche politische Kompetenzen erfordern, die nur begrenzt bzw. nur bei wenigen Mitgliedern vorhanden sind, die dann andernorts bei Projektarbeit und Netzwerkmanagement fehlen würden und die damit allenfalls sehr eingeschränkt dem übergeordneten Ziel von InnoPlanta dienen würden, ein genuines Innovationsnetzwerk zu werden.

Grundsätzlich sind bei der Erörterung von Optionen und Handlungsspielräumen InnoPlantas Zeitdimension[19], Zeithorizont[20], Sozialdimension[21], Art der Erfolgskriterien[22], die Sensitivität gegenüber Einflussfaktoren[23] und die Unterscheidung von Handlungs- und Strukturebene[24] zu beachten. Auf formaler Ebene ist nun festzuhalten:

---

[18] Wenn auch notwendige Ressourcen für die Erfüllung einer Aufgabe durchaus verfügbar sind, ist dennoch auf die systematische Begrenztheit von Handlungsoptionen hinzuweisen. Prinzipiell sind die verfügbaren Ressourcen natürlich stets begrenzt, weil man immer noch mehr tun und erreichen wollen kann, als mit ihnen möglich ist.

[19] Die Umweltbedingungen verändern sich mit der Zeit, und je nach Zeitpunkt und Gelegenheitsfenster sind unterschiedliche Maßnahmen angemessen und durchsetzbar.

[20] Er betrifft die Langfristigkeit von Option und Handlungsstrategie: bis zu welchem Zeitpunkt werden Maßnahmen ins Auge gefasst und bis zu welchem Zeitpunkt wird mit durch diese ausgelösten Wirkungen gerechnet?

[21] Verschiedene soziale Akteure sind je nach angestrebtem Zweck und Mitteleinsatz unterschiedlich geeignet bzw. betroffen.

[22] Je nach Reichweite und Klarheit der Ziele von InnoPlanta kommen unterschiedliche Erfolgskriterien zum Tragen, um den Grad der Zielerreichung zu prüfen. Naheliegend sind erst einmal die benannten Erfolgskriterien für InnoRegios: erfolgreicher Projektabschluss, Verzahnung von Vorhaben, Marktpenetranz innovativer Verfahren und/oder Produkte.

[23] Optionen und Handlungsstrategien sind gegenüber verschiedenen Einflussfaktoren unterschiedlich sensibel. Von daher erscheint es sinnvoll, die Robustheit von Handlungsstrategien gegenüber den verschiedenen als relevant erachteten Einflussgrößen zumindest grob abzuschätzen. Das kann zu unterschiedlichen Konsequenzen bei deren Variation führen.

[24] Bei Optionen und Strategien geht es um intentionales Handeln, um etwas zu bewirken; dagegen begrenzen sich nicht bzw. nur langsam verändernde und veränderbare Gegebenheiten als konstante Einflussgrößen die Handlungsmöglichkeiten strukturell.

- Die InnoPlanta als organisatorischem Netzwerk offen stehenden Optionen variieren trivialerweise je nach den jeweils angestrebten Zielen, verfügbaren Ressourcen, gegebenen externen Rahmenbedingungen, internen Randbedingungen und deren Interaktionsdynamik, und sind entsprechend systematisch zu unterscheiden.
- Die Zahl der dann jeweils realisierbaren (allgemeinen) Optionen ist vergleichsweise gering und ihr Gehalt ist folglich stark vorstrukturiert.
- Die für die Realisierung einer Option verfügbaren Handlungsspielräume sind zwar im Prinzip beträchtlich, schrumpfen jedoch bei Berücksichtigung der im konkreten Einzelfall jeweils wirksamen internen, teils personenbedingten Randbedingungen zusammen.
- Falls die damit verfolgten Ziele erreicht und unerwünschte Nebenwirkungen vermieden werden sollen, existieren pointiert formuliert nur wenige sich im Großen unterscheidende Optionen, hingegen im Kleinen beträchtliche Handlungsspielräume.

So kann InnoPlanta auf allgemeiner strategischer Ebene ganz unterschiedliche substanzielle FE-Strategien verfolgen, z.B. auf die grüne Gentechnik setzen oder nicht, deren Erfolg jedoch stark von jeweils bestehenden Markt- und Regulierungsgegebenheiten in der Biotechnologie abhängt, wie die unterschiedlichen strategischen Schlussfolgerungen für verschiedene, im folgenden Kapitel 6.7. beschriebene Szenarien deutlich machen. So ist die Forcierung von FE-Projekten im Nonfood-Bereich erst einmal nur deshalb angemessen, weil die Marktperspektiven im Food-Bereich derzeit skeptisch beurteilt werden. So kann InnoPlanta primär auf grundlagenorientierte FE-Projekte setzen, riskiert damit aber deren öffentliche Förderung im Rahmen des InnoRegio-Programms. So vermag InnoPlanta aus marktstrategischen Gründen auch Schwerpunktverlagerungen seiner Vorhaben in Richtung molecular farming oder graue Biotechnologie in Erwägung zu ziehen, was aber erst einmal mit Wettbewerbsnachteilen in diesen Gebieten und mit dem Verlust von in der Pflanzenbiotechnologie bestehenden Wettbewerbsvorteilen verbunden wäre. Diese Beispiele verdeutlichen, dass unterschiedliche strategische Optionen für InnoPlanta keineswegs frei wählbar sind.

Auf mittlerer Ebene der Programm- und Projektgestaltung kann InnoPlanta einen Businessplan-Wettbewerb durchführen oder nicht, ein Kapitalnetzwerk zu installieren versuchen oder nicht, in Ausbildungsprojekte investieren oder nicht, eher einige große oder mehr kleine FE-Projekte fördern (lassen), seine Öffentlichkeitsarbeit intensiv oder extensiv betreiben, interne Diskurse und Partizipation organisieren oder nicht: die aus diesen Entscheidungen resultierenden unterschiedlichen Folgewirkungen dürften den Entwicklungspfad von InnoPlanta durchaus merklich beeinflussen, jedoch kaum grundlegend verändern.

InnoPlanta kann schließlich auf der Ebene konkreter Einzelentscheidungen bestimmte Versammlungsorte und -zeitpunkte festlegen, in einem gewissen Rahmen die

Zahl der Vorstands- und Beiratsmitglieder verändern, die Mitgliedsbeiträge in Maßen variieren, mehr oder weniger Veranstaltungen organisieren: auf dieser Ebene konkreter prozeduraler Entscheidungen bestehen beträchtliche Handlungsspielräume, die vorrangig von den Sichtweisen, Interessen und Motiven der jeweils involvierten Personen ausgefüllt werden dürften.

Den aufgeführten übergeordneten Zielen entsprechend, liegt es für InnoPlanta nahe, folgende generelle handlungsstrategische Optionen zu verfolgen, soweit er dazu als organisatorisches Netzwerk (und eben nicht als Organisation) in der Lage ist:

- Konzentration auf (im Sinne des InnoRegio-Konzepts) gute und erfolgversprechende Projekte
- Marktanalyse von und Orientierung auf spezifische Einsatz- und Anwendungsmöglichkeiten der zweiten Generation und des Nonfood-Bereichs der Pflanzengentechnik
- Pflege von internem Netzwerkmanagement
- Einwerben finanzieller Ressourcen durch Wagniskapital, verstärkte Eigenfinanzierung, weitere Fördermittel und die Beteiligung an Rückflüssen aus Markterfolgen oder Lizenzgebühren
- Abschluss von Kooperationsabkommen und joint ventures mit (unter Vermarktungsgesichtspunkten) potenten Kooperationspartnern, unter Berücksichtigung nachgelagerter Bereiche in der Wertschöpfungskette
- Engagement im Bildungsbereich
- Zurückhaltung in (politisch) kontroversen Vorhaben der Pflanzenbiotechnologie, in die InnoPlanta nicht selbst involviert ist.

Diese Optionen sind angesichts der dargelegten Randbedingungen und Wirkungszusammenhänge nahe liegend, aber nicht zwingend, und sie lassen, wie nachfolgend beschrieben, beachtliche Handlungsspielräume im Hinblick auf ihre Umsetzung offen.

So hängt die Tragfähigkeit von InnoPlanta als Innovationsnetzwerk entscheidend vom Gelingen der von einzelnen Mitgliedern durchgeführten FE-Projekte ab. Es werden jedoch, wie in Kapitel 4.2 ausgeführt, von InnoPlanta keineswegs nur besonders erfolgversprechende FE-Projekte gefördert, zumal die (anfängliche) Bewertung eines Projekts als gut und erfolgversprechend schwierig ist. Außerdem bestehen bei einer hinreichenden Zahl von jeweils erfolgversprechenden Projektanträgen Spielräume in den Bewilligungsprioritäten, die vorwiegend nach anderweitigen Kriterien, z.B. Proporzgesichtspunkten ausgefüllt werden.

In den angeführten Sektoren der Pflanzenbiotechnologie (vor allem Nonfood-Bereich, konventionelle Züchtung bei Nutzung gentechnischer Untersuchungs- und Nachweismethoden, verbesserte Output-Eigenschaften) sind für InnoPlanta unter den gegebenen Bedingungen der vorerst geringen Marktchancen von Genfood und einer

schnittstechnologie analog wie in der Medizin vielfältig angewandt werden. Da im Agrar- und Lebensmittelsektor – anders als im Pharmabereich – überwiegend keine hohen Preise durchsetzbar sind und die Entwicklung und Zulassung gentechnologischer Verfahren und Produkte enorme Kosten verursacht, werden gentechnisch veränderte Kulturpflanzen im Wesentlichen solche sein, die weltweit großflächig angebaut werden, wie etwa Soja, Mais, Raps, Baumwolle, Weizen und Reis. Dies setzt die bisherige Entwicklung in diese Richtung fort. Dabei ist mit einer allmählichen, vorerst allerdings relativ eingeschränkten Verbreitung der zweiten und dritten Generation transgener Pflanzen zu rechnen (vgl. Vogel/Potthof 2003). Wie bei der Kernenergie dürfte sich die Zukunft der grünen Gentechnik als einer in der Landwirtschaft und Nahrungsmittelherstellung umfassend eingesetzten Technologie letztlich an ihrer wirtschaftlichen Tragfähigkeit entscheiden.

2. Bei dieser Entwicklung der Pflanzenbiotechnologie werden Biotech-Allianzen auf globaler Ebene durchaus eine Rolle spielen, jedoch werden die großen Agrochemie- und Nahrungsmittelkonzerne aufgrund ihrer dominanten Position sie voraussichtlich noch deutlicher bestimmen als die großen Pharmakonzerne diejenige der roten Biotechnologie. Von daher ist in der Pflanzenbiotechnologie eher mit global agierenden Großkonzernen mit Verankerung in lokalen (informalen) Netzwerken als mit genuinen regionalen Innovationsnetzwerken als dominanten Akteuren zu rechnen. Regionale Innovationsnetzwerke dürften ohne Anbindung an diese und das Engagement dieser Global Player in der Pflanzenbiotechnologie nur eine relativ begrenzte Rolle spielen und sich auf Nischenmärkte spezialisieren (müssen).

3. Aufgrund unterschiedlicher (gesundheitspolitischer) Regulierungskonzepte und -traditionen ist im Bereich der Pflanzenbiotechnologie – gerade vor dem Hintergrund bereits bestehender agrarpolitischer Interessenkonflikte – durchaus mit massiveren Handelskonflikten zwischen der EU und den USA zu rechnen (vgl. Bernauer 2003). Diese können durchaus zu absatzrelevanten Marktverzerrungen und -abschottungen für pflanzenbiotechnologische Produkte und Verfahren führen.

4. Die politischen und öffentlichen Kontroversen um die grüne Gentechnik werden sich mittelfristig, d.h. im Lauf einer Dekade, vermutlich auf ein mit anderen Wirtschaftssektoren vergleichbares ‚normales' Maß einpendeln. Dazu tragen maßgeblich bei:
   - die Durchsetzung von und Gewöhnung an rechtlich vorgegebene Sicherheitsstandards und -maßnahmen wie Kennzeichnung, Zulassungsbestimmungen, Gefährdungshaftung und ähnliches,
   - die vermehrt fallspezifische und differenziertere Betrachtung von Nutzen und Risiken der grünen Biotechnologie, das Angebot von Produkten der grünen Biotechnologie,

- die mit nachvollziehbaren Nutzeffekten für den Verbraucher verbunden sind, und

- die allmähliche Ermüdung des gentechnischen Protests im öffentlichen Diskurs. Diese Entwicklungen stehen allerdings unter dem Vorbehalt, dass es zu keinem schwerwiegenden, der grünen Biotechnologie anzulastenden Unfall kommt.

5. Die wirtschaftliche Lage des Landes Sachsen-Anhalt wird aufgrund seiner strukturell begrenzten Wettbewerbsvorteile und einer vorerst nicht allzu positiven gesamtwirtschaftlichen Entwicklung Deutschlands zumindest für die nächsten Jahre prekär bleiben.

Aus diesen wahrscheinlichen Entwicklungstrends lassen sich immer noch ganz verschiedenartige, auf InnoPlanta bezogene Szenarien ableiten, je nach gemachten, die Biotechnologie, die Region und die gesellschaftlichen Rahmenbedingungen betreffenden Annahmen. Die in Tabelle 6.3 skizzierten mittelfristigen, einfach und grob gestrickten Szenarien sollen zweierlei verdeutlichen: zum einen geben die vier prototypisch gewählten Zukunftsbilder, deren einzelne Komponenten keineswegs notwendig miteinander verknüpft sind, allesamt durchaus mögliche Entwicklungspfade wieder, und zum anderen sind die aus ihnen resultierenden, nahe liegenden strategischen Schlussfolgerungen für InnoPlanta konsequenterweise sehr verschieden.

Von daher sind die für InnoPlanta ratsamen substanziellen strategischen Orientierungen in Abhängigkeit von zukünftigen Entwicklungen auf Makroebene sehr unterschiedlicher und teilweise gegenläufiger Natur.[27] So sollte InnoPlanta in Szenario 1 eher auf mit der grünen Gentechnik verknüpfte pflanzenbiotechnologische Innovationen setzen, während in Szenario 4 eher eine Rückbesinnung auf solche Innovationen ratsam sein dürfte, die an traditionelle Züchtungsmethoden anknüpfen. Demgegenüber sind die auf allgemeiner prozeduraler Ebene angesiedelten Schlussfolgerungen mehr oder weniger gleich bleibend, insofern sie aus gleichförmigen Dynamiken resultieren, die gegebenen formellen Strukturmustern weitgehend inhärent sind.[28]

Diese nahe liegenden Schlussfolgerungen abstrahieren von unterschiedlichen Bedingungsverhältnissen innerhalb des Netzwerks InnoPlanta, die sie nicht wesentlich verändern, aber doch variieren würden. Die entsprechenden strategischen Weichenstellungen sind dabei angesichts der erforderlichen langen Vorlaufzeiten für Entwicklung und Züchtung unvermeidlich unter Unsicherheit lange vor jenem Zeitpunkt zu treffen, an dem über sie nach Eintreten eines bestimmten Szenarios mit deutlich größerer Sicherheit entschieden werden könnte.

---

[27] Deshalb lassen sich in dieser Hinsicht keine durchgängigen, eineindeutigen Handlungsempfehlungen, sondern – wie nicht anders zu erwarten – nur solche mit einer Wenn-dann-Struktur geben.

[28] Verwiesen sei etwa auf die in Kapitel 2.2 angedeuteten Vor- und Nachteile eines Netzwerks gegenüber einer formalen Organisation. Allerdings gilt auch hier, dass Veränderungen der inneren Dynamik oder von relevanten Kontexten solch formeller Strukturen gleichfalls zu Änderungen in den aus ihnen abgeleiteten Handlungsstrategien führen können.

Netzwerkintern dürfte es bei Nichtübereinstimmung von gewählter Strategie und eingetretenem Szenario, wie in Szenario 4 angedeutet, zu konfliktvermittelten Veränderungen und Reorientierungen von InnoPlanta kommen, die infolge von stereotypen Wahrnehmungen, vested interests und sunk costs seiner Akteure mit gegenläufigen Sichtweisen, Interessenlagen und Positionen einhergingen, wobei Ergebnis und Rechtzeitigkeit solcher sozioökonomisch und sachlich wohlbegründeter Reorientierungsbemühungen ebenso offen bleiben wie die daraus resultierende Ausübung der Exit-Option seitens wichtiger Mitglieder.

Insofern Szenarien mögliche (unterschiedliche) Zukünfte aufzeigen und nicht Zukunft prognostizieren sollen (vgl. Albers et al. 1999), sollen sie keine Prognosewahrscheinlichkeiten formulieren. Die Eintrittswahrscheinlichkeit der oben angeführten, eher allgemein formulierten Entwicklungstrends ist hingegen als beträchtlich und diejenige von angedeuteten Folgewirkungen der benannten Schlüsselereignisse als immer noch beachtlich einzuschätzen.

---

1. Erfolgsszenario:
die Biotechnologie betreffende Annahmen: Es sind der wirtschaftliche Erfolg der grünen Pflanzenbiotechnologie, in vielen Fällen einschließlich der zweiten und dritten Generation transgener Pflanzen, die Akzeptanz der grünen Gentechnik einschließlich von Genfood und keine signifikanten Unfälle infolge der Nutzung von Gentechnologie zu verzeichnen. Die Biotechnologie erweist sich als breitenwirksame Schlüssel- und Querschnittstechnologie.
die Region betreffende Annahmen: Es existiert eine regionale Innovationsdynamik, und Sachsen-Anhalt partizipiert am weltweiten wirtschaftlichen Erfolg der grünen Pflanzenbiotechnologie.
allgemeine Annahmen: Im Kern entwickelt sich die Weltwirtschaft positiv und die weltpolitische Lage ist von keinen massiven Konflikten gekennzeichnet.
Schlussfolgerungen: InnoPlanta pusht intern auf grüne Gentechnik setzende Projekte und arbeitet extern für diesbezüglich vorteilhafte Rahmenbedingungen und ihre Akzeptanz. Seine Existenz ist relativ gesichert.

2. Trend-Szenario:
die Biotechnologie betreffende Annahmen: Die grüne Biotechnologie erlebt wirtschaftliche Erfolge, wobei sie sich primär als gentechnisches Methodeninstrumentarium und nur begrenzt über gentechnisch veränderte Agrarprodukte, vorzugsweise bei global weit verbreiteten Kulturpflanzen, durchsetzt. Transgene Pflanzen der zweiten und dritten Generation haben nur eine eingeschränkte Bedeutung. Bei alltäglichem Umgang mit der Gentechnik als Querschnittstechnologie bleibt die Bevölkerung in Deutschland und großen Teilen Europas ambivalent gegenüber Genfood. Es kommt jedoch zu keinen signifikanten Unfällen infolge der Nutzung von Gentechnologie.
die Region betreffende Annahmen: Die Pflanzenbiotechnologie in Sachsen-Anhalt hat vor allem regionale Erfolge auf Nischenmärkten des Heil- und Gewürzpflanzenanbaus und, in Allianzen mit Global Playern, selektive Erfolge im Bereich der globalen und grünen Biotechnologie.
allgemeine Annahmen: Weltwirtschaft und weltpolitische Lage erweisen sich zwar als schwankend, ohne jedoch die Funktionsfähigkeit der sozialen Funktionssysteme wie Ökonomie, Politik, Recht oder Wissenschaft auf globaler Ebene zu gefährden.
Schlussfolgerungen: InnoPlanta verfügt über ein diversifiziertes Projekt-Portfolio und fördert auf regionale Spezialitäten orientierte Projekte, nutzt sich durch spezielle erfolgreiche Projekte öffnende Gelegenheitsfenster und engagiert sich in einem ausdifferenzierenden Biotechnologie-Diskurs. Seine Existenz ist relativ gesichert.

3. *Szenario regionalen Scheiterns:*

die Biotechnologie betreffende Annahmen: Grüne Gentechnik findet primär bei weit verbreiteten Kulturpflanzen und als Querschnittstechnologie Anwendung. Output-traits und molecular farming spielen nur eine begrenzte Rolle. Die Global Player der Biotechnologie vereinnahmen in Produktion und Distribution die grüne Gentechnik weitgehend für sich. Bei alltäglichem Umgang mit der Gentechnik als Querschnittstechnologie bleibt die Bevölkerung in Deutschland und großen Teilen Europas ambivalent gegenüber Genfood. Es kommt zu keinen signifikanten, wohl aber kleineren Unfällen im Bereich der grünen Biotechnologie.

die Region betreffende Annahmen: Ohne das Engagement von Global Playern und die Einbindung in supranationale Biotech-Allianzen bleibt Sachsen-Anhalt in der Pflanzenbiotechnologie eine eher periphere Region, die sich auf die eher traditionelle, von externen Zuwendungen abhängige Förderung des Heil- und Gewürzpflanzenanbaus konzentriert, und sich zudem insgesamt wirtschaftlich kaum weiter, sondern zu einer Art Mezzogiorno mit wachsenden sozialen Konflikten entwickelt.

allgemeine Annahmen: Die Entwicklung der Weltwirtschaft und die weltpolitische Lage gestalten sich wechselhaft und konfliktbehaftet.

Schlussfolgerungen: InnoPlanta unterstützt über die in der Pflanzenbiotechnologie anvisierten (etwa dem Thymian-Projekt C24 analogen) Projekte eine Reorientierung auf traditionelle regionale Stärken und sucht hierfür externe Mittel zu akquirieren, Allianzen zu bilden und politische Unterstützung zu mobilisieren. Seine weitere Existenz ist nicht mehr gesichert.

4. *Unfall-Szenario:*

die Biotechnologie betreffende Annahmen: Grüne Gentechnik findet primär bei weit verbreiteten Kulturpflanzen und als Querschnittstechnologie Anwendung. Pflanzengentechnik der zweiten und dritten Generation gewinnt nur eine relativ eingeschränkte Bedeutung. Global Player dominieren hierbei, ohne die grüne Biotechnologie völlig zu kontrollieren. Ein als schwerwiegend eingestufter Unfall führt – im Gefolge analoger Ereignisse in anderen Bereichen wie Tierhaltung oder Klimaveränderung – zum weitgehenden Stop grüner Gentechnologie, ohne jedoch die weitverbreitete Nutzung gentechnischer Methoden in der (Pflanzen-)Biotechnologie und den weiteren Anbau bereits etablierter gentechnisch veränderter Kulturpflanzen zu unterbinden. Die Akzeptanz von Genfood und Feldversuchen mit grüner Gentechnik sinkt auf ein Minimum.

die Region betreffende Annahmen: Sachsen-Anhalt erleidet wirtschaftliche Einbußen in der Pflanzenbiotechnologie und konzentriert sich wie in Szenario 3 auf traditionelle Stärken im Heil- und Gewürzpflanzenanbau.

allgemeine Annahmen: Die Entwicklung der Weltwirtschaft und die weltpolitische Lage gestalten sich wechselhaft und konfliktbehaftet.

Schlussfolgerungen: InnoPlanta erfährt massive interne Kontroversen und Turbulenzen, unterstützt (wie in Szenario 3) eine Reorientierung auf traditionelle regionale Stärken, wofür er Mittel und politische Unterstützung zu gewinnen sucht und seine Öffentlichkeitsarbeit entsprechend neu ausrichtet, und betreibt extern Schadensbegrenzung. Seine Existenz ist nicht mehr gesichert.

Tabelle 6.3: Vier Szenarien für 2015/2020

6.8 Empfehlungen und ihre Differenzierung

Bevor in diesem Schlusskapitel Handlungsorientierungen und -empfehlungen für InnoPlanta vorgestellt werden, seien im Anschluss an die im vorherigen Teilkapitel dargelegten Entwicklungstrends und Schlussfolgerungen, die in Abhängigkeit von den gewählten Entwicklungsszenarien substanziell stark und prozedural wenig variieren, zunächst einige systematische (methodologische) Vorgaben für Handlungsempfehlungen benannt:

1. Hält man sich noch einmal die vielfältigen Determinanten der Optionen und Handlungsspielräume von InnoPlanta vor Augen (vgl. Abbildung 2.5), so wird deutlich, wie sehr der Erfolg eines Netzwerks, speziell eines Innovationsnetzwerks vom positiven Zusammenwirken dieser Einflussfaktoren abhängt, deren Interaktionsdynamik zwar in groben Zügen beschreibbar, jedoch in ihrem konkreten Verlauf nicht vorhersagbar ist (vgl. Kapitel 6.5).[29]

2. Es verbieten sich darum sowohl ganz konkrete Handlungsempfehlungen ohne genaue und umfassende Kenntnis der jeweiligen Situation als auch vorbehaltlose, nicht konditionale Handlungsstrategien, wie die je nach Szenario ganz unterschiedlichen strategischen Schlussfolgerungen für InnoPlanta verdeutlichen.[30]

3. Generell ist die begrenzte Realitätsnähe von Analysemodellen zu reflektieren: die Grobstruktur und die einfachen Annahmen, auf die die reale Welt in sie abbildenden Modellen reduziert wird, sind in Rechnung zu stellen, wenn die aus ihnen resultierenden Schlussfolgerungen in Bezug auf ihre praktische Angemessenheit diskutiert und geprüft werden.

4. Von daher stehen vor allem *gegenwartsbezogene prozedurale* Empfehlungen im Vordergrund. Diese abstrahieren in der Tendenz von den jeweils mit ihnen verbundenen inhaltlichen Bezügen, und sind deshalb begrenzt generalisierbar und damit mehr oder weniger gleich bleibend; denn sie resultieren überwiegend aus gleichförmigen, weil gegebenen formellen Strukturmustern weitgehend inhärenten, stabilen Dynamiken.

5. Wie in Kapitel 1.2 festgehalten, lassen sich Handlungsempfehlungen nicht wissenschaftlich stringent ableiten, sondern lediglich plausibilisieren, weil Kausalzusammenhänge und Handlungsempfehlungen selten eindeutig nachzuweisen bzw. abzuleiten sind[31], weil der involvierte Praktiker besser über stets maßgebliche situative Bedingungen Bescheid weiß, weil diese nur begrenzt verallgemeinerbar sind, und weil die Übertragbarkeit heute zutreffender Handlungsempfehlungen auf zukünfti-

---

29 Illustriert sei dies exemplarisch an der Wichtigkeit einer sowohl wissenschaftlich und technisch guten Infrastruktur als auch einer Lebensqualität bietenden Attraktivität der Region für die Rekrutierung und das Verbleiben qualifizierten Personals, also an der Abhängigkeit der Ressource Personal von externen Rahmenbedingungen.

30 So war auch seine Entwicklung von einer Beutegemeinschaft zu einem organisatorischen Netzwerk trotz vielfältiger diesbezüglicher Bemühungen keineswegs vorgegeben und ist umgekehrt seine weitere Entwicklung zu einem genuinen Innovationsnetzwerk trotz fraglicher Voraussetzungen nicht ausgeschlossen. Demgegenüber dürfte InnoPlanta kaum echte Akteurqualitäten entwickeln, denn dies würde voraussetzen, dass es sich in einen Strukturen und Prozessmustern von einem Netzwerk in eine echte Organisation verwandeln würde.

31 So handelt es sich bei den hierbei aufgeführten Einflussgrößen und Optionen typischerweise um Makrogrößen, sodass unterstellte Kausalzusammenhänge, die auf der Basis diesbezüglicher Forschungsarbeiten angenommen werden, nur plausibel und nicht notwendig gesichert sind.

ge Entscheidungen deshalb als auch aufgrund zunehmend fluider werdender gesellschaftlicher Rahmenbedingungen äußerst problematisch ist.

Auf substanzieller Ebene sind sodann folgende Bedingungszusammenhänge und Orientierungen der nachfolgenden (gegenwartsbezogenen) Handlungsempfehlungen festzuhalten:[32]

1. Im Vordergrund der nicht spezifische Projekte betreffenden Arbeiten des Netzwerks stehen zunächst einmal auf dessen Funktionsfähigkeit und Absicherung bezogene Tätigkeiten wie die Entwicklung, Bewertung und Kontrolle von Projekten, Netzwerkmanagement, laufende Koordination, Marketing-Aktivitäten, etwas Lobbying, externes Networking und Finanzierungssicherung. Somit wird der Großteil der für Netzwerkkoordination und -entwicklung verfügbaren begrenzten Ressourcen für alltägliche Routinearbeiten des Sichinformierens, der Koordination und Abstimmung von Aktivitäten, des Networking, der Außendarstellung und Öffentlichkeitsarbeit benötigt. Handlungsstrategien müssen im Prinzip darüber hinausgehen. Diese Sachlage verweist auf die begrenzten Möglichkeiten solcher weiter zielender Steuerungsbemühungen eines Netzwerks, die über naturwüchsige, von Inno-Planta-Aktivitäten unterstützte Entwicklungsprozesse seiner Konsolidierung, Ausbreitung und Strategiefähigkeit hinausgehen.

2. Eine wesentliche Voraussetzung für die Entwicklung erfolgversprechender Handlungsstrategien ist somit die Einsicht in die Begrenztheit der eigenen Möglichkeiten. So besitzt InnoPlanta als Netzwerk keine große Durchsetzungsmacht[33], z.B. in Bezug auf die Beeinflussung (externer) politischer Akteure.[34] InnoPlanta kann daher intern und an seinen Netzwerkrändern, wo der Austausch mit der Umwelt stattfindet, einiges, aber nur wenig in seinem externen Umfeld bewirken.[35]

3. Außerdem braucht ein Innovationsnetzwerk, das nach innen und außen attraktiv sein will, (Markt-)Erfolge *und* weiterreichende Perspektiven, wenn auch nicht unbedingt Visionen.

4. Da solche Markterfolge überwiegend erst in ein bis zwei Dekaden erreicht werden können, ist für den Erfolg von InnoPlanta (als Innovationsnetzwerk) ein langer Atem notwendig. Dies verlangt eine hinreichende Stabilität des Netzwerks und ein Durchhaltevermögen der Projektbearbeiter, das ohne einen damit verbundenen

---

[32] Die folgenden Ausführungen sind überwiegend Conrad (2004b) entnommen.

[33] Eine solche besitzen noch eher das IPK oder die BAZ als echte Akteure, ohne sich jedoch mit über substanzielle (ökonomische oder politische) Machtressourcen verfügenden Akteuren wie BASF oder die Bundesregierung messen zu können.

[34] Das schließt nicht aus, dass maßgebliche, dem Netzwerk angehörende Akteure wie Schrader oder Leimbach aufgrund ihrer persönlichen (beruflichen) Position in der Landespolitik sehr wohl meinungsbildend und politikwirksam agieren können.

[35] Dabei dürfte InnoPlanta inzwischen die für die Stabilität und Aktionsfähigkeit eines Netzwerks notwendige kritische Masse an Mitgliedern und Kompetenzen erreicht haben.

(persönlichen beruflichen) Nutzen kaum erwartet werden kann. Ohne weiterreichende, möglicherweise gar mit glaubhaften Visionen verknüpfte Perspektiven ist damit nicht zu rechnen.

5. Darüber hinaus ist die Performanz eines Netzwerks ebenso wie diejenige einer Organisation abhängig von der Persönlichkeit und den Kompetenzen zentraler Akteure, ihrer Glaubwürdigkeit sowie von der Öffnung und Wahrnehmung von Gelegenheitsfenstern.

6. Schließlich ist die Orientierung von InnoPlanta an der InnoRegio-Philosophie[36] sowohl direkt als auch mittelbar von Vorteil, weil sie mit den Zielen von InnoPlanta weitgehend konform geht und dies den Vorstellungen des fördernden BMBF am besten entspricht.

Tabelle 6.4 stellt die für InnoPlanta wichtigen Handlungsorientierungen zusammen. Es handelt sich, von wenigen Ausnahmen abgesehen, um auf soziale Strategien und prozedurale Vorgehensweisen abzielende Empfehlungen, die eine konzeptionelle Ausrichtung auf moderne Pflanzenbiotechnologie im allgemeinen mit grüner Gentechnik als Querschnittstechnologie und fallspezifischer Nutzung befürworten und vor einer zu starken Fokussierung auf letztere warnen. Diese Handlungsorientierungen heben darauf ab,

1. Aufmerksamkeit und Marketing auf gute und erfolgversprechende Projekte im Sinne des InnoRegio-Konzepts zu fokussieren,

2. der Aktivitäten des Netzwerks in die gesamten Anstrengungen des Landes Sachsen-Anhalts, die Entwicklung der (Pflanzen-)Biotechnologie voranzutreiben, erfolgreich einzubetten, verbunden mit der Möglichkeit, die eigenen Zukunftsperspektiven zu festigen und zu erweitern,

3. sich wegen größerer Wirkungschancen auf interne Netzwerk-Aktivitäten zwecks sozialer Bindung, Lernprozesse und mind framing zu konzentrieren, dabei aber externe Öffentlichkeitsarbeit, Kontaktpflege und die Gewinnung von potenten Kooperationspartnern weiter zu verfolgen und

4. aufgrund der zumeist langfristigen Markteinführungsperspektiven Ausdauer und Durchhaltevermögen zu ermöglichen.

---

[36] Die InnoRegio-Initiative des BMBF zielt wie beschrieben darauf ab, tragfähige Kontakte und Kooperationsbeziehungen zwischen vorwiegend regionalen Akteuren aufzubauen bzw. zu intensivieren, um durch ihre bessere Vernetzung die Innovationsfähigkeit der Unternehmen zu stärken, mit der Folge der vermehrten und rascheren Entwicklung innovativer marktfähiger Produkte, und damit Impulse für ein stärkeres Wachstum von Wirtschaft und Beschäftigung in der Region zu geben.

strategische Orientierung
• Einsicht in die begrenzten eigenen Möglichkeiten • Ausrichtung an der InnoRegio-Konzeption als Leitlinie • Einbettung in allgemeine Entwicklungsprogramme und -prozesse der Pflanzenbiotechnologie in Sachsen-Anhalt • Setzen auf indirekte Wirkungen im Zusammenspiel mit anderen Akteuren • überregionale Allianzbildung mit Global Playern in der Biotechnologie • und dabei einen langen Atem haben (mit dem Risiko des Scheiterns)
substanzielle Ausrichtung
• Fokus auf moderne Pflanzenbiotechnologie generell und nicht auf grüne Gentechnik • Gentechnologie als Querschnittstechnologie und nicht als Ideallösung • Verzicht auf die Entwicklung von Blockbustern (mit 500 Mio € Entwicklungskosten) • Ausbildung von Pflanzenbiotechnologen (wissenschaftl. und technisches Personal)
Projektadministration
• breit angelegtes Projekt-Portfolio • Koordination und kritische Evaluation der Projekte • glaubwürdiges Herausstellen von Erfolgen
Netzwerkentwicklung
• Förderung von networking der Mitglieder • Nutzen der Chancen einer offenen Netzwerkstruktur • soziale Bindung und mind framing durch offenen internen Diskurs • Glaubwürdigkeit durch eigene Offenheit und Lernbereitschaft
Gentechnik-Diskurs
• differenziertere Haltung zur Nutzung der grünen Gentechnik • geringes Engagement im Gentechnik-Diskurs • klare Positionen in, aber flexibler Umgang mit externen Konfliktsituationen
Öffentlichkeitsarbeit
• PR-Arbeit als notwendiges Marketing und nicht als Selbstzweck • Vermeidung von überzogenen, nicht haltbaren Präsentationen/ Inszenierungen

Tabelle 6.4: Empfohlene Handlungsorientierungen für InnoPlanta

Dementsprechend ist im Hinblick auf eine Handlungsstrategie von InnoPlanta, etwas konkreter formuliert, insbesondere auf folgende vorrangige Aktivitäten zu verweisen:

• Substanzielle Projekterfolge, die zukünftige Anwendbarkeit und Vermarktbarkeit, und damit wirtschaftlichen Nutzen versprechen, gehören zu den wichtigsten Faktoren, die die längerfristige Stabilität und Attraktivität des Netzwerks InnoPlanta bestimmen. Von daher sind die bewusste Wahrnehmung von und breitenwirksame PR-Arbeit über frühe Erfolge, z.B. des Thymian-Projekts C24, sehr wichtig, die sich an in der Pflanzenbiotechnologie und Saatzucht aktive Produzenten, Abnehmer und Förderer sowie die Öffentlichkeit richtet. Im Interesse ihrer Glaubwürdigkeit ist dabei auf eine substanzielle Basis der PR-Arbeit zu achten, die vor allem auf solchen Projekterfolgen beruht. Als weitere, infolge ihrer potenziell großen

Reichweite geeignete Kandidaten für diesbezügliches Marketing bieten sich im Erfolgsfalle etwa die Plattformtechnologie Transgene Operating Systems (Projekt C04) oder die Qualitätserhöhung von Futtererbsen (Projekte C16 und zukünftig R23) an. Wirklich überzeugende Durchschlagskraft würde dieses Marketing allerdings erst bei echter Marktpenetranz dieser pflanzenbiotechnologischen Verfahren und Produkte entwickeln.

- Gutes internes Netzwerkmanagement dürfte wichtiger sein als nach außen gerichtete (exzessive) PR-Arbeit. Intern wie extern geht es vor allem um Überzeugungsarbeit, dass InnoPlanta der Mitgliedschaft und Mitwirkung der angesprochenen bzw. ihm angehörenden Personen und Institutionen wert und für sie – über die bloße Selbstdarstellung hinaus – von Nutzen ist. Dazu gehört auch die Möglichkeit zu echtem (internen) Diskurs, in dem Lernprozesse und mind framing in Richtung auf differenziertere und reflexivere Wahrnehmungen eigener Positionen und anderer Akteure stattfinden können. Dies würde die Chancen für die Aufgabe unangemessener Schwarz-Weiß-Bilder erhöhen. Allerdings ist die Realisierung eines solchen intensiven Diskurses aufgrund der Zeitknappheit und Interessenlage der meisten Mitglieder unwahrscheinlich.

- Schließlich sind das Einwerben von Wagniskapital und das Einbringen von Eigenmitteln ausschlaggebend dafür, dass InnoPlanta (respektive seine Mitglieder) eine solide ökonomische Basis gewinnen. Dies vor allem deshalb, weil es sich einerseits bei den bis 2006 zur Verfügung stehenden InnoRegio-Mitteln um bloße Anschubfinanzierung handelt und weil andererseits eine erfolgreiche, mit wirtschaftlichen Erträgen verbundene Vermarktung der in Entwicklung befindlichen Produkte und Verfahren überwiegend frühestens in 10 und mehr Jahren erwartet werden kann. Von daher dürfte InnoPlantas Abhängigkeit von öffentlichen Fördermitteln im kommenden Jahrzehnt nicht aufzuheben sein, das Ziel einer Eigenfinanzierungsquote von 50% jedoch erreichbar sein.

In der Sache ist InnoPlanta in Bezug auf den Umgang mit der politischen Regulierung der grünen Gentechnik (als ohnehin wahrscheinliche Entwicklung) anzuraten, die in Kapitel 3.3 skizzierten und mittelfristig zu erwartenden differenzierteren und verstärkt fallspezifisch anzuwendenden Regulierungsmodi zu akzeptieren, da sie als kaum zu beeinflussen und daher unvermeidbar, und auch – im Sinne der Risikominimierung genauso wie in anderen Wirtschaftsbereichen – in einigen Kerngedanken als berechtigt einzustufen sind. Es kann z.B. nicht darum gehen, gegenwärtig heftig umstrittene Haftungsregelungen grundsätzlich abzulehnen, sondern lediglich darum, das Wie ihrer konkreten Gestaltung mit auszuhandeln.[37]

---

[37] Analog kann man die EU-Regelung, Antibiotika-Marker ab 2005 bzw. 2008 nicht mehr zu verwenden und durch alternative Marker zu substituieren (wovon im Übrigen das Projekt C05 (Mar-

Wenn davon auszugehen ist, dass kurz- und mittelfristig einerseits (in Deutschland) allgemein weiterhin eine geringe Akzeptanz insbesondere von Genfood bestehen dürfte, die grüne Gentechnik sich hingegen andererseits längerfristig, allerdings differenziert nach Bereichen, faktisch durchsetzen wird, dann verlangt diese Situation von InnoPlanta Ausdauer und fallweise Flexibilität. Das relativ diversifizierte Projekt-Portfolio von InnoPlanta spiegelt insofern ein ökonomisch und politisch kluges Vorgehen wider, zumal ein nicht auszuschließender gravierender, der (grünen) Gentechnik zugeschriebener Unfall (aufgrund der voraussichtlich nur eingeschränkten Beherrschbarkeit seiner ökologischen Folgewirkungen) ebendiese Entwicklung für längere Zeit verhindern dürfte.

Gerade als *Netzwerk* ist es für InnoPlanta ratsam, strategisch nicht spezifisch auf grüne Gentechnik, sondern breiter auf moderne Pflanzenbiotechnologie insgesamt zu setzen, wobei in diesem Rahmen durchaus auch gentechnische Methoden pragmatisch als vorteilhaftes Instrument eingesetzt werden können. Angesichts der Aussicht auf eine mittelfristige Durchsetzung und differenzierte Regulierung der grünen Gentechnik würde eine solche Orientierung zudem von persönlichen Enttäuschungen, Spannungen und potenziellen Rückschlägen entlasten, die sich aus einer starken Fokussierung auf grüne Gentechnik samt den damit verbundenen gesellschaftspolitischen Konflikten leicht ergeben können. Dieser auf ein breites Projekt-Portfolio und ein Offenhalten von Optionen abzielenden Strategieempfehlung steht die in 2004 vom InnoPlanta-Vorstand vorgenommene klare Positionierung zugunsten der grünen Gentechnik gegenüber.[38]

Ergänzend liegen folgende notwendige und sinnvolle Handlungsempfehlungen nahe:

1. Bildung von joint ventures mit unter Vermarktungsgesichtspunkten potenten Kooperationspartnern, wobei die aus einer solchen Anbindung an Global Player resultierenden Folgekosten abgeschätzt und akzeptiert werden sollten,
2. Eingehen von Koalitionen mit anderen Akteuren, z.B. der von der Biotechnologieindustrie getragenen BMD, um eigene Anliegen politisch besser durchsetzen zu können, was jedoch wie stets bei solchen politischen Manövern mit Risiken verbunden ist, die infolge wechselnder macht- und interessenpolitischer Konstellati-

---

ker für Weizen und Raps) profitieren dürfte), zwar in ihrer Form kontrovers diskutieren, jedoch kaum das dahinter stehende Anliegen eines präventiven Gesundheitsschutzes diskreditieren.

[38] Dementsprechend lassen sich idealtypisch zwei Handlungsstrategien vergleichen. Generell auf Pflanzenbiotechnologie und nicht speziell auf grüne Gentechnik zu setzen, mag eine lediglich suboptimale Strategie sein, die aber eher auf der sicheren Seite liegt. Speziell auf grüne Gentechnik in der Pflanzenbiotechnologie zu setzen heißt demgegenüber, vieles wenn nicht alles auf eine Karte zu setzen, was sich (ex post) als (wissenschaftlich und wirtschaftlich) sehr erfolgreiche Strategie oder als Desaster herausstellen kann. Ohne starken Konsens über eine solche Strategie, wie er in einem echten Innovationsnetzwerk möglich ist, ist sie in einem (organisatorischen) Netzwerk nur schwer realisierbar und kaum gerechtfertigt.

onen an anderer Stelle zum Tragen kommen, jedoch nur begrenzt abgeschätzt werden können[39],

3. vertragliche Sicherung von Rückflüssen aus Markterfolgen oder Lizenzgebühren, soweit es sich um Resultate von Projekten handelt, die über InnoPlanta koordiniert und gefördert wurden[40],

4. Engagement im Bildungsbereich, z.B. das anvisierte Projekt eines dualen Studiengangs (B13), was mittelfristig maßgeblich zur Ausbildung des in den Forschungs- und Züchtungsprojekten benötigten qualifizierten Personals und damit (indirekt) zur Konsolidierung des Netzwerks beitragen kann, jedoch von einer entsprechend gesteigerten Bildungsnachfrage (vor Ort) abhängt,

5. Zurückhaltung in (politisch) kontroversen Vorhaben der Pflanzenbiotechnologie, in die InnoPlanta selbst nicht involviert ist, um das Bild eines unkritischen Befürworters bestimmter Vorgehensweisen und Techniken zu vermeiden.[41]

Vergleicht man nun die hier benannten Handlungsperspektiven mit den von InnoPlanta bisher in der Praxis verfolgten Aktivitäten, so lässt sich festhalten, dass diese (im Rahmen seiner aufgeführten, durch externe und interne Randbedingungen begrenzten Möglichkeiten) mit jenen weitgehend übereinstimmen, bis hin etwa zu Strategieentwicklung, Eigenmittel-Einwerbung, mittelfristiger, über 2006 hinausreichender Zukunftsplanung und zum Businessplan-Wettbewerb, um eine kritische Masse zu erreichen und Global Player der Pflanzenbiotechnologie als Mitglieder zu gewinnen. Im Allgemeinen entspricht das Vorgehen von InnoPlanta m.E. den hier vorgestellten Handlungsstrategien, wenn man von der partiellen Verkürztheit und Einseitigkeit seiner Sichtweise und Bewertung von Gentechnik-Kontroverse und Kritikern[42] und seiner nunmehr klaren Positionierung zugunsten der grünen Gentechnik absieht. Dies impliziert, dass die in diesem Buch präsentierte Analyse der Optionen und Restriktionen von InnoPlanta überwiegend als Bestätigung seiner Strategie und Vorgehensweise aufgefasst werden kann, wie er sie im Prinzip, wenn auch nicht durchgängig in der Praxis verfolgte. Auch wenn sich messbare Effekte, wie die Zahl neu gegründeter Biotech-Unternehmen, geschaffener Arbeitsplätze, angemeldeter Patente und Lizenzen oder geschaffener Allianzen, aufgrund vielfältiger Einflussfaktoren nicht umstandslos

---

[39] So kann sich z.B. die Kooperation mit der BMD als einem Lobby-Verband politisch möglicherweise als zwiespältig erweisen, falls in möglichen Konfliktsituationen bei zukünftigen Feldversuchen von InnoPlanta-Projekten deshalb das (begründete) Bild der Parteilichkeit auf InnoPlanta übertragen wird und dadurch Konfliktlösungsmöglichkeiten erschwert werden.

[40] Eine übrigens meines Wissens in der Vergangenheit unzureichend wahrgenommene Aufgabe.

[41] Hier hat sich der InnoPlanta-Vorstand im Fall des Erprobungsanbaus von Bt-Mais in 2004 anders entschieden.

[42] In dieser Hinsicht behindert m.E. eine verzerrte Perzeption und Einordnung von Öffentlichkeit und Kritikern der Gentechnik die Wahrnehmung mittelfristig vorteilhafter Optionen und Lernprozesse von InnoPlanta.

diesen von InnoPlanta verfolgten Aktivitäten zurechnen lassen, so lassen sie sich in der nach drei Jahren erreichten Größenordnung von z.B. rund 120 Arbeitsplätzen oder bislang 2 Neugründungen von Biotech-Start-ups doch vorsichtig als Indikatoren des generellen Erfolgs von InnoPlantas Handlungsstrategie interpretieren.

Versucht man in diesem Kontext nahe liegende, in Tabelle 6.5 aufgelistete Aktivitäten von InnoPlanta, die Projektadministration, Netzwerkentwicklung, externe Einbettung, Gentechnik-Diskurs und Markteinführung von Produkten betreffen, auf ihre Erfolgswahrscheinlichkeiten hin zu beurteilen, so wird noch einmal deutlich, dass diese aufgrund seiner begrenzten Handlungsmöglichkeiten als Netzwerk mit wachsender Reichweite und dem Grad ihrer Externalität wie zu erwarten sukzessive abnehmen.

Dass InnoPlanta im Kern nur ein Entwicklungspfad empfohlen wird, war keineswegs einfach zu erwarten. Bei gleich bleibenden Zielen des Netzwerks bieten sich aber echte alternative Handlungsstrategien mit vergleichbaren Erfolgsaussichten unter den gegebenen Rahmenbedingungen auf der gewählten Abstraktionsebene kaum an. Auch die unterschiedlichen Schlussfolgerungen in den vier Szenarien unterscheiden sich hinsichtlich ihrer nahe liegenden sozialen Strategien und prozeduralen Vorgehensweisen im Grunde nicht signifikant voneinander.[43]

Dass InnoPlanta im Kern nur ein Entwicklungspfad empfohlen wird, war keineswegs einfach zu erwarten. Bei gleich bleibenden Zielen des Netzwerks bieten sich aber echte alternative Handlungsstrategien mit vergleichbaren Erfolgsaussichten unter den gegebenen Rahmenbedingungen auf der gewählten Abstraktionsebene kaum an. Auch die unterschiedlichen Schlussfolgerungen in den vier Szenarien unterscheiden sich hinsichtlich ihrer nahe liegenden sozialen Strategien und prozeduralen Vorgehensweisen im Grunde nicht signifikant voneinander.[44]

Als zentrale handlungsstrategisch relevante Botschaften seien abschließend festgehalten:

1. Der gesellschaftliche Diskurs um die grüne Gentechnik und ihre Nutzung in der Pflanzenbiotechnologie wird sich mittelfristig normalisieren und fallspezifisch differenzieren.

2. InnoPlanta verfolgt in der Praxis im Wesentlichen eine seiner Zielsetzung entsprechende sinnvolle und wirksame Strategie und entwickelt sich in Richtung eines echten Innovationsnetzwerks.

---

[43] Der Hauptgrund liegt wie gesagt in der (unterstellten) Gleichartigkeit sozialer Prozesse und Strukturdynamiken in den verschiedenen Szenarien.

[44] Der Hauptgrund liegt wie gesagt in der (unterstellten) Gleichartigkeit sozialer Prozesse und Strukturdynamiken in den verschiedenen Szenarien.

3. Als Netzwerk kann InnoPlanta nicht wie ein Akteur agieren und von daher nicht die intentionale Stringenz, Kohärenz und Durchsetzungsfähigkeit eines genuinen Akteurs entwickeln.

4. Die über konkrete lokale Vorhaben hinausgehenden Handlungs- und Einflussmöglichkeiten von InnoPlanta als ein machtmäßig eher schwacher Verein sind von systematisch relativ begrenzter Natur.

Projektadministration:	
laufende Abstimmung und Administration der (Projekt-)Arbeiten	+
Unterstützung von Antragstellern	+
Evaluation von Anträgen und Projekten	+ ·
Netzwerkentwicklung:	
Förderung der Netzwerkentwicklung	+
Einwerben von Fördermitteln	+
Öffentlichkeitsarbeit und Außendarstellung	+
Pflege der Umfeldkontakte, Lobbying	+
Förderung interner Lernprozesse und Strategiereflexion	o
Entwicklung einer und Konsens über eine konsistente strategische Linie	+
Einbettung in die regionale Gesamtentwicklung der Pflanzenbiotechnologie	+
Stabilisierung und institutionelle Verankerung des Netzwerks/der Geschäftsstelle	+/o
Auswahl kompetenten Personals	o
externe Einbettung:	
Verfolgen der allgemeinen Entwicklung in Pflanzenbiotechnologie und Gentechnik	+
Vernetzung mit anderen regionalen (Wirtschafts-)Aktivitäten	+/o
Vernetzung mit anderen InnoRegios	o
Gentechnik-Diskurs:	
Beteiligung am regionalen Gentechnik-Diskurs mit mentaler Wirkung	+
Beeinflussung des allgemeinen Gentechnik-Diskurses	-
erfolgreiche Auseinandersetzung mit Akteuren des Gentechnik-Protests	-
Beeinflussung von regionaler Biotechnologiepolitik und -regulierung	-
Beeinflussung von nationaler Biotechnologiepolitik und -regulierung	-
Beeinflussung von EU- und globaler Biotechnologiepolitik und -regulierung	-
Markteinführung von Produkten:	
Erfolg auf dem Biotechnologie-Weltmarkt	-
Erfolg auf (regionalen) Spezialmärkten	o
erfolgreiche Auseinandersetzung mit Global Playern in der Biotechnologie	-
erfolgreicher Wettbewerb mit anderen BioRegionen	o/-

Tabelle 6.5: (Nahe liegende) Aktivitäten von InnoPlanta: was geht und was geht nicht?

7 Literatur

Abels, G. (2000): Strategische Forschung in den Biowissenschaften. Der Politikprozeß zum europäischen Humangenomprogramm. Berlin: edition sigma

Abels, G, Bora, A. (Hg) (2004): Demokratische Technikbewertung. Bielefeld: transcript Verlag

Akademie für Technikfolgenabschätzung (Hg) (1995): Biotechnologie/Gentechnik – eine Chance für die Zukunft? Bürgergutachten. Stuttgart

Albers, O. et al. (1999) : Zukunftswerkstatt und Szenario-Technik. Weinheim: Beltz

Anders, G. (1980): Die Antiquiertheit des Menschen. München: Beck

Archibugi, D., Michie, J. (1996): Technological globalisation or national systems of innovation?, in: D. Archibugi, J. Michie (Hg), Technological Globalisation: The End of the Nation State? Cambridge: Cambridge University Press

Archibugi, D., Michie, J. (Hg) (1997): Technology, Globalisation, and Economic Performance. Cambridge: Cambridge University Press

Archibugi, D., Iammarino, S. (1999): The policy implications of the globalisation of innovation, Research Policy 28: 317-336

Archibugi, D., Iammarino, S. (2002): The globalization of technological innovation: definition and evidence, Review of Intenational Political Economy 9: 98-122

Archibugi, D. et al. (Hg) (1999): Innovation Systems in the Global Economy. Cambridge: Cambridge University Press

Aretz, H.-J. (1999): Kommunikation ohne Verständigung: das Scheitern des öffentlichen Diskurses über die Gentechnik und die Krise des Technokorporatismus in der Bundesrepublik Deutschland. Frankfurt: Peter Lang

Aretz, H.-J. (2000): Institutionelle Kontexte technologischer Innovationen: die Gentechnikdebatte in Deutschland und den USA, Soziale Welt 51: 401-416

Audretsch, D., Cooke, P. (2001): Die Entwicklung regionaler Biotechnologie-Cluster in den USA und Großbritannien. Arbeitsbericht 107. TA-Akademie, Stuttgart

Bachmann, R. (2000): Die Koordination und Steuerung interorganisationaler Netzwerkbeziehungen über Vertrauen und Macht, in: J. Sydow, A. Windeler (Hg), Steuerung von Netzwerken. Konzepte und Praktiken. Wiesbaden: Westdeutscher Verlag

Bandelow, N. (1997): Ausweitung politischer Strategien im Mehrebenensystem. Schutz vor Risiken der Gentechnologie als Aushandlungsmaterie zwischen Bundesländern, Bund und EU, in: R. Martinsen (Hg), Politik und Biotechnologie. Die Zumutung der Zukunft, Baden-Baden: Nomos

Bandelow, N. (1999): Lernende Politik. Advocacy-Koalitionen und politischer Wandel am Beispiel der Gentechnologiepolitik. Berlin: edition sigma

Barben, D., Abels, G. (Hg) (2000): Biotechnologie – Globalisierung – Demokratie. Politische Gestaltung transnationaler Technologieentwicklung. Berlin: edition sigma

Bauer, M. (Hg) (1995): Resistance to New Technology. Cambridge: Cambridge University Press

Bauer, M., Gaskell, G. (Hg) (2002a): Biotechnology – the Making of a Global Controversy. Cambridge: Cambridge University Press

Bauer, M., Gaskell, G. (2002b): The biotechnology movement, in: M. W. Bauer, G. Gaskell (Hg), Biotechnology – the Making of a Global Controversy. Cambridge: Cambridge University Press

Bauer, R. (2004): Scheitern als Chance? Fehlgeschlagene Innovationen als Gegenstand der technikhistorischen Forschung, in: Wissenschafts Management. Zeitschrift für Innovation, 10 (5): 26-31

Bayertz, K. (1987): GenEthik. Probleme der Technisierung menschlicher Fortpflanzung. Hamburg: Rowohlt

Bechmann, G., Grunwald, A. (1998): Was ist das Neue am Neuen, oder: wie innovativ ist Innovation (Einleitung), TA-Datenbank-Nachrichten 7(1): 4-11 (Schwerpunktthema Innovation)

Beck, U. (1986): Risikogesellschaft. Auf dem Weg in eine andere Moderne. Frankfurt: Suhrkamp

Beck, U. (1988): Gegengifte. Die organisierte Unverantwortlichkeit. Frankfurt: Suhrkamp

Behrens, M. (2000): Nationale Innovationssysteme im Gentechnikkonflikt. Ein Vergleich zwischen Deutschland, Großbritannien und den Niederlanden, in: D. Barben, G. Abels (Hg), Biotechnologie – Globalisierung – Demokratie. Politische Gestaltung transnationaler Technologieentwicklung. Berlin: edition sigma

Behrens, M. (2001): Staaten im Innovationskonflikt. Vergleichende Analyse staatlicher Handlungsspielräume im gentechnischen Innovationsprozeß Deutschlands und der Niederlande. Frankfurt: Peter Lang

Behrens, M. (2002): Internationale Technologiepolitik. Politische Gestaltungschancen und -probleme neuer Technologien im internationalen Mehrebenensystem. Polis 56/2002, FernUniversität Hagen

Behrens, M. et al. (Hg) (1995): Gentechnik und die Lebensmittelindustrie. Opladen: Westdeutscher Verlag

Behrens, M. et al. (1997a): Gen Food. Einführung und Verbreitung, Konflikte und Gestaltungsmöglichkeiten. Berlin: edition sigma

Behrens, M. et al. (1997b): Von den Nachbarn lernen? Die deutsche Nahrungsmittelindustrie im gesellschaftlichen Konflikt um die Einführung der Gentechnik, in: R. Martinsen (Hg), Politik und Biotechnologie. Die Zumutung der Zukunft, Baden-Baden: Nomos

Beise, M. (2001): Lead Markets: Country-specific Success Factors of the Global Diffusion of Innovations. Heidelberg: Physica

Belitz, H. (2004): Forschung und Entwicklung in multinationalen Unternehmen. Studien zum deutschen Innovationssystem 8-2004. Berlin: BMBF

Berger, H. (1974): Untersuchungsmethode und soziale Wirklichkeit. Frankfurt: Suhrkamp

Berger, J. (Hg) (1986): Die Moderne – Kontinuitäten und Zäsuren. Soziale Welt, Sonderband 4. Göttingen: Schwartz

Bernauer, T. (2003): Genes, Trade, and Regulation. The Seeds of Conflict in Food Biotechnology. Princeton: Princeton University Press

Biemans, W. (1998): The theory and practice of innovative networks, in: W. During, R. P. Oakley (Hg), New Technology-Based Firms in the 90s, Vol IV. London: Paul Chapman

Bierbrauer, G. (1976): Attitüden: Latente Strukturen oder Interaktionskonzepte?, Zeitschrift für Soziologie 5: 4-16

Bijker, W. E. et al. (Hg) (1987): The Social Construction of Technological Systems. Cambridge: The MIT Press

Bijman, J., Joly, P.-B. (2001): Innovation challenges for the European agbiotech industry, AgBioForum 4: 4-13

Blättel-Mink, B., Renn, O. (Hg) (1997): Zwischen Akteur und System. Die Organisierung von Innovation. Opladen: Westdeutscher Verlag

Blind, K., Grupp, H. (1999): Interdependencies between the science and technology infrastructure and innovation activities in German regions: empirical findings and policy questions, Research Policy 28: 451-468

BMBF (Hg) (1996): Biotechnologie in Deutschland. BioRegio Wettbewerb 1996. Bonn

BMBF (Hg) (2000a): InnoRegio – Die Dokumentation. Bonn

BMBF (Hg) (2000b): Beschäftigungspotenziale im Bereich Bio- und Gentechnologie. Bonn

BMBF (Hg) (2000c): Biotechnologie – Basis für Innovationen. Bonn

BMBF (Hg) (2000d): Funding of Growth. Initiatives in Biotechnology. Bonn

BMBF (Hg) (2001): Rahmenprogramm Biotechnologie – Chancen nutzen und gestalten. Bonn

BMBF (Hg) (2002a): InnoRegio – Die Reportage 2002. Bonn

BMBF (Hg) (2002b): Innovative regionale Wachstumskerne. Bonn

BMBF (Hg) (2002c): Faktenbericht Forschung 2002. Bonn

BMBF (Hg) (2004): Bundesbericht Forschung 2004. Berlin

BMELF (Hg) (1997): Die Grüne Gentechnik. Bonn: Zeitbild

BMVEL (Hg) (2002): Diskurs Grüne Gentechnik. Ergebnisbericht, Osnabrück

Bock, A.-K. et al. (2002): Scenarios for co-existence of genetically modified, conventional and organic crops in European agriculture. IPTS, Synthesis report to the European Commission, Sevilla

Boelt, B. (Hg) (2003): GM Crops and Co-existence (Proceedings of the 1st European Conference on the Co-existence of Genetically Modified Crops with Conventional and Organic Crops). Danish Institute of Agricultural Sciences, Slagelse

Bonfadelli, H. (Hg) (1999): Gentechnologie im Spannungsfeld von Politik, Medien und Öffentlichkeit. Zürich: Institut für Publizistikwissenschaft und Medienforschung der Universität Zürich

Bongert, E. (2000): Demokratie und Technologieentwicklung. Die EG-Kommission in der europäischen Biotechnologiepolitik 1975-1995. Opladen: Leske + Budrich

Bonß, W. et al. (1990): Risiko und Kontext. Zum Umgang mit den Risiken der Gentechnologie. Diskussionspapier 5-90. Hamburger Institut für Sozialforschung, Hamburg

Bora, A. (2000): Verhandeln und Streiten im Erörterungstermin: Zur Bürgerbeteiligung in gentechnikrechtlichen Genehmigungsverfahren, in: D. Barben, G. Abels (Hg), Biotechnologie – Globalisierung – Demokratie. Politische Gestaltung transnationaler Technologieentwicklung. Berlin: edition sigma

Bora, A., Döbert, R. (1993): Konkurrierende Rationalitäten: Politischer und technisch-wissenschaftlicher Diskurs im Rahmen einer Technikfolgenabschätzung von genetisch erzeugter Herbizidresistenz in Kulturpflanzen, Soziale Welt 44: 75-97

Boudon, R. (1984): La place du désordre. Critique des théories du changement social. Paris: PUF

Bourdieu, P. (1982): Die feinen Unterschiede. Kritik der gesellschaftlichen Urteilskraft. Frankfurt: Suhrkamp

Boyer, R. et al. (1997): Les systèmes d'innovation à l'ére de la globalisation. Paris: Economica

Braczyk, H. et al. (Hg) (1998): Regional Innovation Systems. London: UCL-Press

Brand, K.-W. (2000): Kommunikation über Nachhaltigkeit: eine resonanztheoretische Perspektive, in: W. Lass, F. Reusswig (Hg), Strategien der Popularisierung des Leitbildes „Nachhaltige Entwicklung" aus sozialwissenschaftlicher Perspektive. Tagungsdokumentation Band II: Tagungsbeiträge. UBA-Forschungsbericht 29817132, Berlin

Brand, K.-W., Jochum, G. (2000): Der deutsche Diskurs zu nachhaltiger Entwicklung. MPS-Texte 1/2000, München

Brand, K.-W. et al. (1997): Ökologische Kommunikation in Deutschland. Opladen: Westdeutscher Verlag

Brand, U., Görg, C. (2001): Access & Benefit Sharing. Zugang und Vorteilsausgleich – Das Zentrum des Konfliktfelds Biodiversität. Studie für Germanwatch, Bonn

Brauer, D. (Hg) (1995): Biotechnology, Volume 12. Legal, Economic and Ethical Dimensions. Weinheim: VCH Verlag

Braun, D. (1997): Die politische Steuerung der Wissenschaft. Ein Beitrag zum „korporativen" Staat. Frankfurt: Campus

Braun, H.-G. (Hg) (1992): Symposium on „Failed Innovations", Social Studies of Science 22

Brenke, K. et al. (2002): Fortschritte beim Aufbau Ost. Fortschrittsbericht über die wirtschaftliche Entwicklung in Ostdeutschland, DIW-Wochenbericht 25/2002: 393-416

Brenner, T., Fornahl, D. (2002): Politische Möglichkeiten und Maßnahmen zur Erzeugung lokaler branchenspezifischer Cluster. Bericht, Max-Planck-Institut zur Erforschung von Wirtschaftssystemen, Jena

Brookes, G., Barfoot, P. (2003): Co-existence of GM and non GM crops: case study of maize grown in Spain. Report, Dorchester

Brooks, H. (1986): The typology of surprises in technology, institutions, and development, in: W. C. Clark, R. E. Munn (Hg), Sustainable Development of the Biosphere. Cambridge: Cambridge University Press

Buchholz, K. (1979): Die gezielte Förderung und Entwicklung der Biotechnologie, in: W. van den Daele et al. (Hg), Geplante Forschung. Frankfurt: Suhrkamp

Bud, R. (1993): The Uses of Life. A History of Biotechnology. Cambridge: Cambridge University Press

Bühl, L. W. (1981): Ökologische Knappheit. Göttingen: Vandenhoeck & Ruprecht

Büllingen, F. (1997): Die Genese der Magnetbahn Transrapid. Wiesbaden: DUV

Burger, J. (2003): Die ganz normale Krise – zum Beispiel Halberstadt, DIE ZEIT 7:49

Busch, L. (2003): Lessons unlearned: how biotechnology is changing society, in: NABC Report 15: Biotechnology: Science and Society at a Crossroad (27-38) (http://www.agbiotechnet.com)

Busch, R. J. et al. (2002): Grüne Gentechnik. Ein Bewertungsmodell. München: Herbert Utz Verlag

Canadian Biotechnology Advisory Committee (2002): Improving the Regulation of Genetically Modified Foods and Other Novel Foods in Canada. Report to the Government of Canada, Biotechnology Ministerial Coordinating Committee. Ottawa

Canenbley, C. et al. (2004): Landwirtschaft zwischen Politik, Umwelt, Gesellschaft und Markt. BIOGUM-Research Paper 10, Hamburg

Cantley, M. (1995): The regulation of modern biotechnology: a historical and European perspektive, in: D. Brauer (Hg), Biotechnology, Volume 12. Legal, Economic and Ethical Dimensions (505-681). Weinheim: VCH Verlag

Carlsson, B., Jacobsson, S. (1997): Diversity creation and technological systems: a technology policy perspective, in: C. Edquist (Hg), Systems of Innovation. Technologies, Institutions and Organizations. London: Pinter

Carpenter, J. E., Gianessi, L. P. (2001): Agricultural Biotechnology: Updated Benefit Estimates. National Center for Food and Agricultural Policy, Washington D.C. (http://www.ncfap.org)

Casper, S. (1999): National Institutional Frameworks and High-Technology Innovation in Germany. The Case of Biotechnology. Berlin: WZB FS I 99-306

Chandler, A. (1990): The Dynamics of Industrial Capitalism. Cambridge: Harvard University Press

Christou, P., Klee, H. (Hg) (2003): Handbook of Plant Biotechnology. New York: Wiley & Sons

Clark, W. C. et al. (Hg) (2001): Learning to Manage Global Environmental Risks. Cambridge: MIT-Press

Conrad, J. (1985): Wie sicher ist die Gentechnologie? Ms. Berlin

Conrad, J. (1986): Progrès technique et compatibilité sociale : la politique de la science et de la technologie et son évolution, in: B. Crousse et al. (Hg), Science politique et Politique de la science. Paris: Économica

Conrad, J. (1988): Risiken der Gentechnologie in gesellschaftlicher Retrospektive und Prospektive, in: J. Harms (Hg), Risiken der Gentechnik. Frankfurt: Haag + Herchen

Conrad, J. (1990a): Nitratdiskussion und Nitratpolitik in der Bundesrepublik Deutschland. Berlin: edition sigma

Conrad, J. (1990b): Technological Protest in West Germany: Signs of a Politicization of Production?, Industrial Crisis Quarterly 4: 175-191

Conrad, J. (1990c): Die Risiken der Gentechnologie in soziologischer Perspektive, in: J. Halfmann, K. P. Japp (Hg), Riskante Entscheidungen und Katastrophenpotentiale. Opladen: Westdeutscher Verlag

Conrad, J. (1992): Nitratpolitik im internationalen Vergleich. Berlin: edition sigma

Conrad, J. (1994): Technikentwicklung, Unsicherheit und Risikopolitik, in: M. Jänicke et al. (Hg), Umwelt Global. Veränderungen, Probleme, Lösungsansätze. Berlin: Springer

Conrad, J. (1995): Erfolgreiches Umweltmanagement im Vergleich: generalisierbare empirische Befunde?, in: J. Freimann, E. Hildebrandt (Hg), Praxis der betrieblichen Umweltpolitik. Forschungsergebnisse und Perspektiven. Wiesbaden: Gabler

Conrad, J. (Hg) (1998a): Environmental Management in European Companies. Success Stories and Evaluation. Amsterdam: OPA

Conrad, J. (1998b): Umweltsoziologie und das soziologische Grundparadigma, in: K.-W. Brand (Hg), Soziologie und Natur. Theoretische Perspektiven. Opladen: Leske + Budrich

Conrad, J. (2000a): Interpolicy coordination in Germany: environmental policy and technology policy, Zeitschrift für Umweltpolitik & Umweltrecht 23: 583-614

Conrad, J. (2000b): Environmental Policy Regulation by Voluntary Agreements: Technical Innovations for Reducing Use and Emission of EDTA. FFU-report 00-04, Berlin

Conrad, J. (2003): Nachhaltigkeit grüner Gentechnik durch Konsistenz: Anforderungen an und Restriktionen von Good Governance in einem regionalen Innovationsverbund, in: J. Allmendinger (Hg), Entstaatlichung und Soziale Sicherheit (31. Deutscher Soziologentag). Teil 1. Opladen: Leske + Budrich

Conrad, J. (2004a): Erklärungsansätze und Perspektiven sozialwissenschaftlicher Gentechnikforschung: Akzeptanz, Kontroversen, Regulierungsmuster, sozioökonomische Rahmenbedingungen und Entwicklungspfade. UFZ-Bericht 19/2004, Leipzig

Conrad, J. (2004b): Von einer Beutegemeinschaft zum Innovationsnetzwerk: Optionen und Restriktionen von InnoPlanta. Ms. Berlin/Leipzig

Conrad, J. (2004c): Differentiation in innovation strategies: plant biotechnology R&D projects of a regional research network, in: C. Phillips (Hg), Environmental Justice and Global Citizenship. Oxford: Inter-Disciplinary Press

Conrad, J. (2005): Plant biotechnology projects of a regional research network: differentiation in innovation strategies, in: J. D. Wulfhorst, A. K. Haugestad (Hg), Building Sustainable Communities: Ecological Justice and Global Citizenship. Amsterdam: Rodopi

Conrad, J., Krebsbach-Gnath, C. (1980): Technologische Risiken und gesellschaftliche Konflikte. Politische Risikostrategien im Bereich der Kernenergie. Text- und Materialband. Frankfurt: Battelle

Cook, G. et al. (2004): „The scientists think and the public feels": expert perceptions of the discourse of GM food, Discourse and Society15: 433-449

CropLife International. (2004): Annual Report 2003/2004, Brüssel

Crouch, C, Streeck, W. (Hg) (1997): Political Economy of Modern Capitalism. Mapping Convergence and Diversity. London: Sage

Daele, W. van den (1982): Genmanipulation. Wissenschaftlicher Fortschritt, private Verwertung und öffentliche Kontrolle in der Molekularbiologie, in: G. Bechmann et al. (Hg), Technik und Gesellschaft. Jahrbuch 1. Frankfurt: Campus

Daele, W. van den (1985): Mensch nach Maß? Ethische Probleme der Genmanipulation und Gentherapie. München: Beck

Daele, W. van den (1989): Kulturelle Bedingungen der Technikkontrolle durch regulative Politik, in: P. Weingart (Hg), Technik als sozialer Prozeß. Frankfurt: Suhrkamp

Daele, W. van den (1991): Kontingenzerhöhung. Zur Dynamik von Naturbeherrschung in modernen Gesellschaften, in: W. Zapf (Hg), Die Modernisierung moderner Gesellschaften. (25. Deutscher Soziologentag). Frankfurt: Campus

Daele, W. van den (1993): Sozialverträglichkeit und Umweltverträglichkeit. Inhaltliche Mindeststandards und Verfahren bei der Beurteilung neuer Technik, Politische Vierteljahresschrift 34: 219-248

Daele, W. van den (1996): Objektives Wissen als politische Ressource: Experten und Gegenexperten im Diskurs, in: W. van den Daele, F. Neidhardt (Hg), Kommunikation und Entscheidung. Politische Funktionen öffentlicher Meinungsbildung und diskursiver Verfahren. WZB-Jahrbuch 1996. Berlin: edition sigma

Daele, W. van den (1997): Risikodiskussion am „Runden Tisch". Partizipative Technikfolgenabschätzung zu gentechnisch erzeugten herbizidresistenten Pflanzen, in: R. Martinsen (Hg), Politik und Biotechnologie. Baden-Baden: Nomos

Daele, W. van den (1999): Von rechtlicher Risikovorsorge zu politischer Planung. Begründungen für Innovationskontrollen in einer partizipativen Technikfolgenabschätzung zu gentechnisch erzeugten herbizidresistenten Pflanzen, in: A. Bora (Hg), Rechtliches Risikomanagement. Form, Funktion und Leistungsfähigkeit des Rechts in der Risikogesellschaft. Berlin: Duncker & Humblot

Daele, W. van den (2001a): Besonderheiten der öffentlichen Diskussion über die Risiken transgener Pflanzen – Dynamik und Arena eines Modernisierungskonflikts, in: Münchener Rückversicherungs-Gesellschaft (Hg), 5. Internationales Haftpflicht-Forum München 2001. München

Daele, W. van den (2001b): Gewissen, Angst und radikale Reform – Wie starke Ansprüche an die Technikpolitik in diskursiven Arenen schwach werden, in: G. Simonis et al. (Hg), Politik und Technik. Analysen zum Verhältnis von technologischem, politischem und staatlichem Wandel am Anfang des 21. Jahrhunderts. PVS-Sonderheft 31/2000. Wiesbaden: Westdeutscher Verlag

Daele, W. van den, et al. (1996): Grüne Gentechnik im Widerstreit. Modell einer partizipativen Technikfolgenabschätzung zum Einsatz transgener herbizidresistenter Pflanzen. Weinheim: VCH Verlag

Dally, A. (Hg) (1997): Gentechnologie in Niedersachsen. Ergebnisse eines Diskursprojektes. Bd.I: Berichte, Loccum

Daniell, H. et al. (2001): Medical molecular farming: production of antibodies, biopharmaceuticals and edible vaccines in plants, Trends in Plant Science 6(5): 219-227

Deutsche Forschungsgemeinschaft. (2001): Gentechnik und Lebensmittel. Genetic Engineering and Food. Weinheim: Wiley-VCH Verlag

Dierkes, M. (Hg) (1997): Technikgenese. Befunde aus einem Forschungsprogramm. Berlin: edition sigma

Dijken, K. van et al. (1999): Adoption of Environmental Innovations. Dordrecht: Kluwer

DIW et al. (2003): Zweiter Fortschrittsberichtsbericht wirtschaftswissenschaftlicher Institute über die wirtschaftliche Entwicklung in Ostdeutschland. Kurzfassung, DIW-Wochenbericht 47/2003): 737-760

Dodgson, M. (2000): The Management of Technological Innovation: An International and Strategic Approach. Oxford: Oxford University Press

Dodgson, M., Rothwell, R. (Hg) (1994): The Handbook of Industrial Innovation. Aldershot: Edward Elgar

Dohse, D. (2000): Technology policy and the regions: the case of the BioRegio contest, Research Policy 29: 1111-1133

Dolata, U. (1996): Politische Ökonomie der Gentechnik. Konzernstrategien, Forschungsprogramme, Technologiewettläufe. Berlin: edition sigma

Dolata, U. (2000a): Die Kontingenz der Markierung. artec-paper 76. Bremen

Dolata, U. (2000b): Hot House – Konkurrenz, Kooperation und Netzwerke in der Biotechnologie, in: D. Barben, G. Abels (Hg), Biotechnologie – Globalisierung – Demokratie. Politische Gestaltung transnationaler Technologieentwicklung. Berlin: edition sigma

Dolata, U. (2000c): Fluide Figurationen. Konkurrenz, Kooperation und Aushandlung in der Biotechnologie, in: A. Spök et al. (Hg), GENug gestritten?! Gentechnik zwischen Risikodiskussion und gesellschaftlicher Herausforderung, Graz: Leykam

Dolata, U. (2001a): Grüne Gentechnik in der Krise, Blätter für deutsche und internationale Politik 11/01: 1389-1391

Dolata, U. (2001b): Europeanization of technology and innovation policies? The case of biotechnology, Soziale Technik 4/01: 7-10

Dolata, U. (2001c): Weltmarktorientierte Modernisierung. Eine Inventur rot-grüner Forschungs- und Technologiepolitik, Blätter für deutsche und internationale Politik 4/01: 464-473

Dolata, U. (2002): Strategische Netzwerke oder fluide Figurationen? Reichweiten und Architekturen formalisierter Kooperationsbeziehungen in der Biotechnologie, in: C. Herstatt, C. Müller (Hg), Management-Handbuch Biotechnologie. Stuttgart: Schäffer-Poeschel

Dolata, U. (2003a): Unternehmen Technik. Akteure, Interaktionsmuster und strukturelle Kontexte der Technikentwicklung: Ein Theorierahmen. Berlin: edition sigma

Dolata, U. (2003b): Die grüne Gentechnik ist zurzeit alles andere als sexy, Frankfurter Rundschau 4:13

Dolata, U. (2004): Unfassbare Technologien, internationale Innovationsverläufe und ausdifferenzierte Politikregime. Perspektiven nationaler Technologie- und Innovationspolitiken. artec-paper 110, Bremen

Dörner, D. (1992): Die Logik des Misslingens. Strategisches Denken in komplexen Situationen. Hamburg: Rowohlt

Dörner, D. et al. (Hg) (1983): Lohhausen: Vom Umgang mit Unbestimmtheit und Komplexität. Bern: Huber

Dosi, G. (1982): Technological paradigms and technological trajectories: a suggested interpretation of the determinants and directions of technical change, Research Policy 11: 147-162

Dosi, G. (1988): The nature of the innovative process, in: G. Dosi et al. (Hg), Technical Change and Economic Theory. London: Pinter

Dosi, G., Nelson, R. (1994): An introduction to evolutionary theories in economics, Journal of Evolutionary Economics 4: 153-172

Dosi, G. et al. (Hg) (1988): Technical Change and Economic Theory. London: Pinter

Dosi, G. et al. (1990): The Economics of Technical Change and International Trade. New York: Columbia University Press

Downs, A. (1972): Up and down with ecology – the ‚issue attention cycle', The Public Interest 28: 38-50

Drews, J. (1998): Die verspielte Zukunft. Wohin geht die Arzneimittelforschung? Basel: Birkhäuser

Dreyer, M., Gill, B. (2000): Die Vermarktung transgener Lebensmittel in der EU – die Wiederkehr der Politik aufgrund regulativer und ökonomischer Blockaden, in: A. Spök et al. (Hg), GENug gestritten? Gentechnik zwischen Risikodiskussion und gesellschaftlicher Herausforderung. Graz: Leykam

Durant, J. et al. (Hg) (1998): Biotechnology in the Public Sphere. A European Sourcebook. London: Science Museum

Eagly, A.H, Chaiken, S. (1993): The Psychology of Attitudes. New York: Harcourt

Eder, K. (1995): Framing and Communication of Environmental Issues. Final Report to the EU-Commission. Florenz: European University Institute

Edler, J. et al. (2001): Internationalisierungsstrategien in der Wissenschafts- und Forschungspolitik: Best Practices im internationalen Vergleich. Berlin: BMBF

Edler, J. et al. (Hg) (2003): Changing Governance of European Research and Technology Policy. The European Research Area. Cheltenham: Edward Elgar

Edquist, C. (Hg) (1997): Systems of Innovation: Technologies, Institutions, and Organizations. London: Pinter

Efinger, M., Zürn, M. (1990): Explaining conflict management in East-West relations: a quantitative test of problem-structural typologies, in: V. Rittberger (Hg), International Regimes in East-West Politics. London: Pinter

Efinger, M. et al. (1988): Internationale Regime in den Ost-West-Beziehungen. Frankfurt: Haag + Herchen

Ehlers, E., Kraft, T. (2001): Understanding the Earth System: Compartments, Processes and Interactions. Berlin: Springer

Eickelpasch, A. et al. (2001): Die Förderinitiative InnoRegio – Konzeption und erste Erkenntnisse der wissenschaftlichen Begleitung, DIW-Wochenbericht 34/2001): 525-535

Eickelpasch, A. et al. (2002): Das InnoRegio-Programm: Umsetzung und Entwicklung der Netzwerke, DIW-Wochenbericht 21/2002): 329-338

Eickelpasch, A. et al. (2003): Das InnoRegio-Programm: Eine Zwischenbilanz, DIW-Wochenbericht 50/2003): 787-293

Eickelpasch, A, Pfeiffer, I. (2004): InnoRegio: Unternehmen beurteilen die Wirkung des Förderprogramms insgesamt positiv, DIW-Wochenbericht 23/2004): 331-337

Enquete-Kommission des Deutschen Bundestages. (1987): Chancen und Risiken der Gentechnologie. München: J. Schweitzer Verlag

Erdgas, H. (1987): Does technology policy matter?, in: B.R. Guile, H. Brooks (Hg), Technology and Global Industry. Companies and Nations in the World Economy. Washington: National Academy Press

Erdmann, G. (1993): Elemente einer evolutorischen Innovationstheorie. Tübingen: Mohr

Ernst & Young (1999): Communicating Value. London: Ernst & Young

Ernst & Young (2000): Evolution. London: Ernst & Young

Ernst & Young (2001): Integration. London: Ernst & Young

Ernst & Young (2002a): Beyond Borders. London: Ernst & Young

Ernst & Young (2002b): Neue Chancen. Deutscher Biotechnologie-Report 2002. Mannheim: Ernst & Young

Ernst & Young (2003a): Beyond Borders. London: Ernst & Young

Ernst & Young (2003b): Zeit der Bewährung. Deutscher Biotechnologie-Report 2003. Mannheim: Ernst & Young

Ernst & Young (2004): Per Aspera Ad Astra. Deutscher Biotechnologie-Report 2004. Mannheim: Ernst & Young

Esser, H. (1999): Soziologie. Allgemeine Grundlagen. Frankfurt: Campus

Esser, H. (2002): Was könnte man (heute) unter einer „Theorie mittlerer Reichweite" verstehen?, in: R. Mayntz (Hg), Akteure – Mechanismen – Modelle. Zur Theoriefähigkeit makro-sozialer Analysen. Frankfurt: Campus

EU-Commission (2000): Economic Impacts of Genetically Modified Crops on the Agri-Food Sector. A First Review. EU Working Document Rev.2, Directorate-General for Agriculture, Brüssel

EU-Commission (2003): Recommendation on guidelines for the development of national strategies and best practices to ensure the co-existence of GM crops with conventional and organic agriculture. IP/03/1096, Brüssel

Eurich, C. (1988): Die Megamaschine. Vom Sturm der Technik auf das Leben und Möglichkeiten des Widerstands. Darmstadt: Luchterhand

Fach, W. (2001): Der umkämpfte Fortschritt – Über die Codierung des Technikkonflikts, in: G. Simonis et al. (Hg), Politik und Technik. Analysen zum Verhältnis von technologischem, politischem und staatlichem Wandel am Anfang des 21. Jahrhunderts. PVS-Sonderheft 31/2000. Wiesbaden: Westdeutscher Verlag

Feindt, P., Ratschow, C. (2003): „Agrarwende": Programm, Maßnahmen und institutionelle Rahmenbedingungen. BIOGUM-Research Paper 7, Hamburg

Fischer, F. (2000): Citizens and experts in biotechnology policy. The consensus conference as alternative model, in: D. Barben, G. Abels, (Hg), Biotechnologie – Globalisierung – Demokratie. Politische Gestaltung transnationaler Technologieentwicklung. Berlin: edition sigma

Flitner, M. et al. (1998): Konfliktfeld Natur. Biologische Ressourcen und globale Politik. Opladen: Westdeutscher Verlag

Foray, D. (1993): General introduction, in: D. Foray, C. Freeman (Hg), Technology and the Wealth of Nations: The Dynamics of Constructed Advantage. London: Pinter

Foray, D, Freeman, C. (Hg) (1993): Technology and the Wealth of Nations: The Dynamics of Constructed Advantage. London: Pinter

Foucault, M. (1982): Die Ordnung des Diskurses. München: Carl Hanser

Fransman, M. et al. (Hg) (1995): The Biotechnology Revolution? Oxford: Basil Blackwell

Frederichs, G. et al. (1983): Großtechnologien in der gesellschaftlichen Kontroverse. KfK 3342, Karlsruhe

Freeman, C. (1974): The Economics of Industrial Innovation. Harmondsworth: Penguin

Freeman, C. (1991): Networks of innovators: a synthesis of research issues, Research Policy 20: 499-514

Freeman, C. (1992): The Economics of Hope. Essays on Technical change, Economic Growth and the Environment. London: Pinter

Freeman, C. (1994): The economics of technical change, Cambridge Journal of Economics 18: 463-514

Freeman, C. (2002): Continental, national and sub-national innovation systems – complementarity and economic growth, Research Policy 31: 191-211

Freeman, C., Soete, L. (Hg) (1990): New Explorations in the Economics of Technical Change. London: Pinter

Friedrichs, J. et al. (Hg) (1998): Die Diagnosefähigkeit der Soziologie. Opladen: Westdeutscher Verlag

Fuchs, G. (Hg) (2003): Biotechnology in Comparative Perspective. London: Routledge

Furman, J. et al. (2002): The determinants of national innovative capacity, Research Policy 31: 899-933

Gaisford, J. et al. (2001): The Economics of Biotechnology. Cheltenham: Edward Elgar

Gaskell, G., Bauer, M. (Hg) (2001): Biotechnology 1996-2000. The Years of Controversy. London: Science Museum

Gaskell, G. et al. (1998): The representation of biotechnology: policy, media and public perception, in: J. Durant et al. (Hg), Biotechnology in the Public Sphere. A European Sourcebook. London: Science Museum

Gaskell, G. et al. (2001): Troubled waters: the Atlantic divide on biotechnology policy, in: G. Gaskell, M.W. Bauer (Hg), Biotechnology 1996-2000. The Years of Controversy. London: Science Museum

Gaskell, G. et al. (2003): Europeans and Biotechnology in 2002. Eurobarometer 58.0. Report to the EU-Commission. London

Genius (2003): PR-Arbeit für das Netzwerk. Ms. Darmstadt

Gerhards, J. (1992): Dimensionen und Strategien öffentlicher Diskurse, Journal für Sozialforschung 32: 307-318

Giddens, A. (1990): The Consequences of Modernity. Stanford: University Press

Giesecke, S. (2000): Innovationssysteme von Nationen, Regionen und Technologie – Ein Überblick über Literatur und Diskussion, Politische Vierteljahresschrift 41: 135-146

Giesecke, S. (2001): Von der Forschung zum Markt. Innovationsstrategien und Forschungspolitik in der Biotechnologie. Berlin: edition sigma

Gill, B. (2003): Streitfall Natur. Wiesbaden: VS-Verlag

Gill, B. et al. (1998): Riskante Forschung. Zum Umgang mit Ungewißheit am Beispiel der Genforschung in Deutschland. Berlin: edition sigma

Gottweis, H. (1995): German politics of genetic engineering and its deconstruction, Social Studies of Science 25: 195-235

Gottweis, H. (1998): Governing Molecules. The Discursive Politics of Genetic Engineering in Europe and the United States. Cambridge: MIT-Press

Grabher, G. (1993): The weakness of strong ties: the lock-in of regional development in the Ruhr area, in: G. Grabher (Hg), The Embedded Firm. On the socioeconomics of industrial networks. London: Routledge. (255-277

Grabner, P. et al. (2001): Biopolitical diversity: the challenge of multilevel policymaking, in: G. Gaskell, M. W. Bauer (Hg), Biotechnology 1996-2000, the years of controversy. London: Science Museum

Grande, E. (1994): Vom Nationalstaat zur europäischen Politikverflechtung. Expansion und Transformation moderner Staatlichkeit – untersucht am Beispiel der Forschungs- und Technologiepolitik. Habil. Konstanz

Granovetter, M. (1973): The strength of weak ties, American Journal of Sociology 78: 1360-1380

Granovetter, M., Swedberg, R. (Hg) (1992): The Sociology of Economic Life. Colorado: Westview Press

Grienberger, R. et al. (2000): Perspektiven der grünen Gentechnik in Europa. Chancen im Spannungsfeld zwischen Akzeptanz und Ängsten. Mainz: Fachverlag Fraund (agraService)

Grimmer, K. et al. (Hg) (1999): Innovationspolitik in globalisierten Arenen. Opladen: Leske + Budrich

Grupp, H. (1997): Messung und Erklärung des technischen Wandels. Berlin: Springer

Grupp, H. (1998): Foundations of the Economics of Innovation. Theory, Measurement and Practice. Cheltenham: Edward Elgar

Grupp, H. et al. (2002): Zur technologischen Leistungsfähigkeit Deutschlands 2001. Bonn: BMBF

Grupp, H. et al. (2003): Zur technologischen Leistungsfähigkeit Deutschlands 2002. Bonn: BMBF

Habermas, J. (1981): Theorie des kommunikativen Handelns. Band 1 und 2. Frankfurt: Suhrkamp

Habermas, J. (1985): Die neue Unübersichtlichkeit. Frankfurt: Suhrkamp

Habermas, J. (2001): Zur Zukunft der menschlichen Natur. Auf dem Wege zur liberalen Genetik. Frankfurt: Suhrkamp

Hajer, M. (1995): The Politics of Environmental Discourse. Ecological Modernization and the Policy Process. Oxford: Clarendon Press

Hakansson, H., Johanson, J. (1993): The network as a governance structure: Interfirm cooperation beyond markets and hierarchies, in: G. Grabher (Hg), The Embedded Firm. On the socioeconomics of industrial networks. London: Routledge

Hampel, J. (2000): Die europäische Öffentlichkeit und die Gentechnik. Einstellungen zur Gentechnik im internationalen Vergleich. Arbeitsbericht 111. TA-Akademie, Stuttgart

Hampel, J., Pfennig, U. (1999): Einstellungen zur Gentechnik, in: J. Hampel, O. Renn (Hg), Gentechnik in der Öffentlichkeit. Wahrnehmung und Bewertung einer umstrittenen Technologie. Frankfurt: Campus

Hampel, J., Renn, O. (Hg) (1999): Gentechnik in der Öffentlichkeit. Wahrnehmung und Bewertung einer umstrittenen Technologie. Frankfurt: Campus

Hampel, J. et al. (1998): Germany, in: J. Durant et al. (Hg), Biotechnology in the Public Sphere. A European Sourcebook. London: Science Museum

Hampel, J. et al. (2001): Biotechnology boom and market failure: two sides of the German coin, in: G. Gaskell, M. Bauer (Hg), Biotechnology 1996-2000. The Years of Controversy. London: Science Museum

Harding, R. (1999): One best way? The case of German innovation in an era of globalisation. Ms. Köln

Hauff, V., Scharpf, F.W. (1975): Modernisierung der Volkswirtschaft. Technologiepolitik als Strukturpolitik. Frankfurt: Europäische Verlagsanstalt

Heasman, M., Mellentin, J. (2001): The Functional Foods Revolution. Healthy people, healthy profits? London: Earthscan

Heidenreich, M. (2000): Regionale Netzwerke in der globalen Wissensgesellschaft, in: J. Weyer (Hg), Soziale Netzwerke. München: Oldenbourg

Heijs, W. et al. (1993): Biotechnology: Attitudes and Influencing Factors. Eindhoven: University of Technology

Heins, V. (2000): Modernisierung als Kolonialisierung? Interkulturelle Konflikte um die Patentierung von „Leben", in: D. Barben, G. Abels (Hg), Biotechnologie – Globalisierung – Demokratie. Politische Gestaltung transnationaler Technologieentwicklung. Berlin: edition sigma

Hellmer, F. et al. (1999): Mythos Netzwerke. Regionale Innovationsprozesse zwischen Kontinuität und Wandel. Berlin: edition sigma

Hemmelskamp, J. (1999): Umweltpolitik und technischer Fortschritt. Heidelberg: Physica

Henderson, R. et al. (1999): The pharmaceutical industry and the revolution in molecular biology: interactions among scientific, institutional, and organizational change, in: D. Mowery, R. Nelson (Hg), Sources of Industrial Leadership. Cambridge: Cambridge University Press

Henne, G. (2000): Bioprospektierung: Auf dem Weg zu einem neuen Nord-Süd-Verhältnis?, in: D. Barben, G. Abels (Hg), Biotechnologie – Globalisierung – Demokratie. Politische Gestaltung transnationaler Technologieentwicklung. Berlin: edition sigma

Herbig, J. (1980): Die Gen-Ingenieure. Der Weg in die künstliche Natur. Frankfurt: Fischer

Herwig, E., Hübner, S. (Hg) (1980): Chancen und Gefahren der Genforschung. München: Oldenbourg

Hilgartner, S., Bosk, C. (1988): The rise and fall of social problems: a public arenas model, American Journal of Sociology 94: 53-78

Hirschman, A.O. (1972): Exit, Voice and Loyalty. Response to Decline in Firms, Organizations and States. Cambridge: Harvard University Press

Hoff, J. et al. (Hg) (2000): Democratic Governance and New Technology. Technologically mediated innovations in political practice in Western Europe. London: Routledge

Hoffmann, D. (1997): Barrieren für eine Anti-Gen-Bewegung. Entwicklung und Struktur des kollektiven Widerstandes gegen Forschungs- und Anwendungsbereiche der Gentechnologie in der Bundesrepublik Deutschland, in: R. Martinsen (Hg), Politik und Biotechnologie. Die Zumutung der Zukunft, Baden-Baden: Nomos

Hofmann, G. (2003): Das Blaue vom Himmel. Die Symbol-Logik in der Gentechnikwerbung, Politische Ökologie 81-82: 40-44

Hohlfeld, R. (2000): Konkurrierende Koalitionen und Leitbilder in Pflanzenzüchtung und Medizin, in: D. Barben, G. Abels (Hg), Biotechnologie – Globalisierung – Demokratie. Politische Gestaltung transnationaler Technologieentwicklung. Berlin: edition sigma

Hohn, H.-W. (1999): Einleitende Bemerkungen zur DGS/MPIfG-Tagung „Strukturen, Funktionen und institutioneller Wandel nationaler Innovationssysteme". Ms. Köln

Holland, D., Reiß, T. (1997): Evaluation von biotechnologischen Fördermaßnahmen, in: R. Martinsen (Hg), Politik und Biotechnologie. Die Zumutung der Zukunft, Baden-Baden: Nomos

Honnigfort, B. (2004): Ohnmacht (Kommentar), Frankfurter Rundschau 68:9

Howarth, D. (2000): Discourse. Buckingham: Open University Press

Huber, J. (1982): Die verlorene Unschuld der Ökologie. Frankfurt: Fischer

Huber, J. (1989a): Herrschen und Sehnen. Kulturdynamik des Westens. Weinheim: Beltz

Huber, J. (1989b): Technikbilder. Weltanschauliche Weichenstellungen der Technologie- und Umweltpolitik. Opladen: Westdeutscher Verlag

Huber, J. (1991): Unternehmen Umwelt. Weichenstellungen für eine ökologische Marktwirtschaft. Frankfurt: Fischer

Huber, J. (2001): Allgemeine UmweltSoziologie, Wiesbaden: Westdeutscher Verlag

Huber, J. (2004): New Technologies and Environmental Innovation. Cheltenham: Edward Elgar

Hüsing, B. et al. (2002): Technikakzeptanz und Nachfragemuster als Standortvorteil. Abschlussbericht. ISI Karlsruhe

InnoPlanta (2000): InnoRegio-Vorhaben Pflanzenbiotechnologie Nordharz/Börde. Gatersleben

InnoPlanta (2001): Ein Netzwerk schlägt Wurzeln. Faltblatt, Gatersleben

InnoPlanta (2002): Geschäftsbericht 2001, Gatersleben

InnoPlanta (2003): Geschäftsbericht 2002, Gatersleben

InnoPlanta (2004): Geschäftsbericht 2003, Gatersleben

James, C. (2003): Global status of commercialized transgenic crops: 2003, ISAAA Briefs 30

Jany, K.-D., Greiner, R. (1998): Gentechnik und Lebensmittel. Bericht BFE-R-98-1. Bundesforschungsanstalt für Ernährung, Karlsruhe

Jansen, D. (1999): Einführung in die Netzwerkanalyse. Opladen: Leske + Budrich

Jarillo, J. C. (1993): Strategic Networks. Creating the borderless organization. Oxford: Butterworth-Heinemann

Jennings, R. (1998): Cementing links between industry and the university, Nature Biotechnology, Supplement 16: 35-36

Joly, P.-B., Marris, C. (2001): Agenda-Setting and Controversies: A Comparative Approach to the Case of GMO's in France and the United States. Paper prepared for the INSEAD workshop on European and American Perspectives on Regulating Genetically Engineered Food, Fontainebleau

Joss, S., Durant, J. (Hg) (1995): Public Participation in Science. The Role of Consensus Conferences in Europe. London: Science Museum

Jungmittag, A. et al. (1999): Globalisation of R&D and technology markets – trends, motives, consequences, in: F. Meyer-Krahmer (Hg), Globalisation of R&D and Technology Markets. Consequences for National Innovation Policies. Heidelberg: Physica

Kaiser, F., Weber, O. (1999): Umwelteinstellung und ökologisches Verhalten: Wie groß ist der Einfluß wirklich?, GAIA 8: 197-201

Kaiser, M. (2000): Diskurs oder Konfrontation in Fragen der Gentechnik? Norwegische Erfahrungen mit neuen Mitteln der Konsensusbildung zwischen Politik und Wissenschaft, in: A. Spök et al. (Hg), GENug gestritten? Gentechnik zwischen Risikodiskussion und gesellschaftlicher Herausforderung. Graz: Leykam

Kaufmann, F. X. (1977): Sozialpolitisches Erkenntnisinteresse und Soziologie, in: Ch. von Ferber, F. X. Kaufmann (Hg), Soziologie und Sozialpolitik. Kölner Zeitschrift für Soziologie und Sozialpsychologie. Sonderheft 19: 35-75

Keck, O. (1987): The information dilemma: private information as a cause of transaction failure in markets, regulation, hierarchy, and politics, Journal of Conflict Resolution 31: 139-163

Keller, R. (1997): Diskursanalyse, in: R. Hitzler, A. Honer (/Hg), Sozialwissenschaftliche Hermeneutik. Eine Einführung. Opladen: Leske + Budrich

Keller, R. et al. (Hg) (2000): Handbuch Sozialwissenschaftliche Diskursanalyse. Opladen: Leske + Budrich

Kenis, P., Schneider, V. (1991): Policy networks and policy analysis, in: B. Marin, R. Mayntz (Hg), Policy Networks. Empirical Evidence and Theoretical Considerations. Frankfurt: Campus

Kenney, M. (1986): Biotechnology: The University Industrial Complex. New Haven: Yale University Press

Kern, M. (2002): Marktpotenziale 2010 der Anwendungen im Bereich Landwirtschaft („Grüne Gentechnik"). Ms. Frankfurt

Kieser, A. (Hg) (1993): Organisationstheorien. Stuttgart: Kohlhammer

Kitschelt, H. (1980): Kernenergiepolitik. Arena eines gesellschaftlichen Konflikts. Frankfurt: Campus

Kitschelt, H. (1984): Der ökologische Diskurs. Frankfurt: Campus

Kitschelt, H. (1985): Materiale Politisierung der Produktion, Zeitschrift für Soziologie 14: 188-208

Kneer, G. (1996): Rationalisierung, Disziplinierung und Differenzierung. Sozialtheorie und Zeitdiagnose bei Habermas, Foucault und Luhmann. Opladen: Westdeutscher Verlag

Kohtes Klewes (2000): Herausforderung Gentechnologie. Chancen durch Kommunikation. Düsseldorf

Koopmann, G., Scharrer, H.-E. (Hg) (1996): The Economics of High-Technology Competition and Cooperation in Global Markets. Baden-Baden: Nomos

Koschatzky, K. et al. (Hg) (2001): Innovation Networks. Heidelberg: Physica

Kowol, U. (1998): Innovationsnetzwerke. Technikentwicklung zwischen Nutzungsvisionen und Verwendungspraxis. Wiesbaden: DUV

Kowol, U., Krohn, W. (2000): Innovation und Vernetzung. Die Konzeption der Innovationsnetzwerke, in: J. Weyer (Hg), Soziale Netzwerke. München: Oldenbourg

Krauss, G., Stahlecker, T. (2000): Die BioRegion Rhein-Neckar-Dreieck: Von der Grundlagenforschung zur wirtschaftlichen Verwertung. Arbeitsbericht 158. TA-Akademie, Stuttgart

Krebs, D., Schmidt, P. (Hg) (1993): New Directions in Attitudes Measurement. Berlin: de Gruyter

Krimsky, S. (1982): Genetic Alchemy: the Social History of the Recombinant DNA Controversy. Cambridge: MIT Press

Krimsky, S. (1991): Biotechnics and Society. The Rise of Industrial Genetics. New York: Praeger

Krimsky, S., Wrubel, R. (1996): Agricultural Biotechnology and the Environment. Science, Policy, and Social Issues. Urbana/Chicago: University of Illinois Press

Krohn, W. (1983): Der Zwang zum Fortschritt, in: Kursbuch 73 (Konservatismus im Angebot). Berlin: Wagenbach

Krugman, P. (1991): Geography and Trade. Cambridge: MIT Press

Krumbein, W. (Hg) (1995): Ökonomische und politische Netzwerke in der Region. Münster: LIT-Verlag

Krupp, H. (1995): Japan, Entwicklungsland und Weltmacht – Werden und Wandel der globalen Schumpeter-Dynamik. Darmstadt: Wissenschaftliche Buchgesellschaft

Kuhlmann, S. (1999): Politisches System und Innovationssystem in „postnationalen" Arenen, in: K. Grimmer et al. (Hg), Innovationspolitik in globalisierten Arenen. Opladen: Leske + Budrich

Kuhlmann, S. (2001): Future governance of innovation policy in Europe – three scenarios, Research Policy 30: 953-976

Kuhn, T. S. (1967: Die Struktur wissenschaftlicher Revolutionen. Frankfurt: Suhrkamp

Landes, D. S. (1998): Wohlstand und Armut der Nationen. Berlin: Siedler

Larédo, P., Mustar, P. (2001): Research and Innovation Policies in the New Global Economy. An International Comparative Analysis. Cheltenham: Edward Elgar

Larsen, J. K, Rogers, E. M. (1984): Silicon Valley Fever: Growth of High Technology Culture. London: Allen and Unwin

Lau, C. (1989): Die Definition gesellschaftlicher Probleme durch die Sozialwissenschaften, in: U. Beck, W. Bonß (Hg), Weder Sozialtechnologie noch Aufklärung? Analysen zur Verwendung sozialwissenschaftlichen Wissens. Frankfurt: Suhrkamp

Lawless, W. (1977): Technology and Social Shock. New Brunswick: Rutgers University Press

Lawton, T. C. (Hg) (1999): European Industrial Policy and Competitiveness. Concepts and Instruments. Basingstoke: MacMillan Press

Legler, H., Leidmann, M. (2004): Forschungs- und Entwicklungsaktivitäten im internationalen Vergleich. Studien zum deutschen Innovationssystem 9-2004. Berlin: BMBF

Legler, H. et al. (2000): Innovationsstandort Deutschland. Chancen und Herausforderungen im internationalen Wettbewerb. Landsberg: Verlag Moderne Industrien

Legler, H. et al. (2001): Zur technologischen Leistungsfähigkeit Deutschlands 2000. Bonn: BMBF

Legler, H. et al. (2004): Innovationsindikatoren zur technologischen Leistungsfähigkeit der östlichen Bundesländer. Studien zum deutschen Innovationssystem 20-2004. Berlin: BMBF

Lemke, M., Winter, G. (2001): Bewertung von Umweltwirkungen von gentechnisch veränderten Organismen im Zusammenhang mit naturschutzbezogenen Fragestellungen. Berlin: Erich Schmidt Verlag

Lerner, J., Merges, R. (1997): The Control of Strategic Alliances: an Empirical Analysis of Biotechnology Collaborations. NBER Working Paper 6014, Cambridge MA

Levidow, L. (1998): Democratizing technology – or technologizing democracy? Regulating agricultural biotechnology in Europe, Technology in Society 20: 211-226

Lheureux, K. et al. (2003): Review of GMOs under research and development and in the pipeline in Europe. European Science and Technology Observatory

Lübbe, H. (1994): Moralismus oder fingierte Handlungssubjektivität in komplexen historischen Prozessen, in: W. Lübbe (Hg), Kausalität und Zurechnung. Berlin: de Gruyter

Luhmann, N. (1964): Funktionen und Folgen formaler Organisationen. Berlin: Duncker & Humblot

Luhmann, N. (1970): Öffentliche Meinung, Politische Vierteljahresschrift 11: 2-28

Luhmann, N. (1981): Gesellschaftsstrukturelle Bedingungen und Folgeprobleme des naturwissenschaftlich-technischen Fortschritts, in: R. Löw et al. (Hg), Fortschritt ohne Maß? München: Piper

Luhmann, N. (1984): Soziale Systeme. Grundriß einer allgemeinen Theorie. Frankfurt: Suhrkamp

Luhmann, N. (1991): Soziologie des Risikos. Berlin: de Gruyter

Luhmann, N. (1997): Die Gesellschaft der Gesellschaft. Band 1 und 2. Frankfurt: Suhrkamp

Lundvall, B.-A. (Hg) (1992): National Systems of Innovation. London: Pinter

Lundvall, B.-A. et al. (2002): National systems of production, innovation and competence building, Research Policy 31: 213-231

Marin, B., Mayntz, R. (1991): Policy Networks. Empirical Evidence and Theoretical Considerations. Frankfurt: Campus

Marquardt, R. (2002): Marktpotenziale 2010 der Anwendungen im Bereich Pharma/Medizin („Rote Gentechnik"). Ms. Frankfurt

Marris, C. et al. (2001): Public Perceptions of Agricultural Biotechnologies in Europe. PABE Final Report. Lancaster

Martin, H.-P., Schumann, H. (1996): Die Globalisierungsfalle. Der Angriff auf Demokratie und Wohlstand. Hamburg: Rowohlt

Martinsen, R. (Hg) (1997): Politik und Biotechnologie. Die Zumutung der Zukunft, Baden-Baden: Nomos

Marx, K., Engels, F. (1972): Das Kapital. Kritik der politischen Ökonomie. MEW Band 23-25. Berlin: Dietz

Matzke, U. (1999): Gentechnikrecht. Textausgabe mit Einführung und Erläuterungen. Baden-Baden: Nomos

Mayer, I., Geurts, J. (1998): Consensus conferences as participatory policy analysis: a methodological contribution to the social management of technology, in: P. Wheale et al. (Hg), The Social Management of Genetic Engineering. Aldershot: Ashgate

Mayntz, R. (1985): Die gesellschaftliche Dynamik als theoretische Herausforderung, in: B. Lutz (Hg), Soziologie und gesellschaftliche Entwicklung. (22. Deutscher Soziologentag). Frankfurt: Campus

Mayntz, R. (1991): Naturwissenschaftliche Modelle, soziologische Theorie und das Mikro-Makro-Problem, in: W. Zapf (Hg), Die Modernisierung moderner Gesellschaften (25. Deutscher Soziologentag). Frankfurt: Campus

Mayntz, R. (1993a): Policy-Netzwerke und die Logik von Verhandlungssystemen, in: A. Héritier (Hg), Policy-Analyse. Kritik und Neuorientierung. PVS-Sonderheft 24. Opladen: Westdeutscher Verlag

Mayntz, R. (1993b): Networks, issues, and games: multiorganizational interactions in the restructuring of a national research system, in: F. W. Scharpf (Hg), Games in Hierarchies and Networks. Frankfurt: Campus

Mayntz, R. (1996): Gesellschaftliche Umbrüche als Testfall soziologischer Theorie: in: L. Clausen (Hg), Gesellschaften im Umbruch (27. Deutscher Soziologentag). Frankfurt: Campus

Mayntz, R. (1997): Soziale Dynamik und politische Steuerung. Theoretische und methodologische Überlegungen. Frankfurt: Campus

Mayntz, R. (2001): Triebkräfte der Technikentwicklung und die Rolle des Staates, in: G. Simonis et al. (Hg), Politik und Technik. PVS Sonderheft 31. Opladen: Westdeutscher Verlag

Mayntz, R. (Hg) (2002a): Akteure – Mechanismen – Modelle. Zur Theoriefähigkeit makro-sozialer Analysen. Frankfurt: Campus

Mayntz, R. (2002b): Zur Theoriefähigkeit makro-sozialer Analysen, in: R. Mayntz (Hg), Akteure – Mechanismen – Modelle. Zur Theoriefähigkeit makro-sozialer Analysen. Frankfurt: Campus

Mayntz, R., Nedelmann, B. (1987): Eigendynamische soziale Prozesse. Anmerkungen zu einem analytischen Paradigma, Kölner Zeitschrift für Soziologie und Sozialpsychologie 39: 648-668

Mayntz, R., Scharpf, F. W. (Hg) (1995): Gesellschaftliche Selbstregelung und politische Steuerung. Frankfurt: Campus

Meadows, D. H. et al. (1992): Die neuen Grenzen des Wachstums. Stuttgart: dva

Meins, E. (2003): Politics and Public Outrage: Explaining Transatlantic and Intra-European Diversity of Regulation of Food Irradiation and Genetically Modified Foods. Münster: LIT-Verlag

Menrad, K. et al. (1995): Innovationsleistungen geförderter Biotechnologieunternehmen im Modellversuch BJTU. Projektbericht. ISI, Karlsruhe

Menrad, K. et al. (1996a): Communicating Genetic Engineering in the Agro-Food Sector to the Public. Projektbericht. ISI, Karlsruhe

Menrad, K. et al. (1996b): Communicating Genetic Engineering in the Agro-Food Sector with the Public – A Hand Guide for Companies. Projektbroschüre. ISI, Karlsruhe

Menrad, K. et al. (1999): Future Impacts of Biotechnology on Agriculture, Food Production and Food Processing. Heidelberg: Physica

Menrad, K. et al. (2003): Beschäftigungspotenziale in der Biotechnologie. Stuttgart: Fraunhofer IRB Verlag

Messner, D. (1995): Die Netzwerkgesellschaft. Wirtschaftliche Entwicklung und internationale Wettbewerbsfähigkeit als Probleme gesellschaftlicher Steuerung, Köln: Weltforum Verlag

Meyer-Krahmer, F. (1999): Was bedeutet Globalisierung für Aufgaben und Handlungsspielräume nationaler Innovationspolitiken?, in: K. Grimmer et al. (Hg), Innovationspolitik in globalisierten Arenen. Opladen: Leske + Budrich

Midden, C. et al. (2002): The structure of public perceptions, in: M. Bauer, G. Gaskell (Hg), Biotechnology. The Making of a Global Controversy. Cambridge: Cambridge University Press

Ministerium für Wirtschaft und Arbeit des Landes Sachsen-Anhalt. (2003): Biotechnologie in Sachsen-Anhalt. Symbiose von Wissenschaft und Wirtschaft. Broschüre, Magdeburg

Minol, K. (2003): Grüne Gentechnik in Europa – gelingt ein neuer Anfang? Ms. Darmstadt

Momma, S., Sharp, M. (1999): Development of new biotechnology firms in Germany, Technovation 19: 267-282

Mowery, D., Nelson, R. (Hg) (1999): Sources of Industrial Leadership. Studies of Seven Industries. Cambridge: Cambridge University Press

Müller, B. et al. (Hg) (2002): Kommunikation in regionalen Innovationsnetzwerken. München: Hampp

Müller, H. (1991): Die Chance der Kooperation: Regime in der internationalen Politik. Darmstadt: Luchterhand

Muttitt, G., Franke, D. (2000): Control freaks – the GMO exporters. Oxford: Corporate Watch

Narula, R., Hagedoorn, J. (1999): Innovating through strategic alliances: moving towards international partnerships and contractual agreements, Technovation 19: 283-294

Ndiritu, C. (2000): Biotechnology in Africa: why the controversy?, in: G. Persley, M. Lantin (Hg), Agricultural Biotechnology and the Poor. CGIAR, Washington D.C.

Nelkin, D. (1995): Forms of intrusion: comparing resistance to information technology and biotechnology in the USA, in: M. Bauer (Hg), Resistance to New Technology. Cambridge: Cambridge University Press

Nelkin, D. (Hg) (1979): Controversy. Politics of Technical Decisions. Beverly Hills: Sage

Nelson, R. (Hg) (1993): National Innovation Systems: A Comparative Analysis. New York: Oxford University Press

Nelson, R., Nelson, K. (2002): Technology, institutions, and innovation systems, Research Policy 31: 265-272

Nelson, R., Winter, S. (1982): An Evolutionary Theory of Economic Change. Cambridge: Belknap-Harvard Press

Nennen, H.-U. (Hg) (2000): Diskurs. Begriff und Realisierung. Würzburg: Königshausen & Neumann

Niejahr, E., Pörtner, R. (2002): Joschka Fischers Pollenflug und andere Spiele der Macht. Frankfurt: Eichborn

Nielsen, C. P. et al. (2002): Trade in Genetically Modified Food: A Survey of Empirical Studies. International Food Policy Research Institute, Washington D.C. (http://www.ifpri.org)

Niemitz, C., Niemitz, S. (Hg) (1999): Genforschung und Gentechnik. Ängste und Hoffnungen. Berlin: Springer

Niosi, J. et al. (1993): National systems of innovation: in search of a workable concept, Technology in Society 15: 207-227

Norris, C., Sweet, J. (2002): Monitoring large scale releases of genetically modified crops (http://www.defra.gov.uk/environment/gm/research/epg-1-5-84.htm)

OECD (1997): National Innovation Systems. Paris

OECD (2001): Innovative Networks. Cooperation and National Innovation Systems. Paris

Oliver, A. (2001): Strategic alliances and the learning life-cycle of biotechnology firms, Organization Studies: 22: 467-489

Orsenigo, L. (1989): The Emergence of Biotechnology: Institutions and Markets in Industrial Innovation. New York: St. Martin's Press

Orsenigo, L. (1993): The dynamics of competition in a science-based technology: the case of biotechnology, in: D. Foray, C. Freeman (Hg), Technology and the Wealth of Nations: The Dynamics of Constructed Advantage. London: Pinter

Paarlberg, R. L. (2003): Reinvigorating genetically modified crops. Issues in Science and Technology. US National Academy of Sciences, Spring (http://www.issues.org/issues/19.3/paarlberg.htm)

Pardo, R. et al. (2002): Attitudes toward biotechnology in the European Union, Journal of Biotechnology 98: 9-24

Parkinson, C. N. (1966): Parkinsons Gesetz. Hamburg: Rowohlt

Pavitt, K. (1998): The inevitable limits of EU R&D funding, Research Policy 27: 559-568

Pavitt, K., Patel, P. (1999): Global corporations and national systems of innovation: who dominates whom?, in: D. Archibugi et al. (Hg), Innovation Systems in the Global Economy. Cambridge: Cambridge University Press

Persley, G. (1990): Beyond Mendel's Garden: Biotechnology in the Service of World Agriculture. Wallingford: CAB International

Persley, G., Lantin, M. (Hg) (2000): Agricultural Biotechnology and the Poor. CGIAR, Washington D.C.

Persley, G. et al. (2002): Biotechnology and Sustainable Agriculture. ICSU, Paris

Perrow, C. (1984): Normal Accidents. Living with High-Risk Technologies. New York: Basic Books

Peter, V. (2002): Institutionen im Innovationsprozess. Eine Analyse anhand der bio-technologischen Innovationssysteme in Deutschland und Japan. Heidelberg: Physica-Verlag

Peters, T., Waterman, R. (1982): In Search of Excellence. Lessons from America's Best-Run Companies. New York: Harper & Row

Peterson, J., Sharp, M. (1998): Technology Policy in the European Union. New York: St. Martin's Press

Pfirrmann, O., Feldman, M. (2000): How Science Comes to Life: Ein deutsch-amerikanischer Vergleich von Unternehmensgründungen in der Biotechnologie, in: D. Barben, G. Abels (Hg), Biotechnologie – Globalisierung – Demokratie. Politische Gestaltung transnationaler Technologieentwicklung. Berlin: edition sigma

Pinstrup-Andersen, P., Schioler, E. (2001): Der Preis der Sattheit. Gentechnisch veränderte Lebensmittel. Wien: Springer

Porter, M. (1986): Wettbewerbsvorteile. Spitzenleistungen erreichen und behaupten. Frankfurt: Campus

Porter, M. (1990): The Competitive Advantage of Nations. London: MacMillan Press

Porter, M. (1998): Clusters and the new economics of competition. Harvard Business Review. November-December 76 (6): 77-90

Powell, W. (1990): Neither market nor hierarchy: Network forms of organization, Research in Organizational Behavior 12: 295-336

Powell, W. et al. (1996): Interorganizational collaboration and the locus of innovation: networks of learning in biotechnology, Administrative Science Quarterly 41: 116-145

Prevezer, M. (1997): The dynamics of industrial clustering in biotechnology, Small Business Economics 9: 255-271

Rammer, C. (2003): Innovationsverhalten der deutschen Wirtschaft. Studien zum deutschen Innovationssystem 12-2003. Berlin: BMBF

Rammer, C., Schmidt, T. (2004): Innovationsverhalten der Unternehmen in Deutschland. Studien zum deutschen Innovationssystem 15-2004. Berlin: BMBF

Rammert, W. (1997): Innovation im Netz. Neue Zeiten für technische Innovationen: heterogen verteilt und interaktiv vernetzt, Soziale Welt 49: 397-416

Rehbinder, E. (1999): Das Konzept des anlagen- und produktbezogenen EG-Gentechnikrechts – die Freisetzungsrichtlinie und die Novel Foods-Verordnung, Zeitschrift für Umweltrecht 10: 6-12

Renn, O. (1998): Die Austragung öffentlicher Konflikte um chemische Produkte oder Produktionsverfahren – eine soziologische Analyse, in: O. Renn, J. Hampel (Hg), Kommunikation und Konflikt. Fallbeispiele aus der Chemie. Frankfurt: Königshausen und Neumann

Renn, O. (2003): Symbolkraft und Diskursfähigkeit, Politische Ökologie 81-82: 27-30

Renn, O., Hampel, J. (Hg) (1998): Kommunikation und Konflikt. Fallbeispiele aus der Chemie. Frankfurt: Königshausen und Neumann

Rifkin, J. (1998): The Biotech Century. New York: Tarcher/Putnam

Rittberger, V., Zürn, M. (1990): Towards regulated anarchy in East-West relations: causes and consequences of east-West regimes, in: V. Rittberger (Hg), International Regimes in East-West Politics. London: Pinter

Roobeek, A. (1990): Beyond the Technology Race. Amsterdam: Elsevier

Rosnit, K. (1997): Wirtschaftsverbände in den Bioindustrien. Stabilität und Dynamik deutscher und europäischer Interessenvermittlung, in: R. Martinsen (Hg), Politik und Biotechnologie. Die Zumutung der Zukunft. Baden-Baden: Nomos

Rothwell, R. (1992): Successful industrial innovation: critical factors for the 1990s, R&D Management 22 (3): 221-239

Rothwell, R. (1994): Industrial innovation: success, strategy, trends, in: M. Dodgson, R. Rothwell (Hg), The Handbook of Industrial Innovation. Aldershot: Edward Elgar

Rucht, D. (1994): Modernisierung und neue soziale Bewegungen. Frankfurt: Campus

Russell, A, Vogler, J. (Hg) (2002): The International Politics of Biotechnology: Investigating Global Futures. Manchester: Manchester University Press

Sahal, D. (1985): Technological guideposts and innovation avenues, Research Policy 14: 62-82

Saretzki, T.. (2001): Entstehung, Verlauf und Wirkungen von Technisierungskonflikten: Die Rolle von Bürgerinitiativen, sozialen Bewegungen und politischen Parteien, in: G. Simonis et al. (Hg), Politik und Technik. Analysen zum Verhältnis von technologischem, politischem und staatlichem Wandel am Anfang des 21. Jahrhunderts. PVS-Sonderheft 31/2000. Wiesbaden: Westdeutscher Verlag

Sauter, A., Meyer, R. (2000): Risikoabschätzung und Nachzulassungs-Monitoring transgener Pflanzen. TAB-Arbeitsbericht 68. Berlin

Scharpf, F. W. (1985): Die Politikverflechtungsfalle: Europäische Integration und deutscher Föderalismus im Vergleich, Politische Vierteljahresschrift 26: 323-356

Scharpf, F. W. (1988): The joint decision trap. Lessons from German federalism and European integration, Public Administration 66: 239-278

Scharpf, F. W. (Hg) (1993a): Games in Hierarchies and Networks. Frankfurt: Campus

Scharpf, F. W. (1993b): Positive und negative Koordination in Verhandlungssystemen, in: A. Héritier (Hg), Policy-Analyse. Kritik und Neuorientierung. PVS-Sonderheft 24. Opladen: Westdeutscher Verlag

Schauzu, M. (1999): Risiken und Chancen der Gentechnik für die Lebensmittelherstellung, Zeitschrift für Umweltrecht 10: 3-6

Schell, T., Seltz, R. (Hg) (2000): Inszenierungen zur Gentechnik. Konflikte, Kommunikation und Kommerz. Wiesbaden: Westdeutscher Verlag

Schimank, U. (1985): Der mangelnde Akteurbezug systemtheoretischer Erklärungen gesellschaftlicher Differenzierung – ein Diskussionsvorschlag, Zeitschrift für Soziologie 14: 421-434

Schimank, U. (1988): Gesellschaftliche Teilsysteme als Akteurfiktionen, Kölner Zeitschrift für Soziologie und Sozialpsychologie 40: 619-639

Schimank, U. (1991): Politische Steuerung in der Organisationsgesellschaft – am Beispiel der Forschungspolitik, in: W. Zapf (Hg), Die Modernisierung moderner Gesellschaften (25. Deutscher Soziologentag). Frankfurt: Campus

Schimank, U. (2002): Theoretische Modelle sozialer Strukturdynamiken, in: R. Mayntz (Hg), Akteure – Mechanismen – Modelle. Zur Theoriefähigkeit makrosozialer Analysen. Frankfurt: Campus

Schitag, Ernst & Young (1998): Aufbruchstimmung. Deutscher Biotechnologie-Report 1998. Stuttgart: Schitag, Ernst & Young

Schlacke, S. (2001): Die Entwicklung des Gentechnikrechts von 1989 bis 2001 – ein Rechtsprechungsüberblick, Zeitschrift für Umweltrecht 12: 393-398

Schmoch, U. (2003): Leistungsfähigkeit der deutschen Wissenschaft und Forschung im Vergleich. Studien zum deutschen Innovationssystem 5-2003. Berlin: BMBF

Schneider, M.-L. (2000): Partizipationsansprüche in Technikkontroversen: Die Regulierung der „grünen" Gentechnik in Deutschland, Österreich und der Schweiz, in: D. Barben, G. Abels (Hg), Biotechnologie – Globalisierung – Demokratie. Politische Gestaltung transnationaler Technologieentwicklung. Berlin: edition sigma

Scholl, W. (2004): Innovation und Information. Wie in Unternehmen neues Wissen produziert wird. Göttingen: Hogrefe

Scholl, W., Wurzel, U. (2002): Erfolgsbedingungen regionaler Innovationsnetzwerke – Ein organisationstheoretisches Kausalmodell. DIW-Materialien 21/2002

Schomberg, R. von (2000): Agricultural biotechnology in the trade-environment interface. Counterbalancing adverse effects of globalisation, in: D. Barben, G. Abels (Hg), Biotechnologie – Globalisierung – Demokratie. Politische Gestaltung transnationaler Technologieentwicklung. Berlin: edition sigma

Schröder, M. (2001): Gentechnikrecht in der Praxis. Eine empirische Studie zu den Grenzen der Normierbarkeit. Baden-Baden: Nomos

Schulz von Thun, F. (1981): Miteinander reden 1. Störungen und Klärungen. Allgemeine Psychologie der Kommunikation. Hamburg: Rowohlt

Schulze, G. (1992): Die Erlebnisgesellschaft. Frankfurt: Campus

Sclove, R. (1995): Democracy and Technology. New York: Guildford Press

Seifert, F. (2000): Österreichs Biotechnologiepolitik im Mehrebenensystem der EU: Zur Effektivität öffentlichen Widerstands im supranationalen Gefüge, in: D. Barben, G. Abels (Hg), Biotechnologie – Globalisierung – Demokratie. Politische Gestaltung transnationaler Technologieentwicklung. Berlin: edition sigma

Seifert, F. (2002): Gentechnik – Öffentlichkeit – Demokratie. Der österreichische Gentechnik-Konflikt im internationalen Kontext. München: Profil

Semlinger, K. (1998): Innovationsnetzwerke. Kooperation von Kleinbetrieben, Jungunternehmen und kollektiven Akteuren. Eschborn: RKW-Verlag

Senghaas, D. (1994): Wohin driftet die Welt? Über die Zukunft friedlicher Koexistenz. Frankfurt: Suhrkamp

Senker, J. (Hg) (1998): Biotechnology and Competitive Advantage. Europe's Firms and US Challenge. Cheltenham: Edward Elgar

Senker, J. et al. (2001): European Biotechnology Innovation Systems. Final Report to the EU-Commission. Brighton

Serageldin, I., Collins, W. (Hg) (1999): Biotechnology and Biosafety. Weltbank, Washington D.C.

Sharp, M. (1999): The science of nations: European multinationals and American biotechnology, Biotechnology 1: 132-162

Shiva, V. (1993): Monocultures of the Mind. London: Zed Books

Shiva, V., Moser, I. (1995): Biopolitics: A Feminist and Ecological Reader on Biotechnology. London: Zed Books

Sieferle, R. P. (1984): Fortschrittsfeinde. Opposition gegen Technik und Industrie von der Romantik bis zur Gegenwart. München: Beck

Sieferle, R. P. (1989): Die Krise der menschlichen Natur. Zur Geschichte eines Konzepts. Frankfurt: Suhrkamp

Simonis, G. (1997): Elemente einer verständigungsorientierten Technologiepolitik: Die Gentechnik als Beispiel, in: M. Behrens, G. Simonis, Kontextualisierung als Aufgabe staatlicher Politik. Polis 37/1999, Fernuniversität Hagen

Simonis, G. et al. (Hg) (2001): Politik und Technik. Analysen zum Verhältnis von technologischem, politischem und staatlichem Wandel am Anfang des 21. Jahrhunderts. PVS-Sonderheft 31/2000. Wiesbaden: Westdeutscher Verlag

Slaby, M., Urban, D. (2002): Subjektive Technikbewertung. Was leisten kognitive Einstellungsmodelle zur Analyse von Technikbewertungen – dargestellt an Beispielen aus der Gentechnik. Stuttgart: Lucius

Snow, D., Benford, R. (1988): Ideology, frame resonance, and participant mobilization, in: B. Klandermans et al. (Hg), From Structure to Action: Comparing Social Movement Research Across Cultures (Vol. 1, International Social Movement Research). Greenwich, CT: JAI Press

Soete, B. et al. (2002): Innovationsnetzwerke in Ostdeutschland: Ein noch zu wenig genutztes Potential zur regionalen Humankapitalbildung, DIW-Wochenbericht 16/2002: 251-256

Spök, A. et al. (Hg) (2000): GENug gestritten?! Gentechnik zwischen Risikodiskussion und gesellschaftlicher Herausforderung, Graz: Leykam

Steinle, C., Schiele, H. (2002): When do industries cluster? A proposal on how to assess an industry's propensity to concentrate at a single region or nation, Research Policy 31: 849-458

Steuer, P. (2003): Feldstruktur: Akteurs- und Strukturanalyse des Vereins „InnoPlanta Pflanzenbiotechnologie e.V.". Ms. Leipzig

Steuer, P. (2005): Wissenstransferprozesse zwischen Sozialwissenschaft und Praxispartnern am Beispiel eines Innovationsnetzwerkes der grünen Gentechnik: Bedingungen und Barrieren. UFZ-Bericht, Leipzig, im Druck

Stock, G. et al. (2002): Firm size and dynamic technological innovation, Technovation 22: 537-549

Streeck, W. (1987): Vielfalt und Interdependenz. Überlegungen zur Rolle von intermediären Organisationen in sich ändernden Umwelten, Kölner Zeitschrift für Soziologie und Sozialpsychologie 39: 471-495

Sukopp, U., Sukopp, H. (1997): Ökologische Dauerbeobachtung gentechnisch veränderter Kulturpflanzen. Berichte des Landesamtes für Umweltschutz Sachsen-Anhalt. Sonderheft 3: 53-70

Swann, P., Prevezer, M. (1996): A comparison of the dynamics of industrial clustering in computing and biotechnology, Research Policy 25: 1139-1157

Swann, P. et al. (Hg) (1999): The Dynamics of Industrial Clustering: International Companies in Computing and Biotechnology. Oxford: Oxford University Press

Swanson, T. M. (Hg) (2002): Biotechnology, Agriculture and the Developing World. The Distributional Implications of Technological Change. Cheltenham: Edward Elgar

Sydow, J. (1992): Strategische Netzwerke. Evolution und Organisation. Wiesbaden: Gabler

Sydow, J., Windeler, A. (Hg) (2000a): Steuerung von Netzwerken. Konzepte und Praktiken. Wiesbaden: Westdeutscher Verlag

Sydow, J., Windeler, A. (2000b): Steuerung von und in Netzwerken – Perspektiven, Konzepte, vor allem aber offene Fragen, in: J. Sydow, A. Windeler (Hg), Steuerung von Netzwerken. Konzepte und Praktiken. Wiesbaden: Westdeutscher Verlag

Tappeser, B. et al. (2000): Untersuchung zu tatsächlich beobachteten nachteiligen Effekten von Freisetzungen gentechnisch veränderter Organismen. Umweltbundesamt Österreich, Wien

Taylor, M. (1989): Structure, culture and action in the explanation of social change, Politics & Society 17: 115-162

Taylor, M., Tick, J. (2003): Post-Market Oversight of Biotech Foods – Is the System Prepared?, Report prepared by Resources for the Future, Washington D.C.

Teitel, M., Wilson, K. (2001): Genetically Engineered Food. Changing the Nature of Nature. Rochester: Park Street Press

Teitelman, R. (1989): Gene Dreams. Wall Street, Academia, and the Rise of Biotechnology. New York: Perseus Books Group

TeknologiNaenet. (1992): Consensus Conference on Technological Animals. Final Document. Danish Board of Technology, Kopenhagen

Ten Eyck, T. et al. (2001): Biotechnology in the United States of America: mad or moral science?, in: G. Gaskell, M. Bauer (Hg), Biotechnology 1996-2000. The Years of Controversy. London: Science Museum

The Royal Society. (2003):The Farm Scale Evaluations of spring-sown genetically modified crops, Philosophical Transactions of the Royal Society. Biological Sciences. B 358 (1439)

Tolstrup, K. et al. (2003): The co-existence of genetically modified crops with conventional and organic crops. Report, Tjele

Torgersen, H. et al. (2002): Promise, problems and proxies: twenty-five years of debate and regulation in Europe, in: M. W. Bauer, G. Gaskell (Hg), Biotechnology – the Making of a Global Controversy. Cambridge: Cambridge University Press

Turner, H. (1989): Geißel des Jahrhunderts. Hitler und seine Hinterlassenschaft. Berlin: Siedler

UFZ (2001): Zur Akzeptanz von gentechnisch veränderten Pflanzen: Bestandsaufnahme, Orientierungsmuster und strategische Optionen. Projektantrag, Leipzig

UK National Consensus Conference (1994): UK National Consensus Conference on Plant Biotechnology. Final Report, London

Urban, D. (1999): Wie stabil sind Einstellungen zur Gentechnik? Ergebnisse einer regionalen Panelstudie, in: J. Hampel, O. Renn (Hg), Gentechnik in der Öffentlichkeit. Frankfurt: Campus

Urban, D., Pfenning, U. (1999): Technikfurcht und Technikhoffnung. Die Struktur und Dynamik von Einstellungen zur Gentechnik. Stuttgarter Beiträge zur Politik- und Sozialforschung, Band 1. Beuren und Stuttgart: Grauer

USDA (1999): Impacts of Adopting Genetically engineered Crops in the US: Preliminary Results. USDA, Economic Research Service, Washington D.C.

USDA (2002): Adoption of Bioengineered Crops/AER-820. USDA, Economic Research Service, Washington D.C.

Vogel, D. (2001): The New Politics of Risk Regulation in Europe. LSE-Paper, London

Vogel, D., Lynch, D. (2001):The Regulation of GMOs in Europe and the United States: A Case-Study of Contemporary European Politics. Council on Foreign Relations, CFR Paper (5.4.2001) (http://www.cfr.org/pub3937)

Vogel, B., Potthof, C. (2003): Verschobene Marktreife. Materialien zur zweiten und dritten Generation transgener Pflanzen. Bericht des Gen-ethischen Netzwerks, Berlin

Voß, R. et al. (2002): Technikakzeptanz und Nachfragemuster als Standortvorteil im Bereich Pflanzengentechnik. Bericht, Wildau

Voßkamp, R. (2004): Regionale Innovationsnetzwerke und Unternehmensverhalten: das Beispiel InnoRegio, DIW-Wochenbericht 23/2004): 338-342

Weingart, P. (Hg) (1989): Technik als sozialer Prozeß. Frankfurt: Suhrkamp

Weingart, P. (2001): Die Stunde der Wahrheit? Zum Verhältnis der Wissenschaft zu Politik, Wirtschaft und Medien in der Wissensgesellschaft. Weilerswist: Velbrück Wissenschaft

Weingart, P. et al. (2002): Von der Hypothese zur Katastrophe. Der anthropogene Klimawandel im Diskurs zwischen Wissenschaft, Politik und Medien. Opladen: Leske + Budrich

Weißbach, H.-J. (2000): Kulturelle und sozialanthropologische Aspekte der Netzwerkforschung, in: J. Weyer (Hg), Soziale Netzwerke. Konzepte und Methoden der sozialwissenschaftlichen Netzwerkforschung. München/Wien: Oldenbourg

Werle, R., Schimank, U. (Hg) (2000): Gesellschaftliche Komplexität und kollektive Handlungsfähigkeit. Frankfurt: Campus

Weyer, J. (1993): System und Akteur, Kölner Zeitschrift für Soziologie und Sozialpsychologie 45: 1-22

Weyer, J. (Hg) (2000a): Soziale Netzwerke. Konzepte und Methoden der sozialwissenschaftlichen Netzwerkforschung. München/Wien: Oldenbourg

Weyer, J. (2000b): Einleitung. Zum Stand der Netzwerkforschung in den Sozialwissenschaften, in: J. Weyer (Hg), Soziale Netzwerke. Konzepte und Methoden der sozialwissenschaftlichen Netzwerkforschung. München/Wien: Oldenbourg

Weyer, J. et al. (1997): Technik, die Gesellschaft schafft. Soziale Netzwerke als Ort der Technikgenese. Berlin: edition sigma

Wheale, P. et al. (Hg) (1998): The Social Management of Genetic Engineering. Aldershot: Ashgate

Wiesenthal, H. (1990): Ist Sozialverträglichkeit gleich Betroffenenpartizipation?, Soziale Welt 41: 28-46

Wiesenthal, H. (1994): Lernchancen der Risikogesellschaft. Über gesellschaftliche Innovationspotentiale und die Grenzen der Risikosoziologie, Leviathan 22: 135-159

Wiesenthal, H. (1995): Konventionelles und unkonventionelles Organisationslernen: Literaturreport und Ergänzungsvorschlag, Zeitschrift für Soziologie 24: 137-155

Wiesenthal, H. (2000): Markt, Organisation und Gemeinschaft als „zweitbeste" Verfahren sozialer Koordination, in: R. Werle, U. Schimank (Hg), Gesellschaftliche Komplexität und kollektive Handlungsfähigkeit. Frankfurt: Campus

Wiesenthal, H. (2003): Soziologie als Optionenheuristik, in: J. Allmendinger (Hg), Entstaatlichung und Soziale Sicherheit (31. Deutscher Soziologentag). Opladen: Leske + Budrich

Wilhelm, B. (2000): Systemversagen im Innovationsprozess. Zur Reorganisation des Wissens- und Technologietransfers. Wiesbaden: DUV

Williamson, O.E. (1991): Comparative economic organization: the analysis of discrete structural alternatives, Administrative Science Quarterly 36: 269-296

Willke, H. (1989): Systemtheorie entwickelter Gesellschaften. Dynamik und Riskanz moderner gesellschaftlicher Selbstorganisation. Weinheim/München: Juventa

Wilson, T.P. (1982): Qualitative ‚oder' quantitative Methoden in der Sozialforschung, Kölner Zeitschrift für Soziologie und Sozialpsychologie 34: 469-486

Winner, L. (1977): Autonomous Technology. Cambridge: MIT Press

Winner, L. (1986): The Whale and the Reactor. A Search for Limits in an Age of High Technology. Chicago: The University of Chicago Press

Wolf, H.-G. (1999): Regionale, nationale oder globale Innovationssysteme? Antworten und Fragen nach einem Jahrzehnt Innovationssysteme-Forschung. Ms. Stuttgart

Wright, G. H. von. (1971): Explanation and Understanding. Ithaca: Cornell University Press

Wulff, C. (1999): Gentechnik in der Landwirtschaft, Nahrungsmittelverarbeitung und industriellen Produktion, in: Bundeszentrale für Politische Bildung (Hg), Gentechnik. Bonn

Young, A. (2001): Trading Up or Trading Blows? US Politics and Transatlantic Trade in Genetically Modified Food. EUI Working Papers RSC 2001/30

Zimmer, R. (2002): Begleitende Evaluation der Bürgerkonferenz „Streitfall Gendiagnostik". Bericht. ISI, Karlsruhe

Zürn, M. et al. (1990): Problemfelder und Situationsstrukturen in der Analyse internationaler Politik. Eine Brücke zwischen den Polen?, in: V. Rittberger (Hg), Theorien der internationalen Beziehungen. Bestandsaufnahme und Forschungsperspektiven. Opladen: Westdeutscher Verlag

Zwick, M. (1998): Wertorientierungen und Technikeinstellungen im Prozeß gesellschaftlicher Modernisierung. Das Beispiel der Gentechnik. Abschlußbericht. TA-Akademie, Stuttgart

Zwick, M., Renn, O. (1998): Wahrnehmung und Bewertung von Technik in Baden-Württemberg. Bericht. TA-Akademie, Stuttgart